U0270686

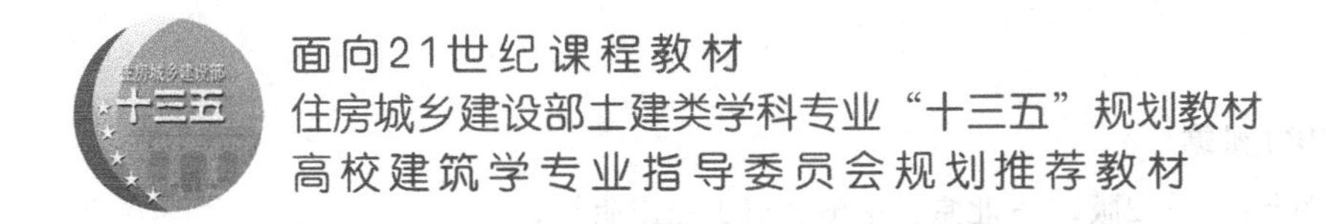

建筑批评学

（第二版）

ARCHITECTURAL CRITICISM

郑时龄 著

中国建筑工业出版社

图书在版编目（CIP）数据

建筑批评学/郑时龄著．—2版．—北京：中国建筑工业出版社，2013.12

面向21世纪课程教材．住房城乡建设部土建类学科专业“十三五”规划教材．高校建筑学专业指导委员会规划推荐教材

ISBN 978-7-112-16179-9

Ⅰ.①建… Ⅱ.①郑… Ⅲ.①建筑艺术-艺术评论-高等学校-教材 Ⅳ.①TU-86

中国版本图书馆CIP数据核字（2013）第287576号

责任编辑：时咏梅 陈 桦 王 惠

责任设计：张 虹

责任校对：姜小莲 赵 颖

面向21世纪课程教材

住房城乡建设部土建类学科专业“十三五”规划教材

高校建筑学专业指导委员会规划推荐教材

建筑批评学（第二版）

Architectural Criticism

郑时龄 著

*

中国建筑工业出版社出版、发行（北京海淀三里河路9号）

各地新华书店、建筑书店经销

北京雅盈中佳图文设计公司制版

北京建筑工业印刷厂印刷

*

开本：787×1092毫米 1/16 印张：31$^{1}/_{2}$ 字数：765千字

2014年5月第二版 2020年7月第十四次印刷

定价：58.00元

ISBN 978-7-112-16179-9

（24936）

目 录

第 1 章
导　论

Chapter 1
Introduction

批评是把握批评客体对人，对社会的意义及其价值的一种既是观念性又是实践性的活动。批评是联系思想与创作的纽带，也是联系感性和理性的媒介。批评不仅需要理性的思辨，也需要感性的领悟，需要理解力、想象力和创造力。批评涉及众多领域，但是就当代批评的范畴而言，批评主要是与艺术的各个领域有关，涉及文学、美术、音乐、影视、摄影、戏剧、舞蹈、建筑等领域的批评，这些领域都有艺术家或批评家从事批评，都有与批评相关的理论。

建筑批评学是关于建筑批评的理论，建筑批评学探讨建筑批评的本质、内容和方法，是建筑理论的重要组成部分。作为一门学科，建筑批评学研究建筑批评的理论、方法和意义，该学科应用人文科学、自然科学和技术科学的有关知识和理论，以建构建筑批评的理论。

建筑是人的本质力量的表现，是人和社会存在的空间，也是人所创造的社会空间、物质空间和精神空间。按照《美国国家技术教育标准：技术学习的内容》的定义："人类生活在三个世界当中，即自然界、社会世界和设计世界。"[1]，建筑同时涉及这三个世界，建筑是最重要的设计世界之一，是最自觉的生活空间，同时又是自然界和社会世界的重要组成部分。

建筑批评是一种批判意义上的实践，是建筑实践与建筑理论的组成部分，对于建筑的发展和人类社会的进步有着重要的作用。建筑批评是对建筑和建筑现象、建筑所赖以存在的社会与环境，对建筑师的创作思想、设计和建造、建筑演变过程的鉴别和评价。建立在实践和理论基础上的建筑批评全面而又系统地对建筑、建筑师以及与建筑有关的社会、历史、文化、经济和政治因素进行说明、解释、评价、判断和批判，同时也论证这种说明、解释、评价和判断的理由。

建筑批评的对象包括涉及建筑整体的事件和建筑活动，涉及建筑创作的主体——建筑师以及隐藏在建筑师背后，影响建筑实践的时代精神、社会和自然生态环境，既包括建筑作品本身及其实践过程，也包含了建筑的接受与使用。建筑批评应当对建筑师和使用者、鉴赏者起着某种引导的作用，同时又是基于理论指导的实践活动，建筑批评是建筑作为事件、历史、学科、文化、技术、艺术以及作为工程实体等的不可或缺的组成部分。

此外，在建筑设计方案征集或建筑设计竞赛、建筑评奖等过程中，建筑批评可以帮助选择、鉴别和判断，发现评价对象或方案的价值及其意义。在这种情况下，建筑批评具有参与实践，并引导实践的意义。建筑史上一系列的重要建筑大多与这一类建筑批评有关，这些建筑方案和建筑师之所以被选中来承担历史使命，都是特殊的建筑批评——建筑设计竞赛及评审或评审制度的结果。在这种情况下，建筑批评成为了建筑创造的组成部分，甚至可以说，建筑批评是创造建筑历史的重要推动力之一。

建立在理论基础上的建筑批评是一种开放性的实践活动，是规律性与目的性统一的社会生产过程。建筑批评具有鲜明的时代性、社会性和文化性，此外，建筑批评也是建筑教育的重要内容。建筑批评学着重关注当代建筑的批评及其价值判断，重视建筑批评的社会现实需要，以引导当代建筑的发展并蕴含着未来的趋势。建筑批评具有重要的社会、经济和文化使命，从事建筑批评的建筑师和批评家需要具备坚实而又广博的理论基础和丰富的实践经验，建筑批评学为建筑批评提供理论基础。

建筑批评学的核心内容包括建筑批评意识、建筑批评的价值论、符号论和方法论，这四个部分共同组成了相互联系、相互补充的建筑批评学的理论框架。此外，要讨论建筑及建筑批评，必然涉及建筑与艺术的关系，涉及建筑师的创造，涉及批评家以及批评的媒介等，本书的各个章节将对这些问题分别加以论述。

本书的目的不是为建筑批评制定规则和标准，而是论述建筑批评所涉及的各个领域，介绍有关建筑批评的学科之间的联系，同时也论述作为一门学科的建筑批评学的框架、内容、方法和意义，以及研究建筑批评涉及的理论问题等。

1.1 建筑批评学的基本内容

建筑批评学是研究建筑批评的学科，也就是建筑批评的理论，是建筑理论的重要组成部分。建筑批评按照一定的批评标准对建筑、建筑师以及建筑师的创作思想、建筑作品与设计、建造和使用建筑的过程等进行全面而又系统的说明、解释、评价和判断，建筑批评的对象涉及建筑事件、建筑思潮和建筑学派等。建筑批评运用正确的思想方法，客观地、科学地、艺术地和全面地对建筑及其作者——建筑师的价值和品质作出评价，而评价就是把握评价客体对于人和社会的意义和价值的一种观念性和实践性的活动。对一件作品的评价是一个连续而又开放的过程，通过某种广泛多样的个人行为，以及社会和制度实践而进行的一种价值的判断性运作，从而揭示出建筑作品和设计这座建筑的建筑师的内在世界。批评可以起到丰富并延伸建筑师及其作品的作用，赋予建筑作品以开放性以及附加的价值。

我们在这一节会借鉴文学批评和艺术批评的理论，这对于理解建筑批评的思想和理论背景具有重要的意义。但是，本书的主题是建筑批评，对于文学批评和艺术批评只能是一种综述，引述其最基本的内容，寻求与建筑批评的内在联系。

1.1.1 批评的时代

20 世纪是批评的时代，也是建筑批评的时代。最早的建筑批评属于艺术批评和艺术史的范畴，建筑批评的建构在一定程度上借鉴了文学批评和艺术批评理论。当代文学批评和艺术批评理论的范式，在很大程度上也与建筑批评的理论范式密切相关，诸如批判理论、现象学、语言学、崇高的美学理论等。当代批评的文化转向，文学批评和艺术批评的边界向其他学科领域的开放，都与建筑批评有诸多类同。我们在这一节将简要综述，当代文学批评和艺术批评对建筑批评产生重要影响的主要思想和流派。

西方美术史学界已经逐渐认识到艺术批评、艺术史和美学这三门学科的同一性，建筑批评学则更是建筑史、建筑理论和建筑批评的一种综合。建筑批评与文学批评、艺术批评所追求的都是作品的内在生命，并且通过批评语言融入到建筑师或作者的思想及其作品中去，当代建筑批评仍然可以借鉴当代文学批评和艺术批评。同时，为了发现生命的本质和意义，批评必须拥有自身的价值和理想，才能据以指导实践，才能充满热情地去想象并倡导未来。

图 1–1　亚里士多德和亚历山大大帝

1）西方的文学批评和艺术批评

在历史上，西方的艺术批评是以文学批评为中心发展起来的，古代诗学、修辞学、文体论等学科中都包含着批评的要素。古希腊哲学家和思想家亚里士多德（Aristotle，公元前 384– 前 322）的《诗学》是理论批评最早的、具有持久的重要影响力的论著，他的“整一为美”的思想有深远的影响。长期以来，诗学批评一直是文学批评的主要形式，随着传统诗学在近代的衰落，批评开始以文学批评的独立形式出现（图 1–1 ）。

现代批评的创始者是法国文艺复兴时期的思想家蒙田（Michel Eyquem de Montaigne, 1533–1592），蒙田是法国文艺复兴时期最重要的人文主义作家和批评家，是启蒙运动以前法国的一位知识权威和学者。他在《随笔集》（*Essais*，1580）中对诗的批评具有特殊的见解，以简约和自然为美的思想成为蒙田的文学批评理论的核心。蒙田试图在他人的思想中寻求自身灵魂的攀附对象，也就是当代的批评正在探索的一种方法，寻觅作者和作品的意图。

英国维多利亚时代的诗人、文学批评家马修 · 阿诺德（Matthew Arnold，1822–1888）在文学史和思想史上享有崇高的地位，他主张通过文学批评来推行一种社会态度，是文化批评的创始人之一。

爱尔兰诗人、戏剧家王尔德（Oscar Wilde，1854–1900）创导唯美主义艺术运动，宣扬“为艺术而艺术”，提倡审美修养，强调审美批评的主观性，主张批评是创作的创作。“为艺术而艺术”的思想一直影响着建筑界，表现为“为建筑而建筑”，他认为：

“批评自身的确就是一门艺术，就像艺术创造暗含着批评才能的运用一样。”[2]

英国艺术家和批评家约翰 · 罗斯金（John Ruskin，1819–1900）开拓了 19 世纪的艺术批评，在艺术理论、绘画和建筑美学等方面多有建树。他在建筑和艺术装饰领域拥护哥特复兴运动，大力推动实用艺术的发展，使艺术为社会和大众服务，对维多利亚时代的英国艺术审美观产生了重要的影响。此外，罗斯金的文笔优美，使批评本身成为了一门艺术（图 1–2）。

文学批评和艺术批评有着悠久的历史，可以说，批评覆盖了整个文学史和艺术史。在文学批评界有一个现象是从事实践的建筑师需要学习的，那就是除了专业的批评家外，几乎所有的作家都同时从事文学批评，艺术家、文学家和批评家成为一体已经是司空见惯的现象，文学批评和艺术批评与批评的对象——作品完全可以平分秋色。他们既是艺术家，又是理论家，艺术家的批评让批评本身也成为了一种艺术。相比之下，建筑师与批评家成为一体是人们长期以来的理想。当前，十分遗憾的是，我国绝大部分建筑师都不从事建筑理论研究，也很少关注建筑批评，今天的年轻一代建筑师正在逐渐改变这一状况。

图 1-2 英国艺术家和批评家罗斯金

就西方文学批评而言，20 世纪可以说是批评的时代，摆脱了 19 世纪印象式的鉴赏批评，出现了许多新的批评理论。批评和批评的对象相辅相成，因此，批评不再是个人的印象、鉴赏或直觉的描述，也不再是作品的附庸，而是建立在理论基础之上的批评。批评获得了新的自我意识，形成了许多新的方法和价值观念。实质上，这样的境界应当是现代批评家的目标，将批评的理论和方法应用到建筑批评中去，发现并指出作品的价值和意义。在建筑作品中，建筑师知道自己想要表现什么，但是，建筑师只能用建筑的语言去说明设计的意图，而批评家可以既运用建筑的语言，同时也用非建筑的语言去道破“天机”。

也一直有人质疑批评，甚至否定批评的存在。德国哲学家叔本华（Arthur Schopenhauer，1788—1860）则完全否定批评，他认为：

“在极大多数情况下，根本没有批评这种东西。这是一种极为**罕见之物**，其罕见程度不亚于每五百年再生一次的长生鸟。”[3]

叔本华认为可以用鉴赏来替代批评，同时又认为可以用美感来替代鉴赏一词。他提倡的是知性的批评鉴赏力和理智的明辨力，批评的功能就是支持理智明辨力的精神明辨力。叔本华主张批评应当公开，要以反批评制止匿名的批评。其实鉴赏本身就是一种批评（图 1–3）。

图 1-3 《叔本华论说文集》

2）批评学与解释学

批评学与解释学（Hermeneutics）有本质的联系，解释学又称阐释学，起源于古希腊哲学的解释学，其名称源于希腊神话中的专司发布神谕的赫尔墨斯(Hermes)。中世纪演变为圣经解释学和文献学，又称解经原则，研究并解释《圣经》的一般原则，文艺复兴时期的人文主义者将文献学从宗教权威下解放出来。德国神学家施莱尔马赫（Friedrich Ernst Daniel Schleiermacher, 1768—1834）在 19 世纪初建立了圣经诠释学，将解释学应用到表现的创造过程，再现作者的创作环境，分析其意图。德国哲学家威廉 · 狄尔泰（Wilhelm Dilthey, 1833—1911）于 19 世纪末将解释学推向普遍化和理论化，引入哲学的范畴，强调“人文理解”的特性，使解释学转向学术和哲学的方向，成为理解人类的精神创造物以及探讨整个“精神科学”（Geisteswissenschaft）的基础。

图 1-4　德国哲学家海德格尔

图 1-5　德国哲学家哈贝马斯

受狄尔泰的影响，德国哲学家马丁·海德格尔（Martin Heidegger, 1889−1976）的存在主义哲学实质上是以解释学方法为基础的解释学存在主义（图 1−4）。海德格尔的学生汉斯−格奥尔格·加达默尔（Hans−Georg Gadamer, 1900−2002）则主张美学的解释学，就对象而言是美学，就方法而言是解释学。他建立了哲学本体论解释学，并把美学作为哲学解释学的一个组成部分。加达默尔认为，解释学具有普遍性，一切存在都是解释学的研究对象。德国法兰克福学派哲学家和社会理论家哈贝马斯（Jürgen Habermas, 1929−）又在此基础上创立了批判的解释学（图 1−5）。

解释学属于基本学科，它涉及人类研究的特殊方法或人文科学。解释学不仅要求表述感觉，而且必须寻求理解有本质意义的内容，这种理解是通过移情作用或直觉与想象，由内部产生的理解。移情作用（Einfühlung, 英文为 Empathy）是使人们与某个物体合为一体，并参与其肉体和感情知觉的行为。在移情作用下，人们得以分享人物的感情经历，移情理论是现代哲学解释学的基础。解释学方法深入分析作者在作品中所表达的每个细节以及内容的寓意，探索这种寓意，并将其还原到作者所处的时间和空间之中，体验作者的意图。但是，这种批评不能摆脱批评者本身在意识形态上的局限，因此，批评又会回到批评者所处的与作者不同的时空关系之中。

在 1960 年代，解释学发展成接受美学（Rezetionsaesthetik），接受美学的奠基人是德国文艺理论家、美学家尧斯（Hans Robert Jauss，1921−1997），主张从审美经验出发，以读者作为作品创作的中心，认为读者的接受效果会支配文学作品的再生产。

3）当代文学批评

从 20 世纪开始，西方的文学批评经历了非理性转向、语言论转向和文化转向等全面的转向，文学观念发生了很大的变化，文学批评获得了远比以往更为重要的社会地位，20 世纪也被称为批评的时代。1920 和 1930 年代的俄国形式主义，1930 和 1940 年代的原型批评，1940 和 1950 年代的新批评和现象学批评，1960 年代的结构主义和后结构主义批评以及女性主义批评，1970 年代的解构主义和读者反应批评以及符号学理论，1980 年代的对话批评和新历史主义批评，以及 1990 年代的后殖民主义理论等，构成了 20 世纪的文学批评体系，并深刻影响了所有与批评有关的领域。

文学观念的变化最先表现在“俄国形式主义”的批评著作中，诞生于第一次世界大战期间的俄国形式主义是 20 世纪文学批评的复兴，在 1930 年代，由于政治方面的原因而夭折，代表人物有维克多·什克洛夫斯基（Viktor Shklovsky, 1893−1984）、罗曼·雅各布森（Roman Jacobson, 1895−1983）等。什克洛夫斯基在 1917 年发表了他的开拓性论文《艺术即方法》（*Art as Device*），标志着 20 世纪文学理论的重大变化。

1926年10月在布拉格成立的“捷克结构主义”团体继承了俄国形式主义的精华和传统，某些方面得益于德国的传统，代表人物为扬·穆卡洛夫斯基（Jan Mukarovsky, 1891–1975）。

美国出生的英国现代派诗人、剧作家和文学批评家托马斯·艾略特（Thomas Steams Eliot, 1888–1965）在确立20世纪新的批评方法方面做出了巨大的贡献。艾略特故世后出版的评论集《批评批评家及其他》（*To Criticize the Critic*，1965）收有两篇极有价值的评论文章，其中一篇是《批评批评家》。他与英国文学批评家理查兹（Ivor Amstrong Richards，1893–1979）共同创立了“新批评派”（New Criticism），反对背离客体的批评模式，肯定了文学是独立的艺术世界，使批评家的目光由作者转向作品以及作品在读者心中引起的反应。

英国文学批评家、美学家、诗人、语言教育家理查兹在文学批评理论方面是开宗立派的代表人物，早年攻读心理学，自1920年代起在剑桥大学讲授文学批评理论，1929~1931年曾经在我国的清华大学外语系任教，1936至1938年到中国推动“基本英语”运动。他将心理学方法引入文学研究和批评，使批评建立在理性的基础之上。他的文学批评具有科学精神，使批评摆脱了纯粹主观主义，从而走向科学的态度。理查兹的代表作是《意义的意义》（*The Meaning of Meaning*, 1923）、《文学批评原理》（*The Principles of Literary Criticism*，1924）、《实用批评》（*Practical Criticism*, 1927）等，《文学批评原理》被西方批评界誉为现代文学批评的开山之作。《文学批评原理》所倡导的语义学美学是一个建立在新实证主义基础上的美学流派，主张对美学中使用的术语进行语义分析，并且特别重视艺术的价值以及艺术的传达问题。语义学美学把艺术作品看成是一个封闭的系统，与客观的现实世界无关，主张区分“情感语言”和“符号语言”，认为在艺术中使用的是情感语言（图1–6）。

图1–6 《文学批评原理》

英国批评家、诗人威廉·燕卜荪（William Empson, 1906–1984）于1906年生于英国约克郡，1920年进入温彻斯特学院学习，1925年进入剑桥大学攻读数学，受艾略特的影响，自1928年起改为研究英国文学，师从理查兹。他的著作《朦胧的七种类型》（*Seven Types of Ambiguity*, 1930）代表了新批评派的观点。英美新批评派是西方现代文艺批评中的一个重要流派，对现代文学批评理论与实践产生了极大的影响。威廉·燕卜荪曾经于1937年至1940年在中国的西南联大教授英国文学，为中国培养了一大批研究西方语言文学的杰出人才。他于1946年年底至1952年重返北京大学任教，1953年起在英国谢菲尔德大学英文系任教，一直到1971年退休（图1–7）。

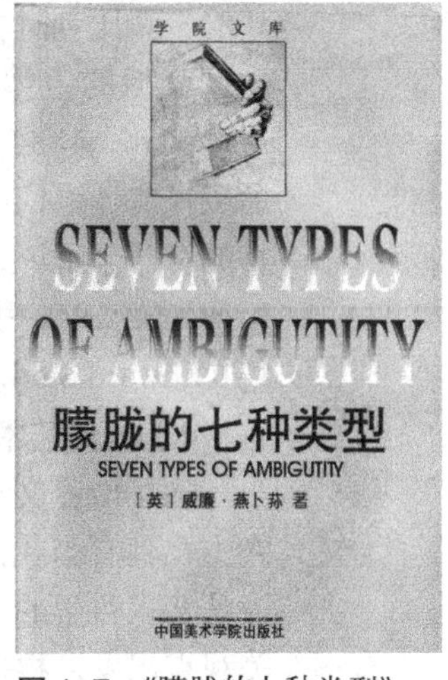

图1–7 《朦胧的七种类型》

开启了原型批评和意象批评的加拿大文学批评家诺斯罗普·弗莱（Northrop Frye，1912–1991）是英语世界有史以来最重要的文学批评家之一，他的《批评的解剖》（*Anatomy of Criticism: Four Essays*，1957）被誉为改变了文学理论的一部论著，开辟了文学批评作为一门独立学科的历史。弗莱认为：

"文学批评的对象是一种艺术，批评本身显然也是一种艺术。"[4]

图 1–8　法国文论家巴特的《符号学原理》

另一个重要的批评学派是在 1960 年代出现的影响极为广泛的"法国结构主义"，自法国结构主义文论家罗兰·巴特（Roland Barthes, 1915–1980）以来的文学批评，既是批评的文本又是文学著作，这并非单纯由于其优美的风格，而是因为艺术作品的地位发生了变化。西方的文学批评经历了从重点研究作者的创作转移到重点研究作品文本，又从重点研究文本转移到重点研究读者，这是文学批评观念和理论带有根本意义的历史性变化（图 1–8）。

西方现代文学批评具有代表性的流派还有伦理批评、社会批评、精神分析批评、心理批评、原型批评、结构主义批评、后结构主义批评、解构批评、女性主义批评和历史主义批评等，其种类之多远远超过当代的文艺流派。

德国文学批评家和美学家瓦尔特·本雅明（Walter Benjamin，1892–1940）和匈牙利马克思主义哲学家、文学批评家哲尔吉·卢卡契（György Lukács, 1885–1971）的社会学批评，美国文学批评家和马克思主义政治理论家弗雷德里克·詹明信（Fredric Jameson，1934–）的文化批判，苏联文学理论家和批评家米哈伊尔·巴赫金（Mikhail Bakhtin，1895–1975）的对话理论，奥地利心理学家弗洛伊德（Sigmund Freud，1856–1939）等的精神分析批评，以瑞士文艺理论家马塞尔·雷蒙（Marcel Raymon，1897–1984）和比利时文艺理论家乔治·布莱（George Bray, 1902–1991）等为代表的日内瓦学派的主体意识批评，法国哲学家和文学批评家加斯东·巴什拉（Gaston Bachelard，1884–1962）的现象学批评和客体意象批评，意大利符号学家和作家翁贝托·埃科（Umberto Eco, 1932–2016）以及法国社会评论家、文学批评家罗兰·巴特的符号学批评，保加利亚裔法国哲学家和文学批评家朱丽亚·克里斯蒂瓦（Julia Kristeva，1941–）的互文性理论，巴勒斯坦裔美国文学批评理论家爱德华·萨义德（Edward Said, 1935–2003）的后殖民批判等，都在不同程度上影响了建筑理论。

4）当代艺术批评

除了借鉴文学批评理论以外，艺术批评也是建筑批评学的一个重要源泉。事实上，具有当代意义的建筑批评源自艺术批评，而且主要是艺术史批评。艺术批评是艺术科学的一个组成部分，是从一定的思想意识、价值体系、艺术哲学和审美观点出发，根据一定的批评标准，对艺术作品的形式、构成与艺术创意从理论上加以鉴别、分析和批评，也就是对艺术作品的本质和意义的评价，同时也包括对艺术家、艺术运动、艺术思潮、艺术流派等所进行的批评。艺术批评和鉴赏与对作品的把握密切相关，然而艺术批评又不同于艺术鉴赏，它是艺术鉴赏的深化和发展。艺术鉴赏是对作品的审美感受，艺术批评则通过理性思维对艺术作品进行科学判断和价值判断。艺术批评的目的并不是单纯地再现鉴赏过程中的具体感受，而是根据鉴赏实践，并通过理论分析，对艺术作品的社会价值和审美价值做出评价。

艺术批评的最主要的功能是发现并阐释新的艺术，使之能被理解并得到公正的评价。对艺术批评家而言，历史上的艺术作品固然重要，但更为重要的是当代的作品，过去的艺术作品已经归于艺术史。艺术史可以帮助人们理解那些古代和近代艺术作品的价值和意义，建立并巩固艺术传统。美学从哲学的角度反思艺术，可以帮助人们涉及艺术的本质以及一些基本问题。只有艺术批评才能把人们带到艺术世界的前沿，阐明当代艺术作品的根源及其意义，诠释当代艺术作品所表达的情感和理想，论述当代人们所拥有的审美态度、审美情趣和价值观。英国艺术史学家和批评家理查德·肖恩（Richard Shone，1949–）和美国艺术史学家约翰－保罗·斯托纳德（John–Paul Stonard）在他们主编的《塑造了艺术史的书：从贡布里希和格林伯格到阿尔珀斯和克劳斯》（*The Books That Shaped Art History: From Gombrich and Greenberg to Alpers and Kraus*，2013）中列举了20世纪最重要的艺术史学家、理论家和他们的艺术史著作，他们是瑞士艺术史学家海因里希·沃尔夫林（Heinrich Wölfflin，1864–1945）的《艺术史的基本概念》（*Kunstgeschichtliche grundbegriffe; das problem der stilentwickelung in der neueren kunst*，1915），美国艺术史学家欧文·帕诺夫斯基（Erwin Panofsky, 1892–1968）的《早期荷兰绘画：起源与特征》（*Early Netherlandish Painting: Its Origins and Characters*, 1953），英国艺术史学家贡布里希（Ernst Hans Gombrich, 1909–2001）的《艺术与错觉：绘画再现的心理研究》（*Art and Illusion: A Study in the Psychology of Pictorical Representation*, 1960），美国艺术批评家克莱门特·格林伯格（Clement Greenberg，1909–1994）的《艺术与文化：批评文集》（*Art and Culture: Critical Essays*, 1961），美国艺术史学家、艺术家和批评家斯维尔塔娜·阿尔珀斯（Sveltana Alpers，1936–）的《描写性艺术：17世纪的荷兰艺术》（*The Art of Describing: Dutch Art in the Seventeenth Century*, 1983）以及美国艺术批评家和理论家罗莎琳德·克劳斯（Rosalind Krauss，1941–）的《先锋派的原创性和其他现代神话》（*The Originality of the Avant Garde and Other Midernist Myths*，1985）等。该书还列举了英国艺术史学家佩夫斯纳（Nikolaus Bernhard Leon Pevsner, 1902–1983）的《现代建筑运动的先驱者——从威廉·莫里斯到沃尔特·格罗皮乌斯》（*Pioneers of the Modern Movements from William Morris to Walter Gropius*, 1936）（图1–9）。

PIONEERS OF THE
MODERN MOVEMENT

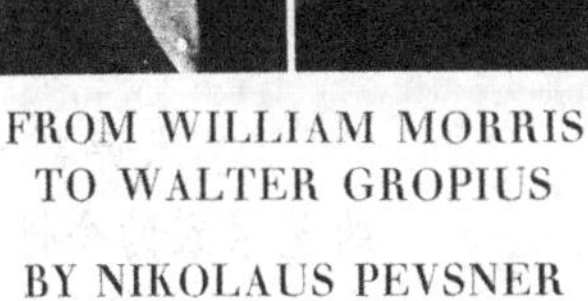

FROM WILLIAM MORRIS
TO WALTER GROPIUS

BY NIKOLAUS PEVSNER

LONDON: FABER & FABER

图1–9 佩夫斯纳的《现代建筑运动的先驱者——从威廉·莫里斯到沃尔特·格罗皮乌斯》扉页

此外，德国古代艺术史家、美学家、古代艺术史研究的创始人温克尔曼（Johann Joachim Winckelmann, 1717–1768），瑞士艺术史学家、近代美术史学的奠基者雅各布·布克哈特（Jacob Burckhardt,

1818—1897），奥地利艺术史学家阿卢瓦·里格尔（Alois Riegl, 1858—1905），奥地利艺术史学家马克斯·德沃夏克（Max Dvorak, 1874—1921）等人都曾经对推动艺术史的发展作出了卓绝的贡献。

阿洛伊斯·里格尔是西方学术界公认的，19 与 20 世纪之交少数几位天才艺术史学家之一，他曾经在维也纳艺术博物馆专注于古代艺术的研究，他的代表著作是《风格问题》（*Stilfragen*，1893）和《罗马后期的艺术工艺》（*Spätrömische Kunstindustrie*，1901）。里格尔曾经担任维也纳艺术与工业博物馆的织物管理员，他的工作是为东方地毯分类，使他能够对精巧复杂的图案进行描述和分析，成为《风格问题》的突出特色。1889 年，里格尔开始在大学任教，他在 1890 年和 1891 年讲授装饰艺术史的课程，《风格问题》就是他的第一本艺术史著作。里格尔是最早将艺术史作为一个哲学命题提出来的，他认为艺术文化的历史变迁是不受人类劳动实践所支配的精神现象。他在西方艺术史上第一次把艺术史作为人类审美意识的发展史来理解，力图建立一种历史源流的连续性。他将艺术史的编写纳入一个哲学体系，将艺术的发展归结为“艺术意识”，使艺术史跳出了纯绘画、雕塑和建筑的范畴。里格尔主张的“艺术意识”（Kunstwollen）与黑格尔的“绝对理念”有着直接的联系。

图 1–10　文杜里的《西方艺术批评史》

继承了德国哲学家康德（Immanuel Kant, 1724—1804）和黑格尔（Georg Wilhelm Friedrich Hegel, 1770—1831）的艺术史观，沃尔夫林的《艺术史的基本概念》对艺术史和方法论做出了重要的贡献，提出了著名的五对艺术史的概念：线条与图绘，平面与深度，封闭与开放，多样性与统一性，明晰与朦胧。德国艺术史学家威廉·沃林格（Wilhelm Worringer, 1881—1965）在《抽象与移情》（*Abstraktion und Einfühlung*，1908）中所揭示的艺术在抽象与移情这两极之间运动的规律，为先锋派的兴起和发展提供了理论依据，被尊奉为“先锋的先锋”。

意大利艺术史学家里奥奈罗·文杜里（Lionello Venturi, 1885—1961）的《西方艺术批评史》（*The Critical History of Western Art*, 1936, 1948）从历史的经验中寻找正确的艺术批评，是历史上第一部艺术批评史（图 1–10）。文杜里主张：

“艺术评判的重要条件是要有对于艺术的总体观念，但同时又要按照所评判的艺术家的个性去认识它。”[5]

讨论艺术批评的时候，我们必须提及德裔美国艺术史家帕诺夫斯基，他是 20 世纪西方艺术史学界最负盛名的学者，其影响远远超出了艺术史的领域。在西方，艺术史之所以能成为一个颇为人文科学赢得声誉的领域，是与帕诺夫斯基的贡献分不开的。当代艺术史的发展主要依赖于成为正统的帕诺夫斯基的方法论体系，帕诺夫斯基的方法论体系的主要特点是在历史关系中确定研究的地位，以及诠释艺术所体现的个人与文化的思想。帕诺夫斯基以扎实的哲学基础提供艺术史批评，将视觉艺术设想为文化整体的一部分，并包含了不同历史时期西方世界的科学、哲学、宗教思想、文学和学术。

图 1–11　帕诺夫斯基的《视觉艺术的含义》

帕诺夫斯基的《视觉艺术的含义》（*Meaning in the Visual Arts*, 1955）集中反映了他的美学思想，不仅论述了西方艺术的通史，同时也涉及了某些艺术的断代史和艺术理论的一些专门课题，批判性地探讨了视觉结构与观念范畴之间的对应性，从而捍卫了文化的整体性。帕诺夫斯基的方法论体系包括三个形式的和经验控制的分析阶段，也就是由局部到整体，然后再返回到局部的过程。帕诺夫斯基的主要论著还有《符号形式的哲学》（*Perspective as Symbolic Form*, 1927）、《图像学研究》（*Studies in Iconology*, 1939）等，帕诺夫斯基代表了西方艺术学发展的水平（图 1–11）。

艺术批评家格林伯格是美国最有影响的现代艺术理论家，他的论著奠定了现代主义艺术的理论基础。格林伯格强调艺术的自我限定和自我批评，提出了艺术的自我批评实践的概念，他的《前卫与媚俗》（*Avant-Garde and Kitsch*, 1939）论述了前卫艺术的危机，主张艺术的自律和独创性。格林伯格在《现代主义绘画》（*Modernist Painting*，1960）一文中指出：

> "现代派的精髓在于运用某一学科的独特方法对这门学科本身提出批评，其目的不是破坏，而是使这门学科在其权限领域内处于更牢固的地位。"[6]

作为时代的发展以及对现代主义的反思，发端于 1960 年代末的后现代主义批评方兴未艾，后现代主义是多元化时期的包容意识，是以文化批评为核心的文学和艺术批评，而不是通常所误解的后现代历史主义。后现代主义批评是由多元的范式和论题构成的，以法国哲学家让 – 弗朗索瓦 · 利奥塔（Jean-François Lyotard，1924–1998）对现代主义"大叙事"原则和技术的质疑、美国当代马克思主义政治理论家詹姆逊的文化批评为代表，理论领域包括现象学、美学、语言学、批评符号学、结构主义、后结构主义、解构、马克思主义、生态美学和女性主义批评等。

处于转型中的当代艺术批评关注现代与现代性的关系、当代艺术实践及其模式、文化和识别性、艺术批评与文化批评的关系等，都关注批评理论，并重新思考美学问题。当代艺术批评的领域已经延伸到建筑领域，当代艺术批评理论也是建筑批评的重要源泉。

1.1.2　批评与建筑批评

从词源学来看，"批评"一词的应用范围十分广泛，它的词义来源于与"危机"有关的内涵。在希腊文中，"krités"的意思是"裁判"，"krinein"的意思是"判断"。"kritikós"的原意是"文学批评家"，从公元前 4 世纪开始指涉批评家。"批评"与"危机"两个词都出自相同的希腊文词根，在医学上，这个词代表病人会康复或死亡的临界时刻。在法律上表示经过审理之后，法官要在有罪与无罪之间作出判决的时刻。在中世纪，“批评”一词只用作医学名词，意思是“危象”和“病危”，一直到文艺复兴时期，“批评”才恢复其原来的意义。

批评涉及判断（Judgement）、结论（Decision）、批判（Criticism）。批评的意思是说明、分析、评价、论证和鉴定，英语的 criticism，拉丁语、意大利语和西班牙语的 critica，法语的 critique，德语的 Kritik 都由此演变而来。一般把艺术鉴赏者对作品在深层次上的质量和意义所作的判断，尤其是价值判断，称为批评。

在 20 世纪的文学批评理论中，由于理查兹、诺斯罗普·弗莱等文学批评理论家的思想推动，文学批评成为了一门独立的学科。“criticism”这个词也由于理查兹的《文学批评原理》（1924）和美国文学批评家兰色姆（John Crowe Ransom，1868–1974）的《新批评》（*The New Criticism*，1941）而重新得到确认。

批评涵盖了诸多学科领域，批评的跨学科现象以及学科之间的对话，当代批评涉及生态、历史、文化、空间、场所、身份、政治、伦理、物质性和非物质性等问题，说明“批评”已经超越学科领域，成为某种接近世界观或者哲学体系的理论与实践。

1）危机与批评

在文学批评术语中，“**批评**，或更具体地称之为文学批评，是指研究有关界定、分类、分析、解释和评价文学作品的一个总的术语。**理论批评**是在普遍原则的基础上提出的明确的文学**理论**，并确立了一套用于鉴别和分析文学作品的术语、区分和分类的依据以及用于评价文学作品及其作者的**标准**（原则或规范）。”[7]

由于批评与危机的关系，批评与危机两者不可分，显然只有意识到危机，才有可能进入批评的领域，它们的意义隐含着希腊文词根“区分”（Separation）。西班牙当代哲学家、建筑理论家伊格纳西·德索拉－莫拉莱斯·鲁维奥（Ignasi de Solà-Morales Rubió，1942–2001）在《差异——当代建筑的地标》（*Diferencias: topogafia de la arquitectura contemporánea*，1997）一书中认为：

“建筑批评意味着置身于危机内部并且运用高度的警觉与孤独寂寞，对危机的感知构成了评论的起点。意识到危机的存在意味着对危机加以诊断，表达某种判断，借此区分出在特定的历史情势下一起出现的各种原则。建筑评论并不是一种文学风格，亦非一种职业。建筑评论是一种知性的态度，让论述变成——在孤独寂寞并且意识到危机的存在下——判断、区分与决定。”[8]

当代建筑与当代艺术都处于危机状态，亟需寻找出路。建筑师和艺术家在设计和创造的过程中需要思考并回答许多非传统领域的问题，建筑的危机与艺术、文化以及集体意识的危机具有平行发展的关系。建筑批评和艺术批评必须面对社会问题，通过广泛多样的个人行为以及社会和制度实践进行价值判断，从而揭示出作品及其作者的内在世界。建筑批评更是一个开放而又连续的过程，建筑批评阐发的思想可以拓展建筑作品的内涵，发扬建筑师及其作品的价值，赋予建筑作品和建筑师以开放性以及走向未来的价值。

2）建筑批评的作用

建筑批评是对建筑师及其鉴赏者、使用者直接起作用，而又基于理论指导的一种观念性与实践性相结合的活动，它自身有着与建筑作品的创造有所区别的价值，是整个建筑体系的有机组成部分。批评和创造是建筑实践过程中在本质上相互联系、相互促进、相互影响、相辅相成的两个基本方面。建筑批评又称为建筑评论，建筑批判。然而，就严格意义而言，建筑批评又与建筑评论有所区别。一般来说，建筑评论是对具体的建筑作品的描述、分析、鉴赏和评价，而建筑批评则更加注重对某一件建筑作品、一系列建筑作品或建筑的某种整体的价值和意义作出评价和判断，这种判断通常以一定的批评标准为基础，并对如何得出评价结果作出解释。批评家的意识、知识、审美和价值取向在这里起着关键的作用。

建筑批评的说明与分析功能是建筑批评的最基本的形式，从现象学批评的观点来看，在分析、评价和判断这三种功能中，在超前判断的基础上，在思维和虚拟的形态上建构未来的客体，实现其预测的功能。在预测未来客体的基础上，可以形成虚拟世界的价值关系，从而按照价值序列进行选择。社会的进步、建筑艺术的进步，离不开建筑批评的促进作用。

建筑批评具有四种基本功能：分析、评价、判断和教育功能。这四种基本功能相互渗透，互为因果。总的说来，无论是分析功能、评价功能、判断功能还是教育功能，归根结底都是评价和判断。不同的批评模式，会在这四种功能中分别有所侧重。

首先肯定分析功能，认识、描述并诠释批评的对象，分析功能指引其他的功能，批评家在从事说明时的角色类似于学问家。分析功能是辨识和论证批评的对象。评价功能是将建筑作品看作研究的对象，这时，批评家的作用类似于科学家，引用因果关系，从心理学的角度论述建筑师的思想以及形成这种思想的社会环境。同时，以社会及人的需要为标准，对已经存在的或未来可能存在的客体做出审美的、功能的、技术的、经济的各个方面的价值判断和规范判断，从而树立批评的标准。

按照美国当代哲学家诺埃尔·卡罗尔（Noël Carroll，1947–）在《论批评》（*On Criticism*，2009）一书中的观点，批评有七种功能，或者说是七道操作程序：

> “描述、分类、定位、解释、传译、分析和评价。”[9]

卡罗尔认为，前六项都是评价的基础，描述属于内在的批评，定位则属于外在的批评。这六项功能和操作并非在所有的批评中都存在，往往只要有其中的一项就可以了，而评价则是必不可少的功能，属于核心功能。其中，描述、解释和传译其实是相似的功能，属于评价，分类和定位则属于判断（图1–12）。

图1–12 卡罗尔的《论批评》

建筑批评既是对建筑实体的批评，也涉及虚拟建筑的批评；既是对建筑文本即作品的批评，也涉及对建筑师的批评；既是对拟建建筑的批评，也涉及建筑方案的选择及评审；既是针对建筑师自身作品的批评，也涉及建筑师如何评价他人的问题。

就实质而言，批评是生产性的活动。这种活动以人及社会的需要为尺度，审视建筑的创造过程，分析建筑语言与环境、建筑语言与思想的关系，形式与意义的关系，揭示建筑与人及社会的关系，预想并建构未来的建筑。因此，建筑批评是一种具有生产意义的实践活动，是一种具有开放性的创造过程。建筑批评汲取相关学科和艺术领域的研究或创作成果，建立并涵盖各种批评的方法与模式。建筑批评也属于创造性的领域，但是这种创造有赖于建筑批评客体的存在，使客体更为完善而又成熟，更接近理想。

批评是一种使本质和思想得以相互渗透的方式，批评使作品得以延续、得以开放，从全新的角度认识并剖析作品，从而建构未来的作品。就本质而言，批评是社会及社会中的人把握客体对社会、对人的意义、价值的观念性以及创造性的活动。建筑批评的客体就是与建筑及建筑活动有关的各个领域，建筑批评也具有实用上的意义，可以用于建筑教学，用于建筑设计过程中的研究和探讨，用于设计竞赛和投标以及优秀设计作品的评选，也可以用于新闻报道等。

3）建筑批评学的内容

在一般的建筑评论中，批评家只是针对建筑文本进行批评，而对于批评家的建筑批评所运用的范式、概念系统、价值标准、批评活动的基础与前提等理论问题，缺乏批判性思考。事实上，建筑批评的对象不仅是建筑作品本身，也包括所涉及的社会和文化环境等。建筑批评是沟通建筑与建筑师、建筑与公众、建筑与社会的重要环节，是建筑历史的认识论基础，也是建筑史的一个重要的理论基础。建筑史观和建筑批评是互为前提的，建筑史观作为建筑批评的前提直接奠定了建筑批评的原则和标准，而建筑批评在认识论方面的理论又是建筑史观的源泉之一。建筑批评和建筑史批评的一致性是建筑批评学的基本原则，建筑批评学的方法是在总结建筑批评经验的基础上，提出关于建筑批评的普遍规律，分析建筑批评的操作原则，归纳建筑批评的基本模式，寻求建筑批评的理论依据，讨论建筑批评的标准等。

建筑批评学与建筑史和建筑美学之间存在着相当多的交叉重叠，作为一门学科，建筑批评学在理论方面的探索必然会涉及建筑史的许多问题。然而，即便是在后面章节中会讨论的历史批评，就严格意义而言，也不属建筑史的范畴。建筑史不仅是指构成建筑史的事件，而且涉及研究这些事件的学科。某些建筑史也可以称之为建筑批评史或建筑的历史学。建筑批评在分析过程中也必然会涉及建筑美学的观点和方法，批评所作出的任何判断都必须以清晰、深厚的理论基础作为前提，在这方面，建筑批评学与建筑美学又有相似之处。建筑美学是建筑批评的理论基础之一，然而，建筑批评学与建筑美学所探索的并不是同一个问题，建筑史、建筑批评学和建筑美学已经成为超学科的学科，这三门学科都具有多学科综合的性质。

图 1–13　维特鲁威

自古罗马维特鲁威（Marcus Vitruvius Pollio, 活动时期为公元前 46 年—公元 30 年）的《建筑十书》（*De architectura libri decem*）以来，与建筑理论一样，建筑批评经历了从历史批评、艺术批评到理性批评，又进入哲学和文化批评的阶段（图 1–13）。建筑批评与建筑的历史演变有着十分密切的关系，建筑批评反映了建筑的这种演变，尤其是反映重大的历史变化。20世纪的建筑经历了历史性的变革，尤其是1960年代以来，发生了激烈的动荡和变化。随着建筑的发展，这个时期以来的建筑理论和建筑批评本身也经历了根本性的变化，建筑理论和建筑批评回应了现代主义的建筑危机，探求了建筑的现代性，引入了符号学、结构主义、现象学、后结构主义哲学等文化理论。一方面，建筑的话语系统已经向哲学及文化理论等领域开放，另一方面，哲学及文化理论也向建筑领域延伸，这也是当代建筑理论和建筑批评的一个基本特征。

建筑批评学从哲学、美学、艺术理论、艺术史、语言学、伦理学、心理学，尤其是知觉心理学和环境心理学等领域汲取理论源泉。此外，艺术批评学也为建筑批评学提供了有益的理论基础。长期以来，建筑理论和建筑批评一直都是建筑领域与非建筑领域的哲学家、史学家、理论家和建筑师的研究范畴，建筑理论和建筑批评始终涉及多学科的综合与交叉。由于建筑理论与建筑批评在思想方法和哲学思辨层面上的相通，建筑批评是建筑史、建筑理论和建筑批评的同一，也是哲学和文化理论、自然科学、社会科学与技术美学的统一。

历史上的建筑批评源自美学，源自艺术史和艺术理论，同时，也从文学批评和艺术批评中得到借鉴。当代建筑批评融入了诸多学科领域的知识，如哲学、历史学、社会学、语言学、符号学、精神分析学等，而上述这些学科往往也将建筑纳入他们的研究对象。传统的建筑批评与艺术批评的风格分析、类型学研究和图像学方法已经受到挑战，当代建筑批评与艺术批评从哲学和其他学科领域汲取营养，借鉴并应用现象学、精神分析学、语言学、后现代主义、解构主义和女性主义等方面的理论。这一现象的出现首先是因为建筑与艺术领域的扩展，对于许多新的领域和涉及的问题需要进行深层次的思考，需要汲取新的思想和理论。当代哲学研究同样也研究建筑批评与艺术批评所关注的问题，诸如人及其知识形式——思维、人与自然现实、人与社会现实、人与语言、人与行为等。

1.1.3 建筑批评学及其相关学科

建筑的重要性质决定了建筑是社会的建筑、理性的建筑。建筑需要从自身领域以外的哲学、文学、语言学、符号学等非建筑学的领域寻求理论支柱。没有哪一个领域能够像建筑那样，涉及如此众多的社会领域和物质资源，影响如此深远。建筑师和创造建筑的人们担负着十分重大的社会责任、历史责任、环境责任和教育责任。建筑批评应当促进思想上的实验，提倡中国建筑的实验性和先锋性，努力创造具有批判意义的优秀建筑，奠定当代中国的建筑文化基础。

建筑批评学是关于建筑批评的理论，以建筑批评作为研究对象，关注建筑理论、批评的形成过程以及批评的模式和方法，讨论建筑批评本身的特征和价值。因此，建筑批评学涉及的范围大致框定在建筑批评的研究范围内，也就是说，大致框定在建筑师，建筑作品，设计、建造及使用建筑的过程和使用建筑的社会群体和社会个体，以及联系上述各个对象的联系环节。

建筑批评学是建筑理论的重要组成部分，既涉及建筑的本体论，也涉及建筑的认识论和方法论，是研究建筑批评的理论。建筑批评学阐述建筑批评的原理和模式，是建筑学的一个分支学科，属跨学科的领域。

当代建筑涉及的学科基础十分广泛，建筑师面对的学科领域已经从传统意义上的哲学、建筑美学、建筑史、城市规划、艺术史、历史学、文学、语言学、工程技术等，向其他学科领域，诸如城市设计、社会学、生态学、人类学、精神分析学、信息论等拓展，此外，上述学科领域也在不断地转型和开放。建筑批评的相关学科领域也在相应地得到拓展。

1）建筑理论与建筑批评

历史上的建筑批评属于艺术批评的范畴，建筑批评借鉴了艺术批评与文学批评的原理。建筑理论、建筑史和建筑批评在今天已经成为三门并立而又相互融合的学科，这三门学科的系统性和完整性有赖于它们的同一性。美术史学界已经逐渐认识到艺术批评、艺术史和美学这三门学科的同一性。艺术史，就其本质而言，必然具有判断性的意义。意大利艺术史学家文杜里主张艺术史、艺术批评和美学的统一，认为一切艺术史都是批评史：

“由于三种学科分离的绝对化已达到了可笑的地步，我们应设法使之统一……把艺术史推向谬误的最严重的情况是，使艺术的历史和艺术的批评分离。如果一个事实不是从判断作用的角度加以考察的，则毫无用处；如果一项判断不是建立在历史事实的基础之上的，则不过是骗人。”[10]

建筑理论、建筑史和建筑批评是相互交叉、相互渗透、相辅相成的学科。建筑理论包括建筑的本体论、价值论和方法论，包括建筑哲学和建筑美学，也包括人居环境学、建筑设计原理、建筑心理学、建筑人类学、建筑生态学等学科，研究建筑的本质、范畴、实践与生产等，注重建筑的普遍性。当代建筑理论已经成为一门交叉学科，美国建筑理论家凯特·内斯比特（Kate Nesbitt）指出：

“理论是一种话语系统，它描述了建筑的生产与实践并确定了建筑学所面临的挑战……理论提出了一种基于对学科现状的观察之上的另一种解答，或是提供处理问题的新的思想范式。理论活动以其推理、预测、和催化的特征而区别于建筑历史和建筑评论。理论对不同层面的抽象概念起作用：评价建筑职业、建筑的意旨，以及建筑普遍的文化关联性。理论研究建筑的建成状况，也同样研究建筑学的学科理想。”[11]

对于具体的建筑作品、建筑师、建筑流派和建筑事件的研究，建筑的标准及其应用等，则属于与建筑理论相关的建筑批评和建筑史的领域。建筑史更着眼于过去，而建筑批评则更注重建筑的特殊性与普遍性的关系，关注当下，引导未来。建筑批评在建筑理论的基础上，以一定的模式，客观、科学、艺术而又全面地对建筑批评的对象进行批评。建筑批评是把握评价客体对于人和社会的意义和价值的一种观念性和实践性的活动，是一个连续的过程，通过广泛多样的个人行为以及社会和制度实践进行运作，从而揭示作品及其作者的内在世界。通常情况下，建筑师只能用自己的建筑作品说话，而能够亲身看见这件作品或者使用这件作品的人，在一般情况下，只是全部人群中的极小部分。建筑批评则可以起到丰富并延伸作品、作者及其价值的作用，让广大无缘与作品直接发生联系的包括建筑师和非建筑师在内的人群认识并理解作品，赋予作品开放性以及附加的价值。

实际上，我们通常所涉及并接受的建筑理论并非是系统的理论，纵观历史上的建筑理论，大部分都是一种批评，一种从个案研究推及普遍的理论批评。当代社会经济和文化的发展、学科的交叉和综合，已经不太可能再撰写一部全面整合涉及建筑的各种领域的知识和观点的建筑总论。面向当代思想的论争和思潮，面向建筑的当代和未来发展的建筑批评必然成为建筑理论的核心，因此，建筑理论与建筑批评的融合是必然的趋势。我们无法想象一种脱离建筑批评和建筑史的建筑理论，无法想象一种脱离建筑理论和建筑史的建筑批评，也无法想象一种脱离建筑理论和建筑批评的建筑史。这三门学科之间的相互渗透、相互蕴涵和相互借鉴是十分重要的。建筑批评应当与建筑史和建筑理论综合，需要完善建筑理论、建筑史和建筑批评这三门学科的同一性。

2）建筑批评的多学科交叉

不同学科领域的交叉和相互融合推动了建筑理论和建筑批评的发展，哲学家和文化理论家往往也涉足建筑理论和建筑批评。意大利思想家翁贝托·埃科既是哲学家，又是历史学家、符号学家、文学家和美学家，他的《功能与符号：建筑符号学》（*Function and Sign: Semiotics of Architecture*，1968）奠定了建筑符号学的基础（图 1–14）。

图 1–14 意大利思想家埃科

当代的理论及批评的话语，甚至所涉及的学科领域的边界都已经模糊，或者说是边界的开放，每一种话语都向其他学科开放，甚至延伸至数学、物理学等领域。非建筑领域学者的介入意味着，建筑理论的边界已经向非建筑领域开放，跨越学科边界并非混淆学科的原则及其边界，并非否认其特殊性和差异，而是揭示了各个学科领域的思想方法和批评模式的同一性，同时，也跳出一般习惯性的观点来考察建筑。建筑理论和建筑批评与其他学科领域的结合，将为建筑的发展提供新的机遇。当然，就本质而言，哲学家和文化理论家对建筑的关注更多地是出于“终极关怀”，而不是具体的建筑话语。他们已经认识到建筑的重要性，认识到建筑界提出的后现代主义对文化世界的作用。正如法国社会学家让·博德里亚（Jean Baudrillard，1929–2007）在与让·努维尔的一次对话中所说：

“我向来对建筑不感兴趣，没有什么特殊情感。我感兴趣的是空间，所有那些使我产生空间眩惑的‘建成’物……这些房子吸引我的并非它们在建筑上的意义，而是它们所转译的世界。”[12]

法国当代文学批评家和科学哲学家加斯东·巴什拉的《空间的诗学》（*La poétique de l'espace,* 1957）从现象学的角度关注家宅和内心空间，对内部空间的内心价值作现象学的研究，在统一性和复杂性中研究家宅。他在引言的一开头就指出：

“一个哲学家，如果他的整个思想都是围绕科学哲学的基本问题而形成的，他曾一度如此坚定不移地追随主动的理性主义，即当代科学中日益兴盛的那种理性主义，那么当他想要研究诗歌想象力所提出的各种问题时，就必须忘掉他的知识，摆脱他所有的哲学研究习惯。”[13]

1960年代以来，建筑的危机使人们丧失了对现代建筑的信心，对现代主义产生了许多责难，缺乏人性化的集装箱式建筑已经为人们所不齿。在反思现代主义建筑运动以来的建筑发展过程中，出现了两种对立的思潮：一种是完全迎合当前流行的生产和消费方式，试图改造现代建筑运动，站在现代性的立场上主张批判性地回归并超越现代建筑。其中不乏在维持现代主义轨道的同时又摒弃现代主义的倾向。另一种思潮是有意识地反对这种生产和消费方式，彻底否定现代主义建筑的原则，提倡新历史主义，复兴历史建筑，提倡后现代主义的舞台布景式的建筑。在后现代主义建筑思潮中，还有两种相关的对历史主义的立场，即对待历史传统的态度和使用传统形式的艺术实践。后现代主义中崇尚历史的建筑师，在艺术实践中通过诸如拼贴、混合或重构等方法使用古典元素或其他历史时期的风格。反现代理论提倡与现代性“彻底决裂”，另辟蹊径，或以批判性的新视野前瞻未来，或对传统保守地加以复兴，以反观过去。回归现代理论则持改良的立场，期望完成和拓展现代文化传统。回归现代理论的改良主义者从现代主义思想中继承并延续了许多观念，致力于转换并提升这些观念。

按照德国哲学家和社会理论家哈贝马斯的观点，这两种思潮是位于两极的两种张力，而这两种张力实质上处于与现代主义建筑对立的同一个平台上。哈贝马斯曾经发表过一篇关于建筑的论文《现代与后现代建筑》（*Modern and Postmodern Architecture*，1981），文中指出，现代建筑运动是面对三种挑战的结果：对建筑设计实质性的新需求；新材料和新的建造技术；新的功能和经济，劳动力、土地和建筑的资本主义式流动。哈贝马斯研究了后现代建筑的后传统倾向，指出我们的城市概念是和生活方式联系在一起的。

建筑理论曾经替代建筑领域的哲学思辨，建筑理论试图诠释建筑这个特殊领域的哲学问题。自1960年代以来的批判性内省，试图为建筑指出未来的方向，然而，自成体系的建筑理论作为内省的工具，已不能胜任批判的任务。来自外部的批判为建筑提供了新的动力和工具，尤其是哲学批判、文化批判，为建筑批评提供了理论支柱。许多非建筑界的人士，诸如哲学家、符号学家、思想家、心理学家、社会学家、文化理论家、文艺理论家、作家、音乐研究家等，也都以不同的方式介入建筑批评。典型的例子是被广泛引用的德国哲学家海德格尔的《建筑·栖居·思想》（*Building*，*Dwelling*，*Thinking*）、哈贝马斯的《现代与后现代建筑》、法国作家和批评家乔治·巴塔伊（Georges Bataille, 1897–1962）为大百科全书写的条目《建筑》（*Architecture*）、福柯的《全景敞视主义》（*Panopticism*）、法国哲学家和社会理论家亨利·列斐伏尔（Henri Lefebvre, 1901–1991）的《空间的生产》（*The Production of Space*，1986）、法国社会学家博德里亚的《布堡效应：聚爆与威慑》（*The Beaubourg–effect: Implosion and Deterrence*，1976）、詹明信的《未来城市》(*Future City*, 2003) 等，都已成为当代建筑理论的经典文献。这些论著很难单纯地用传统的建筑理论或哲学和美学的框架来理解，而是融汇多学科话语系统的论著。

由此说明，从建筑作品出发的建筑批评必然涉及与建筑有关的各个学科，建筑批评学作为一门学科，与艺术批评学、文艺批评学等学科组成了批评学体系。建筑批评学从社会科学和自然科学以及工程技术等各个领域中借鉴观点和方法，成为了一门独立的学科。尽管目前建筑批评学的体系仍有待完善，但其影响和重要性是不可忽视的。

3）哲学与建筑批评

有史以来，结合理性与感性的思考，建筑师在不断寻求形而上学和感觉经验的帮助，哲学和科学成为建筑学的形而上力量的源泉。维特鲁威在《建筑十书》第一书的序言中论述建筑师的培养时，从修养和伦理的角度谈到建筑师与哲学的关系：

“哲学可以成就建筑师高尚的精神品格，使他不至于成为傲慢之人，使他宽容、公正、值得信赖，最重要的是摆脱贪欲之心，因为做不到诚实无私，便谈不上真正做工作，也使他不过分贪婪，不一心想博得礼物或奖赏，注意维护自己的名誉，保护自己的尊严——这些就是哲学所提倡的。”[14]

哲学介入建筑与建筑理论，成为建筑史和建筑理论的支柱曾经有过悠久的历史，而哲学也往往涉及建筑，哲学家会思考建筑问题，从建筑学中借鉴理念。在这方面，德国哲学家康德对艺术史、视觉艺术有着重大的影响。康德的哲学被称为批判哲学，他的《纯粹理性批判》(*Kritik der reinen Vernunft*, 1781) 和《判断力批判》(*Kritik der Urteilskraft*, 1790) 至今仍然有着十分重要的意义（图 1–15)。

图 1–15 德国哲学家康德

康德对批评方式进行批判，将艺术理论纳入哲学之中，使哲学成为艺术史的理论源泉。康德的哲学对艺术史、对建筑史的形成与定位，无论是在历史上还是现代，都具有举足轻重的作用。康德在《纯粹理性批判》的第二部分关于先验方法论的论述中，专门辟出一章论及“纯粹理性之建筑术”。康德认为哲学具有建筑学的特征，理念的实现需要一个图形，需要各个部分先天地从目的原则出发而规定的杂多性和秩序，他认为出自经验和偶然呈现的意图所建构的图形只是技术的统一，而将出自纯粹理性的一切知识的设计和建构比作建筑的统一。图形又称图式，图式是康德所说的主观目的性或终极性，是指自然与人的心灵的融合。康德提出“纯粹理性的建筑术”的概念，建筑术是指构成体系的技术，建筑术是知识中关于构成学问的学说，属于方法论的组成部分：

“自理念所创设之图形（其中之目的乃理性先天所提出，非俟经验的授与之者），则用为**建筑术**的统一之基础。”[15]

图 1-16　德国哲学家黑格尔

图 1-17　《分解—重构—上层建筑：尼采和“我们思想中的一种建筑学”》

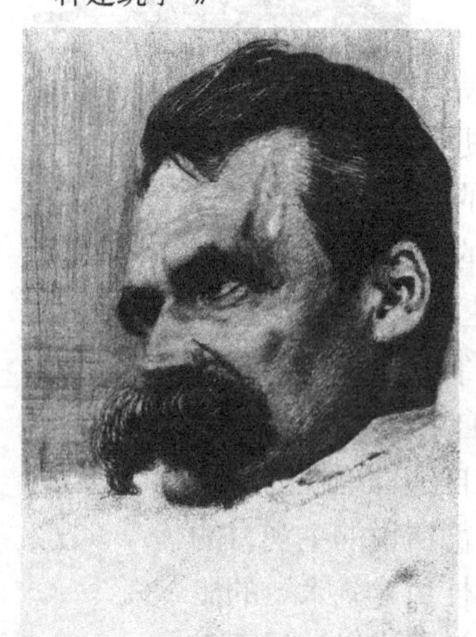

图 1-18　德国哲学家尼采

康德和黑格尔的形式语言也是现代主义批判的理论源泉，德国哲学家黑格尔的经典论著《美学》（*Ästhetik*, 1835）完善了古典美学理论，作为美学体系的组成部分，书中专门论述了建筑美学，建筑美学已经成为美学的一个分支。当代哲学与建筑理论的关系十分密切，哲学家也更广泛地涉足建筑理论。建筑批评所涉及的判断以及一些问题也属于哲学的范畴。在判断过程中，我们离不开哲学思辨和方法论，必然涉及事物的本质，涉及审美和价值判断，涉及判断力和感知力，涉及主体和客体的关系，涉及主观和客观，涉及判断的智性和感性问题。因此，建筑理论和建筑批评必须与哲学和文化理论保持密切的联系，关注哲学与文化理论的发展，并且引用这些领域的成果（图 1-16）。

洛杉矶盖蒂艺术与人文史研究所和魏玛艺术画廊于 1994 年德国哲学家尼采（Friedrich Wilhelm Nietzsche, 1844-1900）诞生 150 周年之际，召开了一次名为“分解—重构—上层建筑：尼采和‘我们思想中的一种建筑学’”（Abbau-Neubau-Überbau: Nietzsche and ‘An Architecture of Our Minds’）的国际研讨会，研讨会发表了三篇关于尼采和现代建筑的论文（图 1-17）。作为一名艺术哲学家，尼采对艺术的关注主要是在“艺术意识”（Kunstwollen）的层面，建筑是他的业余爱好之一。对于尼采而言，建筑是权力意志的审美具体化。他关注的是作为心灵反映的建筑，是一种思想的形式，这种形式对人们的精神起重要的作用。尼采主张净化建筑，赋予建筑以思想的观点对现代建筑的一些先驱，例如亨利·范德费尔德（Henry van de Velde, 1863-1957）、密斯·凡德罗（Mies van der Rohe, 1886-1969）以及未来主义、达达主义产生了重要的影响（图 1-18）。

美国哲学家和心理学家查尔斯·桑德斯·皮尔斯（Charles Sanders Peirce, 1839-1914）在研究逻辑时，曾经发表过一篇文章《理论的建筑学》（*The Architecture of Theory*, 1890），将理论的建构比喻为建筑的建构，表明了哲学与建筑学在方法论方面的深层次联系。

文化批评家詹明信曾经质疑法国哲学家米歇尔·福柯（Michel Foucault, 1926-1984）的作品如何在哲学、历史、社会理论或政治学这些学科之间加以区分。空间问题始终是福柯思想的核心，他的论著也从哲学领域拓展到了建筑空间。福柯撰写过多篇关于建筑和空间的论文，诸如《另类空间：乌托邦与异托邦》（*Of other Spaces: Utopias and Heterotopias*, 1967）、《空间，知识和权力》（*Space, Knowledge and Power*, 1967）、《规训与惩罚》中的《全景敞视主义》(1975) 等 (图 1–19)。法国建筑师让·努维尔 (Jean Nouvel, 1945–) 在 2008 年普利兹克建筑奖获奖演说中把米歇尔·福柯称作他的思想导师：

图 1–19 法国哲学家福柯

米歇尔·福柯“可以被称为‘我们这个时代最伟大的怀疑论者’，他相信，真相只存在于大量的历史事实之中，而不存在于意识形态中。他是‘关于离散性和唯一性的理论家’，是经验主义的人类学家，他的作品植根于批判。感谢你，米歇尔·福柯，你也是我今天能够来到这里的原因。”[16]

实质上，大多数后现代主义哲学家、理论家和批评家都表现出了话语领域的开放和跨界。法国后结构主义哲学家吉尔·德勒兹 (Gilles Deleuze, 1925–1995) 和他的合作者——法国精神病学家、哲学家费利克斯·瓜塔里 (Félix Guattari, 1930–1992) 共同撰写了许多重要的论著，他们的思想涵盖了哲学、政治学、精神分析学、物理学、艺术和文学等领域，也曾经写过有关建筑、城市、景观与环境的论文。他们的论著近年来对建筑师和建筑理论家产生了很大的影响，他们的思想和观点为许多先锋派建筑师所引用。德勒兹的理论关注生成、分裂、差异、流变、多元和运动，反对同一性和再现，关注连接和流动性，赞成重复、扩散和差异，他的关于根茎 (rhizome)、单子 (monad)、条痕 (striated) 和皱褶 (fold) 的概念影响十分广泛。德勒兹认为根茎模式是“反中心系统”的象征，是“无结构”的结构。根茎模式表明了多样性的差异原理，根茎是呈交织状的综合体，由许多异质体相互缠绕，没有序列，也没有中心。根茎一直处于动态和变换中，随处生成球根，然后再相互盘绕成团。根茎模式超越了二元论和树的模式。树是一种单侧的固定的秩序模式，一棵树总是立足于一个点，而根茎模式的生态学特征是非中心、无规则、多元化，是一种半格构结构，其中任意多个点都可能有关系，表明了交集和流动性，是一种开放性的秩序。我们可以确认树的叶、枝、干、根，而无法辨认根茎。根茎模式存在于一切事物之中，存在于城市结构、建筑、事物的运动、生命体之中。

根茎模式是德勒兹和瓜塔里在《反俄狄浦斯》(*Anti-Oedipus*, 1972) 和《资本主义与精神分裂 (卷 2)：千高原》(*Capitalisme et Schizophrénie 2. Mille Plateaux*, 1987) 中提出的思想，引证了链环、根茎和系统模式的概念。然而，德勒兹思想的深邃和复杂性如果只用这些术语来界定，是完全片面的，建筑师对德勒兹思想的引用也往往只是表面化的形式，简单地把他的理论变成复杂的时尚建筑形式 (图 1–20)。

图 1–20 德勒兹和瓜塔里关于建筑的论著

日本建筑师和理论家黑川纪章 (Kisho Kurokawa, 1934–2007) 的共生哲学思想接受了当代科学哲学，特别是从德勒兹的差异哲学中汲取了许多思想，他在《共生思想》(*Philosophy of Symbiosis*, 1987) 中多处引用德勒兹的根茎概念：

“我之所以对法国哲学家德勒兹和瓜塔里的‘根茎’，有着强烈的共鸣，就在于流动性关系这点上。”[17]

黑川纪章的克服二元论、流动社会、异质文化共生等思想显然源自德勒兹，他的建筑创作以“新陈代谢”、“变异和共生”作为关键概念，也从复杂性科学中得到启示，他的螺旋体城市受到现代生命科学中的DNA螺旋结构的启示。

法国哲学家雅克·德里达（Jacques Derrida, 1930–2004）对建筑学有着十分重要的影响，尤其是关于解构的思想。德里达发表过一些论述建筑的著作，收集在《今日建筑》（*Adesso l'architettura*, 2008）中。《怪诞风格——时下的建筑》（*Point de Folie – Maintenant L'Architecture*，1986）是他论述伯纳德·屈米（Bernard Tschumi，1944–）的巴黎拉维莱特公园（1982–1997）的概念结构的文章。他还写了《为何彼得·埃森曼能写出如此卓越的论著》（*Why Peter Eisenman writes such good Books*）等。德里达曾多次接受关于建筑的访谈，1984年他在巴黎接受意大利建筑与设计杂志《Domus》的记者伊娃·迈耶（Eva Meyer）采访时的记录，以“迷宫与建筑”（*Labirinto e Architecture*）为标题刊登在1986年第671期《Domus》上。

图1–21　德里达的著作《今日建筑》

德里达曾经与彼得·埃森曼（Peter Eisenman，1932–）、里伯斯金（Daniel Libeskind，1946–）、伯纳德·屈米等一些关注理论的建筑师进行思想的交流，过从甚密。他主张哲学与建筑的交融，认为哲学思想应当依赖于建筑和城市，这就是“建筑隐喻的语言”，是“建筑的建筑学”。他把建筑看作是一种写作的形式，因此，也是一种生活的方式。他主张“混杂的建筑”（Contaminate Architecture）：“使建筑与其他媒体，其他艺术对话。”德里达曾在1985年应法国建筑师和建筑理论家屈米的邀请参与了拉维莱特公园的设计。屈米在设计拉维莱特公园时已经有了自己的设计哲学，一种超越物质形态的概念性结构，然而，他还是意识到存在一个需要哲学家来填补的非物质空间（图1–21）。

德里达与埃森曼一起参加了拉维莱特公园的具体项目的设计，德里达所关注的是建筑空间——哲学的、技术的、方法论的、政治的以及人际之间的空间。德里达主张差异和解构，他的“延异”（Différance）概念对建筑思想的影响是显而易见的。哲学家的思想引发了建筑师的思考，以建筑话语解读德里达的著作，建筑作品发生了细微的变化，而他的著作也落实在了建筑思想上。建筑对于哲学已经成为基础性的领域，而不再是修饰性的领域（图1–22）。

建筑师常常需要面对并思考哲学问题，建筑理论和建筑批评实质上也是建筑哲学。比利时哲学家勒萨热（Dieter Lesage，1966–）甚至说：

“建筑师与其说是艺术家，不如说是哲学家。”[18]

波兰裔美国建筑师丹尼尔·里伯斯金在设计柏林犹太博物馆时，思考了犹太文化和德国文化之间的关系：需要回应大屠杀，回应历史，在有形中表达无

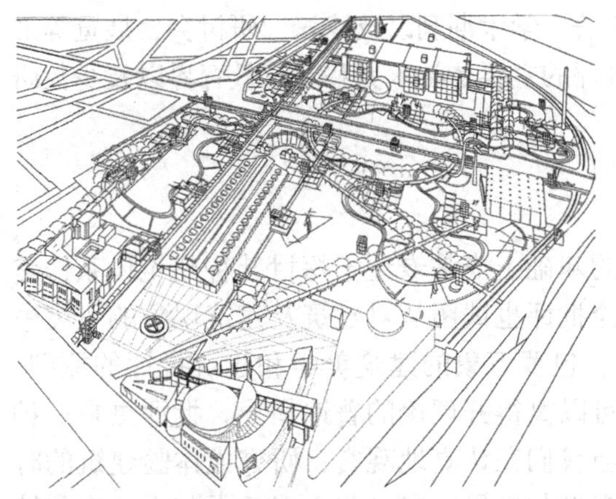

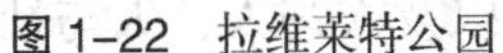
图1-22　拉维莱特公园

图1-23　时代周刊封面上的里伯斯金

形，以有限表达无限（图1-23）。正如里伯斯金所说：

“这座建筑特别强调了柏林历史上的犹太文化影响，从而讲述了一个共同命运，讲述了有序与无序、被选和被弃、有声和无声之间的种种矛盾冲突。

我相信，这个项目把建筑和当前与全人类相关的问题联系了起来。为此，我试图为一个能思考如何理解历史的时代创造一种新的建筑，从而实现博物馆概念的新认识，以及对项目和建筑空间关系的新认识。因此，这个博物馆不仅是对一特定项目的回应，也是一种希望的象征。”[19]

1.2　建筑的理论批评

就方法论的层面而言，建筑批评可以划分为理论批评、应用批评和实践批评三种类型。理论批评包括建筑的意识形态批评和建筑的历史批评，应用批评包括建筑的艺术批评和建筑的操作性批评，主要是针对特定的建筑、建筑群、建筑和城市设计项目以及建筑师的批评。建筑的实践批评主要体现在建筑本身的批评作用以及建筑的规范性批评等方面。上述三种类型的批评相互渗透，相互依存。

按照维基百科的定义，理论又称学说或学说理论，指人类对自然、社会现象，按照已有的实证知识、经验、事实、法则、认知以及经过验证的假说，经由一般化与演绎推理等方法，进行合乎逻辑的推论性总结等。理论的表现方式和形态可以是一种系统的思想、假说或学说，一般用文字或口头表述，也可能蕴含在各种媒介中。理论应该是科学的、合乎逻辑的、系统的。

根据美国建筑理论家奈斯比特的观点，理论可以以一些表述其学科问题时所持的不同姿态作为特征。这种表述姿态是规范性的理论、排斥性的理论、肯定性的理论，或是批评理论。[20] 批评理论属于思辨的、探究性的理论，往往也是乌托邦式的理论，这里我们讨论的主要是批评理论：

“批评理论评价建成世界及其与它所服务的社会的关系，这种论辩性的著作往往会表现出政治与伦理倾向，并试图促进变化。”[21]

建筑的理论批评可以通过专业论著、学术期刊以及论坛、研讨会、展览等形式进行展示及表现，从事建筑理论批评的主要是学术界和建筑教育界以及少数研究并关注建筑理论批评的建筑师。

1.2.1 意识形态批评

建筑的理论批评是在理论研究的基础上或是专注于探讨某种理论体系、美学理论和意识形态的批评。有些理论批评也试图从对建筑及建筑现象的研究中探求建筑艺术的原理，制定理想的、包罗万象的建筑美学和建筑批评的原则。在现代的意义上说，没有任何实践可以离得开理论的普遍指导，批评更是一种建立在理论基础之上的实践活动。当我们在认真地观赏、研究或体验建筑的时候，实质上是在探求语言与意义、意义与世界、意义与人以及人与人、人与社会、人与自然之间的一系列关系，这就是某种理论活动。因为批评涉及人类的认识活动和创造活动，它不仅是一种认知活动，而且是一种以把握建筑的价值和意义为目的的认识活动，一种实践活动。作为理论批评，首先是意识形态批评，然后是历史批评。

1）意识形态

“意识形态”一词，起源于希腊文的“观念”、“形象”、“概念”、“学说”等的意义，意识形态（Ideology）又称“社会意识形态”、“观念形态”，指社会的观念或思想的上层建筑，有政治、法律、道德、哲学、艺术、宗教等各种形式。“意识形态”的本意是“思想”、“思想体系”或“思想意识”等。意识形态批评涉及批评的社会结构关系、价值体系以及批评的特定话语，它与政治、经济联系在一起，是一种思维、表达与体验的内在方式。

意识形态概念最早出现在启蒙运动的文化和哲学背景之中，因此，与真理、理性、科学、进步、教育等观念联系在一起。意识形态最初被法国大革命时期的思想家德·特拉西（Antoine Destutt de Tracy, 1754–1836）在《意识形态的要素》（*Eléments d'idéologie*, 1817–1818）一书中用来定义“思想的科学”（又称观念学，Science of Ideas）和“思维的哲学”（Philosophy of Mind），以与古老的形而上概念相区别。在德·特拉西看来，这种观念科学是一切科学的基础，观念学的主要任务是研究认识的起源、界限和认识的可靠性的程度，意识形态是哲学的基础。在这个哲学传统中，它与“认识论”之类的概念相联系。意识形态是通过一种关于实际的理智过程的理论批判而形成的，作为观念学，其主要任务是研究认识的起源、界限和认识的可靠性程度。

在马克思主义的社会理论中，意识形态是指在某个人或某个社会集团的心理中占统治地位的文化、观念和表述体系，它服务于统治阶级的规则的维持和合法化，包括政治的、法律的、道德的、美学的、科学技术的以及宗教的观点和理论：

> “系统地、自觉地反映社会经济形态和政治制度的思想体系，是特定阶级或社会利益集团根本利益的体现，是社会意识诸形式中构成思想上层建筑的部分，表现在哲学、宗教、政治、法律、思想、道德、文学艺术等形式中。”[22]

意识形态是一个引进的概念，人们常常会质疑将 ideology 这个词译成意识形态是否贴切。事实上，这个词在使用过程中，绝大多数情况下其实并不涉及任何“形态”。意识形态的最有影响的进展是在政治理论话语中，尤其是马克思主义作为全面理解社会政治、经济、文化因素之间的重要关系的理论。直到马克思主义之后，“意识形态”作为观念体系才与作为观念基础的物质因素，特别是经济、政治因素联系起来。马克思主义的意识形态也就成为了思想与非思想的利益和权力等准物质力量互为因果的理论。马克思（Karl Heinrich Marx, 1818−1883）将一切思想以至上层建筑都称作“意识形态”（图 1−24）。

图 1–24 马克思

马克思试图用不同的方法清楚地表达文化领域和政治经济领域之间的关系，在马克思看来，文化领域包括“思想”，但不限于思想，政治经济领域则包括生产在内。在《德意志意识形态》（*The German Ideology*，1845）一书中，马克思具体阐述了意识形态(Ideologie)，逐步建立并完善了意识形态的理论。意识形态指“观念的上层建筑”，适用于具体的社会类型、具体的阶级利益的具体的“意识的形式”（Forms of Consciousness）。马克思认为，意识形态是一个总体性的概念，它包括了许多具体的意识形式，如政治思想、法律思想、历史观、理想、道德、哲学、神学等。意识形态又是生活过程在人的头脑中的反映，其载体是语言，是社会的产物。在马克思看来，意识形态主要是一个否定性的概念，因而马克思的意识形态学说本质上是意识形态批判学说，一种关于批判理论的学说，是一种认识世界的模式（图 1−25）。

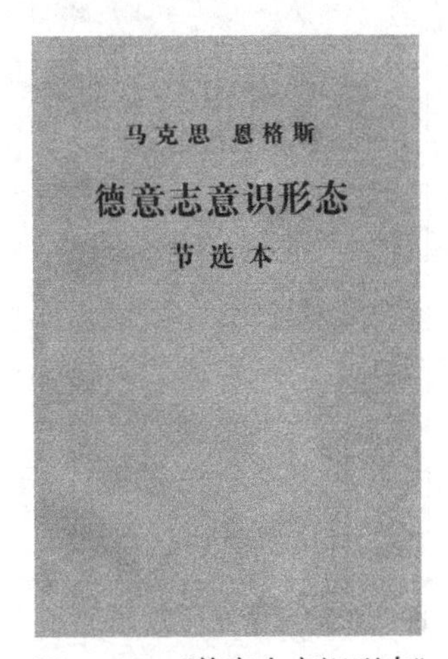

图 1–25 《德意志意识形态》

当代西方马克思主义哲学家、法国结构主义理论家路易·阿尔都塞（Louis Althusser, 1918−1990）深入研究了意识形态，他认为意识形态是一个丰富的、在具体的物质实践中逐渐形成的、与意识无关的“表象体系”，即“一套思想”。阿尔都塞认为，意识形态是个人与其实在生存条件的想象关系的表述，其次，意识形态具有一种物质的存在。这种表象体系有助于使个体变为社会主体，这种社会主体能自由地将与它们的社会世界和它们的位置相适应的“图景”内在化。阿尔都塞认为：

“意识形态是具有独特逻辑和独特结构表象（形象、神话、观念或概念）的体系，它在特定的社会中历史地存在，并作为历史而起作用。”[23]

“意识形态是个表象体系，但这些表象大多数情况下与‘意识’毫无关系；它们在多数情况下是形象，有时是概念。它们首先作为结构而强加于绝大多数人，因而不通过人们的‘意识’。它们作为被感知和被忍受的文化客体，通过一个为人们所不知道的过程而作用于人。”[24]

阿尔都塞进一步阐明了意识形态是人类依附于人类世界的表现，是人类对人类生存条件的真实关系和想象关系的多元统一：

“意识形态涉及人类同人类世界的‘体验’关系。这种关系只是在**无意识**的条件下才以‘**意识**’的形式而出现；同样，它只是在作为复杂关系的条件下才成为简单关系。当然，复杂关系不是简单关系，而是关系的关系，第二层的关系。因为意识形态所反映的不是人类同自己生存条件的关系，而是他们体验这种关系的**方式**；这就等于说，既存在真实的关系，又存在‘体验的’和‘想象的’关系。在这种情况下，意识形态是人类依附于人类世界的表现，就是说，是人类对人类真实生存条件的真实关系和想象关系的多元决定的统一。在意识形态中，真实关系不可避免地被包括到想象关系去，这种关系更多地**表现**为一种**意志**（保守的、顺从的、改良的或革命的），甚至一种希望或一种留恋，而不是对现实的描绘。”[25]

图 1-26 《保卫马克思》

在阿尔都塞看来，意识形态并不仅仅是一种设想，而且是一套关于人在其中生活的真实的而又是想象关系的再现体系，诸如话语、形象以及神话等。意识形态是真实的，同时又是想象的关系。之所以是真实的，在于人真正生活在支配他们的生存条件的社会关系中，意识形态作用于社会主体，并通过社会主体起作用。一定的意识形态是一定的社会存在的反映，并随着社会存在的变化而必然或迟早地发生变化。之所以又是想象的，在于意识形态又阻碍对这些生存条件和人们在其中的社会组成方式的充分理解。因此，意识形态无所不在，它包含了一切对现实的再现和一切社会惯例（图 1–26）。

当代哲学理论丰富了意识形态的概念，马尔库塞（Herbert Marcuse, 1898–1979）认为，技术理性的概念本身就是意识形态，他指出：

“发达的工业文化较之它的前身是更为意识形态性的，因为今天的意识形态就包含在生产过程本身之中。”[26]

在当代社会，意识形态不但没有随着科学技术的发展而衰落，相反，以更强大的、无形的力量支配着人们的思想。科学和工艺的合理性已成为新意识形态的核心内容，意识形态已随着科学技术的普遍运用而融入生产过程本身中。在马尔库塞看来，科学与技术本身成为意识形态，是因为科学与技术同意识形态一样，具有明显的工具性和奴役性，起着统治人和奴役人的社会功能。德国当代哲学家哈贝马斯更进一步将科学与技术纳入意识形态，他强调指出，技术与科学作为新的合法性形式，已经丧失了意识形态的旧形态，并成为了一种以科学为偶像的新型的意识形态，即技术统治论的意识。

2）建筑的意识形态批评

建筑的意识形态批评又可称为建筑的社会政治批评，用严格的分析代替直观判断。建筑的意识形态批评如同“意识形态”这个词的范畴一样复杂，表现出多元的意义。意识形态建构了对现实的体验关系。各种文学文本和文化文本，如文学艺术、绘画、雕塑、电影、音乐和建筑等，都是意识形态的一种形式。法国文学批评家、西方马克思主义批评代表人物皮埃尔·马舍雷（Pierre Macherey，1938—）在他的著作《文学生产理论》（*Pour une théorie de la production littéraire*，1966）中指出，艺术创作是对意识形态的原料的加工，艺术产生于意识形态，同时，艺术又是意识形态的生产。意识形态批评讨论体验关系和表述体系如何制定、改变以及与具体的政治纲领的联系。任何涉及社会性的批评都必然是一种社会批评，也就是意识形态批评。意识形态批评涉及批评客体与社会现实的关系，对批评客体的评价是社会现实的真实反映，或是社会现实的假象。

建筑，像任何上层建筑一样，是意识形态的工具和载体。英国哲学家、美学家罗杰·斯克鲁登（Roger Scruton，1944—）在《建筑美学》（*The Aesthetics of Architecture*，1976）一书中，用意识形态理论来论述建筑美学问题，他试图提出一种批评的方法，以确定一座建筑物的理智的内容，也决定如何观看建筑。斯克鲁登认为，建筑师所面临的许多重要的理论问题，实质上是哲学问题。

20世纪现代建筑运动的创导者勒·柯布西耶、格罗皮乌斯、布鲁诺·陶特（Bruno Taut，1880—1938）和恩斯特·迈（Ernst May，1886—1970）等人坚信，建筑可以成为社会救赎的力量，可以改善社会条件，他们将建筑的形式与社会联系在一起。然而，他们首先是从实践方面，而不是从理论上建立建筑的意识形态批评。

建筑师们往往思考建筑的哲学问题，而哲学家往往很少关注建筑，甚至法兰克福学派也在基本上忽视建筑问题。20世纪的建筑批评和建筑理论往往缺乏系统的意识形态研究，现代建筑运动的乌托邦思想、1960年代出现的社会批评、1970年代的符号学分析以及当代的折中主义方法，所有这些批评都没有考察建筑与物质生产过程的联系。在这方面，建筑批评落后于艺术批评。早在1930年代的美国，艺术史学家迈耶·夏皮罗（Meyer Schapiro，1904—1996）和克莱门特·格林伯格就曾经受到马克思主义理论的影响，探讨绘画和雕塑的意识形态性质。

意大利哲学家和马克思主义理论家加尔瓦诺·德拉·沃尔佩（Galvano della Volpe，1895—1968）率先将建筑作为意识形态来考察，认为建筑虽然与科学和历史有所区别，但是同样具有认识论的价值。德拉·沃尔佩主张美学的作用不能与思想上的意义分离，形象和思想是相辅相成的。尽管历史和社会的联系并不能直接从外部制约建筑，然而不可避免地会成为设计的智性和结构的物质性的组成部分。他认为，建筑的形象植根于经验和历史，新的内容要求新的形式。因此，建筑可以产生这种新的形式，尽管十分有限，建筑在创造新的物质关系时起着积极的作用。德拉·沃尔佩在他的著作《趣味批判》（*Critique of Taste*，1960）的附录《当代建筑学的核心问题》中指出：

“不要放弃同我们时代的经济、社会、文化的现实的接触，从而避免在反映业已耗尽、衰落的、过去的文化形式的现实中栖身，此种现实在目前特殊情况下，就是资产阶级的美学文化及其形而上学的、浪漫主义的、唯心主义的或现象学的‘解决’。否则，我们在美学领域还将沦为唯美主义或尊崇脱离概念（功利及人类的作用）的形象（建筑中的矫揉造作）的俘虏，这种唯美主义极易被建筑现代革命运动所推翻。”[27]

图 1-27　意大利建筑理论家塔夫里

意大利建筑历史学家和建筑理论家曼夫雷多·塔夫里(Manfredo Tafuri，1935—1994) 引入了建筑的意识形态批评，将经济基础与上层建筑的关系转译为建筑批评。塔夫里是建筑的意识形态批评的奠基者，主张建筑是一个广泛的信仰和物质生产过程的体系，这个体系存在于经济和社会结构之中。在塔夫里看来，历史上的建筑具有不容置疑的传递思想的功能，作为意识形态的转化的城市是生产关系的产物，见证了技术进步所产生的矛盾和冲突。塔夫里认为，现代城市是一架庞大的“社会机器”。在现代建筑运动中，艺术先锋派试图通过建筑和城市规划实现绘画、雕塑、诗歌、音乐等艺术形式无法完成的任务，这些艺术只能表现在理想层面上，而建筑和城市规划是唯一能将理想转化为现实的艺术。因而，建筑和城市也是意识形态的具体表现，反映了社会的生产关系(图 1-27)。

图 1-28　塔夫里的《建筑与乌托邦》

塔夫里的《建筑学的理论和历史》(*Teorie e storia dell'architettura*，1968)、《走向建筑的意识形态批判》(*Toward a Critique of Architectural Ideology*，1969)以及《建筑与乌托邦》(*Progetto e utopia*，1973)，是建筑的意识形态批评的基本理论。他的基本观点是：建筑和城市是意识形态的生产者，建筑师是“社会”意识形态专家，现代建筑从启蒙运动到当代建筑，与之相伴的是持续不断的意识形态生产。因此，塔夫里的批评对象是隐含在建筑师的作品之中的意识形态，建筑被看作是一种意识形态，建筑的意识形态批评是“用严格的分析代替直观判断”，是“从建筑客体的分析过渡到制约其形态的总体关联域的批评”。[28]

塔夫里认为，意识形态批评是对于批判性建筑和艺术的内省，是一种采取相反过程的批评，从观念出发，再回归到作品。其目的是从建筑与艺术本身吸取设计要素，建立指导设计的方法论。这种批评体现了历史与设计的结合，在这个意义上说，它是建筑与艺术的历史识读，是历史与批评、新科学和信息理论的汇合点，因此，它也指导未来(图 1-28)。

具有深层结构批评意义的类型学批评、城市体系批评、城市结构批评等都属于意识形态批评，带有根本性的指导意义。塔夫里关于形式的教化作用、建筑的自我批评作用和建筑的不容置疑的思想传递功能等思想，也属于意识形态批评。塔夫里认为：

“一旦规划由乌托邦变成一种操作机制，那么作为规划意识形态的建筑就不得不让位于规划现实的建筑。”[29]

在同一篇文章中，塔夫里还指出：

“对建筑和城市的意识形态进行的一种具有内在统一性的马克思主义批判，就是去揭示隐含在‘艺术’、‘建筑’、‘城市’等统一范畴背后的偶然的、绝非客观也非普遍的历史现实。作为历史的、客观的阶级批判，建筑批评必然成为关于城市意识形态的批判，并想尽一切办法避免陷入与资本矛盾的技术理性化进行‘进步’对话的危险之中。”[30]

法国哲学家、社会理论家亨利·列斐伏尔（Henri Lefebvre, 1901–1991）强调空间的多维性（Pluri–Dimensionality），将空间看作是政治及辩证法的基本范畴，他认为空间是在历史发展中产生的，是资本主义条件下社会关系的重要一环，并随历史的演变而重新结合和转化。他在《空间：社会产物与使用价值》（*Space: Social Product and Use Value*，1979）一文中指出：

“每个社会都处于既定的生产模式架构里，内含于这个架构的特殊性质形塑了空间。空间性的实践界定了空间，它在辩证性的互动里指定了空间，又以空间为其前提条件。”[31]

列斐伏尔认为，空间不是一个非物质性的观念，而是种种文化现象、政治现象和心理现象的化身，空间总是社会性的空间。空间的建构以及体验空间、形成空间概念的方式，极大地塑造了个人生活和社会关系。空间作为一个整体，进入了现代资本主义的生产方式，被用来生产剩余价值。土地、地底、空中，甚至光线，都纳入生产力与产品之中。城市景观以其交流和交换的多重网络，成为生产工具的一部分。在当代的社会经济条件下，城市空间是生产关系的产物，城市空间结构成为了生产力的一部分，城市和各种设施都是资本。对城市空间的批评也应当纳入意识形态批判，中国当代的快速城市化空间体现了时代和社会的意识形态特征。

纽约建筑与城市研究所（The Institute for Architecture and Urban Studies）在1982年3月召开了一次主题为“建筑与意识形态”（*Architecture and Ideology*）的国际研讨会。这个研讨会由一组青年建筑师和建筑评论家共同研究并组织，公开探讨建筑与政治的关系以及一系列从后现代主义到建筑教育的哲学问题（图1–29）。这个研讨会的目的是探讨批评和实践中的方法，将建筑看作是一种信仰和价值体系，探讨建筑与现存的社会物质过程的关系，认为意识形态是每个人在一定时期感知社会的思想、价值和形象。会议的主题报告人——希腊建筑师、建筑理论家、耶鲁大学教授季米特里·波菲利（Demetri Porphyrios，1949–）指出：

图1–29 《建筑与意识形态》国际研讨会论文集

“建筑作为意识形态的内涵，不仅是设计的建筑概念和知识的组成要素，也包括象征化、神话化的过程、品位、风格以及时尚。因此，现实赋予建筑一整套的规则和生产技术，而同时，建筑又回馈给现实某种形象的关联性，使其与现实适应从而成为永恒。”[32]

1.2.2 历史批评

由于建筑的特殊情况，建筑的历史批评与社会批评是不可分割的，建筑的意识形态批评必然与历史批评密切结合在一起。建筑史学家们系统地、科学地论述了建筑历史，将建筑史与社会学相结合，正是这些建筑史学家的成就使建筑批评史与建筑史融为一体。任何理论都必须以历史为根基，任何批评，无论是政治、经济、文化、艺术还是军事等，都必须建立在历史批评的基础上，建筑批评也不例外。“以史为鉴”、“引经据典”是历史上最早的批评实践。掌握历史知识一直是培养建筑师的基本要求，英国建筑师、建筑史学家丹尼斯·夏普（Dennis Sharp，1933−2010）把不懂得建筑史的批评家比作一头没有尾巴的狮子。[33]

意大利哲学家、历史学家克罗齐（Benedetto Croce, 1866−1952）就曾经强调过文学批评和文学史的统一性。英国批评家艾略特是新批评派的奠基人。他认为，历史感涉及两个基本方面,即对历史的“过去性”（pastness）和对历史的“在场性”（presence）的感知能力：

“所有艺术的功能旨在利用生活中的秩序赋予我们某种感知生活秩序的能力。

“（传统）是无法传承的，如果你需要传统的话，就必须通过艰苦的努力来获取它。首先，这涉及到历史感……而历史感又涉及一种感知能力，不仅是对以往的过去性的感知能力，而且是对以往的在场性的感知能力。”[34]

1）建筑史与建筑批评

建筑史可以分为书写和认知的建筑史，以及客观存在的、建筑实体所组成的建筑史，建筑史既是批评的一种社会主体，同时又是批评的媒介和批评的客体。一方面，历史上客观存在的城市和建筑叙述着历史，叙述着产生城市和建筑的社会与文化；另一方面，书写和认知的历史是历史学家、社会学家和哲学家撰写、评述的历史，二者都是批评。从根本上说，历史就是自然和社会的选择，从而体现了建筑历史和建筑批评的一致性。

城市和建筑构成的历史是千百年自然选择和社会选择形成的批评。尽管历史上曾经辉煌过的大量建筑与城市已不复存在，或只留下废墟或断垣残壁，甚至只存在于传说或考古发现中，然而，作为历史，是实存的，是现实的存在。尽管还有一些现实仍然有待考证，并需要探寻其内在的本源，但它们总是现实。这样一种现实代表着社会、民族、宗教、环境的发展选择，是历史的自然选择和社会选择形成的一种导向性批评。

历史学家们书写和认知的历史是历史学家、艺术史学家有选择地介绍的通史或者断代史、专史中的重要代表作品、思潮、流派、文化运动和建筑师。根据某种观念、概念或理想，在对历史过程和事件的先验继承的基础上，认识、叙述并解释城市和建筑，阐明某个建筑或某种建筑对现代所具有的意义，向人们指出什么是值得注意和研究的，其意义何在，引导人们认识某个建筑或某种建筑在历史上或者在今天的意义。这种书写的历史具有理论的系统性，同时又有鲜明的倾向性，绝不是单纯的纪实描述，而是以论带史，以史述论。这种历史有可能带有文学方面的艺术性和论文结构上的完整性，可能是建筑通史，也可能是断代史，可能是世界建筑史，也可能是某个国家和地区的建筑史等。

英国建筑史学家班尼斯特·弗莱彻（Sir Banister Flight Fletcher，1866—1953）的《弗莱彻建筑史》（*Sir Banister Fletcher's A History of Architecture*）已经成为了建筑史的经典著作。这是一部比较建筑史，弗莱彻作古之后，该书由其他人继续以《弗莱彻建筑史》的名义一再修订出版，每一版都有不同的主编，1896 年初版时称为《关于比较方法的建筑史》（*A History of Architecture on the Comparative Method*），自第 18 版起改名为《弗莱彻建筑史》。

长期以来，这本书的主要观点是以欧洲建筑作为中心的，中国和日本的建筑在书中只是早期文明的一个分支，是西方建筑的陪衬（图 1–30）。由约翰·马斯格罗夫（John Musgrove）主编的第 19 版（1987）增加了国际建筑的篇幅。这一版首次采用一种相当复杂的分类，把世界建筑划分为七个部分。这个分类基本上是按照编年顺序，但也涵盖了其他影响特定时间和特定地点的建筑特性的因素，以系统的“时代背景”章节取代了弗莱彻的“比较方法”结构，不再用“比较方法”考察不同时期和不同地域的建筑，而是把建筑放在社会、经济和政治的背景中加以讨论，提供有用的基本信息。这一版补充了以前的版本遗漏的史前建筑，基本完善了欧洲 20 世纪之前的建筑史。

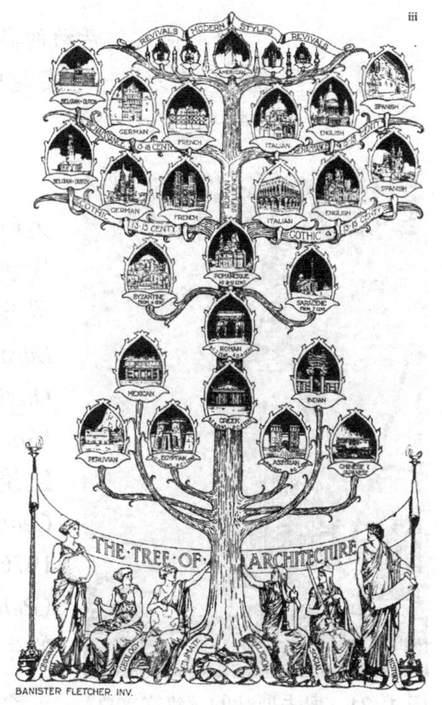

图 1–30　代表欧洲中心论的建筑树

1996 年由丹·克鲁克尚克（Dan Cruickshank，1949–）编辑出版《弗莱彻建筑史》第 20 版，亦即百年版。这一版在第 19 版的基础上有较大的修改，新增了 35% 的内容，新增了伊斯兰建筑、中东建筑（包括以色列建筑）、东南亚建筑、印度半岛建筑、中国香港建筑、俄罗斯和苏联建筑、东欧建筑、拉丁美洲建筑等章节，有关 1900 年以前的美洲建筑、印度次大陆建筑和东南亚建筑的章节等也经过重写，删除了有关欧洲中心论的图片，20 世纪以前的建筑也得到了扩充。第 20 版最重要的变化在于列入了对 20 世纪世界建筑的评述，包括 1996 年以前建成的建筑。20 世纪的建筑第一次被看作是一个整体，并以历史的观点加以评价。

《弗莱彻建筑史》第 20 版的出版标志着这部书已经有一百年的历史了，在这百年之中，与世界一样，这本书的内容和外观都已经发生了根本性的变化。这部百科全书式的建筑史书以叙述全面而见长，简明扼要，图文并茂，图版精美。但是，这部巨著也有其不足之处，这是任何一部试图涵盖如此广泛的地域和历史时期的建筑通史都无法避免的。《弗莱彻建筑史》第 20 版显示出许多拼贴的痕迹，尤其是新增的部分，有一些章节几乎只是建筑名称和建筑师的罗列，有关中国建筑的篇幅也明显偏少。

此外，我们还必须提到英国艺术史学家佩夫斯纳（Nikolaus Bernhard Leon Pevsner, 1902–1983）、美国建筑批评家和史学家亨利－拉塞尔·希契科克（Henry-Russel Hitchcock, 1903–1987）、美国建筑史学家科斯托夫（Spiro Kostof，1936–1991）、意大利建筑史学家和建筑师莱奥纳多·贝奈沃罗（Leonardo Benevolo，1923–2017）以及美国城市理论家刘易斯·芒福德（Lewis Mumford, 1895–1990）对城市发展史所作的贡献。

佩夫斯纳是在德国的莱比锡出生的英国艺术史学家，对于现代建筑的发展起了十分重要的推动作用，他在 1940 年代对英国的建筑杂志《建筑综论》（*The Architectural Review*）有过重要的影响。佩夫斯纳相信：

“只有使人类活动的各个领域中的所有表现活动的逻辑一致性以及特定时期、风格或民族的惟一性实现出来，历史编纂者才能最终使其读者发现当前需要弄清的问题是什么。”[35]

图 1–31　佩夫斯纳的《建筑辞典》

佩夫斯纳以传统的、叙述性的方式进行表述，致力于为现代建筑运动奠定一个基础。佩夫斯纳的代表作除《现代建筑运动的先驱者——从威廉·莫里斯到沃尔特·格罗皮乌斯》外，还有《欧洲建筑概述》（*An Outline of European Architecture*, 1942）、《企鹅建筑学词典》（*Penguin Dictionary of Architecture*, 1966）、《艺术、建筑与设计的研究》（*Studies in Art, Architecture, and Design*, 1968）、《19 世纪的建筑理论家》（*Some Architectural Writers of the Nineteenth Century*, 1972）和《建筑类型史》（*History of Building Types*, 1976）等。他从 1950 年代起主持出版“鹈鹕”艺术史丛书（*Pelican History of Art*），其学术意义被认为已经超过原有的牛津历史丛书。佩夫斯纳的建筑史学所涉及的主要是美学层面，注重形态元素（图 1–31）。

美国建筑批评家和史学家希契科克是研究 19 世纪建筑史的先驱，他的《现代建筑》（*Modern Architecture*, 1929）一书是有关现代建筑这个论题的第一部英语论著，书中提出了“新传统”的概念。他与菲利浦·约翰逊（Philip Johnson, 1906–2005）共同主持了 1932 年的现代建筑展，对于现代建筑运动的发展起了十分重要的推动作用，并提出了现代建筑的三项原则：一是以容积和空间取代体量和体块；二是以规则性取代轴线对称；三是暴露材料本质，反对装饰。希契科克的代表论著还有《国际式：1922 年以来的建筑》（*International Style: Architecture Since* 1922，1932）、《英国的早期维多利亚建筑》（*Early Victorian Architecture in Britain*, 1954）和《19 世纪和 20 世纪建筑》（*Architecture, Nineteenth and Twentieth Centuries*, 1958）等。

意大利建筑史学家和理论家贝奈沃罗曾在罗马大学、佛罗伦萨大学、威尼斯建筑大学、巴勒莫大学教授建筑史，同时专注于建筑史和城市史的研究，作为城市规划和城市设计的顾问，他也参与了意大利许多城市的规划工作。他的主要论著有《现代建筑史》(*Storia dell'architettura moderna*, 1960)、《现代城市规划缘起》(*Le origini dell'urbanistica moderna*, 1963) 和《城市的历史》(*Storia della città*, 1975) 等。他是当代历史批评的代表，他认为，现代建筑历史研究的任务是将当代的事件放在它们的直接的先兆的框架中，必须深入过去的历史，才能理解当前事件的可能性，并且使当代的事件具有充分的历史视野。他的《现代建筑史》和《现代城市规划缘起》至今仍是最简明且最具影响力的史学论著之一（图 1–32）。

图 1–32 贝奈沃罗的《现代建筑史》

历史学的方法原本是“一种明确的、记述式的社会科学，其目的在于建构过去社会的图像。社会学则是一种抽象的、理论化的社会科学，关注那些支配社会组织与社会变迁的法则与原理。”[36]

然而，不是所有的建筑史都是批评史，我们应当把一般的历史与建筑的历史批评加以区分，实质上，大部分的建筑史不能看作是完整的理论批评。由于篇幅和研究深度的制约，一般的建筑史并不是真正意义上的建筑批评。例如，在许多建筑史著作中，对于勒·柯布西耶的萨伏伊别墅（1929–1930）和伍重设计的悉尼歌剧院（1956–1973）的论述，并没有揭示其设计和建造过程的复杂性，建筑的成功、赞颂掩盖了存在的问题，而建筑批评则可以进行深入的剖析。英国结构工程师马尔科姆·米莱博士（Malcolm Millais）所著的《揭开现代建筑的神话》(*Exploding the Myths of Modern Architecture*, 2009) 以大量案例作为佐证，批评了许多国际级建筑明星无视建筑的功能和技术合理性。例如米莱在讨论萨伏伊别墅的设计问题时指出：

“萨伏伊别墅在很多建筑学的书中被许多现代建筑师称为美丽的缩影，但是这是现代运动下最错误的行为。”[37]

2）建筑的历史批评

历史批评的理论基础是由德国艺术史学家温克尔曼奠定的，他用历史主义的观点和方法研究古代的艺术作品，建立了艺术史学。温克尔曼认为艺术是与它所处的历史时期相一致的，温克尔曼于 1764 年发表了《古代艺术史》(*Geschichte der Kunst des Altertums*)，在历史上首次试图对艺术进行历史的描述。温克尔曼发展了关于艺术品的断代和归属的方法论，开创了艺术史的历史意识，从温克尔曼开始，建筑史学家和艺术史学家开始把目光转向过去。在温克尔曼以前，一直到 18 世纪的艺术批评家大都写当代的艺术家及其作品，温克尔曼采用了瓦萨里的艺术发展周期循环说，并把这个观点应用在对古希腊雕塑的研究上。

塔夫里在《建筑学的理论和历史》的导言中就曾开宗明义地指出：

“批评意味着收集现象的历史精髓，对它们严格地评价并筛选，展示它们的神秘、价值、矛盾和内在本质，并且探索它们的全部意义。”[38]

塔夫里强调批判的历史方法论意义：

“我们相信，历史方法论应当结合发展进程中出现的问题，与历史本身的使命密切联系在一起，为那些拒绝从日常观念或是神话中吸取灵感的人们——无论它们是相似的还是对立的——净化感情，他们不愿意湮没在‘历史的理性’中。”[39]

塔夫里从建筑、语言、技术、制度、历史空间等一系列问题的角度来寻求隐藏其中的结构，“历史的计划”是塔夫里的创造，也是他在一般理论方面最具深度的突破，在他以后的论著中继续深化了这一命题。塔夫里持续地精炼他的历史方法，界定批评家和史学家的任务。他将历史看作是一种生产，是一种结构的工具。塔夫里认为：

“历史既是被决定的，也是具有决定性的，被它的传承，它的分析对象以及它所采用的方法所决定；也决定它自身的转化，一如它所解构的现实之转化。”[40]

历史批评注重社会演变的内在联系，从社会、文化和历史以及作者的生平、作品产生的时代背景等角度出发，对作品进行研究、叙述并作出批评，力求通过历史的方法，再现作品问世时所具有的时代意义和价值，借助于强化历史来说明历史必然形成的典型条件。一方面是历史因素的“在场性”，也就是我们通常所说的“现实化”；另一方面，历史批评的目的，与其说是阐明作品对现代所具有的意义，还不如说是用今天的观点去引导读者敏锐地意识到作品对当时的时代所具有的意义，也就是去认识作品的“过去性”。建筑的“在场性”和“过去性”总是使建筑批评具有开放性的两个主要议题，“在场性”和“过去性”是历史批评的两个方面。

历史批评是在历史范畴的意义上，依据历史的客观性对作品所作的批评，历史批评不仅要研究批评的客体与历史的客观关系，也要研究作品的创作主体与历史的客观关系，既关注“文本的历史性”，同时也关注“历史的文本性”。历史批评注重批评的“历史意识”。历史批评与文化批评、意识形态批评、社会批评之间有着不可分割的关系。历史批评所针对的文本是历史的文本，文本本身就是一段压缩的历史，是历时性和共时性统一的文本。历史是不可逆转的，但是过去与未来却可以在文本的意义生成中相互交融，历史的视界使文本具有开放性，使文本成为一个不断诠释的客体。历史批评就是要借助批评的手段，将存在的历史性加以还原，探索存在的意义，寻找存在的历史意识。

任何理论批评都必须建立在历史批评的基础上，建筑的历史批评也不例外。建筑的历史批评是从历时性的角度分析并理解建筑的历史意义，就建筑与历史的关系进行研究与批评，寻找建筑是如何受社会及其历史影响的，同时又是如何对社会及其历史产生影响的。建筑的历史批评注重建筑与社会历史的内在联系，从社会、文化和历史以及建筑师的生平、建筑作品产生的时代背景、生活方式和城市环境等角度出发，对建筑作品进行研究、论述并作出批评，力求通过历史的方法，再现建筑作品问世时所具有的时代意义和价值，借助于强化历史来说明历史必然形成的典型条件。

自18世纪以来，建筑史学家和建筑师就开始分道扬镳，建筑史学家不再为他们同时代的建筑师在建筑史中安排位置，这个过程早于艺术界的艺术史学家和艺术家的分离。事实上，大部分建筑史学以及艺术史学论著都是历史批评，无论是批评家还是建筑师，都离不开历史研究，离不开历史案例的分析与借鉴。那种认为创新的建筑不需要历史批评的观点是十分片面的。意大利建筑理论家布鲁诺·赛维（Bruno Zevi，1918–2000）曾经指出：

“首先我们必须纠正两种顽固的误解。一种是关于不接触任何文化和语言的苦行主义诗人的神话：很容易证明，每一个有成就的建筑师都从研究过去中获得过灵感，不管带有什么样的偏见，他在其中选择的共鸣总要比他的批评要更有意义得多。第二种误解是，一个建筑师不需具备对历史先例的渊博知识就能掌握现代建筑语言。”[41]

建筑的历史批评与建筑史有着十分密切的关系，文献意义上的建筑史是一场漫长的探求，既要研究建筑本身，又要研究其环境。建筑史也是一种总览，是一个浓缩的世界，既有宏观的意义，也有微观的意义。一般而言，建筑史的使命有三个主要方面：一是确定史实，二是解释意义，三是诠释演变和发展的原因。由于历史的原因，同时实现这三个方面只是一种愿望和理想。历史上的建筑以真实的面目展现在世界面前，但这种真实的面目又被浩瀚的历史事件所掩盖。无论一部建筑史文献如何丰富、如何齐全，在实质上，我们无法认识建筑史的全貌，我们所看到的建筑史只是建筑史学家编排的历史文献。因此，建筑史本身就带有明显的倾向性，受意识形态的影响，也是一种建筑批评。

建筑的历史批评着重于建筑在建筑史上的历史地位及其历史作用，讨论建筑的历史演化、风格和流派、其历史原型及模式，建筑的历史批评的对象还包括建筑类型与风格的发展变化等。建筑史和艺术史不仅是指构成建筑史和艺术史的事件，而且也涉及研究这些事件的各个学科。为此，必须研究建筑的起源以及建筑和艺术创作的过程及事实。建筑的历史批评从社会、文化和历史背景以及建筑师的生平、建筑产生的时代背景出发，对建筑进行研究、比较、论述并作出评价。建筑的历史批评包括两个层面：一是纵向研究，或者说是系列性和顺序性研究，也就是历时性研究。历时性研究侧重于时间上的延续性，具有编年史的特点，研究从古至今的建筑、建筑现象及其有关的事件。二是横向研究，研究同一时期共存的建筑、建筑现象及其有关的事件，也就是共时性研究。共时性研究侧重于典型性或时代性，涉及同一时期中的建筑与当时的社会、经济、政治和宗教等因素的相互关系及相互影响。

建筑的历史批评首先要从历时性的批评中展开，注重批评对象的共性及其演变，尤其是在分析某个流派，某个国家和地区的建筑，某个建筑师的创作历程时，更应当采用这种历时性的批评方法。在建筑的历史批评中，我们要注意认识的历史性和局限性。每一个时期都有特定的文化观念、特定的环境，影响着我们的思想。每一个时代都有自己的意识和流行观念，例如在19世纪，生成、演化、进化、原动力等概念和范畴是人们理解的模式，自现代建筑运动以来，空间、结构、技术、动力又占据了主导地位，而今天，人们集中讨论的是环境、生态、节能、可持续发展、场所、领域、高技术、软件、媒体等历史文化观念。每个人都生活在一定的历史环境里，我们的一切活动，包括理解和认识这样的意识活动，都必然受到历史环境的影响和制约。然而，也正是认识的历史性和局限性形成了对建筑作品和建筑师理解的开放性。任何存在都是在一定的时间和空间条件下的存在，即哲学中所说的“此在”（Dasein），存在的历史性决定了认识的历史性。批评往往带有批评者自己在认识过程中，由自身的历史和文化背景所决定的成分。

建筑的历史批评是一种宏观意义上的批评，也是从“历史的现在”这个意义上的批评，可以是对具体建筑作品的历史地位及其意义的批评，也可以是一部建筑史的宏观批评。但是这种宏观批评必须包括尽可能展现的历史和建筑的细节，建筑史是由各种独特的历史契机所排列成的，具有序列意义的观念和事件所组成的，建筑的历史批评力求通过科学的方法，阐明建筑、建筑师与建筑史的时代意义、历史意义和历史价值。阐明建筑作品得以产生的历史原因，是什么因素使某一位建筑师的作品具有历史意义。建筑的历史批评将建筑的历史意义通过批评而揭示出来，将历史上的或今天的建筑所具有的意义转化为可以使人们领悟的符号，使建筑文本的维度不断延伸。

由于建筑的特殊地位及其重要性，建筑的历史批评与社会批评是不可分割的，建筑的历史批评也必然与建筑的意识形态批评、建筑的文化批评密切结合在一起。建筑的历史批评更多地关注，以建筑史的知识将建筑作品作为一种历史的存在、作为在某一传统中的发展历程来研究。

1.3 建筑的应用批评

应用批评又称实用批评，是批评的主要方法之一，它同寻求一般原理和普遍原则的“理论批评”相对应。应用批评的主要特点是，将艺术原理和技术原则作为批评标准，应用于对具体建筑师和建筑设计作品的批评。同时，又为具体的批评操作作出选择和决策。应用批评可以划分为艺术批评、操作性批评、技术性批评，其中包括制度化或准制度化的审查。建筑师在设计过程中对自己作品的审视以及与他人作品的比较，也是一种应用批评。

建筑学专业的学生在设计过程中，会接受评图和审查，指导教师或者由教师组成的评审团会对学生的设计给出评语，指明下一阶段的设计发展方向，或作出成绩判断，选择优秀作品等。建筑的应用批评往往借助于论文、学术期刊、论坛、报告、会议、展览会、评图、审查和媒体等进行（图1–33）。

此外，由于建筑本身的复杂性以及对社会、对使用者在功能、造型和安全方面意义，建筑的应用批评也体现在建筑本身的批评作用，以及建筑的规范性批评等方面，包括用各种制度性和程序性的实践方式进行的批评，考虑建筑的各种特殊要求，并满足有关法规、条例、构造和结构技术以及工艺和设备方面的要求。按照法律的规定，所有的建筑都必须在不同的阶段经历一些强制性、程序性或规定性的审查，这也是一种实用批评。

图 1–33 学术论坛

建筑的应用批评与建筑实践最为贴近，更为真实，是实用性与理论性的结合，容易形成直接的批评效应，对于建筑产生直接的或者潜移默化的影响。大部分建筑批评理论实际上是建立在不断积累的应用批评的基础之上的，相当一部分建筑批评家的批评理论就是这类应用批评的集聚效应。

1.3.1 建筑的艺术批评

艺术批评是一种形式批评，从一定的思想理论和审美原理出发，根据一定的批评标准，对艺术作品的艺术性和创造性作出鉴别，表达批评主体的感受与反应。艺术批评是艺术鉴赏的深化和发展，通过一定的理论分析，对作品的审美价值、风格和形式作出判断。美国哲学家、美学家杜卡斯（Curt John Ducasse, 1881–1969）从艺术批评的角度出发，将“美”作为艺术作品鉴赏和批评的标准。

1）作为认知形式的艺术批评

建筑的艺术批评是一种特殊的认知形式，根据视觉感知进行评价，注重建筑的艺术形象、造型、构图、比例、体量、装饰、表皮、材料，以及外在结构与内在结构的关系等，从而寻求有意义的形式。更进一步来看，建筑的艺术批评着重研究建筑的形式构成逻辑、规律及其法则，注重建筑的整体形象，建筑细部，建筑的平面及空间组合形式的生成与变化，空间要素，建筑创作的图式思维，建筑符号及其意义的表达等。形式是了解建筑创作意图的本质和深度的基本线索，形式中蕴含了创造性。对于一些建筑师来说，形式差不多就是一切。在建筑的艺术批评中，审美取向起着重要的作用。这是一种关注建筑的表层结构的批评，也是把握建筑空间的整体意象的批评。建筑的艺术批评能够培养人们的艺术感知能力，鉴赏建筑艺术的各种不同的价值，提高建筑艺术的质量，改善艺术的思想环境，有助于我们更深入地理解建筑艺术，从建筑风格的演变上认识建筑的历史进程。

建筑的艺术批评注重建筑的图像学和类型学特征的分析，是一种从纯视觉与感受方面，根据建筑所属类型的艺术特征而进行的评价。在历史上，建筑的艺术批评一直是最主要的建筑批评之一，它激发了大多数批评家的热情。艺术批评注重作品的形式分析，将艺术作品看作是独立自主，不需借助外界的因素而存在的本体。艺术批评把批评家的注意力从建筑作品外部的时代、环境等因素和建筑师身上，拉回到建筑作品自身。艺术批评也着重解释内容和形式的关系，把形式和设计技艺看作是完成了的内容。建筑的艺术批评从作品的自我完整的体系出发进行分析，注重建筑作品的艺术构思、设计手法、设计的形式构成、结构和语言特色等，避开人与社会的因素，着眼于用艺术的方法进行批评，根据形式美、造型规律以及审美趣味进行建筑批评。

当代科学和美学的发展使人们传统的审美观念产生了根本性的变化，例如，形式和数学关系所表现的和谐观念已经有所改变，基于数学关系的比例发生了很大的变化，黄金分割不再是唯一的标准，工业化机械美学，使建筑立面的排比韵律关系比巴洛克式的节奏变化更能产生强烈的视觉效果。建筑师和艺术家不断在寻求新的表现手段，探索丰富的表现手法，也使建筑的艺术批评走向新的境地。

2）批评的艺术标准

历史上有许多批评家都试图建立批评的永恒标准，例如英国当代美学家、《英国美学》杂志（*British Journal of Aesthetics*）的终身主编奥斯博恩（Harold Osborne，1905–1987）曾经从哲学的视界提出批评标准的问题。他认为评价任何艺术都必须遵循三条原则：**艺术性**（Artistic Excellence）、**审美性**（Aesthetic Satisfaction）和**艺术境界**（Stature）。艺术性是指艺术作品所表现的优雅、完美等，具有一种内在于技能与成就之中的恰当感与把握或驾驭艺术材料的能力，从而可创造出一件明显达到其特殊目的的作品。奥斯博恩的第二条原则是：审美性是指一件艺术作品提供审美快感的能力，对人们的特定审美需求起作用的能力。作为第三条原则的艺术境界，需要辅助的原则予以阐明，例如促进理解，表达无言之思，表现有意义的特性与情感等。[42] 这三条原则初看起来似乎很有说服力，似乎可以适用于一切艺术。但是，就实质而言，不同的社会文化体系并不承认这三条原则。艺术技能并不能确保审美性的实现，现实表明，一件作品有可能存在技巧上的不完善或缺陷，但是仍然可以被人们看作是杰作。历史上有不少的实例表明，巨大的审美快感也可能源自于艺术水平不高的作品，艺术家会为了追求艺术作品不同的价值而表现出其特殊性。此外，对建筑而言，批评的艺术标准必然涉及技术问题和结构问题。

1.3.2 建筑的操作性批评

建筑的操作性批评通常是指具有实用意义的建筑的个案说明和比较分析，就是前面提到的狭义的建筑批评——建筑评论。操作性批评注重对具体作者与作品，或是对某一时期、某一国家、某一地区、某一流派建筑的讨论。与建筑的理论批评着重于普遍性和一般性相对应，建筑的操作性批评着重于特殊性和个别性。建筑的操作性批评主要是针对特殊的问题，或者是要得出某种结果，例如设计竞赛、投标或方案征集的评选，或者研讨会、论坛、工作室和专题讨论会等。

在工作室和建筑教学过程中，往往会有评图的程序，对学生的方案进行评审，由教师和建筑师组成的评委提出方案的优缺点、进一步深化的意见等，这种评图制度有比较明确的目的和程序。

此外，建筑或规划的实施过程中，也需要经过有关规范、条例、规定以及其他职能管理部门的审查，这也是一种制度化或准制度化的操作性批评。

建筑设计竞赛和方案征集是建筑的操作性批评的重要领域和批评的媒介，促进了设计水平和建筑批评的普遍提高，已经成为建筑历史上的重大事件。我们将在第七章讨论建筑设计竞赛和方案征集的有关问题。

1）研讨会、论坛和工作室

为了满足特殊的要求，国际上往往采用专题研讨会、主题论坛、讨论会和设计工作室等，针对特定专题讨论的建筑应采用批评的组织形式。

1989年上海建筑学会组织专题讨论，评论花园饭店新建筑以及老建筑的保护问题。1993年上海市城市规划管理局组织专家研讨会，专题讨论淮海路商业街的现状和改造等问题。自1999年以来，由于上海市开始关注历史城区及中心城的历史建筑保护，连续召开的对这方面规划和设计的讨论也都是一种操作性批评。2000年9月，上海浦东陆家嘴中央商务区的开发已经进入了功能开发阶段，2002年1月，上海宣布启动黄浦江两岸综合开发，实施黄浦江沿江公共开放空间规划，黄浦江的景观和空间环境价值已为人们所认识。沿黄浦江的一些地块开发在进入实质性启动时，都纷纷要求提高开发的容积率，突破建筑的高度限制。为此，上海市城市规划管理局组织专家会议来讨论这个问题，这种讨论不是就个别地块而论，而是根据整个陆家嘴中央商务区的城市空间组织来研究，既是一种操作性批评，也是一种宏观的研究。

2009年6月，在黄浦江两岸地区开发八年以后，黄浦江两岸开发工作领导小组办公室和上海市规划和国土资源管理局，召开了黄浦江两岸地区规划实施评估沙龙，邀请来自规划、建筑、历史、文化、经济等领域的官员和专家，对黄浦江两岸规划进行总结与评价，借鉴国际大都市滨水空间的更新和改造经验，厘清未来发展的思路，这样一种研讨会也是重要的应用性批评。

此外，2000年9月在威尼斯建筑双年展期间，举办了一个由威尼斯双年展、荷兰贝尔拉格学院、密斯·凡德罗基金会、威尼斯建筑大学等共同组织的主题为“城市中新的工作与生活条件”（New Working and Living Conditions in Cities, Forum & Workshop Venice 2000）的为期一周的论坛和工作室，结合当年威尼斯建筑双年展的主题“少点美学，多些伦理”，将来自荷兰、意大利、法国和西班牙的政府官员、规划师、建筑师、建筑教师、学生和市民聚集在一起，共同勾画城市的未来，探讨新的城市类型学和组织方式，寻求建筑师在城市发展过程中的作用（图1–34）。

图1–34 《城市中新的工作与生活条件》论坛的论文集

在任务明确，而且准备充分的前提下，采用工作室的方法往往可以获得比较深入且又较理想的成果。2003年7月17日至24日，为了城市跨易北河的战略性发展，同时也为了准备2006年的汉堡国际园艺展以及2013年国际建筑展，适应城市滨水地区的后工业化更新和可持续发展，规划的主题是“跨越易北河”（Sprung über die Elbe）。

汉堡市邀请了来自德国、荷兰、西班牙、法国、意大利、英国和中国的建筑师、规划师、景观设计师、政府官员、学生、市民代表等约 140 人，混合编组，每个组都有建筑师、规划师、景观建筑师、学生和市民代表参加。将整个项目划分为五个地块，每个地块有至少两个组参加规划。用一个星期的时间，集中在易北河南岸的港口仓库区进行规划工作。同时，采用讲座、分析和讨论的方式，使批评直接介入工作，成为推动规划工作的重要因素（图 1–35）。

2）评图

在工作室和建筑教学过程中，草图和中间过程的评图以及最终方案的评图和分析是关键的一道程序，是建筑教育的核心内容，是培养学生的分析能力、论证思维、设计技能和判断力的重要环节，使学生以批评意识反观自己的设计，同时也可以探讨其他同学的设计立意。在工作室，由教师和建筑师组成的评审团或评审组要听取学生及指导教师的方案介绍，然后对方案进行分析和评价，指出方案的优缺点，提出下一阶段深化的方向和构思等，这种评图的方式有比较明确的目的和程序。

评图的过程中，通常首先由设计者进行陈述，由学生或设计小组的代表介绍设计立意和构思，指导教师及评审团会对学生的设计提出问题，学生需要回答教师的质疑，教师或评审团则加以分析，给出评语，指明下一阶段设计发展的方向。如果是多个方案介绍，除上面所说的程序之外，最终会有教师作总的点评和总结，指出下一阶段的设计修改方向。

建筑学专业的学生在课程设计或毕业设计过程中，也会安排若干次评图或中间审查，由指导教师或教师组成的评审团进行评图。有些学校的建筑设计课在一开始会要求学生构思 10 个可能性方案，然后由学生自己进行批评筛选，再发展成设计的主要分析方向。如果是多个学生参加的设计小组的方案，会在小组内部先进行讨论，归纳出最终要深化的方案，这也是一种批评的形式。不同的学校、教师会有不同的评图方式和习惯，但是，评图的程序是共同的（图 1–36）。

英国的查尔斯·多伊奇博士（Charles Doidge）等所主编的《建筑专业学生手册：项目设计评审准则》（*The Crit: An Architecture Student's Handbook*, 2000）认为，评图是学生评估自己的作品，提供一个提高预测结果的能力的机会：

图 1–35 “跨越易北河”工作室

图 1–36 国际学生工作室的评图

“从评审会上获得的反馈信息能够让你认识到你的长处和缺点，成功或失败的机会。”[43]

3）建筑的制度性和规范性批评

各国、各地区都有不同的执业制度和建筑业管理制度，包括工程招投标管理、工程合同管理、工程质量管理等。通过一定的机构和组织加以监督和管理，显示了建筑的制度性审查，即批评的必要性。建筑设计的各个环节需要通过各种评审，如方案审查、扩大初步设计审查、施工图审查等。这种批评往往像法官的评判，结论只有合格或不合格，如果合格，当然也会提出需要修改或整改的内容。

规范和范式就是标准，就是衡量事物的准则、法式、规定、榜样或楷模。规范和范式既可以是针对社会群体的行为规则体系，也可以是针对科学与技术的规则体系，包括科学理论体系、技术规范、产品的质量标准。规范和规定，一方面具有相对稳定的性质，而另一方面，又不可能覆盖所有的情况，规范和规定的相对稳定性使它们不可能总是与永远处于动态变化中的现实情况相适应，需要不断地适时更新与修订。

建筑的操作性批评也包括各种制度化或准制度化的批评形式，诸如各个等级的建筑评奖、建筑设计竞赛或投标的评选等。各种权威或准权威组织、机构、集团、人士等的评奖、褒奖、颁奖，甚至提名，都是一种批评的制度化或准制度化的形式(图1–37)。

图1–37 建筑项目的制度性审查会议

当代社会有多种媒体和机构都涉及例行性的建筑批评，例如各种建筑杂志、报刊、会议、展览等的建筑批评。许多建筑杂志和报刊都设有评论专栏，对该期的主题和当下的建筑以及与建筑有关的事物进行批评，甚至非建筑类期刊也不定期地设有建筑批评专栏，评论建筑和建筑师。建筑杂志往往设有主编专栏，尤其是一些每期都有特别主题的建筑杂志，往往都会有主编或特邀编辑的评论文章。一些定期的国际建筑或艺术展、博览会，如世博会、双年展、三年展等，一些国际性组织的定期大会，如国际建筑师协会大会（UIA）、国际住房和景观大会等，也都在不同的程度上，以不同的主题涉及建筑批评。这些杂志、报刊、会议都必须在一定的例行时期和程序内出版或举行，以回应章程和规则的规定。这些例行性批评只是一种形式，它们的批评方式和媒介是多种多样的，也可能属于理论批评，我们会在不同的章节中讨论，这里只是说明有这样一类的建筑应用批评。

此外，由于建筑需要满足功能、结构、经济、技术、节能、环保以及城市规划等方面的要求，所以在设计及施工过程中需要进行程序性和规范性的审查，这也是一种批评。

建筑的操作性批评还表现在，以规范或规则的准绳来审查建筑，规则表现在法规、条例、手册、程序等方面。为了保证建筑的安全和质量，保护公共利益等，除了建筑设计单位、建筑师、结构工程师和设备工程师的资质管理要求外，各国和各地区，甚至不同的城市都制定了各种管理制度、法律、政策、规范、标准和条例等，对建筑设计的质量加以控制。

除规范外，建筑必须满足各种技术要求，例如城市规划、消防、绿色节能、结构和施工的可行性、抗震、交通、环保等，以保证建筑在今后的使用中能够满足功能和运行的要求。一些工程项目在施工和实施的过程中，时间的跨度比较大，会涉及各种调整和修改，包括建筑功能和建筑设计的修改等，也都需要通过一些制度规定的技术性审查程序，以保证工程的质量。

本章注释

[1] 设计世界．美国国家技术教育标准：技术学习的内容．黄宁燕等译．见：奚传绩．中外设计艺术论著精读．上海：上海人民美术出版社，2008：197.

[2] 王尔德．作为艺术家的批评家．见：朱志荣等．西方文论选读．上海：华东师范大学出版社，2008：303.

[3] 叔本华．论批评．范进等译．叔本华论说文集．北京：商务印书馆，2010：364.

[4] “文学批评的对象是一种艺术，批评本身显然也是一种艺术。”诺斯罗普·弗莱．批评的解剖．陈慧等译．天津：百花文艺出版社，2006：4.

[5] 文杜里．西方艺术批评史．迟轲译．南京：江苏教育出版社，2005：13.

[6] 格林伯格．现代派绘画．见：弗兰西斯·弗兰契娜，查尔斯·哈里森．现代艺术和现代主义．张坚，王晓文译．上海：上海人民出版社，1988：3.

[7] 迈耶·霍华德·艾布拉姆斯．文学术语词典．吴松江等译．北京：北京大学出版社，2009：99-101.

[8] 德索拉－莫拉莱斯．差异——当代建筑的地标．施植明译．北京：中国水利水电出版社，知识产权出版社，2007：30-31.

[9] Noël Carroll. *On Criticism*. Routledge. Taylor & Francis Group. New York and London. 2009：84.

[10] 里奥奈罗·文杜里．西方艺术批评史．迟轲译．南京：江苏教育出版社，2005：5.

[11] Kate Nesbitt．Introduction. *Theorizing a New Agenda for Architecture, an Anthology of Architectural Theory*, 1965-1995．Princeton Architectural Press，1996：16.

[12] 布希亚，努维勒．独特物件——建筑与哲学的对话．林宜萱，黄建宏译．台北：田园城市文化事业有限公司，2002：30.

[13] 加斯东·巴什拉．空间的诗学．张逸婧译．上海：上海译文出版社，2009：1.

[14] 维特鲁威．建筑十书．陈平译．北京：北京大学出版社，2012：64.

[15] 康德．纯粹理性批判．蓝公武译．北京：商务印书馆，1960：570.

[16] 让·努维尔．2008年普利策奖获奖演说．徐志兰译．世界建筑．2010，5：16.

[17] 黑川纪章．共生思想．覃力等译．北京：中国建筑工业出版社，2009：70.

[18] Dieter Lesage. *The Task of the Architect*. Hunch. The Berlage Institute. 2003：305.

[19] 朱利安·沃尔弗雷斯．创伤及证词批评：见证、记忆和责任．张琼，张冲译．见朱利安·沃尔弗雷斯编著：21世纪批评述介．南京：南京大学出版社，2009：183-184.

[20] Kate Nesbitt. *Theorizing a New Agenda for Architecture, an Anthology of Architectural Theory, 1965–1995*. Princeton Architectural Press，1996：17.

[21] 同上，18.

[22] 哲学大辞典. 上海：上海辞书出版社，2001：1817.

[23] 路易·阿尔都塞. 马克思主义和人道主义. 顾良译. 保卫马克思. 北京：商务印书馆，2010：227–228.

[24] 路易·阿尔都塞. 马克思主义和人道主义. 顾良译. 保卫马克思. 北京：商务印书馆，2010：229.

[25] 同上，230 页

[26] 马尔库塞. 单向度的人——发达工业社会意识形态研究. 刘继译. 上海:上海译文出版社，1989：12.

[27] 德拉·沃尔佩. 当代建筑学的核心问题. 王柯平，田时纲译. 趣味批判. 北京：光明日报出版社，1990：252.

[28] 塔夫里. 建筑学的理论和历史. 郑时龄译. 北京：中国建筑工业出版社，2010：124.

[29] Manfredo Tafuri. *Toward a Critique of Architectural Ideology*. K. Michael Hays. Architecture Theory since 1968. Columbia Books of Architecture. The MIT Press, 2000：28.

[30] 同上，32.

[31] 亨利·列斐伏尔. 空间：社会产物与使用价值. 王志弘译. 选自：包亚明主编. 现代性与空间的生产. 上海：上海教育出版社，2003：48.

[32] Demetri Porphyrios. *On Critical History*. From *Architecture and Ideology*. Princeton University Press，1985：16.

[33] Dennis Sharp. *Architectural Criticism: History, Context and Roles. Architectural Criticism and Journalism: Global Perspectives*. Aga Khan Award for Architecture. 2006：30.

[34] 列维，史密斯. 艺术教育：批评的必要性. 王柯平译. 成都：四川人民出版社，1998：81.

[35] 佩夫斯纳. 艺术的过去与现在论集. 转引自:大卫·瓦金特. 佩夫斯纳的"历史主义研究". 见:福柯，哈贝马斯，布尔迪厄等. 激进的美学锋芒. 周宪译. 北京：中国人民大学出版社，2003：392.

[36] 埃尔伍德. 社会问题与社会学. 转引自：肯德里克等. 解释过去　了解现在——历史社会学. 王辛慧等译. 上海：上海人民出版社，1999：14.

[37] 马尔科姆·米莱. 揭开现代建筑的神话. 赵雪译. 北京：电子工业出版社，2012：97.

[38] 曼弗雷多·塔夫里. 建筑学的理论和历史. 郑时龄译. 北京：中国建筑工业出版社，2010：1.

[39] 同上，7.

[40] 曼夫雷多·塔夫里. 历史的计划. 见：夏铸九、王志弘编译. 空间的文化形式与社会理论读本. 台湾大学建筑与城乡研究所，明文书局，2002：454.

[41] 布鲁诺·赛维. 现代建筑语言. 席云平，王虹译. 中国建筑工业出版社，2005：91–92.

[42] 奥斯博恩. 评价与境界. 转引自：列维·史密斯. 艺术教育：批评的必要性. 王柯平译. 成都：四川人民出版社，1998：220–221.

[43] 查尔斯·多伊奇等. 建筑专业学生手册：项目设计评审准则. 王宝民译. 大连：大连理工大学出版社，2004：8.

第2章
建筑批评史略

Chapter 2
A Brief History of Architectural Criticism

建筑与建筑批评是一种共生的关系，建筑批评诞生于生成建筑的建筑思想之中，因此，建筑批评的历史可以说与建筑的历史一样久远。建筑批评与时代精神和文化有关，相关的建筑理论与建筑美学与哲学，尤其是美学和艺术哲学等有着密切的关系。除建筑史外，建筑批评的历史也反映了思想史和美学史。建筑的起源也就是建筑批评的起源，建筑的现实存在形成了建筑的范型、标准和建筑思想，必然涉及建筑美学和建筑批评。

现存的作为文字的建筑批评，大约出现在 2000 年以前的古罗马时期，此前和之后有许多文献已经由于各种原因而被湮没，但是许多建筑遗迹得以留存，成为后世建筑的范型。这样的现实情况在历史上不断重现，历史建筑成为建筑的范型和批评的范式，甚至成为当代建筑批评的参照。中世纪虽然没有出现划时代的经典论著，然而古典文化在中世纪并没有完全消亡，而是以各种隐性和显性的方式延续这一传统。文艺复兴时期形成了古典主义建筑理论，形成了建筑批评的繁荣时期，经过新古典主义时期的拓展和充实，基本上确立了西方的建筑理论体系和建筑批评的范式。

20 世纪的现代建筑运动提出了新的思想和理论，然而并没有完全颠覆传统的建筑理论和建筑批评，而是使之多元化，增添了时代精神、社会变迁和科学技术的因素，融合了多学科的知识和理论。在跨学科和综合的基础上，在建筑活动空前繁荣和发展的时代，现代建筑理论和建筑批评成为了建筑活动的先导。建筑批评作为一门交叉学科，在建筑理论的基础上，借鉴文学批评和艺术批评理论，又从人文学科和自然科学、技术科学的各个领域汲取思想和方法，从而建立了建筑批评的范式。建筑批评的历史就是建筑批评及其理论的发展史，各个历史时期都形成了特有的建筑理论和建筑批评。

按照耶鲁大学教授季米特里·波菲利的观点，建筑批评史探讨建筑批评的发展与现实的相互关联，研究作为意识形态的建筑如何与历史形成的现实相适应，并使之非历史化的方式，同时，建筑批评史也研究建筑的意识形态成为社会理想的过程。因此，建筑批评史学家有三项任务：首先是描述建筑分类、分级以及建筑形成意义的过程的规则，描述传统和思想倾向；其次是描述这些规则的内在机制以及形成这些规则的审美观念；再次是描述设计规则的工具性意义及其语义学含义。[1]

本章涉及建筑批评理论的发展，论述建筑理论的历史发展并非建筑批评史的范畴，我们关注的是建筑理论和建筑实践对建筑发展的引领性作用。诚然，最重要的理论也必然具有引领性作用，必然纳入我们的讨论范围。本章也尝试追溯中国的传统建筑美学思想发展的历程，探讨建筑批评的演变，论述中国的传统艺术和建筑批评以及当代建筑批评的状况和前景。

由于建筑批评史并没有形成专门的学科研究，我们只能试着讨论这个问题，勾勒出建筑批评史的轮廓，留待今后更深入的研究加以拓展。

2.1 古代建筑批评

建筑批评理论与文学批评和艺术批评有着密切的联系，文学批评和艺术批评比建筑批评有着更广泛与深入的基础，有着更悠久的历史，并有着十分坚实的理论基础，积累了丰富的经验。早期的建筑批评从文学批评和艺术批评中得到借鉴，逐渐形成专门的建筑批评，直至今天，建筑批评仍然与文学批评和艺术批评有许多学科交叉。

历史上的第一部建筑学宣言或者规范，可以说是上帝的《十诫》，其核心思想是主张创造、统一和正统，这种思想直至今天仍然在影响建筑。

古罗马是西方建筑理论和建筑批评的发源地，维特鲁威的《建筑十书》可以说是建筑批评的始祖，然而长期以来，却不为世人所知，一直到文艺复兴早期才重新被发现，从此产生了重要的影响，尤其是书中关于建筑的“坚固”（Firmitas）、“实用”（Utilitas）、“美观”（Venustas）三要素，成为历史上建筑批评的重要要素，同时也演化为了当代建筑的要素。

公元 5 世纪以后，几乎长达一千年的中世纪曾经被称为黑暗的时代，实际上，中世纪承袭了古典时期的审美理论，并赋予其新的内涵。影响世界进程的基督教文明是在这个时期孕育并基本形成的，城市文明也在这一时期发展成长。哥特建筑和艺术表现了对自然主义的美的追求，追求光和空间，展示了建筑与象征的关系，也形成了国际性的建筑风格。

文艺复兴时期是建筑理论的繁荣时期，涌现了大量的理论著作，同时也开创了古典主义建筑。意大利建筑师和理论家莱昂·巴蒂斯塔·阿尔贝蒂（Leon Battista Alberti，1404—1472）的《论建筑》（*De re Aedificatoria*），是古典时代以来出版的第一本建筑学著作，为文艺复兴建筑奠定了坚实的理论基础。此后，意大利建筑师和理论家塞巴斯蒂业诺·塞里奥（Sebastiano Serlio, 1475—1554）和安德利业·帕拉第奥（Andrea Palladio, 1508—1580）的作品、思想以及理论对欧洲各国产生了深远的影响，自此之后，意大利对建筑理论的核心影响一直延伸到 20 世纪。

2.1.1 古典时期和中世纪的建筑批评

以古希腊数学家和哲学家毕达哥拉斯（Pythagoras，约公元前 580– 前 500）、柏拉图（Platon，公元前 427– 前 347）、亚里士多德、古罗马诗人和批评家贺拉斯（Quintus Horatius Flaccus，公元前 65– 前 8）、古罗马政治家和演说家西塞罗（Marcus Cicero，公元前 106– 前 43）和古罗马哲学家普罗提诺（Plotinus，205–270）等为代表的古希腊和古罗马美学奠定了西方美学的理论基础。他们的美学理论探讨了美的本质，探讨感性美和理性美，美与理念，美与创造，艺术与自然等的关系，崇尚完满一致的整体和谐与美，将秩序、和谐、比例、均衡、尺度等与美联系在一起。柏拉图将建筑归入生产真实事物的艺术，创建了“真、善、美”三位一体的美学，集中概括了人类的最高价值，作为时代精神，深刻地影响了建筑的理念和审美。在柏拉图关于艺术的精神性的基础上，普罗提诺将建筑归为产生物质对象的艺术。

希腊古典时期的建筑具有严谨的规则，显示了数学的特征。古希腊虽然没有任何建筑理论著作遗存下来，但是却留下了丰富的古典建筑遗产。古希腊的美学、建筑思想和建筑美学深深地镌刻在大量的建筑和城市遗迹之中，表明希腊建筑具有持久不变的规范形式（图 2–1）。

图 2–1 复原的帕提农神庙

最早的建筑理论和建筑批评，可以追溯到维特鲁威的《建筑十书》，他的活动时期大致介于恺撒和奥古斯都的时代之间。维特鲁威是古罗马的军事工程师和建筑师，也是文学家和医生，知识渊博，他的一生经历了古罗马建筑历史中最繁荣的时代。作为一名建筑师，维特鲁威只在翁布利亚地区的法诺，留下一座为纪念奥古斯都而建造的巴西利卡式神庙。作为军事工程师和建筑师，维特鲁威曾经跟随恺撒大帝远征滨海的阿尔卑斯省、西班牙和非洲，后又为恺撒的继任者屋大维服务，《建筑十书》就是献给屋大维的。

从维特鲁威的《建筑十书》的第七书中可以得知，古代的建筑师写过许多关于建筑的著作，他们热衷于描述自己建造的建筑，例如伊克蒂诺（Iktinus，活动时期约为公元前 5 世纪）和卡利克拉特（Kallicrates）描写了雅典的帕提农神庙（公元前 447– 前 436），菲蒂斯（Pythius，活动期约为公元前 370– 前 330）写过关于普里恩的雅典娜 · 波利亚斯神庙的著作，希腊化时期的建筑师赫莫杰尼斯（Hermogenes，活动期约为公元前 220– 前 190）描述过马格内西亚的阿耳忒弥斯 · 琉科弗瑞恩神庙，也曾经有过建造特拉勒斯的阿斯克勒庇俄斯神庙的建筑师阿尔克西阿斯（Arkesias）的论述、哈里卡纳苏斯的摩索拉斯陵墓的建筑师的论述等。虽然这些著作主要是建筑师对建筑的描述，但其中的内容包含了具有普遍意义的美学思想，可惜的是，这些论著无一得以流传。维特鲁威和他的《建筑十书》可以说是在这些建筑论著的基础上的集成、总结和提炼。

当代对艺术史的研究表明，中世纪对延续西方古典文明，对美学、艺术和建筑，对欧洲城市的形成发展作出了重要的贡献。

1）维特鲁威的《建筑十书》和古代建筑美学

维特鲁威继承了古希腊的建筑传统，他的《建筑十书》大约成书于公元前 33 至前 14 年之间，他根据自己的经验，参照希腊化时期的建筑师和理论家赫莫杰尼斯等的著作而成书，是一部包括历史、美学以及建造技术内容的百科全书，全书词汇丰富、范围广泛、内容广博，是古典时期的关于建筑设计和建筑理论、建筑美学的唯一幸存的著作。十部书的内容包括建筑的基本原理与城市布局、建筑材料、神庙、柱式、公共建筑、私人建筑、建筑装修等。

维特鲁威的建筑美学原则的基本概念是客观美，在实用和形式的美之间保持平衡，为自然的法则所决定。美既要依赖客观，又要依从主观的感知。自维特鲁威的时代以来，形成了一种理念，认为建筑的原理与宇宙的法则之间存在某种一致性。维特鲁威把上帝看作是世界的建筑师，而建筑师则是仅次于上帝的神。他认为宇宙的规则与建筑的构造相互关联，相辅相成。他的观点基本上是希腊化建筑的美学思想，主张在神庙和公共建筑的设计中保存古典的传统。维特鲁威在书中为建筑的构成以及建筑的坚固、适用、美观的三要素奠定了基础，普遍认为看似相悖，然而是共存的这三个要素经受了时间和空间的考验，其他的定义无出其右。维特鲁威的美的范畴可以归纳为六条基本原理：秩序、布置、匀称、均衡、得体和经营。维特鲁威的《建筑十书》中讨论过建筑的意义，就这个意义而言，维特鲁威在历史上最早提出了建筑符号学的问题：

"世间万物，尤其是建筑，可分为两大类，**被赋予意义者**以及**赋予意义者**。**被赋予意义者**是我们打算谈论的对象，赋予意义就是根据既定的知识原理进行理性的演证。因此我们可以看到，如果有谁想成为一名建筑师，就应该在这两方面进行练习。"[2]

图 2–2 建筑的起源

《建筑十书》的手抄本于 1415 年在瑞士的圣加仑隐修院被发现，人们对维特鲁威的著作进行了认真研究。1486 年发行了第一版，随后在 1511 年，由意大利建筑师和学者焦孔多修士（Fra Giovanni Giocondo，约 1433–1515）出版了一个附有插图而且颇具学术价值的版本。意大利文艺复兴时期的建筑理论家、画家、建筑师切萨莱·迪·罗伦佐·切萨瑞阿诺（Cesare di Lorenzo Cesariano, 1483–1543）于 1523 年出版了带有评论的意大利文本。

图 2–2 选自切撒瑞阿诺编辑出版的维特鲁威《建筑十书》，画面上的标题是根据维特鲁威的理论所表现的建筑的起源（图 2–2）。显然维特鲁威并不是第一个撰写了关于建筑的论著的人，但是以前的著作都已失传，《建筑十书》是古代世界唯一留存的建筑论著。维特鲁威系统而又全面地论述了建筑，然而在古典时期，他的影响并不十分突出，他所希望建立的建筑批评法则并没有实现。这本书的影响主要是在中世纪后期和文艺复兴时期。

追随柏拉图的美学思想，古罗马政治家、雄辩家、拉丁文学的奠基人西塞罗（Marcus Tullius Cicero，公元前 106– 前 43）是古罗马美学思想的集大成者，提炼了前人的观点并使之更为精确。他将建筑列入依靠高等才智创造出来的，没有任何社会利益目的的自由艺术的行列。他认为美在于比例，提倡思想内容和形式的统一，主张将思想形诸于文字。西塞罗关于美的定义在美学史上经常被引用：

"美是身体内部所有部分的理性和谐，因此增一分则多，减一分则少。"[3]

公元 3 世纪的希腊学者朗吉努斯（Cassius Longinus，约 213–273）是亚里士多德以后最伟大的批评家，他在历史上最先提出了"崇高"（hypsos）的美学范畴，提倡向古典学习，由崇高美学可以想见罗马帝国建筑所崇尚的恢宏大气和精神伟大的品质（图2–3）。他的长篇书信形式的论文《论崇高》具有划时代的意义，崇高的风格必须具备五个要素：庄严伟大的思想，强烈而激动的情感，藻饰的非凡技法，高雅的修辞以及将这些因素联系起来成为整体的堂皇而卓越的结构。他认为崇高是艺术的效果，是艺术的最高境界。这篇论文在1554年被重新印行，并在18和19世纪产生了巨大的影响，在当代关于崇高的理念中也具有重要的意义。

图2–3　罗马戴克里先浴场

2）中世纪建筑美学和建筑批评

历史上将公元476年西罗马帝国灭亡至公元1400年这段时期称为中世纪，在中世纪成长壮大的基督教，把建筑与音乐、绘画、雕塑整合为一种整体艺术，表达了一种创造性的精神。中世纪在很大程度上承袭了古典时期的审美理论，并赋予新的内涵。以基督教思想家奥古斯丁（Aurelius Augustinus, 354−430）和托马斯·阿奎那（Tommaso d'Aquino,1225−1274）等为代表的中世纪美学是在古希腊和古罗马的美学基础上发展的，崇尚秩序、尺寸、和谐的基督教艺术，也是在古典艺术的环境中培育形成的。中世纪美学认为，表现了秩序与和谐的作品展示了艺术创造者的意向。

尽管中世纪的建筑遗产缺乏系统的文献材料，人们仍然可以从神学、心理学以及宇宙论的著作，甚至从《圣经》的《旧约》和《新约》中找到有关建筑和城市的审美趣味的原则和思想以及关于美和艺术的观念及标准。《旧约·列王纪上》第6和第7章介绍了公元前6世纪时，所罗门王建造的圣殿和其他王宫的制式、材料和装修等。《旧约·以西结书》的第41章详细描述了圣殿的规模，内廊、院廊等的形式和雕饰。约成书于公元95年的《新约·启示录》的第21章介绍了新天新地和新耶路撒冷的理想形式（图2–4）。

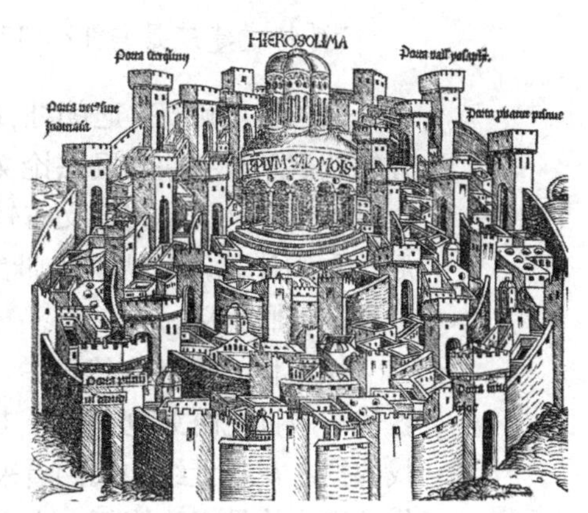

图2–4　耶路撒冷

古代基督教思想家圣奥古斯丁追随古罗马思想家西塞罗，将美定义为：

“各部分之间的比例得当，加上色彩的赏心悦目。”[4]

编纂了中世纪早期的百科全书《语源学》（*Etymologies*）的塞维利亚的圣伊西多尔（Saint Isidore of Seville，约560−636）是一位神学家，他的《语源学》共分20部，书中提出了建筑物的三个基本要素：规划（Disposito）、建造（Constructio）与装饰（Venustas），他认为：

“建筑中有三个因素——规划、建造与装饰。规划即勾画场地、地基。建造即竖立高墙与楼体……装饰则是为了装点与美化而添加于建筑物的一切，如镀金的拱顶、镶嵌的珍奇的大理石以及多彩的绘画。”[5]

基督教哲学家圣托马斯·阿奎那认为美包括三个要素：完整性，均衡性和鲜明性。但是在中世纪的哲学家们看来，美并不意味着与“美的艺术”有任何的联系。哥特建筑的构图方法与中世纪经院哲学思辨的结构有着相同的原理，美国艺术史学家帕诺夫斯基发现哥特建筑的构图方法与圣托马斯的《神学大全》（*Summae*）有着相同的原理。《神学大全》的结构划分为：“部”、“篇”、“专题”、“小节”、“条目”、“论辩”模式，诸如“立论”、“质疑”、“定论”。12 与 13 世纪大教堂建筑的内在结构与此有着对应关系，大教堂西立面上的圆花窗可以认为是哥特建筑的基本“专题”之一，圣但尼大教堂（1132−1144）、拉昂大教堂（始建于 1160 年）和兰斯的圣尼凯斯大教堂（1179−1311）的一系列处理手法与某种典型的论辩相对应，这种论辩在当时是由各自的建造者展开的，论辩按照古典的辩证模式进行。圣但尼大教堂的圆花窗孤立地设置，与结构没有关系，象征着立论，拉昂大教堂的有机处理手法象征着质疑，法国中世纪匠师于格·利贝热（Hugues Libergié, ？ −1267）对兰斯的圣尼凯斯大教堂的“最终”处理方式，与前两座教堂相互对立的处理手法在兰斯大教堂上构成“定论”的一个范例。帕诺夫斯基指出，经院哲学思想的结构所显示的正是蕴含在大教堂结构中的同一种精神过程。德国建筑师戈特弗里德·森佩尔（Gottfried Semper,1803−1879）也表述过同样的观点：

“哥特式建筑是与 12、13 世纪经院哲学相等同的石造之物。”[6]

法国教士威廉·迪朗杜（William Durandus，约 1230−1296）是教会法学家，曾经编撰了教会法和民法论文汇集《司法全鉴》和《圣事论》（1286），《圣事论》中对于参拜仪式及其意义有较详细的描述，书中谈到教堂的象征性、制式、建筑形式和构件等，是法国中世纪教堂的总结，1843 年译成英语，对英国的哥特复兴具有参照意义。

从中世纪遗存的建筑中，我们也可以理解这一漫长时期的建筑原则和范式。现代的中世纪研究也提供了丰富的文献材料，帮助我们从建筑本身的领域之外寻找依据。在中世纪的人们看来，创造了美的世界的上帝是至高无上的象征，被比作是宇宙的最高建筑师，上帝是依照既定规则工作的人，是将世界的辉煌宫殿建筑在奇妙的美之中的建筑师。

中世纪的人们认为人与建筑，人与宇宙之间存在着一种类比关系。哥特式建筑向大自然学习，建筑与装饰艺术象征神的事物，建筑充满了各种隐喻和多重的象征——数字的象征和宗教的象征。教堂隐喻“天国的形象”，教堂建筑就是“中世纪的宇宙模型”。建筑的每个细节都具有象征意义，教堂建筑的美是天国美的一种隐喻，结构是宇宙的象征，教堂建筑既象征上帝的住所，也象征上帝的作品。经院哲学、几何与算术对中世纪建筑学的科学与神学理解起着重要的作用，由于数字在宇宙秩序原理中对于和谐的重要性，建筑的美学体系建立在和谐与数学规则的基础上。内在美、抽象美和象征美具有重要的地位，美是和谐与明晰，美是比例与光辉，光线是基督的象征，对光和空间的追求成为建筑美的最高境界，建筑的美表现为从物质到非物质的升华（图 2–5）。

图 2–5 兰斯大教堂室内

尽管中世纪并没有出现著名的建筑理论，哥特建筑也从未清晰地表述为一种系统完整的建筑理论，我们仍然可以认识到深藏在中世纪建筑内部的建筑范式、美学理念和建筑标准。哥特建筑的原则无论在美学上还是在技术上都十分细致入微，这些原则主宰了当时人们的建造活动。英国艺术家和批评家罗斯金在《威尼斯之石》（*The Stone of Venice*, 1851）中，将哥特建筑的特点归结为原始性，多变性，自然性，奇异性，强固性以及复杂性。

2.1.2 15—16 世纪的建筑批评

瑞士艺术和文化史学家雅各布 · 布克哈特在《意大利文艺复兴时期的文化》（*Die Kultur der Renaissance in Italien*，1860）一书中，关于文艺复兴的意义有一段十分精辟的论述：

“在中世纪，人类意识的两方面——内心自省和外界观察都一样——一直是在一层共同的纱幕之下，处于睡眠或半醒状态。这层纱幕是由信仰、幻想和幼稚的偏见织成的，透过它向外看，世界和历史都罩上了一层奇怪的色彩。人类只是作为一个种族、民族、党派、家族或社团的一员——只是通过某些一般的范畴，而意识到自己。在意大利，这层纱幕最先烟消云散；对于国家和这个世界上的一切事物作**客观**的处理和考虑成为可能的了。同时，主观方面也相应地强调表现了它自己；人成了精神的个体，并且也这样来认识自己。”[7]

文艺复兴时代的人拥有生命的内在价值，人类意识和文化的发展使人重新获得了生命。技术发明对于新时代的形成起了推波助澜的作用，机械方面的成就和印刷术极大地推动了学术和思想的进步，阅读和独立思考把人从传统的思维方式中解放出来，科学意识正在形成，人类的心理、视野和价值观发生了革命性的变化。在文艺复兴时期，古代希腊和罗马的文明被当作完美的典范，几代人都把古代艺术作为楷模，倡导古典复兴。维特鲁威和文艺复兴建筑理论家的著作，正是在这样的历史背景下被诠释并广为传播的，并奠定了长达几个世纪的古典主义建筑的基础。

作为古典建筑的主要阐述者，维特鲁威以他对柱式的叙述和观测资料产生了根本性的影响，维特鲁威的《建筑十书》一共有过 55 部抄本，并相继译成英文、法文、荷兰文和丹麦文等各种文字，影响遍及欧洲，后又传遍世界。意大利建筑师弗朗切斯科 · 迪 · 乔尔吉奥（Francesco di Giorgio,1439–1501/1502）确认了人与建筑、人与宇宙的类比关系，人被看作是一个小宇宙。莱奥纳多·达·芬奇（Leonardo da Vinci, 1452–1519）的“维特鲁威人”表达了人与宇宙的关系，成为了文艺复

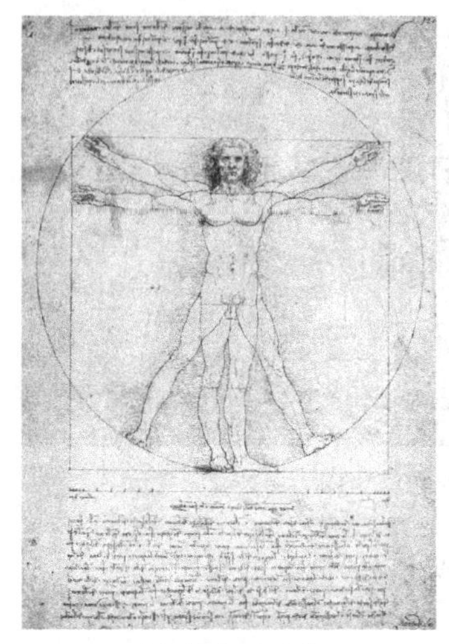

图 2–6 “维特鲁威人”

兴时期建筑的核心理念和范式。因为世界是圆形的，所以圆形是最完美的基本平面。人文主义思想一方面认为人是宇宙的主宰，另一方面也将建筑视为人类身体的象征，开创了影响至今的建筑拟人化思想。阿尔贝蒂也主张建筑是一种身体构造，建筑师构思作品就好比是建筑的母亲（图 2–6）。

文艺复兴时期的许多伟大人物——画家、雕塑家、建筑师和建筑理论家，如吉贝尔蒂（Lorenzo Ghiberti, 1378–1455）、阿尔贝蒂、多纳托·布拉曼特（Donato Bramante, 1444–1514）、米开朗琪罗（Buonarroti Michelangiolo, 1475–1564）、维尼奥拉（Jacopo Barozzi Vignola, 1507–1573）和帕拉第奥都把维特鲁威奉为艺术上的导师，并把他的《建筑十书》作为范本。追求理想的建筑，广泛从事建筑理论探讨成为这一时期的核心。意大利艺术史学家和画家乔尔吉奥·瓦萨里（Giorgio Vasari, 1511–1574）编撰了历史上第一部艺术史，同时也是一部以建筑师为主线的建筑史。

1）阿尔贝蒂和《论建筑》

阿尔贝蒂是文艺复兴“全才”的典型，由学者转行为建筑师，是历史上第一位构建了整体的建筑理论体系的建筑师。他于 1404 年出生于意大利的海港城市热那亚，幼年是在威尼斯度过的，曾在帕多瓦和博洛尼亚学习古典文学、数学和宗教律法等，1472 年卒于佛罗伦萨。阿尔贝蒂是意大利文艺复兴时期伟大的人文主义者、自然科学家、数学家、建筑师、建筑理论家、音乐家、密码学家、剧作家等，他精通拉丁文和希腊文，写过拉丁文的喜剧以及无数关于社会、文化、美学、绘画的论文和书籍，创导了以柱式和比例为基础的建筑美学，并将毕达哥拉斯推崇的自然数音乐比例关系扩展到视觉艺术领域。阿尔贝蒂曾经担任教皇尼古拉五世（1447–1455 年在位）的建筑顾问，参与罗马的城市重建和一些教堂的修复。继维特鲁威之后，阿尔贝蒂在建筑理论领域具有重要的建树，他也是第一个通晓维特鲁威的柱式理论的学者，并增加了他自己从古代建筑观察中发现的意大利复合柱式。

图 2–7 阿尔贝蒂

阿尔贝蒂用拉丁文写成的《论建筑》，又称《建筑十书》、《新建筑十书》，于 1452 完成，1485 年正式出版，是文艺复兴时期的第一本建筑理论著作。书中论述了比例、柱式、城市规划等。阿尔贝蒂一生只设计过六座建筑，其中最具代表性的有里米尼的圣芳济教堂的立面改造（1450）、佛罗伦萨新圣母教堂的立面改造（1456–1470）、佛罗伦萨鲁切拉依府邸立面设计（1460）、曼图亚的圣安德烈教堂（1470）等，他的建筑设计表现了几何的原则和纯净的古典风格（图 2–7）。

阿尔贝蒂的《论建筑》继承了维特鲁威关于建筑的基本原理，然而并没有停留在现象上，而是深入到原理的探索中去，并使之科学化和理性化。阿尔贝蒂奠定了建筑理论的基础，他把功能、美观和适用综合在一起，他认为建筑起源于适用。阿尔贝蒂把维特鲁威的功能按建筑的类型来加以划分，将“美”上升到美学的高度，并将美学与伦理学联系在一起。对于阿尔贝蒂而言，美充满了高度的必要性，美可以用数字、轮廓和位置的重要性来定义。他的《论建筑》是建筑史上最重要的理论著作之一，曾被译成多种文字，直到 18 世纪仍然是建筑师的必读书。

2）塞里奥的贡献

意大利建筑师和理论家塞里奥是一位手法主义建筑师，他的贡献主要是在理论方面，将意大利文艺复兴的柱式语言通过他的论著《建筑》（*L'architettura*，1584）传遍欧洲。现在人们普遍认为塞里奥是语言学批评的创始人。塞里奥于 1475 年出生在意大利的中部城市博洛尼亚，他的父亲是一位画家，塞里奥在父亲的指导下接受绘画教育，并逐渐成为意大利文艺复兴时期著名的建筑师、理论家和画家。塞里奥曾在罗马和威尼斯留下了一些作品，1540 年应法国国王弗朗西斯一世的邀请在枫丹白露任王室顾问，参与枫丹白露宫的设计。

塞里奥的著作《建筑》的主要部分分别于 1537 至 1575 年间出版，这是意大利第一部既有理论又有实践的建筑论著，这九卷书全部带有丰富的插图，1584 年全书合在一起作为独立的论著出版。各卷书的内容分别是几何、透视、罗马古迹、柱式、神庙的形式、住宅建筑、建筑师、城墙等，另外有一卷为《非凡之书》，内容为拱门和入口的设计。塞里奥在全书的总论中，在历史上第一次总结出古罗马建筑的五种古典柱式，它们成为了意大利以外各种建筑手法的源泉。他在法国留下的一些作品奠定了法国许多市政厅建筑的范式，影响了法国的手法主义建筑。他的版画《中世纪和古典的城市场景》，深刻地影响了后现代主义建筑关于城市街道的景观概念。塞里奥的论著既重视理论，又注重实践，他所确立的五种古典柱式，对整个建筑史具有深远的影响。书中附有许多插图，文字简练，对于帕拉第奥的《建筑四书》也产生了深刻的影响。塞里奥建立了一整套明确的符号批评理论，他的批评展示在综合形象的整体过程中，理性化地展示了古典代码仍然可以成为有效手段的边界条件，同时也指出了其局限性以及自成体系的性质。塞里奥以他对古典建筑的批评影响了整个欧洲（图 2–8a、b）。

图 2–8(a)　塞里奥的《中世纪的城市场景》

图 2–8(b)　塞里奥的《古典的城市场景》

1980 年威尼斯双年展的建筑展“历史的风采”（The Presence of the Past）借用了塞里奥的街道场景，以热那亚的新街作为参照。英国建筑师、建筑电讯派的主要成员之一丹尼斯 · 克朗普顿（Dennis Crompton）有一幅画《在塞里奥的阴影下，最新的大街遗漏的第四个场景》（*Under the Shadow*

图 2–9 《在塞里奥的阴影下，最新的大街遗漏的第四个场景》

图 2–10 帕拉第奥

图 2–11 帕拉第奥的《建筑四书》扉页

Serlio, The missing fourth scene from the Strada Novissimo），成为了后现代历史主义建筑的宣言（图 2–9）。

3）帕拉第奥和《建筑四书》

帕拉第奥于 1508 年在帕多瓦出生，1580 年卒于维琴察，他是意大利最伟大的建筑师之一，也是建筑史上第一位职业建筑师(图 2–10)。他的一生致力于复兴古典建筑的精神，发展了古罗马建筑艺术中的对称性以及和谐的比例关系，总结并提炼了文艺复兴的建筑理想，并把古典程式带入到古典主义学说和艺术创造的结合之中。他的建筑思想和设计手法受到布拉曼特、米开朗琪罗、拉斐尔（Sanzio Raffaello, 1483–1520）、朱里奥·罗马诺（Giulio Romano, 1499–1546）以及威尼斯的拜占庭艺术的影响。帕拉第奥的著作《建筑四书》（*Quattro libri dell'architettura*, 1570）奠定了古典主义建筑的基础，西方世界普遍所沿用的建筑语言正是《建筑四书》所发展的建筑语言。《建筑四书》的四卷分别涉及柱式、府邸建筑、公共建筑和神庙建筑，系统地将维特鲁威和阿尔贝蒂的建筑理论综合在一起，以作品和理论奠定了帕拉第奥风格。《建筑四书》的扉页说明了一位建筑师所应当具备的基本能力，图中间是帕拉第奥本人，坐在一艘由财富女神驾驭的帆船上，画面两侧有两尊女神，左侧手持角尺的女神象征“理论”，右侧手持圆规的女神象征“实践”（图 2–11）。英国建筑史学家萨莫森（John Summerson, 1904–1992）在《建筑的古典语言》（*The Classical Language of Architecture*,1963）一书中指出：

“为西方世界所普遍接受的建筑语言，正是通过帕拉第奥的《建筑四书》发展了的建筑语言。”[8]

作为一名建筑师，帕拉第奥的作品在建筑史上占有重要的地位，他将塞里奥的建筑语言、传承了古典建筑的罗马文艺复兴盛期的建筑语言与意大利北部威内托地区的建筑语言结合在一起，致力于复原古典式建筑。帕拉第奥在 16 世纪 50 和 60 年代用这种建筑语言设计建造了许多优秀的乡间别墅，诸如巴度别墅（1556–1563）、巴尔巴罗别墅（1554）以及最负盛名的圆厅别墅（1566）等。他设计的威尼斯圣乔治大教堂（1565）和救世主教堂（1576–1580）也都应用了纯净的古典主义建筑语言。虽然在他所重建的古典复原式建筑中，想象多于科学，但结构是合理的。帕拉第奥以其具有深刻意识的实验精神展现了一系列的类型学批评，并导致了 18 世纪在英国、爱尔兰和美国广为流传的帕拉第奥复兴运动，并一直影响到 20 世纪（图 2–12）。

图 2–12　圆厅别墅

对帕拉第奥而言，建筑就是理性的、简洁的和古典的，他不但关注形式，也关注功能，偏好基本的几何形式。帕拉第奥开创了古典主义建筑的先河，并成为古典建筑最伟大的阐释者。他以新柏拉图主义的观点，主张真、善、美的统一：

“建筑是‘对自然的模仿’，它要求‘简洁’以实现‘成为另一种自然’的目的。当我们说到美的建筑时，也意味着真实的和好的建筑。”[9]

4）建筑史的创始人瓦萨里

瓦萨里是艺术史和建筑史的创始人，早期的艺术史学论著都是以历史批评为主的批评。瓦萨里是意大利文艺复兴后期的画家和建筑师，1511 年出生于意大利中部城市阿雷佐的一个手工艺人家庭，他从堂叔卢卡·西涅奥列利（Luca Signorelli, 约 1450–1523）那里受到素描的启蒙教育，西涅奥列利还力促瓦萨里的父亲培养儿子的绘画才能。瓦萨里曾受业于米开朗琪罗和德尔·萨托（Andrea del Sarto, 1486–1531）。作为一名建筑师，他的作品有佛罗伦萨的乌菲齐宫（1560）、比萨的骑士宫（1562 年始建）、佛罗伦萨圣十字教堂内的米开朗琪罗墓等，他于 1563 年在佛罗伦萨建立了第一所美术学院（Academia del Disegno）。《剑桥现代史》曾把瓦萨里在意大利艺术史编纂工作中的地位与著述《罗马帝国衰亡史》（*The History of the Decline and Fall of the Roman Empire*, 1776–1788）的英国历史学家爱德华·吉本（Edward Gibbon, 1737–1794）相媲美。

瓦萨里的著作《意大利杰出的建筑师、画家和雕塑家传》（*Vite de' piú eccellenti architetti, pittori e scultori italiani*，1550）是西方历史上第一部美术史著作，被奉为艺术史的圣经。瓦萨里在该书的序言中论述了绘画、雕塑和建筑的历史，全面地将艺术批评与建筑批评综合在一起，将艺术家的传记和艺术理论联系起来，成为艺术史批评的范式。他主张“设计”（disegno，亦有素描、构思之意）是造型艺术之根本，是意在笔先，是心的观念的表现和呈现，重视内心的探索，强调师法自然以及师法艺术家内在的创作意向和观念的重要性。

图 2–13　瓦萨里的自画像

瓦萨里最先创造了“文艺复兴”一词。他认为，批评家和理论家必须是一位当代风格的批评家和理论家，同时也应当是一名科学的历史学家。他在书中使用了四种艺术批评的类型：艺术家的生活传记、修辞描述、关于样式和方法模式的技法、风格发展的学说。瓦萨里关于艺术发展的模式是“诞生、成长、成熟和死亡”。正是由于瓦萨里，我们才能够从文艺复兴艺术中得出演化和进步的观点。这样一种艺术史的模式深刻地影响了艺术史学界，并与生物学意义的循环结合在一起（图 2–13）。

意大利的建筑理论舞台上曾经出现过一大批优秀人物和论著，其中有建筑师和雕塑家安东尼奥·菲拉雷特（Antonio Filarete，约 1400– 约 1469）的带有乌托邦色彩的《建筑之书》（*Libro*,1465）、迪·乔尔吉奥的两卷本《建筑论文》（*Trattati*, 1470, 1490）、维尼奥拉的《柱式的五种规范》（*Regola delli cinque ordini d'architettura*，1562）、温琴佐·斯卡莫齐（Vincenzo Scamozzi，1552–1616）的百科全书式的《建筑的普遍理念》（*L'idea della architettura universale*，1615）等。斯卡莫齐宣告了新古典主义的到来，他的理性主义思想表明，这个时期的建筑理论已经对哲学、历史和美学有了广泛的涉猎，并最先将建筑与地理、气候和历史等因素联系在一起。

根据塔夫里在《建筑学的理论和历史》中的分析，意大利 16 世纪的手法主义折中已经表现出多元化的倾向，引入了历史主义，表明了自我批评式的分析和探讨，这一时期的巴洛克批判主义已经预示了新古典主义的到来。

2.1.3 17–19 世纪的建筑批评

17 世纪初，英国法学家、哲学家和思想家弗朗西斯·培根（Francis Bacon，1561–1626）宣布了一个新时代的到来，自然科学的发展和新大陆的发现也相应要求一个新的精神世界。法国数学家、科学家和哲学家笛卡儿（René Descartes，1596–1650）的哲学思想建立在主观知觉的基础上，将哲学思想从传统的经院哲学的束缚中解放出来，奠定了科学的哲学基础。德国哲学家黑格尔主张联系整个人类社会来研究艺术，探讨艺术与其他社会现象之间的共同的根源，他认为只有古典主义艺术才能实现精神内容和物质形式的高度统一。

17 世纪的人们在建筑品质上注重逻辑性，讲求均衡性和明晰性，导致了理性主义的发展。法国在绝对君权的统治下，推动了古典主义美学和建筑理论的发展，追求法式、理性、秩序和永恒，崇尚清晰、纯粹和稳定的美。作为社会秩序的表现，古典主义成为了欧洲建筑和艺术的主流，渗透到社会生活的各个领域，建立了影响全球至今的统一的建筑范型。古典主义在 17 世纪下半叶达到鼎盛时期，进而又催生了新古典主义。

这一时期的建筑总体上可以用古典主义、新古典主义和浪漫主义加以概括。古典主义在说明历史传统时通常指古代艺术，或从狭义上指受古代影响的 17 至 18 世纪艺术。新古典主义则仅指受古代影响的后期艺术，一般而言，新古典主义是指 18 世纪中叶至 19 世纪的艺术风格。在艺术史的论述上，古典主义和新古典主义两词往往互相通用，而古典主义通常涵盖更广泛的意义。艺术史将文艺复兴时期看作是继古典艺术之后的第一个典型的古典主义时期，有时候也将古典主义看作与其他艺术风格相对立的风格之一，例如古典主义和浪漫主义、古典主义和先锋派等。在本节中，我们倾向于用新古典主义来定义这一时期的主流风格，以区别于广义的古典主义，而且新古典主义时期也是一个多元化，且影响广泛的时代，新古典主义涉及文化和艺术的各个领域，从法国和意大利发端，遍及英国、俄罗斯、美国、澳大利亚等地区，并渗入社会的各个层面。19 世纪末，新古典主义遭到人们的质疑，现代艺术开始萌芽。

对新古典主义而言，法国耶稣会修士、启蒙运动时代的建筑界代表人物、建筑理论家马克－安托万·洛吉耶神父（Marc-Antoine Laugier, 1713–1769）和意大利建筑理论家卡洛·洛多里修士（Carlo Loddi，1690–1761）奠定了功能主义的建筑思想。洛多里是最早提倡严格的功能主义的理论家，他主张建筑必须与理性结合，并且以功能作为建筑与理性的表现，建筑的表达取决于材料的真实性。意大利建筑学家、艺术评论家弗朗切斯科·米里齐亚（Francesco Milizia, 1725–1798）撰写的《建筑原理》（*Principi*）一书支持以经验为依据的新古典主义（图2–14）。

图2–14　洛多里修士

意大利蚀刻画家、建筑师和美术理论家乔瓦尼·巴蒂斯塔·皮拉内西（Giovanni Battista Piranesi，1720–1778）的铜版画，以及他所发表的引起争议的论著，也有助于新古典主义关于古典时代观念的形成，皮拉内西的空间想象甚至影响了当代建筑的空间观念（图2–15）。

这个时期是欧洲历史上的转型时期，也是以理性主义为基础的新古典主义的形成期，建筑理论的推动功不可没。同时，建筑也呈现出多元化的现象，事实上，由于地域文化的差异，建筑的多元化在建筑史上一直存在。以追求自然、探索建筑和艺术的民族性为特征的浪漫主义建筑，也是这一时期的重要发展。作为理论体系的现代建筑艺术批评是在19世纪中叶至20世纪初建立的，代表人物有布克哈特、沃尔夫林、沃林格、德国建筑史学家奥古斯特·斯马尔索夫（August Schmarsow，1853–1936）等，是他们奠定了近代建筑批评的理论基础。

图2–15　皮拉内西的罗马

1）从古典主义到新古典主义建筑批评

17世纪的意大利在建筑理论方面的代表人物是建筑师、数学家、神学家瓜里诺·瓜里尼（Guarino Guarini，1624–1683），著有《民用建筑》（*Architettura civile*，1737），他把建筑学比作一门科学，主张建筑师必须接受数学和科学，尤其是数学和几何学方面的广泛教育。瓜里尼提倡建立一套精确的比例关系，建立新规则，为匀称美提供具体的形式，并以实践为主要的价值取向，以使建筑学理论摆脱文艺复兴后期的程式化。瓜里尼宣称：

> "建筑学可以修正古代希腊和罗马的法则，并发明出新的法则。"[10]

法国从17世纪起渐渐取代意大利，成为欧洲建筑理论的中心。自15世纪末叶起，许多意大利建筑师和艺术家就在法国工作，塞里奥曾经生活在法国，对法国的建筑和建筑理论有着重要的影响。在建筑理论传统方面，法国也许是最丰盛的国家，脱胎于意大利的建筑思想，并逐渐走上法国的建筑理论之路，出现了一大批建筑理论家和教育家。这一时期是欧洲历史上重要的社会转型期，新思想不断涌现。法国皇家建筑科学院在1671年成立，该科学院成立后通过了一系列决议，形成了以理性为原则的建筑美学标准，并促成了法国柱式的诞生。

法国的建筑理论著作最早出现于1561年，建筑师和建筑理论家菲利贝尔·德洛尔姆（Philibert de l'Orme，1514–1570）发表了法国第一篇重要的建筑理论文章《关于建造的品位和低成本的新创造》（*Nouvelles inventions pour bien bastir et a petits fraiz*）。德洛尔姆的《建筑学基础》（*Le premier tome de l'architecture*，1567）对于立体几何具有重要的贡献，他试图建立有别于意大利模式的法国建筑理论，介绍了“法国”柱式和细部，在意大利的五种柱式的基础上增加了第六种柱式，并且探讨了建筑师与业主的关系。

建筑师让·比朗（Jean Bullant，约1515/1520–1578）以他在罗马的古迹研究为基础出版了《建筑的普遍法则》（*Reigle générale d'architecture*，1568），该书也是法国较早的重要理论文献。这一时期最重要的建筑理论家大都是科学家，弗朗索瓦·布隆代尔（Francois Blondel, 1671–1686）是工程师和数学家，此外还有将帕拉第奥的《建筑四书》翻译成法文的建筑和艺术理论家弗雷亚尔·德尚布雷（Fréarat de Chambrauy，1606–1676），他原先是古董鉴赏家，受过代数学、几何学和透视学的训练。建筑师路易·萨沃（Louis Savot）原来是医生，法国启蒙运动的奠基人之一——建筑师克洛德·佩罗（Claude Perrault, 1613–1688）原先是一位生理学家和病理学家，他是从1644年将维特鲁威的《建筑十书》译成法文之后才开始研究建筑的，那时的佩罗已经年逾57岁。他于1673年出版了《按照古典方法的五种柱式的法则》（*Ordonnance des cinq espèces de colonnes selon la methode des anciens*），这本书被誉为文艺复兴之后第一部重要的建筑理论著作。佩罗在书中探讨了各种柱式，并对美取决于比例的理论提出了不同的观点。他认为有两种建筑美——实实在在的美和人为的美，断言建筑的美以习惯为基础，而不是理性。设计中没有一成不变的法则，起源于柱式的建筑尺寸并不像人们普遍所想的那样是与音阶的和谐相联系的，而是习惯产生美（图2–16）。佩罗区分了客观性和主观性这两种美学批评的基本原则：

图2–16　佩罗的五种柱式

“建筑学在整体上就是建立在这两个基本原则之上的：一个是客观性，而另一个是主观性。建筑的客观性基础来自于对建筑的使用，以及建筑物的最终目的，所以它涵盖了坚固、健康和适用。所谓主观性的基础就是‘审美感觉’，是来自‘权威’和‘实用’两个方面的……”[11]

佩罗曾参与巴黎卢佛尔宫东立面的设计（1665–1674），采用巨柱式柱廊的卢佛尔宫东立面是法国古典主义的杰作，其庄重的立体感具有强烈的视觉张力，革新了传统的古典主义风格，独立的双柱与实墙的虚实对比成为了法国建筑永恒不变的主题，佩罗对法国的理性主义的发展做出了重要的贡献（图2–17）。

法国建筑理论家让–路易·德·科尔德穆瓦神父（Abbé Jean–Louis de

Cordemoy，1631–1713），对建筑理论的发展也做出了重要的贡献。他撰写的《建筑新论》（*Nouveau traité de toute l'architecture,* 1706）在18世纪的法国建筑理论领域具有重要的地位，是现代功能主义的先驱，受佩罗的影响，科尔德穆瓦主张摒弃一切的建筑装饰语言，让柱式说出原始的功能语言。科尔德穆瓦提倡一种建立在简洁的对称形式基础上的建筑风格，强调结构的整体性，他颂扬古希腊建筑和哥特建筑明晰的功能表述。建筑师热尔曼·博夫朗（Germain Boffrand，1667–1754）的《建筑之书》（*Livre d'architecture*，1754）崇尚趣味高雅的审美观，他认为每一种建筑类型都应该有源于整体构图的适合的"品性"。

图2–17　卢佛尔宫东立面

法国建筑理论家、建筑教育家雅克－弗朗索瓦·布隆代尔（Jacques–Francois Blondel, 1705–1774），自1762年起任法国皇家建筑科学院的教授，著有建筑史上第一本具有现代意义的建筑史书《法国建筑》（*L'Architecture francaise,* 1752–1756）以及《论建筑研究的必要性》（*Discours sur la nécessité de l'étude de l'architecture,* 1754）等。他的《建筑学教程》（*Cours d'architecture,* 1771–1777）是18世纪最为综合、最为广博的一部建筑理论著作，布隆代尔在书中潜心研究了建筑材料和建筑施工，并在他自己于1743年创办的一所建筑学校中试用。布隆代尔认为比例的科学对于建筑学而言，是十分必要的，比例源于自然。他强调建筑的特性，特性就是风格，特性是功能的表现，风格是功能的效果。他要求"具有简洁美的卓越的鉴赏力"，主张"真实的建筑"，这一原则成为了新古典主义的信条，布隆代尔的理论推动了洛可可建筑向新古典主义建筑的过渡。

洛吉耶神父继承并阐述了佩罗和德科尔德穆瓦修士的理论，并将德科尔德穆瓦在《建筑新论》一书中所表达的理性主义观点加以发扬，在1753年匿名出版《论建筑》（*Essai sur l'architecture*）一书。洛吉耶在书中用理性的观点阐述了古典建筑，强调柱式的结构逻辑性，推动了新古典主义的发展，这本书在欧洲被看成是一部具有革命性的著作。他向世人展示了他想象的原始草屋和"原木小屋"的样子，将其作为一切建筑美的最初起源和建筑的纯粹本质，从而建立了一种建筑美的原则，打破了原有的建筑体系。洛吉耶认为，理想的建筑完全由真实的柱子建造，一切的建筑杰作都是在原始人质朴无华的"原木小屋"的基础上设计出来的。画中描绘了一位由各种艺术化身而成的女神，正将一个懵懂儿童的注意力引向一座自然的构筑物，它由四棵仍然在生长的树干作为支撑，圆木作过梁，上面的树枝形成斜屋顶。洛吉耶也主张摒弃所有的"建筑的虚饰"，进一步取消墙体。洛吉耶建立了建筑的原型批评模式，他的理论推动了英国18世纪原始主义建筑的流行（图2–18）。

图2–18　洛吉耶的"原木小屋"

图 2-19　勒杜设计的巴黎城关

克洛德－尼古拉·勒杜（Claude-Nicolas Ledoux，1736-1806）是欧洲新古典主义风格最重要的倡导者，他在1804年出版了一本收录其设计作品的专著《从艺术、风尚和法律思考建筑》（*L'architecture considérée sous le rapport de l'art, des moeurs et de la législation*），提出了一种全新的建筑体系，勒杜设计的绍村皇家盐场（1774-1779）宣示了一种自主的建筑，设想建立一个涵盖所有现存实例的建筑体系。同时，勒杜也提倡一种理想主义，主张社会秩序下的平等理念。他的理想城市思想对法国社会改革家和空想社会主义者欧文（Robert Owen，1771-1858）、法国哲学家和思想家傅立叶（Charles Fourier，1772-1837）以及英国社会学家霍华德（Ebenezer Howard，1850-1928）产生了重要的影响。勒杜的设计往往采用无装饰的墙面和凝重的建筑体块。勒杜为巴黎设计了40座城关，他的建筑构成突破了古典主义的模式（图2-19）。

新古典主义建筑师和理论家接受了第一手的古典建筑知识，通过考古和研究，包括对庞贝和赫库兰尼姆的挖掘，对古代希腊建筑遗迹的测绘，大量的研究文献和出版物，使世界对古代希腊和罗马有了前所未有的更广泛和深入的了解。新古典主义大致于1750年代开始，在1830年代达到高峰。新古典主义的主流是一场希腊复兴运动，试图建立一种具有普遍意义和永恒魅力的艺术风格。这种风格推崇内在秩序、庄严纯朴、构思严密、追求理性的建筑，但是也往往被批评为僵化和食古不化。新古典主义认为，美是我们感觉为美的对象的特质。因此，新古典主义回归于"变化中的统一"、"比例"、"和谐"等古典主义的定义。

2）浪漫主义建筑批评

18世纪后期到19世纪的欧洲是一个多元的时代，一个动荡和急剧变化的时代，也是现代欧洲的形成时期。在崇尚进步和理性的启蒙运动和科学精神的影响下，受1776年美国独立、1789年法国大革命和工业革命的启示，一场反对权威、传统和僵化的古典模式的艺术运动在欧洲横扫西方文明，这是一种对民族艺术和建筑的探求，向自然和心灵的回归，探索神秘的东方文化也是对古典理性主义的反叛。这也是现代艺术思想的萌芽，注重个性和感觉，注重主观性和自我表现，从思想领域进行革命，扩大了艺术领域，纳入了一些被新古典主义排除在外的范畴。

德国哲学家鲍姆加登（Alexander Gottlieb Baumgarten, 1714-1762）的《美学》（1750-1758）标志着作为专门研究领域的美学的诞生，温克尔曼的《古代艺术史》（1764）、康德的《判断力批判》（1790）、黑格尔的《精神现象学》（*Phänomenologie des Geistes*，1807）和《美学》、谢林（Friedrich Schelling，1775-1854）的《艺术哲学》（*Philosophie der Kunst*，1801-1809）是这一时期关于艺术和建筑思想的最重要的论著。

美国哲学家和文化史学家塔纳斯（Richard Tarnas，1950–）在《西方思想史》（*The Passion of the Western Mind: Understanding the Ideas That Have Shaped Our World View*，1991）中指出：

"从文艺复兴的复杂的母体中产生了两种不同的文化潮流，两种不同的西方思想特有的对待人类生存的气质或基本态度。"[12]

塔纳斯所指的两种基本态度就是浪漫主义，以及与其截然相反的启蒙运动，两者之间复杂的相互影响构成了西方现代性的思想。浪漫主义推崇人类的创造精神和个体自我表现，不仅关注人性的尊贵和崇高，也同时关注人性的非理性方面，这正是现代性的一个重要表现。18世纪流行的概念是："天才"、"品位"、"想象"、"情调"等。"天才"和"想象"指的是产生美的事物的源泉，例如艺术家、建筑师等。"品位"、"情调"则是指有能力欣赏美的人的特质。总之，是作为美的生产者和判断者的主体的一种特质、特征和情性。因此，美是由我们理解对象的方式，由阐发品位判断者的反应来界定的。美的观念由寻找形成美的原理，转为思考美所产生的效果。也有哲学家探索品位的主观性与美的事物的客观性之间的统一。共同的观点是，美源自主体对客体的感知，美与感官密不可分。

虽然浪漫主义盛行的时间并不像新古典主义那么漫长，但是浪漫主义思潮对以后的现实主义和印象主义产生了重要的影响，也成为了象征主义、新艺术运动艺术的先驱。英国艺术史学家休·霍勒（Hugh Honour，1927–）在《浪漫主义艺术》（*Romanticism*，1979）中指出：

"从某种程度上来说，所有后来的西方艺术都是从浪漫主义发展而来的……浪漫主义关于艺术创造力、独特性、个性、真挚性和完整性以及艺术作品的意义和作用、艺术家的地位和人格等观念，一直是西方美学思想中最重要的概念。"[13]

浪漫主义是一种看待艺术、生活和自然的新的观念，主张紧跟时代脚步，其核心艺术领域是文学、音乐、绘画和建筑，这些艺术领域的作品清晰地表现出一种创新，一种对传统的突破和发扬。匈牙利裔美国音乐批评家保罗·亨利·朗格（Paul Henry Lang，1901–1991）在《19世纪西方音乐文化史》（*Music in Western Civilization*，1941）中指出：

"浪漫主义的基本特征之一就是对无限的一种渴望。它从来不无保留地接受现在，它永远在寻求另外的东西，而且永远在发现有某种更好的东西的迹象……

浪漫主义不懂得古典主义的尺度和标准，它在艺术上努力的目标不是人的理想中孤立的人，因为它永远是在人和无限的大自然，无限的空间关系之中看待人的，它把人看作感觉的中心，看作一切感情的焦点，一切都是由这种关系鼓舞着的，都是通过它获得生命和意义的。自然变成了启示，变成了人的体验的表现；因此浪漫主义就献身于自然，而且和它在一起生活了。"[14]

英国在16世纪末17世纪初出现了风景如画式风格，倡导在建筑中弘扬中世纪精神，并与希腊复兴相互交融。风景如画式风格的出现标志着一种新的建筑观

图 2–20 洛朗的风景画《奥德赛护送克莉西斯回父亲处》

念正在形成，建筑不再是自成系统的表现形式，而是环境的组成部分。这种风格将法国画家洛兰（Claude Lorrain，1600–1682）、普桑（Nicolas Poussin，1594–1665）和意大利画家罗萨（Salvator Rosa，1615–1673）的风景画作为建筑参照的范型（图 2–20）。风景如画式风格的中世纪精神在以后的阶段演变成了一种意识形态上的希腊复兴。浪漫主义建筑通过民族风格和哥特复兴、希腊复兴、罗马风格复兴、折中主义、异域和东方风格等表现出来，同时也表现在浪漫主义的园林景观设计上。在建筑思想上，试图摆脱古典主义传统的形式，寻找新的方向和风格。就实质而言，浪漫主义建筑并没有替代新古典主义，只是将古典主义作为一种浪漫古典主义来表现。建筑史并没有将浪漫主义单独列为一个时代或一种风格加以论述，而是归入新古典主义建筑，然而，新古典主义并不能涵盖这一时期建筑的多元化发展。

这一时期的建筑师被赋予艺术家的特质，创造性具有重要的意义，建筑一词也蕴含着才赋、思想、艺术风格和审美意识等。浪漫主义建筑的代表人物有法国建筑师欧仁 – 艾麦努尔·维奥莱 – 勒 – 杜克（Eugène-Emanuel Viollet-le-Duc，1814–1879）、德国建筑师和画家申克尔（Karl Friedrich Schinkel，1781–1841）、英国建筑师和作家奥古斯塔斯·韦尔比·诺思莫·普金（Augustus Welby Pugin，1812–1852）和英国建筑师威廉·钱伯斯（William Chambers，1726–1796）等。

维奥莱 – 勒 – 杜克、普金和罗斯金等三人也被誉为浪漫主义建筑最重要的理论家。维奥莱 – 勒—杜克是法国 19 世纪最伟大的建筑师、考古学家和建筑理论家，曾被约翰·萨莫森赞誉为与阿尔贝蒂齐名的最伟大的建筑理论家。维奥莱 – 勒 – 杜克对于推动法国和英国的哥特复兴起着重要的作用，他曾经负责大量中世纪文物建筑的修复和重建工作。他的著作《11–16 世纪的法国建筑理论性百科辞典》（*Dictionnairé raisonne de l'architecture fran?aise du XIme au XVIme siècle*, 1854–1868）和《建筑论集》（*Entrietiens sur l'architecture*, 1863–1872），对哥特建筑结构原理重新加以诠释，其影响特别深远。维奥莱 – 勒 – 杜克也是一位考古学家和理性主义者，是当时法国和欧洲文物建筑修复的权威，曾主持修复了大量的中世纪建筑。他的著作《11 至 16 世纪法国建筑的理性术语大全》（*Dictionnaire raisonné de l'architecture francaise du XIe au XVIe siècle*, 1854–1868）是一部以辞书形式出版的巨著，堪称 19 世纪建筑史上纪念碑式的著作，建立了哥特复兴建筑的批评标准。维奥莱 – 勒 – 杜克的建筑理论是以技术、形式和社会历史因素为出发点的，他认为建筑是一定社会结构的直接表现。他声称法国的哥特建筑不仅体现了国民的精神，而且也反映了“统一的原则”和“坚定与合乎逻辑的方式”。[15] 他的目的是揭示“形式的内在性质，形成这些形式的原理，以及产生这些形式的习俗和理想”，他也强调宗教、政治、地域文化等因素对建筑的影响，建立了建筑的社会批评模式（图 2–21）。

普金为19世纪建筑带来新的道德热诚，指责古典风格是异教徒的建筑，宣称只有哥特建筑是真正的基督教的建筑形式。罗斯金继承了普金的思想，被誉为浪漫主义批评的顶峰，然而浪漫主义也有着与当代艺术分离的缺点，使得浪漫主义批评仅仅着眼于中世纪的艺术（图2–22）。

图2–21 维奥莱–勒–杜克的理想教堂

19世纪的哲学思想出现了由客体向主体的转向，强调意志的重要性，德国哲学家谢林在《先验理想主义体系》（*System des transcendentalen Idealismus*，1800）中发展了有机的观念。随着美学学科的建立，美学第一次从哲学的边缘进入哲学研究的中心，艺术的意义和目的得以进行前所未有的探索。

英国艺术家、诗人和画家威廉·莫里斯（William Morris，1834–1896）关于历史建筑保护的思想，成为一种对建筑批评起能动作用的遗产，他的思想影响了加拿大作家简·雅各布斯（Jane Jacobs，1916–2006）和《纽约时报》的建筑专栏批评家埃达·路易丝·赫克斯苔布尔（Ada Luise Huxtable, 1921–2013）。

图2–22 普金

3）建筑与崇高

艺术领域出现了崇高的批评范式，建筑思想也受到崇高美学的影响。英国政治家和思想家、美学家埃德蒙·伯克（Edmund Burke，1729–1797）和德国哲学家康德关于崇高的美学思想是在现代来临之初发表的，成为18世纪最重要的理论源泉，对浪漫主义建筑具有重要的影响。

崇高的观念基本上与艺术而非自然相联系，其中含有对不成形状的事物、痛苦、恐惧的偏见。艺术以美的方式描绘或模仿丑，漫无形式的事物、怪物和恶魔、死亡、暴风雨等也都受到赞颂，尽管这些都不能称之为美。审美的世界由此分裂为美与崇高，但是，由于崇高的经验带有许多原先归属于美的特征，二者并没有如同美与真、美与丑那样截然分开。文艺复兴时代的人们欣赏的是古希腊和古罗马的废墟，新古典主义试图复原这些古代的遗址，而18世纪的崇高美学欣赏的正是废墟的不完整，浪漫主义更是使这种美学达到高潮。

伯克和康德都将崇高形容为一种不同于美的更和谐的体验。作为英国经验主义美学的代表人物，伯克在1747年发表了《关于我们崇高与美观念之根源的哲学探讨》（*A Philosophical Enquiry into the Origin of Our Ideas of the Sublime and Beautiful*），继朗吉努斯之后，伯克在新的意义上再次将崇高与美作为美学范畴加以论述，研究客观事物本身产生崇高感与美感的性质，风景如画式的风格成为崇高的第三个范畴。

伯克用归纳的方法研究美学问题，区分崇高与美，认为崇高来源于人类的自我保存欲，美来源于人类的社会交往欲。崇高感是痛苦和危险所造成的一种夹杂着快感的痛感，美感则是爱所引起的快感。崇高涉及的是对象能够引起恐怖的感性特质，因此崇高与丑部分地相一致。

康德的长篇论文《论优美感和崇高感》（*Beobachtungen über das Gefühl des Schünen und Erhabenen*，1763）界定了美与崇高的异同。对康德而言，崇高是与自然有关的经验，它也包含着恐惧。美可以由某种小的物体唤起，而崇高始终是大的，崇高始终涉及超越人类力量的力量。康德认为美与崇高具有一致性，同属审美范围，崇高是康德的第二美学范畴。崇高像美一样是主观的，崇高也像美一样与感觉有关，崇高是与美有别的另一重要范畴。康德在《判断力批判》中把崇高分为两种：数学式的崇高和力学式的崇高。他在《论优美感和崇高感》中则把崇高分为三种：令人畏惧的崇高，高贵的崇高和华丽的崇高。康德认为：

“崇高必定总是伟大的，而优美却也可以是渺小的。崇高必定是纯朴的，而优美则可以是着意打扮和装饰的。”[16]

图 2–23　勃克林的油画《死亡岛》

崇高的感知并不全然令人愉悦，它被超脱释然的感觉所取代。在这点上，康德受到伯克的影响，伯克将崇高的感知形容为，当看见巨大的物体时所体验到的恐惧，当明白没有理由惧怕之后就油然而生的一股释然的感觉。崇高与最强烈的情绪——痛苦或危险的感觉——联结在一起。瑞士画家勃克林（Arnold Böcklin，1827–1901）的神秘寓意画《死亡岛》（1880）是阐释崇高美学的最具有代表性的艺术作品（图 2–23）。

图 2–24　部雷设计的牛顿纪念堂

法国建筑师和理论家艾蒂安 – 路易 · 部雷（Étienne–Louis Boullée，1728–1799）在他的乌托邦式的设计中，简化了建筑语言，他认为球体是最完美的形体，往往以夸张的金字塔形、球形以及圆柱形等象征性的建筑语言来取代功能性的建筑语言。部雷在《建筑艺术文集》（*Architecture, essai sur l'art*）中描述如何对黑暗旷野中自己的影子印象深刻，他试图寻找某种由剪影建立的整体。按照伯克的观点，所有意欲引起崇高联想的建筑物都应当漆黑而昏暗，“崇高”在部雷的作品中变得更为深沉。对伯克和康德而言，崇高始终是大的，崇高涉及超越人类力量的力量，表现为力学式的崇高，或者非常大，表现为数学式的崇高，然而美通常是装饰的。在建筑中，美与崇高之间的区别不只与建筑物的大小有关，也与它的协调或不协调有关（图 2–24）。

崇高的建筑典型，可以在意大利素描画家、铜版画家、建筑师和美术理论家皮拉内西的蚀刻画中发现。皮拉内西不仅对于新古典主义和浪漫主义运动有着极其重要的影响，而且还对现代建筑的设计思想产生了深刻的影响。他出生于威尼斯，父亲是一名石匠，叔父是一位建筑师。他的一生都在从事建筑实践，尽管他的作品并不能被建造，然而却具有不可否认的真实性。皮拉内西的大量作品都是铜版画，描绘了理想中的建筑空间，画中既没有现在，也没有未来，一切都以“过去”

来表达。皮拉内西画过大量的铜版组画，包括《监狱》(1745)、《古罗马人》(1756) 和《罗马景色》(1748–1778) 等。皮拉内西高度赞赏古罗马的废墟，他的描绘虚构的监狱建筑的 16 幅监狱组画（Carceri）以空间作为主题，在形象中重建这些建筑，使整个欧洲都重新审视对待文物的观点和态度，在新古典主义建筑中探讨宏伟的多重空间。皮拉内西的多重空间对后现代主义建筑的空间产生了重要的影响（图 2–25）。

图 2–25　皮拉内西的《监狱组画》之六

皮拉内西的思想对许多著名的艺术家、作家和思想家都有很大的影响，维克多·雨果（Victor Hugo, 1802–1885），法国象征派诗人波德莱尔（Charles Baudelaire, 1821–1867），法国小说家巴尔扎克（Honoré de Balzac, 1799–1850），英国博物学家、《天演论》的作者赫胥黎（Thomas Henry Huxley, 1825–1895），美国作家、文艺评论家爱伦·坡（Edgar Allen Poe, 1809–1849），法国小说家普鲁斯特（Marcel Proust, 1871–1922）以及众多的作家都深受皮拉内西的空间观念的影响。皮拉内西在 18 世纪后期对法国建筑幻想家们的影响更是显而易见的。

4）类型学批评

类型学起始于启蒙运动的理想主义哲学，洛吉耶神父的原木小屋原型主张设计向自然、向自然的法则学习，是最早的关于类型学的思想。

法国建筑师让–尼古拉–路易·迪朗（Jean-Nicolas-Louis Durand，1760–1834）是 19 世纪初期法国最重要的理论家和建筑教育家之一，也是建筑类型学的创始人，作为理论家，他最先宣称建筑没有必要使用柱式，并且批评传统的柱式观念，否定柱式是建筑的本质。他在《古代和现代：各类建筑图集》(*Recueil et parallèle des édifices de tout genre anciens et moderns,* 1800) 一书中按照轴线和网格关系以及功能类型列出了 72 种建筑的几何组合原型，并且提供了大量的公共建筑的平面、立面和剖面的范例，为欧洲建筑提供了理性主义建筑的范本。新古典主义运动中最重要的建筑论著之一《巴黎理工大学简明建筑教程》(*Précis des leçons d'architecture données à l'école polytechnique*，1802–1805)，是他在巴黎理工大学主持建筑学教席时的演讲，首次提出土木工程是一门独立的学科。

法国皇家美术学院秘书长、建筑理论家、雕塑家、理想的学院派古典主义主要代表人物安托万–克里索斯托姆·盖特梅尔·德昆西（Antoine-Chrysostome Quatremère de Quincy, 1755–1849）发展了建筑类型—形式的理论，奠定了建筑的类型学批评的理论基础。德昆西为建筑提出了三种原型：洞穴、帐篷和棚屋，每一种原型都是为了适应不同的气候、地理和人类活动。这些原型不仅解释了风格的起源，而且也解释了为什么一种风格比另一种风格优越。他认为建筑是一种有机的生命存在，并将建筑与雕塑进行类比。德昆西主张建筑实践回归古希腊的美，古代希腊建筑，以及由罗马人继承并传播的法则、原理和理论是一切理想建筑的模式，反对巴洛克艺术对古典艺术的亵渎，德昆西的著作蕴含了后现代主义的类型学思想。

20 世纪初，随着社会生产的发展变化以及哲学家对原型理论，尤其是瑞士心理学家卡尔·古斯塔夫·荣格（Carl Gustav Jung，1875−1961）的集体无意识原始意象和原型理论的发展，欧洲的建筑理论家发展了类型学研究，从原型类型学转向范型类型学，将原型演变为范型，将新类型的生成作为核心，关注历史和政治转型，但是仍然将建筑看作是一种静态的事物，将类型看作为在一种变换的生产关系内恒定的事物。德国建筑师和批评家赫尔曼·穆特修斯（Hermann Muthesius，1861−1927）在 1914 年德意志制造联盟展览会上提出了，把功能当作建筑学进步途径的“类型学研究”。

后现代时期的建筑理论认为类型与功能和建构相关，类型成为了恒久不变的基本要素，成为了德里达所说的“建筑中的建筑学”，或者充当了与语言学里的深层结构相当的概念。类型维系着历史的连贯性，保持着处于同一种文化中的建筑物和城市的可读性。意大利艺术史学家朱利奥·卡洛·阿尔甘（Giulio Carlo Argan，1909−1992）在论文《论建筑类型学》（1962）中，重新引起了建筑界对德昆西的类型学的关注，阿尔多·罗西在《城市建筑学》（*L'architettura della città*，1966）中强调了类型学的重要性。如果说启蒙运动时期主张设计向自然的理性学习属于第一代类型学，那么，勒·柯布西耶（Le Corbusier, 1887−1965）的建筑设计的参照物是生产过程的思想则属于第二代类型学。按照美国建筑史学家和理论家安东尼·维德勒（Anthony Vidler, 1920−）的观点，这两种类型学的共同之处在于它们都信奉理性科学，随之又信奉技术。维德勒的理论将建筑史、建筑批评和建筑理论结合在了一起。[17]

5）工业化时代的建筑转型

18 世纪以来，科学技术和工业革命带来了生产和生活方式的革命，出现了新的美学思想、建筑类型以及新的建筑理论。随着科学和技术时代的发展，新的科学方法和思维方式使社会形态、理解力、判断力、想象力和创造力得以彰显。建立在科学实验的基础上，工程技术的进步成为科学和技术时代的成就。一系列的社会变革导致了 19 世纪末至 1930 年代的现代建筑运动。现代建筑运动在意识形态、建筑与生产方式的关系等方面实现了变革，试图创造一种普适性的国际式建筑风格。20 世纪下半叶是建筑生产和建筑思想最活跃的时代，各种流派和理论范式纷纷杂陈。1970 年代的石油危机产生了新的建筑文化和生态建筑的理论与实践，世界政治和经济因素对建筑的冲击达到前所未有的境地，对现代建筑的反思和批判，又推动了建筑理论和建筑批评范式的多元化。建筑理论实现了跨学科的融合，不仅形成了新的建筑理论，从形式批评转向文化批判，同时也推动了其他社会科学和技术科学的发展。

区别于以往的时期，历史风格的多元应用成为了 19 世纪欧洲建筑最显著的特征，建筑师们纷纷转向折中主义，将许多不同来源的风格特征竭力结合在一起，以达到原创的效果。进入工业化时代的欧洲建筑并非简单重复历史上的各种运动，在布局、选材以及装饰细部方面，它们都是这个时代的产物。出现了许多新的建筑类型，例如火车站、工业厂房、市场、展览馆、图书馆、百货商店等，都因为没有先例可循而需要新的设计。新的设计也推动了建筑技术的进步，工程师登上历史舞台，促进了新的建筑思潮，带来了新的技术美学。随着工业化的发展，铁、钢和玻璃等新的建筑材料，电话、电梯、抽水马桶、空调系统等新的设备和公共设施的发展，结构进步为建筑技术带来了戏剧性的变化，新的施工方法不断出现，建筑的高度和跨度突破了传统的限制，所有这一切都推动了新建筑的出现。

图 2-26 1851 年伦敦世博会水晶宫

1851 年伦敦万国工业产品大博览会的水晶宫，促进了 19 世纪建筑技术的发展，也成为了建筑走向工业化的标志，对 19 世纪和 20 世纪的建筑产生了不可估量的影响。水晶宫建筑无论作为技术进步的标志，还是作为把现代材料应用于现代设计的成功想象，都可以说是中世纪以来最重大的建筑贡献了。这种概念以轻质的玻璃—钢铁框架结构替代了沉重的砖瓦水泥结构的建筑形式，同时，新的设计概念又以玻璃构成的开放空间，替代了以承重墙围合的沉重感和封闭感。威廉·莫里斯和约翰·罗斯金都猛烈地抨击机器技术时代，水晶宫被他们丑化为只不过是一间“种植黄瓜的温室”（图 2-26）。

图 2-27 1889 年巴黎世博会机械馆

1873 年维也纳世博会主展馆的大圆顶直径为 107 米，高 86 米，是当时世界上最大的圆形大厅，被誉为“世界第八奇迹”。建筑委托曾于 1860 年设计了世界上第一艘全铁壳战舰的英国土木工程师约翰·斯科特·拉塞尔（John Scott Russell, 1808−1882）完成，穹顶用锻铁和玻璃建造，建设周期仅为 18 个月。1889 年巴黎世博会的埃菲尔铁塔和跨度为 115 米的被誉为“建筑艺术巅峰”的机械馆，在审美观念上有很大的突破（图 2-27）。

图 2-28 阿姆斯特丹证券交易所室内

19 世纪晚期的地域建筑风格的复兴是“风景如画运动”的后期繁荣，然而从中的确产生出了一些更形规整的建筑。查尔斯·伦尼·麦金托什（Charles Rennie Mackintosh, 1868−1928）设计的哥拉斯艺术学校（1897−1909）——冷峻的石头建筑强烈地隐喻了苏格兰的建筑传统。荷兰建筑师亨德里克·佩特鲁斯·贝尔拉格（Hendrik Petrus Berlage, 1856−1934）设计的阿姆斯特丹证券交易所（1898−1903），大胆地应用了简化的传统形式。这两座建筑都避免了工艺美术运动中的复古主义倾向，在结构中结合了铁和玻璃等新材料（图 2-28）。

图2-29　沙利文的卡森－皮里－斯科特百货公司

1890 年代出现的新艺术运动标志着建筑形式的变革进入了新的阶段，并迅速传遍欧洲，从而影响美洲，新艺术运动在各个欧洲国家以不同的名称出现。这是不以任何一种过去的建筑形式为基础，而以不规则的有机曲线和卷须状或火焰状线条为特征的一种风格。

工业化也给美国带来了根本性的变化，最终把这片以农村为主的国土转变成了大都市云集的地方。路易斯·沙利文（Louis Henri Sullivan, 1856–1924）和约翰·韦尔伯恩·鲁特（John Wellborn Root, 1850–1891）是 19 世纪末美国最杰出的建筑师和建筑思想家，是 1870 年代兴起的芝加哥学派的得力支柱和理论家。沙利文提出的"形式追随功能"的思想极大地影响了现代建筑，在他看来，决定建筑形式的功能是自然的、社会的和知识的因素，即人类需求的总和。鲁特认为，风格就是结构的表现，他对发展高层建筑的思想起着重要的推动作用，他主张高层建筑必须满足现代生活的需要，表现现代文明和现代社会（图 2–29）。

图 2–30　瓦格纳的维也纳邮政储蓄银行

19 世纪下半叶欧洲最重要的建筑理论家是德国建筑师森佩尔和奥地利建筑师奥托·瓦格纳（Otto Wagner，1841–1918）。森佩尔参观 1851 年的伦敦万国工业产品大博览会后，写下了"科学、工业和艺术"（*Wissenschaft, Industrie, Kunst*）一文，他运用自然科学的方法，按照"类型"区分建筑的功能，提出了建筑的四种要素：精神、屋顶、围护结构和基座。他对维特鲁威的思想提出了质疑，并从自然界的矿物晶体的韵律和其他的规则形式中，看到了纯粹几何形式的普遍性，重视建筑的结构原则。

奥托·瓦格纳主张建立一种与历史主义完全没有关系的新风格，推崇表达现代生活的建筑形式，他的作品推动了欧洲建筑的新精神的发展和新形式的实验（图 2–30）。瓦格纳认为，风格应该是新材料、新技术和社会变化，表现时代精神的产物：

"我们这个时代的艺术，必须提出我们自己创造的，并能够反映我们能力的现代形式，以便于我们选择去做什么或不做什么。"[18]

2.2　当代建筑批评

受现代科学技术的影响，在工业化的推动下，现代建筑运动从根本上改变了传统建筑风格，并深入关注建筑的社会问题。意大利未来主义在建筑领域颠覆了传统的价值观念，揭开了建筑现代发展的序幕，开辟了建筑的机器美学。20 世纪建筑是建筑史上发展变化最为激进的时代，也是建筑思潮和建筑理论最为丰富的时代，经历了从“现代”向“后现代”的转型。从现代建筑运动开始，建筑呈现出了多元发展的趋向，建筑理论话语的领域得到广泛的拓展，建筑理论向其他学科开放，极大地丰富了建筑理论的基础，1960年代成为了最重要的建筑理论发展时期。1970年代末发端的后现代主义建筑思想，建立了新的批评范式，不仅推动了建筑和城市的发展演变，也极大地影响了广泛的文化艺术领域。

2.2.1 现代建筑运动和批评

建立在现代科学技术基础上的现代建筑运动，向各种旧思想和旧形式挑战，标志着现代生活和现代文化。爱因斯坦的“相对论”提出了一种有关物理世界性质的新观念，时间和距离都是相对的而不是绝对的，现代建筑的倡导者力图运用相对论和其他科学中的进步概念，作为新形式、空间和时间的艺术法则的启示。经过许多探索之后，以先锋派面目出现于1910和1920年代的现代建筑注重实用性，注重真实的技术、结构和材料的表现，反对不必要的装饰，出现了一种新风格和新形式，讴歌“国际式”，直到1933年芝加哥世博会后才以一股强大的动力席卷全世界。

然而，从一开始，现代建筑就备受诟病。实际上，现代建筑的构图原理迟迟没有出现，早期的现代建筑在许多方面仍然遵循传统的构图法则。同时，各种宣言和各种倾向的建筑一直伴随着现代建筑的发展，形成了多元的建筑领域。现代建筑运动不仅是建筑美学的革新，也是一场社会变革。现代建筑的实践和宣言往往先于理论，这场运动直到1930年代才得到肯定，而作为现代建筑的系统的经典文献，吉迪翁的《空间、时间与建筑》(*Space, Time and Architecture*, 1941）直到1941年才出版。

1）未来主义和建筑批评

20世纪思想史的进步对建筑的发展产生了不可估量的重要影响，德国出生的美国理论物理学家、现代物理学之父爱因斯坦（Albert Einstein，1879–1955）在1905年发表了狭义相对论。时间和距离都是相对的而不是绝对的有关物理世界性质的观念，动摇了人类认识自身的基础。建筑和艺术中的现代主义倡导者们力图运用相对论和其他科学中的进步概念，作为新形式、空间和时间的艺术法则的启示。

艺术中的立体主义和建筑中的未来主义，构成了现代建筑的基础，未来主义首先在20世纪初颠覆了新古典主义的建筑思想，意大利作家、诗人马里内蒂（Filippo Tommaso Marinetti，1876–1944）于1909年，画家翁贝托·博乔尼（Umberto Boccioni，1882–1916）以及意大利建筑师安东尼奥·圣埃利亚（Antonio Sant’Elia，1888–1916）在1914年相继发表《未来主义宣言》，这三篇宣言宣示了一种囊括了立体主义、构成主义和新印象派艺术的意识形态。圣埃利亚在《未来主义建筑宣言》中提出建筑机器美学的思想，主张与历史上的建筑形式彻底决裂：“创造和传播唯有未来才能得到验证的价值。”[19]

圣埃利亚以他数百幅想象的《新城》组画和建筑画，展示了高度机械化和工业化的城市形象，1970年代以后在一些现代建筑，尤其是高技派建筑中得到实

图 2-31　圣埃利亚的建筑画

图 2-32　《走向新建筑》

图 2-33　德国建筑师和批评家穆特修斯

现（图 2–31）。

2）经典现代建筑批评

20 世纪是建筑理论和建筑批评十分活跃的时代，勒·柯布西耶是 20 世纪最有影响力的建筑师之一，他的经典论著《走向新建筑》（*Vers une Architecture*, 1923）是 20 世纪最重要的建筑理论著作之一。这本宣言式的著作是理解现代建筑思想所不可或缺的，勒·柯布西耶在书中所追求的是他所认为的建筑的本质，而不是建筑的外在形式（图 2–32）。

德国建筑师和批评家穆特修斯在 1902 年出版了《建筑风格与房屋艺术》（*Stilarchitektur und baukunst*，1902），呼吁以纯粹基于功能和现代结构技术的建筑来取代风格。他的著作《英国住宅》（*Das Englische Haus*，1904–1905）把 19 世纪末英国住宅建筑的“无风格”赞誉为未来的预兆，在德国和欧洲大陆推动了工艺美术运动，是德意志制造联盟的创始人之一。他的思想影响了包豪斯，并以柏林为基础，在更广泛的欧洲文脉中探讨现代性的概念（图 2–33）。

穆特修斯的思想在德国建筑师彼得·贝伦斯（Peter Behrens，1868–1940）和汉斯·珀尔齐希（Hans Poelzig，1869–1936）设计的工业建筑中，得到了试验性的探索，形成了工业化的设计思想，并给格罗皮乌斯和密斯·凡德罗（Ludwig Mies van de Rohe，1886–1969）以及勒·柯布西耶等人提供了思想启示。1927 年德意志制造联盟斯图加特展览会上，格罗皮乌斯（Walter Gropius，1883–1969）设计的住宅宣告了新的建筑道路的诞生。

现代建筑运动的创导者之一、德国建筑师格罗皮乌斯也是现代建筑批评的创始人（图 2–34），与现代建筑运动的其他旗手一样，关注建筑的社会和伦理问题，奠定了现代建筑批评的理论基础。格罗皮乌斯在 1935 年写道：

“现代建筑应当从它自身的有机比例关系所产生的精神和结果中，获得其建筑学上的意义。建筑必须忠实于自己，逻辑清晰，不为谎言和陈腐的观念所玷污。”[20]

瑞士艺术史学家吉迪翁（Sigfried Giedion, 1893–1968）曾经担任现代建筑国际会议（CIAM，Congrès Internationaux d’ Architecture Moderne）的秘书长达 30 年之久，他的《空间、时间与建筑》（*Space, Time and Architecture*，1941）系统地论述了现代建筑的产生及其演变，是现代建筑的宣言，成为了 20 世纪影响最为深远的建筑著作之一。该书是吉迪翁根据 1938 年在哈佛大学任查尔斯·艾略特·诺顿讲座教授的讲稿在 1941 年整理出版的，这本著作最早尝试将现代建筑与历史联系起来，用抽象化的空间概念作为艺术史学的观点对建筑进行评

图 2-34　格罗皮乌斯

图 2-35　吉迪翁的《空间、时间与建筑》

价，是空间批评模式理论的代表作。吉迪翁强调建筑的空间本质、建筑的最终目标。他认为流动的空间是现代的特征。他在论证新建筑的传统时，追溯了自文艺复兴以来，尤其是巴洛克时期一直到洛克菲勒中心时期的城市及建筑在欧洲和北美的发展以及空间的运动感等，研究了新建筑与人类活动的关系。吉迪翁认为新建筑是时代的必然产物，也是进步的设计思想的表现。他将空间概念与历史上特有的形式联系在一起，把建筑的历史演化、归结为空间概念的发展。这本论著形成了一代建筑师的批评标准，有着十分深远的影响力。吉迪翁还研究了从门锁到浴缸等家用器具的机械化及其对人们生活方式的影响（图 2-35）。

从 1956 年现代建筑国际会议（CIAM）第 10 次会议的观点分歧，到 1959 年该组织的解体，标志着批判经典现代建筑的思潮逐渐成为一种主流倾向。在 1950 年代中期，意大利建筑师和批评家埃内斯托·内森·罗杰斯（Ernesto Nathan Rogers，1909–1969）在他所主编的杂志《卡萨贝拉》(*Casabella*,原意为“完美的建筑”）上哀叹，建筑师把他们设计的建筑当作“与场所和文脉毫无关系的独特的抽象物”。他批评现代建筑与环境缺少对话的现象，首次提出了文脉和文脉主义的概念。现代建筑运动主张简约，为建筑批评树立了单一而又一统天下的国际式建筑范式。现代建筑运动在初期具有先锋性和实验性，推动了建筑的发展。

2.2.2　多元的建筑批评时代

1960 年代中期以来，建筑批评的范式进入了一个向多元化的后现代时期转型的过程，建筑风格和建筑理论不再呈单一的线性发展，出现了多元的批评范式。这一转型受到当代社会环境变化、思想转型和学科交叉的深刻影响，建立了建筑理论与哲学、社会学、心理学、语言学以及文化理论的联姻。建筑理论与哲学的关系还涉及科学哲学和技术哲学，使建筑批评向当代精神科学的其他领域开放，并导致建筑理论的更深层次的探索，形成了新的范式。

许多重要的建筑理论著作都出现在 1960 年代，英国建筑师和理论家克里斯托弗·亚历山大（Christopher Alexander，1936–）的《形式综合笔记》(*Notes on the Synthesis of Form*，1964)，挪威建筑师、理论家和史学家诺伯格 – 舒尔茨（Christian Norberg–Schulz，1926–2000）的《建筑中的意向》(*Intentions in Architecture*，1965)，美国建筑师和理论家罗伯特·文丘里（Robert Venturi, 1925–2018）的《建筑的复杂性和矛盾性》(*Complexicity and Contradiction in Architecture*，1966)，意大利建筑师阿尔多·罗西的《城市建筑学》，意大利建筑史学家和理论家曼夫雷多·塔夫里的《建筑学的理论和历史》(*Teorie e storia dell' architettura*, 1968)，意大利建筑师和理论家维托里奥·格雷戈蒂（Vittorio Gregotti，1927–2020）的《建筑学的领域》(*Il territorio dell'architettura*，1966) 以及意大利建筑师和理论家乔尔吉奥·格拉西（Giorgio Grassi，1935–）的《建筑的

逻辑结构》（*Logical Construction of Architecture*，1967）等，这些论著在建筑史上具有里程碑的意义，奠定了后现代时期建筑理论的基础。

1970 年代初的建筑批评集中在建筑形式的探索和意义的表达方面，国际建筑批评委员会（The Comité International des Critiques d' Architecture, CICA）在 1978 年的成立，标志着建筑批评已经成为广泛关注的学术领域。在当时，与其他艺术相比，媒体和报刊普遍缺乏建筑批评。另一方面，建筑界开始把建筑批评看作为建筑实践的组成部分，广为流行的国际设计竞赛也表明了批评的重要意义。

1）有机建筑理论

图 2-36　赛维

毕业于美国哈佛大学的意大利建筑理论家布鲁诺·赛维，在建筑空间理论方面作出了卓越的贡献，第二次世界大战刚结束，他就建议对现代建筑运动，以及对建立在弗兰克·劳埃德·赖特（Frank Lloyd Wright, 1867–1959）的建筑创作基础之上的有机建筑重新进行评价，并关注建筑的社会性，寻求建筑存在的理由，这是对现代建筑最早的反思。赛维主张艺术史和艺术批评的统一，认为现代建筑的任务是既摒弃古典主义的形式主义，也反对理性主义的形式主义。对于赛维而言，有机建筑就是理性主义或功能主义的延续，并高于理性主义或功能主义（图 2–36）。他的主要论著有《走向有机建筑》（*Verso un'architettura organica*, 1945）、《如何品评建筑》（*Saper vedere l'architettura*, 1948）、《现代建筑史》（*Storia dell'architettura moderna*, 1950）和《现代建筑语言》（*Il linguaggio moderno dell'architettura*, 1973）等。赛维的成名著作《如何品评建筑》在 1957 年译成英文出版时，将标题改为《建筑空间论》（*Architecture as Space: How to Look at Architecture*, 1957），“如何品评建筑”则成为副标题。他在书中强调了空间是建筑的主角，提出体验建筑的第四度空间的问题，认为建筑历史主要是空间概念的历史，并运用“时间–空间”概念去观察建筑史（图 2–37）。

图 2–37　赛维的《如何品评建筑》

赛维建立了建筑批评与建筑历史的关系，主张建筑史和建筑批评的一致性。他的《现代建筑史》既是对历史学的贡献，也是建筑思想的表述。他于 1964 年在美国克兰布鲁克讲座上指出：

“许多艺术作品，甚至著名的艺术作品都具有批判性。人们可以运用语言来写一首诗，或者叙述一段历史，对某一事件加以评论……现代艺术批评已经指明，许多画家实际上并不是艺术家，而是批评家，是用语言作为媒介表达他们的观念而非感情的伟大评论家，建筑也同样如此……今后数年内，我们面临的挑战将是发现某种能够以建筑师的手段从事历史研究的方法……为什么不能用建筑形式来取代语言，从而表达建筑批评呢？”[21]

2）类型学和现象学批评

以阿尔多·罗西的《城市建筑学》为代表的建筑理论，将类型学的概念扩大到了风格和形式要素，以及建筑和城市的历史与文化要素。罗西把城市看成是“集体记忆的场所”，强调原有的建筑类型对城市形态结构的作用，主张从城市的结构中寻找模式。当代类型学对于批判地域主义的形成有着重要的作用。罗西于 1973 年在第 15 届米兰三年展上发表宣言《理性建筑》(*Architettura razionale*)，形成了以罗西的《城市建筑学》为理论基础的新理性主义“倾向派”(Tendenza)，并推动了欧洲的新理性主义建筑运动（图 2–38）。

ALDO
ROSSI
L'ARCHITETTURA
DELLA CITTÀ
CittàStudiEdizioni

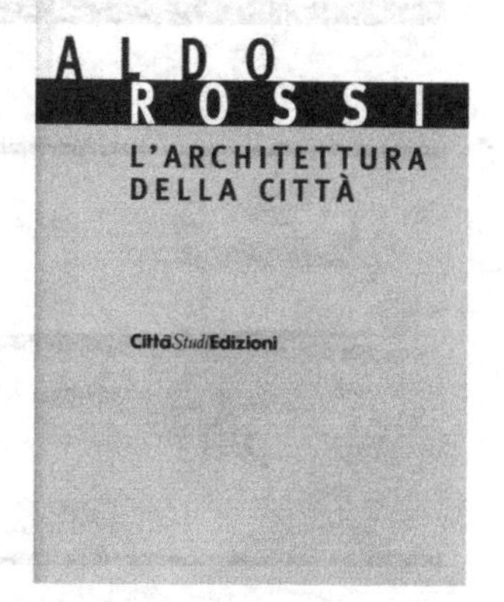

图 2–38 《城市建筑学》

文丘里的《建筑的复杂性和矛盾性》首先对现代主义发难，谴责了现代主义建筑的文化意义的缺失，崇尚美国式的消费文化，推动了后现代主义建筑的发展（图 2–39）。

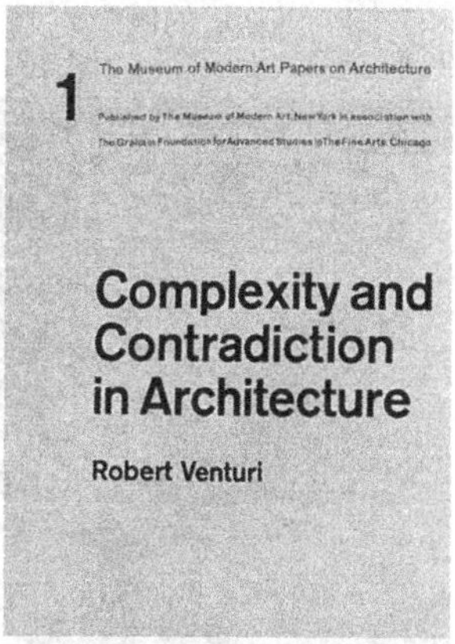
1
The Museum of Modern Art Papers on Architecture
Complexity and
Contradiction
in Architecture
Robert Venturi

图 2–39 文丘里的《建筑的复杂性和矛盾性》

1960 年代也出现了关注社会现实的建筑批评，加拿大作家简·雅各布斯的《美国大城市的生与死》(*The Death and Life of Great American Cities*, 1961)，以及 1955 年建造的美国圣路易斯的“普鲁特－伊戈”住宅在 1972 年的拆除，成为批判现代建筑运动的重要宣言。雅各布斯的复杂多样性理论的贡献在于，挑战了传统的城市规划理论，批判了现代城市和建筑，提倡了错综复杂的多样性，对历史建筑的重要性给予了高度评价。

由于受海德格尔和巴什拉著作的影响，建筑上的现象学思考开始取代形式主义和批判科学逻辑，反思对生命的关注，反思建筑空间与体验和感知的关系。这条哲学主线强调针对基地、场所、景观及建造过程，对身体与环境之间的关系进行探索。重新思考人与建筑之间身体上的和无意识性的联系，并重新以低调的眼光反思技术对现代性的贡献。

挪威建筑理论家和思想家、建筑现象学的奠基人诺伯格－舒尔茨自 1960 年代以来，以其大量的跨学科的理论著作，为二次大战后建筑理论的发展作出了重要的贡献。诺伯格－舒尔茨于 1949 年毕业于苏黎世高工，1963 年出任挪威建筑杂志《建筑艺术》的主编。他的建筑现象学理论以及“场所”、“场所精神”、“生活世界”等理论都与现实的生活世界密切相关，建立了建筑的理论语言，探讨建筑的意义等，对当代建筑和城市设计的发展具有重大影响（图 2–40）。诺伯格－舒尔茨为建筑设计和建筑批评引入现象学的思想，奠定了建筑现象学的基础，他的理论也从巴什拉的《空间的诗学》中得到启示，诺伯格－舒尔茨通过一系列的论著探讨建筑与栖居之间的关系。他的主要论著有《建筑的意向》(*Intenzioni in architecttura*, 1967)、《存在，空间与建筑》(*Esistenza, spazio e architettura,* 1975)、《场所精神——迈向建筑现象学》(*Genius Loci: Towards a Phenomenology of Architecture*, 1979)、《栖居的概念》(*The Concept of Dwelling*, 1985）和《建筑：存在，语言，场所》(*Architecture: Presence, Language, Place*, 2000）等（图 2–41）。

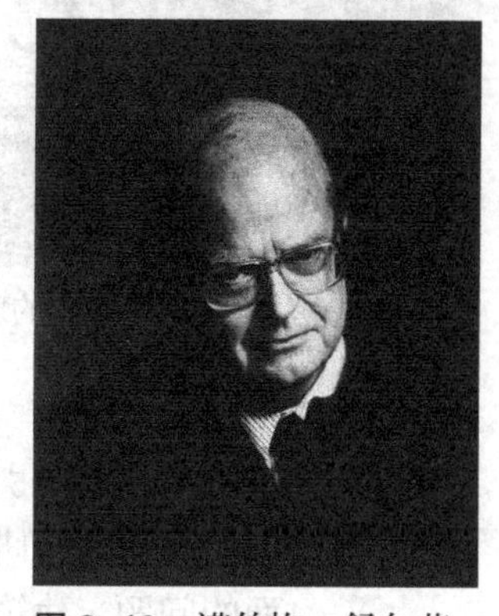

图 2–40 诺伯格－舒尔茨

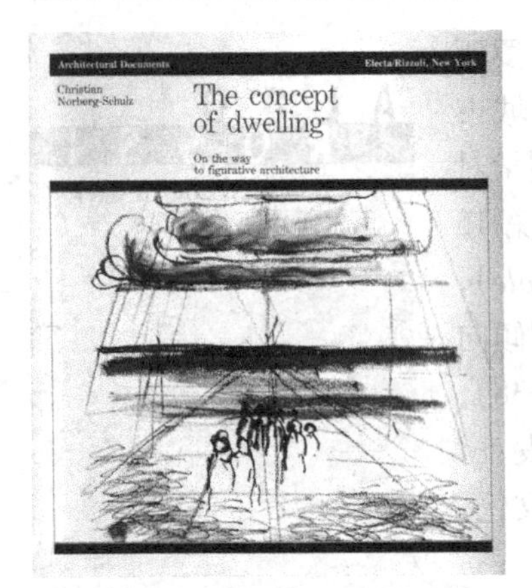

图 2–41　诺伯格－舒尔茨的《栖居的概念》

图 2–42　塔夫里的《建筑学的理论和历史》

此外，英国建筑史学家和理论家柯林·罗（Colin Rowe，1920–1999）等专注于设计的形式结构。阿根廷裔美国建筑师和理论家马里奥·冈德尔索纳斯（Mario Gandelsonas，1938–）等，将符号学和结构主义概念引入建筑分析。其他还有希腊裔荷兰建筑理论家亚历山大·楚尼斯（Alexander Tzonis，1937–），西班牙哲学家、建筑理论家伊格纳西·德索拉－莫拉莱斯·鲁维奥等人。

3）建筑批评学的奠基人——塔夫里

谈到建筑批评学的奠基人，必须提到意大利建筑历史学家和建筑理论家曼夫雷多·塔夫里，塔夫里早年曾在罗马学习，受意大利艺术史学家阿尔甘（Giulio Carlo Argan，1909–1992）的影响颇深，于1960年代成为意大利马克思主义意识形态批评家，是意大利著名的建筑理论家和历史学家。他曾任威尼斯建筑大学建筑历史系主任和教授，意大利维琴察的帕拉第奥中心的研究员，1994年因心脏病在威尼斯去世。他的主要著作有《建筑学的理论和历史》、《走向建筑的意识形态批判》（*Per una critica dell'ideologia architettonica*, 1969）、《建筑与乌托邦》（*Progetto e utopia*, 1973）、《球与迷宫》（*La sfera e il labirinto: Avanguardie e architettura da Piranesi agli anni '70*, 1980）、《现代建筑》（*Architettura contemporanea*, 1980，与塔尔·柯合著）和《文艺复兴研究，君主、城市、建筑师》（*Ricerca del Rinascimento, Principi, Città, Architetti*, 1992）等。塔夫里在《建筑学的理论和历史》、《建筑与乌托邦》和《球与迷宫》等一系列著作中，建立了建筑的意识形态批评理论和建筑的历史批评理论，后来以他的建筑历史与建筑批评的统一性，奠定了意大利建筑批评学派的理论基础（图2–42）。

《建筑学的理论和历史》写于1966–1967年，1968年出版，标志着塔夫里作为建筑理论家的学者生涯的开端。塔夫里在书中引入建筑的阶级批评，不仅从建筑史的发展方面研究问题，也将整个艺术史作为研究对象。塔夫里在《建筑学的理论和历史》中主要论述了三个方面的问题：建筑的历史批评和意识形态批评；建筑的结构主义分析；从事意识形态再生产的操作性批评。塔夫里认为，其他任何一种艺术领域都不可能比建筑更能体现马克思主义的劳动观念，更有助于上层建筑的渗透，更能反映现代技术文明。《建筑学的理论和历史》中两个最核心的概念就是，操作性批评和客体的危机，从关注建筑的批评，转向意识形态批评。

塔夫里将建筑的思想论与哲学的认识论统一在他的建筑批评理论中，他认为，建筑可以担负阐明历史意义的使命，因而具有内在的批判性。建筑就是批评，建筑师和艺术家以其表现手段和建筑语言，或艺术语言，撰写了建筑史和艺术史，艺术语言可以用来探讨一切领域。因此，建筑史和艺术史不仅仅是艺术史学家书写的历史，也是建筑师和艺术家书写的历史，建筑批评也就不必借助语言结构了。批判性建筑代表了各个历史时期建筑的理性模式，指明了建筑的方向。塔夫里对当代建筑理论的贡献是无与伦比的，他的建筑理论将意识形态作为研究客体。他还精辟地指出，建筑本身——同时也可以广义地推广到艺术的各个领域，就是批评。塔夫里主张任何建筑都拥有自身的批判性内核，他也指出，要实现建筑作为批评的媒介，建筑也需要经过探索和试验，也需要变形，从语言转化为符号语言，论述建筑自身，在建筑的代码中探求代码。塔夫里奠定了建筑批评学的理论基础，他曾断言：

“建筑（或者广义地说，艺术）就是批判。”[22]

4）美国文化背景下的建筑批评

美国建筑理论家和建筑批评家有着欧洲文化的影响和背景，他们是文森特·斯卡利（Vincent Scully，1920–）、阿兰·科洪（Alan Colquhoun，1921–2012）、雷纳·班纳姆（Reyner Banham，1922–1988）、宾夕法尼亚大学建筑历史学教授约瑟夫·里克沃特（Joseph Rykwert，1926–）、肯尼思·弗兰姆普敦（Kenneth Frampton，1930–）、美国建筑师和理论家查尔斯·詹克斯（Charles Jencks，1939–2019）和马克·威格利（Mark Wigley，1956–）等，他们都著有大量的建筑理论和建筑批评专著。

阿兰·科洪1921年生于英格兰，曾于1949年在爱丁堡艺术学院和伦敦建筑学院学习，早年从事建筑实践，受勒·柯布西耶风格的影响，之后专注于学术研究和教学，曾在伦敦建筑学院、康奈尔大学、伦敦理工大学、洛桑联邦理工大学等学校任教，1981年起在普林斯顿大学建筑学院任教，讲授现代建筑史、建筑理论和建筑评论。早在1950年代，科洪的富于洞察力的理论和批评已经对建筑师们具有重要的影响，1960年科洪对班纳姆的《第一机器时代的理论与设计》所作的评析是他首次从事建筑批评。他的建筑批评可以大致划分为三个时期：1960和1970年代初的早期论文，主要是对勒·柯布西耶重新进行评价。1970年代后期，转向建筑与城市空间的关系，关注建筑设计面临的问题。之后，他深受法国结构主义影响，关注符号学和类型学的问题，以建筑的外在形式揭露其内在的深层结构。代表作有《建筑评论——现代建筑与历史嬗变》（*Essays in Architectural Criticism-Modern Architecture and Historical Change*，1981）和《现代性与古典传统》（*Modernity and Classical Tradition*，1989）等，前者曾获1985年建筑评论家奖。

美国建筑理论家和史学家班纳姆，是20世纪下半叶西方最重要的建筑理论家和史学家、批评家。班纳姆于1958年毕业于伦敦大学，获博士学位，1976年后在美国任教，先后在布法罗州立大学、加利福尼亚大学（圣克鲁兹）、纽约大学教授艺术史和建筑史。他对工业革命和技术的发展充满了信念，研究领域涉及建筑、艺术、城市文化和工业设计等，他对粗野主义建筑的发展具有重要的影响。代表作有《第一机器时代的理论与设计》（*Theory and Design in the First Machine Age*, 1960）、《新粗野主义》（*The New Brutalism*，1966）、《洛杉矶：四

图 2-43　美国建筑理论家和史学家班纳姆

种生态学的建筑学》（*Los Angeles: The Architecture of Four Ecologies*, 1973）和《现实的大西岛：美国的工业建筑和欧洲的现代建筑》（*A Concrete Atlantis: U.S. Industrial Building and European Modern Architecture*, 1986）等（图 2-43）。班纳姆被英国地理学家、城市规划理论家彼得·霍尔（Peter Hall，1932-）赞誉为：

“一位杰出的充满论争精神的新闻记者、一位严谨的学者，20 世纪设计界的社会学家和人类学家。”[23]

班纳姆关于机器时代的定义是一种时代精神的表述。时代精神（Zeitgeist）最早是黑格尔在《历史哲学》（*Vorlesungen über die Philosophie der Weltgeschichte*，1821）中提出来的命题，意指在特定的历史时期，受文化影响所形成的思想体系，植根于理性的内核之上，主张艺术是文化和时代的创造，建筑也是社会进步的组成部分和表现形式。班纳姆延续了艺术史学的理性精神，主张历史的延续性。根据班纳姆的观点，现代建筑诞生的三个条件是：建筑师的社会责任感，理性主义的构成手段以及学院教育的传统。[24] 班纳姆注重建筑美学，认为如果没有美学的参与，结构、技术和功能是无以立足的。班纳姆强调：

“建筑是一种必不可少的视觉艺术。无论承认与否，这是一个文化历史性的事实，建筑师受到视觉形象的训练与影响。”[25]

里克沃特曾经在现代建筑史学家吉迪翁的指导下从事研究，是一位杰出的建筑历史学家和批评家，对相关的学科领域诸如艺术、神话学等具有广泛的知识和视野，实际上是他最早提出使用后现代主义这个术语的。里克沃特论述了神话与建筑的重要关系以及古典柱式的意义，代表著作有《最早的现代：18 世纪的建筑师》（*The First Moderns: The Architects of the Eighteenth Century*, 1991）、《舞动的柱子：论建筑柱式》（*Dancing Columns: On Order of Architecture*, 1998）、《场所的诱惑》（*Seduction of Place*, 2001）和《荒野城市的片断》（*Fragments of Wildness City*, 2004）、《审慎的眼睛》（*Judicious Eye*，2007）等。

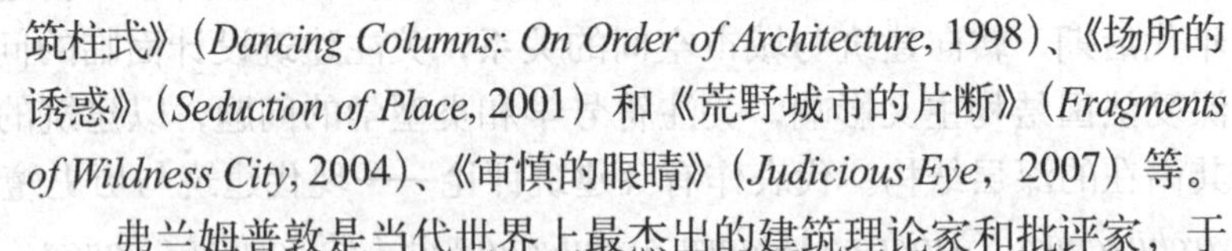

图 2-44　美国建筑理论家和批评家弗兰姆普敦

弗兰姆普敦是当代世界上最杰出的建筑理论家和批评家，于 1950 至 1956 年在伦敦建筑学院学习，1963 年，曾担任《建筑设计》（*Architectural Design*）的技术编辑，1965 年，应彼得·埃森曼之邀去美国，先后在普林斯顿大学、哥伦比亚大学和建筑与都市研究所任教，深受德国文学家和美学家本雅明、哲学家阿多尔诺（Theodor Wiesengrund Adorno，1903-1969）、海德格尔和马克思主义的影响。经过 10 年的写作，他于 1980 年初版的著作《现代建筑：一部批判史》（*Modern Architecture: A Critical History*）经 1985 年、1992 年和 2007 年的多次修订重版，成为了建筑批评学的经典著作（图 2-44）。在 1980 年代，为了回应后现代主义，弗兰姆普敦提出了批判地域主义理论。弗兰姆普敦的论文《走向批判地域主义：抵制性建筑的六大要点》（*Towards a Critical Regionalism: Six Points for an Architecture of Resistance*，1983）试图通过融合地域主义和地方建筑的传统特性来抵制视觉环境的均质化，反对共相化（universalization）现象。弗兰姆普敦的重要著作还有《建构文化研究》（*Studies in Tectonic Culture: The Poetics of Construction in Nineteenth and Twentieth Century Architecture*，1995）和《20世纪建筑学的演变：一个概要陈述》（*The Evolution of 20th Century Architecture: A Synoptic Account*, 2006），他的论著也与文化批评家的论文一起被列为后现代文化的批判性论文。弗兰姆普敦提倡以文化为导向的解构，注重结构的表现力和整体的建构，从深层结构理解建筑，同时也试图以地方建筑传统来反对环境的均质化。他的批评理论是推理的、质疑性的，有时甚至可以说是乌托邦的（图2–45）。

图2–45 《建构文化研究》英文原版

詹克斯对建筑批评的贡献主要是从1977年起对后现代主义建筑的诠释和推动，他的《后现代建筑语言》（*The Language of Post-Modern Architecture*，1977）被译成多种文字出版，之后又出版了《什么是后现代主义》（*What is Post-Modernism？* 1986）、《艺术与建筑的新古典主义》（*The New Classicism in Art and Architecture*，1987）、《建筑学的新范式》（*The New Paradigm in Architecture*，2002）以及《后现代主义史》（*The Story of Post-Modernism*，2011）等。詹克斯的批评语言犀利，风格独特，经常发表一些"语不惊人誓不休"的议论。他把埃森曼、盖里、里伯斯金等的作品称为建筑学上的新范式，认为他们的建筑建立在诸如复杂性理论、分形理论、非线性动力学理论、突创论、自组织理论和自相似性理论等新科学的基础上。詹克斯促进了"后现代主义"这个名词在建筑学领域的流行，并由此传入其他艺术领域。社会学家、文化理论家詹姆逊（Fredric Jameson，1934–）和哲学家哈贝马斯在他们的论著中，应用了詹克斯的后现代主义建筑的标签，用以指代更广泛的文化和社会问题（图2–46）。

图2–46 詹克斯的《后现代主义史》

希腊裔荷兰代尔夫特大学教授，建筑理论家和建筑史学家亚历山大·楚尼斯（Alexander Tzonis，1937–）是当代最为杰出的建筑理论家之一，他在建筑理论和建筑史领域多有建树，综合了科学理论和人文主义研究方法，在批判地域主义理论以及现代建筑思想方面作出了许多贡献。他的许多著作都是与他的夫人——建筑史学家和评论家勒费夫尔（Liane Lefaivre）合著的，代表作有《古典主义建筑——秩序的美学》（*Classical Architecture, The Poetics of Order*.1986）、《批判地域主义：全球化时代的建筑及其识别性》（*Critical regionalism, Architecture and Identity in a Globalized World*. 2003）等。

根据美国艺术批评家霍尔·福斯特（Hal Foster，1955–）的观点，这个多元的后现代时期在建筑批判理论方面可以归结为两大类：

“一种是试图解构现代主义，同时抵制现状，另一种是驳斥现代主义，据以称颂现状；前者是抵制型后现代主义（Post–Modernism of Resistance），后者是逆反型后现代主义（Post–Modernism of Reaction）。”[26]

2.2.3 当代建筑批评的范式

当代建筑理论与哲学、语言学、心理学、精神分析学和人类学等社会学科的领域，有许多交叉和融合，当代建筑批评的范式包括现象学、崇高的美学、语言学理论、马克思主义、女性主义、生态伦理、形态学等，表现出走向文化批评以及摆脱现状的趋向。其涉及的论题包括历史和历史主义、建筑的意义、场所、都市理论、政治和伦理、建筑与身体等，这一转型过程一直延续到1980年代后期。

将建筑理论建立在现象学的哲学探讨方法论之上，这条主线强调基地、场所、景观及建造过程。现象学对身体与环境之间的关系进行探索，体验成为感知建筑的内在组成部分。人与建筑之间的身体上的和无意识的联系，引出了美学中的一个基础问题，即建筑作品产生的影响是否作用在观察者身上的。

语言学范式对建筑批评产生了重大的影响，符号学、结构主义尤其是后结构主义，包括解构主义等重塑了许多学科，包括文学、哲学、人类学和社会学以及广泛的批评活动。

当代关于崇高的定义塑造了现代美学话语，对崇高的反思用于重新定位建筑学科超越形式主义的话语。在20世纪的现代建筑运动中，崇高和美受到迫切希望与过去彻底决裂的建筑师和理论家们的压制。为了达到现代主义所追求的与学科历史“根本决裂”，他们号召美学的一种“白纸状态”（tabula rasa），或者要求将科学原理用于设计，取代以往的装饰与矫揉造作。后现代主义对崇高美学的恢复以及还原到美，实现了理论的延伸和发展。

随着精神分析和解构主义的出现，一些理论家认为，要重振建筑，就要消除被压抑的建筑中的美，而这种美一直都存在或已经包含在建筑之中。在20世纪，崇高理论无论是作为具有评论价值的社会现象，还是心理学的一方面，都形成了当代崇高理论的轮廓，它包含了法国哲学家弗朗索瓦·利奥塔（Francois Lyotard，1924–1998）和埃森曼倡导的，学科解体和不确定性理论。在建筑的怪诞的规范下，崇高理论也包括维德勒的现象学理论。这些理论视角为我们提供了摆脱先锋派带有压制性的面具的方法，使我们从限制中解脱，将建筑理解为崇高与美之间的连续对话。维德勒和埃森曼强调人类主体对空间的感受，向形式主义和对建筑的非体验性感知发起了挑战。

通过对怪诞进行现象学研究，维德勒希望能“找到解释精神与栖居、身体与房屋、个人与都市之间关系的力量”。他注意到，许多建筑师选择怪诞作为一种隐喻，“隐喻根本不能居住的现代建筑状况”，即无家可归的局面。在建筑美学中，怪诞的作用是通过与现象学的结合，识别和批判重要的当代问题，如模仿、重复、象征性和崇高论等。维德勒认识到运用一种陌生化的方式“颠倒美学术语，以奇异取代崇高”，以此作为先锋派的形式策略，表达与传统美学的一种疏远。

图2-47　鹿特丹美术馆

埃森曼认为怪诞是对美的统治地位的挑战，是对文艺复兴以来施加的长期压制的对抗，现代建筑运动实质上是500年未曾中断的“经典”的延续。埃森曼以怪诞一词定义崇高，就建筑而言，这意味着一种不和谐。埃森曼在设计中使用了这种扩展的美学范畴，他认为通过这种复杂性，有可能取代建筑及其所依赖的诸如“美”等人文理想。埃森曼的作品开辟了一个新领域，标志着建筑介入了哲学的领域。当代怪诞的典型实例是库哈斯的鹿特丹美术馆（1987–1992），建筑师同时引述了密斯的现代式完美，以及我们具有瑕疵的世界（图2–47）。

马克思主义是后现代主义时期极富影响力的学派，从意大利共产党的创始人和领袖、马克思主义理论家和哲学家葛兰西（Antonio Gramci, 1891–1937），匈牙利马克思主义哲学家、作家和文学评论家卢卡契开始，到法兰克福学派，基本上完成了20世纪马克思主义的文化转向，他们建立的批判理论继承了马克思主义理论，对于建筑研究、意识形态批评，尤其是考察城市及其机制具有重要的影响。马克思主义批评家认为当代建筑不仅没能改进社会，而且尽管并非自觉，却加剧了社会矛盾。批判理论促进了建筑理论的发展，正在重塑建筑批评理论。

2.3　中国古代建筑批评

中国有五千年的悠久历史，文化积淀深厚，建筑的起源更早于器物、金石和典籍。此外，中国作为统一国家存在的历史有着延续性，是世界上唯一没有中断过历史的国家。由于社会发展的原因，作为农业文明和封建社会的体现，封建皇权和官本位始终是社会价值体系的核心。在将人类社会和思维活动分为形而上之“道”和形而下之“器”的情况下，中国历史上一直将建筑作为一种技艺，从事建筑的只是匠人和百工，而非艺术家，正如《周礼·考工记》所述：

“坐而论道，谓之王公，作而行之，谓之士大夫，审曲面势。以饬五材，以辨民器，谓之百工。”“百工之事，皆圣人之作也。”

建筑师在中国历史上远远不如其他艺术家那样受尊重，中国建筑师的地位也远不如欧洲的同行，梁思成先生曾经说过：

“建筑在我国素称匠学，非士大夫之事，盖建筑之术，已臻繁复，非受实际训练、毕生役其事者，无能为力，非若其他文艺，为士人子弟茶余酒后所得而兼也。”[27]

历史上的中国建筑缺乏理论范式，缺乏真正意义的建筑批评理论，只存在一些建筑的礼制、形制和工程则例。然而，自古以来，建筑又是文人墨客咏叹、抒怀和寄托思绪的对象，用文章和词藻来赞颂建筑与环境的美，从而产生朦胧的建筑美学的观念。就实质而言，与文化相融合的传统建筑理论和建筑批评并未在历史上形成完整的体系，仅散见于各种神话、文学作品、文献和标准、规范之中。此外，几千年来，中国建筑在形制、功能、结构、形式、技术、理论、建筑艺术和体制等方面经历了巨大的变化，因此，也以建筑本体及其空间的表现树立了批评的范式，这是中国建筑特有的现象。

今天我们讨论传统的建筑批评，就需要从传统的美学理论中寻求借鉴。中国的传统美学理论具有悠久的历史，为艺术批评和建筑美学奠定了理论基础，传统的美学理论既是审美的，同时又倡导美与真，美与善，美与德的统一。春秋时期，孔子和他所代表的儒家思想及其提出的批评原则，标志着我国艺术批评的主流意识。中国古代的美学思想十分重视质与文、中与和、形与神的关系，重视艺术的审美和鉴赏标准，并与艺术实践相互融合。

当代中国建筑一直在寻找多元的发展道路，广大的地域和文化因素以及地缘政治经济因素，使中国建筑呈现出多元化和复杂化的倾向。当代建筑界关于建筑的讨论莫不围绕着“现代”和“传统”、“艺术”和“技术”、“东方”与“西方”等命题。中国的建筑、建筑理论和建筑批评经历了急剧的变化，既有传统因素的影响、西方建筑理论的影响，也受到政治因素和意识形态的冲击。一方面把建筑看作是建设、技术和工程，忽视其文化内涵和意识形态的意义，另一方面又过分强调建筑和建筑艺术的阶级性，将其纳入政治的范畴，不同的学术观点和方法被归结为阶级斗争。在这种情况下，一方面中国的建筑已经成为全世界关注的核心，但另一方面，中国的建筑在世界上基本上仍然处于边缘状态。为此，我们需要认真反思，净化建筑思想，努力建构中国当代的建筑理论和建筑批评理论体系，探索现代性和文化传统的转型问题，思考未来发展的前瞻问题。

2.3.1 中国历史上的艺术批评

中国历史上积累了极为丰富的史料、文献、碑铭、建筑、宗教、习俗、礼仪和器物，同时，这也是建筑理论和建筑批评的思想和文化源泉，今天的建筑理论和建筑批评可以从传统的文学和艺术批评理论中得到启示。“天人合一”、“道法自然”、“物我一体”、“阴阳有序”、“象天法地”、“天圆地方”等观念、思维方式和理论以及“形神”、“气韵”、“文质”、“虚实”、“意象”、“意境”、“通变”、“妙理”、“意在笔先”、“澄怀味象”等理念不仅在历史上塑造了城市和建筑的形制，而且对于建构当代中国建筑文化，创造诗性建筑，推动中国建筑的现代性转型仍然具有重要的借鉴意义。

图 2–48　天坛

中国的传统美学注重艺术与人性的统一，主张美与真、美与善、美与德的统一，情景的交融，自然与心性的交融，传统美学中的许多概念都和当代西方美学的范畴有同一或对应之处。此外，中国古代就有“优美”和“壮美”的概念，也就是今天所述的“美”和“崇高”的概念，这些思想对今天的艺术批评和建筑批评依然十分重要（图 2–48）。

关于文学批评和艺术批评，已经有多个领域学者的文学史、艺术史、哲学史、思想史专著论述，本文只能从与建筑批评相关的角度，择其大要加以讨论，作为讨论中国建筑思想的基础。

1）以礼制为主导的美学思想

萌芽于西周末期、有三千多年历史的中国传统美学理论，为建筑批评提供了丰富的思想源泉；儒家美学、道家美学、禅宗哲学和宋明理学，构成了广博的美学体系；古代流传下来的众多文论和艺术批评，组成了中国美学思想的宝库。在中国的美学体系中，崇尚美与真、美与善、美与德的统一，文与质、中与和、形与神等审美概念既是审美的又是伦理的。

我国最早的政事史料汇编《尚书正义·虞书》记载了禹的言论："正德、利用、厚生、惟和。九功惟叙，九叙惟歌。戒之用休，董之用威，劝之以九歌，俾勿坏。"说明艺术是为"九功之德"服务的，表现了古代艺术重伦理的思想。

中国古代的大思想家、教育家和社会活动家孔子（名丘，字仲尼，公元前551－前479）建立了以"礼"和"仁"为基础的艺术思想体系，他的美学思想十分重视艺术的道德教育和审美陶冶作用，重视"中和"，他认为艺术有助于使人达到仁的境界。他也十分重视内容与形式，本质与现象等问题，主张内容要尽善，形式要尽美。《论语·雍也》中关于文与质的关系，也就是文采和质朴的关系，实质上是内容与形式，本质与现象的深层关系，是文艺作品的一对基本范畴，是审美的核心思想："质胜文则野，文胜质则史。文质彬彬，然后君子。"文质谐和成为理想的境界，文与质的关系也是美与善的关系，文与美的概念是重合的。

战国时期的思想家、教育家墨子（公元前468－前376）也主张"先质而后文，此圣人之务"[28]，强调质朴和简约。汉代学者扬雄（字子云，公元前53–18）继承并发挥了文质兼备的美学思想，他在《法言·修身》篇中提出了"实无华则野，华无实则贾，华实副则礼"的思想。

中与和是中国古代较早出现的美学范畴，汉代的《礼记·中庸》云："中也者，天下之大本也；和也者，天下之达道也。致中和，天地位焉，万物育焉。"其意为和谐、适中、适宜、平和、融合，阴阳调和、刚柔相济、天地合德。在《吕氏春秋·孟春纪第一·去私》中记载了战国末年政治家、思想家吕不韦（？－前235）的一段话："声禁重，色禁重，衣禁重，香禁重，叶禁重，室禁重。"其大意是音乐、色彩、衣饰、香料、饮食、宫室等都需要适宜和适当，不能过度。

战国时期的思想家、道家的创始人老子（李耳，字聃，公元前580－前500）主张顺应自然，顺应事物和人的本性，崇尚生命力，把自然看作最高理想。他的哲学体系中的许多范畴，如"道"、"气"、"虚"、"实"、"妙"、"美"成为了中国艺术批评的主要范畴，深刻地影响了艺术思想，对中国园林和建筑产生了根本性的影响。老子在《老子》第11章中关于"无"和"有"的空间理念，在全世界范围内被广泛认同：

"三十辐共一毂，当其无，有车之用。埏埴以为器，当其无，有器之用，凿户牖以为室，当其无，有室之用，故有之以为利，无之以为用。"

这段话表达了形式和功能、虚与实的辩证关系，也表明了中国传统的宇宙观不重视实体，将空间看作一种冲虚绵渺的意境。春秋时期的《周易》指出："形而上者谓之道，形而下者谓之器。"[29] 根据道来裁制器物，推行变化之道就是通达，已经把空间推而广之为天下万物所蕴含的哲理。

2）天人合一的宇宙观

溯源于商代占卜的"天人合一"的思想，是中国哲学史上长期占主导地位的思想。天人关系中强调"天与人和谐一致"的宇宙观，是中国古代哲学的主要范畴，对科学、伦理道德、审美意识、城市和建筑的形制等产生了深远的影响。美国威斯康星大学麦迪逊校区历史系教授、当代著名学者林毓生（Yu-sheng Lin，1934–）认为：

图 2–49　明代沈周的《庐山高图》1467

"在儒家思想中，人性内涵永恒与超越的天道，所以，人跟宇宙永不分离。道同时具有宇宙中客体的一面与人心中主体的一面。"[30]

初期的天人关系是一种神人关系，战国时期思想家、教育家孟子（名轲，字子舆，公元前 372– 前 289）认为人与天相通，人的善性是天赋的，认识了自己的善性便能认识天。在儒家的"天人合一"思想中，"天"已经从超验的神的地位进入现实世界，儒家的"天人合一"实质上是人与义理之天、道德之天的合一：

"尽其心者，知其性也；知其性，则知天矣。"[31]

中国历史上第一部完整的哲学著作《老子》第 25 章写道："人法地，地法天，天法道，道法自然。"道家的"天人合一"就是人与自然之天的合一。庄子（名周，约公元前 369– 前 286）认为天与人本来就是合一的，正如他所述："天地与我并生，而万物与我为一。"[32] 庄子认为美存在于"天地"——大自然之中，要人们通过自然去寻找美，认识美，自然无为是美的本质。《庄子》一书中多次谈到了"天地之美"："天地有大美而不言，四时有明法而不议，万物有成理而不说。"[33] 庄子的大美是一种无限的美，"大"高于"美"，可以说是最早关于"崇高"的论说（图 2–49）。

我们今天崇奉的"天人合一"思想，主要源自道家的"天人合一"、"物我一体"思想。

与此相对的是"天人相分"的思想，战国末期思想家、哲学家荀子（名况，字卿，约公元前 313– 前 238）强调天人之分，他认为，自然界和人类各有自己的规律和职分。天道不能干预人道，故言天人相分不言合，天人各有不同的职能，主张：

“天有其时，地有其才，人有其治。”[34]

在自然界中，天地人三者各有其道，相互对应、相互联系。人能够适应天时，顺应地利，参与自然界的变化。荀子是中国第一个写了一篇较有系统的美学论文《乐论》的学者，他认为：“不全不粹不足以谓之美”，体现了中国的传统美学崇尚圆满、大全的思想。

《周易》也强调三才之道，将天、地、人并立起来，并将人放在中心地位。天之道在于“始万物”，地之道在于“生万物”，人之道在于“成万物”。

汉代思想家、阴阳家董仲舒（公元前179–前104）发展了天人感应的学说，他明确提出：

“天人之际，合而为一。”[35]

这里的“天”，是包含“天、地、阴、阳、木、水、土、金、火和人”等“十者”在内的自然万物之全体，按照他的“人副天数”的思想，人就本于这个全体，天就是具有人的意志的自然全体：

“人有三百六十节，偶天之数也；形体骨肉，偶地之厚也；上有耳目聪明，日月之象也；体有空窍理脉，川谷之象也。”[36]

然而，董仲舒的天命论思想实质上是解释君王主宰天下的合法性，为封建王权添加了天意的神圣色彩。另一方面，天人感应思想也有监督政事，主张依照天意行事的意义。

“天人合一”思想在宋明时期发展为“人与天地万物为一体”的思想，北宋理学家张载（字子厚，1020–1077）认为，气是唯一的存在，他的“一物两体”学说，阐明了宇宙万物的相互对立又相互统一的本质特征，万物都秉承“天性”，人也不例外。他在《正蒙》乾称篇中明确提出了“天人合一”的命题：“儒者则因明致诚，因诚致明，故天人合一。”宋代理学家、教育家程颢（字伯淳，1032–1085）明确提出了“仁者以天地万物为一体”的思想，程颢、程颐（字正叔，1033–1107）认为：“天人本无二，不必言合。”[37] 又说：“在天为命，在人为性，论其所主为心，其实只是一个道。”[38]

二程主张天、地、人为同一道。在宋明理学中，“天人合一”的思想具体地表现为与万物的根本，“理”的统一（图2–50）。

图2–50　元代画家盛懋的《画松溪泛月》

明代思想家、哲学家、文学家和军事家王阳明（王守仁，字伯安，号阳明子，1472–1529）是中国哲学史上“天人合一”思想的集大成者，他认为人与天地万物一气流通，“原是一体”，天地万物的“发窍之最精处”就是“人心一

图 2–51　元代画家盛懋的《秋林高士图》

点灵明”。[39] 他主张人心就是天，是天地万物之心，人心使天地万物具有意义，离开了人心，天地万物虽然存在，却没有开窍，没有意义。王阳明的“天人合一”思想使人与天地万物之间达到更加融合无间的地步。就整体而言，这种物我一体的自然观也成为了中国建筑和园林处理人与自然的关系，表达人文追求的重要思想源泉（图 2–51）。

3）自觉的艺术意识

在魏晋南北朝时期，我国古代的艺术批评已经比较完善，形成了完整的理论体系，出现了“为艺术而艺术”的各种艺术形式，树立了自觉的艺术意识。这一时期的艺术和艺术理论崇尚自然之道，推崇老庄哲学，注重艺术的意境。宗白华先生（1897–1986）有一段论述，精辟地概括了这一时期的特征：

> “汉末魏晋六朝是中国政治上最混乱、社会上最苦痛的时代，然而却是精神史上极自由、极解放，最富于智慧、最浓于热情的一个时代。因此也就是最富有艺术精神的一个时代。”[40]

这一时期出现了大量的艺术理论著作和优秀的文学艺术作品，诸如南朝齐代画家、画论家谢赫（479–502）的《画品》、南朝梁代文学理论批评家钟嵘（字仲伟，约466– 约 518）的《诗品》、南朝梁代文艺理论家刘勰（字彦和，465？ –532？）的《文心雕龙》等都代表了这一时期的艺术思想。《画品》中的“气韵生动”所表述的气韵说对中国的艺术产生了深远的影响。《诗品》是我国第一部全面、系统研究五言诗的理论批评著作，由于其观点明确、体例严谨、方法恰当，而成为我国古代文学批评理论走上自觉时代的重要标志。《文心雕龙》承传了前人理论的精华，建立了一个完整的理论体系，鲁迅先生（字豫才，1881–1936）曾经将它与亚里士多德的《诗学》相提并论。刘勰在《文心雕龙·神思》中提出了“意象说”，《文心雕龙》和《诗品》是我国文学理论批评史上的双璧。

东晋时期的画家、画论家顾恺之（字长康，348–409）提出了“传神写照”、“以形写神”、“迁想妙得”的命题。南朝画家、画论家和佛教思想家宗炳（字少文，375–443）提倡“澄怀味象”，意思是以纯净之心体味自然，融入自然（图 2–52）。钟嵘开创了以“品”论诗的先例，主张诗歌要有“滋味”和“真美”。形与神是中国传统美学中一对对立统一的概念，重意蕴、神采和内涵。形与精神相通，感悟精神赋予形以生气。“两汉宇宙论把山水自然看成‘神’的影子，魏晋玄佛艺术精神则要求从山水自然中感悟‘神’的存在。”[41]（图 2-52）

4）自然与心性的交融

唐代和宋代是中国历史上的社会转型时期，出现了思想的变革，对人的主体的关切以及艺术家作为主体的自觉和内省，表明了艺术的独立。儒道释三教在唐代的合一，逐渐形成佛教的主导地位，大盛于唐代，广泛流行于宋代的禅宗融合了儒、道思想，尤其是老庄的澹泊逍遥的思想，倡导心性论，重视“心”的体悟作用，主张“心性者，本体也”。[42]禅宗以“心性”为本体的人性理论也成为了宋明理学的主要概念，禅宗的思想对中国文化和艺术也产生了广泛而又深远的根本性的影响。禅宗艺术的意蕴推崇虚、无、空、淡、远的境界，也正是禅宗的心性哲学，使中国的园林独树一帜，也使中国的佛教建筑形成了一种与印度佛教建筑完全迥异的方式。

中唐时期的诗人王维（字摩诘，701–761）受禅宗思想影响颇深，继东晋书法家王羲之（字逸少，号澹斋，303–361）在《题卫夫人〈笔阵图〉》中提出“意在笔先”的思想之后，王维在《山水论》中说：“凡画山水，意在笔先。”王维的“取舍惟精”、“肇自然之性，成造化之功”、“凝情取象”所崇尚的重意蕴、先神后形、形神兼备的思想，在艺术史上具有重要的意义。这一时期的艺术思想和理论，确立了中国艺术重意境和表现的自觉的艺术意识和法则。

图2–52 明代画家董其昌的《山川幽居图》

唐代画家、画论家张彦远（字爱宾，815–876）的《历代名画记》（847）是中国第一部绘画通史，将史学意识引入批评。他把绘画分为自然、神、妙、精、谨细五等，他的“外师造化，中得心源”、“凝神遐想，妙悟自然”的命题也成为了重要的艺术法则。唐末诗人和文学评论家司空图（字表圣，837–908）的思想受禅宗影响，提倡“韵外之致”、“味外之旨”等，他的《诗品二十四则》列出了“雄浑”、“典雅”、“洗练”、“自然”、“飘逸”、“旷达”等二十四种品第，崇尚诗歌意境风格美的多样性。司空图的《诗品二十四则》经宋代文学家苏轼（字子瞻，1037–1101）的大力推崇，成为后世艺术思想的基础。

中国古代十分重视艺术的审美和鉴赏标准“品”，无论是诗、文和画，南宋诗论家严羽（字丹丘，一字仪卿，号沧浪逋客，生卒年代不详）在《沧浪诗话》中推崇的诗品是“诗之品有九：曰高，曰古，曰深，曰远，曰长，曰雄浑，曰飘逸，曰悲壮，曰凄婉”，他所主张的“言有尽而意无穷”等思想也是批评的经典标准。

宋代史学家郑樵（字渔仲，1104–1162）著有《通志》，是继司马迁的《史记》后的又一部纪传体通史巨著。《通志》涉及诗、礼、乐、舞等艺术理论，重视艺术的自身要素，强调艺术的“自律性”，主张以实用标准为核心的“尚用”思想。他认为客观自然是艺术功用、艺术要素存在的根本。古代的礼器、祭器的形制取自自然界的物象，提出“制器尚象”的命题，从而形成了以客观实物标准来定型、观察的方法论。

宋代以后，中国的传统艺术追求“形”、“理”、“意”与“禅境”，注重审美的意境与韵味，从“师造化”、“师心性”的结合，进一步向师从心性和心境渗透，

图 2-53　中国古典园林——网师园

提倡“寓意于物而不可留意于物”。[43] 南宋理学家、思想家朱熹（字元晦，1130—1200）更是主张“文”与“道”的统一：

“道者文之根本，文者道之枝叶。惟其根本乎道，所以发之于文皆道也。”[44]

宋、元、明时代的山水、园林、绘画相互融合，崇尚自然，并与心理、情操相联系，情与德相融，推动了园林建筑美学的发展（图 2-53）。

明代思想家和史学家李贽（字宏甫，号卓吾，别号温陵居士，1527—1602）代表了明代中晚期的浪漫主义艺术批评，认为艺术的本源是“心”，主张以自然之美为最高审美标准。明代晚期画家董其昌（字玄宰，号思白、香光居士，1555—1636）著有《画禅室随笔》，对古代模式进行了总结，指出师法古人，继承前人遗产，在此基础上创新的重要性。在学习古人时应当：“集其大成，自出机杼”，出新意并自成一体。他主张“学古而知变”，在继承中创新：“取人所未用之辞，舍人所已用之辞。取人所未谈之理，舍人所已谈之理。取人所未布之格，舍人所已布之格。取其新，舍其旧。不废辞，却不用陈辞。”[45]

明末清初思想家王夫之（字而农，号姜斋，又号夕堂，1619—1692），又名王船山，与黄宗羲（字太冲，又字德冰，1610—1695）、顾炎武（字忠清，1613—1682）并称为清初三大启蒙思想家，他注重艺术的教化作用，倡导文明，主张和雅，认为艺术的主要作用是推动社会进步，弘扬天地人心之正气。王夫之与清初诗论家叶燮（字星期，号已畦，1627—1703）、山水画家石涛（1630—1724）等人主张师物与师心的统一，强调“以意为主”，“意伏象外”，“寓意则灵”和“宽于用意”等。

清末文艺理论家、语言学家刘熙载（字伯简，号融斋，又号寤崖子，1813—1881）的艺术批评思想是中国古典艺术批评思想的尾声，他认为艺术是个体的生命形式，是宇宙普遍法则的表现，艺术是心学，主张“心”、“志”、“情”、“性”的结合。刘熙载还提出了“阴阳刚柔，不可偏废”的审美理念，倡导“苍”、“雄”、“秀”、“深”的境界。

2.3.2　历史上的建筑批评

建筑文化是文化的重要组成部分，建筑综合而又集中地体现了文化，是文化的结晶。中国建筑是在社会、文化艺术和科学技术发展的背景下形成的，连续相继而又源远流长的中国建筑很早就建立了特有的体系。由于建筑材料和社会历史的原因，很多优秀的建筑已经消失，只留存在历史的记忆和文献记载中。建筑思想和学说可以从汗牛充栋的文献中发现，这些文献的总和构成了建筑批评的体系。中国的建筑文献主要有春秋时期的《考工记》、宋代的《营造法式》、明代的《鲁班经》、清代的《工程做法》和《营造法原》等有关营造方面的著作，其他文献大量散见于各种经史子集中。

1）中国建筑的形制

中国古代建筑史上并没有今天的学术意义上的建筑批评，然而有大量有关美学思想，以及关于建筑形制和模式的论述。我国在先秦时代就建立了完整的等级结构、典章制度、行为规范和准则，这也必然对城市和建筑的形制产生影响。根据古代的文献记载，受根深蒂固的儒家文化的深刻影响，中国古代对于城垣的等级和建筑的等级、规模、数量、形式、装饰、色彩，甚至细部等，都有各种明确的规定。

中国古代的建筑文献，除《考工记》、《营造法式》、《鲁班经》等，还有许多有关建筑的文献和材料散见于经史子集中。中国古代最早的词典——秦汉时代的《尔雅》中提到："观四方而高曰台，有木曰榭。"古代的象形文字中的许多字也源自建筑的形象，我国第一部系统地分析汉字字形和考究字源的字书——由东汉经学家、文字学家和语言学家许慎（字叔重，约58－约147）成书于公元121年的《说文解字》中，也记载有："高，崇也，象台观高之形。"宫殿台榭建筑从实用、防洪、宗教、军事和自然现象的观测功能逐渐转向审美，建筑美学也推动了中国古代审美观念的发展。

新石器时代的半坡遗址中（相当于大约公元前4800－前3600年这段时期），已经出现了方形和长方形的土木建筑形式，逐渐演变成为了中国的主要建筑形式。在河南安阳附近发现的，大约公元前1400－前1120年的殷商王宫和陵墓遗址中，考古学家找到了后来演变为中国建筑特有的基本特征的例证。

中国古代的宇宙观形成了城市、建筑与宇宙同构的形制，中国历史上，在认识城市和建筑的过程中，最先建立了拟人化的等级森严的礼制秩序，例如两千多年前战国末年的史书——我国最早的国别史《国语·楚语》记载了春秋末年楚国大夫范无宇的叙述：

"且夫制城邑，若体性焉。有首领、股肱，至于手拇毛脉。大能掉小，故变而不勤。"

建筑的礼制、纲纪和等级也反映在图案、雕饰上，辨贵贱、辨吉凶、辨轻重，正如战国后期的《荀子·富国》所述：

"故为之雕琢、刻镂、黼黻、文章，使足以辨贵贱而已，不求其观；为之锺鼓、管磬、琴瑟、竽笙，使足以辨吉凶，合欢定和而已，不求其馀；为之宫室台榭，使足以避燥湿，养德辨轻重而已，不求其外。《诗》曰："雕琢其章，金玉其相，亹我王，纲纪四方。"

中国古代建筑的形制、设计、结构、用料和施工，由北宋后期主管工程的将作少监李诫（字明仲，？－1110）以编修的《营造法式》（1103）作为宫室、坛庙、衙署和府第等的设计、结构、用料和施工的规范加以确立，反映了建筑技术、生产管理和装饰艺术的标准。当时，甚至更早的时候，中国建筑就把斗栱的宽度作为决定每个结构部件，乃至整个建筑比例的度量单位。

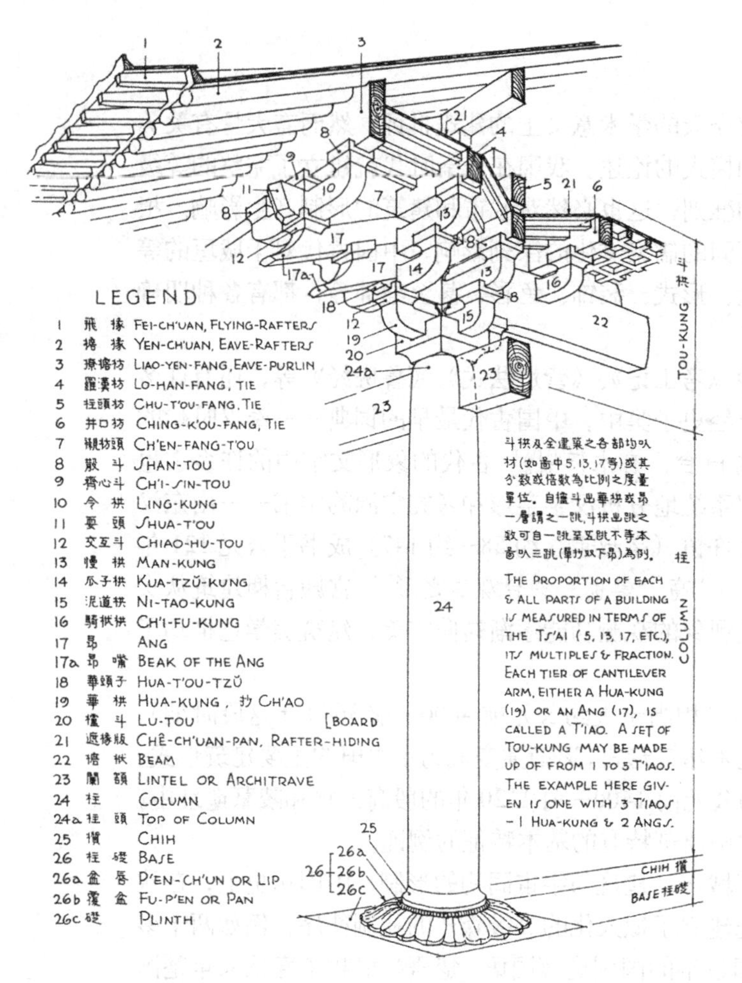

图 2–54　中国传统建筑的构架

清代雍正年间编制的七十四卷工部《工程做法则例》(1734)，前二十七卷规范建筑类型，如大殿、厅堂、箭楼、角楼、仓库、凉亭等之结构，依构材之实在尺寸叙述，也属于这类规范（图 2–54）。

2）传统的建筑思想

古人早就认识到建筑的教化作用，儒家崇尚宗法、礼制的思想和强调美与善的统一也深刻地影响了建筑的形制和形式，然而儒家对技艺的轻视也制约了建筑技术的发展。

我国古代的诗歌总集《诗经》中就有赞颂宫室的形象描述，其中的《诗小雅斯干》是周宣王时代专门记述建筑过程以及评论建筑特征的诗歌，可以说是我国最早的建筑诗。全诗共九章，其中第四章生动地描述了建筑的形象，歌颂周工宫室的落成：

“秩秩斯干，幽幽南山。如竹苞矣，如松茂矣。兄及弟矣，式相好矣。无相犹矣。
似续妣祖，筑室百堵。西南其户，爰居爰处，爰笑爰语。
约之阁阁，椓之橐橐。风雨攸除，鸟鼠攸去，君子攸芋。
如跂斯翼，如矢斯棘。如鸟斯革，如翚斯飞，君子攸跻。
殖殖其庭，有觉其楹。哙哙其正，哕哕其冥，君子攸宁。”

春秋战国时期以“崇高彤镂为美”，出现了一股“美轮美奂”的建筑热潮，华丽、崇高、宏大和威严成为宫室建筑的范式。春秋末年的史书《左传》中就有“美哉室，其谁有此乎”（《左传·昭公二十六年》）的记载。《国语·楚语》记载了春秋末期楚灵王建造章华台，伍举回答楚灵王关于建筑美的问题时说的一段话是我国古代最早关于建筑和谐美的定义：

“夫美者，上下、内外、小大、远近皆无害焉，故曰美。”

秦始皇并吞六国后大修阿房宫，空间规模巨大，开创了宫室建筑的壮丽风尚，《史记·秦始皇本纪》说：

“始皇以为咸阳人多，先王之宫廷小……乃营作朝宫渭南上林苑中。先作前殿阿房，东西五百步、南北五十丈，上可以坐万人，下可以建五丈旗，周驰为阁道，自殿下直抵南山，表南山之巅以为阙……”(图 2-55)。

图 2-55　清代画家袁江的《阿房宫图》局部

据《汉书》记载，汉高祖七年（公元前 200 年），萧何（？－前 193）督造未央宫，制前殿，立东阙、北阙、武库、太仓以及天禄、麒麟、石渠等楼阁，刘邦认为天下尚未平定，见建筑过度壮丽而发怒，萧何的回答使刘邦顿悟：“天子以四海为家，非令壮丽无以重威，且勿令后世有以加也。”从此，壮丽的威慑和崇奉功能在历代关于宫室的文献中都有所记载。

东汉科学家、文学家张衡（字平子，约 78–139）在《二京赋》中描绘了宏伟的城市：“度规宏而大起，世增饰以崇丽”。

中国的象形文字中，有许多字与建筑有关，建筑在社会生活中具有无法替代的作用。宗白华在《美学散步》中认为：“中国传统的宇宙概念与庐舍有关，‘宇’是屋宇，‘宙’是由‘宇’中出入往来。中国古代农人的农舍就是他们的世界。他们从屋宇中得到空间概念。”[46] 这是一种“天地为庐”的时空一体的宇宙观，中国的传统建筑也是一种宇宙的象征。

中国古代的文学艺术注重意境，推崇情景的交融，对建筑思想具有重要的影响。历史上文人关于建筑的普世与济世理想也融合在诗文之中，诸如唐代诗人杜甫（字子美，712–770）的《茅屋为秋风所破歌》中的名句：

“安得广厦千万间，大庇天下寒士俱欢颜，风雨不动安如山。呜呼！何时眼前突兀见此屋，吾庐独破受冻死亦足！”

唐代诗人刘禹锡（字梦得，772–842）的《陋室铭》则将建筑与人性以及品德高尚联系在一起，赞颂建筑和生活的朴素，建筑与自然的和谐。

古代的许多亭台楼阁也都留下了脍炙人口的诗赋，既表达了建筑与环境的关系，也表达了作者的理想、心境与建筑的关系，描述了建筑的巍峨或隽秀的造型、细部和结构。这些都只能称为一种叙述性的评论，还没有上升到建筑理论的层面，尚未形成系统的批评理论。

3）古典建筑美学

传统的美学思想对建筑和园林的布局、意境等具有重要的借鉴意义。中国古代园林的发展过程中，形成了各种理论，奠定了造园手法及布局的思想，蕴含了当代中国建筑思想的源泉。明代画家、造园家计成（字无否，1582–1642）的《园冶》、明末园林学家、博物学家文震亨（字启美，1585–1645）的《长物志》是评述园林艺术和器物陈设的著作，反映了崇尚高雅、自然的生活情趣和审美思

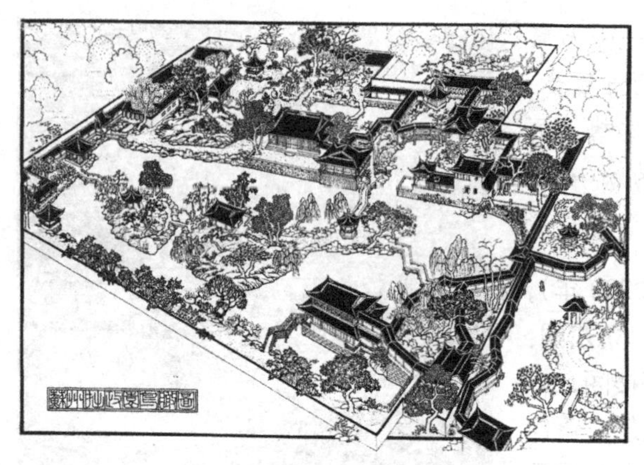

图 2-56　中国园林的空间——拙政园鸟瞰图

想。此外，清代戏剧理论家李渔（字笠鸿，又字谪凡，号笠翁，1610-1680）撰写的《闲情偶寄》中的《居室部》和《器玩部》，是关于园林艺术、室内环境和器物设计的论著，是我国古代重要的艺术美学和生活美学理论，对于建筑美学具有相当高的参考价值（图 2-56）。

有着悠久历史的中国风水学说，对于建筑环境规划和设计有着全面的影响。风水学说结合了早期的宇宙观和自然科学知识，掺杂了象数易学、阴阳五行、礼制、形法、堪舆、星象、占卜、巫术、相术等观念以及神话、传说和法术，对于认识天文、地理、地形、地貌、地质、气象、景观医学等，是一种前科学的雏形。风水学说涉及天地万物，阴阳术数，结合宗教信仰，祖灵崇拜，辨方正位，认为"道"和"气"是产生万物的本源。风水学说在传统建筑和城镇的选址、择居、布局、方位以及气候和环境的评价等方面，有着不可忽视的意义。相传为春秋时期政治家管仲（名夷吾，约公元前 723- 前 645）所著的《管子·乘马篇》说："凡立国都，非于大山之下，必于广川之上。高毋近旱而水用足，下毋近水而沟防省。"这段叙述表明了城市选址与山川地理的关系，避免水患和旱灾等的原理。

风水学在历史上也称为堪舆术、相地术、相宅术、卜宅术等，风水只是堪舆术的俗称，由于汇入了筮占、"命相"等方法，甚至掺杂了一些荒诞不经的内容，长期以来被当作一种迷信。尽管风水学说并没有形成理论体系，多半停留在经验的层面，然而，其原理和思想已经通过文献记载、案例和口头广为流传，具有普遍意义。相地术在汉代与阴阳五行、八卦干支结合在一起，融入了玄学思想和古代的哲学思维及逻辑思想。

唐宋以来，受程朱理学的影响，风水学的理论架构日臻完善。风水学表现为建筑的形制和礼制以及数和法天象地、布局、方位等的观念，影响了建筑的室内外设计，尤其是陵寝的设计。虽说风水学没有完整的科学体系，但是作为一种意象模式，在农耕文明时代已经在潜意识中，长期而又深刻地影响了建筑思想和建筑的演变。

我们可以从诸多的中国古代哲学、美学、文论和文学作品中汲取并借鉴丰富多彩的思想和理论，形成建立在东方哲学思想基础上的批评理论。在中国近代和现代建筑的发展过程中，通过引进西方的学科体系和建筑理论，同时也融合东方的哲学思想，逐步形成了多元的建筑理论，奠定了建筑史学理论和批评理论的基础。可以说，中国的建筑批评理论始终应当建立在中国建筑文化传统的基础上，同时也必须借鉴外来的建筑文化，从而融合成为科学的系统性理论。

2.4　当代中国建筑批评

当代中国的建筑批评独立于文学和艺术批评之外，这是中国建筑的特点所决定的，也是因为中国的建筑史学研究开始得比较晚，建筑史也没有纳入艺术史的范畴。建立在近代建筑批评基础上的当代中国建筑批评经历了多次重建，由苏联的艺术史和建筑美学引进了社会主义现实主义思想。建筑美学和建筑批评理论在建立的过程中，借鉴了文学和艺术批评理论。

尽管历经政治批判和各种运动，当代中国的建筑批评仍经历了两个繁荣时期，即 1950 年代中期至 1960 年代初期，以及 1980 年代中期至 1990 年代末期。前一时期以《建筑学报》在 1953 年的创刊以及 1959 年“住宅标准及建筑艺术座谈会”为标志。后一时期以汪坦主持下的《建筑理论译丛》的出版以及 1999 年 6 月在北京召开的以“21 世纪的建筑学”为主题的国际建筑师协会第 20 届大会作为标志，这一时期出现了大量的建筑学术期刊以及各种论坛、研讨会和国际国内设计竞赛。从 20 世纪末开始，大众媒体和报刊关注建筑评论，为提高全民的建筑审美起了重要的推动作用。

2.4.1　现代文学和艺术批评

自 1840 年鸦片战争开始，中国进入近代，开始了现代化的历程，中国社会由农业文明向工业文明转化，这是一个传统文化遭遇危机与中西方文化交流碰撞的时代。最初是用传统的“以夷制夷”的办法来排斥西方文化观念，1860 年代的洋务运动则提倡“中学为体，西学为用”，主张全面引进和学习西方的科学技术，创设近代工业，后来发现连西洋的政治制度、文化和思想也都要学习。“五四运动”开创的新文化运动冲击了传统的思维方式和社会生活，颠覆了以儒家学说为主导的传统社会观念和文化秩序，对中国传统社会和文化加以全盘否定，传统文化和道德体系全面解体，引进西方的思想、科学体系和文化，提倡自由、民主、科学、进步和理性精神。

中国的艺术批评有长期的积淀，1920 和 1930 年代，新文化运动的思想家和文学家已经将西方的美学思想和文学批评引进中国，由于社会政治原因，之后有过一个中断。1950 年代和 1960 年代初，以引进苏联的社会主义现实主义的美学和理论为主，同时以政治化的方式对待艺术和艺术批评。长期以来，我国的文学批评基本上属于意识形态和社会—历史批评，1970 年代末以来的思想解放开始否定“文艺从属于政治”的清规戒律，开始寻求新的理论批评话语。

1）近代文学和艺术批评

进入近代之后，中西方文化的碰撞使传统文化遭遇危机，清末民初的中国思想界以输入西方的思想和美学为主，西方的文化观念打开了中国思想界和艺术界的视野，从新的角度重新审视世界。许多思想家进行比较研究，并致力于西方美学思想的中国化，形成了中国传统美学思想的现代化转型。这一转型过程中最重要的代表人物是王国维（字静安，号观堂，1877—1927）和梁启超（字卓如，号任公，又号饮冰室主人，1873—1929）。

国学大师、美学家王国维是中国近代最重要的美学和文学思想家之一。王国维不但集中国古典美学和文学理论之大成，同时又开中国现代美学和文学理论之先河。在中国美学和文学思想史上，他是从古代向现代过渡的桥梁，起到了承上启下、继往开来的作用。王国维是一位通才，学术成就跨越古今，涉及文学、史学、哲学、经学、文字学、美学、考古学等领域，推动了传统美学思想的发展。他深入研究并译介西方哲学和美学，采用西方艺术批评的理性话语系统，并结合中国的传统思想，使西方美学中国化，构成新的美学和文学理论体系。王国维认为美和艺术可以使人超脱生活之欲带来的痛苦，艺术美使人忘却物我之关系，美是形式之美。

王国维最早将崇高的美学思想引进中国，他把美分为美的第一形式和美的第二形式。美的第一形式是"形式之美"和"崇高"，在王国维的美学范畴中被称为"优美和壮美"；美的第二形式是"古雅"，即"形式之形式之美"。他认为，优美和壮美存在于自然和艺术之中，古雅只存在于艺术之中，是优美和壮美的补充。王国维主张艺术的时代性和艺术应当有自身的独立价值，提出"一代有一代之文学"的审美标准[47]。王国维在《人间词话》中提出艺术的"境界"说，主张"物我一体"和"心中之境界"。

政治家、学者和教育家梁启超提倡新学，批判旧学，倡导变法。他极力主张艺术和科学的联姻，赞颂科学的现代化，推动科学发展，试图以科学实现启蒙民众、改良社会的目的。他推崇情感，认为美是人类生活最重要的要素，趣味是艺术的本质，是活动的源泉，是生存的本质，并将趣味拓展到一切生存和生活领域。获得趣味的途径借助于领略、感悟、模仿、再现、移情和共鸣等心理活动，与审美和艺术创造密切相关。梁启超重视科学，主张美术产生科学，科学产生美术，求美先从求真入手，提倡"真美合一"的艺术价值。"真美合一"包括两个层面：一是情感之真，二是再现自然现实之真。梁启超的艺术思想的核心是科学和启蒙，主张用科学理性改造国民的思想观念。梁启超提倡东西方文化的结合，引入西方的"美术"概念及其相应的建筑、雕塑和绘画的内涵，并且已经意识到中国建筑作为物质文化和精神文化的统一体在中国文化体系中的地位。

教育家、美学家蔡元培（字鹤卿，号民友，又号孑民，1868−1940）一生致力于教育改革和新文化运动，倡导审美教育，推崇艺术的审美教育作用，提出"以美育代宗教"的口号，把美育作为新文化运动的核心。他认为，美感教育实际上是世界观教育，注重世界观和精神的教化作用。蔡元培指出，艺术教育的最高形式是艺术的公共化，批评中国的艺术缺乏公共性，提出：

"美育的基础，立在学校；而美育的推行，归宿于都市的美化。"[48]

他认为精神的作用包括智识、意志和感情，艺术的真正价值在于其潜移默化作用，使人脱离低级趣味，进入高洁的思想境界。蔡元培的美学思想兼收并蓄，他认为美具有普遍性，与审美主体没有占有关系，超脱任何利害关系，对任何人都是美的，他列举建筑艺术等为例，说明艺术能产生普遍的审美愉快感。

作家和思想家鲁迅（原名周树人，字豫才，1881−1936）是中国新美学的开拓者，他从1929年开始将马克思主义的美学著作介绍到中国，翻译了普列汉诺夫（Георгий Валентинович Плеханов，1856−1918）的《艺术论》和卢那察尔斯基（Анатолий Васильевич Луначарский, 1875−1933）的《艺术论》等书。他认为艺术的三要素是："一曰天物，二曰思理，三曰美化。"[49] 也就是说，艺术家以自己的思想、理念对客观事物进行审美改造。鲁迅重视艺术自身的审美特性，将艺术看成是多层次、多功能的一个综合体，他认为艺术可以表征时代，代表民族的思维，重视地域性和民族性，以民族性来评价艺术，认为民族性是避免艺术公式化的重要手段。艺术又可以“辅翼道德”：

“美术之目的，虽与道德不尽符，然其力足以渊邃人之性情，崇高人之好尚，亦可辅道德以为治。”[50]

思想家胡适（字适之，1891–1962）是20世纪中国的重要历史人物之一，是五四启蒙运动的思想家，白话文运动的理论奠基人。他从实用主义的工具论思想出发，根据西方的哲学思想重新梳理中国哲学史和中国文学史，用进化论的思想观念看待中国艺术，提倡“充分世界化”，在最大程度上接受现代西方文明，主张借助外在力量发展中国的现代艺术，反对中国艺术的程式化。

艺术史学家、画家秦宣夫（原名善鋆，1906–1938）主张精神思想的现代化和文化的多样性，提倡用科学精神包容不同的文化，反对旧文化的惰性，代表了艺术界的西化思想。他在1937年的一篇论文《我们需要西洋画吗？》中指出：

“‘中国现代化’的意义，不但物质方向要迎头赶上别的国家，在精神方面还要接受那‘怀疑’、‘求真’、‘客观’的科学精神，敢冷静地对我们过去的文化，作新的估价，作真的认识；对其他民族文化，应持一种宽大、同情的态度去‘发现’，去‘了解’。我们需要的观念，是‘现代公民’必具的基本观念。”[51]

2）当代美学和艺术批评

1949年以后，美学是中国学术界最受关注的领域之一，1950、1960年代曾经有过美学大讨论。朱光潜（1897–1986）、宗白华、蔡仪（1906–1992）三位美学家在新中国成立前已经有重要的美学论著出版，奠定了中国美学的理论基础，蒋孔阳（1923–1999）、李泽厚（1930–）、高尔太（1935–）、朱狄（1935–）等美学家在1950年代脱颖而出，与朱光潜、宗白华、蔡仪先生等共同建立了中国的美学体系。高尔太在他的著作《论美》中主张美是主观的，美学就是人的哲学，美学研究要以美感经验作为中心。

文艺界、学术界和美学界在1956年和1957年有过一场关于美学问题的讨论，参加讨论的将近百人，发表了三百多篇文章，以意识形态批判为核心，批判唯心主义美学思想，论述马克思主义美学，讨论美的本质。《人民日报》也在1957年1月内连续发表三篇有关文章。然而这场讨论以后，由于政治形势的发展，关于美学问题的讨论进入了沉寂的状态。

中国的美学和艺术批评基本上沿袭了苏联的思想路线，以意识形态和政治思想替代学术研究，以马克思列宁主义作为美学的主导思想，把美学看作是马克思列宁主义世界观以及马克思列宁主义学说的组成部分，并据此批判资产阶级美学思想，与西方的理论基本隔绝。典型的代表是苏联艺术理论家涅陀希文的《艺术概论》在1958年被译成中文出版。苏联科学院哲学研究所、艺术史研究所主编的《马克思列宁主义美学原理》（1960）在1962年译成中文出版，这部著作作为系统的美学理论著作，在当时产生了重要影响（图2–57）。书中讨论了建筑、实

图 2–57 《马克思列宁主义美学原理》

图 2–58 《美学》杂志第一期

用装饰艺术、雕塑、绘画和版画、艺术文学、音乐、舞蹈艺术、戏剧和电影艺术，将建筑归入物质文化形式和艺术，并定义为：

“建筑是人们劳动所创造的、人在其中生活和进行活动的物质环境。建筑可以说是用人所创造的一种新的、而且通常是关闭的环境来同自然环境相对立的。”[52]

1970 年代末以来，以思想解放运动为先导，随着“文化热”和文化意识的发展，也出现了“美学热”。1979 年 11 月，由中国社会科学院哲学研究所美学研究室和上海文艺出版社文艺理论编辑室合编出版《美学》，只出版了五期，到 1984 年就停刊了（图 2–58）。1980 年 6 月 4 日，由中国社会科学院哲学所美学研究室主办的，全国第一届美学会议在昆明召开。北京大学哲学系美学教研室选编了《西方美学家论美和美感》（1981）。朱光潜翻译的黑格尔的《美学》在 1981 年出版。1980 年代中期，出版了《文艺美学》，推动了美学研究的发展，美学研究领域呈现出繁荣的局面。根据粗略的统计，有关美学原理的著作，自美学从西方传入中国以来，1900 年至 1980 年共出版 20 本，而 1981 年至 2002 年出版了 242 本。[53] 艺术批评界对我国的艺术史和文化批评也进行了深入的研究，开始反思中国的美学和艺术思想，出现了一批研究美学的论文和专著。这一时期，无论是艺术实践，还是理论探讨，都表现出了先锋性和实验性，这一潮流也反映在建筑创作的活跃方面。

经过长达 30 年与外界的隔绝与滞后，1980 年代大量引进西方文学批评和艺术批评理论，西方理论界近百年从“现代”到“后现代”的各种文学批评思潮和流派一涌而入，中国的理论界经受了一场强烈的时空压缩和信息冲击。1985 年前后，在中国大陆兴起了一场“文化热”、“方法热”和“批评热”，成为继“五四运动”以来规模最大的一次文化反思。

我国的文艺理论界引进、翻译、介绍了大量的西方理论文献，出版了多种有关西方文论的文选、专辑，几乎囊括了古典时代以来，直至当代的文艺理论和重要的美学著作，也出版了大量的研究论著，学术研究出现了前所未有的繁荣。许多学者在引进、吸收、质疑、批判和重构当代文学批评理论方面做了大量严肃而又富有成效的工作，将西方当代艺术批评放在中国文化的语境中加以研究，使之中国化，艺术批评正在经历一个多元共生的时代。

当代的中国美学理论是由朱光潜、宗白华、蔡仪、蒋孔阳、李泽厚等学者建立的。此外，一批当代青年学者正在成长，他们将美学与文化理论结合，探讨中国艺术的现代性和批判性问题，为中国当代美学的发展作出了贡献。他们中有朱立元（1945–）、凌继尧（1945–）、王振复（1945–）、滕守尧（1945–）、周宪（1954–）等。他们研究当代美学理论和现代性问题，译介西方美学和文化理论，使西方美学理论中国化，对中西方审美文化进行对比研究。他们的研究成果为建筑批评提供了多元的参照模式。

朱光潜是美学家、文艺理论家、教育家和翻译家，自1920年代起潜心研究美学，一生著译六百多万字，奠定了中国现代美学的基础，著有《文艺心理学》(1936)、《西方美学史》(1963，1964）等，1981年翻译出版黑格尔的《美学》。宗白华是美学家、哲学家和诗人，是中国现代美学的先行者和开拓者，著有美学文集《美学散步》(1981）等，他也翻译了大量的美学论著。

美学家和文艺批评家蒋孔阳在引进西方美学理论方面作出了杰出的贡献，他著有《德国古典美学》(1980)、《美和美的创造》(1981）和《美学新论》(2006）等，并主编了《二十世纪西方美学名著选》(1988)。蒋孔阳与伍蠡甫（1900–1992）合编了《西方文论选》(1979)，蒋孔阳和朱立元主编了《西方美学通史》(1999）共七卷。

哲学家和美学家李泽厚在建立现代中国美学方面奠定了重要的基础，他的美学思想来自于哲学和历史思考，属于他的哲学体系。李泽厚著有《美的历程》(1981)、《华夏美学》(1989)、《美学四讲》(1989）等，并与美学家刘纲纪（1933–）合著了《中国美学史》(1984,1987)，这是中国第一部美学史。《美的历程》在论述先秦理性精神时，有一节专门论述建筑艺术（图2–59)。

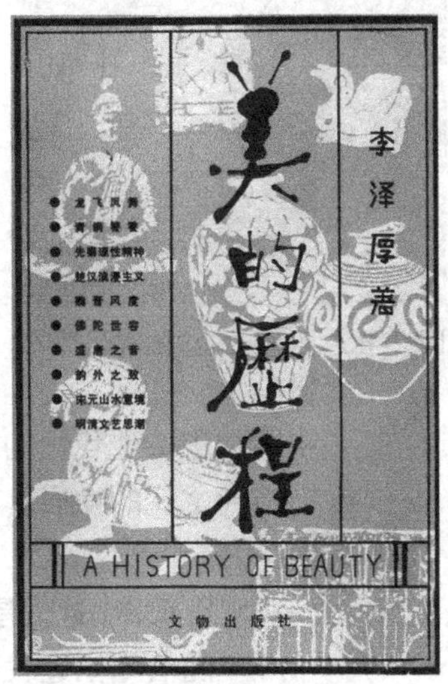

图2–59 《美的历程》第一版

艺术理论家、东南大学教授凌继尧，近年来出版了多部有关艺术史和艺术理论的著作，2011年出版了他主编的《中国艺术批评史》，当属我国第一部艺术批评史。长期从事周易文化、中国美学、文艺理论与中国建筑文化等的教学与研究工作的复旦大学教授王振复，除美学论著外，还著有建筑美学论著，例如《建筑美学》(1987)、《中华古代文化中的建筑美》(1989)、《中国建筑的文化历程》(2000）等。

1972年，台湾美学家兼剧作家姚一苇（1922–1997）在文化学院艺术研究所开设艺术批评课程，并著有《艺术批评》(1996）一书。北京师范大学政治学系教授孙津（1953–）的《美术批评学》(1994）是国内较早的艺术批评学专著，2011年又出了新版。浙江大学教授沈语冰（1965–）的《20世纪艺术批评》(2003）系统而又批判性地介绍了西方当代艺术理论和艺术批评，同时也对中国当代艺术的状况进行了批评。专攻艺术史和艺术批评的台湾学者谢东山（1946–）的《艺术批评学》(2006）是一部系统的艺术批评理论著作，内容涵盖批评的本质、批评的功能、批评的标准、批评的方法、批评的写作和批评的发展。

在美术研究方面，艺术批评家和策展人高名潞（1949–）著有《中国当代美术史1985–1986》(1991)，较早地论述了中国当代新美术运动，是我国第一部艺术断代史，书中有一节是由建筑评论家王明贤执笔的“新建筑的理想”。高名潞还著有多部研究中国当代前卫艺术的论著，他的《墙：中国当代艺术的历史与边界》(2006）将艺术史与现代性研究结合在一起，书中的第七章研究艺术与都市社会空间，反映了城市化过程中的艺术错位。中国美术学院艺术人文学院副教授吕澎

图 2–60 《自觉与中国现代性的探询》

（1956–）的一系列有关中国现代艺术史的专著填补了艺术史的空白，他的专著《20 世纪中国艺术史》（2006）将绘画和雕塑艺术放在社会政治、经济和文化背景上加以论述。

中国艺术界近年来对艺术现代性和中国美术的现代转型的探讨，以及涉及的理论问题已经超越美术的领域，拓展到文化理论的层面，并向其他学科领域延伸，对于建筑批评也具有重要的启示意义。中央美术学院院长、画家和美术理论家潘公凯（1947–）认为，中国当代美术的核心问题是现代性问题，否则中国美术有可能会游离在全球性话语之外，成为西方中心的多元化表现。提出以“自觉”作为区分传统与现代的标志，反思 1840 年以来的现代转型。自 1999 年以来，他主持了“中国现代美术之路”的跨学科研究，综合人文社会科学和美术史的研究，结合艺术实践，进行多学科对话，达成了许多卓有成效的共识。研究集中于现代性与中国的问题意识、现代性的差异与矛盾、现代性与中国学术的自主性等核心问题，对中国当代文化的发展具有重要的理论和实践意义（图 2–60）。

2.4.2 近代建筑批评

随着中国近代第一代建筑师的成长，中国建筑也经历了现代的转型，以引进、移植和复制国外的建筑和建筑教育体制为特征的新建筑体系逐渐形成。近代建筑从一开始就反映了传统的形式与现代技术和功能的矛盾，现代性和固有形式的矛盾。1949 年以后的相当长的时期中，以意识形态批判为主导，中国的建筑批评表现出泛政治化的倾向，建筑理论和建筑批评的发展十分有限。直到 1980 年代才开始出现欣欣向荣的景象，开始对中国建筑的本质进行深入的研究。建筑学术领域空前繁荣，大量译介西方经典理论著作，同时也进行与西方建筑的比较研究，建筑史、建筑理论、建筑文化和建筑技术的研究，以及中国的地域建筑研究和整理已经卓有建树。大学建筑学专业也开设了建筑评论课程，然而，建筑批评尚处于需要大力提倡和促进的状态，以推动建筑设计和建筑文化的发展。此外，中国建筑美学仍然需要完善，一方面使之理论化，另一方面也需要普及建筑美学教育，以提高整个社会的建筑艺术水平。

1）现代建筑的诞生

中国现代建筑的诞生受到近代工业化和新思想、新技术的推动，1920 年代以后，随着工业化的发展和社会的进步，新的建筑类型、建筑技术和建筑材料的出现，外国建筑师和在外国受建筑教育的中国建筑师，也把现代建筑思想以及不同的建筑风格和建筑技术引进中国，推动了现代建筑的成长。

1930 年代成立了建筑学术组织，学术刊物《中国营造学社汇刊》、《中国建筑》、《建筑月刊》、《新建筑》相继创办，对传播现代建筑思想起了重大的作用。中国现代建筑诞生的同时，也培育了现代建筑教育。中国的建筑教育是学习日本和欧美的建筑教育而形成的，目标是培养建筑工程的人才，逐渐形成现代建筑思想。

据考证，维特鲁威的《建筑十书》曾经于1620年由传教士金尼阁（Nicolas Trigault，1577–1629）带到中国，然而并没有译成中文，也没有产生重大的影响。直到1934年8月《中国建筑》才发表了童寯（字伯潜，1900–1983）的译文《卫楚伟论建筑师之教育》，其中关于建筑师的学问和技能有一段论述：

"建筑师既须生而多才，又当不耻学问，庶可为完全之艺术家。凡铅笔画、几何学、历史、哲学、音乐、医学、法律、天文诸科，皆须从事研究之。盖建筑师以学术为阶梯，以经验为后盾，庶可名垂久远。建筑师能画，方可达其理想，明几何学，方可用规矩准绳。于制平面图，求方，取平，垂直，及定室内光线角度，皆所必需。至于算学，则不特能定建筑之尺寸及用费，於解决对称平衡诸问题，亦属重要也。"[54]

1986年由中国建筑工业出版社出版了高履泰根据1943年日本生活社出版的日文版翻译的中文版《建筑十书》；2012年北京大学出版社出版了陈平根据美国学者罗兰（Ingrid Rowland）的英译本翻译的中文版，书中附有托马斯·豪（Thomas Noble Howe）的评注和插图。

2）近代建筑师与建筑批评

建筑史学家、建筑师、建筑教育家梁思成（1901–1972）在建立中国的建筑教育体系和中国建筑史研究体系方面，作出了卓越的贡献，他的影响遍及中国建筑领域的各个方面，包括城市规划、建筑设计、建筑史研究、历史建筑保护、建筑教育等，并开辟了中国的建筑学术研究。梁思成和林徽因（1904–1955）阐明了中国建筑体系的意义和价值，提倡"建筑意"，为中国风格新建筑的创造确立了规范，并竭力提倡现代建筑，指明现代建筑的理性主义思想及其与中国建筑的关系：

"所谓'国际式'建筑，名目虽然笼统，其精神观念，却是极诚实的……其最显著的特征，便是由科学结构形成其合理的外表……对于新建筑有真正认识的人，都应知道现代最新的构架法，与中国固有建筑的构架法，所用材料虽不同，基本原则却一样，都是先立骨架，次加墙壁的。因为原则的相同，'国际式'建筑有许多部分便酷类中国（或东方）形式。这并不是他们故意抄袭我们的形式，乃因结构使然。同时我们若是回顾到我们古代遗物，它们的每个部分莫不是内部结构坦率的表现，正合乎今日建筑设计人所崇尚的途径。"[55]

图2–61 梁思成

梁思成对中国现代建筑的发展起着启蒙的作用，中国建筑学会也是在他的倡导下成立的。他将中国古代建筑纳入史学范畴，建立了中国古代建筑史的理论框架，以毕生的研究和建筑教育推动中国现代建筑的发展。梁思成教授在1950年提出了"民族的、科学的、大众的建筑"的思想，为推动社会对建筑的认识，促进中国现代建筑的发展起了重要的作用。他于1961年7月26日在《人民日报》上发表的《建筑和建筑的艺术》一文，是一篇全面论述建筑的重要文献（图2–61）。

图 2-62　林徽因

建筑师和文学家林徽因曾寻找中国建筑的文法和语汇，为建筑的原理和建筑美树立了典范（图 2-62）。她主张美的本质在于结构理性，指出中国建筑的优点在于深藏在基本的、产生美观的结构原则之中，并对建筑的实用、坚固和美观的原则加以全面的诠释：

“实用者：切合于当时当地人民生活习惯，适合于当地地理环境。坚固者：不违背其主要材料之合理的结构原则，在寻常环境之下，含有相当永久性的。美观者：具有合理的权衡（不是上重下轻巍然欲倾，上大下小势不能支；或孤耸高峙或细长突出等等违背自然规律的状态）要呈现稳重，舒适，自然的外表，更要诚实的呈露全部及部分的功用，不事掩饰，不矫揉造作，勉强堆砌。美观，也可以说，即是综合实用，坚稳，两点之自然结果。”[56]

许多近代建筑师也以他们的创作和言论提倡建筑的民族性和时代性，推动了中国现代建筑的发展。庄俊（字达卿，1888–1990）在 1927 年发起成立中国建筑师学会，赞扬现代建筑是顺应时代的发展趋势。范文照（1893–1979）提倡一种先科学化而后美化的设计观念和自内而外的设计方法。柳士英（字雄飞，1893–1973）认为建筑是国民性的表现，建筑反映了国家和民族的文化，崇尚建筑的艺术性，弘扬中国文化。

民国时期的画家、雕塑家、建筑师和艺术教育家刘既漂（1900–？）在 1927 年 12 月刚从巴黎美术学院毕业不久，就发表了题为“中国新建筑应如何组织”的论文，主张兴办建筑教育，组织建筑研究会和政府的专设建筑机构。[57] 刘既漂系统地介绍了西方的建筑思想，在新文化运动的背景下，提倡“美术建筑”和中国建筑的民族性，试图把本土的艺术风格嫁接到现代建筑形式之中，将建筑的艺术性看作是中国建筑的新风格。他在 1928 年的杭州西湖博览会的建筑设计上，融合了装饰艺术派风格和中国的传统建筑元素。刘既漂可以说是探索中国建筑的时代性和民族性的先驱。

卢毓骏（1904–1975）曾在巴黎学习都市计划，是中国最早介绍现代建筑观念的开拓者之一，著有《实用简要城市计划学》（1934）和《现代建筑》（1953），并译介了勒·柯布西耶的文章《明日之城市》（1935），这篇文章是中国建筑学术界对现代建筑理论的最早介绍。

中国的民族主义建筑在 1930 年代进入高潮，中国近代的第一代建筑师们借鉴西洋古典建筑的设计理念，用中国传统建筑复兴和传统的元素来创建中国现代建筑文化。

2.4.3　当代建筑批评的兴衰

在相当长的一个时期中，国内的建筑理论界与国际建筑界的发展基本上处于隔绝状态，信息的缺失和思想的封闭状态，使人们带着一种意识形态的有色眼镜来看待并接触有限的世界建筑，这也阻碍了中国建筑的发展。1955 年由出版社翻译出版了苏联穆·波·查宾科（Михаил Павлович Цапенко，1907–1977）著的《论苏联建筑艺术的现实主义基础》(1952)，成为1950年代国内最早引进的建筑美学论著，社会主义现实主义成为当时主导的建筑理论(图2–63)。受这一建筑思想的影响，继承和发展民族建筑的传统问题成为长期讨论的主题，继承和革新这个命题贯穿了中国当代建筑史。

图2–63 查宾科的《论苏联建筑艺术的现实主义基础》

1950年代和1960年代初是建筑理论和批评的繁荣期，建筑批评理论也初步奠定了基础，然而只有极少数的建筑院校仍然在研究当代世界建筑。1960年代，在中国建筑科学研究院的引领下，国内对民居开始深入研究，创造了许多研究成果。建筑批评在1980年代进入了新的繁荣期，重要的经典建筑理论著作得到了比较系统的翻译出版，学术刊物大量出现，极大地推动了建筑理论和建筑批评的发展。

1）**建筑美学思想**

1953年中国建筑学会的成立和《建筑学报》的创刊是中国现代建筑和建筑理论发展的一个里程碑，其兴衰代表了中国现代建筑和建筑理论发展与挫折的风向标。1950年代初的建筑师有着相对宽松的创作环境，创造了一批优秀的建筑（图2–64）。

图2–64 友谊宾馆

《人民日报》在1954年3月28日的“社论”中论述了“适用、经济、在可能条件下注意美观”的十四字建筑方针，成为了长期以来建设和建筑设计的指导思想和评价的原则，其影响一直延续至今。1955年起，以同济大学翟立林的《论建筑艺术与美及民族形式》为先导，建筑学界对建筑理论问题展开了一系列公开的讨论。此外，同济大学在1960年代初期，由翟立林和吕典雅为建筑学专业的高年级学生开设了建筑美学，是国内最早开设的建筑美学课程。

图2–65 罗小未的《外国近现代建筑史》

以建筑史研究为主导的建筑理论在1950年代末和1960年代初成为最重要的建筑学术领域。1958年10月，在北京召开“全国建筑历史学术研讨会”，决定编写《中国近代建筑史》和《简明中国建筑通史》等史书。中国的近代建筑研究从1950年代开始萌芽，1980年代开始全面调查研究，1959年《中国近代建筑史》（初稿）出版，《中国近代建筑简史》在1962年问世。在外国建筑史的研究方面，成果也十分显著，罗小未在1955年编撰出版了《西洋建筑史概论》，1963年又出版了《外国建筑史》（近现代资本主义国家部分）。由陈志华编著的《外国建筑史》（19世纪末叶以前）也在1962年出版（图2–65）。

“住宅标准及建筑艺术座谈会”于1959年5月18日至6月4日在上海召开，许多建筑师和学者对中国建筑的发展，展开了前所未有的广泛而又深入的讨论，提出了创造中国的社会主义的建筑新风格的命题。6月4日，当时的建筑工程部部长刘秀峰（1908–1971）在会上作了题为“创造中国的社会主义的建筑新风格”的总结报告，内容涉及建筑艺术、建筑创作等根本性问题，产生了重大的影响。1961年，在全国各地开展了有关建筑艺术和建筑风格的学术讨论。

2）建筑与政治批判

自1950年代以来，各种名堂的批判接踵而至，包括1951年开始的知识界和思想界的思想改造运动，1953年的反设计中的保守落后思想，1955年的反建筑中的浪费现象，还有同一时期的民族形式批判——批判梁思成的唯心主义建筑思想，1956年的反“结构主义”，批判世界主义、结构主义之后又接着批判形式主义、复古主义，批判个人英雄主义等，以及1957年的反“右”斗争，1958年的设计大跃进，1964年的厚今薄古思潮，1964年和1965年的设计革命运动，1965至1976年的“文化大革命”，1981年的反精神污染等。建筑和建筑师都沦为了批判的对象，甚至以中共中央的名义，在1955年12月2日发出《关于如何进行建筑学术思想批判的通知》，用政治取代了学术探讨和建筑艺术创造。建筑师和学者甚至因为设计和言论被打成“右派”，建筑师和学者之间互相批判，上纲上线，“批判”变成攻击和大肆挞伐的代名词。开放的建筑批评、自由的学术讨论和理论研究在相当长的时期内不复存在。人们是这样形容1957年中国建筑师的心态的：“下笔踌躇，不知所从，左右摇摆，路路不通。”[58] 这种状况长期影响着中国的建筑理论、建筑创作和建筑教育，也造成了当代中国建筑思想的贫乏。就总体状况而言，建筑被纳入阶级斗争的范畴，将阶级性和党性植入建筑艺术，以长期封闭的思想对建筑和建筑师进行批判始终是中国当代建筑批评的主要特征，而且动员全社会对建筑展开批判，尤其是设计革命运动，将建筑、建筑师和教育直接作为批判的对象，将讨论转化为意识形态批判和政治批判，甚至扩大成路线斗争。事实上，这些批判是在对这些理论和事实几乎没有基本理解的基础上进行的，一种概念上的批判活动，只是乱扣帽子，乱贴标签，对建筑理论和推动建筑事业的发展毫无补益。这种类型的批判活动一直持续到1970年代后期，对中国的建筑事业造成了无可弥补的伤害，也对建筑批评的话语产生了长期而又深刻的污染。此外，在一系列批判运动的影响下，为了满足大规模的建设，产生了加快设计进度、不重视建筑质量等问题，这类“多、快、好、省”的思维方式和现象一直延续到今天。

在1950年代，受苏联的社会主义现实主义建筑思想体系的影响，中国建筑师提出了继承和发展民族建筑传统的问题，继承和革新这个命题贯穿了中国当代建筑史。复古的民族形式的建筑被看作是中国的社会主义建筑形式，现代建筑被批判为资本主义道路，但民族形式随即在1955年又被冠以复古主义和建筑中的浪费现象而遭到批判。

3）转型期的建筑批评

中国当代建筑长期在错位的情况下发展，一方面思想受到禁锢，受到意识形态批判和社会政治的影响，建筑理论研究长期处于空白和停滞状态；另一方面，由于闭关锁国的政策，中国的建筑界与国际建筑界几乎处于完全隔绝的状态。一方面，建筑成为了意识形态的工具，在建筑上增添了许多外在的政治要求；另一方面，建筑又被看作为单纯的工程技术，只是建设和建筑业的组成部分，忽视其文化品质，在根本上忽视其意识形态的作用。在一个相当长的时期内，建筑师一直被纳入工程师的体系，设计的个人风格和技术责任被忽视，受到责难，甚至遭到批判和挞伐。随着注册建筑师制度的建立，建筑师这个名称直至1980年代才得到社会的认可。

大学建筑系在1977年开始恢复并招生，1978年开始培养研究生，1981年中国自己培养的第一批建筑学专业的硕士生毕业，这一年，中国第一部学位条例颁布并实行。中国的建筑师和学者随后于1980年代初开始，公派或自费到美国和欧洲进修、讲学、考察或攻读学位，接受了新的建筑理论和思想，有相当一部分建筑师和学者已经以各种方式回到中国，从事建筑设计、建筑教育、建筑理论研究以及建筑和城市规划管理工作，甚至走上领导岗位。一部分留在海外的建筑师和学者也在之后的年代回国工作，或者作为海外建筑师事务所驻中国公司的代表，或者作为海外建筑师事务所的雇员，参加中国建筑项目的设计。

1979年起，同济大学的金大钧（1924–）为建筑学专业的硕士研究生开设建筑美学课，是国内最早在大学开设的建筑理论课程。随着后现代主义建筑思潮在1980年代初的引进，建筑理论和建筑思潮也开始了一个发展的时期，新的建筑学术刊物不断出现，1979年《建筑师》创刊，2004年获得期刊号，1979年《世界建筑》试刊，1980年正式出版，《新建筑》在1983年创刊，《时代建筑》在1984年创刊，《世界建筑导报》于1985年创刊，北京市建筑设计研究院于1989年创办杂志《建筑创作》（图2–66）。

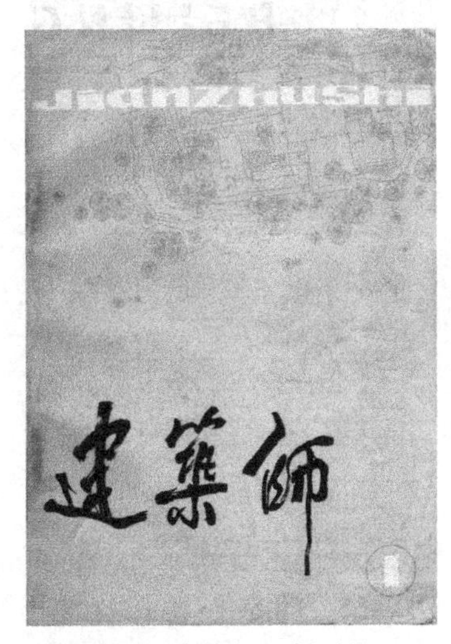

图2–66 《建筑师》创刊号

1980年代以后，许多外国建筑师和理论家相继来到中国的学术机构和大学讲学，中国的学者和建筑师也相继出国进修和攻读学位，推动了中国建筑教育和中国建筑的国际化。1980年代末1990年代初，在汪坦主持下的《建筑理论译丛》第一辑共11本理论著作翻译出版，为建筑师和学者提供了经典的原著，也标志着我国建筑理论界开始全面引进西方的建筑理论。随后，从2003年起出版了数十种西方建筑理论著作，全国许多高校和各种出版社也都编选并出版了许多西方建筑理论著作。至此，主要的建筑经典理论著作有相当一部分已经翻译成中文出版。

自1990年代开始，由于大规模的城市建设和公共建筑的发展，大量境外建筑师进入了中国的建筑设计、城市规划和景观设计领域，一方面带来了新的理念和设计方法，另一方面，也带来了商业化的建筑设计运作和设计风格，对中国建筑师和中国建筑产生了巨大的冲击，并一直延续至今。中国建筑师和理论界在这一冲击面前，在各种思潮的影响下，普遍出现了“失语”现象。

随着改革开放后，国际学术交流以及西方建筑理论、计算机辅助设计方法，

图 2-67 《建筑与评论》

图 2-68 《北京宪章》

特别是后现代历史主义建筑思想的引进，使中国建筑师和学者得以认识并研究西方现代建筑理论。1980 年代中期开展了第三次建筑理论大讨论，例如 1985 年 2 月的"繁荣建筑创作座谈会"，5 月的"现代中国建筑创作研讨会"、"上海市建筑创作实践与理论座谈会"等。1985 年 11 月 29 日至 12 月 3 日，全国"繁荣建筑创作学术座谈会"在广州举行，1987 年 4 月 1 日，首次以建筑评论为题的全国性会议在江苏召开。1995 年 10 月 6 日至 8 日，由杨永生和潘祖尧组织，《建筑师》杂志在深圳召开了以建筑评论为题的研讨会，对推动当代建筑批评，提高社会的建筑意识有着示范的意义（图 2-67）。

1999 年 6 月在北京召开了，以"21 世纪的建筑学"为主题的国际建筑师协会第 20 届大会，大会通过了《北京宪章》（图 2-68）。这次大会对全面提升中国建筑的理论和实践水平起了重要的作用，也为中国建筑师提供了一个面对世界建筑、反思中国建筑的契机。大会结束后，中国的建筑理论界提出了"建立有中国特色的建筑理论框架"的议题，并且设置了"梁思成建筑奖"。

1999 年以来关于北京国家大剧院的论争，在一定程度上也可以说触及了与文化及城市环境文脉相关的问题。这方面的论争并不是针对某个项目是否应当由国外或境外建筑师承担的问题，而是在全球化的影响下，什么样的建筑师才能创造出优秀的中国建筑的问题。全球化对建筑的冲击是在新思潮的推动下，新国际式建筑的流行和建筑文化的多样性对所在地区的影响。

2000 年 11 月，"中国特色的建筑理论框架研究"在张钦楠（1931-）和张祖刚（1933-）的主持下在北京召开，并于次年 5 月举办专题论文交流会。2002 年 12 月 1 日，由《建筑创作》杂志社主办的建筑创作论坛在北京举行，对当代建筑，尤其是北京建筑进行了全面的评论。

转型期的中国社会在对待建筑文化艺术的态度、建筑设计的管理、建筑师的培养等方面，一直处于矛盾的状态，有时甚至支持鼓励倒退落后的建筑。直至今天，社会上的一部分人仍在试图颠覆传统，用无政府主义的彻底否定方式批判历史形成的建筑的范式和原理。

4）中国建筑理论和建筑批评的奠基人

传统与现代，中国建筑的现代性问题一直是中国建筑现代化过程中的核心问题，也是建筑批评需要直面的问题。伴随着建筑创作实践的发展，建筑批评也推动了建筑创作的现代化。

中国现代建筑批评的理论，是由刘敦桢（1897-1968）、童寯、梁思成、谭垣（1903-1996）、林徽因、刘致平（1909-1995）、冯纪忠（1915-2009）、汪坦

图 2-69　人民大会堂

(1916－2001)、吴良镛(1922－)、罗小未(1925－2020)、李祖原(1938－)等前辈学者开辟的，并从建筑史扩展到建筑理论领域，探讨建筑的现代性理论，从而奠定了建筑批评理论体系的基础。

谭垣在六十多年的教学和设计生涯中，一直以他敏捷的思想和发自肺腑的真诚见解从事建筑批评，1957年他曾在《建筑学报》上连续发表建筑批评论文，公开进行学术批评，开启了建筑批评之先河。1961年谭垣去北京参观十大建筑，设计人民大会堂的建筑师是他的学生，他在参观时问这位建筑师："你把我教你的Scale(比例)都忘了吗？"他在1963年的一次讲座上提出了一个问题："伟大还是巨大？"他认为如果处理不当，一座建筑即使尺度巨大，也不一定是伟大的(图2-69)。

冯纪忠以中国传统哲学的基本思想整合当代世界建筑理论，他的《空间组合设计原理》(1960)建立了建筑学的理论体系，创导了中国建筑现代性的批判理论，同时也奠定了中国当代建筑设计方法论的基础。他提倡建筑与规划的契合，同时主张从中国古典园林和民居中汲取传统精神、建筑语言和生命美学，从民间文化和地域文化中寻求中国文化的基因。以现代园林为载体，冯纪忠力求在继承我国造园传统的同时，探索建筑设计的新方法，实现现代性，主张"理性的浪漫、诗意的现实"是现代建筑的灵魂。他提倡批判的地域建筑，为中国现代建筑理论提出了新的方向，是当代中国建筑实验的先驱。冯纪忠在表现中国建筑的意境方面起了范式的作用，为中国现代建筑空间的创造和理论探索奠定了基础。他以"形"表"意"，以"神"会"意"，"意"与"象"并重。他注重"意在笔先，情为意本"，以寓情之意表现中国建筑的内在精神。冯纪忠从两个方面探索中国建筑的现代性问题：一是从建筑的方法论层面研究现代建筑设计方法，在建筑空间组合设计原理的基础上，研究如何用理性的、科学的方法分析和评价建筑，以求得最优化的设计方法；另一方面，则寻求现代园林与传统园林思想的契合，将传统园林的空间意境应用到现代建筑之中(图2-70)。

图 2-70　冯纪忠像

汪坦多年来潜心研究建筑历史与理论，致力于将西方建筑理论经典和建筑设计方法论引入中国，主编了《建筑理论译丛》(1986)，对从事建筑研究和建筑教育的学者和建筑师来说具有重要的价值。他在《建筑师》上连载发表了长篇综合评述《现代西方建筑理论动向》，全面论述并批判了西方当代建筑理论的主要倾向，是国内最早的，关于当代西方建筑和城市理论的系统性批评(图2-71)。

图 2-71　汪坦

图 2-72　吴良镛

吴良镛是具有重要国际影响的中国建筑学者和规划理论家，他的《广义建筑学》（1989）、《人居环境科学导论》（2001）等论著，从人类聚居的角度出发，整合建筑学与城市规划学、景观建筑学等学科，奠定了科学的建筑理论体系。在筹备 1999 年国际建筑师协会第 20 届大会时，他进行了综合的理论研究，主持起草了《北京宪章——建筑学的未来》(2002)。1996 年 7 月，国际建筑师协会授予吴良镛建筑评论和建筑教育奖（图 2-72）。

图 2-73　1988 年罗小未被美国建筑师学会选为资深名誉会员

罗小未开拓并建立了中国的世界建筑史和建筑文化的研究理论，同时也奠定了世界建筑史和建筑批评的教学体系，以论述史形成了建筑现代性研究的基础。她在 1955 年编撰出版了《西洋建筑史概论》，以后又相继出版了《西洋建筑史与现代西方建筑史》（1957）、《外国建筑史参考图集》（1957）、《外国建筑史（近现代资本主义国家部分）》（1963）和《外国建筑史图说——古代部分》（1986）等，主编了中国第一部《外国近现代建筑史》（1982，2003），并于 20 世纪 80 年代在世界各地讲学，向国际学术界介绍中国建筑文化。此外，罗小未还努力推动上海近代历史建筑的研究和保护工作，并在 1989 年创立了中国当代建筑批评的理论体系，影响遍及中国及国际学术界（图 2-73）。

关肇邺（1929-）自 1982 年访问美国回国后，在清华大学开设建筑评论课，是国内最早讲授建筑评论的教授，并以许多建筑作品阐释建筑批评。

图 2-74　陈志华的《外国建筑史》

此外，陈志华（1929-）长期致力于世界建筑史的研究和建筑批评，还在 1960 年代编著了《外国建筑史（19 世纪末叶以前）》（1962），此书成为第一部由中国学者编写的外国建筑史教材，影响十分深远，在 2010 年已经出版了第四版。陈志华还著有《北窗杂记》（1992）等，并翻译了许多国外的理论著作。早在 1987 年陈志华就提出了建筑理论的框架体系（图 2-74）。

张钦楠在推动中国建筑的国际化和现代化的过程中起着重要的作用，也为建筑教育评估和推行注册建筑师制度作出了重要贡献。他极力提倡全球性、民族性和地域性，最先在中国引进现代建筑设计方法，他的《建筑设计方法学》（1994，2007）将建筑设计作为一门学科来研究，全面综述了当代建筑设计的理念、准则和方法（图 2-75）。

齐康（1931-）长期以来从事建筑教育和建筑批评工作，撰写了大量论文，论述城市空间、城市设计、建筑等。他一直在探索中国现代建筑的新传统，他在中国建筑转型期的许多优秀作品树立了建筑作为批评对象的范例（图 2-76）。

彭一刚（1932-）的《建筑空间组合论》（1983，1998）是当代中国的第一部关于建筑构图原理的著作，以建筑中的文化理念作为核心，探讨传统精神与现代建筑的关系，同时也涉及建筑的本体论和审美精神，这本研究现代建筑构图原理的著作影响了几代建筑师和建筑学者（图 2–77）。彭一刚还承担了自然科学基金研究课题“传统村镇聚落形态形成与当代生活空间创造”，出版了《传统村镇聚落景观分析》(1992)。

中国台湾建筑师李祖原主张建筑与城市都是有生命的，他从中国的传统哲学中提炼出“生命即本体”的思想，他认为生命是天地万物之本质，是天地之“心”。“心”就是建筑的意境，是建筑师的立意，是建筑的“道”。建筑表达了建筑师和社会的思想,他主张“建筑,心之器”,在“心”与“器”的相互关系上，“心为因，器为果”，而“器”则是“气”的生成，是生动的气韵所形成的,是精神作用下的物质。“气”是中国传统文化的灵魂，也是万物赖以生存的“生气”、“灵气”和“正气”。他所追求的至极境界是由“圆气”至于“圆器”，也就是从精神到物质，从意境到建筑的创造，“圆”就是“生气”、“灵气”和“正气”的合而为一。李祖原在作品中所表现的就是，超越了单纯的功能而提升到生活品质的一种理想境界，要实现这个意向，就必须“心大气圆”，才能成“大器”。在他的作品中，精神与物质，形式与功能，空间与体量，品质与材料浑然一体（图 2–78）。

图 2–75　张钦楠的《建筑设计方法学》

图 2–76　齐康

邹德侬（1938–）在研究当代中国建筑史方面有很大的贡献，著有《中国现代建筑史》(2001)、《中国现代建筑论集》(2003) 和《中国现代建筑艺术论题》(2006) 等，这些著作全面诠释了 20 世纪 20 年代以来的中国建筑发展，是研究中国当代建筑的重要论著。此外，他还发表了大量建筑理论和批评文章，译介了一些经典建筑论著。

刘先觉（1939–2019）主编的《现代建筑理论——建筑结合人文科学自然科学与技术科学的新成就》(1999) 是国家自然科学基金和国家教委博士点基金资助的研究成果，作为研究生教材，全面论述了当代建筑理论的范式和建筑现象，并介绍了学科的最新进展（图 2–79）。2009 年，在国家自然科学基金资助项目研究的基础上，刘先觉出版了专著《建筑生态学》。

杨永生（1931–2012）作为出版人和建筑批评家，在倡导和推动当代中国建筑批评方面起到了不可磨灭的作用。他组织了 1995 年《建筑师》杂志在深圳召开的建筑评论研讨会，并编著了大量有关当代中国建筑和建筑师的论著。

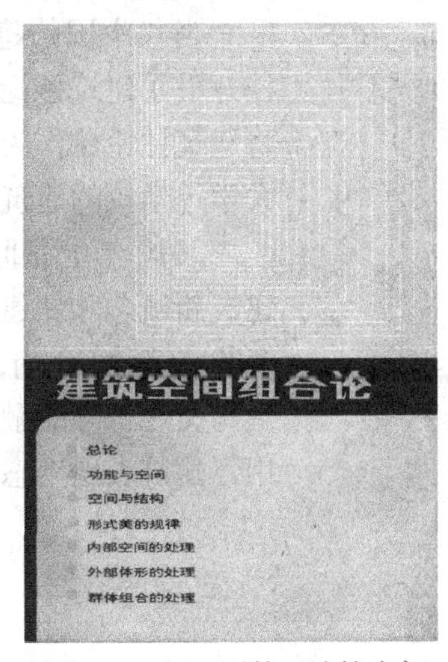

图 2–77　彭一刚的《建筑空间组合论》

上述理论研究、论著和作品全面介绍了现代建筑理论，对于长期以来与国际建筑理论界隔绝的中国建筑理论研究，起着重要的推动作用。

近 30 年来，建筑批评有了很大的发展，出现了一大批学术刊物，2012 年 10 月《建筑评论》第一辑由天津大学出版社编辑出版。一批中青

图 2–78　李祖原设计的西安法门寺

图 2–79　刘先觉的《现代建筑理论——建筑结合人文科学自然科学与技术科学的新成就》

图 2–80　上海世博会全景

年理论家和批评家正在成长，如王骏阳、赵辰、伍江、朱剑飞、李晓东、汪原等学者。

当代中国的建筑批评学作为一门学科，正处于基本的建构过程中，许多学校开设了建筑评论课，将建筑批评纳入建筑教育体系。同济大学自 1992 年开始，将建筑评论课作为必修课列入教学计划，清华大学、东南大学、厦门大学、武汉大学等学校的建筑学专业也相继开设建筑评论课程。

2010 年上海世博会也是全球化时代重要的建筑博览会，成为了建筑创造性、建筑新概念和新建筑技术的实验室，成为了意义深远的建筑文化交流。上海世博会的许多建筑预示了未来的建筑发展方向，展现了建筑本身的批判性，表现为建筑与文化符号的融合，建筑表皮的处理，建筑作为装置艺术，新型建筑材料的应用，建筑表现生态的技术和理念等倾向（图 2–80）。

本章注释

[1] Demetri Porphyrios. *On Critical History. Architecture and Ideology*. Princeton University Press, 1985：15 ～ 16.

[2] 维特鲁威．建筑十书．陈平译．北京：北京大学出版社，2012：64.

[3] 西塞罗．论演说术．转引自茅尔格里夫著．建筑师的大脑——神经科学、创造性和建筑学．张新，夏文红译．北京：电子工业出版社，2011：14.

[4] 圣奥古斯丁．上帝之城．转引自凯·埃·吉尔伯特，赫·库恩．美学史．夏乾丰译．上海：上海译文出版社，1989：171.

[5] 塔塔科维兹．中世纪美学．褚朔维等译．北京：中国社会科学出版社，1991：111.

[6] 森佩尔．技术与建构艺术中的风格．转引自汉诺－沃尔特·克鲁夫特．建筑理论史——从维特鲁威到现在．王贵祥译．北京：中国建筑工业出版社，2005：233.

[7] 雅各布·布克哈特．意大利文艺复兴时期的文化．何新译．北京：商务印书馆，1979：143.

[8] 萨莫森．建筑的古典语言．张欣玮译．杭州：中国美术学院出版社，1994：41.

[9] 帕拉第奥．建筑四书．转引自 Hanno—Walter Kruft．*A History of Architectural Theory, From Vitruvius to the Present*．New York: Princeton Architectural Press，1994：89.

[10] 汉诺－沃尔特·克鲁夫特．建筑理论史——从维特鲁威到现在．王贵祥译．北京：中国建筑工业出版社，2005：72—73.

[11] 同上，96.

[12] 塔纳斯．西方思想史．吴象婴，晏可佳，张广勇译．上海：上海社会科学院出版社，2011：403.

[13] 休·霍勒．浪漫主义艺术．袁宪军，钱坤强译．上海：三联书店上海分店，1992：194.

[14] 保罗·亨利·朗格．十九世纪西方音乐文化史．张洪岛译．北京：人民音乐出版社，1982：5.

[15] Viollet-le-Duc．*Dictionnaire raisonné de l'architecture francaise du XIe au XVIe siècle. A History of Architectural Theory, From Vitruvius to the Present*．New York: Princeton Architectural Press，1994：283.

[16] 康德．论优美感和崇高感．何兆武译．北京：商务印书馆，2005：4.

[17] Anthony Vidler．*The Third Typology*．Oppositions Reader. Princeton Architectural Press，1998：13.

[18] 瓦格纳．现代建筑．转引自汉诺－沃尔特·克鲁夫特．建筑理论史——从维特鲁威到现在．王贵祥译．北京：中国建筑工业出版社，2005：238.

[19] 帕皮尼．未来主义与马里奈蒂主义．见西方文艺思潮论丛《未来主义·超现实主义·魔幻现实主义》．北京：中国社会科学出版社，1987：64.

[20] Dennis Sharp．*Architectural Criticism: History, Context and Roles*. Mohammad Al-Asad, Majd Musa. *Architectural Criticism and Journalism: Global Perspectives*. Umberto Allemandi & C., 2006：31.

[21] 布鲁诺·赛维．作为建筑教授方法的历史．转引自塔夫里．建筑学的理论和历史．郑时龄译．北京：中国建筑工业出版社，2010：85.

[22] 同上，84.

[23] Peter Hall. *Foreword. A Critic Writes: Essays by Reyner Banham*. University of California Press. 1996：11.

[24] 雷纳·班纳姆．第一机械时代的理论与设计．丁亚雷，张筱膺译．南京：江苏美术出版社．2009：9.

[25] 毛里齐奥·维塔．21 世纪的 12 个预言．莫斌译．北京：中国建筑工业出版社，2004，12.

[26] 霍尔·福斯特．反美学：后现代文化论集．吕健忠译．台北：立绪文化事业有限公司，

1998：37.
[27] 梁思成．中国建筑史．梁思成全集·第四卷．北京：中国建筑工业出版社，2001：15.
[28] 墨子闲诂·佚文．
[29] 周易·系辞传上．
[30] 林毓生．鲁迅思想的特质及其政治观的困境．中国传统的创造性转化．北京：生活·读书·新知三联书店，2011：499.
[31] 孟子·尽心上．
[32] 庄子·齐物论．
[33] 庄子·知北游．
[34] 荀子·天论．
[35] 春秋繁露·深察名号．
[36] 春秋繁露·阴阳义．
[37] 遗书·卷六．
[38] 遗书·卷十八．
[39] 传习录·下．
[40] 宗白华全集·第2卷．合肥：安徽教育出版社，1994：269.
[41] 黄河涛．禅与中国艺术精神的嬗变．北京：商务印书馆，1994：92.
[42] 性命圭旨·人道说．
[43] 苏东坡集·宝绘堂集．
[44] 朱子语类·一百三十九．
[45] 画禅室随笔．
[46] 宗白华．美学散步．上海：上海人民出版社，1981：89.
[47] 王国维．宋元戏曲考·序．王国维戏曲论文集．北京：中国戏剧出版社，1957：3.
[48] 蔡元培．蔡元培美学文选．北京：北京大学出版社，1983：198.
[49] 鲁迅．集外集拾遗补编．北京：人民文学出版社，1981：45.
[50] 同上，47.
[51] 刘道广．中国艺术思想史纲．南京：江苏美术出版社，2009：325.
[52] 苏联科学院哲学研究所，艺术史研究所主编．马克思列宁主义美学原理．陆梅林等译．北京：商务印书馆，1962：582.
[53] 张法，李修建主编．美学读本．北京：中国人民大学出版社，2008：1.
[54] 童寯．卫楚伟论建筑师之教育．童寯文集·第一卷．北京：中国建筑工业出版社，2000：33.
[55] 梁思成．建筑设计参考图集序．梁思成全集·第六卷．北京：中国建筑工业出版社，2001：235.
[56] 林徽因．论中国建筑之几个特征．载梁从诫编．林徽因文集·建筑卷．天津：百花文艺出版社，1999：2–3.
[57] 徐苏斌．近代中国建筑学的诞生．天津：天津大学出版社，2010：196.
[58] 汪季琦．回忆上海建筑艺术座谈会．建筑学报，1980，4.

第3章
建筑批评意识

Chapter 3
The Consciousness of Architectural Criticism

建筑是社会和建筑师的创造意识的结晶，建筑批评是一种解读和评价，深入到被批评对象的意识之中，是对建筑师的创作思维及其作品的认识、解读和评价，可以消解作品、建筑师和批评之间的距离。批评者要认识批评的对象，深入作品，探讨作品与作者的创造意识之间的关系。在讨论建筑作品时，需要一种开放性批评，这是一种再发现和再创造的过程。批评的作用不在于把建筑师封闭在作品已经完成的部分，也就是建筑师的"过去"之中，而是更注重描述现在和未来，将批评的对象与批评家放在同一个时空关系中进行批评。

批评者要对作品和建筑师进行解读和评价，需要介入建筑师的思维和意识，重现建筑师的创作思想和观念，融入建筑师的创作过程。在这个意义上说，批评意识对于批评起着决定性的作用，为此，本章要讨论批评思维和批评意识。批评意识意味着读者意识和作者意识的重合，以及批评对作品的一种开放性重构。在批评的过程中，批评主体有一种还原作者意识的愿望，通过批评，批评主体的意识被批评客体中体现的作者意识所占据。这样一种批评主体的意识与作为批评客体的作者意识的融合，就是批评意识。

批评意识就是以批评思维评价并解读客体，在批评中建构批评客体，由此可以反映批评的品质以及批评者的素质。诚然，批评意识要与作者意识重合有很大的难度，作者意识往往掩盖在许多表面现象以及各种信息之下。尤其是在建筑批评中，目前对建筑师的研究论著或传记还很稀少，我们对建筑师的了解相当微薄。一般情况下，我们能够读到的建筑批评往往只是一种作品介绍，这种介绍有时候与实际情况有一定的差异，往往与批评者的看法大相径庭，特别是在建筑批评尚不健全的情况下。

建筑是一种具有特殊功能的技术和艺术，人们对建筑的基本要求通常是适用、经济、美观和安全等。人们生活在建筑之中不仅需要从外部对建筑进行观赏和观察，也需要在内部空间环境中使用和体验。建筑批评具有鲜明的目的性，建筑批评的目的是为了促进建筑事业，繁荣建筑创作，提高建筑鉴赏力。就这个意义而言，建筑批评意识就是批评者自觉认识批评主体的理性思维能力和判断能力。一方面，批评者需要努力提高自身的艺术素养并增强知识积累，培养较强的批判能力；另一方面，批评者要善于洞察本质，培养敏锐的感受力和判断力。为了使批评上升为理论，需要深化批评意识，需要那些可以融建筑师、建筑理论家和艺术史学家为一身的建筑批评家。批评意识是建筑批评的必要前提，建筑批评意识就是能自觉地用批评的观点对建筑加以理性的思考和分析的那种意识，能在批评中自觉进行批评者、建筑师和读者之间角色的转换，在批评中进行再创造，并建构未来的建筑，理想的建筑。

建筑活动的整个过程中，都包含着批评意识。不仅是对于已经建成的建筑需要批评，建筑的酝酿与策划过程、建筑设计的创造过程、方案比选过程、建造过程以及欣赏建筑的过程等，都需要批评的介入。就这个意义而言，建筑的创作是以批评意识作为前提的。从中我们可以看到建筑师的创作意识及其背后的社会价值取向。诚然，批评意识并不能确保批评和建筑创作的成功，但确实是成功的前提。至于建筑自身能否成为批评，其分野显然取决于建筑师是否有批评意识，以及在他所建构的建筑上，是否体现了这种意识。

我们在本章中要讨论建筑思维、建筑批评意识、批评思维和建筑的现代性问题，在当代建筑批评的语境中，也就是如何认识审美现代性和理性主义，理解当代中国建筑，讨论全球化语境下的中国建筑与世界建筑的关系，讨论当代中国建筑师的社会生态环境。我们也要讨论中国建筑的现代性问题，现代性是一个核心问题，是一种意识，一种世界观，一种思维方式和行为方式，是一种整体性的概念。现代性问题将深远地影响中国当代建筑的发展，这是建筑批评的关键问题。

3.1　批评思维

思维是人的机能，是概念认知，是理性认识的过程，是为解决问题、做出判断和决定、取得理解而进行的有意识的精神过程。按照德裔美国经济学家和哲学家哈耶克（Friedrich August von Hayek，1899–1992）的观点，所有的思维都是一种分类活动，因此也是一种解释性活动。所以，思维是批评的前提，要讨论批评就必须讨论批评思维。

思维与语言有着不可分割的联系，语言是思维的媒介。关于思维有无数种定义，思维是“具有交流潜在性的大脑活动”[1]，思维是“表现一个人的理性（包括理论思辨、推理和实际策划）的心的活动”[2]，思维是心灵的活动过程和活动的产物，根据《哲学大辞典》的定义，思维有两个概念：①人脑对现实世界能动的、概括的、间接的反映过程；②指意识、精神，与“存在”相对。[3]

美国心理学家伯恩（Lyle Eugene Bourne，1932–）等人在《思维心理学》（*The Psychology of Thinking*，1971）一书中指出：

> “思维是一个复杂的、多侧面的过程；思维主要是一个内在的（而且可能是非行为的）过程，它是运用不直接存在的事件或物体的符号表征而进行的，但又是由某个外部事件所激起的；思维的作用是产生和控制外显行为。”[4]

思维也指与存在相对的意识，意识是人所特有的，通过高度完善、高度有组织的特殊物质——人脑对客观现实的一种反映。马克思和恩格斯在《共产党宣言》中，将人们的观念、观点和概念概括为“人们的意识”。思维和意识是人脑的产物，而人是自然界的产物，因此，意识归根结底也是自然界的产物。意识不仅是自然界的产物，而且还是社会的产物，受文化、宗教信仰、意识形态、价值观念的熏染。马克思认为思想、观念和意识是社会的产物：

> “思想、观念、意识的生产最初是直接与人们的物质活动，与人们的物质交往，与现实生活的语言交织在一起的。人们的想象、思维、精神交往在这里还是人们物质行动的直接产物。”[5]

意识和物质的关系问题是哲学的基本问题，意识是客观世界在人脑中的主观映像。马克思在《〈政治经济学批判〉序言》中说：

“不是人们的意识决定人们的存在，相反，是人们的社会存在决定人们的意识。”[6]

17世纪英国唯物主义经验论哲学家洛克（John J. Locke, 1632–1704）认为一个人必须意识到自己是在思考：

“意识就是一个人对自己思想里发生了什么的认识。”[7]

人们会根据周围世界辐射出来的各种因素，通过自己的视觉、听觉、味觉和感觉的单独或共同作用，将各个感官所收到的信号传递到大脑，再由大脑对接收到的信息进行处理，然后，指示人们的意识作出反应。如果人类能够协调使用多种感官，就能使认识得到强化，对事物的诠释过程也会更为明晰，更为可靠。对于建筑师而言，深刻认识和了解人们感知周围世界的过程以及对事物的诠释过程，认识建筑怎样对人们的感官产生作用，人们会对此作出什么样的反应是十分重要的。这就需要建筑师在实践中同时担任非建筑师的角色，成为一名社会学家、心理学家、人类学家、符号学家等。

讨论建筑批评就必然会涉及批评思维，批评思维又称批判性思维、批评性思维。批评思维的本质是评价，批评思维涉及科学、教育、工程、设计等广泛的领域。按照美国《德尔菲报告——批评思维：教育评估和指导的专家意见》（*The Delphi Report. Critical Thinking: A Statement of Expert Consensus for Purposes of Educational Assessment and Instruction*，1990）总结报告中的定义：

“我们将批评思维理解为有目的的、自我调节的判断，它导致的结果是诠释、分析、评价和推理，以及对这种判断所基于的证据、概念、方法、标准、语境等问题的说明。批评思维本质上是一种探究的工具。同样，批评思维是教育中的一股解放力量，在个人和社会生活中，它是一种强大的资源。尽管批评思维并不等同于好的思维，但它是无处不在的、自我矫正的人类现象。”[8]

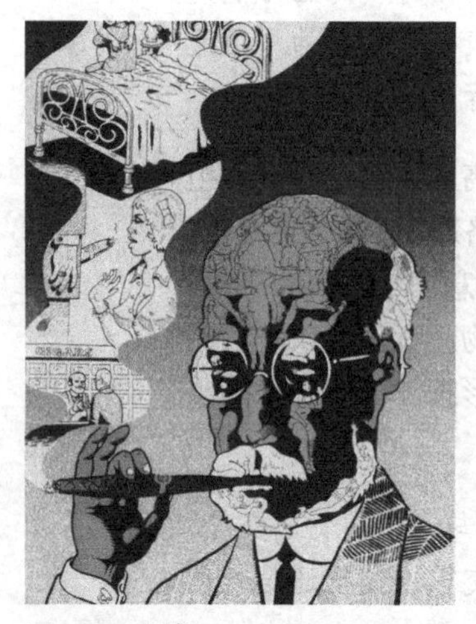
图3–1 思维

批评思维是批评的核心问题，就是批评主体——批评家在批评活动中的具有主动性的积极思维。这种思维不同于非专业人士的一般的阅读意识，批评思维具有建构性，是自觉的理性思维。从不同的角度和层次来看，批评思维有不同的类别。就思维方式而言，有语言思维和非语言思维；就批评主体而言，有主观型的我向思维和客观型的受控思维；就批评的客体而言，有发散式思维和收敛式思维；就批评思维的性质而言，有论证型的思维、阐发型的思维和联想型的思维。批评思维不只局限于批评家，在建筑师的设计创作过程中，也表现出批评思维的作用（图3–1）。

本节所列举的逻辑思维与形象思维、我向思维与受控思维、发散式思维和收敛式思维、论证式思维和阐发式思维、联想思维、意象思维等只是与建筑思维和建筑批评思维相关的思维方式，并不是认知心理学的全部分类。

3.1.1 逻辑思维与形象思维

人们通常把思维功能分成两大类：一类是逻辑思维，也称之为抽象思维、概念思维、理论思维、言语思维。另一类是形象思维，或者说是视觉思维。也有人把前者归纳为亚里士多德式的思维、批评思维，将后者归纳为非亚里士多德式的思维、创造思维。这两种思维往往能够共同地完成一个任务。加拿大麦克马斯特大学教授黎·布鲁克斯（Lee Brooks）证明，逻辑思维和形象思维是彼此分离的，这两种思维的一般特性分别列在下面：

逻辑思维与形象思维的特点　　表 3–1

逻辑思维	形象思维
文字性	非文字性
分析性	综合性
符号性	形象性
概括性	类比性
暂时性	永久性
理性	非理性
数字性	空间性
逻辑性	直觉性
线性	非线性

逻辑思维是批评思维的核心，逻辑思维可以划分为演绎思维和归纳思维，演绎思维是从两个或更多的前提出发，推导出一个结论，而归纳思维包括类比论证和因果论证。

建筑是逻辑思维与形象思维的结合，“建筑设计是科学（自然与人文科学）与艺术，逻辑思维与形象思维相结合的多学科的创造性劳动。”[9]

这两类思维是同时并存的，对于建筑设计的创造力而言，建筑师需要同时掌握这两种思维方式。在建筑师所从事的设计工作中，既要处理复杂的功能和技术问题，也有复杂的形象方面的问题要处理，而形态本身也有自身的逻辑问题。要实现建筑师的设计目标，就必然要同时掌握逻辑思维和形象思维。当然，上述的两类思维不是像所表述的那样绝对，譬如形象思维和视觉思维就不见得一定是非理性的，甚至可能表现为更复杂的理性思维。两类思维方式同时存在，又不可分割，只是在分析的时候起一种分类的作用，实际上并不存在将逻辑思维和言语思维与形象思维和视觉思维截然分开的思维，即使是形式逻辑的创立者亚里士多德也意识到了表象对于思维的必要性。他在《论灵魂》（*De Anima*，公元前 350 年）中写道：

“缺乏一种心理上的画面，思维甚至是不可能的。它在思维中的影响，如同在绘图中的影响一样。”[10]

量子理论之父——德国物理学家、哲学家马克斯·普朗克（Max Karl Ernst Ludwig Planck, 1858–1947）曾经在他的自传中谈到富于创造性的科学家应当具有的品质时也说道：

"一种对于新观念的鲜明的直觉想象力，它不是依靠推论，而是依靠艺术家的创造性的想象而产生出来的。"[11]

爱因斯坦创立的狭义相对论在很大程度上来源于他的非逻辑思维，正如波兰裔美国哲学家和科学家科尔兹布斯基（Alfred Korzybski, 1679–1950）所定义的"视觉化思维"，是一种意象思维，其中有着直觉和顿悟的创造力和想象力。建筑师和评论家在从事创作和批评的过程中，其思维模式涉及我向思维和受控思维、发散思维和收敛思维、论证思维和阐发思维、联想思维、意象思维等。

3.1.2　我向思维与受控思维

根据思维的意识性，可以将思维划分为我向思维与受控思维。主观型的我向思维一般凭直觉、想象和幻想来进行。客观型的受控思维又称为现实性思维，其思维进程一般受逻辑、论证和现实的约束。

1）我向思维

对于不同的批评家而言，同一件作品会产生不同的体验和表达，中国古代有句话："诗无达诂"，西方谚语说："一千个读者就有一千个哈姆雷特"，都指明了批评中的我向思维的核心问题。对于批评主体的依赖形成了我向思维，我向思维是指受个人的经历、身份、地位、修养、学识、信仰等影响所形成的思维，是一种带有明显的个人物征的思维。我向思维一般来说是潜意识的，它所追求的目标和试图解答的问题并不在意识之内。一方面，我向思维隐含着由于个人的局限性而可能具有的偏见和误解，是一种主观的意识投射；另一方面，也是表达批评家的主体意识和个人风格的一种精神创造。从心理学的角度来看，艺术大致起源于我向思维。

可以说，绝大部分的批评无论自觉与否，都会表现为以我向思维为主导的批评，这种思维方式既有一定的局限性，又是主动性和创造性的基础，我向思维必然具有主观性的一面。在我向思维中，主观的因素起着很大的作用，例如古诗中经常会将月亮的周期变化与人的离合感情联系在一起："月有阴晴圆缺，人有悲欢离合。"月亮的阴晴圆缺变化是客观的自然规律，与人的感情无关，诗人的吟颂完全是以主体为中心，将自我投射到艺术对象上的一种表达。

批评的标准在某种程度上也是一种主观的设定，例如我国南宋时期的诗歌理论家严羽的《沧浪诗话》论诗重"兴趣"和"妙悟"，也就是以神韵、情境为重。他在书中确立的诗品，也就是诗的评价标准，分为九个方面：

"诗之法有五：曰体制，曰格力，曰气象，曰兴趣，曰音节。诗之品有九：曰高，曰古，曰深，曰远，曰长，曰雄浑，曰飘逸，曰悲壮，曰凄婉。其用工有三：曰起结，曰句法，曰字眼。其大概有二：曰优游不迫，曰沉着痛快。诗之极致有一，曰入神。诗而入神，至矣，尽矣，蔑以加矣，惟李杜得之，他人得之盖寡也。”[12]

严羽所谓的五法，是指诗的创作和批评鉴赏的五个方面，是构成诗的整体美的基本因素。其中，体制指诗的体裁，格力是指格调和气势，气象是诗的风貌，兴趣是情趣和韵味，音节指音韵和节奏。严羽的诗品，指的是诗的品类和品格，是与诗的创作和批评鉴赏联系在一起的整体。严羽以禅喻诗，注重审美的一面。《沧浪诗话》论辩的主旨不是诗与学理相关联的一面，而是相区别的一面，侧重于诗的艺术特质，而且具有强烈的主观性。后人批评严羽，认为他虽然推崇盛唐时期的文化，以唐代诗人李白（字太白，701−762）、杜甫（字子美，712−770）为楷模，实际上却偏爱王维以及孟浩然（689−740）的清雅而又空灵的风格，这就是我向思维所造成的批评的一个例子。我向思维既代表着一种可能存在的偏见和误解，一种过于主观的意识投射，也预示着一种表达批评家的主体意识和个人风格的精神创造。

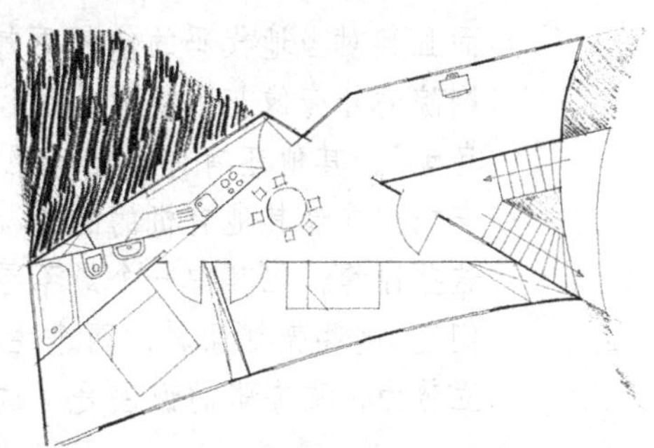

图 3−2　德国柏林理工大学某学生的住宅设计方案

有些建筑师在设计过程中，往往以自身的经验作为标准，或者在作品中强烈地表现自己的偏好，无论什么项目，无论什么环境，都用自己所惯用的手法以不变应万变，这就是一种综合了自我意识的自觉性我向思维的表现。1992年秋，笔者参加了在德国汉堡艺术及应用艺术大学建筑系举办的国际住宅设计工作室，各国的建筑教授和学生五十多人参加了这届设计工作室。笔者所指导的这个组有一位德国学生偏爱三角形，他把所有的房间都设计成以三角形为原型的形状，连浴室、浴室里的台盆、浴缸都以三角形作为母题。图3−2是这位学生经过调整后的最终方案，我们仍然可以看到三角形母题的痕迹。在这样一种经济型的住宅设计中，如此随心所欲地设计，就是一种典型的我向思维的表现（图3−2）。

2）受控思维

受控思维是指思维的意图、方式、对象等方面受到思维主体之外的因素的制约、影响和控制的一种心理的和认知的活动，受控思维又称为现实性思维。设计思维受到设计任务问题以及现实条件的导向和制约，无论是设计的目的还是设计思维的决定性趋向，都受到这种制约，也就必然产生受控思维。批评必须围绕批评客体和设计思维，以文本为主导，受批评客体——文本的制约，正如意大利艺术史学家文杜里在论述艺术批评时所说：

“当批评家形成他的观点时，并非根据事先存在的观念去形成，而最重要的是根据从艺术作品获得的直觉经验。”[13]

建筑批评围绕着建筑现象和建筑事件来运作，因此，就本质而言，建筑批评必然是受控思维，是受到建筑师、建筑、时代精神、社会风尚和建筑思潮所调控的思维。

图 3–3　悉尼歌剧院

无论批评如何展开，都必然围绕批评对象进行。尽管社会对伍重（Jørn Utzon, 1918–2008）设计的悉尼歌剧院（1956–1973）有各种不同的批评，但所依据的依然是现实中的悉尼歌剧院（图 3–3）。查尔斯·詹克斯在《后现代主义建筑语言》一书中，归纳了各种不同的评价以及对悉尼歌剧院的各种隐喻：

"悉尼歌剧院大部分的隐喻都是有机的，建筑师约恩·伍重将建筑物外壳比拟为球体表面（例如桔子）以及飞行中的鸟翼。除此之外显然还有白色贝壳，而这个比喻又呼应悉尼港白色的船帆，这点已成为新闻媒体的旧调。此处一个意料之外的问题出现：对建筑引喻的诠释见仁见智，而且其对当地代码的依赖更甚于言说或撰写语言中的隐喻。有的评论家说悉尼歌剧院的外壳像花朵绽放的过程，而澳大利亚的建筑系学生则嘲笑它像'在行房的乌龟'。其他还有许多相当暴力的看法：撞烂了的一堆东西，像是没有生还者的车祸，或者其他有机的隐喻：'互相吞噬的鱼'。歌剧院光亮、倾斜的外表都支持这些诠释，但其中一个最不寻常、最令澳大利亚人困惑的比喻是'在争球的修女们'。这些壳都倾斜，两个主要面的方向都互相对峙，仿如头罩修士袍的两种对立势力，更夸张的说法是：这像资深修女掌控的一场缠斗。"[14]

图 3–4　悉尼歌剧院的隐喻

无论怎样的挖苦、讽刺、比喻和批评，毕竟还是针对这座歌剧院，而不是对其他建筑的批评（图 3–4）。异曲同工的是，有人形象地将赫尔佐格和德梅隆设计的"鸟巢"（2008）比喻为 4.5 万吨的灰色意大利面条（图 3–5）。在建筑批评中，将各种类似的建筑实例加以比较，或者将同一建筑师的不同作品加以比较，都属于联想式批评思维。建成于 1998 年，由法国建筑师夏邦杰（Jean-Marie Charpentier，1939–2010）设计的上海大剧院，为上海增添了一道美好的景观，社会各界对这座建筑的总体评价较好（图 3–6）。然而，国外有一位记者却将它揶揄为"一台放大了几千倍的婴儿磅秤"。

现象学批评可以说是受控思维作用下的批评，这种批评以作品为依据，以作品的现象去还原作品的本质。法国哲学家、美学家、现象学美学的代表人物杜夫海纳(Mikel Dufrenne, 1900–1995)借用现象学的方法与一般理论，建立了审美经验现象学，并在此基础上形成了现象学批评。杜夫海纳的主要著作有《审美经验现象学》(*Phénoménologie de l'expérience esthétique*，1953)、《美学与哲学》(*Esthétique et philosophie*，1976）等。杜夫海纳在《美学与哲学》一书中指出：

"他们（批评家）的使命可以有三种：说明、解释和判断……批评家可以把现象学的口号接过来。'回到事物去'，这就是说，'回到作品去'。去做什么？去描述它，去说明它是什么。这样一来就把批评的使命局限于上述三项中的第一项了。解释和判断，这两项借助于作品之外的某些东西的任务，即使不被排除，至少也被推迟了。"[15]

图3-5 鸟巢

杜夫海纳在这里的"说明"指的是以中立的态度将作品隐藏的意义揭示出来，这是现象学启示批评家的一种批评方式，是一种回到作品本身的批评方式。现象学作为典型的哲学思维态度，可以保证批评主体受事实本身的调控和制约，实现"现象的还原"和"本质的还原"。现象学批评是一种着眼于文本分析的"内在批评"，亦即在受控思维作用下的批评。

图3-6 上海大剧院

3）我向思维与受控思维的关系

单纯从字面上解释，我向思维和受控思维似乎处于两个极端，相互之间有根本的区别，但二者在许多方面又可以相通。我向思维，在通常情况下，在表达主观意愿的同时，也随时在调整与客观事实和事件之间的相互关系。另一方面，受控思维在运作过程中，由于批评主体的思维意向在各种因素的影响下而产生变化，因而表现出主观印迹和个人的批评风格。

就建筑批评而言，我向思维和受控思维必然会有交叉与融合。批评与判断往往联系在一起，必然会掺有批评主体的个人选择和好恶、个人学识和经历、个人理想和期望在内。受控思维在许多情况下也许是借题发挥，借用某个题目去表达自己的观点，去表达深深蕴藏在批评主体的内在思想中的理想，这是由受控思维导引的批评。实际上，不存在完全主观的我向思维，也不存在完全客观的受控思维。建筑批评必然有其批评的客体，也就是批评的对象。建筑批评不可能无的放矢，人们不可能脱离批评的对象去进行漫无边际、没有目的、没有对象的批评。因此，我向思维和受控思维必定同时存在，只是各自所表现的程度不同而已。

不同类型的人在思维方面有不同的特点，对于批评家而言，尤其需要多方面的综合能力和思维方式。批评家必须要有一定的素质，不能过于受我向思维的主观性的影响，必须能够合理地进行分析和判断。

3.1.3 发散式思维与收敛式思维

发散—收敛方法论是由物理学家出身的美国科学哲学家托马斯·库恩（Thomas Kuhn, 1922—1996）提出来的。库恩的主要著作是《科学革命的结构》（*The Structure of Scientific Revolutions*, 1962）和《必要的张力》（*The Essential Tension*, 1977），其中《科学革命的结构》曾被誉为"理智史上的一座里程碑"。

库恩的科学方法论原理阐明了科学思维的问题，他认为，科学思维在“非常态科学”即科学革命时期表现为“发散式思维”（Divergent Thinking），而在常态科学时期则集中表现为“收敛式思维”（Convergent Thinking）。这两种相互对应的思维贯穿于科学史的各个阶段，只是在不同的时期，两者的相对地位和侧重不同。两者的并存产生了一种“张力”，科学只有在发散式思维和收敛式思维这两种思维方法之间的互动作用产生的张力之下才能形成前进的动力。两者之中，发散式思维是主导因素，是收敛式思维的延伸和探索方向，收敛式思维则是发散式思维的出发点和归宿。

1）发散式思维

发散式思维又称扩散思维、分散思维。发散式思维是指以一个共同的出发点为前提，然后在此前提下，从不同的侧面、不同的方向对出发点提出的问题加以实施或解决。发散式思维总是拒绝旧的答案，寻求新的方向。发散式思维是从给定的信息中产生信息，其着重点是从同一的信息来源中产生各种各样的输出。其模式是 1 →多，是一种趋异、求异的过程。发散式思维有三个基本特点：易适应性、独创性和流畅性，能够迅速产生一系列符合某些要求的意念。批评的发散式思维注重批评文本的外在关系，对症下药，逐个解决问题。发散式思维在通常情况下适用于，在解决某一认知问题的方法时，在不仅限于一种结果的情况下，主体能构想出多种不同的方法去解决问题，或者给出关于某一问题的多种解答。一般情况下，发散式思维会表现出较高的创造能力。

美国心理学家吴伟士（Robert Sessions Woodworth，1869–1962）和吉尔福特（Joy Paul Guilford，1897–1987）认为，创造性思维的核心是发散式思维，人类创造力的最重要的成分就存在于发散式思维之中。创造性思维并不等同于发散式思维，创造性思维的范围很广，既包括发散式思维，同时又包括完全自发性的思维。

库恩在《必要的张力》一书中指出，发散式思维的一般特征是思想的活跃与开放：

“因此，它们确实要求思想活跃，思想开放，这是发散式思想家的特点……如果不是大量科学家具有高度思想灵活和思想开放的特性，就不会有科学革命，也很少有科学进步。”[16]

建筑创作中的发散式思维表现为多方案的比较，寻求解决问题的多种可能性及其途径，在建筑形式、建筑设计方法、建筑材料、建筑结构、建筑形态组合、建筑功能组合、建筑与环境组合等方面的创造性思维。发散式思维一般呈现出三种形态：一是同向“直线型”发散；二是异向“放射型”发散；三是立体“渗透型”发散。同向“直线型”发散是从已知的条件出发，使思维的轨迹沿着同一方向发散。这种发散式思维的形态往往出现在功能性或技术性限定比较严格的情况下，而且是功能空间的序列性比较明显，并且占主导地位的情况。当然，同向“直线型”发散思维也包括在方案过程中，建筑师沿着最初的构思，不断增添新的思想和内容。在这个过程中，思维逐渐成为一系列在理性控制下的技能的组成部分。异向“放射型”发散式思维是根据已知条件，使思维的轨迹沿着基本不同的方向扩展，其结果往往是构思迥异的方案，这种情况往往发生在一开始构思方案的时候。有些建筑师在构思时，会为了一个目标，同时做出若干个具有完全不同的方向的方案创意草图，然后再进行筛选，不停地思索，不断缩小范围，以最终确定方案的发展方向。

日本当代著名建筑师槙文彦（Fumihiko Maki, 1928–）在论述创作构思时，强调了他称之为“梦想—草图”的创意方法：

“一张草图，即使对作者本人也留下了许多不确定的事物，包括了许多空白点。草图的诱惑力恰恰就在于它记录了一个不可能全部实现的梦。

草图中出现的形体有各种意义，有的是根据项目任务书要求构思出来的，有的与给定的条件没有什么关系。而早期出现的形体的意义主要属于第二种情况，也就是说，它象征了人们潜在的愿望，人们不可能达到的梦。

对于任何像建筑师那样的人，当他要创造空间或形式时，梦是不可缺少的。这是因为梦的形体向后来的设计阶段指出了方向——至少初期是如此，也为实际完成的作品是否体现了最初的目标提供了一个衡量的标尺。”[17]

槙文彦的方法说明了“梦”这种发散式思维的想象，用想象，凭直觉，主要是用形象思维的方法，而不是用分析或综合的方法去构思。在设计的初始阶段，存在许多相互交错的复杂因素，社会、经济、政治、技术、环境等因素都在影响建筑师的构思，因此只能通过异向“放射型”发散式思维，用创意的方法去解决各种无法用逻辑的方法处理的问题（图3–7）。

图3–7 槙文彦的《培育梦想》

立体“渗透型”的发散式思维是指在设计的构思中，不局限于建筑本身的因素，而且还借鉴其他学科领域的形象因素，从中获得类比的形象。例如日本当代著名建筑师黑川纪章在1961年构思东京的规划时，受到生命体的脱氧核糖核酸的螺旋结构的启发，将新城市设计成“螺旋体城市”，这座城市有双重螺旋形的垂直交通体系，将城市水平方向的平板作为使用空间（图3–8）。这种构思也应用在东京的立体规划和茨城县霞浦海湾漂浮城市的规划方案上。

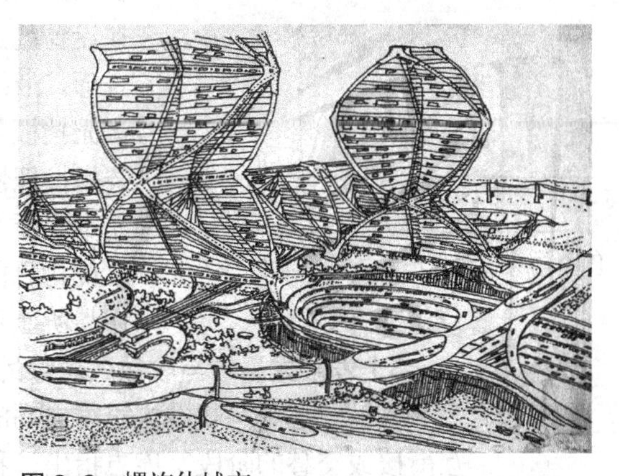

图3–8 螺旋体城市

建筑批评的发散式思维类似于建筑设计的发散式思维，需要批评家有丰富的想象力，探讨建筑所传达的信息的多样性。建筑批评的发散式思维会受到批评家的想象能力和专业知识、艺术素养、技术素质等方面的局限，而且建筑批评必然会围绕与建筑有关的作者——建筑师及其社会、作品——城市与建筑、读者——建筑的使用者和社会公众、环境与社会——人类的生活世界等四个方面来运作，这样的一种特殊性使建筑批评的发散式思维不可能是漫无边际、缺乏整合的发散。

2）收敛式思维

收敛式思维与发散式思维是两种不同的认知方式。收敛式思维又称"辐合式思维"、"集中思维"，是一种收敛的思维方式。收敛式思维往往是预设一个目标，然后调动思维的种种因素，收集有关信息，甚至采用不同的方法、知识来向此目标推进，同时，又要考虑各种相关因素，最后提出一种解决问题的办法并实现目标。收敛式思维是从所给予的信息中产生逻辑的结论，其重点是产生所能接受的最好成果，其反应很可能由所给的信息或线索决定。其模式是多→1，是一种趋同、求同的过程。批评的收敛式思维注重批评文本的内在联系，预先设立问题，作出假设，然后加以解决。收敛式思维一般只能有一个正确的答案、一个判断，传统的数学问题、语言问题以及逻辑问题都属于收敛式思维的范畴。

收敛式思维要求严格的训练。收敛式思维对科学的进步起着积极的促进作用。吉尔福特的试验也表明，当思维经过充分发散，需要思维的主体作出决策时，收敛式思维同样会起决定性的作用。一些建筑要求有完美而又精密的设计与施工技术，建筑师不仅要有高度的形象构思能力，更要有严谨的设计技术路线和技术素养。在这种情况下，收敛式思维必然会占据主导地位。意大利当代著名建筑师伦佐·皮亚诺（Renzo Piano, 1937–）认为：

"建筑是一种需要耐心的游戏，它是一个集体性的工作，而不仅仅是一个有充分创造力的艺术家本能的行为。"[18]

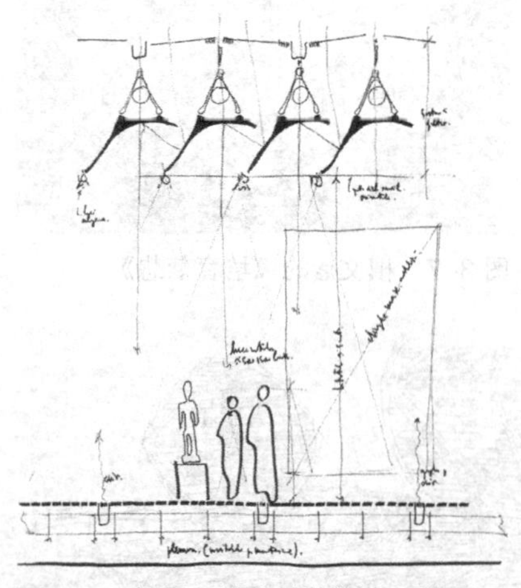

图 3–9　曼尼尔博物馆的调光板构思

比阿诺在设计美国休斯敦的曼尼尔博物馆（1982–1986）时，曾将大部分时间用于研究博物馆的屋面。休斯敦的气候比较干燥和炎热，比阿诺试图将建筑与外界的气候隔离开来，创造一个宁静舒适的室内环境。同时，建筑又是环境的组成部分。比阿诺将曼尼尔博物馆的屋面归结为调光、日照控制、结构和构件这四个方面的功能。在设计的过程中，屋面的形式由简单的曲线形演变成复合形，最终设计的屋面形式采用了造型复杂而又轻盈的调光挡板（图 3–9）。从这个例子中我们可以看到，具有逻辑推理性质的收敛式思维在设计阶段也是十分重要的，差不多所有的建筑设计都会有一个周密的逻辑思维阶段，以使构思能够变成现实。现代建筑运动的大师们的一些作品所显示的设计思想有着明显的收敛式思维倾向。

3）发散式思维与收敛式思维的关系

发散式思维与收敛式思维之间的关系十分密切，创造性思维过程包括二者相互衔接或交替的阶段。库恩指出，科学只有在发散和收敛这两种思维方法相互形成的"张力"之下，才能向前发展：

“全部科学工作都具有某种发散性特征，在科学发展最重大事件的核心中都有很大的发散性……某种‘收敛式思维’也同发散式思维一样，是科学进步所必不可少的。”[19]

发散式思维是收敛式思维的延伸和探索方向，收敛式思维是发散式思维的出发点和归宿。按照一些科学家的观点，经常正确的高智商的科学家的思维以收敛式思维为主，而智商较低，且经常有粗心毛病的历史学家的思维则以发散式思维为主。根据美国心理学家赫德森的观点，发散型的人对一些开放性的问题能创造性地加以回答，并且会有许多常人不会得出的精彩想法。发散型的画家画街景的话，可能会画上许多各种各样的人物，而收敛型的画家画出的街景则可能空无一人。赫德森认为，发散型的人具有“高度的创造性”，而收敛型的人则倾向于严格的权威性和社会服从，他指出：

“辐合型的人一般赞成服从，低估自己，不与父母闹独立，常服从专家指导，有落套的见解，不善高度想象和缺乏艺术敏感。他们一般赞成与人友善相处，成为一个队伍中的好成员，注重个人风度和整洁，不赞成奇装异服，不赞成语言粗鲁。”[20]

英国建筑理论家、普茨茅斯大学建筑学院院长勃罗德彭特（Geoffrey Broadbent, 1929–）认为实际上存在两种气质的建筑师——思维发散型和思维收敛型的建筑师。思维发散型的建筑师拥有周期感情型的气质，对人比对事更感兴趣，他们具有语言能力，富于想象，在设计方法上注重经验，热心于满足人们的需要。思维发散型的建筑师在多方听取意见的情况下，能够同时看到各种观点，甚至会使他的作品出现许多矛盾，产生许多不成熟的想法，而又不能使之完善。思维收敛型的建筑师则拥有精神分裂型气质，他们对事件要比对人更为感兴趣，爱好抽象的哲理，追求“完美”的建筑。思维收敛型的建筑师倾向于过分坚持某一种系统的程式化，并将它极端地加以发展，甚至不顾实际需要，强加于人。但是，建筑的对象既是人，也是事物，无论是思维发散型的建筑师，还是思维收敛型的建筑师，或者大多数的介于二者之间的建筑师，都是十分重要的，建筑的进步就取决于他们的取长补短，相互促进（图3–10）。

建筑师和艺术家一样，大多数都具有双重性格，无论是思维发散型的建筑师还是思维收敛型的建筑师，都具有创造性，这种创造性也表现出多种多样的复杂性。社会真正需要的是一种具有超越个性，需要发散时能够发散，需要收敛时能够收敛，实现相互交融的建筑师。因此，一位优秀的建筑师在进行创造性的构思时，一定会同时做两件事，在想象时，知道自己是在想象。这种想象确实处于他自己的理智的控制之中，也就是处于发散式思维与收敛式思维相互协调与互补的过程中。当他在进行逻辑和技术思维时，知道自己是在进行逻辑和技术思维，认识到这种思维应当有助于将想象变成现实（图3–11）。

在建筑批评中，由于不同的批评对象和不同的批评模式，也可以分别采用收敛式思维和发散式思维的方式来进行批评。例如建筑的象征意义，对于这种象征所表现出来的歧义和复合意义，就需要采用发散式思维的批评方式，发挥充分的

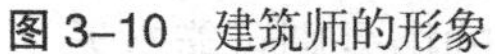

图 3–10　建筑师的形象

图 3–11　工作中的建筑师

想象力。前面引用的查尔斯·詹克斯关于悉尼歌剧院的形式联想，就是非凡的想象力的表现，尤其是戴白色头巾的修女在进行缠斗的比喻，没有发散式思维是不可能想象的。对于历史建筑或者历史上的建筑师的批评，就需要进行大量历史的考证和研究工作，这样的一种研究必然与收敛式思维联系在一起。

3.1.4　论证式思维与阐发式思维

论证式思维与阐发式思维是一对相辅相成的思维方式。论证式思维是比较系统的、目的性比较明确的、经过一系列锲而不舍的论证而形成的思维方式。阐发式思维是针对某一作品或其他批评客体来阐发意见、见解、评论时的思维，或者推荐可以采用的阅读方式、途径，或者指明作品可能具有的社会意义及其影响，或者提出某种现象上的逻辑联系。

1）论证式思维

论证式思维是围绕一个问题来进行论证，思维主体根据自身的需要选取材料，确定重点，进行推理式的思维，或者建立一种理论体系，在进行论证的过程中，使之更加完善，或者选择一个题目作为切入点，借题发挥，展开论证。论证式思维是我向思维与辐合式思维的一种综合。建筑师在进行创作的时候，往往会在某个设计中表达自己的建筑审美，探索设计方法，研究某种新技术和新结构，这种论证就是一种建筑实验。

美国建筑师弗兰克·盖里的许多作品大多表现出一种强烈的雕塑性，并对这种雕塑性的完善和发展倾注了感情，盖里曾获得 1989 年普利兹克建筑奖（图 3–12）。他于 1929 年出生在加拿大的多伦多市，1954 年毕业于美国南加利福尼亚大学洛杉矶分校，1956 至 1957 年在哈佛大学建筑研究生院学习，自 1962 年起在洛杉矶开设事务所，1972 年以后，先后在南加利福尼亚大学、洛杉矶大学、休斯敦大学、哈佛大学等多所大学任教。他是在 1978 年设计完成了在加利福尼亚的圣莫尼卡住宅之后才引起人们的注意的。从这以后，他的作品力求标新立异，不断探索建筑的复杂和雕塑化的形式，创造一种抽象、扭转和变异的形式。对盖里而言，最喜欢做的事就是将一个工程尽可能多

图 3–12　思考中的盖里

地拆散成分离的部分，与其说建筑是一个整体，不如说是由许多部分组成的（图 3–13）。在他的作品中蕴涵着“论断堆积”的无序中的有序，而创作方法则是一种行动建筑，是一种建筑绘画和建筑雕塑，充满了戏剧性的冲突。他曾说过：

“我对业主的要求也有兴趣，但它不是我为他创建房屋的驱动力。我把每一座房子都当作雕塑品，当作一个空的容器，当作有光线和空气的空间来对待，对周围环境和感觉与精神的适宜性作出反应。做好以后，业主把他的行李家什和需求带进这个容器和雕塑品中来，他与这个容器相互调适，以满足他的需要。如果业主做不到这点，我便算失败。

这个容器的内部处理，对我来说又是一件独立雕塑任务，与塑造容器本身同样有趣。内部空间的处理要使空间适合经常改变的要求。在我的工作中，对目标的直觉是基本的。形象实际而不抽象，利用廉价的材料，加以变形和叠置，产生超现实的构图。这全是在追求坚固、适用和愉悦。”[21]

图 3–13 盖里设计的施纳伯尔住宅

图 3–14 巴黎美国文化中心

图 3–15 斯塔达学生活动中心

图 3–16 毕尔巴鄂的古根海姆博物馆

盖里的作品表现出一种追求个人语言的主导倾向，他的建筑语言总是变幻莫测、复杂多变的，人们称他为“永不停顿的开拓者”。他的设计超越了通常为人们所接受的美学观念，同时也克服了 20 世纪建筑技术的局限性。盖里的作品，从巴黎美国文化中心（1991–1994）（图 3–14）、美国明尼苏达大学魏斯曼美术馆（1994）、捷克布拉格尼德兰大厦（1995–1996）、美国洛杉矶迪士尼音乐厅（1988–1997），一直到西班牙毕尔巴鄂的古根海姆博物馆（1991–1997）、德国杜塞尔多夫的媒体港（1999）、麻省理工学院的斯塔达学生中心（2003）等（图 3–15），都显示了他的“堆积型建筑”的论证过程，每一项新的设计都更富雕塑性，都似乎是用许多造型奇特的体块偶然地堆积拼凑在一起的巨大的抽象雕塑。毕尔巴鄂的古根海姆博物馆的建成最终确立了盖里的建筑语言，也为毕尔巴鄂这座古老的西班牙城市带来了生机。每年大约有两百万旅游者专程来参观这座博物馆，以至于博物馆展出的作品的价值已经完全被建筑所掩盖。这座博物馆被美国《时代》周刊评为 1997 年最佳设计，是一座面向 21 世纪的博物馆（图 3–16）。

2）阐发式思维

阐发式思维是批评家针对某一作品或其他批评客体来阐发意见、见解、评论时的思维，或者是推荐可以采用的阅读方式、途径，或者指明作品可能具有的社会意义及其影响，或者提出某种现象上的逻辑联系。如同论证型思维有可能是建筑师的借题发挥一样，这种阐发式批评也可能是批评主体的一种借题发挥，借某件或某些作品来表达批评主体的主张和审美理论。阐发式思维一般以受控思维的框架来表达，其目的是匡正读者的阅读经验。一般情况下的批评举例往往就是一种阐发式思维，找到一个契合点，再进一步延伸。

3）论证式思维与阐发式思维的关系

论证式思维与阐发式思维也是一对相辅相成的思维方式。论证式思维是比较系统的、目的性比较明确的、经过一系列锲而不舍的论证而形成的思维方式。阐发式思维是具体的、个别的，而不是一般的、普遍的情况，但却仍然可以表现一般的、普遍的情况。

德裔美国美术史学家欧文·帕诺夫斯基的美术史批评紧紧围绕着图像学方法进行，在帕诺夫斯基看来，图像学并不是作为一种意义明确的表述方法来揭示一幅画或者其他再现形式的秘密，也不是一种简单的批评方法。他的图像学方法是要探讨形式与历史、文化之间的关系，形象与思想之间的联系。帕诺夫斯基的方法论体系包括了三个形式的和经验控制的分析阶段，即由局部到整体再返回到局部的过程。这三个分析阶段分别是前图像志阶段、图像志阶段和图像学阶段。如果我们用巴黎圣母院作为实例来分析的话，就可以看出，在前图像志阶段，我们所涉及的是“事实的”意义，涉及在最“基本的”含义上认识巴黎圣母院——它的立面上的双塔，它的立面上的雕塑和塑像，它的火焰式玫瑰花窗，它的半圆形后殿等（图3–17）。在图像志阶段，涉及巴黎圣母院的“传统的”意义，涉及中世纪社会的经济、政治和文化的各个方面，认识巴黎圣母院所表现的基督教精神。在图像学阶段，我们要考察的是巴黎圣母院的历史意义，不仅是巴黎圣母院这座教堂的意义，而且也涉及哥特式建筑的历史演变及其具体表现在巴黎圣母院中的意义。由此，我们也可以看到，论证式思维与阐发式思维同时表现在帕诺夫斯基的图像学方法中。

图3–17　巴黎圣母院的玫瑰花窗

3.1.5　联想思维

联想思维又称侧向思维，联想思维是一种由此及彼，由一种现象联想到另一种现象的思维活动，联想思维主要是我向思维与发散思维的结合，是形象思维的一个主要特点，美国心理学家桑代克（Edward Lee Thorndike，1874–1949）认为人类智力是由“联想”这样的一个基本过程组成的。联想是一种创造思维方法，同想象有密切的关系。联想是一种十分重要的心理活动过程，是一种使概念相接近的能力。按照奥地利物理学家和哲学家马赫（Ernst Mach，1838–1916）在《感觉的分析》（*Die Analyse der Empfingungen*, 1897）中的观点，联想是：

“在两种突然同时迸发的意识内容A和B中，一种内容在出现时，也唤起另一种内容。”[22]

联想可以克服两个或若干个概念在意义上的差异，使片段的、孤立的想象组合成一个系统的整体，使混乱的想象转化为有序的想象。创造逻辑中的联想是几个想象的系统组合联想能够克服几类事物在不同意义上的差异，把它们系统组合在一起，也能够把同类事物里的不同事物系统组合起来。如果想象是在某种观念的启发下经过思维系统组合出新的观念，那么，联想就是在多个观念的启发下，组合新的观念。这个过程可以是多次重复的过程，所以，联想是若干想象的组合，类似于意识流的变换。以色列裔美国建筑师斯蒂文·赫伦（Stephen Hren）有过一系列将建筑与可持续发展技术结合的幻想式构思，往往是一种联想的表现。例如他构思的气球城市（Balloon Town，1993–1995）是一种空中郊区，经过计算，400万立方米的氢气就能使一座500人的村庄升空（图3–18）。

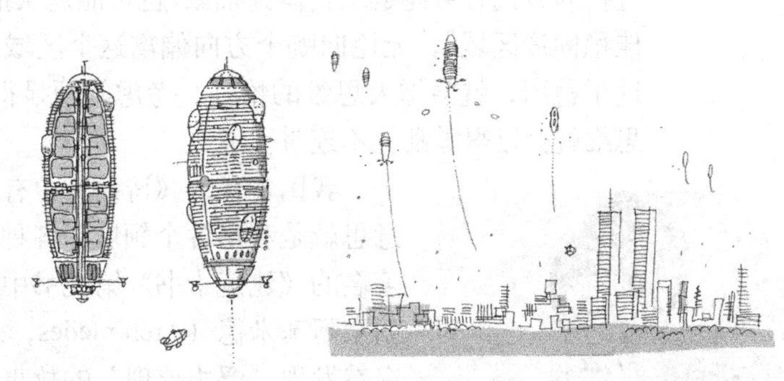
图3–18 气球城市

在匈牙利出生的英国小说家、新闻记者和评论家亚瑟·凯斯特勒（Arthur Koestler, 1905–1983）曾经把这种对于伪装联系的识别称为“异缘联想”（bisociation），或称为“双重联想”。异缘联想就是把两种本来并不相容的内容联系在一起的心理活动，异缘联想发现了看起来似乎毫无联系的两种知识片断之间的隐蔽关系。在寻求答案时，以逻辑思维来补充这个巨大的空白是不起作用的。凯斯特勒在《创造行动》（*The Act of Creation*, 1964）中阐述了他的关于创造力的心理学理论，其基本概念就是双重联想。他认为，创造性思维的根本特征就在于双重联想，双重联想是构成创造过程的基础，它是“把两种本不相容的内容同时联系在一起的心理活动”。[23]

笔者本人曾经有过一次奇怪的联想，说明联想的规律是很特殊的。笔者见过一张巴黎意大利广场大厦（1991）的照片，起先没有看文字说明，而且对丹下健三的这件作品也不熟悉，第一个反应是这幢大楼是由阿尔多·罗西设计的。其实这完全不是罗西的风格，那么为什么会误把它看作是罗西的作品呢？仔细回想之后，发现有两个因素介入了联想作用：首先，这幢大楼位于意大利广场上，罗西是意大利建筑师，这形成了第一层联想；其次，1997年秋天我在巴黎访问时，法国建筑师让–保罗·维吉尔（Jean–Paul Viguier，1946–）驾车带我去他的事务所参观，途经这幢大楼时，他告诉我罗西故世的消息，车窗里出现的建筑形象刚好是这栋建筑，这就形成了第二层联想记忆，一看到这幢大楼就会把它与罗西

图 3–19　巴黎意大利广场大厦

联系在一起（图 3–19）。

联想以记忆为前提条件，就是把“记忆库”中的各种记忆元素提取出来，再通过联想活动把它们联系在一起，形成联想。联想的能力取决于经验和知识的积累，使大脑中储存着无数的神经元模型，把它们记忆在大脑中。在思维过程中，储存的记忆会闪现出来，从而产生联想，然而闪现的过程也需要创造力。按照联想物之间的关系，可以将联想思维划分为相似联想、接近联想、对比联想、仿生联想和仿形联想等。这种思维活动进行的方式有可能是从具体到抽象，也可能是从抽象到具体。联想联系有一个“最佳稳固度区域”，无论向哪个方向偏离这个区域，都会带来不良后果。如果偏向过于稳固，就会增大思维的惰性，考虑问题显得千篇一律。如果偏向过于灵活，思维就会显得零乱、不连贯。

图 3–20　阿基米德

我国古代的《诗经》中有两句诗：“他山之石，可以攻玉。”意思就是利用各个领域、各种手段，去解决问题。维特鲁威在著名的《建筑十书》第九书中所叙述的关于古希腊数学家和发明家阿基米德（Archimedes，公元前 287? – 前 212）在浴池中突然发现“浮力原理”的故事，就是侧向思维产生直觉飞跃的极好的实例，通常我们把这种状态称为顿悟。叙拉古国王希伦二世得到王权后，吩咐制作一顶金冠以奉献给诸神，但他怀疑工匠在制作王冠时偷走了黄金，掺杂了等量的白银，便要阿基米德解决这个问题。阿基米德知道，只要能测量出王冠的体积，就能根据王冠的重量证明它是否是纯金的。有一天阿基米德在浴池里看到水平面如同他千百次所见过的那样在升高，而这一次他意识到上升着的水就是问题的答案，所溢出的水的体积等于完全浸没在水中的物体的体积（图 3–20）。

联想思维要在一定的条件下才能发挥启示作用，也就是说，要在研究和反复思考的情况下，大脑皮层建立起一个心理学上称之为“优势灶”的时候，才会起作用。心理学上的“优势灶”是指研究问题成为坚定不移的目标，这个时候，研究人员的大脑皮层就会建立起一个相应的优势灶，当他的侧向思维感受到刺激时，就会在所研究的问题上对它作出反应，形成概念、观念和思想，或者提出问题。

3.1.6　意象思维

意象是中国古代美学的重要范畴，是由“意”和“象”构成的一对范畴，表述艺术作品中蕴含思想和诗情画意的审美形象，对于建筑创作意识具有很好的启示与借鉴意义。《淮南子·天文训》高诱注：“文者，象也。”将“文”作为符号“观物取象”，“立象以尽意”是《周易》的重要命题。意象包括知觉意象、心理意象、视觉意象、直观意象、记忆意象等。

意象与格式塔心理学的核心概念——完形思维具有共性。完整的思维结构，基本包括知识、智力、经验、能力、观念、评价、传统、习惯等要素，合理的知识结构，设计手法，设计技术，对材料的把握和综合实践能力。

建筑师创作思维的特殊方式是意象思维，建筑创作思维不同于一般的逻辑思维，也不同于一般的形象思维，是意象的创造，是运用建筑师特有语言的思维。意象不只是形象，而且是在构思过程中逻辑思维和形象思维的综合——将思想注入意象，使建筑创作思维更为清晰，更趋向于建筑构思的目标。意象既非具体的形象，也非抽象的概念，而是两者的动态结合。在艺术创作中，如果说艺术是再现或表现，意象是将设计任务转化为创造过程的核心，是一种关于创作形象的意念的显现，而建筑创作思维是意识通过意象显现为建筑形象的过程。

建筑中的意象就是通过创作构思表现尚未具体呈现出来的建筑，是建筑创作之思维活动的特点，是一种思考范式，也是基本的设计思维方式。有理论家断言美在意象，认为美是与生活世界相应的意象世界，是美与真的统一。[24]

1）意象

意象作为一个概念，在不同的时代和不同的文化背景下，其内涵和外延都有很大的差异。《辞海》中关于意象一词的解释是：①表象的一种，即由记忆表象或现有知觉形象改造而成的想象性表象。文艺创作过程中，意象亦称“审美意象”，是想象力对实际生活所提供的经验材料进行加工生发，而在作者头脑中形成的形象显现。②中国古代文论术语，指主观情意和外在物象相融合的心象。[25]

意象，顾名思义，就是寓“意”之“象”，就是“意念”与“物象”的结合，就是用来表达主观思想的客观物象，是主观的“意”和客观的“象”的结合，也就是融入建筑师思想感情的“物象”，是赋有某种特殊含义的具体形象。最早推出意象概念的是《易传·系辞》：“圣人立象以尽意。”魏晋玄学的奠基人王弼（字辅嗣，226–249）创立了“得意忘象”的理论：

“夫象者，出意者也。言者，明象者也。尽意莫若象，尽象莫若言。言出于象，故可寻言以观象；象生于意，故可寻象以观意。意以象尽，象以言著。故言者所以明象，得象而忘言；象者，所以存意，得意而忘象。”[26]

这段话表明了意与象的关系，意以象而尽，象以意而神，象生于意而为了意，意有赖于象，但不等同于象，由象可以推知其意。刘勰在《文心雕龙·神思》中，第一次从美学的角度把意和象联系在一起构成新的概念，强调二者的融合。“意”是创作主体的思想情趣，“象”是主体内心的物象，意象是情意与物象融合的艺术创造。意与象合，象中有意，意中存象：

“独照之匠，窥**意象**而运斤。此盖驭文之首术，谋篇之大端。”

明代文学家何景明（字仲默，1483–1521）在《与李空同论诗书》一文中主张意与象的融合：

“意象应曰合，意象乖曰离，是故乾坤之卦，体天地之撰，意象尽矣。”

中国传统观念中的意象不同于西方的意象观念，在西方哲学和心理学中，意象（imagery，image）是一个非常复杂的概念，各家的观点也不尽相同，对于不同的艺术或认知阶段，意象的内涵和抽象程度也相差甚远。一般而言，更多地是指头脑中的映像、影像、图像，或意识中的心象、形象，是视觉化的表现，是“思维的图解”和“象征性形式”，是一种表象和心理图式，等同于概念前的思维阶段，或者是物理对象的复制物。

按照法国哲学家让－保罗·萨特（Jean-Paul Sartre, 1905−1980）在《想象心理学》（*L'Imaginair*，1940）中的定义，意象是意识的一种形式，意象是一种要造就出其对象的意识，意象这个词表示意识与对象的关系，是指对象在意识中得以显现的某种方式。萨特认为：

“意象既不图解思想，也不支撑思想。它与思想绝无不同。想象性的意识包含了语词和判断。我们这样说并不意味着，判断是可以在意象之上作出的；我们只是说，判断出现在意象的本来结构中，可以是一种特殊的形式，亦即是想象的形式。”[27]

德裔美国艺术理论家和知觉心理学家鲁道夫·阿恩海姆（Rudolf Arnheim，1904−2007）在《视觉思维》（*Visual Thinking*，1969）中指出，在任何一个认识领域中，任何思维，尤其是创造性思维，包括艺术、科学、哲学在内的创造性思维都是通过意象进行的，这种意象是通过知觉的选择作用生成的意象。阿恩海姆在讨论思维意象时，着重讨论心理意象（mental images），他认为适合于思维活动的心理意象是由选择性的记忆机制提供的，从环境和相关联系中抽取出来的意象。阿恩海姆认为心理意象是模糊的，但却能以最大的准确性把它们所要唤取的东西体现出来，他把心理意象与抽象的概念和陈述加以类比：

“在数学领域中……一种拓扑学陈述或草图，可以双方准确地表达出某种定向关系（如被包含关系或重叠关系），虽然它们完全远离了真实的形象。在逻辑学中，没有人会相信，一个一般的概念会由于缺少具体的细节而变模糊；恰恰相反，那种集中于事物的少数几个本质的特征的作法，一向被认为是一种使概念变得更清晰的手段。”[28]

阿恩海姆认为意象有三种功能：意象作为绘画、意象作为符号、意象作为纯粹的记号，根据不同的抽象程度，某种特定的意象可以同时具有这三种功能。抽象程度越高，意象也就越有效，意象越是具体，所展示的特征就越多，其主要特征反而被掩盖了。因此，意象需要在外部表象和抽象的力度之间保持平衡，使之相互补充和相互作用。

意象正是这样一种思维过程和思维手段，既包括再现和复现以往的知觉和经验，也包括在虚拟状态下的一种创新，是设计思想的实验，是一种新的正在创造中的现实，一种超越一切现实的现实。“意”是一种理念和思想，是一种立意，是推理的过程。"象"是化为图形的"意"，是未来建筑的一种虚拟，一种超越现实的理想性虚拟。意大利裔美国心理学家阿瑞提(Silvano Arieti,1914−1981)在《创造的秘密》(*Creativity: The Magic Synthesis*, 1976）一书中认为：

"意象具有把不在场事物再现出来的功能，但也具有产生出从未存在过的事物形象的功能……意象是使人类不再消极地去适应现实、不再被迫受到现实局限的第一个功能。"[29]

美国心理学家约翰·安德森（John. R. Anderson,1947−）在《认知心理学及其含义》(*Cognitive Psychology and Its Implications*，1980）中，从认知的角度，把意象的特征概括为六个方面：

"1. 它们可以不断地呈现为多变的信息。

2. 它们可以被操作，即模拟的空间操作。

3. 它们不受视觉通道的约束，并呈现为空间和不断变化的信息的更一般的系统的一部分。

4. 数量属性（如尺寸大小）很难在意象中得到辨析，但意象中会呈现出较多的数量特征的相似性。

5. 意象比图形具有更多的可塑性，而较少脆性。

6. 复杂事物的意象被分割为若干部分。"[30]

2）建筑的意象思维

意象具有双重意义，意象既是理念，也是视觉化的概念，既是一种思维方式，也是一种思维的符号，既是思维的语言，也是语言的表现图式。清初诗论家叶燮（字星期,1627−1703）在《原诗》中认为,艺术作品"必有不可言之理，不可述之事，遇之于默会意象之表，而理与事无不灿然于前者也"。正如建筑不能直接用言辞代替空间表述那样,只能创造那种"天造地设，呈于象，感于目，会于心"[31] 的空间和形象。

设计构思是一种意象思维，是视觉思维和言语思维的综合。建筑师在接受设计任务时所得到的任务书一般只是文字说明、地形图、卫星遥感图、现场照片等，基本上只是一堆抽象的材料。建筑师在创作的过程中，先要立意，然后煞费苦心地构思,去设计并表达这个立意。脑海中会不断地涌现，或者说，设计出各种表现立意的意象，用草图的方式加以表现，激发联想，抉择有可能继续深化的方案，然后在此意象的基础上不断比较、修改、调整、深化并完善，逐渐抛弃某些意象，选择某些意象去发展，直至满意的意象浮现在脑海中，跃然表现在图面、工作模型或其他媒介上，从而转化为建筑师认可的概念方案。这种思维方式实质上也涵盖了通常所定义的"图解思维"、"图式思维"、"视觉思维"等(图 3−21)。

图 3−21 思考中的建筑师

初始意象是模糊的，经过发展会演变成成熟的构思。在进行意象思维时，建筑

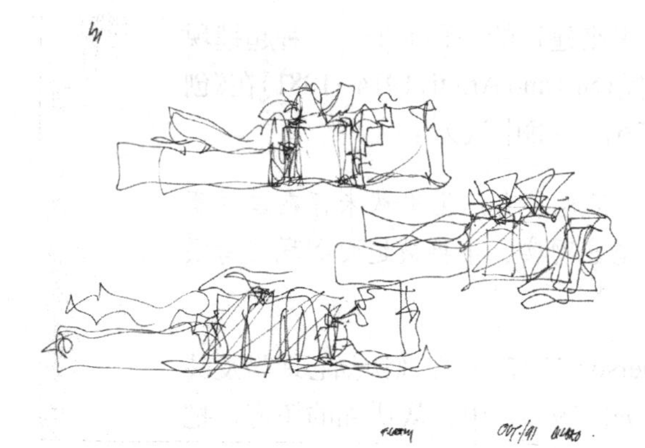

图 3–22　弗兰克·盖里构思的毕尔巴鄂古根海姆博物馆的意象草图

师的经验、学识、阅历和修养会将建筑师本人的经验、他人的经验、所积累的关联影像，结合具体的任务，以特殊的方式经过创造投射到意象上。建筑师的经验、学识、阅历和修养越是丰富，他所创造的意象就越富于创造力，有可能发展成为建筑的杰作（图 3–22）。瑞士建筑师彼得·卒姆托（Peter Zumthor, 1943–）表示，自己在进行思维时召唤了各种场所的影像：

“当我要设计一座建筑，从而专注于某个特定基址或场所时，我努力探求其深入情况、其形式、其历史、其感官品质时，其他场所的影像就开始侵入这一精确观察的过程中——我所知道的，还有曾经打动我的场所影像，我所记得的那些普通或特殊的场所影像，它们以其特别的氛围和品质而被内心洞察；建筑情境的影像，它们从整个艺术世界里散发出来，从电影世界，从戏剧世界，也从文学世界。”[32]

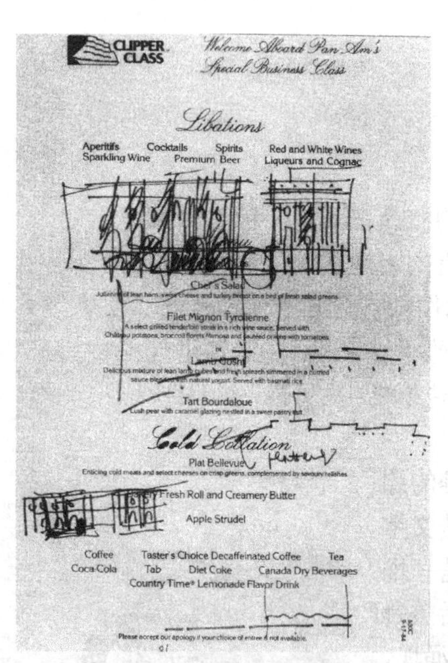

图 3–23　文丘里的伦敦国家美术馆扩建的塞恩斯伯里馆的草图

建筑创作思维是一种意象思维，是意识的意向作用。建筑创作思维需要意象，意象是思维的一种方式，意象是意识和对象的统一关系，是对象在意识中得以显现的某种方式，是一种综合各种因素和概念的本质直观。现象学哲学认为意向性是意识活动的根本特征，因此，研究建筑批评意识，就必须认识意识的意向性，意象思维就是建筑思维意识的意向表现。

意象是建筑师构思的特殊语言，意象是理念在构思过程中的形象化，是显现在建筑师脑海中的意念与形象的结合——一种心象，由此形成概念方案。意象思维把建筑师自身的知识和经验以及其他建筑师的知识和经验加以综合表述，针对设计任务和基地条件，面对需要解决的问题和困难，每个建筑师都有自己的构思表述方法，以特有的完善设计的能力完成构思。这是一种思维语言与图形的结合，一种高度简化的、纯粹的、基本上没有细节的、只表达核心内容甚至是抽象的图形。这种图形可能很潦草，也许只有建筑师本人才能意会，但是这种图形可以帮助并发展思维。它可以表现为平面图、立面图、剖面图、透视图或者体块和造型等，也可以采用不同的材料和介质，根据不同的场合，有时甚至画在随手找到的菜单、餐巾上。英国园艺师约瑟夫·帕克斯顿（Joseph Paxton，1803–1865）关于 1851 年伦敦世博会水晶宫的最初构思是画在一张吸墨纸上的。正如一些音乐家那样，美国建筑师罗伯特·文丘里将其设计的伦敦国家美术馆扩建工程中的塞恩斯伯里馆的构思草图画在了餐厅的菜单上（图 3–23）。

意象思维是一种意识与无意识的结合，探讨设计的方向，寻求灵感与审慎的思维的结合。这种意象只集中表述建筑最重要的动机、理念及其精华，可以蕴涵无限的信息，给想象留出无限的空间，细节及其他信息留待以后补充和发展。这种意象源自其他建筑和结构，也可以源自绘画、雕塑、日常生活用品、器皿、机械、几何图形、分子结构、文学作品、电影、服饰、人、动物、植物等，甚至一段乐思、一段文字描写等。

这个意象思维的冥思苦想阶段可以发生在任何场合，在工作室、在度假地，旅途上、用餐时、会议中、闲聊时，不分昼夜，甚至发生在睡梦中。也会像阿基米德那样突然产生顿悟，找到答案。正如南宋诗人辛弃疾（字幼安，1140–1207）的《青玉案·元夕》中所描写的："众里寻他千百度，蓦然回首，那人却在，灯火阑珊处。"

3）意象思维的媒介

意象思维是一种特殊的语言，是建筑师通过图像和其他媒介进行的自我对话和叙事，激发想象和思维，显现建筑师头脑中内在的图像，把思维的语言化作建筑的语言。弗兰克·盖里把这个过程称为"在脑海中雕刻"。[33] 这种图像和媒介以草图最为普遍，有时候会配上一些文字、符号或数字以铭记思想，加深构思，验证设计，当然也包括模型、拼贴的图形等。

在建筑设计的不同阶段——现场调查阶段，研究分析阶段，构思阶段，探讨可行性的阶段，与其他建筑师、工程师或业主交流和讨论的阶段，深化方案阶段等，都需要借助草图或模型等其他媒介进行思维和表达，寻找目标，探讨造型、比例、尺度、功能、空间、结构、体量、布局、序列、光影、流线、材料、象征、构图和韵律等，寻找灵感，解决矛盾，分清主次，应对复杂的设计任务，寻找与基地、景观、环境和相邻建筑的关系，不断深化、发展和完善，把各种相关或不相关的因素或含义加以分析，显示确定和不确定的线条，快速地在纸面上自如地勾勒草图，以跟上敏捷的思维。这种草图所蕴含的思想和信息，在初始阶段，也许只有建筑师本人才确切地知道。可能世界上没有哪一位建筑师在构思设计方案和与他人讨论时，是从不运用草图和其他媒介的。

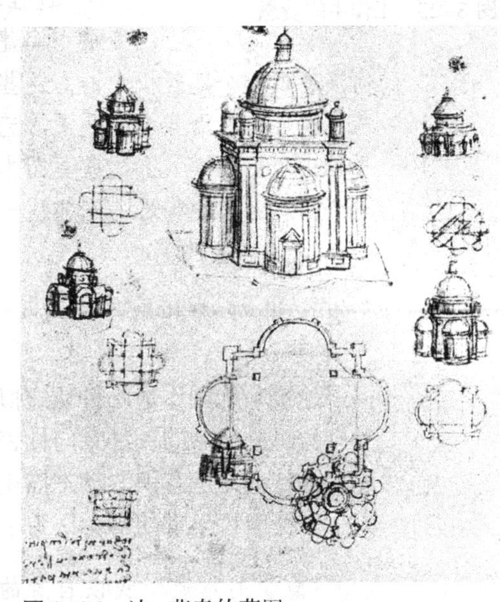

图3–24 达·芬奇的草图

每位建筑师都有自己的思维和表达方式，或简，或繁，或抽象，或具象，或类似涂抹，或类似图表，或推理，或归纳，或概念化，或形象化，或清晰，或模糊，或系统，或微观，或概念性，或表现性，或者兼具。根据不同的任务，也会有千差万别的思维方式及其表达方式，或线条，或色块，或体量，或平面，或剖面，或造型，或立面，或环境。有史以来，应用草图和各种图式来帮助思维和表达思维是建筑师普遍采用的方式，我们可以从莱奥纳多·达·芬奇的手稿中看到他的思维路线（图3–24）。

盖里的线条草图就是他的意象流畅的下意识表现，他经常说：

“我以这种方式思考，移动我的笔，我正在想我在做什么，但我并没有意识到我的手在做什么。”[34]

盖里经常把草图说成是“胡乱涂抹”，荷兰裔美国当代艺术史家、雕塑家和艺术家库斯基·凡布吕根（Coosje van Bruggen，1942–2009）在《弗兰克·盖里：毕尔巴鄂的古根海姆博物馆》（*Frank O. Gehry:Guggenheim Museum Bilbao. The Solomon R. Guggenheim Foundation*. 1997）一书中指出，在草图过程中，盖里实际上是从一名半自动地涂抹/书写的作者转变为一名从图纸里含混不清的线条和轮廓中发掘出潜在形式的审阅者，正如盖里所说：

“我看图纸时试图挖掘出形式感，整个人就像淹没在图纸中。这就是我从不认为它们是图的原因。只有遵循我看到形式这一事实。”[35]

图 3–25　工作中的费恩

建筑师的意象思维在用图像表达时能否忠实地体现创作意图、能否阐释建筑师的创作思维意象，取决于日常的工作和训练。挪威建筑师斯韦勒·费恩（Sverre Fehn，1924–2009）在创作时，画架和图纸常备在身边，偶有思路就用笔勾勒在纸上，而且一旦抛开图稿，就不再耗费精力（图 3–25）。

雷马·皮耶蒂莱（Reima Peilitä, 1923–1993）是继阿尔瓦·阿尔托（Alvar Aalto, 1898–1976）之后最著名的芬兰建筑师，他在设计过程中，总是先用头脑思考出一个意象，然后画出创意草图，再发展出其他的构思。他曾说过：

“过程草图能使我们深入了解到一堆‘碎屑’是如何演变成一个建筑的，或者说那些毫不确定的‘任何东西’是如何演变成一个建筑概念的。这些图案化的设计过程通常几乎不包含最终的建筑形式或特性，取而代之的是更为艺术化的信息。尽管这些草图不包括在逻辑及系列思维中限定的模式，这些草图本身都并非没有关系和没有道理的。好的草图就是一个多种含义的构思，它能使一个可行的比较方案得到适当促进。”[36]

3.2　批评意识

建筑师的创作是一种从虚拟向现实的转化过程，是从抽象到具象演变的过程，是意象思维活动的一种意向性表现。意向性是现象学的一个核心概念，意向性是意识的特征，是意识的动态描述，它涉及意识与问题的关系。现象学哲学的奠基人——德国哲学家胡塞尔认为：

“意识的本质，我以自身的资格生活于其中的意识的本质，就是所谓的意向性。”[37]

按照现象学的观点，不存在无对象的意识，也不存在脱离意识活动的对象，意向性所表明的正是意识活动和意识对象之间相互包容的意向关系，批评的意向性就是批评意识的本质。奥地利维也纳学派艺术史学家里格尔（Alois Riegl, 1858–1905）在《罗马后期的艺术工艺》（*Die spätrömische Kunstindustrie*, 1901）一书中，将艺术的发展归结为"艺术意识"，其含义包括艺术家个人的艺术意识、艺术动机、艺术理想、创作冲动，也包括某一民族在一定的历史时代所具有的总的艺术表现意向等。"艺术意识"是一种精神因素，各个时代、各个民族的艺术，由于受到这种精神因素的影响而有不同的艺术意识，也就有不同的价值标准。

"艺术意识"的思想由德国艺术史学家沃林格在《抽象与移情》一书中作了进一步的阐明。沃林格认为，制约所有艺术现象的最根本的内在要素就是人所具有的一种"艺术意识"。一个人具有怎样的"艺术意识"，他就会去从事怎样的艺术活动，艺术作品就是艺术意识的客观化。"艺术意识"也被译作"艺术意向"、"艺术意志"、"艺术意愿"、"造型意志"等。

"艺术意识"是所有艺术现象中最深层的本质，从根本上说，艺术意识是创作的意识，批评意识是开放性的阅读意识，两者之间既有联系，又有区别。"艺术意识"是社会与人的一种潜在的发展能力，独立于客体和艺术创作方式而自为地形成，它不仅是艺术家的意识，而且是时代对艺术现象的反映，具体表现为一种不依赖于对象内容的形式要求，一种对形式的需要。

3.2.1　批评的主体意识

"意识"，就一般心理学的意义而言，是感觉、思维等各种心理过程的总和，批评意识中的"意识"，也有这种心理学的含义。马克思认为：

"意识在任何时候都只能是被意识到了的存在，而人们的存在就是他们的现实生活过程。"[38]

批评意识作为一个范畴，不局限于心理学的含义。批评意识所表示的，是人在从事某种活动时的某种态度、某种观念。这种态度和观念是人在建构行为对象时的出发点，并且决定着这种行为的性质。就此意义来说，批评意识就是把某种活动当成建筑艺术活动的直接动因。在艺术活动中，人总是自觉或不自觉地用批评的态度审视自身或他人的创造，只有这样才能有所进步，有所发展。在一定程度上，无论是艺术作品还是建筑作品，都是批评的产物。创作是一种建立在现实基础上的虚构，批评也是一种虚构，也就是以批评者的态度来指明批评对象的特性。批评意识既涉及创作，也涉及批评活动。

1）批评意识的普遍性意义

批评既是接受，更是创造，是一种独立的、具有一定的实践手段和理论目的的精神以及物质活动。即便是人类的艺术和建筑的创造活动处于停滞状态，在批评意识的指导下，由于批评是一种延伸性的创造，人类的批评活动仍然能独立进行，并在研究中不断更新。举例来说，假设出现某种特殊的情况，不再有新的文学作品写出来，文学批评依然可以对现存的文学作品进行开放性的批评。批评意识不仅针对批评家，它也是所有的艺术家、建筑师以及社会公众都必须具有的意识。批评家作为从事批评的专业人士，要求有比一般人高得多的专业水准和批评意识。诚然，批评意识并不能确保创作的成功，却确实是成功的前提。至于建筑自身能否成为批评，其分野显然是建筑师是否有批评意识，而且在他所建构的建筑上，是否体现了这种意识。

批评意识是批评主体作为读者站在作者的立场上对作品进行体验的那种开放性的阅读意识，然而，这种批评又是一种批评主体针对作品的评论。意识是感觉、思维等各种心理活动的总和，批评意识是一种特殊的读者意识。这就是说，读者必须把发生在作者意识中的某种东西，当作是自己的来加以体会，亦即承认作者的主体意识。犹如读者在阅读作品的时候，被“借给”作者，感受作者心中的思想、感觉、痛苦和欢乐，仿佛进入异化状态。因为文学作品浸透了作者的精神，所以当读者阅读时，就会在心中唤起一种与作者之所想或所感觉相类似的情感。读者从作品的深层中进行体验、思考，进而产生差异、对立、适应与认同，在作者设定的话语中介入作品，在开放的作品中进行二次创造。有两类读者：一类是文本的被动消费者，也就是传统的戏剧观众；另一类是参与文本的延伸性创造的积极的意义生产者，批评家就是这样的意义生产者。

批评意识要求批评主体既要作为一名被动的观众，又要作为积极的意义生产者，去发掘文本的内在意义。以往时代的批评多半是作者自己的创作感受、创作动机或作品介绍，作者与批评家的角色大多没有分离。虽然这样的批评十分切题，也不乏真知灼见，但这种批评阐述的主要是创作意识，而缺乏系统性和理论性。尽管作者本身就具备批评意识，但只是不完善的批评。20 世纪的批评家多半由专门的学者担任，从而建立了系统的理论，使批评意识真正形成。这些批评家有着各种不同的背景，他们当中有的本来就是哲学家、艺术史学家、人类学家或语言学家，把各自的理论体系和研究方法应用于批评，为批评带来了新的力量。另一方面，批评家又是知识的开拓者和文化传统的传承者，正是批评家让我们认识到了历史上许多知名的建筑师和艺术家。

2）创作思想与批评意识

作者在创作作品的时候，必然会有创作动机，有创作思想，因此，也可以说一切作品始于思维。批评的首要任务就是探讨与分析这种初始思维，对照实际的作品，从作品的内部去感知，去发现作者的思想。批评主体必须在作品中去意识作者，设身处地与作者共同经历创作的过程以及创作思想、创作事件的历程。其次，批评的任务是规定一种对作品的正确阅读，正确理解作品，寻找作者的意图与作为文本的作品之间的联系，阐释文本所具有的多重意义。文本作为一根无形的线，从作者的主体性伸向读者的主体性。批评的第三项任务，就是积极地去探求文本的内在意义，参与文本的延伸性创造，使作品的意义不至于停留在文本的封闭意义范围内，不仅要复制阅读文本的经验，而且要发现其可能具有的意义，拓展文本的开放性。批评意识从文本中发掘的不仅是原始素材的话语和制作文本的生产过程，不仅是文本所具有的“知识”，还是文本所包含的意识形态。

任何批评都建立在一定的批评意识的基础之上，因此，有什么样的批评意识，就会有什么样的批评。批评意识不仅是社会及其批评家所必须具备的，只要是与文本有联系的各个环节，无论是作者还是读者等，都需要具备批评意识。就作者而言，如果能够有自知之明，能够用理论去指导创作，而且也能明辨优劣，能够作出判断，他就能借鉴他人的经验，借鉴历史的经验。也只有在作者具备批评意识，从而能将作者与读者、批评者的角色进行相互转换的情况下，才能实现创造主体与批评主体的意识的真正意义上的融合。事实上，每一位有成就的艺术家、作家、建筑师都在他们的创作生涯中不断地探索，深入地解剖自己和自己的作品。此外，作者和批评者的角色也确实在相互进行转换，对于批评者来说，批评著作一旦成为批评对象，其作者也就转化为了创造主体，其“我思”变成了批评者追寻的目标。因而，作为一名批评家，必须具备一定的素质，用以和他所从事的具有十分重要的导向作用的批评相协调。

前面说过，批评是研究、描述、分析、阐释、比较、质疑、评价、选择、论证、判断与批判，是人们的基本思维方式，因此，批评是人类社会的基本活动之一。人们有关创作行为的任何一种考虑，都是以批评意识作为前提的。批评意识是人们在社会中的行为和生活与工作的态度，是人们建构他的行为对象的出发点，从而决定着人类创造活动的性质及其品质。批评又是一种建构，尽管在大多数情况下，有可能是一种虚构，但是，也是新的意义的创造，使作品更为完善，使未来的作品更加发展、更加充实。因此，批评是一种指向未来的活动，批评意识就是人们理性地建构未来、完善未来的意识。通过批评，建立起正确的创造和建设的行为，指向社会的发展与完善。就这个意义而言，批评是一种理性的、系统的、长期的、由无数的事件和过程组成的活动，指导这一活动的思维方式就是批评意识。

3.2.2 建筑批评的功能意识

建筑具有功能要求，功能是建筑的最基本内容之一，如何满足其功能要求是建筑设计的基本任务，可以说，功能是建筑得以存在的根本依据。从根本上说，功能意识就是目标意识，是建筑得以存在的本源，功能性是建筑批评的主体性原则之一。

1）功能是建筑的基础

无论是建筑师、社会学家，还是行为学家，无论是古代还是现代，人们对建筑的要求有很大的一致性，而这种一致性的基础就是功能。亚里士多德曾经指出：

“我们在描述一种物体时，不仅可以用该物体的形状和材料来说明，也可以用它的功能来说明。”[39]

事实上，世界上的大多数事物都是用它的功能来命名的，诸如空调器、遮蔽物、计算机、公园等，而大多数建筑物也是用它的功能和作用来命名的，如法院、火车站、办公楼、旅馆、体育场、浴室等。从古罗马建筑工程师维特鲁威的时代起，就把功能看成是建筑的一种基本性质，他在那本奠定了西方建筑科学基础的不朽著作《建筑十书》中指出：

“所有这些建筑都应根据坚固、适用和美观的原则来建造。”[40]

有一句流传甚广的名言是美国建筑师沙利文（Louis Sullivan, 1856–1924）说的：“形式追随功能。”布鲁诺·赛维在《现代建筑语言》一书中，用政治学的观点来看待新旧语言之间的革命性斗争，他列举了现代建筑语言的七项原则：按照功能进行设计；非对称性；反古典的三维透视；时空一体的四维分解法；引进新的工程结构技术；时空连续的流动空间；建筑、城市和自然景观的组合。上述七个要点都是直接针对古典主义设计原则的：“按照功能进行设计的原则是建筑学现代语言的普遍原则。在所有其他的原则中它起着提纲挈领的作用。它在以现代辞令作为语言和仍然抱住陈腐僵死的语言不放的人们中间划出了一条分界线。每一个错误，每一次历史的倒退，设计时每一次精神上和心理上的混乱，都可以毫无例外地归结为没有遵从这个原则。因此，按照功能进行设计的原则是当代建筑规范中基本的不变准则。”[41] 这个原则要求建筑不受约束地为内容和功能服务。

2）功能的概念

建筑的“功能”是一个系统的概念，建筑不仅要满足物质的功能需要，而且要满足精神的功能需要。可以说，功能就是建筑的目的。建筑的“功能”这一范畴在历史上是一个演化的概念，从原始的遮蔽物只满足简单的功能需要，到复杂的、多层次的功能需要，这个过程是与人类社会的演变同时出现的。各种新的建筑类型的出现就是人类社会进步的佐证，就是建筑功能日益深化与多样化的结果。建筑类型的发展史就是一部人类社会的演变史，建筑的功能最直接、最敏锐地反映了时代特征。由于建筑的功能无法用定量的方法来衡量，因而建筑师在设计的时候所反映的是建筑师所认识与理解，并且通过建筑师的创造性思维所体现的功能，这种功能经过了建筑师的过滤与加工。从一开始酝酿建造一栋建筑到最终建成，期间，对功能的理解，无论是出自建筑师的认识还是业主以及社会对建筑的认识，都会经历一个深化、提炼以及转化的过程。其中，建筑师的经验和学识必然会影响到功能的实现程度，建筑师在设计过程中如果缺乏驾驭与平衡各种复杂的因素的能力，必然会使得所设计的建筑偏离原始的设计意图，偏离原先的功能目标。

建筑功能也是一个空间的概念，现代建筑以空间作为本质，以空间的变革表现“少就是多”（Less is more）的技术革命。功能始终是建筑的本质，这是毋庸置疑的，古代的建筑当然需要空间，这是一种具有强烈轴线关系的内部空间，一种趋向中心性的空间。只是在新古典主义时期，空间让位给形式，导致建筑空间的丧失。从现代建筑运动开始，有强烈轴线的内部空间以及建筑的中心性逐渐解体，后又演变成匀质的空间。今天的发展显示出了空间秩序的解体以及空间的匀质性与异质性并存的状况。建筑空间的变化反映了功能的演变，而且随着建筑功能与形式的渗透，建筑空间是功能的主要表现，因此，建筑批评的功能意识必然要反映这一变化。

建筑的功能在许多场合下，往往表现为一种“礼制”的要求。例如坟墓可以说是一个埋葬死者的空间，但是埃及的法老却要建造极为庞大的金字塔，耗费成百吨石头去堆砌成一百多米高的山峰。就某种程度而言，“礼制”可以说是功能的一种诗意的表达。建筑并非总是被动地反映社会，有时候，它们也会塑造社会。正如英国评论家罗斯金所说的：“所有的建筑都设法作用于人类的思想，而不仅是服务于人的躯体。”

建筑批评的功能意识是指在设计与批评的过程中，功能关系和空间关系在设计和批评的思考中是否具有根本性的地位，是否始终将功能与空间放在十分重要的主导地位来考虑，是否将功能和空间看作是建筑的本质。无论建造建筑的目的是什么，这个目的就是建筑的功能与空间，没有目的的建筑是不可能存在的。诚然，功能与空间不能简单地等同于建造的目的，功能与空间是经过建筑师思考并理解的功能与空间，从而在建筑形象上反映出来。对于建筑师来说，在一定条件下的机遇是相同的，也就是说，建筑物所处的环境、物质与技术因素是同等的。尤其是在建筑设计竞赛的情况下，功能、环境、技术，甚至文化条件都是相同的，但是在不同的建筑师的手下，其结果却可以是千差万别的。也就是说，功能与空间并不是决定建筑的直接因素，但却是决定建筑的第一动因。

3）当代建筑的功能发展

在当代社会，建筑功能的趋势是向多功能和复杂功能性建筑的方向发展，建筑功能不再是单一的功能表现，不仅是通常意义上的物质功能和空间功能，也包括建筑的社会功能和象征功能。建筑师和社会学家想到的是他们的创造会带来什么样的后果，会产生什么样的连锁反应。建筑的功能也是一种生存的方式，一般的建筑设计只提供一种形式，而优秀的建筑不仅可以提供一种空间方式，它也是一种生存和生活方式的创造。因此，建筑的功能不仅是满足当下的需要，也是在创造未来。

在创造综合功能性建筑的时候，有时候，建筑师会将原来分散的建筑功能集中于一个建筑群或一幢建筑之中，组成混合型的建筑，这种集中和相互渗透的过程在有些国家和地区正在大规模地进行。这一趋势也使一些传统意义上的大型基础设施，如机场、码头、车站等有了新的概念，成为了与生活密切相关的基础设施。例如日本建筑师原广司（Hiroshi Hara, 1936–）设计的京都火车站（1990–1997）是日本最大的一座车站，在这座车站里综合了多种复杂的功能，占地38076平方米，总建筑面积达237689平方米，地上16层，地下3层，总高度达60米，包含了铁路火车站、地铁车站、百货公司、购物中心、一家有三个观众厅的剧院，其中有一个925座的大剧场、一座博物馆、一家有539间客房的旅馆以及一座面积为18500平方米、占9层楼面、可停1250辆汽车的大型停车库等。其中，车站的面积仅占总面积的1/20，从总体上说，整栋建筑是一种“集合广场”（图3–26）。

图3–26 京都火车站

建筑师能否得心应手并娴熟地驾驭空间、技术、材料、结构和形式，是能否实现建筑功能的关键。建筑设计是一连串的信息处理、选择、决策和调整的过程，在这个复杂的决策过程中，每一项选择都有可能是平衡和妥协，但如果每一个调整都指向该建筑的目标，那就是我们所说的功能意识。对于建筑批评而言，是否始终认清建筑的目标、是否关注建筑的目标，就是我们所说的批评中的功能意识。

3.2.3 建筑批评的科学与技术意识

科学技术是建筑发展的重要推动力，广义地说，科学技术也是文化的组成部分，科学技术意识也是文化意识。现代科学和技术塑造了现代建筑的形式及其理论，科学技术直接或间接地参与了新建筑形式的创造，极大地影响着新的社会秩序的形成，也深刻地促成了城市形态和建筑环境的变化，同时也向社会的价值观念提出了挑战。科学技术有两层意义，一是科学与技术的总称，二是科学化的技术。在现代工业化的社会中，随着大规模的工业研究，科学、技术及其运用构成了一个体系。现代社会条件下的建筑必然也是一种科学、技术及其运用的完美结合，当代的建筑思维受科学技术发展的推动，出现了新的特点。科学性与技术性是现代建筑的基本属性，也是建筑的有形与无形的组成部分。

1）建筑与科学技术

各个时代的建筑师都在探索未来的建筑形式，但是，历史的经验证明，科学技术革命不会直接影响建筑的发展，其间需要一个转化的过程。其原因在于所有的因素最终都必须转换成建筑的功能、结构、空间与环境。目前所普遍谈论的全球化、数字化和网络化的发展，对于人们的生活方式、人们的意识、建筑的内容与形式、功能与结构的关系、建筑的环境和设施以及建筑的管理系统和管理方式迅速地产生具有根本性的影响，这些因素也带来了建筑的变革。科学技术释放了人受制于自然的关系，由于科学技术的发展，人们征服了时间与空间。现代科学技术的理性化是历史的产物，并转化为社会的理性。科学技术带来新的审美观念，科学技术意识渗透到生活的各个领域，也带来了新的文化，使人们仿佛感到科学技术是万能的，在科学技术面前，似乎没有什么办不到的事情。

海德格尔认为技术的本质不是技术性的，也就是说，技术的本质并不存在于机器、事物中，而是存在于人的思维方式中。科学技术既是解放的力量、建设的力量，也是破坏的力量，这个问题早就为人类所认识。科学技术从一开始就不是无所不能的，它取决于什么人，怀着什么样的目的和意识去应用技术，应用什么样的技术。原始工程中的巨石阵需要一定的工程技术才能完成，古代世界七大奇迹都显示了工程技术的成就。埃及的金字塔、古罗马的万神殿、哥特时期的大教堂都有工程技术的支撑。技术一直是与社会的进步同时发展的，技术是我们所定义的文化世界的一个组成部分。早在两千年前，基督教哲学家、思想家圣奥古斯丁就指出了科学技术的两面性，人的聪明才智创造了科学技术和艺术。但是，也同时出现了至善和有害的发明。圣奥古斯丁出于对人类创造力的敬畏，大声疾呼：

“人的发明才能已经产生了如此众多、如此和谐的科学和艺术（有些是出于需要，有些是出于自发），其能力之杰出使他们的创造看来达到了至善，接下来就着手多余的或有害的发明，并以其杰出天赋来显示其发明和实践。人们在建筑、服饰、农牧、航海、雕塑、绘画等方面展现了如此纷繁的花样！在戏剧表演，在驯服、杀戮和猎取野兽等方面显示了如此完美的技巧！有如此众多的发明：毒药、武器、机械、计谋之类用来反对别人，为自己则发明了千百种的药物供保健，千百种肉食供饕餮，千百种姿态和方法来叫人信服，千百种雄辩的言词来取悦人以及千百种乐章和乐器让人享受。地理、算术、占星术，和其他种种发明是多么杰出！细说起来在方方面面，人的本事多么大啊！最后，哲学家和旁门邪道有如此狡猾、如此敏锐的才智来卫护他们的谬误——真是难以想象。"[42]

自从牛顿（Isaac Newton, 1642–1727）把整个宇宙结构描述为一个按照机械规律准确运转的巨大机器以来，人们一直将世界、社会和人自身比作为一部机器。法国物理学家和哲学家梅特里在1740年宣称："人就是机器"；英国经济理论家亚当·斯密（Adam Smith, 1723–1790）则认为经济是一种与机器类似的系统；美国第三任总统杰·斐逊（Thomas Jefferson, 1743–1826）说："机器式的政府"，我们也经常听到"国家机器"等类似说法；勒·柯布西耶有一句名言："房屋是居住的机器"；日本建筑师矶崎新（Arata Isozaki，1935–）则说："建筑是产生意义的机器"。法国建筑师克里斯琴·豪维特（Christian Hauvette, 1944–）认为：

"我既不是作家、厨师长，也不是音乐家，我把自己看作是制造文化机器的建筑机械师。"[43]

建筑设计也涉及技术，技术的完美是优秀建筑的前提。意大利工程师和建筑师奈尔维（Pier Luigi Nervi，1891–1979）曾经指出：

"一个技术上完善的作品，有可能在艺术上效果甚差，但是，无论是古代还是现代，却没有一个从美学观点上公认的杰作而在技术上却不是一个优秀的作品的。看来，良好的技术对于良好的建筑说来，虽不是充分的，但却是一个必要的条件。"[44]

1970年代初以巴黎蓬皮杜中心（1971–1977）为起始，并于1980年代盛行的高技术建筑是建筑师对技术进步的回应，尽管所有的高技术建筑师都憎恨"高技术"这个名称。实际上，建筑中的高技术不同于工业上的电子化、计算机化、机器人等，高技术建筑只是一种诚实地表现技术、结构和建筑材料的建筑风格。高技术建筑注重使用的灵活性，以工业生产、太空飞船、集成电路等作为建筑造型和工艺的源泉（图3–27）。

图3–27　巴黎蓬皮杜中心

法国建筑师让·努维尔设计的巴黎阿拉伯世界研究中心（1984–1987）是表皮处理的典范。阿拉伯世界研究中心位于塞纳河左岸，其南立面上以机械控制的金属幕墙犹如数百架照相机的光圈，随着

图 3–28　阿拉伯世界研究中心室内

外部光线的强弱变化自动调控室内的采光，同时也是阿拉伯式的高科技格屏（图 3–28）。

在中国，科学技术曾长期遭受鄙视和排斥，古代的儒家将它视作“奇技淫巧”，科举制度更是使整个社会背离科学技术，使中国自甘落后于世界。即使在今天，在实用理性思想的主导之下，无论是对于科学技术的重视，还是对知识经济的重视，主要还是偏重其工具价值。这个问题在世界各国都有所反映，国际理论物理中心主任、物理学家、工程师斯里尼瓦什教授（Katepalli R.Sreenivasan,1947–）指出：

> “我们的时代正处于某种自相矛盾的境况。一方面，人类社会对技术进步的依赖空前增强；另一方面，人们对基础科学的关注和兴趣却在持续衰减。尤其令人沮丧的是，优秀的中学生越来越远离基础科学。他们对科学之求索、研究之艰辛、发现之喜悦变得陌生而漠然。此话绝非危言耸听！无论对发达国家还是发展中国家，这都是一个需要正视的问题。”[45]

今天，科学技术进步已经形成了一种科学、技术、艺术、智力、体能水平上的前进趋势。在全球化时代，一个国家只有奠定了科学技术的基础，拥有科学人才的基础，才能具有竞争力。技术构成，技术经济，技术与文化的结合，传统技术的更新等使今天的建筑师面临着信息时代的挑战。在 21 世纪，人们不仅将生活在由钢筋混凝土和钢所建造的城市之中，同时也将生活在由数字通信网络组建的“软城市”之中。建筑师们必须要研究这一形势下的城市、建筑与社会，以适应技术进步和信息时代的发展。人们还很难预测信息时代的未来城市与建筑到底会是什么，这一步将会走多远。但是，科学技术的进步永远是同社会制度、生产关系的变革联系在一起的，它必然会影响人们的思想和生活方式，影响我们的文化世界和精神世界，从而对建筑与城市产生根本性的冲击。新的科学技术革命是现代思维方式和社会意识变革的主要动因。从物质形态来看，只要没有战争或是重大的自然灾害，原有的大部分有文化与历史价值的城市与建筑都会保存下来，但是新建的城市与建筑则必然会不同于我们今天的设计与建造方式。目前，只有极少一部分人涉足这方面的探讨，而且多半是幻想式的理想城市与建筑。如果我们仔细回顾历史上形形色色的虚构的理想城市与建筑的话，就可以看到，在很大的程度上，理想是会逐渐变成现实的。

2）科学的复杂性思维与建筑

自古以来，由几何、算术和代数组成的数学，数学思维以及相应产生的抽象思维对建筑设计的影响是显而易见的，勒·柯布西耶把数学看作是现代建筑的核心，他把数学称为“上帝的武器”。17 世纪以后，数学，尤其是几何学的发展为空间的塑造产生了新的美学观念，1990 年代以来的非线性数学对建筑产生了根本性的影响，今天的数字化程序和数字化建造技术不仅带来了新的创造机会，同时也实际影响了建筑师的创作思维。过去是物理科学对我们的思维方式产生了重大的影响，当代生命科学的进展对我们的思维方式有着十分深远的影响，科学的发现已经迅速地改变了关于空间的概念。牛顿时代的范式把重点放在外部世界的动力方面：重力、自然选择、市场等。非线性则意味着重视系统，重视个体，引入新的科学原理。现代科学思想经过德勒兹和德里达等哲学家的引介，成为了新建筑的思想源泉，当代建筑在许多方面借鉴了源自现代数学的新的空间概念，创造出了许多优秀的建筑。1977年诺贝尔化学奖获得者、耗散结构（Dissipative System）理论的创立者、比利时化学家和物理学家伊利亚·普利高津（Ilya Prigogine，1917—2003）指出：

"近年来,有序和无序的观念发生了根本的改变。长期以来,平衡结构(如晶体)被视为理想的有序系统，而流体和化学反应则与随机和无序的观念相联系。这个情况在今天已经有了变化。现在我们知道，非平衡可成为有序之源，自组织已不再处于科学的视界之外。"[46]

1960年代以来，数学和数学思想对于新形式的生成有着重要的贡献，美国麻省理工学院的数学家和气象学家爱德华·诺顿·洛伦茨（Edward Norton Lorenz，1917—2008）在1960年代建立的混沌理论（chaos theory）以及法籍美国数学家伯努瓦·曼德尔布罗（Benoît Mandelbrot，1924—2010）在1970年代提出的分形几何学（fractal geometries）将复杂性科学和非线性科学引入建筑学，为建筑师带来了许多启示。非连续性（discontinuity）、递归性（recursivity）和自相似性（self-similarity）这三种关于不稳定的概念被许多建筑师看作为结构性原理（图3—29）。

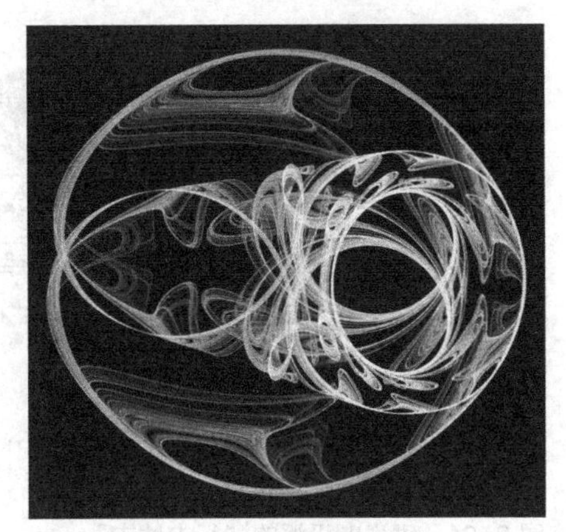

图3—29 洛伦茨动态系统的混沌

东汉时期的文献《易乾凿度》就有"气似质具而未相离谓之混沌"的记载，混沌是古人想象中天地相连的状态，东汉史学家班固（32—92）所著《白虎通·天地》云："混沌相连，视之不见，听之未闻，然后剖判。"混沌在中外文化中源远流长，正在成为具有严格定义的科学概念。美国作家和记者詹姆斯·格莱克（James Gleick,1954—）在他的《混沌：开创新科学》（*Chaos: Making a New Science*, 1987）一书中说：

"混沌打破了各门学科的界限，由于它是关于系统的整体性质的科学，它把思考者们从相距甚远的各个领域带到了一起。"[47]

混沌理论与其他科学理论对建筑的影响有很大的不同，其他科学理论往往是通过哲学、文学或美术对建筑产生间接影响，而混沌理论对建筑的影响则非常直接。此外，混沌理论也从建筑中得到启示。格莱克在他的书中也提到，包豪斯的几何化建筑风格源自欧几里得几何，由很少几个数就可以描述的简单形状所构成。

图 3–30　筱原一男设计的东京工业大学百年纪念馆

对于曼德尔布罗而言，简单形状缺乏人性，与自然界的组织或者人类感官对待世界的方式不能产生共鸣。[48]

新陈代谢运动的创始人之一——日本建筑师筱原一男（Kazuo Shinohara，1925–2006）比较早就接受了混沌理论，他在《混沌与机器》（*Chaos and Machine*, 1988）中提出了以混沌为中心的美学理念，他用混沌理论来看待城市和建筑，他认为“混沌是城市的基本特征”[49]，主张城市功能的混合、建筑中的秩序与混沌的结合、微观层面上的几何性和控制性与宏观层面上的随机性和“噪声”的结合、追求“进步的混乱美”（the beauty of progressive anarchy）。作品刻意表现离散状态，运用片段的高科技的意象，将各种异质的形式加以组合和叠加，使建筑呈现出一种轻盈而又混杂的特征（图 3–30）。

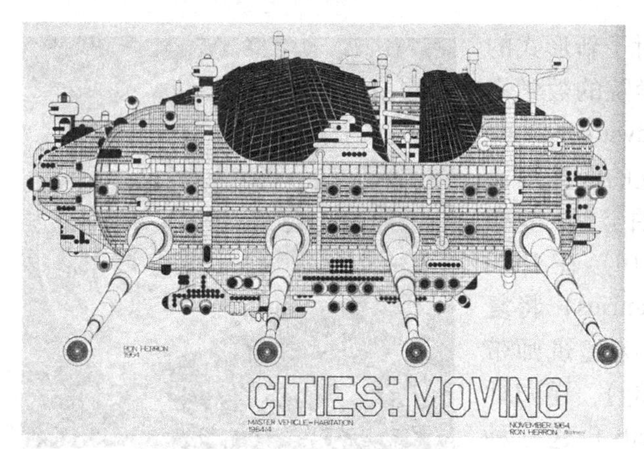

图 3–31　建筑电讯派的“行走城市”

建筑电讯派（Archigram）的建筑拒绝永久性，试图让人类的生活环境转变为可移动和可变化的环境，可移动性、柔韧性和可变性成为都市生活的显著特征，关注建筑和城市的自我延伸和更新。英国建筑师彼得·库克（Peter Cook，1936–）的“插入式城市”代表着可组装的概念，建筑的部件和构件可以拆解和重新组装。建筑师赫隆（Ron Herron，1930–1994）的“行走城市”表现的是带有可伸缩的脚的巨型建筑（图 3–31）。意大利建筑师伦佐·皮亚诺（Renzo Piano，1937–）和英国建筑师理查德·罗杰斯（Richard Rogers，1933–）设计的巴黎蓬皮杜中心也受到建筑电讯派的启示，颠覆了盒子形建筑的程式，试图表现建筑的弹性和结构的可变性，最早的构思还包括没有实现的大片电子墙、可升降移动的楼板和可伸缩的外墙体系。

科学的发展改变了传统意义上的空间，复杂性不仅存在于自然界，也遍及人工领域。受复杂性思维的影响，传统中把大地看作平整的观念被颠覆，建筑师发现了大地的多层、可折叠以及土地密度等性质，这样极大地丰富了建筑的造型。建筑与地面的关系更为错综复杂，不再像传统建筑那样根植于地面，而是可以看上去“违反重力的规律”，建筑的各部分之间也不再必然存在稳定关系。今天的建筑不再尊崇以少为多，极简主义只是形式的简化，简洁的外形下，建筑本身却随着功能的拓展、技术的进步、生活的复杂化以及建筑环境的变化而愈益复杂，当代建筑越来越呈现出复杂性，表现为建筑理念、建筑技术和建筑设计手段的复杂性。

建筑界对复杂性科学的关注始于曼德尔布罗的论文《分形物体：形式，

偶然性和维度》（*Les Objets fractals: forme, hasard et dimension*）（这篇文章在1975年被译成英文）以及曼德尔布罗在1977年出版的论著《自然的分形几何学》（*The Fractal Geometry of Nature*）。受此影响，美国建筑师彼得·埃森曼的建筑参照基准十分复杂，充满了难以理解的哲学和数学意象，他以隐喻和图形的方式应用分形几何学的概念。埃森曼设计的法兰克福大学生物技术研究中心（1986–1987）用脱氧核糖核酸的四种基本结构作为建筑平面的原型，并且以脱氧核糖核酸控制生物遗传的复制、转录和传译这三种基本过程来组织群体布局，隐喻扩展和灵活变化的无限可能性，并由此形成逻辑系列（图3–32）。采用旋转和叠合的操作，创造了以蛋白质的脱氧核糖核酸分子链作为形式的逻辑生成的母题，作为平面构成的基本图式，表现出扩展、变化和灵活性。他的建筑释放了形式的潜能，用变形、分解、嫁接、排列、旋转、倒置、叠合、皱褶等操作过程创造了新的形式（图3–33）。

图3–32　法兰克福大学生物技术研究中心

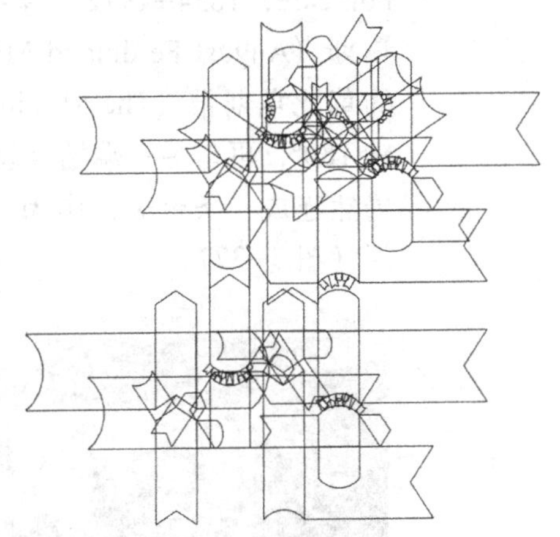

图3–33　法兰克福生物技术研究中心的结构生成

弗兰克·盖里的作品也是复杂性理论的典型案例，首先是形式生成的复杂性，其次是构成的复杂性，然后是操作的复杂性，亦即设计和建造过程的复杂性。毕尔巴鄂的古根海姆博物馆的复杂造型表现了皱褶和分形的特征，各种功能都包裹在一个呈波浪形起伏的表皮下面，无穷重复的钛合金面板折叠成自然形状的自相似图形。他设计的洛杉矶迪士尼音乐厅的钛合金表面采用的是高斯曲面，用二维的定位表现三维的空间（图3–34）。

波兰裔美国建筑师里伯斯金为伦敦维多利亚和阿尔伯特博物馆设计的扩建方案所采用的折叠是数学的表现，整个建筑呈现为混沌式的螺旋状表皮、迂回曲折的动线，建筑的中心不断转移，相互连接的螺旋空间将室内外空间串接在一起。碎片状表皮采用形状相似、大小不同而色彩各异的三种面砖拼贴，分形的组合变化和凹凸效果使整座建筑显示为一种没有比例关系，自相似而又不重复的无穷图形（图3–35）。

建筑的复杂性理论也表现为小而简单的部件按照简单的规律通过重复、组合或变形，组成一个复杂变异的系统，其形态是不可预测的。建筑可以从其他过程和自然界的自组织系统中获得类比推演，生成空间形态和物质性。建筑的复杂性不仅遵循数学概念和自然界的规律，同时也遵循构成人工世界的内在规律。澳大利亚实验建筑事务所（Lab Architecture Studio）为纪念澳大利亚联邦成立100周年而设计的墨尔本联邦广场（2002），在方案设计阶段就研究了可重复构件组成的几何图形以及建筑表皮构成的变化，面板的分形自相似性造就了立面的连贯性

图 3–34　洛杉矶迪士尼音乐厅

图 3–35　维多利亚和阿尔伯特博物馆的扩建方案

和变异的特点（图 3–36）。

此外，拓扑概念的诞生归功于瑞士数学家、物理学家欧拉（Leonhard Euler，1707–1783）和法国数学家、理论物理学家和科学哲学家彭加勒（Jules Henri Poincaré，1854–1912）等科学家。1858 年，德国数学家、理论天文学家莫比乌斯（August Ferdinand Möbius，1790–1868）发现了具有特殊的连续性表面的莫比乌斯带（The Möbius strip）。莫比乌斯带是将一条长方形带子的一端扭转 180º，再与另一端粘合起来所得到的单侧曲面。如果沿着中线将它剪开的话，仍然连成一条带子，作为一种有限的表面，可以创始无限的界面，成为四维空间（图 3–37）。

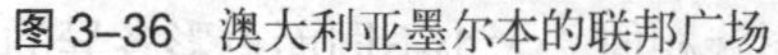

图 3–36　澳大利亚墨尔本的联邦广场

图 3–37　莫比乌斯带

拓扑学(topology)研究的是与物质元素或抽象元素有关的集合的选定的性质，特别是在这些集合经受变形时仍然保持不变的那些性质的数学分支学科。创始于 19 世纪的拓扑学的一个分支——一般拓扑学（General Topology）是研究拓扑空间的自身结构及其间的连续映射的学科，对于空间的认知有着重要的影响，基于数学模型的拓扑理论认为，空间可以伸延，也可以改变，空间不再以稳定的模式来建构。空间的组织、分界以及所占据的领域都具有灵活性。借助计算机，这些抽象的空间概念成为可视的空间，从而对建筑产生了根本性的影响。其实，拓扑学的创始人欧拉对于拓扑学的研究起源于城市中的问题，他在 1735 年提出了关于柯尼斯堡（今加里宁格勒）河上的桥梁路径的问题，整个问题是：在普列戈利亚河上有 7 座桥梁通往一座岛屿，人们是否可以发现一条连续的路径，穿过 7 座不同的桥而不至于重复（图 3–38）。

图 3–38　柯尼斯堡

在拓扑学的影响下，强调非物质性和透明性的建筑表皮，追求自成体系和异质化的建筑表现。建筑的拓扑理论涉及形变的表层结构，建筑表面所产生的连续性形变可以使室内和室外的平面产生交错，创造出一种既不是室外也不是室内的空间，蕴含着建筑造型的动力。受拓扑理论影响的解构主义建筑是灵活的、曲线形的、柔软的建筑，以满足设计所要求的流动性、动力性和联结性。设计着重于连续空间以及数学上的非确定性空间，解构主义建筑形式上的非连续性、断片、变形和并置表现的是当代的物质世界和文化环境的差异和异质化，通过形式的冲突寻找一种回应当前世界的复杂性的方式，同时，也带来了一种在不同的层面上重视设计的工程技术过程和形式构成的趋势。

图 3–39　埃森曼设计的莱因哈特大厦

美国建筑师彼得·埃森曼、美国建筑师和批评家杰弗里·基普尼斯（Jeffrey Kipnis，1951–）、美国建筑师格雷格·林恩（Greg Lynn，1964–）和伊朗建筑师巴赫拉姆·希尔德尔（Bahram Shirdel, 1968–）等既是建筑师，又是理论家，他们认为拓扑概念是皱褶、曲面、波动、变形、扭转等形式的科学和文化源泉，探讨拓扑几何的动感和连续变换的生成过程，创造出了许多优秀的建筑。埃森曼设计的柏林莱因哈特大厦（1992）以向内和向外的三重折叠生成，创造了以大都市作为参照的一种莫比乌斯带，呈现出无限的,而又是不连续的不断变换的建筑造型（图 3–39）。

UN 工作室（UN Studio）的范伯克尔（Ben van Berkel，1957–）和博斯（Caroline Bos，1953–）设计了一座莫比乌斯住宅（1993–1998），采用折叠的“8”字形的形式，既是封闭的建筑，也有开放的表面，既是内部又是外部，使居住空间和自然环境相互融合。

图 3–40　横滨国际客运码头

西班牙建筑师法尔西德·穆萨维（Farshid Moussavi，1965–）和亚历杭德罗·扎埃拉–波洛（Alejandro Zaera–Polo, 1963–）设计的横滨国际客运码头（1995–2002）是近年来最具代表性的在建筑上应用拓扑理论的实例。建筑师应用计算机设计拓扑的曲面，形成连续表皮的空间，在一个单一的连续表面中融入了多种向量，创造了丰富的空间体验（图 3–40）。

3）设计科学

传统的建筑设计基本上局限于本专业内的设计问题，经验方法和传统手法是建筑设计的主要方法，建筑批评也以定性的分析为主。随着1940年代兴起的控制论、运筹学、系统工程以及1920和1930年代科学学和科学哲学的发展，1940年代创立的现代决策理论，促进了设计研究从单一的专业领域向广义设计的研究转化，形成了现代广义设计研究领域，为现代设计科学奠定了基础。从1960年代起，西方建筑界开始将现代科学技术方法引入建筑学，试图建立科学的建筑设计方法和设计理论，并引入量化的批评方法。

美国计算机科学家、经济学家、行政学家和心理学家，1978年诺贝尔经济学奖获得者司马贺（Herbert Simon，1916–2001）于1969年第一次提出了设计科学的概念，同时从传统的自然科学描述方法和工程设计规范方法两方面总结了设计科学的特点，奠定了设计科学的基础。他于1982年出版了《人工科学》（*The Science of the Artificial*）一书。司马贺指出，自牛顿（Isaac Newton, 1642–1727）以来的三百多年内，自然科学有了很大的发展，它的作用是认识世界，而我们今天所生活的世界是一种人工的世界，因此，他认为应当建立人工科学，也就是改造世界的科学。司马贺认为：

"工程师并不是唯一的专业设计师。凡是以将现存情形改变成期望情形为目标而构想行动方案的人都在搞设计。生产物质性人工物的智力活动与为病人开药方或为公司制订新销售计划或为国家制订社会福利政策等这些智力活动并无根本不同。如此解释的设计是所有专业训练的核心，是将专业与科学区分开的主要标志。工程学院像建筑学院、商学院、教育学院、法学院、医学院一样，主要关心设计过程。"[50]

然而，司马贺的设计科学基本上是一种层级结构，而非网状结构。按照设计科学的广义设计概念，设计领域几乎涉及人类一切有目的的活动，人们要实现理想的目标就要寻找解决问题的途径，设计就是解题过程。设计科学认为，自然科学关心事物的本来面目，而设计则关心事物应当怎样。科学着重于研究已有的东西，而设计则创造新的东西。因此，设计是科学、艺术和数学的适当混合：

"建筑设计是科学（自然与人文科学）与艺术、逻辑思维与形象思维相结合的多学科的创造性劳动。"[51]

建筑设计科学从设计科学中汲取方法，起先是将系统论的方法引入建筑设计领域，应用新的科学技术的成果，改进传统的经验方法和艺术方法，并试图建立科学的建筑设计评价方法，对建筑设计方法及建筑设计过程作理性的分析。建筑设计科学方法的第二阶段是1960年代以来计算机辅助建筑设计方法的应用，利用计算机帮助建筑师在设计过程中快速处理图像、信息和数据，提高建筑设计的质量和效率。不仅如此，作为智能性的工具，计算机也在方法论上向人们揭示了人脑的思维规律，并成为了与人脑相互配合、相互补充的综合体。应用1970年代以来迅速发展的计算机辅助建筑设计方案评价方法，建筑师可以比较科学而又便捷地对自己或其他建筑师设计的作品进行评价。近年来的发展表明，建筑设计和建筑分析的计算机辅助设计系统软件已经有了很大的进步，可以在输入一定数据的情况下，迅速地得出分析的结果，为建筑师和规划师提供决策的依据。计算机辅助建筑设计使建筑的形象更为丰富，完成了用传统设计方法所不能实现的形态构思。

建筑的科学技术批评注重建筑、建筑设计和建筑思想的科学理性以及建筑的科学技术进步，科学而又客观地分析建筑的技术经济因素，建筑设计的技术与建筑所应用的技术是否适宜，是否满足建筑功能的需求。对于特定的建筑，还需要考虑各种特殊的技术经济指标、技术的先进性、建筑形式与技术的关系等。对建筑师而言，建筑的科学批评要研究建筑师的设计思想是否合乎逻辑，是否合乎理性，其设计过程是否科学，是否应用了最适宜的技术来解决建筑的功能以及其他问题。在某种程度上说，技术与科学一样，也是一种文化过程。狭义的技术是指根据生产实践和自然科学原理而发展成的各种工艺、技能和专长；广义的技术还包括相应的生产、动力、工具、劳动对象和其他设备以及生产的工艺过程、程序、工程、方法、生产组织及管理等。从根本上说，技术是一种文化过程，技术是人类社会文化发展的一种实践方法和能力。技术与科学紧密相关联，因此，在大多数场合，科学、技术都是相提并论的，但技术更强调人类对自然的支配，而科学则更强调自然对人的支配。从1960年代开始，社会更强调科学与技术的一体化。当代科学技术的发展极大地扩展了人类的视野，技术已经成为人的生活和意识不可分割的部分。技术是实现目的的一种手段，技术是人的行动。

建筑的科学技术要适应文化环境和社会经济条件，当代建筑技术的发展几乎可以满足人们的各种需要，然而采用何种技术却并非单纯的技术问题。无论是在建筑设计还是建筑批评的运作过程中，建筑师和建筑批评家都需要具备科学技术意识。

3.2.4　建筑批评的生态环境意识

环境问题是20世纪的全球化重要议题，在资源与环境危机面前，人类开始意识到人与自然的关系是一种共生的关系，人是自然的一部分。建筑与自然生态以及城市生态环境有关，建筑批评必须关注生态环境问题。

1）生态学和环境

德国动物学家、进化论者恩斯特·海克尔（Ernst Haeckel，1834–1919）于1866年首先提出“生态学”（Ökologie）的概念，该术语原文的希腊文含义是“住所的研究”，生态学直至20世纪中叶才成为普遍接受的概念。美国城市规划思想家芒福德（Lewis Mumford，1895–1990）认为，提出以自然选择为基础的进化学说的英国博物学家达尔文（Charles Darwin，1809–1882）引起了生物学的革命，应当称其为杰出的生态学家。20世纪中期以来，人类逐渐认识到人与环境，人类与资源之间的相互关系，环境问题成为全球性的问题，人类的现代生态意识开始觉醒。美国海洋生物学家卡森（Rachel Carson，1907–1964）的具有预言性的著作《寂静的春天》（*Silent Spring*，1962）的问世，促使全世界开始注意环境污染的危险。1972年由罗马俱乐部发表的研究报告《增长的极限》（*The Limits to*

Growth: A Report for the Club of Rome's Project on the Predicament of Mankind)，对全球资源与环境所面临的危机提出了警告，预示了未来全球资源与环境所面临的危机。

生态美学最早起源于美国作家和环境学家阿尔多·利奥波德（Aldo Leopold，1887–1948）的《沙郡年记》（*A Sand County Almanac*，1949），他在书中提出了“环保美学”（Conservation Aesthetics）的概念。“生态批评”作为一种文学批评思潮，最早于 1978 年发源于美国，首先将生态哲学的基本观念引入文学批评。

建筑批评的生态环境意识涉及四个方面：一是建筑与城市对生态环境的依存关系，建筑与生态环境、与能源和资源、与可持续发展的关系；二是人口的环境意识，我们的城市和建筑基本上是一种人口密集的环境；三是与建筑所处的城市环境，建筑与城市空间的关系，也就是一种总体意识；四是文化环境和文化遗产的保护，涉及人与人文环境的关系。建筑批评的生态环境意识因而是一种综合的意识，表明了城市与建筑的价值观。

1972 年 6 月，联合国在斯德哥尔摩召开人类环境大会，会议提出报告《只有一个地球》（*Only one Earth*）并发表《人类环境宣言》，强调人类既是环境的创造物，又是环境的塑造者：

“为了在自然界里取得自由，人类必须利用知识在同自然合作的情况下建设一个较好的环境。为了这一代和将来的世世代代，保护和改善人类环境已经成为人类一个紧迫的目标，这个目标将同争取和平、全世界的经济和社会发展这两个既定的基本目标共同和协调地实现。”[52]

1987 年，联合国世界环境与发展委员会（World Commission on Environment and Development）提出报告《我们共同的未来》（*Our Common Future*）。报告提

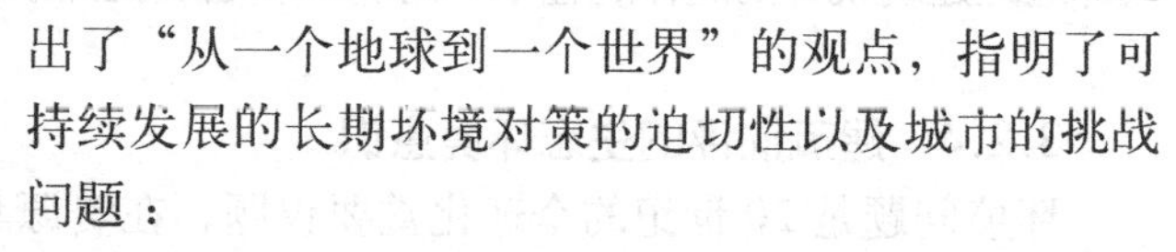
出了“从一个地球到一个世界”的观点，指明了可持续发展的长期坏境对策的迫切性以及城市的挑战问题：

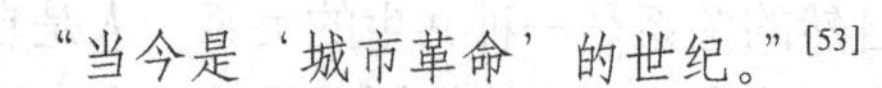
“当今是‘城市革命’的世纪。”[53]

图 3–41　汉诺威世博会

2）建筑与可持续发展

1992 年，世界环境与发展大会在巴西的里约热内卢召开，提出了“可持续发展”的问题。在筹备 2000 年汉诺威世博会的过程中，美国建筑师威廉·麦克多诺（William McDonough，1951–）和德国汉诺威市环境委员会主任汉斯·莫宁霍夫（Hans Mönninghoff，1950–）在巴西里约热内卢全球峰会上正式发布了可持续设计的《汉诺威原则：为可持续发展设计》（*The Hannover Principles: Design for Sustainability*），成为了城市和建筑的可持续设计原则，也是城市与建筑的生态批评的原则（图 3–41）。《汉诺威原则》主张：

“设计应充分考虑对未来所产生的影响……设计决策关乎人类、自然的生存以及二者的共存权利，设计要为其后果负责；创造安全并具有长远价值的东西，不要因粗制滥造的产品、程序和标准给后代留下沉重的负担……要理解设计的局限性，人类的创造从来都不是永恒的，设计不能解决所有的问题。从事创造和规划的人们在自然面前应当保持谦卑……维护人与自然在一个健康的、互惠的、多样的和可持续的环境中共存的权利，通过知识共享取得进步。鼓励同事、赞助人、厂商和用户间进行直接、开放的交流，以便将人们把长期可持续的关注与伦理责任相结合，重建自然进程与人类活动的整体关系。”[54]

国际建筑师协会第20届世界建筑师大会发表的《国际建筑师协会教育工作大纲——国际建筑师协会/联合国教科文组织建筑学教育宪章》指出：“展望未来世界，建筑领域要有以下的目标：为全人类创造一个美好的生活环境；技术运用应尊重人们的社会、文化和审美需要；提供保持生态平衡和持续发展的建筑环境；创造为每个人视为是财富和职责的建筑艺术。”可以说这四项生活环境标准都涉及到人类社会的生态环境、建筑环境和人文环境。

1996年在柏林召开的建筑与城市规划界的太阳能会议上，来自西班牙、瑞典、希腊、英国、荷兰、德国、丹麦、法国、芬兰、意大利的30位规划师、建筑师、政治家共同签署了一份《在建筑和城市规划中应用太阳能的欧洲宪章》（*Solar Charter*），《宪章》的绪论主张：

“……迫切需要我们彻底改变传统的思维方式，采取对自然界负责任的态度，充分利用取之不尽、用之不竭的太阳能，并在此基础上建设未来的人工环境……作为一项担负社会责任的事业，建筑师在这方面的影响无疑是重大和深远的。因此，建筑师在确定城市结构、建筑布局、建筑材料和设备构件时，应该在能源利用方面发挥比以往更加重要的作用。

由此可见，未来我们的工作目标应该是采取新的方式来设计建筑个体和城市空间，以保护自然资源和充分利用各种可再生能源，特别是太阳能，避免开发建设对自然资源造成的破坏。”[55]

图3–42 《在建筑和城市规划中应用太阳能的欧洲宪章》

《宪章》主张对现行的教育体系、能源供给系统、资金筹措和分配方式以及相应标准、规范和法律等进行修改和完善，强调在任何可能的情况下，都要使居住、生产、服务、文化、休闲等城市功能相互融和，关注材料的使用周期，注重建筑对城市空间和环境的作用，保护景观品质（图3–42）。

建筑批评的生态环境意识是从生态环境的视角对城市与建筑的批评意识，涉及建筑生态美学。此外，城市和建筑的生态环境不仅涉及自然的生态环境，也涉及城市和建筑的社会生态环境。

3）建筑与城市的共生

城市中的建筑必然要考虑与城市空间的关系。早在文艺复兴时期，阿尔贝蒂就在理论上和实践上同时注重城市与建筑的关系，他主张城市是建筑的延伸，建筑是城市的组成部分。意大利建筑师和建筑理论家阿尔多·罗西在他的《城市建筑》一书的引言中提出了理解城市的方式，将城市比拟为建筑，他说：

“我们可以从各种角度研究城市：不过当我们将城市视为最终的素材、构造物或建筑时，城市便显现出自主性；换言之，当我们由分析都市人为事实而得知其现状时，所寻找的这种过程并无法在建筑史、社会学或其他科学涵盖的资料中达成，城市将像是经过一项复杂操作过程中的最终构造物。”[56]

阿尔多·罗西把城市看成是“集体记忆的场所”，他从城市的结构中寻找模式。罗西的“类比城市”应用了场所类比，将古与今、理论与实践联系在一起的概念，是历史理性主义方法论的创造。“类比城市”应用了场所类比，将历史、理论与实践综合形成一个整体。罗西指出：

“所有的建筑理论也是类型学的理论。”[57]

“类型便是建筑的理念，与建筑的本质非常接近，尽管经历各种变化，总是在‘情感与理智’的支配下扮演着建筑与城市的原则。”[58]

图 3–43　罗西的《类比城市》1976

按照罗西的观点，城市与建筑互相依存。他把城市看作为“巨大的人造物”，是一种能在时代中成长的大规模而又复杂的工程或建筑。另一方面，城市建筑又是城市空间中的一个局部，由城市建筑形成具体的、有特性的城市（图 3–43）。

保护文化遗产也是环境保护的十分重要的组成部分，联合国教科文组织的有关文件指出：“在生活条件加速变化的社会中，为了保存与其相称的生活环境，使之在其中接触到大自然和先辈遗留的文明见证，这对人的平衡和发展十分重要。”文化遗产构成了人类生存的人文环境，具有特殊的环境价值。

3.3　建筑与现代性

当代建筑批评正面对许多现实问题，首先是现代性问题，涉及中国当代建筑的现实和理想未来，涉及中国建筑的实验性和先锋性。近年来，各个领域的学者都深切地关注现代性问题，建筑领域也不例外。一方面需要引进并学习西方的建筑文化理论，另一方面也迫切需要建立中国的建筑文化理论。建筑的现代性批判需要处理建筑现代化与文化传承的关系问题，探讨中国建筑文化与世界建筑文化的关系问题，思考中国当代建筑向何处去的问题。我们的时代正是一个社会快速转型与文化激烈变化的时代，用马克思的话来说：

“一切固定的僵化的关系以及与之相适应的素被尊崇的观念和见解都被消除了，一切新形成的关系等不到固定下来就陈旧了。一切等级的和固定的东西都烟消云散了，一切神圣的东西都被亵渎了。人们终于不得不用冷静的眼光来看他们的生活地位、他们的相互关系。”[59]

在这样一个时代，无论是社会的物质层面还是精神层面，世界观、价值观、伦理观都处于迅速变化的过程中，对建筑的认识和理解也完全突破了传统的观念，迫切需要建立新的体系，重新认识并思考世界。建筑批评意识在很大程度上涉及现代性问题，这一节试图讨论这个十分错综复杂的问题。长期以来，关于古今中西的讨论，其核心问题在实质上就是现代性。现代性不是西方性或西方化，而是与中国当代社会和建筑的发展密切相关的，是必须面对并思考的问题。在当代建筑批评的语境中，如何认识现代性和反现代性，实现科学理性，深化历史意识，推动文化传统的延续和发展，观察当代中国建筑，探讨中国建筑与西方建筑的关系，思考中国建筑的传统与创新问题，所有这些问题中，现代性都是一个核心问题。

3.3.1　现代性和后现代性

现代性是当代西方哲学所广泛关注的概念，也是一个与后现代性相对应的观念，现代性和后现代性既是哲学范畴，也是历史意识，又是价值观念和意识形态，同时也是社会实践。它既是社会的观念，也是社会的形态，属于总体性的概念。源自欧洲基督教文化的现代性在其他的文化语境中必然有不同程度的差异，不同的社会和文化领域的现代性不是一个统一的概念。西方现代性的最大推动力是资本主义，现代性观念的核心观念是理性与主体性、科学与技术，提倡思想解放、科学精神、民主政治和艺术自由。现代性不是西方中心主义，不能以西方的思想和发展道路作为所有国家都应遵循的模式。然而，现代性并非是可以随意选择和抛弃的东西，它仍然包含着社会发展的内涵。

自尼采以非理性挑战现代性以来，后现代性的观念逐渐呈现并形成体系。现代性和后现代性都是一个复杂、模糊、多元的开放性观念，相互之间有着密切的关联，现代性和后现代性既是关于现代化和后现代化的理论，是认知范式、思维方式、文化形态、价值体系，也是一种生活方式和存在方式。

1）现代性

源自欧洲基督教文化的“现代性”是一个十分复杂、模糊而又多元的概念，现代性这个概念在某些语境中是指以工具理性为主导的现代化，呈现一种线性的发展，意味着永恒的变化、进步和不可逆转。有的人把现代性纳入社会学的范畴，有的纳入哲学的范畴，有的纳入政治学的范畴，也有的人把现代性纳入文化和审美的范畴。英国社会学家斯温杰伍德（Alan Swingewood）认为现代性是一系列概念，包括作为文学—审美概念的现代性、作为社会—历史范畴的现代性和涉及整个社会、意识形态、社会结构和文化变迁的结构概念的现代性。现代性是时间与空间的演变，既然现代性意味着科学、道德、意识形态、世界观、社会、艺术和文化的理性化建设，那么就存在多种现代性，而不只是一元化的西方现代性。

关注现代性的国内外学者数不胜数，学者们对现代性的概念也有各种不同的观点。关于“现代性”，大体上有如下的观点：①现代性是一种与现实相联系的思想风格和世界观（法国哲学家福柯）；②现代性是一种新的社会知识和时代，是一项尚未完成的规划（德国哲学家哈贝马斯）；③现代性是现代社会的政治与经济制度，是社会生活或组织模式（英国社会学家吉登斯）；④现代性是现代化和理性化（德国政治经济学家和社会学家韦伯）；⑤现代性意味着总体性、统一性、元叙事和普遍性（法国哲学家利奥塔）；⑥现代性是一个反思过程的开始，是对批判和自我批判的某种进步的尝试，一种对知识的渴求（法国哲学家、社会学家列斐伏尔）；⑦现代性是一种文化观念和哲学观念（英国社会学家德兰蒂）；⑧现代性是一个未完成或部分完成的现代化过程（美国社会学家詹姆逊）；⑨现代性是科学和技术进步（德国哲学家海德格尔）；⑩现代性就是文化与其社会存在之间的紧张关系（英国社会学家鲍曼）；⑪现代性由现代性哲学和现代社会组成（美国哲学家赫勒）；⑫现代性就是政治、经济、社会和文化的互动过程（英国文化理论家和社会学家霍尔）等。

图 3–44　凡尔纳时代的钢铁城市

根据罗马尼亚裔美国文学评论家卡林内斯库（Matei Călinescu，1934–2009）在《现代性的五副面孔：现代主义、先锋派、颓废、媚俗艺术、后现代主义》（*Five Faces of Modernity: Modernism, Avant-Garde, Decadence, Kitsch, Postmodernism*，1987）中的考证，“现代”这个词在西塞罗（Marcus Tullius Cicero，公元前 106– 前 43）的著作中就已见端倪，拉丁语中的“现代”（modernus）是一个时间限定语，用来表述任何同当下有着明确关系的事物，但是一直到文艺复兴时期，这个概念才真正具有现代意义。卡林内斯库指出，在英语中，“现代性”（modernity）这个词自 17 世纪起就已经通用，意思是“现时代”。自启蒙运动时期起，现代性成为了批判理性，成为了智性的概念，19 世纪的现代性则增添了经济和政治领域的概念，与工业化和城市化联系在一起，转型为现代主义（图 3–44）。

关于“现代性”的定义，目前普遍认可的是英国社会学家安东尼·吉登斯（Anthony Giddens，1938–）的观点，吉登斯在《现代性的后果》（*The Consequences of Modernity*，1990）中区分了现代性动力的三种主要来源，其中每一种都与另一种相关联，即时间和空间的分离，脱域（Disembedding）机制的发展，知识的反思性作用。其大意是指时间和空间的分离，导致了时空的延伸。脱域机制的发展使社会行为得以摆脱地域化情境，并重组社会关系，脱域也译作“抽离化”，是指社会关系从地方性的互动情景中剥离，并且通过模糊的时空跨度重构。知识成为社会系统再生产的组成部分，从而使社会生活从传统束缚中解放出来。因此，现代性本质上趋向未来，构成了现代自身的开放性和发展的无限可能性。[60]

吉登斯在与克里斯多弗 · 皮尔森关于现代性的访谈中指出：

"在其最简单的形式中，现代性是现代社会或工业文明的缩略语。比较详细地描述，它涉及：(1) 对世界的一系列态度，关于实现世界向人类干预所造成的转变开发的想法；(2) 复杂的经济制度，特别是工业生产和市场经济；(3) 一系列政治制度，包括民族国家和民主。基本上由于这些特性，现代性同任何以前的社会秩序类型相比，其活力都大得多。这个社会——详细地讲是复杂的一系列制度——与任何从前的文化都不相同，它生活在未来而不是过去的历史之中。"[61]

现代性并不是指艺术思潮和美学意义上的现代主义，也不是指艺术风格上的流派，诸如"现代派"、"先锋派"等，就字面上的意义而言，"现代性"指的是"成为现代"的一种本质。这里的现代性虽然有按年代次序的产物或范畴的含义，具有历史上先与后的含义，而实质上，现代性指的是现代意识、进步意识和价值取向，是精神和物质文明的现代化，同时也是除意识和态度之外的制度、社会、经济、科学、技术、政治、生活方式等，是一种建立在传统文化基础之上的进步。现代性涉及历史、时代精神、民族性、城市化、全球化的观念，现代性是一种意识，一种世界观，一种思维方式和行为方式。正如福柯所说：

"我自问，人们是否能把现代性看作为一种态度而不是历史的一个时期。我说的态度是指对于现时性的一种关系方式：一些人所作的自愿选择，一种思考和感觉的方式，一种行动、行为的方式。它既标志着属性也表现为一种使命，当然，它也有一点像希腊人叫作 êthos（气质）的东西。"[62]

中国台湾历史哲学家林毓生认为西方现代性的特征是自我推展到极致的工具理性所形成的人间活动的异化和极端世俗化：

"从笛卡儿唯理主义发展出来的自然主义的世界观在西方近现代历史过程中，与资本主义活动中高度发展的工具理性合流，逐渐形成了极端世俗化的西方现代性。"[63]

2）后现代性

波兰裔英国社会学家鲍曼（Zygmunt Bauman，1925–2017）将现代性区分为两种形式：作为硬件现代性的重现代性和作为软件现代性的轻现代性。重现代性时代就是工具理性的时代，是领土征服、疆域拓展和征服太空的时代，是"越大越好"的时代。轻现代性又进一步延伸为流动现代性，流动现代性意味着后现代性。鲍曼认为，后现代性就是现代性从远处注视自身。

就语源学方面而言，"后现代"这个词最早于 1870 年在法国绘画界得到应用，尔后，又由德国作家潘维兹（Rudolf Pannwitz，1881–1969）在其著作《欧洲文化的危机》（*Die Krisis der europäischen Kultur*, 1917）中再次提及。法国哲学家利奥塔的《后现代状况：关于知识的报告》（*La condition postmoderne: rapport sur le savoir*, 1979）中的后现代哲学对现代性以及现代主义哲学的批判主要是对启蒙精神的批判、对现代性的合法性的批判以及对西方传统思维方式的批判。相对现代性而言，后现代性试图重建思维方式、价值观念和社会规范，主张多元论，建立有关人文思维的逻辑，崇尚差异性和异质性。后现代性并非对现代性的解构和断裂，而是对现代性的传承和发展，其间并没有明确的界限。吉登斯把后现代性看作是挽救晚期现代性危机和风险的“第三种道路”的济世良方，后现代性是乌托邦现实主义的最终结果。

图 3–45　后现代的理想城市

英国文化理论家和批评家伊格尔顿(Terry Eagleton，1943–）认为后现代性的基本特征是对总体性和同一性的颠覆，强调多元化、相对主义和异质性，后现代性要颠覆的是启蒙现代性及其工具理性的霸权。启蒙现代性追求数学的坚强、明晰和统一，追求形而上学和绝对，合理化和工具理性是启蒙现代性的基本特性，具体体现在社会生活的现代化方面（图 3–45)。

现代性和后现代性既有关联，也有明显的区别。在某种意义上，可以把后现代性看作是经过反思的现代性，是对现代性的传承与发展。由于后现代理论的发展，也使现代性的概念更为清晰，所以后现代性也使现代性对自身的超越和反思更为全面而又深入。按照匈牙利裔美国哲学家阿格尼丝·赫勒（Agnes Heller，1929–2019）的观点：

“后现代性并不是在现代性之后到来的一个阶段，它不是对现代性的补救——它是现代的。更确切地说,后现代视角也许最好被描述为现代性意识本身的自我反思。”[64]

许多学者反对以时间来区分现代性和后现代性，认为现代性在本质上包含着后现代性。现代性处于发展演化过程中，后现代性也有一个发展演化的延续性过程。后现代性并不意味着现代性的消亡，正如法国哲学家利奥塔所强调的，后现代性并不是现代性的终结，而是现代性对自身的超越和反思，是对现代性的重写：

“现代性从本质上不断地孕育着它的后现代性。

……后现代性不是一个新时期，而是对现代性所宣称的某些特征的重写，首先是现代性如下要求的重写，即将其合法性的根据建立在通过科学技术而实现的人性解放规划基础之上的要求。然而，诚如我已说过的那样，这种重写在现代性自身之中早已开始了。”[65]

3）建筑的现代性和后现代性

现代性通常以剧烈的矛盾和冲突而不是统一和谐的方式表现出来，就建筑学的领域而言，现代性的矛盾和冲突不仅从根本上改变了建筑学的理论和观念，同时对建筑实践也产生了广泛的影响。现代性和后现代性在建筑中都有典型的表现，但是其界限并非十分明晰，其中并不具有内在逻辑的断裂，而是存在一种连续性。建筑的现代性孕育了建筑的后现代性，同时，建筑的后现代性也寓于建筑的现代性之中。建筑的现代性是与现代建筑运动的先锋性、绝对的功能主义、清教徒式的理想主义密切相关的，延续着西方古典理性主义的传统，而且与现代建筑运动所信奉的建筑可以实现对社会的救赎，社会可以通过文化实现转型，建筑工业化可以解决社会的、经济的、技术的以及艺术的问题等观念联系在一起，创造出了一种国际式的建筑。对于建筑而言，现代性不仅是时代的概念，更是时代精神的表述。然而，这种时代精神表现的是科学、技术、理性和进步。

哈贝马斯认为现代建筑运动是面对三种挑战的结果：对建筑设计实质性的新需求；玻璃、钢铁、水泥等新材料和诸如预制构件等新的建造技术；新的功能和经济，劳动力、土地和建筑的资本主义式流动。[66] 塔夫里在《建筑与乌托邦》中也指出，现代建筑的发展建立在资本主义的经济基础上，作为社会发展的现代化过程是由不断扩展的理性化所显现的，其背后的操纵力量是货币经济，建筑是资本主义控制的世俗武器。

就普遍性而言，现代建筑基本上沿着两条路线发展，第一条路线完全迎合当前流行的生产和消费方式，另一条路线则是有意识地反对这种生产和消费方式。第一条路线遵循密斯·凡德罗的“近似无物”（Beinahe nichts）的观点，企图把建筑任务还原为一种大尺度的工业设计。它关注的是效率和最优化生产，对城市几乎不感兴趣，主张一种服务良好、包装完美的功能主义。建筑表皮玻璃的隐身性和透明性把形式还原为静默、毫无声息的物体。第二条路线则公开要求“显形”，在范围有限的领域中，建立一种合理开放而又具体的人与人以及人与自然之间的关系，未来的发展似乎应当使这两极之间取得有创造性的接触。

实际上，第一条路线在现代建筑大师那里也未必都是功能主义的方式，由密斯·凡德罗设计的，作为功能主义代表作的巴塞罗那博览会德国馆实际上并没有什么功能要求，完全超越了使用，基本上是一件艺术作品。金属和玻璃覆盖表面的纽约的西格拉姆大厦（1954–1958）也基本上是一件抽象雕塑（图3–46）。

图3–46 西格拉姆大厦

20世纪初的现代建筑运动与其他文化艺术领域相比，对于现代性的认识比较滞后。勒·柯布西耶的《走向新建筑》可以说是建筑的现代性宣言，崇尚建筑的理性精神和时代精神，使现代建筑统治了建筑界达半个世纪之久，现代建筑的先锋性经过几十年的演变之后，已经制度化，成为英雄主义的教条，不再能引领建筑和社会的发展，现代建筑运动已经简化为某种形式规则系统并陷入了保守的境地，不再具有先锋性。建筑的现代性表现为形式和功能的统一，经济、技术、材料和功能主义的绝对主宰，城市的强制性功能分区带来了控制的失误和城市的蔓延，反映出了现代城市规划的失败。现代建筑的专横也带来了哈贝马斯所描述的景象：

“没有灵魂的集装箱式建筑，与环境缺乏协调关系，积木般的办公建筑的孤寡傲慢，奇形怪状的百货商场和纪念碑式的大学建筑和会议中心，都市优雅的匮乏和郊区小镇的厌世情绪，住房发展规划，仓储建筑的野蛮后代，批量生产的A形木构架建造的狗窝式的住宅，为汽车而破坏了城市中心等等。”[67]

在哲学领域，也往往将现代性描述为与栖居截然相反的概念，海德格尔认为，栖居是一种存在的方式，一种以其本质存在的方式，而现代生活，尤其是大都市生活的基本特征则是非栖居。德国社会学家、哲学家阿多诺（Theodor Adorno，1903－1969）同样也认为栖居在当今已经不再有可能，家园已经成为过去。[68]有一些建筑师和建筑理论家试图超越建筑的现代性，例如诺伯格－舒尔茨和亚历山大（Christopher Alexander，1936－）就采取置身于现代性之外的观点，从栖居中寻求建筑的真实。诺伯格－舒尔茨推崇具有场所精神的具象建筑，批评抽象空间形成的反栖居的功能主义非具象建筑，他认为功能主义建筑应当对现代建筑造成的“无家可归”现象负责。亚历山大认为建筑应当唤起人们的情感，建筑的基本功能是带给人们一种和谐的体验。

从1960年代以后，后现代文化推动了建筑的后现代性的发展，建筑的后现代性与新的美学理论、科学技术革命、可持续发展、多媒体技术、全球化、城市化、信息化、文化多元性、复杂性理论、后工业化、消费社会和对现代主义霸权的质疑等因素联系在一起。文化理论家詹姆逊认为：

“1960年代在很多方面都是关键性的过渡期，新兴的国际秩序（新殖民主义、绿色革命、计算机化以及电子信息等）都是在这个时期初露曙光，却也由于自身内在的矛盾与外部阻力的抗拒而发生动摇。”[69]

建筑的后现代性源于现代建筑的危机，批判现代建筑的保守和缺乏人性，批判其技术特征和规则的狭隘性以及模式化特征，主张异质化、地域化和多元化，质疑西方中心主义和技术至上的原则。源于批判的现代主义的后现代主义是对建筑的后现代性的回应，是对现代建筑的反思和反叛。建筑的后现代性表现在建筑理论与哲学和文化理论的融合，建筑造型和空间的复杂性，对现代主义的反叛，解构先锋派的形式语言和功能主义原则，对城市空间和建筑的历史性的探索，形式与功能的分离，建筑的大众化和回归建筑的艺术性等方面。后现代建筑与现代建筑之间并不存在突变，后现代建筑也不能代表后现代性，而现代建筑中也蕴含着后现代性的某些方面。

3.3.2 中国的现代建筑与现代性

当代普遍认同的现代性是从基督教欧洲文明中发展起来的，在其他文明中没有这种概念，西方现代建筑也是这一文明的延续性产物。中国的现代性是现代中国社会和历史的特性所形成的，现代性有其合理的内涵，一方面是理性的追求，另一方面也表现出了对传统秩序和观念的持续不断的自我颠覆、文化道德秩序和社会秩序的不断解体，从而带来了深刻的危机。表现在建筑领域，则是中国现代建筑的实验性，中国当代建筑与文化传统的关系，全球化影响下中国当代建筑与西方现代建筑的关系等方面的问题。

自1980年代中国提倡现代化以来，“现代化”成为一种广泛赞颂的概念，然而，对于什么是现代化、什么是中国的现代化、现代化与现代性的关系并没有深入解读。2009 年为庆祝新中国成立 60 周年，建筑界用各种论坛、会议、展览、评奖等方式，对 60 年的中国建筑历程进行回顾、重审与思考，用多元的视角去解读历史，解剖自身。就整体而言，在当前的社会经济条件下，中国建筑正面临着一场危机。受宏大叙事思潮的影响，好大喜功，忽视文化环境，注重纪念性的表现和奇特的效果成为一种风尚。中国建筑正在面对缺乏现代性的快速现代化形势，近 30 年来建造了比整个外部世界多得多的建筑，然而其中优秀建筑所占的比例与建设量极不相称，中国建筑和中国建筑师基本上仍然处于国际建筑界的边缘化状态。

中国现代建筑就是具有现代性的中国建筑，中国的现代建筑是在十分复杂的时空压缩的环境下演变和发展的，一直处于现代性与反现代性的矛盾之中。中国建筑的现代性或后现代性必然不同于欧洲或美国式的现代性，中国建筑的现代性或者后现代性也不是单纯靠移植外国或境外建筑师的设计就能够实现的。外国建筑师和境外建筑师的设计能带来设计理念和设计方法，带来西方的现代建筑思想和西方的物质文明，然而不能直接移植成为中国建筑。中国建筑需要实验，需要探索，需要思想，需要摒弃受污染的思维模式，提倡建筑的实验性，创造适合中国现代建筑生存的社会生态环境。

1）当代中国建筑的实验性

中国现代建筑的发展经受了激烈的动荡时期，在 1920 和 1930 年代开始成长，随即由于抗日战争和社会变革而被搁置，1949 年以后又始终处于压制和探求的对立过程中。自 1980 年代以来，宽松的社会环境又推动了现代建筑的发展。中国的现代建筑需要探索并进行实验，思想和实践方面的探索是实验的基础。建筑和城市化的快速演变为建筑师和从事建筑教育、建筑理论研究的学者提供了大量的建筑实验的机会，不仅是境外建筑师参与了中国现代建筑的实验，中国建筑师也在建筑实验中得到成长，出现了许多优秀的建筑。

实验和试验场往往与创新联系在一起，“创新”这个口号几乎已经成为各个领域的一面旗帜，其实科学与技术本身就是不断地创新，而且理性的建筑从来就应当是一种创新，是一种批判性建筑。只不过在变成口号以后，反而会很容易追求标新立异，将“新”作为目标，而忽略了创新的本质。

曾经担任美国 SOM 事务所香港公司主持人的建筑师安东尼·费尔德曼（Anthony Fieldman）认为，在中国“你可以看到别的国家脑筋清楚的人不可能会盖的东西。”[70] 2004 年普利兹克建筑奖获得者——伊拉克裔英国建筑师扎哈·哈迪德把中国评价为“一张可供创新的神奇空白画布”。[71] 哈迪德的建筑风格十分独特，她的设计与文脉和环境很少有呼应关系。在进行上海原英国领事馆周围地区的保护和开发规划时，曾有人在 2004 年邀请她做设计，结果当然是不适合这个特定的历史地区（图 3–47）。2011 年年末，她为北京未来的新机

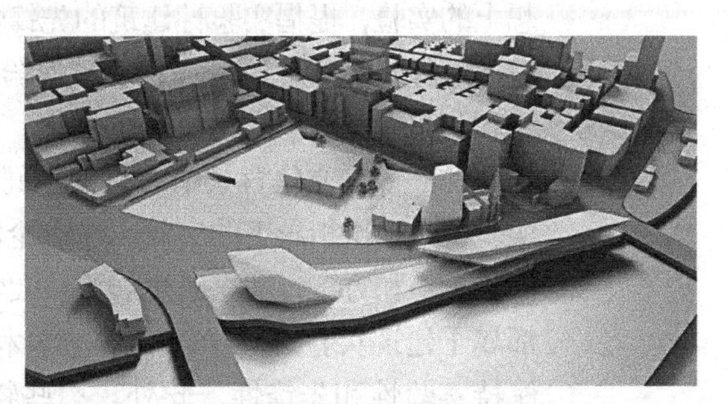

图 3–47 哈迪德的外滩源规划设计模型

图 3-48　哈迪德设计的北京新机场航站楼方案

场航站楼做的设计像一只翩翩起舞的凤凰，屋顶拟采用陶板。这个设计就艺术水平而言，应该是她近年来最为杰出的一个设计创意，但是造价将会极其昂贵，构造上也不甚合理，而且不适合作为航站楼使用（图 3-48）。

2004 年 5 月，保罗·安德鲁设计的巴黎机场 2E 航站楼的坍塌立即引起了社会和媒体的普遍关注，除了关心他在中国的作品的安全之外，还惊叹中国已经成为国际建筑师的实验室和试验场。由于中国的建筑和城市建设已经深深卷入全球化的浪潮之中，所以一座一万多公里以外的建筑的倒塌才会引起如此的关注。

就本质而言，社会应当提倡建筑实验，可以说，建筑史上的每一次创造都是做前人没有做过的事，都是一种实验。建筑师永远都会面对新问题，新的观念、新的功能、新的技术、新的材料、新的环境、新的文脉等等，永远需要进行探索性的实验。但是这些都应该是理性的实验，不是幻想，更不是空中楼阁。在现实的建筑实践中，建筑师往往会面临许多复杂与综合的问题，很难实现理想意义上的建筑实验。在建筑的设计和建造过程中，为了适应实用的需要，平衡各种因素，建筑师不得不采取折中的方法，修改或调整原先的创意和理念，以调和现实中的合理和不合理的状况。建筑实验室则可以提前研究并探讨普遍性的问题，在理想的条件下进行探索，这种探索是为了解决建筑的工程技术问题，探索日常实践中尚未解决的问题，寻找新的形式，试验新出现的生态技术、施工技术、新材料等。此外，建筑不像物理或化学实验，可以为一个结果做无数次的试错性实验，真实的建筑也可以是一种实验，然而前提是已经经过深思熟虑的设计。

建筑实验可以归为物质的实验和思想的实验，思想实验应当先于物质实验，为物质实验做准备，止如古人所云："意在笔先。"奥地利物理学家和哲学家恩斯特·马赫（Ernst Mach，1838-1916）指出：

"思想实验也是物质实验的必要的**先决条件**。每个实验者，每个发明者，在实际行动中贯彻一种程序以前，必须在头脑中先具有这种程序。"[72]

所谓思想实验，指的是在头脑中、理论上和纸上进行的实验，我们应当促进思想上的实验，提倡实验性建筑的先锋性，努力创造具有世界性批判意义的优秀建筑。设计过程本身就应该是一种建筑实验，包括设计理念和理论上的探讨、实际设计方案和假想方案的探求，包括技术的、艺术的、社会的实验。探求在特殊的功能要求、场地和环境、文化背景中的建筑空间和形式，这种实验是理性的实验，是有目的的实验，是理论指导下的实验。建筑论坛、研讨会、建筑画、计算机模拟、方案比选、设计竞赛和方案征集、建筑展览、大学的课堂、课程设计、设计实习、毕业设计等，都属于建筑实验。大学建筑系、学术机构和学术刊物首先起着建筑实验室的作用，保持实验性和先锋性。此外，一些特殊的事件诸如世界博览会、各种双年展、三年展等，也都是重要的建筑实验室（图 3-49）。

图 3–49　2008 年威尼斯建筑双年展的广告

我们应当注重建筑的艺术性和创造性，尊重建筑师和建筑师的创造，营造鼓励青年建筑师进行实验并脱颖而出的宽容的环境，消除非专业化的粗暴干预，优化中国建筑师的社会生态环境。事实上，建筑史上的每一次创造都是做前人没有做过的事，都是一种实验。这些都应当是理性的实验，不是幻想，更不是空中楼阁，不仅仅是技术和艺术问题，而且永远都涉及社会和技术经济问题。英国建筑师大卫·奇普菲尔德（David Chipperfield，1953–）认为：

“思想在任何实验室都应占主导，然而并非与现实脱节。缺乏准则或想象力的思想是不起作用的。思想和现实之间的关系愈益具有试验性，一方面可以诞生奇妙的思考，偶尔，这种思想也会体现在建筑作品上，然而，我们不应忘记什么是正常的状态。”[73]

未来的建筑将面临许多挑战，建筑教育需要让学生学会应对挑战，面临可持续发展以及来自城市方面的挑战，面对超越建筑实践本身的挑战，需要反思我们的建筑教育制度，完善当代社会环境下的建筑教育体系。一方面，未来的建筑会有非常特殊的发展，建筑愈益表现出先锋性和实验性；另一方面，建筑仍然必须满足社会的生产和生活方面的基本需要，体现社会和人文关怀。

图 3–50　杭州花港茶室模型

中国当代建筑实验起始于冯纪忠的探索，早在 1958 年设计北京人民大会堂的方案时，他就在探索现代中国建筑的道路，之后又在 1963 年的杭州花港茶室设计上深刻地表现了他的现代中国建筑的思想（图 3–50）。冯纪忠先生在表现中国建筑的意境方面起了范式的作用，为中国现代建筑空间的创造和理论探索奠定了基础。以现代园林为载体，冯纪忠教授力求在继承我国造园传统的同时，探索园林设计的新途径，实现现代性。1981 年建成的方塔园和其中的何陋轩（图 3–51）是这一探索的高潮。

图 3–51　方塔园

1999 年 6 月在国际建协第 20 届世界建筑师大会主展场展出“中国青年建筑师实验性作品”，2001 年 9 月至 10 月在柏林爱德斯画廊举办由德国建筑师爱德伍特·奎格尔（Eduard Kögel）和伍尔夫·迈耶（Ulf Meyer，1970–）策展的“土木”中国青年建筑作品展，将艾未未（1957–）、张永和（1956–）、刘家琨（1956–）、马清运（1965–）、王澍（1963–）以及南京大学张雷（1964–）、丁沃沃（1957–）、王骏阳（1960–）、朱竞翔（1971–）等 9 位中国青年建筑师的实验性建筑作品介绍给世界，使西方世界第一次认识中国新一代建筑师（图 3–52）。此外，崔恺（1957–）、邵韦平（1962–）、周恺（1962–）、王昀（1962–）、

图 3–52 “土木”中国青年建筑作品展目录封面

刘克成（1963–）、童明（1968–）、柳亦春（1969–）、庄慎（1971–）等青年建筑师也在积极从事建筑实验。王澍获得2012年普利兹克建筑奖是对这一青年建筑师群体的建筑实验成就的肯定（图3–53）。

2）中国当代建筑与全球化问题

全球化给各国的经济以及社会生活的各个领域带来了巨大的冲击和动力，全球化对城市的冲击是城市化以及产业结构的重组。随着中国经济建设和社会事业的发展以及中国加入世界贸易组织，中国各主要城市的产业结构、经济结构以及城市结构正面临全面的调整。

图 3–53 王澍设计的2010年上海世博会宁波案例馆

全球化对建筑的冲击是在新思潮的推动下，新国际式建筑的流行和建筑文化的多样性对所在地区的影响。在全球化文化的冲击下，中国的许多城市逐渐失去了个性，彼此之间越来越相像。在国际文化，尤其是美国文化的冲击下，城市空间也越来越向纽约的曼哈顿看齐，城市的发展越来越向高处延伸，而不考虑具体的社会历史环境、城市基础设施和人口的承受能力以及城市内爆的潜在因素，片面地认为现代化国际化大都市的形象就是高楼大厦，以纽约的曼哈顿、东京的银座、香港的中环作为现代城市的模式。截至2012年年底，在上海的天际线上已经出现了两万多栋高层建筑，无论是否合适，许多建筑都以标志性作为设计的目标，并且在一些地区呈现出一种无序，甚至相互冲突的状况。在大规模推进新建设的同时，忽视对历史建筑和历史城市风貌的保护，反映了一种在社会转型过程中缺乏整体意识的社会价值观，同时也反映了过分追求变化，而忽视变化的终极理想目标的状况（图3–54）。

图 3–54 上海的城市天际线

当代中国城市化快速而又大规模发展的过程中，如何将宏观的城市规划和城市理想通过城市建设予以实现，是城市的领导、管理人员、建筑师和规划师所面临的新的挑战。中国的快速城市化是世界上任何别的国家都未曾遇见的问题，一方面，长期沉睡的城市终于有了变化发展的动因和契机，但是另一方面，思想尚未经过清晰的沉思，在缺乏理论先行的状况下，就要迅速投入急遽的变革洪流之中。一方面令人为之振奋，另一方面也令人深思，甚至担忧。应当作为手段的“变”与“新”成为城市建设的目的，速度和形象优先，理性和理想退居末位。在思想尚未现代化的同时，追求超越精神和物质水平的过度现代化，追求物化环境的过度现代化成为城市发展的主导方向。在这样的情况下，境外建筑师和规划师全面介入了中国各城市的城市规划、城市设计和建筑设计，甚至成为中国城市现代化的主力军（图 3–55)。

图 3–55　境外建筑师在介绍设计方案

在全球化的国际建筑市场中，越来越多的大规模建设项目由远离项目所在环境和背景的建筑师来设计。建筑师对城市和文脉的缺乏理解，开发商对利润的追求，导致了一种在一张白纸上抽象地规划历史城市、改造城市的自由。这种不受约束的自由摧毁了城市的文化认同，以西方“他者”的文化认同代替我们的社会和城市的文化认同。请合适的建筑师做适合的项目，做适合城市环境和建筑师特长的建筑，做符合环境和可持续发展的建筑，这是保证建筑成功的关键。

境外建筑师正在我国的建筑舞台上扮演着越来越重要的角色，大多数重要的建筑项目都由境外建筑师担任主角，而国内建筑师则只是负责配合设计，画施工图，为境外建筑师打工。不可否认，在相当多的设计中，境外建筑师确实表现不凡，也有相当一部分是大师，他们都有许多很好的创意，设计的思路、手法和技术都有许多可资借鉴之处。中国建筑师在与境外建筑师的合作工作中，也学到了很多宝贵的经验，这种合作有许多成功的实例。在 1999 年评选上海的新中国 50 周年的经典建筑中，十大金奖作品中有金茂大厦、上海大剧院、上海展览中心、浦东国际机场这四项是境外建筑师的作品，在十大银奖作品中，上海商城、新锦江大酒店、静安希尔顿酒店、锦江迪生商厦、嘉里中心和虹桥新世纪广场这六项是境外建筑师的作品，在十大铜奖作品中，花园饭店、巴黎春天百货公司、证券大厦、华亭宾馆和第一八佰伴新世纪商厦等这五项是境外建筑师的作品，平均占到一半左右。

但是，在许多情况下，境外建筑师的队伍鱼龙混杂的现象也比较普遍。从设计的水准来看，境外设计并不都堪称上乘，水平参差不齐。一些建筑师的作品表现出太多的商业化形式，有一些建筑师甚至搬出多年以前的存货或被淘汰的方案充数。即使是在国际投标项目中，中国建筑师也往往是在不平等的条件下参加竞争的。有一些建筑设计方案甚至完全是出于炒更建筑师之手，对一些项目来说，业主出于各种原因，偏好境外建筑师的设计，甚至有的业主在尚未见到方案时就明确表示他只要境外建筑师的方案。

自 1980 年代以来，境外建筑师发挥了十分活跃而又积极的作用，设计了一系列优秀的作品。另一方面，国际建筑师的参与也由早期的建筑单体设计，扩大到了城市和区域规划、城市设计、景观设计，甚至产品设计。范围也由早期的酒店设计，延伸到大型公共建筑、住宅设计、历史建筑和历史街区保护，呈现出多元化的趋势。目前国内有一种趋势，凡重要项目，都邀请国际上的明星建筑师来担纲设计。相对于改革开放初期，不分良莠，唯外国建筑师独尊，大量二三流境外建筑师一统天下的状况而言，这是一个进步。但是，还是有些问题需要我们认真思考：首先，外国建筑师，即使是优秀的建筑师也并不是万能的，每个人都有擅长的专业领域。有一些建筑师，他们只有过较小规模设计的经验，习惯按平方

图 3–56　中央电视台新楼

米考虑问题，我们却要求他们按平方公里考虑问题；有一些建筑师，他们只有过建筑设计的经验，擅长考虑建筑单体，我们却聘请他们做大范围的城市规划。就大多数外国建筑师而言，他们今天在中国所做的设计是在本土一辈子也不见得有可能实现的梦想。其次，要善待并扶植中国自己的建筑师，中国建筑师曾历经磨难，在 1930 年代终于争得了中国建筑的话语权。今天，中国建筑师又要在不平等的条件下，与我们的外国同行争夺话语权。国际建筑师能否代替我们找到中国当代建筑的发展方向，能否创造出具有批评意义的优秀建筑，这些都是需要我们深思的问题。我们应当与参与中国城市建设、建筑设计、城市设计的境外建筑师共同努力，共同探索中国建筑的发展道路。荷兰建筑师库哈斯承诺他所设计的耗资巨大的中央电视台新楼正是中国人所追求、所需要的建筑。北京真需要这样耗费巨资而违背建筑基本原理的，挑战重力、挑战地震力的建筑吗（图 3–56）？

全球化不能代替地域化，文化不可能全球化。相当多的境外建筑师在处理中国的旧城改造问题时，往往将城市看作是一张白纸，在上面随心所欲地勾画蓝图，气势雄伟，图面效果夸张，但是与现实相差甚远。2002 年上海北外滩国际设计方案征集中，美国建筑师菲利普·约翰逊（Philip Johnson，1906–2005）在北外滩这个城市历史地区进行规划时，试图在上海实现他的关于生态建筑的新理念，提出了建设生态城市的构思，仿佛这个地区是在一片原生态的郊野中，可以挖出许多河渠和湖泊。如果采纳这个方案并实施的话，城市的历史街区和历史建筑将很快消失。

在城市化的过程中，脱离环境的英雄建筑的时代已经过去，建筑与城市空间的关系、建筑与人的关系成为了建筑的主导因素。优秀的建筑并不是排斥城市空间的明星建筑，建筑有一个创造场所又融入场所的关系。一座优秀的建筑必定与所处的城市空间有着共生的关系，不虚张声势，不事张扬，不霸道，不摆出一副纪念碑式的架势去统率城市空间，不去破坏城市空间的和谐。优秀的建筑应当考虑使用者的需要，以城市的公众利益为追求的目标。

结合 20 世纪末世界建筑的各种发展倾向，荷兰代尔夫特理工大学教授亚历山大·楚尼斯曾经精辟地指出：

“近年来在国际设计领域广为流传的两种倾向，即崇尚杂乱无章的非形式主义和推崇权力至上的形式主义。”[74]

所有这些倾向都可以在今天的中国找到市场，今天被认为是创新的许多建筑追求新颖，追求超乎现实的“完美”，有着激动人心的奇特，注重纪念性和标志性，崇扬宏大叙事，追求愉悦等等。这股思潮已经由境外建筑师投一些人之所好而引入中国，中国已经成为他们设计思想的试验场，甚至奇特思想的试验场。

优秀的建筑需要全民的扶植和培育，需要全民的呵护，善待城市，爱护我们这座经历了近千年发展演变的城市，爱护建筑，尊重建筑师，尊重文化，尊重艺术，而不是将我们的城市，将历史街区，将城市中的建筑看作是积累资本的掠夺对象。历史告诉我们，城市和城市文化的积淀与资本的积累是同时形成并完善的。任何城市的演变都是城市的历史引入新元素、新精神的结果。城市的历史和历史建筑应当是我们的资源、城市的特色，而不应当看作是城市建设的障碍。

图3–57 上海某新建筑方案

建筑有自身的规律，好的形式不一定是好的建筑。库哈斯设计的中央电视台大楼如果换在其他城市，换作其他用途也许会是一座优秀的建筑，但是，用在北京这个地震区和要求如此复杂的技术性和功能性的电视台建筑上是否合适是值得讨论的。西方建筑并不是一个绝对的标准，并不意味着绝对的品位，在欧洲和美国，也有品质很差的粗俗的建筑，在中国建造的现代建筑也可以有很好的品质。上海的许多优秀近代建筑就是例证。问题是时代性和品质，即使今天建造的仿欧洲18世纪的建筑设计和建造都很精美，仍然是不合时宜的（图3–57）。

欧洲在18世纪初曾经有过古代与现代之争，要求摆脱古代艺术的范本，认为有必要付出昂贵的历史代价，以保护现代的合法性或特权。正如德国哲学家布卢门贝格（Hans Blumenberg，1920–1996）在《现代合法性》（*The Legitimacy of the Modern Age*，1985）中所说：

“一个时代不应提出其自身的历史合法性问题，同样，也不能就把自己当作一个时代。对现代来说，问题就在于要求完全中断或能够完全中断与传统的联系，而且也在于对这种要求与不能完全重新开始的历史现实性之间的关系的误解。”[75]

现代是一种历史哲学的视角，而这个问题在中国的存在是历史的误会。上海素有万国建筑博览会之称，一方面是因为上海建筑的兼收并蓄，另一方面也是因为上海采用宽容的拿来主义态度，复制世界各国建筑的能力十分强。20世纪初的上海发展了一种商业化的巴洛克式折中主义建筑风格，我们暂且不去批评当时的建筑师如何缺乏原创力和时代精神，尽管今天仍然把他们所设计的这类建筑看作是一个时代的象征。从1980年代起，非中国本土文化的“欧陆式建筑”又开始流行。如果说后现代历史主义的出现是从欧洲文化中寻找新的形象及其进步意义，以欧洲历史的荣耀演绎世界历史的新场面的话，中国的“欧陆风建筑”只是回避现代化，与启蒙运动的复古精神毫无关系，只是借欧洲历史的亡灵为自己糊上一副伪贵族的面具，掩盖其文化和内心世界的匮乏，而这种建筑的主其事者在思想上完全不会意识到他们的反现代思想的本质。

本章注释

[1] 杰弗里·R·古德帕斯特，加里·R·卡比．思维．韩广忠译．北京：中国人民大学出版社，2010：6.

[2] 金炳华等．哲学大辞典．上海：上海辞书出版社，2001：1377.

[3] 尼古拉斯·布宁，余纪元．西方哲学英汉对照辞典．王柯平等译．北京：人民出版社，2001：997.

[4] 邵志芳．思维心理学．上海：华东师范大学出版社，2007：2.

[5] 马克思．德意志意识形态．马克思恩格斯选集．北京：人民出版社，2012：151.

[6] 马克思．政治经济学批判（序言）．马克思恩格斯选集·第二卷．北京：人民出版社，2012：2.

[7] 朱狄．灵感概念的历史演变及其他．美学．上海：上海文艺出版社，1979：106.

[8] Dr. Peter A. Facione．*The Executive Summary of the Delphi Report. Critical Thinking: A Statement of Expert Consensus for Purposes of Educational Assessment and Instruction*．The California Academic Press, 1990：2.

[9] 张钦楠．建筑设计方法学．西安：陕西科学技术出版社，1995：8.

[10] 托马斯·布莱克斯利．右脑与创造．傅世侠，夏佩玉译．北京：北京大学出版社，1992：38.

[11] 同上，39页

[12] 郭绍虞．沧浪诗话校释．北京：人民文学出版社，1961：7−8.

[13] 里奥奈罗·文杜里．西方艺术批评史．迟轲译．南京：江苏教育出版社，2005：12.

[14] 查尔斯·詹克斯．后现代建筑语言．吴介桢译．台北：田园城市文化事业有限公司，1998：47.

[15] 杜夫海纳．美学与哲学．孙非译．北京：中国社会科学出版社，1985：156.

[16] 库恩．必要的张力．范岱年，纪树立译．北京：北京大学出版社，2004：224.

[17] Fumihiko Maki．*Recent Projects 1984−1990*, The Japan Architect．1990．转引自：张钦楠．建筑设计方法学．北京：清华大学出版社，2007：196−197.

[18] 渊上正幸．现代建筑的交叉流，世界建筑师的思想和作品．覃力等译．北京：中国建筑工业出版社，2000：110.

[19] 库恩．必要的张力．范岱年、纪树立译．北京：北京大学出版社，2004：223.

[20] 勃罗德彭特．建筑设计与人文科学．张韦译．北京：中国建筑工业出版社，1990：13.

[21] 吴焕加．20世纪西方建筑史．郑州：河南科学技术出版社，1998：324.

[22] 马赫．感觉的分析．洪谦，唐钺，梁志学译．北京：商务印书馆，1986：185.

[23] 阿瑞提．创造的秘密．钱岗南译．沈阳：辽宁人民出版社，1987：21.

[24] 叶朗．美在意象——美学基本原理提要．意象．北京：北京大学出版社，2009：3.

[25] 辞海．上海：上海辞书出版社，1999：2453.

[26] 周易略例·明象．

[27] 萨特．想象心理学．褚朔维译．北京：光明日报出版社，1988：153.

[28] 阿恩海姆．视觉思维．滕守尧译．北京：光明日报出版社，1986：179.

[29] 阿瑞提．创造的秘密．钱岗南译．沈阳：辽宁人民出版社，1987：64.

[30] 安德森．认知心理学及其含义．转引自：周宪．走向创造的境界——艺术创造力的心理学探索．南京：南京大学出版社，2009：108.

[31] 叶燮．原诗．卷二·内篇下

[32] 卒姆托．思考建筑．张宇译．北京：中国建筑工业出版社，2010：41.

[33] Coosje van Bruggen. *Frank O. Gehry: Guggenheim Museum Bilbao*. The Solomon R. Guggenheim Foundation, 2001：36.

[34] 同上，37.

[35] 同上，37.

[36] 余人道．建筑绘图——绘图类型与方法图解．陆卫东，汪翎，申湘等译．北京：中国建筑工业出版社，1999：437.

[37] 胡塞尔．巴黎演讲．转引自：王先霈，王又平．文学批评术语词典．上海：上海文艺出版社，1999：401.

[38] 马克思．德意志意识形态．马克思恩格斯选集·第一卷．北京：人民出版社，2012：152.

[39] Aristotle: De Anima. 见：William J. Mitchell. *The Logic of Architecture, Design, Computation, and Cognition*, The MIT Press，1990：183.

[40] 维特鲁威．建筑十书．陈平译．北京：北京大学出版社，1986：68.

[41] 布鲁诺·赛维．现代建筑语言．席云平，王虹译．北京：中国建筑工业出版社，2005：7.

[42] 丹尼尔·J·布尔斯廷．创造者——富于想象力的巨人们的历史．上海：上海译文出版社，1997：87.

[43] 渊上正幸．现代建筑的交叉流，世界建筑师的思想和作品．覃力等译．北京：中国建筑工业出版社，2000：82.

[44] 奈尔维．建筑的艺术与技术．黄运昇译．北京：中国建筑工业出版社，1981：7.

[45] 阿卜杜斯·萨拉姆国际理论物理中心．成为科学家的100个理由．赵乐静译．上海：上海科学技术出版社，2006：1.

[46] 普利高津．混沌与秩序·序．载：弗利德里希·克拉默．混沌与秩序——生物系统的复杂结构．柯志阳，吴彤译．上海：上海世纪出版集团，2010：13.

[47] 詹姆斯·格莱克．混沌：开创新科学．上海：上海译文出版社，1990：6.

[48] 同上，126页

[49] Kazuo Shinohara. *Chaos and Machine*．转引自：Charles Jencks. *The New Moderns; From Late to Neo-Modernism.* Academy Editions，1990：22.

[50] 赫伯特·西蒙．人工科学．武夷山译．北京：商务印书馆，1987：111.

[51] 张钦楠．建筑设计方法学．西安：陕西科学技术出版社，1995：8.

[52] 刘彦顺．人类环境宣言——联合国人类环境会议．生态美学读本．北京：北京大学出版社，2011：24.

[53] 世界环境与发展委员会．我们共同的未来．王之佳，柯金良等译．长春：吉林人民出版社，1997：306.

[54] William McDonough. *The Hannover Principles*. 见：Charles Jencks and Karl Kropf. *Theories*

and Manifestoes of Contemporary Architecture. Wiley–Academy，2006：160.

[55] 在建筑和城市规划中应用太阳能的欧洲宪章．Prestel，2008：51.

[56] 阿尔多·罗西．城市建筑学．施植明译．台北：田园城市文化事业有限公司，2000：22.

[57] 阿尔多·罗西．城市建筑学．黄士钧译．北京：中国建筑工业出版社，2006：42.

[58] 同上，43.

[59] 马克思，恩格斯．共产党宣言．马克思恩格斯选集·第一卷．北京：人民出版社，2012：403–404.

[60] 安东尼·吉登斯．现代性的后果．田禾译．凤凰出版传媒集团译林出版社，2011：46–47.

[61] 安东尼·吉登斯，克里斯多弗·皮尔森．现代性——安东尼·吉登斯访谈录．尹宏毅译．北京：新华出版社，2001：69.

[62] 福柯．何为启蒙．载：顾嘉琛译．杜小真．福柯集．上海：上海远东出版社，1988：534.

[63] 林毓生．中国现代性的迷惘．载：潘公凯．自觉与中国现代性的探询．人民出版社，2010：7.

[64] 阿格尼丝·赫勒．现代性理论．李瑞华译．北京：商务印书馆，2005：13.

[65] 周宪．审美现代性批判．北京：商务印书馆，2005：276.

[66] Habermas. *Modern and Postmodern Architecture*. Michael Hays. *Architecture Theory since 1968*. The MIT Press，2000：419.

[67] 同上，418.

[68] Theodor W. Adorno．*Minima Moralia: Reflections from Damaged Life*. London，1951：38–39.

[69] Frederic Jameson. "Postmodernism and Consumer Society," in *The Anti-Aesthetic*. op. cit., 113. 转引自：Kate Nesbitt．*Theorizing a New Agenda for Architecture, an Anthology of Architectural Theory, 1965–1995*．Princeton Architectural Press，1996：21.

[70] 美国时代周刊《Time》中 / 英文版，2004 年 6 月号，42.

[71] 同上，41.

[72] 恩斯特·马赫．认识与谬误．洪佩郁译．南京：凤凰出版传媒集团译林出版社，2011：147.

[73] David Chipperfield. *Adding Up*. Hunch. The Berlage Institute. 2003：130.

[74] 吴良镛．《国际建协〈北京宪章〉——建筑学的未来》序言．北京：清华大学出版社，2002：29.

[75] 布卢门贝格．现代合法性．转引自：哈贝马斯．现代性的哲学话语．曹卫东等译．南京：译林出版社，2004：9.

第 4 章
建筑批评的价值论

Chapter 4
The Axiology of Architectural Criticism

价值是人类存在的方式和面向未来的取向，它涉及人类为什么会存在于这个世界上以及怎样存在于这个世界上。它也涉及人与人的关系，人与社会的关系，人与自然的关系，人与物的关系等。真伪、是非、善恶、美丑、雅俗、优劣、利害、利弊、义利、得失、正邪、道义、卑微、高贵、幸福、勇敢、怯懦、发展、进步等概念无不涉及价值问题，属于价值词。甚至社会普遍存在的各种法律、规范、规章、条例等也都是价值的体现。

价值尤其与批评中的评价有关，评价判断实质上是价值判断，是批评价值理论的核心问题。价值论是建筑批评的核心问题，评价表明在主体和客体之间一定的价值关系中，人们对价值客体的态度，客体是否适合主体的需要并使主体意识到这种关系及其可能出现的后果。建筑批评的主要内容是美学评价和价值判断，建筑批评的重要任务之一就是按照主体性的原则作出评价和判断，发现批评对象的价值和意义。价值论是建筑批评的主要理论基础之一，也是建筑批评的核心问题，正如英国文艺理论家理查兹所说：

“批评理论所必须依据的两大支柱便是价值的记述和交流的记述。”[1]

价值一词，在英语中是 value，法语 valeur、德语 Wert 等都源于拉丁文的 vallum（堤）和 vallo（意思是用堤保护，加固等），它的含义是可宝贵、可珍惜、可尊重、令人喜爱、值得重视等，其内涵要比经济学的价值概念广泛得多。但是，价值概念首先是在经济学中使用的。

价值论（Axiology），又称价值学、价值哲学，是关于价值的性质、构成、标准和评价的哲学理论，是关于价值及其意识的本质、规律的学说，是关于广义的善或价值的哲学研究。价值论是关于人类生活的价值及其意识的本质规律和实践方式的学科，是由哲学和各门关于价值的理论所构成的一门综合学科。价值问题属于哲学中的高层次的，具有全局性的普遍问题。

价值与评价有着十分密切的关系，评价的对象是价值的对象性，评价是对价值的主观关系的表现，每个社会群体和个体都根据自己的方式和价值观念进行评价。尽管如此，运用价值论方法研究建筑批评有一定的局限性，并非所有的建筑学问题都能够由价值论方法加以解决。审美关系是价值关系，研究建筑作品的结构，建筑的形式，建筑艺术发展的规律，建筑艺术的各种倾向、流派、风格需要更为广泛的方法论工具。不过，有一点是可以肯定的，没有哪一个建筑美学和建筑批评问题不直接或者间接地同价值相联系，因此，没有哪一个美学问题能够在脱离价值论范畴的情况下得到解决。

本章着重讨论建筑批评中的价值和主体性问题以及建筑的价值体系问题，本章涉及的许多问题仍然没有定论，我们在介绍这些理论的时候并没有回避这些矛盾，目的是拓展理论视野。

4.1　价值论的基本范畴

价值论又称价值哲学、价值学，价值论是关于价值的性质、构成、标准和评价的哲学理论，成为又一个在哲学研究中与本体论和认识论并存的重要组成部分。价值论包括了一系列具体的学科，如经济学、政治学、法学、文艺学、社会学、历史学、宗教学等。哲学上的价值论，又称价值学、价值哲学、哲学价值论等，包括伦理学、哲学的道德论，也包括审美价值、技术伦理、行为伦理学等。价值论研究的是价值的本质、价值的认识、价值的创造和价值的实现。价值论是"对于最为广义的善或价值的哲学研究。它的重要性在于：1. 扩充了价值一词的意义；2. 对于经济、道德、美学以至逻辑方面的各种各样的问题提供了统一的研究，这些问题以往常常是被孤立开来考虑的。"[2]

价值论最早由法国哲学家拉皮埃（Paul Lapie, 1869–1927）在《意志的逻辑》（*Logique de la volonté*，1902）一书中提出。德国哲学家爱德华·冯·哈特曼（Karl Robert Eduard von Hartmann, 1842–1906）在《哲学体系纲要》（*System der Philosophie in Grundriss*，1911）中作了系统的说明，使价值论成为了一门独立的理论学科。哈特曼提出了价值的五个标准：愉悦、目的性、美、道德和宗教信仰。德国价值哲学的创始人、新康德主义弗莱堡学派的创始人、哲学史家威廉·文德尔班（Wilhelm Windelband，1848–1915）认为，价值是哲学为世界立法的"规范"，价值就是生成意义，只有借助这种意义，才能构造出客观世界，哲学就是关于普遍价值的学说。德国哲学家、新康德主义的主要代表人海因里希·李凯尔特（Heinrich Rickert，1863–1936）则进一步主张，世界是包含了主体与客体的现实世界以及超乎主体与客体之外的价值世界的统一体。德裔美国心理学家、应用心理学的创始人明斯特尔贝格（Hugo Münsterberg, 1863–1916）认为价值具有永恒性。美国实用主义哲学家、心理学家和社会活动家约翰·杜威（John Dewey，1859–1952）将"价值判断"作为价值哲学研究的核心概念和核心问题。他在《评价理论》（*Theory of Valuation*, 1939）中试图颠覆事实与价值以及手段与目的的二元划分，颠覆内在价值与外在价值、目的价值和工具价值的二元划分，主张价值问题是人类生活的核心问题（图 4–1）。

图 4–1　杜威的《评价理论》中译本封面

"价值"曾经被认为是极端唯心主义的概念，价值论在成为一门独立学科时，这个领域也曾经被误认为是资产阶级哲学的范畴，价值论在 1960 年代才引起苏联和东欧国家的马克思主义哲学家们的关注。在我国，价值论的研究是在 1980 年代兴起的，1986 年，在学术刊物上有学者提出"价值哲学"这个名称，目前已初步形成了作为哲学的分支学科的价值哲学体系。它的研究对象是一般价值，包括经济价值、政治价值、文化价值、伦理价值、美学价值、人的价值等各种特殊价值中的一般价值问题，内容涉及到价值关系、价值活动、价值意识、价值观念、价值与文化等问题，继承中国优秀的传统哲学价值观的精华，借鉴西方价值学和价值哲学理论。

4.1.1 价值

价值最初属于经济学概念，指凝结在商品中的一般的、无差别的人类劳动，为商品的基本属性之一。价值一词最初的意义是某物的价值，又称效用，是客体属性的反映，又是对客体属性的一种评价和应用。价值是客体在生活实践中所处的地位，是事物在社会中的异化的存在，也是人类存在的方式，价值一词具有多义性和模糊性。18 世纪中期，德国哲学家和教育家鲍姆加登（Gottlieb Alexander Baumgarten, 1714–1762）创造了"美学"一词，使之成为哲学中的一门学科，首先将价值观念引入了美学，他把美学界定为"关于审美价值的科学"。在 19 世纪，价值的意义从经济学拓展至哲学方面更为广泛的领域。批评中的评价并不是评价客体，而是评价客体的价值对象性。

1）价值是人类存在的方式

价值是人类存在的方式，是客体在社会实践中所处的地位，价值属于一种关系范畴。就本质而言，价值不是实体概念，而是一种关系概念，是指客体与主体需要的关系，也就是客体属性对主体需要的满足能力，价值取决于社会和人的需要。

马克思认为价值是事物在社会中异化的存在，并将事物的社会存在描述为事物的"价值对象性"（die Wertgegenständlichkeit），将价值的对象性，亦即客观性与价值加以区别，将价值看作是价值对象性的表现形式，认为价值是一种在内容方面受到客观的价值对象性和主观的规范所约束的现象。价值对象性是事物的社会存在，是在主体意识中实现的社会存在。马克思不仅把价值概念看作是经济问题，而且还把它看作是哲学问题，马克思以下列的方式规定了物的社会存在的概念：

"由于商品的价值对象性只是这些物的'社会存在'，所以这种对象性也就只能通过它们全面的社会关系来表现，因而它们的价值形式必须是社会公认的形式。"[3]

因此，价值是现实世界，包括物质世界、精神世界和文化世界对于人的发展的一种开放式关系。价值关系就是社会的，首先是人的实践关系。价值是客体与主体的关系的产物，是客体满足人的需要的关系。当客体满足了主体的需要时，客体对主体而言是有价值的。当客体部分地满足了主体的需要时，客体对主体而言具有部分价值。当客体不能满足主体的需要时，客体对主体而言是无价值的。简言之，价值是客体对主体的价值。价值具有两重性，即作为对象化的价值以及作为需要对象的价值，二者相辅相成，互为因果。有必要区分批评主体与价值主体，批评主体与价值主体在逻辑上是不同的，价值主体属于批评客体中的一部分。当批评者所判定的是价值客体对自己所具有的意义和价值时，批评主体就会与价值主体重合。

2）价值判断

价值判断是一种评价判断，这种判断根据一定的价值观及其规范来说明客体的价值对象性。当我们说"某张椅子是圆的"、"某个人是男人"、"某条线是直的"时，这些判断所包含的关于客体属性的信息不取决于主体而存在，它们是与客体的认识关系。而当我们说"某张椅子是有用的"、"某个人是善良的"、"某条线是美的"，它们意味着一种与客体的评价关系，不仅说明现象和对象的客观属性，而且说明客体对主体的关系。因为只有对于主体——人，现象和对象才是有用的、善良的、美的。至于艺术作品，必然包含与所反映的现实的评价关系，它本身就是一种特殊的价值——艺术价值。没有艺术评价活动，就不可能有对作品的知觉。因此，研究审美现象，评价艺术现象必须运用价值论。

在现实社会中，价值的衡量也会以主观感觉为尺度，以主观感觉为尺度的批评，是人类批评活动的一种基本的、普遍的批评形式。它的基本原则是：当价值客体引起批评主体某种愉悦、赞赏、激动的感觉时，批评主体会认为价值客体具有正面的价值。当价值客体引起批评主体的厌恶和反对时，批评主体就会认为价值客体具有负面的价值。当批评主体对价值客体无动于衷时，批评主体就认为该价值客体没有价值。

价值不仅受到社会实践的制约，而且受到个体实践的制约。也就是说，对某种现象的评价，不仅取决于它在社会中的意义，也取决于它在批评家以及与其有关的生活中的意义。价值是对某种主体的价值，价值概念必须以价值与人和社会的相互关系为前提，这种关系是客观形成的，不以人的主观意志为转移。

西班牙裔美国哲学家、文学家、批判实在论的创始人乔治·桑塔亚那（George G. Santayana, 1863−1952）用价值理论考察美和艺术问题，他认为美学是一种价值学说，美学和伦理学一样，都是研究人类以感情为基础的判断活动的，在人的欲望、情感和兴趣以外，不存在任何价值。桑塔亚那的第一部哲学论著《美感》（*The Sense of Beauty*, 1896）就是论述美学的著作，他认为要从主客体的关系来讨论美，美是一种价值，美的哲学是一种价值学说。桑塔亚那还认为，审美价值是积极的，是对善的感觉，是一种快乐的情感，而这种情感是一种内在的积极价值。他在书中指出：

"美是一种积极的、固有的，客观化的价值。"[4]

逻辑实证主义维也纳学派的创始人、德国哲学家、物理学家莫里茨·石里克（Moritz Schlick, 1882−1936）认为，价值是建立在快乐感情之上的。他主张：

"价值只能建立在快乐感情之上，它将使幸福的概念与最有价值这一概念同一。"[5]

以苏联美学家、艺术学家列昂尼德·斯托洛维奇（Leonid Naumovich Stolovich，1929−2013）为代表的审美学派不仅从意识论的观点，而且从审美评价意义上来理解艺术现象，主张审美价值的客观性，把审美关系看作是一种价值关

图 4–2 《审美价值的本质》

系，自 1960 年代中期起，提出了系统的审美价值理论，认为人与现实的审美关系是一种价值关系，审美价值关系的实质是主体与客体的评价关系。他的论著《审美价值的本质》在 1972 年的问世，标志着价值论美学体系的建立（图 4–2）。斯托洛维奇认为研究美学必须运用价值论：

“人的审美关系历来是价值关系，没有价值论的态度，要认识它原则上是不可能的。审美关系的客体本身具有价值性。”[6]

英裔加拿大哲学家梅内尔（Hugo Anthony Meynell，1936–）的《审美价值的本性》（*The Nature of Aesthetic Value*，1986）中讨论审美的客观性时，也引入了价值标准。

美国哲学家、自然科学家、逻辑学家拉尔夫·巴顿·佩里（Ralph Barton Perry，1876–1957）从价值的本体论意义上讨论价值，认为价值是按照兴趣来定义的，而兴趣指的是本能、欲望、感情、意志以及它们的状态、行为等。以兴趣或者以感觉为尺度的批评是价值认识的一种形式。在建筑批评中，以兴趣与感觉为尺度的批评也具有重要的地位。一幢建筑只有能打动人们，就像我们通常所说的能激动人心，或者能引起人们的兴趣，才能被人们所发现，所认识，所理解。一旦人们发现这幢建筑有价值，就会引起更多的人对它感兴趣。当然，这可能只是对一部分人起作用，但这一部分人会对这座建筑广泛地加以介绍。

3）价值的性质

关于价值的性质，目前有以下四种观点：

第一种观点，以德国哲学家文德尔班和美国哲学家佩里为代表的主观主义价值观，他们认为某事物之所以有价值是因为它被想望，价值是一种主观的东西。持这种观点的人认为价值是感情的表达，把主体的愿望、意志、兴趣等心理状态的东西作为价值的根源，否认价值的客观性。

第二种观点，以德国哲学家尼古拉·哈特曼（Nicolai Hartmann，1882–1950）为代表的客观主义价值观则认为，某事物之所以被想望是因为它有价值，价值就是客体属性。持这种观点的人认为价值是指客体能够满足主体需要的功能和属性，仅仅把价值与客体联系在一起，而忽视主体在价值形成中的作用。

第三种观点则认为，价值是“第三领域”，价值既不属于物质，也不属于意识。

第四种观点把价值看作是符合自控系统目的的东西。持这种观点的人从客体是否符合主体目的，从客体对主体的生存和发展是否有效应的角度来理解价值。

一般来说，价值具有以下六种基本性质：

(1) 价值不是想象中的纯粹观念的关系，它作为主客体的实践关系的特定方面，是一种源于实践而形成的社会客观的必然关系。价值关系是由实践创造的，并构成实践关系的有机组成部分，是规定或制约实践的要素。价值观念是人们在追求和实现生命价值的过程中，由一定的物质生活方式所形成和制约的、主导自身思维方式和行为方式的基本准则，它是实践地形成的。价值是建筑与城市的积极元素，可以从精神领域转化为物质实体，并表现在城市与建筑中。城市与建筑以及城市空间的形成都是某种价值观导向的结果。

(2) 价值是人类存在的方式，价值关系是“属人的现实”、“属人的关系”，即现实世界与作为目的本身的人的发展关系。人的需要归根到底体现了人的本质，能满足人的需要的客体体现着人的本质力量的对象化。这样，人与物之间就发生了“属人的关系”。俄国学者索洛杜依说：

“所谓价值其实也就是体现并凝聚在对象中的社会关系，也就是马克思所谓的本质力量的对象化。”[7]

从根本上说，价值关系是人作为社会主体的一种存在方式，这种存在方式就是以发展求生存，由此而形成社会的价值取向，从而建构社会的价值体系。德国哲学家尼采在 20 世纪初提出重新估价一切价值的主张，主张生命本身就是价值，价值最终是“对生命的价值”。

(3) 价值作为现实世界对于人的发展的客观关系，具有时间的矢量性和方向性。这种关系不是某种既定的静态关系，而是趋向未来的一种动态关系。实践中的客体对于主体的价值关系，本质上包括着未来决定现在的客观趋向。在人类的活动中，最有价值的是那些不仅属于过去和现在，而且也属于未来的、具有无限发展潜能的东西。价值的这种矢量性和方向性，是人们意识中的“超前意识”的客观基础。价值是关系概念，而不是实体概念。也正因为如此，人们十分重视具有发展前途的新生事物以及隐藏在事物背后的发展趋势。

(4) 价值是以否定性为媒介的辩证关系。人类世世代代的创造活动之间，活动的直接后果和间接后果之间，贯穿着肯定因素和否定因素的相互转化关系。从总的发展趋势来看，是不断扬弃被否定的因素，达到否定之否定，即在更高水平上实现对人的本质力量的肯定。

(5) 价值是以自我意识为媒介的客观关系。实践本身同时也是价值实现或创造价值的活动。

(6) 价值可以区分为正价值和负价值。正价值和负价值取决于对批评主体的价值，正价值和负价值有时候是相对的，例如在建筑批评中，负面的价值仍然在一定程度上具有认知和教育价值。

4.1.2　价值的历史性

价值的社会性使价值具有历史意义，价值归根结底是社会价值，价值的社会性决定价值的历史性。价值的社会性就是价值受社会制约和影响的性质，也就是价值受一定的社会生产方式、生产关系、社会经济、政治制度和社会文化等的深刻影响和制约的性质。价值活动是社会中的价值主体主动进行认识、评价、创造、实现价值的活动，而这一价值主体就是社会的人。人既是社会实践的主体，又是社会实践的产物。此外，由于价值是客体与主体的关系概念，也就是社会关系，因此，价值是在社会历史中形成的，它们不仅在时间上是相对的，而且在空间上也是相对的。也就是说，在同一时间里，在历史地形成的各个人类共同体中，在各个民族生活的实践中，存在着各种各样的，有时甚至在某些方面相对立的价值。

价值随历史的演化而发展演变，社会生产力的变化推动着价值体系的变化，不同的文化信奉着截然不同的价值。芬兰社会学家爱德华·韦斯特马克（Edward Westermarck，1862–1939）把人类学、社会学和哲学综合在一起，在他以丰富的历史资料进行论证的两部著作《道德观念的起源和发展》（*The Origin and Development of the Moral Ideas*, 1906–1912）和《伦理的相对性》（*Ethical Relativity*, 1932）中，韦斯特马克说明了不同的社会和个人对道德判断的巨大差异，由于环境、宗教信仰和道德的差异，不同的时代和不同的文化之间，价值观和道德标准都会有很大的差异。[8]

1）历史上的价值取向

价值取向在历史上的演变是各种因素综合作用的结果，是物质生产方式与精神现象的有机结合、相互作用的结果，又是一定文化现象的深层反映的结果。早在远古时代，"价值"、"评价"这些词汇就已经出现，用以揭示人与世界的特殊关系，评价某个对象在它与人的关系中所具有的意义，评价某个对象在它与人的关系中所具有的意义。最早关于价值理论的著作可能是公元前4世纪的古印度著作《利论》，《利论》又译作《政事论》或《治国安邦术》，从梵文的原意来看，是"关于价值的科学"。在书中，价值不仅是宗教的基础，而且是感官愉悦的基础。价值最先在政治和经济方面得到研究，书中的论述，用今天的话来解释就是：

"财富、价值保障人类生存。（在这种情况下）人们居住的地球是价值。我们称之为价值科学的真正科学，乃是获得这种地球和维系它的手段。"[9]

在人类社会的早期阶段，价值问题基本上局限于伦理价值，仅仅从善恶关系方面来认识和说明价值问题。古希腊时代的哲学家柏拉图（Plato，公元前427–前347）就曾探索过善、目的、正义、美德、义务、审美、人生的意义等问题，这些问题都属于价值范畴。对柏拉图而言，世界观是其价值论的思想基础，价值论是其世界观的"边缘性理论"，柏拉图哲学在本质上仍然是一种世界观哲学而不是价值论哲学。人类社会的第一个价值体系是原始公有制社会的价值体系，或者说是一种自然价值体系，这种价值体系在思维方式上，特别强调人对自然的支配，把人看作是万物的尺度。正如古希腊思想家和诡辩学家普罗塔哥拉（Protagoras，约公元前485–约前410）的著名命题所说：

"人是万物存在的尺度，是存在者如何存在的尺度，也是非存在者如何非存在的尺度。"[10]

在中国的封建社会时期，社会的价值体系以儒家思想中的"仁"和"礼"为核心，大致说来，"仁"构成价值体系的思想内涵，而"礼"则构成价值体系的行为规范，形成了以"天、地、君、亲、师"为核心的价值体系。中国传统的封建社会价值体系始终是以儒家的伦理观作为核心思想演化的，但是，这种价值体系又混合着诸子百家的多元价值观。中国传统文化在历史发展中，通过对天人、群己、义利、理欲等关系的规定，逐渐展示了特有的价值观念。自鸦片战争以来，尤其是“五四运动”以来，中国社会进入了一个全面变迁的历史阶段，新旧文化交替，形成了一个对价值重新评估的时代，传统的价值观念受到冲击并不断解体，现代观念层出不穷，这一过程一直延续到今天的中国社会。

中世纪社会同古代文明有明显的区别，新的美学意识和新的价值观念就是中世纪社会的思想基础。中世纪的神学哲学家们把价值范畴引入哲学领域，中世纪的价值观念在本质上是一种神学观念，形成了神学化的价值哲学。为了证明上帝的存在，这些神学哲学家把上帝看成是最富有价值的实体。他们认为，世界是有价值的，因为世界是由有价值的上帝所创造的，人也是有价值的，因为人“分享”了上帝的价值。一般而言，中世纪的社会缺乏对物质财富的追求和关心，因而物质的价值并没有成为决定社会结构和人道行为的主要因素。中世纪的社会重视主观意识的作用，产生了许多脱离实际的幻想和抽象的概念，排斥理智和人性的宗教对于中世纪的价值观念有极大的影响。

随着西方世界从文艺复兴一直到 19 世纪进入商品社会的演变过程，一切都被商品化和价值化。不仅人们用于交换的劳动产品成为了有价值的商品，而且人的劳动及人类本身也都变成了有价值的商品。人的生存、活动、思想都价值化了，政治、法律、文化、科学技术、文学艺术等都渗透着价值观念。意大利文艺复兴的人文主义者追求的是人的价值和真理的价值，德国古典哲学追求的是理性的价值，古典主义艺术追求的是美的价值。英国近代经济学家威廉·配第（William Petty, 1623−1687）、亚当·斯密（Adam Smith, 1723−1790）、李嘉图（David Ricardo, 1772−1823）等从经济学的角度研究价值问题。亚当·斯密是古典政治经济学的代表，近代政治经济学的创始人。他从人性出发，研究经济问题，提倡经济自由放任，反对重商主义和国家干预，主张重农主义。大卫·李嘉图是英国经济学家，英国古典政治经济学的代表，主张自由贸易，反对谷物法，提出劳动价值学说。

德国的康德学派提出了一个大胆的思想，认为价值是由真、善、美构成的。19 世纪中叶，经过德国哲学家、美学家鲁道夫·赫尔曼·洛采（Rudolf Hermann Lotze，1817−1881）的努力，价值学说由一般的理论发展成为一门独立的新兴的价值论。洛采把宇宙划分为三个范围：首先是普遍规律——真的王国；其次是现实的事物、物体和形象的世界；再次是对善、美和神圣的思想作价值确定的世界。因而，价值是与真和现实相对的特殊世界。

德国哲学史家文德尔班提出了真理与价值的区别问题，李凯尔特发展了文德尔班的思想，他研究了文化科学，认为自然现象是一种价值中立的现象，而文化则与价值相关。“价值”是李凯尔特的历史哲学，也就是文化哲学的基本范畴。他认为价值是区分自然和文化的决定性标准，自然没有价值，不需要从价值的观点加以考察，而文化产物必定是有价值的，必须从价值的观点加以考察。他认为价值能够附着于对象之上，并由此使对象变为财富。其次，价值能够与主体的活动相联系，并由此使主体的活动变成评价。[11]

马克思主义哲学也将价值论纳入哲学的范畴，马克思不仅把价值概念看作是经济问题，而且还把它看作是哲学问题。马克思以剩余劳动理论为基础，揭示了价值的劳动本质，从而将价值概念从单纯的经济学范畴提升为历史的范畴，因此，历史过程就是价值的生成过程。追求价值成为人类社会进步的原动力，价值是衡量一切人类行为，特别是社会行为的判断依据。价值的哲学意义就体现在生产力与生产关系、经济基础与上层建筑、社会存在与社会意识的辩证关系之中。

2）价值与真理

真、善、美，仁、义、礼，丑、好、恶，功、利、伪等，都是价值词，一般认为真、善、美这古老的三位一体代表了最高的价值。历史上有过无数种价值词的表述，其中，真一般总是处于首位，真是对世界的认识，真意味着真实和真理。“真”相对于“伪”，“真理”相对于“谬误”，真理是对认识价值、知识价值和科学价值的肯定。作为价值范畴的真理是指认识和知识价值，其基本特性是理性和客观性，是主体的观念符合客体，是客观事物的本质和规律的正确反映。

古希腊哲学家苏格拉底（Socrates，约公元前470– 前399）提出“美德即知识”的命题，最先主张“真”与“善”的统一。古希腊哲学家柏拉图论述了美德与知识（理性）的关系，指出理性是美德的基础。法国数学家、科学家和哲学家笛卡儿（René Descartes，1596–1650）也主张理性是道德的基本原则。从康德学派开始，一些价值论学者认为价值与真理无关，他们认为自然科学和文化科学的区别就在于，自然科学从整体上说是研究真理的，而历史的文化科学的目的则不是形成普遍的概念或规律的概念。

价值与真理有必然的联系，可以以科学理论的探求为例。科学的目标是寻求真理，而科学也与价值有关。科学的思维和方法在很多方面都是一种选择，要在相互竞争的理论之间作出评价和选择，评价和选择必然受价值判断的影响。科学家在从事理论研究时，不仅会面临量的选择，也会面临质的选择，这种选择是主观因素和客观因素的混合。美国科学哲学家库恩认为科学是以价值为基础的事业，好的科学理论应当具备五个特征：精确性、一致性、广泛性、简单性和富有成果性，这些特征也是科学价值词，精确性、广泛性、富有成果性等价值是科学的永恒属性。科学价值的变异与科学理论的变革有关，科学价值从经验中获得，并随经验而变化。库恩指出：

“不同创造性学科的特点，首先在于不同的共有价值集合。”[12]

真理与价值是涉及人类实践的根本问题。日本哲学家、作家牧口常三郎（1871–1944）认为价值与真理无关，他主张价值概念由得、善、美构成。在牧口常三郎看来，自然科学从总体上说是研究真理的，而社会科学的所有领域，包括经济学、教育学和哲学在内，都是以价值作为研究的对象的。牧口常三郎认为，价值的要素是美、丑、得、失、善、恶。

3）价值与评价

评价是价值实现的方式之一，评价在实质上就是对评价对象的价值对象性的表现形式的判断。价值是客观存在，是在社会的历史实践过程中形成的。评价的对象是价值的对象性，价值对象性在评价中得以表现，评价表述客体的社会存在。

评价是对价值的主观关系的表现，每个社会群体和个体都是根据自己的方式和价值观念进行评价的。价值与评价具有十分密切的关系，评价就是对社会存在价值的表述，价值在评价过程中不断被认识，捷克哲学家布罗日克（V. Brožik）认为：

“正是在评价过程中，某种事物对于我们才成为美好的、完善的、进步的、高尚的、神圣的、有用的或者正义的东西；也只有在评价过程中，价值的客观本质才获得自己的品格，使作为价值的主体明朗化。”[13]

李凯尔特把“价值”与“评价”加以区分，他认为价值与现实有两种联系方式，一种是价值附着于对象之上，使对象变成财富，另一种方式是价值与主体的活动相联系，使主体的活动变成评价，一切文化现象都表现出某种价值（图 4–3）。李凯尔特认为：

“价值决不是现实，既不是物理的现实，也不是心理的现实。价值的实质在于它的**有效性**（Geltung），而不在于它的实际的**事实性**（Tatsächlichkeit）。但是，价值是与现实**联系着的**，而我们在此以前已知道其中的两种联系。首先，价值能够附着于**对象**之上，并由此使对象变为财富；其次，价值能够与**主体**的活动相联系，并由此使主体的活动变成评价。”[14]

图 4–3　李凯尔特的《文化科学和自然科学》

也有一些学者将价值等同于，或者归结为评价，他们认为，价值是评价的结果，主张价值只可能在对评价它的主体的关系中存在。[15]

价值词本身就是一种评价，一种判断，英国哲学家和伦理学家诺维尔 – 史密斯（Patrick Horace Nowell–Smith，1914–2006）认为价值词具有评价意义：

“它们（价值词）用来表示趣味和喜好，表示决断和选择，用来评论、分级和评价，用来建议、训诫、警告、劝说和劝阻，用来称赞、鼓励和谴责，用来颁布规则并令人注意规则。”[16]

4）知性与价值

日本经济学家、作家堺屋太一（1935–）认为，未来社会是与新的价值观念同时出现的。新的价值就是“知识与智慧的价值”，未来社会应当称为“知识价值社会”，也就是知识与智慧的价值大大提高的社会。知识价值社会是比起物质财富的生产，更为重视创造“知识与智慧的价值”的社会。在这个社会中，对物质财富的数量上的需求会逐渐减少，而会增加对“知识与智慧的价值”的多样化和国际化需求。堺屋太一认为，从 1980 年代起，人类社会已经进入了“知识价值革命”的时代。[17] 实际上，这种知识价值观最早是由英国哲学家弗朗西斯·培根（Francis Bacon, 1561–1626）那句著名的口号“知识就是力量”（Knowledge is power）提出来的。

在知识价值社会中，“知识与智慧的价值”将成为社会产品价值构成中的主要成分，从而在很大程度上决定社会结构和人的行为准则。影响“知识与智慧的价值”的主要因素是社会成员的主观意识，“知识与智慧的价值”是可变的，同时又具有时间性。对创造“知识与智慧的价值”的人来说，最重要的生产资料是个人的知识、经验和价值观念。以建筑设计为例，设计的创造性将越来越占据重要地位，人们的审美价值观念和建筑师的审美价值观念将起决定性的作用，而社会也会越来越尊重建筑师的创造性。建筑的价值不再是以消耗的物质财富来衡量，而是以“知识与智慧的价值”、以建筑师的智力和他们在建筑上所倾注的创造性来进行判断。

4.1.3 价值体系

价值体系作为一种社会精神现象，建立在人类对生命价值、对社会历史价值的认识和理解上。人类是在一定的价值体系中生存、思维和创造的，而批评体系又建立在一定的价值体系之上。

价值体系是一定的社会关系的反映，生产关系、意识形态、伦理体系、文化背景、生活环境、社会生态系统、地缘政治因素等都对价值体系产生影响。价值体系是社会文明的组成部分，是行为、信念、理想与规范发挥其功能及能动作用的准则体系，这是一种社会性的主观规范体系，是一个处于动态变化中的历史形态。在社会生产力的推动下，人类的生产方式、生存方式以及人类与自然的关系、社会的生产关系都经历了一次又一次的变化，人类社会价值体系的演变和发展经历了许多次的历史选择，原有的价值体系不断地解体，新的价值体系又不断地得到重构。

1）价值的范畴

历史上存在着各种各样的价值分类，从总体上说，价值可以分为八大类型：哲学价值、经济价值、物质价值、社会价值、审美价值、文化价值、生态价值、伦理价值。美国哲学家佩里在他的《一般价值论》（*General Theory of Value*，1926）中探讨了价值的八种类型：道德价值、美学价值、科学价值、宗教价值、经济价值、政治价值、法律价值和习俗价值。

阿根廷哲学家科尔恩（Alejandro Korn，1860–1936）把价值分为九种类型：经济价值（有用和无用）、本能价值（同意与不同意）、爱的价值（可爱与可恨）、生命价值（选择的和一般的）、社会价值（合法的与不合法的）、宗教价值（神圣的与世俗的）、伦理价值（善与恶）、逻辑价值（真与伪）、美学价值（美与丑）。

德国社会与伦理哲学家马克斯·舍勒（Max Scheler, 1874–1928）将价值从低级到高级划分为四种：感官价值、生命价值、精神价值和宗教价值。在舍勒的价值体系中，由现象学的分析揭示出了一个以自身为根据的客观的价值领域，这个领域是以一系列的相互区分的价值范畴所形成的：人的价值和物的价值；自身固有的价值和他人的价值；自身的价值或由自身引起的价值，例如工具的价值；行为的价值，例如认识、爱、意志以及反应的价值，例如同情；思想的价值、行动的价值和成果的价值；意向的价值和状态的价值，也就是单纯体验的价值；基础的价值和关系的价值，譬如人格价值和由人格所建立的社会共同体关系的价值；

个人的价值和集团的价值等。

同时，可以按照相对的范畴进行分类，许多价值是在一些相对的范畴中显示其意义的，例如物质价值与精神价值，现实价值与观念价值（想象价值），固有价值（先天价值）与经验价值，终极价值与工具价值，功利价值与审美价值等。此外，也可以从现象学的领域来划分价值的范畴，例如人的价值与物的价值，自身固有的价值与他人的价值，行为的价值与反应的价值，思想的价值与行动的价值，意向的价值与状态的价值，基础的价值与关系的价值，个人的价值与集团的价值，自身的价值与由自身引起的价值等（图4–4）。

图4–4 舍勒的《伦理学中的形式主义与质料的价值伦理学》

2）哲学价值

哲学价值是普遍价值，是对真、善、美、利等所有价值范畴的总概括。哲学价值主要是对主体发展、完善的价值，最根本的是对社会主体发展、完善的价值，它涉及生命价值的根本范畴。属于这一范畴的有存在价值、终极价值和内在价值。存在价值也就是人的价值和生命价值，莎士比亚的不朽悲剧《哈姆雷特》第三幕第一场中哈姆雷特那句著名的独白——“是活着还是死去”（To be or not to be），就代表了对存在价值的思考。俄裔美国哲学家、作家安·兰德（Ayn Rand，1905–1982）认为终极价值是所有其他价值所依赖的价值，每个人都必须选择他自己的价值：

“一种终极价值是那种最终目标或目的，所有较小的目标都是为达到它而采取的手段——它也是对一切较小目标进行衡量的标准。一个机体的生存就是它的价值标准：凡是增进它的生存的就是善，威胁它的生存的就是恶。”[18]

终极价值是目的性的价值，作为价值创造过程的结果，它能唤起我们的某种需要，因为它表现为这种需要的对象。内在价值是内在具有某种价值的性能、功能或能量，是客体具有的，作用于主体，产生某种价值的内在的现实可能性。

人的价值是哲学价值的核心，它是由下列价值范畴组成的：人生价值，也就是生命价值；体现人与自然的统一关系的生理–生物价值；反映人与自然、人与社会的统一关系的认识价值；表现人与人的统一关系，人与文化的统一关系的行为价值。

3）经济价值

经济价值是指物（特别是商品作为物品）所具有的满足人们需要的有用性，反映的是特定主体和客体关系下的客体。属于经济价值范畴的有交换价值、商品价值、使用价值和非使用价值。经济价值是一种主要与效用、功能有关的价值范畴，取决于使用价值，尤其取决于使用价值的有用性。经济价值是人的利益和需要的表现，经济价值是所有的价值中，唯一不成为需要对象和不可能成为需要对象的价值。经济价值是与人类存在相对立的财产的存在方式，正是在经济价值中，价值的两重性，即作为对象化的价值和作为需要对象的价值才表现出来。

交换价值是价值内容的外在表现形式，这个“内容”是指所耗费的人的劳动力所凝聚的价值。独处孤岛的人在生活中所见到的只是各种东西的使用价值，而在互相交易的经济中，就要考虑交换价值。交换价值就是根据一种预期的交换行为而赋予财务的那种价值，这种意义上的交换价值和使用价值具有同一性质，交换价值来源于使用价值，而且是使用价值的一种发展形式，使用价值是交换价值的物质载体和前提。使用价值是对象的有用的或产生愉悦的属性，表现为事物对人的有用性，使用价值是价值的物质承担者，与需求有关，离开使用价值就不存在经济价值，使用价值是客体对主体的直接的实用价值。

经济价值是在资产评估的意义上来衡量的，是指建筑、建筑现象和建筑活动所具有的经济意义、经济水平和量化的资产状况等。例如我们说上海大剧院的总造价是 12 亿人民币，这是指上海大剧院的经济价值——在建造时的造价。政治价值是指建筑、建筑现象或建筑活动所具有的政治意义、社会意义和建筑的象征作用等。

4）物质价值

物质价值就是物质客体对主体的效应。按照物质客体的特点，又可将物质价值分为自然价值、人化自然的价值和社会存在的价值。

自然价值就是天然物的价值。自然价值是一种源于财物数量和效用之间的社会关系的价值，自然价值是形成交换价值的一个因素。人化自然也具有价值，人化自然是人的本质力量对象化的产物，是经过人类劳动加工和改造的、主体本质力量对象化的产品，也是人类生存发展的物质基础。人化自然是社会发展的表现，表达了人类社会以及生产力水平、科学技术水平的进步等，人化自然具有审美价值和经济价值。物质价值的社会存在包括许多内容，其中，最根本的是生产力、生产关系等，也包括物质生产活动，即生产劳动或生产实践。

建筑的物质价值表现在建筑内部和外部空间的物质组成上，如建筑材料、建筑所折合的固定资产、建筑的组成部分和设备满足功能的程度、建筑所体现的科学技术水平等。

5）社会价值

社会价值是人化与社会化了的自然所具有的潜在的价值和显现的价值的总体，属于社会价值范畴的有政治价值、法律价值、历史价值。社会价值是指建筑、建筑现象和建筑活动所具有的社会意义，是满足社会需要的一种能力。

建筑是意识形态的特殊表现方式，在建筑活动的背后隐藏着社会历史原因，在建筑价值背后隐藏着建筑的社会价值。建筑的社会价值是与社会对建筑的需求直接相关的，也涉及到建筑在社会中的作用，如建筑能否推动社会进步，建筑能否批判和改造社会，建筑能否促进社会公平与公正，关注弱势群体。

尤其是在城市规划和城市设计中，社会价值具有重要的意义。几千年来，城市永远是政治家、思想家、哲学家、社会学家、经济学家、历史学家、建筑师、规划师、作家、艺术家和广大的学术界所研究、处理或为之终身奋斗的事业。在不同的人们看来，城市有着不同的意义。政治家把城市看成是政治活动的中心舞台。历史学家认为，城市是一部用建筑写成的史书。社会学家说城市是人口密集的社区，是一种生活方式。经济学家将城市看作是生产力的聚集区和经济活动的中心。建筑师和规划师则认为城市是一个建筑的社会生态系统，是能够与时代共同成长的大规模的复杂工程或建筑。

奥地利裔美国建筑师诺伊特拉（Richard Josef Neutra，1892–1970）所主张的生物现实主义（Biorealism）认为，建筑师必须意识到人对人类无论做好事还是做坏事的潜能都十分惊人。[19]

社会对建筑的影响是十分深远的，建筑所涉及的面极为广泛，建筑是社会价值的体现，是社会政治、经济和文化的符号。从根本上说，是社会存在创造了建筑和建筑的形式，不同的社会现实会深刻影响建筑和建筑师，影响他们的观点和态度，从而直接导致建筑及其形式的演变。从城市的结构和布局，从建筑的形式到建筑的功能要求，都是社会现实的反映。建筑的复杂性和重要性说明，建筑的实现绝非建筑师的个人力量能全部决定的。意大利建筑理论家、建筑师和建筑教育家贾恩卡罗·德卡罗教授早在 1970 年就曾指出：

“在现实中，今天的建筑过于重要，以至于不能只留待建筑师们去处理。因而，切实需要真正地改变这种状况，以促使建筑的实践形成新的特质，并在建筑的‘作者’中形成新的行为方式：因此，必须消除建造者与使用者之间的隔阂，建造和使用就会成为同一规划过程中的两个不同的组成部分。建筑所固有的主动性和使用者的被动性之间的矛盾也就必然会在共同创造的条件下得到化解，并得以平衡。”[20]

贾恩卡罗·德卡罗教授是“CIAM 第十次小组”的创始人之一，他相信，建筑师应当以建造促进社会进步（图 4–5）。他认为，建筑师所能解决的问题只不过是整个人类、社会与经济中的一个小小的方面，建筑的任务应当由社会共同承担。这样说并不等于建筑师可以放弃责任，而是应当通过社会的参与来更好地实现建筑的目标。这种参与并不意味着建筑师只需要被动地满足人们的要求，或着眼于限制建筑师的个人决断。德卡罗认为，自从 18 世纪的启蒙时期开始，广大民众就越来越被排除在自身生活环境的设计之外，建筑设计已经成为一种手法和形式的游戏，成为自我完善的封闭小天地。德卡罗从 1950 年代起，就以建造促进社会进步的建筑为己任，他在意大利中部的小城市乌尔比诺先后工作了 30 多年，在这座历史城市的改建规划、历史建筑的保护与改造、新建筑的探索上做出了卓越的成就。他所从事的锡耶纳历史城市的保护与再开发研究，如乌尔比诺大学城（1973–1983）、威尼斯马佐尔波住宅区（1979–1986）的设计等，已经成为当代建筑师反映社会现实的典范（图 4–6）。

图 4–5　德卡罗

6）审美价值

审美价值是事物对人所具有的审美意义，取决于事物审美特性与人的社会实践、审美需要的关系，审美关系是一种价值关系。舍勒认为，一切审美价值从本质上说首先是对象的价值，审美价值是主体和客体相互作用的结果，是主体和客体的统一。人与现实的审美关系是一种价值关系，审美价值是客观的，审美价值

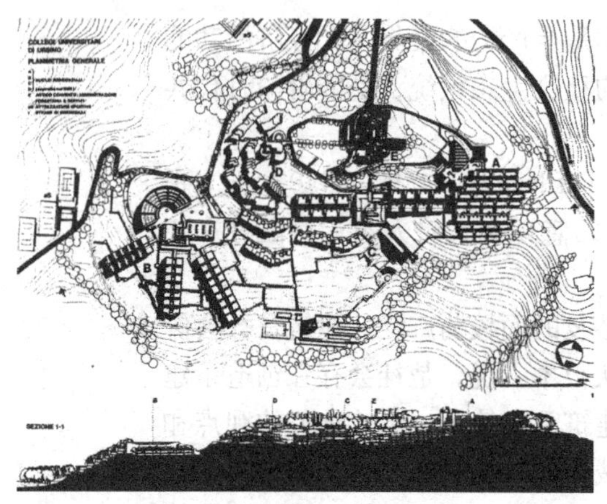
图 4–6　乌尔比诺大学城

关系的实质是主体对于客体的评价关系。苏联美学家列·斯托洛维奇指出：

"审美价值是客观的，这既因为它含有现实现象的、不取决于人而存在的自然性质，也因为客观地、不取决于人的意识和意志而存在着这些现象同人和社会的相互关系，存在着在社会历史实践过程中形成的相互关系。"[21]

美、审美和审美价值是一种客观存在，审美价值是事物存在的价值，也是主体和客体之间的审美关系。人的审美关系是价值关系。德国哲学家尼采认为，审美价值是唯一的价值，主张人是价值的创造，提出"重估一切价值"，他曾说过：

"当我们谈论价值，我们是在生命的鼓舞之下，在生命的光学之下谈论的；生命迫使我们建立价值；当我们建立价值，生命本身通过我们评价……"[22]

德国哲学家哈特曼认为："审美价值是对象存在本身的价值。"同时，他也指出："审美价值是表现的价值。"[23]

法国美学家、现象学美学的代表人物米盖尔·杜夫海纳（Mikel Dufrenne, 1910–1995）认为，艺术是价值的持有者和创造者，任何作品都有一种内在的价值，而且是真正的审美价值。价值就是完善，这是一种准则性的价值。杜夫海纳将美与有用、愉快、可爱、真和善等五种价值并列，审美价值也就是审美对象的意义：

"价值就是存在，就是完善的存在。真正地存在也就是根据真实性而存在。……价值就是对象之所以成为有价值的对象的东西。它不是任何外在于对象的东西，而是符合自己的概念、完成自己的使命时的对象本身。"[24]

就批评的意义而言，审美就是评价，其标准取决于批评主体的审美趣味和审美理想。审美属性在本质上是价值关系，审美价值是指自然和人、物质和精神、客体和主体相互作用而产生的效果，既不是物质世界的纯粹客观性质，也不能归结为主体的感觉。斯托洛维奇认为：

"审美知觉和审美体验在本质上是评价的，审美趣味和审美理想是审美评价的主观标准。"[25]

不同的艺术都具有自身独特的审美价值，具有特定形式所内含的价值。除审美价值外，建筑还具有认知价值、社会价值、历史价值、文化价值、教育价值、经济价值、情感价值、道德价值等，有些建筑还具有政治价值和宗教价值等。

7）生态价值

就环境而言，人类社会存在着三种主要的生态系统——自然生态系统、农业生态系统和城市生态系统。[26] 这三种生态系统相互之间是一种共生的关系，一种相互适应和共同进化的关系。正如英国生物学家马尔腾(Gerald G. Marten)所说：

“相互适应和共同进化是生态系统的显性属性。相互适应（适应彼此）是共同进化（共同变化）的结果。”[27]

生态价值包括自然价值和环境价值，涉及人类社会与自然环境之间的基本关系，涉及人类的社会生态系统，也涉及城市的生态系统。自然价值是指建筑与自然的关系，顺应自然、模拟自然的情况等。环境价值是指建筑与环境保护的关系及其意义，建筑与城市环境的关系及其意义等。长期以来，人类被认为是世界的主宰，以征服自然、控制自然为人类的力量所在，占用自然空间作为社会发展的资源，从而对自然生态产生了极大的破坏。

按照生态价值的观点，人类也是自然的一部分，与自然共生、共存，而西方传统的观念是人类凌驾于自然之上。中国古代的天人合一的观念认为人不仅是社会的一员，也是自然的一员，是人类最早的生态观念。法国艺术史学家雅克·里纳尔（Jacques Leenhardt）的思想也是这样表述的：

“自然就是一切生物遵循它们自己的法则自然地发展……像其他生物一样，我们人类也是自然的一部分。但是我们的文化常常使我们觉得人类在众多生物共同组成的自然界中具有独一无二的特质，因此人类可以不遵循自然的法则。”[28]

当代生态价值关注的是人与自然的统一，现实世界和理想世界的统一，自然世界与文化世界的统一。就建筑批评而言，应更多地关注城市生态系统，同时也关注以城市为主体的三种生态系统之间的关系。

图 4–7　1993 年斯图加特国际生态建筑展

德国的斯图加特市是举办 1927 年魏森霍夫国际住宅展览会的城市，5 个欧洲国家的 16 名建筑师参加了设计和展出。在 1993 年 5 月至 10 月，斯图加特又举办了从 1988 年就开始筹办的“住宅 2000 实验性国际生态住宅建筑展”，共有 13 组来自瑞典、挪威、芬兰、丹麦、波兰、英国、法国、荷兰、瑞士、奥地利和德国的建筑师参加这个实验性国际生态住宅建筑展，各国的建筑师们以自己的理解阐释生态建筑，从生态、能源以及与自然的关系等方面探讨生态住宅的理念与实践（图 4–7）。

图 4–8　拉德方斯之心

当代建筑注重环境保护、节能，例如法国建筑师让 – 保罗·魏基尔在巴黎的拉德方斯区中心设计了一座综合办公楼——拉德方斯之心（1998–2000），这栋建筑面积为 35 万平方米，高 38 层，建筑的立面应用了双层中空透明玻璃，整座建筑在冬天无须采暖，大大节省了能源（图 4–8）。

8）伦理价值

“伦理”一词源于古希腊语的eros，原意为驻地、住所或公共场所，后被用来专指一个民族的生活惯例、风尚、习俗，并引申出性格、品质、德行等内涵。“伦理”和“道德”这两个概念，无论东西方，都是相通的，往往看作为同义词。实质上，“伦理”更注重精神的意义，关系人生的意义和生命的价值，涉及终极价值。东西方思想中都将“伦理”视为住所，孟子曾经将“仁德”比喻为人类安稳的住所：

“仁，人之安宅也。”[29]

相传为唐代成书的《黄帝宅经》开篇第一句就点明：“夫宅者，乃是阴阳之枢纽，人伦之轨模。”又说：“故宅者，人之本。”

柏拉图和亚里士多德认为，所有的艺术都具有道德性。伦理价值是个人和集体的行为、品质和价值取向对于他人和社会所具有的道德上的意义，又称道德价值，也就是善的价值，正义的价值，属于精神价值的范畴。伦理价值在许多方面表现为一种社会性的契约，社会的伦理道德取向，道德规范，行为规范等。伦理价值和审美价值通常与作品的内在价值相关，在很多方面也是相互重叠的。

伦理价值的实质体现在处理个人与他人以及社会利益的关系等方面，与社会、阶级、文化、意识形态、宗教信仰等密切相关，取决于社会的伦理价值取向。不同的社会发展阶段会产生不同的伦理价值取向，伦理价值集中表现在道德和利益的关系方面，中国古代就有“义利之辩”、“理欲之辩”，表明了伦理价值与利益的辩证统一关系。

伦理价值包括行为伦理、职业伦理、科学伦理、工程技术伦理和环境伦理等范畴。德行、正直、宽容、敬业、诚信、真挚等是人们推崇的行为，恶俗、虚伪、狭隘、欺诈、残酷、冷漠、媚俗、自私、玩忽职守、游戏人生等属于人们摒弃的行为，在不同的文化和不同的历史阶段中，伦理价值有着根本的区别。人们的行为往往是在价值、规范、范式、格言等的影响下作出抉择的，其中，价值起着最具影响力的作用。在普世价值中，伦理价值的文化和历史差异性是最为突出的。

环境伦理与生态价值有关，在许多方面是相互重叠的。环境伦理涉及自然环境和人文环境的保护，注重历史建筑的保护，延长建筑的寿命，节约能源等。

作为一种与社会的关联最为密切的行业，建筑的伦理价值表现为职业伦理、行为规范、执业规范、建筑的社会生态环境、建筑师的理想、建筑的真实性问题和建筑师的社会责任感等。在不同的社会发展阶段，不同的文化环境中，建筑的伦理价值也有着十分不同的表现。

建筑师应当考虑建筑的社会和环境影响，不断学习新事物和新技术，尊重并维护自然和文化遗产，改进环境和生活品质，在建筑中体现对人的关怀，考虑使用者的需求，不以建筑师个人作为参照，不谋私利，积极参与公共事业。建筑师应具有社会责任，具有敬业精神，具有合作和团队精神。关注建造什么，为什么人建造，在何处建造，以什么方式和什么价格建造等。现代主义建筑的普遍理性主义与启蒙运动的道德政治哲学的普遍理性主义有着重要的联系。

建筑作品在道德上的瑕疵也是建筑美学上的瑕疵，一件表现落后思想、反时代精神的作品既是对社会进步的挑战，同时也是道德上的败坏，因而也是一件丑陋的作品。建筑表现伦理，表现价值取向。中国近代建筑师和建筑教育家柳士英先生在 1924 年 2 月的一次谈话中对中国建筑的价值取向进行了深刻的批评：

"一国之建筑物，是表现一国之国民性。希腊主优秀，罗马好雄壮，个性不可消灭，在示人以特长。回顾吾，暮气沉沉，一种萎靡不振之精神，时常映现于建筑。画阁雕楼，失诸软弱；金碧辉煌，反形嘈杂。欲求其工，反失其神；只图其表，已忘其实。民性多铺张，而衙式之住宅生焉；民心多龌龊，而便厕之堂尚焉。余则监狱式之围墙，戏馆式之官厅。道德之卑陋，知识之缺乏，暴露殆尽。" [30]

4.2 建筑批评的主体性

在前面的篇章中，我们已经多次涉及"主体"和"客体"这个概念。主体是一个哲学术语，指实践活动和认识活动的承担者。主体具有独立性、个体性、能动性以及支配并改造客体的能力。主体与客体是一对关系范畴，是以人在现实活动中的地位为标志而存在的关系范畴，在不同的实践活动关系中，主体与客体相互作用，主体与客体的关系会转化。古希腊哲学家亚里士多德曾经在逻辑意义上应用这个术语，表示命题的主语，与谓词相对，指由谓语描述的主语，是某种属性、状况和作用的承担者，是其他事物的基础。主体指客观存在，是具体的实体，而客体是心灵活动所构成的事物，是主观构造出来的。从 17 世纪开始，主体和客体成为了说明人的实践活动和认识活动的一对范畴。法国数学家、科学家和哲学家笛卡儿（René Descartes，1596–1650）把主体看作是事物本身，客体是呈现于思想中的东西。

在康德看来，主体与客体是认识个体与被认识对象的认识论关系，德国哲学家费希特（Johann Gottlieb Fichte, 1762–1814）把主体理解为自我，把意识中的非我作为客体，使主体成为认识的核心，以意识统一主体和客体。德国哲学家谢林（Friedrich Wilhelm Joseph von Schelling, 1775–1854）认为主体是精神的主体，以绝对统一主体和客体。德国哲学家黑格尔主张实体就是主体，强调精神的能动的主体概念，以绝对精神统一主体和客体。

在马克思主义哲学中，除了认识论关系之外，主体与客体的关系也被看作是对象—实践关系。在这一节中，我们要讨论建筑批评的主体，主体与客体的关系。作为一个整体，社会是批评的宏观主体，主体是个人主体和社会主体的辩证统一。

4.2.1 批评的主体性原则

在批评活动中，主客体之间的关系是内在的，由此决定了批评的主体性原则，主体性原则是主体能动性的观念反映。主体和客体的关系不是绝对的，是可以相互转化的。作为批评的对象，建筑的使用者既是批评的客体，在一定条件下，又是主体，建筑是为主体服务的客体，具有使用功能和社会功能。不同的客体对同一个主体具有不同的功能，而不同的主体对同一个客体也会做出不同的评价。批评总是从是否满足主体需要的角度来看待客体对于主体的意义。

1）主体和客体

价值关系必须既有客体，又有主体，也就是对什么进行评价，由谁进行评价的问题。捷克哲学家布罗日克指出：

“每一种价值的表述，都是对主体在社会中的地位的表述，都是主体所处的现实对每一种主体来说是什么的表述，或者是现实对主体来说能够是什么，以及主体希望看到的现实是什么的表述。”[31]

价值关系的客观方面和主观方面的差异在价值论中具有原则意义，因为不同的价值论观点首先依据的是对价值客体和价值意识、价值和评价的相互关系的某种理解。价值不仅是物、对象和现象，而且是它们对于人和社会的客观意义，这种意义是在社会历史实践过程中形成的。例如蜜蜂和马蜂在生物学上是相似的昆虫，然而人们总是温存地谈起蜜蜂和蜂房，而“马蜂窝”、“一窝蜂”等则是对某个群体的贬义词，显然，蜜蜂的审美价值是由它们在人类生活中所具有的意义决定的。这样，物、对象和现象在社会历史实践过程中获得对于社会的人和人类社会的意义后，就不仅作为具体可感知的现实，而且作为各种价值的载体而出现。这些价值可以是物质价值，也可以是精神价值：道德价值、社会政治价值、审美价值和宗教价值。

马克思在《〈政治经济学批判〉导言》中指出：“主体是人，客体是自然。”[32]这两者在实践中形成统一体，马克思主张从主体方面去理解世界。主体是在实践中认识世界、改造世界的人，是具有意识性、自觉能动性和社会历史性的现实的人，主体有社会主体、群体主体和个体主体三个基本层次。客体是主体活动所指向的对象，具有客观性、对象性、社会历史性、客体性。主体和客体相互联系，相互依存，同时产生，相互转化。主体和客体的关系是实践和认识的关系，本质上是社会关系和价值关系。

按照马克思主义的原理，人首先是实践活动的主体，人是一切价值的主体，是一切价值产生的根据、标准和归宿。主体是人，但是人并不一定是主体，人可能既是主体又是客体，也可能是客体而不是主体。主体是实践者、认识者、批评者，客体是实践和认识的对象，是批评的对象。人通过实践活动获得认识能力，并在实践活动中将外在的社会文化转化为内在的认识取向和价值取向，凝聚为认识的图式。主体是个人主体和社会主体的辩证统一，主体和客体的关系是各自在批评实践活动中的相互地位，主体和客体是一对“关系”范畴，而不是实体范畴。

在不同的历史阶段，由于批评主体的知识与经验受到各种制约，即使对同一批评客体也会得出不同的结论。在展开批评之前，有必要先对批评的主体逐一分析。在批评活动中，主体往往以个人主体的方式出现，作为批评主体的个人主体批评，有时候可以说是纯属个人观点。但在大多数情况下，个人主体往往又是社会主体的某种代表，是个体与社会的统一。他们的批评在不同程度上反映了社会的需要。作为批评主体的各个个体之间必然有差异，建筑批评的个人主体属于一个十分复杂的群体，这个批评主体中的各个个体在知识基础、心理状态、文化背景和审美情趣等方面的差异是显而易见的。建筑批评的个人主体可以根据专业程度划分为专家、艺术家、公众和业主。如果考虑到建筑批评的具体化主体与建筑客体的关系，这一划分也是合理的。

2）建筑批评的主体性原则

前面说过，价值不是实体概念，而是一种关系概念，价值的实质在于它的有效性，但是，价值与现实相联系，价值能够依附于客体之上。客体可以是物质、事物，也可以是事件。其次，价值能够与主体的活动相联系，并由此使主体的活动变成评价，成为批评。我们在第一章讨论过的“建筑是批评”的命题，就是价值使主体的活动变成批评的论证。

在批评的过程中，价值是客体对主体的效应，批评的主体与客体相互作用，在一定的条件下也会相互转化。价值因主体而改变，价值批评的主体不仅对客体做出批评，也在不同程度上参与了客体的创造。在批评活动中，主客体之间的关系是内在的，由此决定了批评的主体性原则，主体性原则是主体能动性的观念反映。马克思和恩格斯在《德意志意识形态》一书中说：

“凡是有某种关系存在的地方，这种关系都是为我而存在的；动物不对什么东西发生‘**关系**’，而且根本没有“关系”；对于动物来说，它对他物的关系不是作为关系而存在的。”[33]

为我关系是马克思主义哲学的基本出发点之一，为我关系也就是为主体的关系。为我关系在本质上就是客体属性满足主体需要的价值关系。在认知活动中，主客体之间的关系是外在的。认知活动的目的是揭示事物的本质和客观规律，必须排除主体因素对认知内容的干扰，以揭示客体的本质和规律。批评是主体反映客体属性与主体需要之间的关系，因此批评与客体属性和主体需要联系在一起。

批评的主体性原则表明，批评活动及其结果总是与一定的人、一定的集团和一定的社会利益和审美情趣相联系。主体性是社会的人作为批评主体时的特殊表现，之所以说是社会的人，是因为批评活动是社会的活动，批评主体要对社会负责，建筑作为批评的客体也是为社会服务的客体。承认批评的主体性原则意味着只有从主体出发来评价客体，才能认识客体的价值和意义，才能正确地实现批评内容的客观性，意味着发挥主体的能动性，批评的主体性原则要求批评主体具有自觉性和创造性。

建筑批评的主体性原则建立在主体与客体的实践关系、认识关系和价值关系的基础上以及主体与客体之间相互作用、相互转化的关系上。建筑批评是一种认识活动，又是实践活动，是揭示批评的客体，即批评的对象对于人的意义和价值的观念性活动，是创造未来客体的实践性活动，是批评的主体以一定的标准衡量客体意义并规范虚拟客体的活动。在此，批评的主体就是从广泛的意义上所说的社会和人。在批评学中要研究批评的主体和客体之间的关系，在批评的过程中，主体与客体任一方的变化与不同都会改变这一关系。

建筑批评在主体与客体的关系上，主张建筑批评的主体性，但是主体性不是主观性，应当具有客观性，这是建筑批评主体的特殊性所决定的。因为就宏观的意义而言，批评的主体是社会，批评的个人主体是社会的代表。

3）批评与适合性

按照批评主体选择的标准、准则和规范进行价值判断是建筑批评的主要作用之一，建筑批评的标准、准则和规范实质上是价值标准，是批评主体关于建筑的信念和理想的价值观念，是想象中的价值，这是建筑批评主体性的体现。建筑批评的主体性原则首先表现为建筑应当符合社会的功能性要求，包括物质性和精神性的功能。早在19世纪中叶，美国建筑师格林诺夫（Horatio Greenough, 1805–1852）就提出了形式美产生于功能的"适合性法则"，他认为：

"适合性法则是一切结构物的基本的自然法则。"[34]

格林诺夫关于美就是形式适合于功能的命题，论证了建筑具有非常重要的功能性。格林诺夫是当时比较系统而又全面地探讨新的建筑美学的思想家之一，他首先从审美角度来考察生物和机械的功能，格林诺夫在1853年发表的《形式与功能》（*Form and Function: Remarks on Art*）一文被评价为19世纪最重要的美学批评著作之一。美国芝加哥学派的代表人物——建筑师路易·沙利文主张"形式追随功能"。功能是社会主体——人的客观需要，集中反映了主体与客体的主从关系，建筑批评的主体性原则就是这种主从关系的体现（图4–9）。

图4–9　沙利文

4.2.2　建筑与价值

价值是涉及建筑的目的和方法的根本问题，我们甚至可以这样说，建筑所面临的种种问题，大部分都是价值问题。在建筑活动中，人们对建筑本体论的理解与价值观念有关，从而构成了建筑设计创造和建筑批评的基础。价值在建筑中的意义表现为建筑的理想和真实性。

1）建筑中的价值

建筑的价值包括功能价值、社会价值、历史文化价值、艺术价值、技术价值和生态价值。建筑的功能价值是指建筑的实用价值和空间价值，表明了建筑所具有或可以发挥的作用、效用和能力，限定为物质性的、实用性的作用，而不包括其精神方面的功能，例如我们说一座学校建筑具有能够满足教学活动的功能，就是指建筑的实用价值。

艺术价值是一种审美价值，艺术价值是为了反映世界的客观审美价值，并通过审美价值反映世界的所有价值财富以及表现与世界的主客观关系，通过人的创造活动所形成的审美价值。它凝聚、体现和物化人与世界的审美关系。艺术作品可以具有"第二层次"的价值——功利价值、道德价值、政治价值，甚至经济价值。但是，只有当它具有了"第一层次"价值——审美价值，才有可能具有"第二层次"的价值。在艺术价值中，一切非审美因素都将化成审美因素，因此，艺术价值是一种特殊的审美价值。审美价值和其他价值的关系是辩证的矛盾关系，它们之间既存在着统一，又存在着对立。审美价值是艺术活动不同于物质生产活动的一个非常重要的特征，艺术不仅是新的审美现实的创造，而且是现实世界的反映。甚至当艺术作品是物质的实物或建筑物时，它也是一种精神结合物质的生产，是对世界的精神实践和生产实践。

2）价值是建筑存在的基础

在转型时期，建筑学总是要面对由于价值观念的变化所引起的建筑信念的危机和批评标准的混乱等问题。然而，我们所要讨论的价值并不是一种绝对的价值，世界上不存在绝对的价值，价值总是与文化联系在一起的，不同的文化信奉截然不同的价值观。20 世纪的建筑一直处于动荡不安和大变动之中，尤其是 1960 年代以来，随着文化中的价值观念的发展变化，建筑界也陷入了一场普遍的批判运动。著名的美国建筑史学家、批评家威廉 · 柯蒂斯（William J. R. Curtis, 1948–）在他于 1981 年出版的《1900 年以来的现代建筑》（*Modern Architecture Since* 1900）第一版序言中谈到 1980 年代的世界建筑时指出：

“当前，现代建筑正处于另一个危机阶段，许多信条遭到诘难和否定，留待人们去观察这究竟是一场传统的崩溃呢，还是一场新的统一之前的危机？”[35]

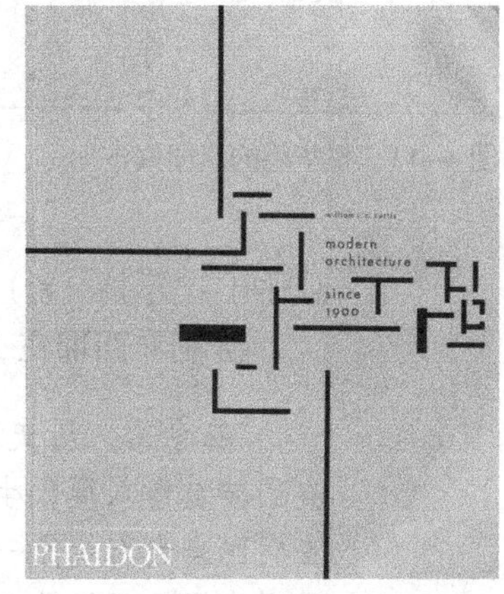

图 4–10 《1900 年以来的现代建筑》

这场危机的实质是由于价值观的动荡所引起的，出现了许多建筑垃圾和肆意妄为的作品（图 4–10）。柯蒂斯还说过一段精辟的话：

“当现代建筑的未来史学家回顾 20 世纪 80 年代时，他们会惊奇于为何对那些时髦作品如此大肆宣扬，而对那些具有长久实质意义的作品却默不作声，不去识别。新的‘主义’以令人眼花目眩的速度被宣布，但批评和讨论却往往停留在风格的表面层次。很少有人在玩弄技巧与真正创新，在对传统的浅薄模仿与真正改造之间划清界限，无疑，这种短期表现与消费主义的扩散以及市场经济中形象的快速周转有关，但是它也提示了知识界处于一种软绵绵，黏糊糊的堕落状态，使人们从任何类型的标准面前作出自我陶醉式的退缩。”[36]

建筑的价值涉及建筑与城市中的深层次问题，许多建筑理论家都认识到了价值问题的重要性。然而，我们对建筑的价值问题的讨论仍然很不充分，这一点在阿尔多 · 罗西的《城市建筑学》中也被特别提到，他问自己为什么对建筑的分析从来没有从深层次的价值观着手。

当代建筑中所出现的功利主义、短期行为和媚俗，甚至文化传统和创造性的失落、照搬西方建筑的形式、盲目地崇拜西方建筑师，尤其是当代中国建筑中出现的各种风气，都蕴涵着价值观的深刻危机。塔夫里在《建筑学的理论和历史》一书中，也触及了建筑的价值问题，价值是建筑存在的基础：

“建筑本身始终在表明，建筑存在的基础正是永恒的价值和意义以及这些价值与意义在不同历史时期所经受的变化之间的不稳定平衡。”[37]

在某种意义上说，批评就是评价，就是判断，是一种在观念中建构世界的活动。判断可以区分为价值判断和规范判断这两种类型。规范判断基本上是一种逻辑判断，而价值判断则基本上是一种文化判断。批评是要揭示主体与客体的价值关系，因此，批评与价值判断不可分割，正是在批评中，客体的价值对象性才表现为价值。

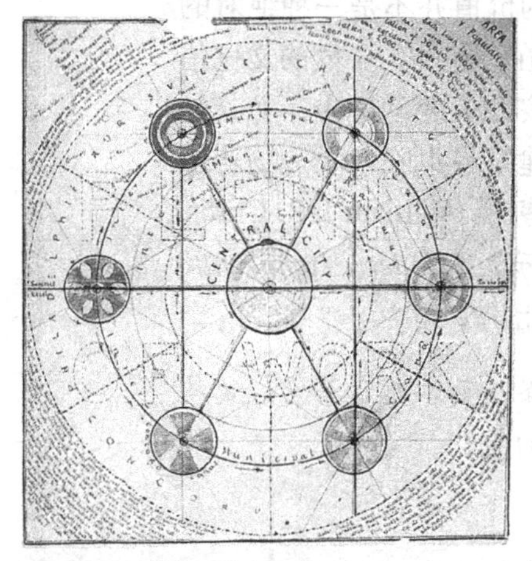

图 4–11　霍华德的田园城市

由此可见，价值的观念渗透到了社会生活的各个领域，与批评密切相关。建筑批评的一个最基本形式，同时也是建筑批评的基本功能，就是以人的需要为尺度，对批评对象做出价值判断。比如英国社会学家霍华德（Sir Ebenezer Howard, 1850–1928）在 1898 年提出的田园城市理论，就是针对 19 世纪工业发展带来的快速城市化，试图建立未来城市的新模式。以乡村作为一切美好事物、财富和智慧的源泉，将城市与乡村结合在一起，是带有理想主义的城市形态的设想，是一定的价值观念的产物（图 4–11）。

又如在勒 · 柯布西耶的住宅和未来城市的设想中，对建筑现状和经济因素的思考多于对具体建筑的设计，他提出了具有革命意义的命题“住宅是居住的机器”，并且呼吁：“不搞（新）建筑就要革命。”[38]

勒·柯布西耶在 1925 年的《都市规划》一书中，论述了他的“瓦赞规划”方案：

“在今天，历史对我们已经失去了一部分魅力，在这充满矛盾的世界上，历史已被迫卷入现代生活的潮流。我梦想见到和谐宫空空荡荡、荒凉、寂静无声；香榭丽舍大街就像一座安静的游廊。瓦赞规划对古老的城市，从圣热尔韦教堂到星形广场都不加触动，恢复古代的安宁……人们在这里受教育，生活并憧憬未来：历史不再是一种对生活的威胁，历史已经找到了自己的归宿。”[39]

在这里，表明了对历史、对生活的价值观，历史被看作是一种对生活的威胁（图 4–12）。同样，否定历史的价值观也可以在 20 世纪初许多现代建筑运动的先驱者的论述中发现，而这场历史的危机也在 20 世纪的中国出现，直至今天，仍然在摧毁和破坏我们的城市与建筑。

3）传统价值观念的颠覆

尼采在《查拉图斯特拉如是说》（*Also sprach Zarathustra*，1900）中喊出了颠覆传统价值，重估一切价值的“上帝死了！”的呼声，这场颠覆传统的思潮一直影响到今天。意大利未来主义的 1914 年宣言公开向历史宣战，坚决反对任何传统的艺术形式。未来主义是一个在 20 世纪初具有世界性影响的、激进的思想文化运动，试图抛弃一切艺术遗产和现存的传统文化，号召捣毁一切图书馆、

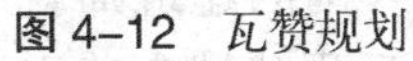
图 4-12　瓦赞规划

图 4-13　未来主义主张摧毁的威尼斯

博物馆和美术学院，并摧毁陈旧的城市（图 4-13）。未来主义把一切传统都看作是坟墓，鼓吹革命，歌颂技术的美、战争的美、现代技术和速度的美，试图表现一个“人变成了机器，机器变成了人”的新时代。未来主义宣扬这是一次“复原、更新和促进自然的‘艺术-政治’的运动”，它有着反学院派、反文化和反逻辑的世界观，否定过去的文化，它的明确目标是“创造和传播唯有未来才能得到验证的价值”。[40]

未来主义者的思想中充满了社会转型过程中的矛盾，一方面主张：

“赶紧用倾颓坍败的宫殿的废料来填没威尼斯的那条恶臭的小运河。烧掉那些威尼斯的狭长的平底船和傻瓜们爱玩的秋千，让严格的几何图形的金属大桥耸向青天，建造烟云缭绕的大工厂，废除一切古老建筑物毫无生气的曲线！”[41]

另一方面，未来主义又主张创造一种能与历史传统相称的新传统，开辟新的道路，提倡新的艺术。尽管如此，未来主义建筑的代表人物圣埃利亚仍然主张建筑是艺术。他在 1914 年发表的《未来主义建筑宣言》中，一方面提倡科学的新建筑，提倡采用新材料和新技术，另一方面又反对虚伪的建筑艺术，反对不能表达内在思想的形式。圣埃利亚的思想强烈地表现了他的矛盾的价值观（图 4-14）。

图 4-14　圣埃利亚的未来主义新城

在现代建筑运动兴起的初期，“先锋派”意识主要表现为建筑艺术的创新和对传统的价值观发动批判，形成了与传统文化相对立的审美价值和生活态度，并在近半个世纪内占据了文化领域中的霸权地位。到 1960 年代，从工业化社会进入后工业社会，现代主义思潮已经与大众文化、商品社会合流，逐步进入后现代主义的领域。这一时期生成了一种十分偏激，被称之为“反文化”的新型文化，这种文化也可以称之为“幻觉文化”，大量的时尚设计与文化影像涌入城市建筑。建筑中的后现代主义可以看作是对宣扬清教徒式的密斯主义和抽象形式主义的现代主

图 4-15　混杂的建筑

义建筑的反叛，一种价值观的颠覆。后现代主义建筑引进了象征主义和消费文化景观，从日常消费文化中汲取养料，并以此来生产后现代城市。以象征代替现实，让表面现象超越内在的本质，浅层次的符号充斥各个领域，使虚拟甚至比“现实”更为真实。在这种情况下，一些城市与建筑逐渐出现了卡通化、迪士尼化和符号化的倾向，一些建筑师也在玩弄符号与时尚，以迎合社会和业主的品位。例如日本在泡沫经济时代建造的建筑大多数倾向于外表华丽的造型，在这股潮流中，也有一种“只要是外国的建筑师就好”，而本质上却流为媚俗的商业化风尚。后现代城市着重发展能够充分表现商业文化的购物中心、商业广场、博物馆、主题公园和旅游景点等，在这样一种商业化的环境中，往往使文化边缘化，同时也出现了建筑风格的混杂（图 4-15）。

图 4-16　正在拆除的建筑

近年来我国的大规模城市开发在城市空间形象上也反映出一种无序的状况，在各个城市中都出现了“容积率里出效益”的现象，这是由于盲目追求土地利润，超高密度地进行开发，浮躁而又急功近利，缺乏长远的发展思想，而且在房地产开发过程中，许多城市都出现了通过各种手段肆意突破规划管理和环境容量的限制，任意提高容积率的现象。原有的历史地区和历史建筑被大量拆除，并被千篇一律的平庸建筑所替代，随之而来的是人们呼吁制止这种城市建设的败笔（图 4-16）。

4.3　批评与价值判断

批评的核心是价值判断，批评主体经过一系列的批评环节得出了，关于价值客体与价值主体之间的价值关系的结论，形成了价值判断。价值判断是根据价值的等级序列，与参照物和批评对象的等价物进行比较，或者按照价值取向确定的标准或准则，或者借助于批评的价值象征物而进行的批评。因此，我们在这一节要讨论批评的价值等级序列、批评的类型和价值判断。

4.3.1　批评的价值等级序列

创造价值或是从事批评实践，都是主体的能动性所产生的结果。创造价值是实践的过程，而批评则是面向未来实践的价值取向，创造未来的现实。批评在本质上是富有理想与情感的，这也是批评的价值所在，而批评的标准取决于价值取向。德国哲学家舍勒曾经提出他的关于个别人格观念的价值原理：

“一切存在者，它越是个别的，越是不可重复的，越是个人的，就越是具有较高的价值。”[42]

舍勒是应用现象学方法进行哲学研究的第一位哲学家，他的学识涉及广泛的学科领域，包括生物学、心理学、认识论、伦理学、社会学，直到宗教哲学和形而上学。舍勒认为价值本身存在某种秩序（Ordnung）和一个等级序列（Rangordnung），他在价值伦理学方面有重要的建树。舍勒按照价值的等级序列提出了五项区分价值高低的标准。尽管他的理论建立在宗教哲学的基础上，但是这五项标准对于我们如何把握价值的等级依然具有重要的参考价值[43]：

（1）持续性，价值越高越能持久。舍勒认为价值越是延续，价值就越高：“最低的价值同时也就是本质上‘**最仓促的**’价值，而最高的价值就是‘**永恒的**’价值。”[44] 这里所指的并不是某种财富在时间上的持久性，而是表明已有的价值在现象方面也是持久的。这样的价值的高低取决于社会和历史因素，同时也取决于这种价值能否为人们所认识。历史上有过不少例子，某样事物或建筑的价值在被社会认识之前就被毁灭了。因此，能否持久还涉及其他种种因素（图 4–17）。

图 4–17　英国的石栏

（2）不可分性，在某样事物被许多人所共享时，越不需要将这样事物分开，价值就越高。舍勒认为它们在“延展性”和“可分性”方面参与得越少，价值就越高：“它们在多个**价值**参与的过程中‘**被划分**’**得越少**，它们的价值也就越高。”[45] 譬如一件艺术品可以为人们所共享，并不需要将这件艺术品分割开，以便让人们分享。艺术品在本质上就是不可分的，北宋画家张择端（字正道）的《清明上河图》是传世精品，可以让公众欣赏，如果把画幅分割开，其价值就会失去。元代画家黄公望（字子久，1269–1354）的《富春山居图》（1347–1350）被称为中国十大传世名画之一，可惜在收藏过程中被分为两段，较长的后段称《无用师卷》，现藏于台北故宫博物院，前段称《剩山图》，现藏于浙江省博物馆，2012 年合在一起展出，成为一代盛事。贝聿铭（Isoh Ming Pei, 1917–）设计的巴黎卢佛尔宫的入口，每天都有数以千计的观众排着队从这里进宫参观，有一个时期甚至要排整整一小时的队。卢佛尔宫北侧的黎塞留宫另外有一个出入口，通往地下空间，从那里进卢佛尔宫通常不需要排队，但是，人们宁愿排队从金字塔入口进博物馆，为的是参观这个入口，分享这件建筑艺术品。食物则不同，为了让人们都得到一样食品，就必须把这样食品分成若干份（图 4–18）。

图 4–18　贝聿铭的卢佛尔宫金字塔

（3）相对独立性，越少以别的价值为根据，价值就越高。舍勒认为它们通过其他价值“被奠基”得越少，价值就越高。譬如一位只会模仿别人的建筑师，他

图 4–19　歌剧《阿伊达》

的作品就不如原创的建筑师。在意大利的那不勒斯有一座教堂，完全仿造罗马的圣彼得大教堂，只不过尺寸和规模小了很多，一直受到人们的诟病。今天，那股传遍中国大江南北的所谓“欧陆风”，依据的是西方新古典主义的建筑风格，而且很拙劣地去模仿，既不合章法，又失去了赖以存在的文化环境和生活方式，建造出来的建筑就像是企图复制欧洲建筑从罗马风到新古典主义的历程，这样的建筑必然缺乏艺术价值，甚至只有负面的价值。

（4）满足的程度，一样东西使人们的满足越大，价值就越高。舍勒认为：“‘**更高的价值**’也给出一个‘**更深的满足**’。”[46] 与对它们的感受相联系的“满足”越深，价值就越高。譬如观赏整部歌剧的演出与只聆听歌剧中的一首咏叹调相比，给人们的满足程度肯定是不同的。意大利作曲家威尔第(Giuseppe Verdi, 1813–1901)的歌剧《阿伊达》(Aida, 1871）描绘了宏大的场面，埃及军队盛大的凯旋仪式，剧中情节跌宕起伏。这部歌剧曾经在全世界的歌剧院或广场演出，每年夏天的夜晚，人们在意大利维罗纳的露天圆形剧场观赏《阿伊达》，每个观众手上都拿着点燃的蜡烛，所得到的感受肯定与在室内音乐会上聆听主人公拉达美斯的咏叹调有很大的差别，这就出现了价值的高低差异（图 4–19）。

（5）越少与依赖于特殊自然机体的感情类型发生关系，价值就越高，仅仅以有用的事物与具有精神性的事物相比，其价值就低。舍勒推崇精神价值，认为对它们的感受在“感受”与“偏好”的特定本质载体的设定上所具有的相对性越少，价值就越高，譬如信仰的价值与拜金主义的价值就截然不同。有一段话一直被人们传颂：少女可以歌唱失去的爱情，而守财奴却不会歌唱失去的黄金。

4.3.2　批评的类型

批评开始于比较，这种比较借助于参照物或参照体系，也就是借助于在比较中表现为价值的价值对象性的等价物。就像前面介绍的舍勒的价值等级序列，相互的参照和比较就是批评。由此，存在三种类型的批评：借助于成为批评对象的等价物以及可以比较的价值对象性而进行的批评；借助于在批评过程中表现为价值等价物的规范和范式进行的批评；借助于批评的价值象征物而进行的批评。

1）批评对象的等价物与价值对象性

这里表述的是借助于成为批评对象的等价物、可以比较的价值对象性而进行的批评，例如某项设计或某个建筑比其他的设计或建筑更好地满足了功能要求、环境要求或其他要求，因而具有较高的价值，应当说，在这种情况下，价值有着明显的相对性。这种批评方式在方案评选和评审时，更具有现实意义。

一些先驱艺术家在一开始往往会遭到拒绝，不为社会所承认，就是因为原有的参照等价物已经形成了强大的影响力，凡是“异端”，一概被排斥。因此，艺术的变革往往发生在两个方向上：一种是理想的方式，也就是在原有艺术基

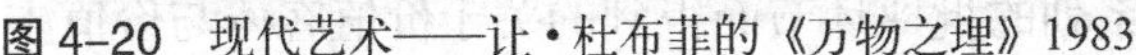

图 4-20　现代艺术——让·杜布菲的《万物之理》1983

图 4-21　新古典主义建筑

础上的完善，追求理想的比例与和谐，追求理想的美；另一种则是幻想的方式，即否定已有的现实，与一切法则或现存的原理、规则、手法等完全矛盾的方式。巴洛克艺术、现代艺术等在当时就是用后一种方式完成其变革的（图 4-20）。16 世纪的手法主义、18 世纪的古典主义以及 19 世纪的新古典主义则是前一种方式（图 4-21）。

2）表现为价值等价物的规范和范式

这里表述的是借助于在批评过程中表现为价值等价物的规范和范式进行的批评。在进行批评时，人们往往以社会形成的价值取向已经确定的标准或准则作为参照物。譬如批评的标准会依据社会认可的范例、规范、条例、规定、原理等，或者根据历史上形成的惯例、范式、标准等，例如形式、风格、比例、构图、色彩等。规范和范式等既有约束作用，又具有启示和激励作用；既可以起到积极的调节作用，也可以起消极的制约作用。例如传统的构图原理可以帮助建筑师，使建筑设计更符合章法，更完美，更容易被人们接受，容易管理，但是也可能使建筑师落入教条和俗套，制约创造性。

规范、范式等是价值的命令式表达，是实现价值的规则体系，既是经验的，也是想象的价值。它们也是理想价值的静态表现，反映价值的基本思维形式，是价值观念的表达方式。然而，值得注意的是，价值观念并不都是规范。规范是从价值现实中的肯定和否定中抽象出来的，是批评活动的成果经过长期积淀的产物，是社会基本价值观念的凝结，因而规范是对现实的预测性反映，一种虚拟的现实。规范所体现的理想仅仅是对不完善现实的一种想象中的完善，理想可以起积极的调节作用。然而，就本质而言，规范和范式所表现出来的是在一定的社会政治和技术经济条件下的普遍性，是共同认可的价值观念的一种反映。

3）价值象征物

这里表述的是借助于批评的价值象征物而进行的批评。价值的象征是对某种价值的普遍性的客观认识，例如在对设计的构思进行评价时，尤其是对纪念性建筑的评价，必然会涉及建筑设计的象征表现，如崇高、宏伟、永恒、气势等。这就是一种以想象和意念为尺度的批评，在想象和意念中融入现实与虚拟、情感与理智、观念与欲望等因素，想象和意念是上述种种因素的抽象化，而同时也是形象化，其中必然有着将抽象思维转换为形象的过程。这样一种批评所蕴含的文化和社会背景要比前两种批评更为深刻，表现出抽象化的由积淀而形成的一种直观理性，也就更能表达批评主体深层的感受和理解。

批评以价值作为认识和判断对象，因此，价值先于批评活动而存在，价值是第一性的。作为对于价值的认识和判断活动的批评，既可能正确地认识价值，也可能片面或错误地认识价值。这就是说，价值决定批评活动，有什么样的价值现象，就会有什么样的批评活动及其批评方式。

4.3.3 价值判断

价值判断是批评主体经过一系列的批评环节而得到的关于价值客体与价值主体的有关价值关系的结论。价值判断有两层含义：价值判断的狭义是指以理论化方式表现的批评结论，也就是"判断"这种思维形式所表达的批评结论；价值判断的广义是指相当于名词的批评、评价和评论，泛指批评活动的结果。

1）价值判断的表现形式

价值判断是批评主体经过一系列的批评环节之后得到的关于价值客体与价值主体的价值关系的结论。因此，价值判断是关系判断，不同于性质判断。价值判断有两种含义：一是指以理论化形式表现的批评结果，也就是逻辑学中所说的"判断"这种思维形式所表达的批评结论，这是价值判断的狭义。二是指相当于名词的评价，也就是泛指批评活动的结果，这是广义的价值判断。价值判断是批评的一种结果，它是批评主体根据价值主体的需要，衡量价值客体是否满足价值主体的需要以及在何种程度上可以满足需要的一种判断。价值判断揭示的是主体的需要与客体的性质、功能之间的关系。价值判断一般以语言表达为主，情感外显为辅，但是，归根结底要落实到行为表达上。语言表达、情感表达和行为表达三者各有自己的功能和作用，相互配合与补充。在建筑批评中，主要是语言表达和行为表达。语言表达表现为各种理论著作、论文或讲演等。行为表达表现为设计、展览、论坛等，也可以是以建筑本身作为批评的表达。

在批评目的明确的前提下，价值判断的理性化程序可以分成两个步骤：首先是确立批评的参照体系，确定批评对象的等价物，或是批评的规范系统，或是批评的价值象征物等，将批评标准具体化，从而确定批评的标准；第二个步骤是以批评标准衡量价值客体，将价值客体依据批评的标准进行分解，然后加以对照，逐步作出关于价值客体的判断。

2）价值判断的制度化形式

评奖、颁奖就是一种价值判断的制度化形式。当然，其前提是这样的评定和奖励具有一定的权威性，为社会和受奖励者所认同。这一类的价值判断的制度化形式或准制度化形式还包括某个权威刊物、某报的某个权威专栏、某个国际上认可的大会，甚至某个权威集团、权威人士的评价等。譬如获得诺贝尔奖就是国际公认的最高荣誉，在建筑界，获得普利兹克建筑奖或其他奖项，就是荣誉、地位与成就的象征。例如每三年举行一次的国际建筑师大会就是国际公认的学术水平的象征，被邀请在大会上作主题报告的话，更是一种权威性的荣誉。1999年的北京国际建协大会邀请弗兰姆普敦教授和吴良镛教授作主题报告，这既是报告人的荣誉，也是主办国的荣誉。关于这种价值判断的制度化形式，我们还会在第七章作更深入的讨论。

又如各种学术机构或学术组织会对某个人作出评价，判断他或她的学术水平，从而决定这个人是否可以晋升职称，或者被授予某种学位、荣誉、奖励、头衔等。这些学术机构或学术组织都会制定出一系列有关指标和规定，比如要获得博士学位的话，除了符合其他的规定之外，还必须在国内外某个等级的学术刊物上发表多少篇论文，哪些论文可以列入计算，哪些不算，翻译算不算，写书算不算等。尽管其中的有些规定还可以仔细讨论，但是，这一类的规定以及评审都是价值判断的制度化形式或准制度化形式。

3）欧陆风建筑的伦理问题

在批评活动中，我们经常会直接应用价值判断来评价。进行一种价值判断，就是表示一种喜好，就是对事物或行为价值的评价。人们在日常生活中，每天都在进行各种价值判断。如果某人宁愿花一笔钱去吃喝，而不愿花钱去买书读，这种选择就表明，对某人而言吃喝要比读书更有价值。针对当前许多地方盛行的“欧陆风”，就有必要应用价值判断进行分析。其实“欧陆风”是一种只在中国存在的风格，或者说是一种中国式的“创造”。顾名思义，所谓“欧陆风”，就是欧洲大陆的建筑风格，那就至少会牵扯到德国、奥地利、法国、意大利、西班牙以及东欧的建筑风格，就这个地域范围而言，至少还要看是哪个历史时期的风格，哪个民族的建筑风格等。例如某房地产开发商在上海的西南地区城郊结合部推出了所谓的“德式景观休闲住宅”，仔细阅读这类房地产开发商的广告后可以发现，这是一种商业的炒作。实质上，开发商并不是要在住宅小区的建设过程中寻求什么建筑风格意义上的创造，而是要用“欧陆风”作为商业幌子，吸引某些社会阶层的人，那些对真正的建筑风格并不关心，而只对自己的身价、住房的档次关心的人。因此，这并不是风格问题，而是价值观问题。

1980 年代末美国电视连续剧《鹰冠庄园》播出，其时也正逢改革开放，国内有不少用各种方式和手段先富起来的人追求那种伪贵族的生活方式，以豪华的外表掩饰底蕴的贫乏。这股所谓的“欧陆风”刮遍了中国的大地，连黄河之滨的古老城市也出现了“欧陆风”建筑。笔者于 1995 年去到河南登封县，住在县政府的招待所，主楼旁边正在兴建一栋新楼，就采用了“欧陆风”的式样，立面上做了许多线脚繁琐的窗套。登封是中国的历史文化中心之一，那里有著名的北魏时期的嵩岳寺塔（523），唐代的永泰寺塔、法王寺塔、净藏禅师墓塔（746），始建于唐代的周公庙测景台和观星台等，这样的城市文脉是无论如何也不能与“欧陆式”有什么必然的联系的，之所以出现这种“天外来客”，是人们价值观的变化所起的作用。

这股“欧陆风”的原因，表面上看来，在于开发商的炒作和误导、设计师的媚俗，但究其深层原因，还是在于价值观念。许多售楼处挂出的广告牌上都用“尽显欧洲贵族气派”一类的词语和诸如凡尔赛、威尼斯、维纳斯、王朝、豪都等与西方和奢华有关的名称来吸引买主。北京有一处别墅的售楼广告说：“不是天生的贵族，就是来当贵族的。”天津的一处外销公寓的售楼广告配上了前英国首相丘吉尔的照片，主题词是“英特耐雄耐尔一定会实现”，隐含着这是国际化公寓的意思，接着说：“只有时尚的生活是不够的，只有流行的城市是不够的，只有本土的建筑是不够的，只有财富的世界是不够的。所以，实践国际化的居住是承载完美生活的唯一标准。”

1999 年建造的上海太阳都市花园在不合章法、不合比例的柱式、雕塑和细部装饰的堆砌上比其他的楼盘走得更远，在广告上竟然大言不惭地宣称：“当前上海楼市劲吹欧陆风，这反映了进入小康时期的上海人对美的追求，对文化品位的需求。但是有些楼盘建两根罗马柱，造一个喷水池，就自称欧陆风格，欧陆风格用得太多太滥，人们不禁要问，什么才是真正的欧陆风格。”其实始作这个“俑”的开发商的目的是为了“充分显示名门豪宅的尊贵与荣耀”，这就一语点破了他们的价值观。

图 4–22　上海闵行区法院大楼

2000 年建成的上海某区的法院大楼干脆把美国华盛顿国会大厦的造型照抄照搬过来，再拼凑一些法国的孟莎式屋顶，如果不是这座法院建筑门廊上的三角形山花上的国徽，很难令人相信这是象征中国的国家权力的法院建筑。在其他国家早就被批判和抛弃的风格，却在中国的大地上流行。无怪乎有批评家认为这是由媚俗的价值取向所导致的“后殖民主义情势下的后现代主义”（图 4–22）。

有趣的是，浙江某企业家也造了一幢相似的大楼，他曾被评为 1998 年中国十大杰出青年之一，一家新闻媒体报道了他的一件“壮举”。他在浙江农村的田野间为他的制衣厂建造了一座外形与美国华盛顿国会大厦有几分相似的厂房和办公楼，大楼的底层是仓库，每天都有许多货柜车从这里进进出出。据他自述：“我从互联网上找到了美国国会的图纸，加以修改兴建”，并把大楼的形象印在他的名片上。这座美国国会大厦式大楼在建筑上的不合章法和粗糙是必然的，而他还要将这个洋相出到美国去，媒体是这样报道的：“前美国总统布什，伸手接过他的名片，便礼貌地放到袋中，旋即听到他说那是他的办公室，便赶快把名片再抽出来，问他：‘你……你你是做什么生意的？’”[47] 从这位记者的行文来看，前总统似乎有点失态，没有见过这样的“世面”，记者刻意夸奖这位超级企业家在社交场合中很难有人及得上的魅力。看到这里，人们不禁汗颜，感叹世界上竟然有这样把肉麻当有趣的人物。这座制衣厂据说是全世界最大的制衣厂，他的家财数以亿计，大有挥金如土的风范，他曾向瑞士的雷达表厂订购了一万只手表，用来送给厂里的员工。可能雷达表厂的总经理收到这样的订单也会失态的。这篇文章是这样结束的：“如果中国多几个这样土生土长的超级企业家，世界的秩序真的要改写了。”[48]

2000 年末上海提出建设“一城九镇”的设想，初衷是重视郊区的发展，改变过去只重视中心城区的建设，而忽略郊区发展的状况，使郊区建设具有特色。然而指导思想却是迪士尼式的，要求将世界各国的建筑风格移植到上海郊区，倡导这项“壮举”的人甚至告诉人们以后不需要出国考察了，在上海郊区就可以看遍世界各国的建筑。规划部门为此拟定了各种牵强附会的风格，例如罗店镇位于城区最北面，设定为北欧风格；奉城镇靠近杭州湾，设定为西班牙风格；外高桥位于港口地区，设定为荷兰风格；安亭镇有德国大众汽车厂，由此设定为德国风格，出现了莱茵小镇；原南汇区的惠南镇是法国建筑师规划的，因此原定南汇的周浦镇采用法国风格；松江新城的规划提出建设花园城市，因此采用英国风格，出现了泰晤士小镇（图 4–23）。

图 4–23　泰晤士小镇

“欧陆风”在很大程度上是政府部门的领导和开发商所倡导的，其盛行可以归结为两个原因：一是决策的人们缺乏文化修养，单纯从形象出发，将欧洲的建筑形式搬过来。二是想借他者文化来弥补自身文化的匮乏，以具有悠久历史的欧洲建筑的价值提升自身的价值。上海一些大学在新建校舍时往往“复制”几百年前的欧美大学的建筑形式，想借此使新建的校园马上成为百年名校的标志，实际的效果却是东施效颦。上海外国语大学的新校区，行政楼是法国式的，英国语言文学系的大楼仿英国的剑桥大学的校舍，阿拉伯语学院设置了宣礼塔，日本语学院用日式建筑（图 4–24）。学生活动中心“拷贝”拼贴了佛罗伦萨的巴齐礼拜堂（1429–1461）作为入口，维琴察的巴西利卡（1549）作为建筑的主体（图 4–25）。新闻传媒学院的风格更是不知所云，整个校园的建筑风格就是一个脱离了社会和文化环境的“杂烩”。直至 2012 年仍然有一些校园建筑设计采用这种“杂烩”风格。

图 4–25　上海外国语大学学生活动中心

图 4–24　上海外国语大学校园全景

上海在 2010 年建成的一座金融大厦将欧洲 16 世纪的穹顶直接放在 170 米高的屋顶上，建筑的基座酷似古代希腊罗马的神庙，而在立面的所有窗户两旁都贴上爱奥尼式柱子，总共有上千根之多。这个项目在 2003 年的设计任务书中是这样表述的：

“本建筑位于陆家嘴金融贸易中心区核心地段，在东方明珠广播电视塔和金茂大厦之间，需与它们形成完美的建筑天际线；本建筑又与中银大厦、交银大厦处于同一区域，须以自身独特而完整的建筑布局与它们形成融汇一体的空间环境，并通过建筑形象的强烈对比——‘欧式古典’与‘现代’的风格反差——突出个性、强调自我；本建筑又同外滩保护建筑群遥相呼应，通过‘欧洲传统风格’与外滩优秀保护建筑群所体现的文化气息相互协调，相互衬托，进而展现本建筑经久不衰的传统文脉所形成的视觉效果。”

如此强调自我的建筑已经变成现实，显示出上海的城市空间形象在倒退。2003年3月在方案设计竞赛时，一共有三个方案参赛，其中英国建筑师特瑞·法莱尔（Terry Farrell，1938–）的设计采用后现代历史主义风格，国内的一家建筑设计院的方案则是夸张而又不合章法的“欧陆式风格”。日建设计株式会社的方案针对业主任务书中的所谓“中世纪以来的古典建筑风格”的要求，提交了一个哥特式风格的建筑方案，立面上有许多装饰性的小尖塔，而建筑主体空间仍是现代的。评审专家们认为只要去除这些装饰性尖塔，这个设计是可以接受的。然而，日本建筑师在业主的引导下，最终拿出来的就是这样一个不伦不类的“欧式古典”建筑。值得思考的是，之后的两轮评审会上，所有的专家都认为这个方案不可取，一致反对在如此重要的地段采用所谓的“欧式古典”风格，而这个方案在业主的错误坚持下竟然通过各种审批手续得以兴建，而且越修改立面上的柱子也越多。浦东陆家嘴金融贸易中心区是上海作为国际大都市的形象，也是中国的形象之一，这个败笔损毁的远不只是建筑自身的形象（图4–26）。

图4–26　上海浦东中央商务区某金融大楼

欧洲有一个时期采用新古典主义的复古形式，从传统文化中寻找革命精神，形式成为现实与处于变革中的内容的媒介。传统的符号体系的消灭，内容的突破，新的社会价值成为设计的主导因素，与往昔历史的决裂，渴望理性的未来，都成为了探索新的语言代码的动机。尽管借用亡灵，毕竟是他们本土的文化。与中国的“欧陆风”的违背历史和文化的实质是风马牛不相干的。马克思在《路易·波拿巴的雾月十八日》一书中深刻地分析了从古代社会道德与形象中发掘出来的进步意义。马克思指出：

“一切已死的先辈们的传统，像梦魇一样纠缠着活人的头脑。当人们好像刚好在忙于改造自己和周围的事物并创造前所未有的事物时，恰好在这种革命危机时代，他们战战兢兢地请出亡灵来为自己效劳，借用它们的名字、战斗口号和衣服，以便穿着这种久受崇敬的服装，用这种借来的语言，演出世界历史的新的一幕。例如路德换上了使徒保罗的服装，1789–1814年的革命依次穿上了罗马共和国和罗马帝国的服装……由此可见，在这些革命中，使死人复生是为了赞美新的战斗，而不是为了拙劣地模仿旧的斗争；是为了在想象中夸大某一任务，而不是为了回避在现实中解决这个任务；是为了再度找到革命的精神，而不是为了让革命的幽灵重行游荡。”[49]

4.4　建筑的价值批评模式

建筑的价值批评模式就是建筑的目的与任务的批评模式，探讨建筑的终极价值和工具价值之间的关系，讨论功能、美、经济以及合理的要求等问题。建筑批评的价值批评模式涉及建筑的建造目的，建筑对人及社会的作用，建筑的思想内容，建筑师的职业道德等方面的问题。在今天的社会生活中，价值的观念已经渗透到社会生活的各个领域，与批评密切相关。建筑批评的一个最基本形式，同时也是建筑批评的一项基本功能，就是以人的需要为尺度，对批评对象作出价值判断。建筑批评的价值批评模式并不关注建筑设计的表现技巧和表现手法，而是关心建筑的根本目的，关心建筑对于形成人的观念和态度的影响。

4.4.1 批评的价值标准

建筑批评需要以价值标准作为评判的尺度，维特鲁威的坚固、实用和美观的建筑三要素长期以来一直是评判建筑的价值标准。意大利建筑理论家和建筑史学家塔夫里十分关注建筑的价值批评，因为价值批评体现了主体与客体之间的关系，价值批评始终是建筑批评的核心。针对历史的价值，由于社会的发展变化，价值的永恒标准也在起变化，并走向新的平衡。他认为：

“建筑本身始终在表明，建筑之所以存在的基础正是永恒的价值和内涵以及这些价值与内涵在不同历史时期所经受的变化之间的不稳定平衡。”[50]

英国建筑理论家和美学家杰弗里·斯科特（Geoffrey Scott, 1883−1929）在其代表作《人文主义建筑学——情趣史的研究》（*The Architecture of Humanism, A Study in the History of Taste,* 1914）的序言中开宗明义地引用了英国人文主义者、诗人、外交家和艺术鉴赏家亨利·沃顿爵士（Sir Henry Wotton, 1568−1639）在《建筑学要素》中提出的观点：

“良好的建筑有三个条件：方便，坚固和愉悦。”[51]

斯科特认为建筑正是这三个相互区别的目的汇合的焦点。一方面，建筑批评建立了奇特而多样的艺术理论；另一方面，建筑批评又试图实现上述三个目标的统一，结果反而造成了混乱。按照斯科特的观点，建筑批评是一种价值批评的平衡，他指出：

“方便，坚固，愉悦；建筑评论在这三项价值之间不稳定地摇摆，并且往往自己也弄不清它们之间的区别，又很少企图提出它们之间关系的任何说明，从来也不探根求源地查清它们所涉及的后果。它一会儿倒向这边，一会儿倾向那边，在这些无可相比的效果之间，在不同的位置上，求得任意的平衡。”[52]

意大利建筑理论家德·富斯科（Renato de Fusco，1929−）也主张：

“批评所应关注的实际上就是决不因为新的艺术现象而感到意外，始终准备以某种价值观念来判断，这种价值观应当足以兼容并解释任何前所未有的实践。任何人都能从这种批判能动论中识别实质上的否定立场。如果一切顺当，显然就不存在价值，也不可能作出评价。”[53]

在当今实践的各种批评模式中，价值批评模式的历史最为悠久。早在古希腊时期，柏拉图就关心他的理想共和国中的诗人应有的道德影响，古罗马的伟大诗人贺拉斯（Quitus Horatius Flaccus，公元前 65– 前 8）不仅注重诗的美感，而且注重诗的功能，诗人的修养等。贺拉斯除了崇尚诗的劝善规恶等社会道德教育功能之外，也主张诗的娱乐功能，一种寓教于乐的功能。他在《诗艺》中指出：

"诗人的愿望应该是给人益处和乐趣，他写的东西应该给人以快感，同时对生活有帮助。"[54]

图 4–27 阿尔托的帕米尔疗养院

18 世纪英国作家、批评家约翰逊博士也曾论及诗人的道德方面的问题，在他的《诗人传》中对诗人进行道德方面的品评。在 20 世纪的文学批评中，倾向于作价值批评的批评家，被称之为"新人文主义者"。他们将艺术作品看作是人生的"批评"，关心艺术作品作用于人的根本目的。艺术作品的重要性不仅体现在表达的方式，而且在表达的内容，注重艺术作品的思想内容。建筑的价值批评注重建筑的目的与意义以及建筑在形成人的观念和态度中的影响。

在建筑中，如何体现对人的关怀，"以人为本"和"以自然为本"的建筑设计思想如何得到体现也是一种价值导向。现代芬兰建筑师阿尔瓦·阿尔托提倡人情化的建筑，在建筑设计中，要求非人性的技术与亲近人性的自然相融合。阿尔托对待技术和环境的态度实质上是"以人为本"和"以自然为本"的价值观在建筑设计思想上的体现（图 4–27）。

4.4.2 建筑与伦理

作为一种与社会的关联最为密切的行业，建筑中的伦理问题表现为职业伦理、行为规范、建筑师群体的执业规范、建筑师的社会生态环境、建筑的理想、建筑的真实性问题和建筑师的社会责任感等方面，不同的社会发展阶段，不同的文化环境，对于建筑的伦理价值有着十分差异的表现。

1）建筑史上的伦理问题

早在公元前 5 世纪，古希腊医药之父希波克拉底（Hippocrates，约公元前 460– 前 377）的誓言就表明当时的社会已经在思考职业伦理问题。古希腊罗马的美学思想中蕴含着丰富的伦理内涵，包括德行的美、理性的美和神圣的美，相信艺术能够净化灵魂。柏拉图所创建的"真、善、美"三位一体美学，主张所有善的东西都是美的，坚持认为艺术可以并应该是道德主义的，集中体现了人类最高的价值，深远地影响了西方的美学思想。维特鲁威在《建筑十书》中提出的建筑三要素的实质植根于伦理的基础之上。他在论述建筑师的培养问题时，涉及了建筑师的职业伦理，提出了哲学使建筑师具有信用、廉洁等品格，从而建造出好的建筑。

文艺复兴时期的建筑理论尤其重视伦理问题，阿尔贝蒂也论述过这个问题，他认为建筑师应当富于责任感，是能够创造出与人的心灵沟通的伟大的美的人。在阿尔贝蒂看来，美具有积极的道德价值。

法国建筑师和建筑理论家德洛尔姆在《建筑学基础》中关于"好建筑师"和

"坏建筑师"形象的论断，在历史上第一次体现了伦理与理论的结合。他在全书的结束部分，提出了"好建筑师"和"坏建筑师"的寓言，首次将伦理观念纳入建筑理论。他认为历史上有两种建筑师，一种是好建筑师，另一种是伪建筑师。"伪建筑师"的定义是：

"这个人并非建筑师，但假装是建筑师。然后给真正的建筑师制造麻烦，并乔装为一位有学识的人。他既没有手和眼，也没有耳朵，穿着破衣烂衫，在暴风雨来临的天空下穿越一片荒野，周围是粗野的建筑，地上布满了枯骨和石块。"[55]（图 4–28）

图 4–28　德洛尔姆的"坏建筑师"

"好建筑师"的定义是：

"真正的建筑师以带翼的脚徜徉在一片豪华的私人花园内，远离尘俗和灾难。靠近一座引发思索的神庙，那里流淌着川流不息的泉水。他有四只手，四个耳朵和三只眼睛。一只眼睛看着上帝，用一只眼睛观察并评价当下的世界，用另一只眼睛预见未来。他并非孤身一人，一位年轻人站在他的面前，渴望从他那里获得知识。"[56]（图 4–29）

图 4–29　德洛尔姆的"好建筑师"

德洛尔姆还对什么是优秀的建筑、什么是拙劣的建筑加以区分，提倡建造良好、造价经济，主张合理的造价。他认为："以好的品位建造，而不是以昂贵的成本建造。"[57]

19 世纪的英国建筑师和作家普金、艺术家和批评家罗斯金、艺术家和画家莫里斯等人从社会伦理方面进行批评。普金为 19 世纪建筑带来新的道德热诚，指责古典风格是异教徒的建筑，提倡哥特复兴，要求从作者的道德角度去批评艺术作品，要求绝对诚挚地表现建筑，建筑必须清晰地显示结构的本质。

罗斯金的建筑批评建立在基督教原教旨主义的价值观基础上，他坚信艺术是个人或国家的道德观的真实体现，把艺术看作是规范社会道德和促进社会改革的工具。按照罗斯金的观点，作为建筑，"美"和"真"是不可分割的伦理价值，他的"真实存在于结构之中"、"诚实存在于材料之中"成为现代建筑运动的基本信条。罗斯金和莫里斯所积极推动的工艺美术运动的一个社会理想是过俭朴的生活，建立平等的社会。他主张：

"一切实际法则都是对道德法则的解释。"[58]

文学评论界一直主张："文如其人"，罗斯金也认为建筑与人的品格有关，他在《空中女王》（*The Queen of the Air*, 1869）一文中写下了这样的箴言：

"愚蠢者用愚钝的方式建造，智者敏锐地建造，善良的人建造美丽的建筑，而邪恶的人建造卑劣的建筑。"[59]

图 4–30 维也纳的马克思大院 1927

2）现代建筑伦理

现代建筑运动的创导者之一——德国建筑师格罗皮乌斯和现代建筑运动的其他旗手一样，关注建筑的社会和伦理问题，注重建筑的社会福利作用，表现出了建筑师的理想主义。建筑师热情参与社会、政治和经济问题，1920 年代的欧洲住宅成为了这种标志（图 4–30）。

奥地利建筑师阿道夫 · 卢斯（Adolf Loos，1870–1933）呼唤技艺合理而不是过分精致的大众化的建筑，嘲笑分离派运动的装饰主义和矫揉造作，甚至把装饰与罪恶联系在一起，其实他并没有断代定装饰就是罪恶。他在《装饰与罪恶》（*Ornament und Verbrechen*，1913）一文中认为，装饰是一种返祖现象，不再适合这个社会及其文化。卢斯指出 ：

“装饰只是浪费劳动力，并且有害健康，过去是这样，今天它更是浪费材料并且浪费资金。”[60]

卢斯在房屋设计中强调空间布局，坚持用平面化的丰富表面取代毫无意义的装饰，以舒适、高效的现代生活为目标。然而，按照德国美学家阿多诺（Theodor Adorno，1903–1969）的观点 ：

“对于所有风格的绝对排斥，将会形成另一种风格。”[61]

美国建筑师和理论家克里斯托弗 · 亚历山大（Christopher Alexander,1936–）主张设计师、营造商和使用者是一个整体，他的设计方法学提出了公众参与设计的观念。自 1970 年代以来，后现代历史主义建筑倾向于有选择地误读历史，忽视生态、政治和社会责任，这种对形式主义的追求是一种退步。在 1970 年代的美国，失业的建筑师们并没有转向理想的社会乌托邦，而是退回到“纸上建筑”。

长期以来，建筑中的伦理问题表现为建筑师的职业伦理、建筑师的行为规范、建筑师的执业规范、建筑师的社会生态环境、建筑的理想、建筑与社会的关系、建筑的真实性问题、建筑师的社会责任感、建筑对人的关怀、建筑的教育功能等方面。世界各国的建筑师组织都制定过自律的职业道德准则，要求建筑师以自己的才干和职业方式为业主和社会服务，意识到自己的工作对社会和环境的影响。美国建筑师学会在 1993 年制定了《美国建筑师学会道德规范和行业管理》（*AIA Code of Ethics and Professional Conduct*），在共识的基础上设定了一系列互不关联的行为规范，其中包括非常广泛的内容 ：建筑行为的社会和环境影响，尊重和维护自然和文化遗产，改进环境和生活品质，维持人权以及参与公共事业等。

国际建筑师协会《关于建筑实践中职业主义的推荐国际标准》中关于建筑师的职业精神原则和对建筑师的基本要求是这样表述的 ：

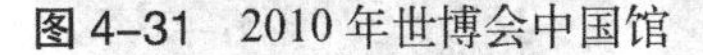

图4-31 2010年世博会中国馆

图4-32 原日本人俱乐部

“理解人与建筑、建筑与环境以及建筑之间和建筑空间与人的需求和尺度的关系；对实现可持续发展环境的手段具有足够的知识；理解建筑师这个职业和建筑师的社会作用，特别是在编制任务书时能考虑社会因素的作用。”[62]

建筑对人的关怀表现为建筑的设计处理是否从使用者的角度考虑，是否为施工的工人考虑，是否考虑建筑的耐久性和防御风雨以及其他屏蔽功能，是否采用健康的建筑材料等。例如2008年在讨论世博会中国馆的立面材料时，曾经着重研究究竟是用玻璃还是金属材料，最终考虑到中国馆的主体建筑在建造过程中无法搭建脚手架，如果采用玻璃作为面层材料，在施工上会有很大的困难，同时也考虑到耐久性、安全性等因素，各方面最终一致同意采用金属板（图4–31）。

城市在发展过程中受到各种力量的博弈，这些推动力都受到价值观念的制约，城市空间的形成在很大程度上是由于价值观念的引导。在以“新”为好的价值观念和利益驱使下，城市就会像《天方夜谭》里所说的用一盏具有魔力的旧神灯去换一盏普通的新灯，用那些平庸的建筑和环境去替换那些具有历史文化价值的建筑和环境。典型的案例是位于上海塘沽路建于1914年的原日本人俱乐部，由日本建筑师福井房一（1869–1937）设计，立面以红砖清水墙与白色大理石组合，风格典雅，是这一时期较优秀的建筑（图4–32）。1997年拆除后在原址建造了一栋毫无特色的多层厂房（图4–33）。再如原建于1917~1921年由马海洋行（Moorhead & Halse）设计的位于上海汉口路上的中南银行（图4–34），在1999年经过爱建银行翻建，在原建筑上面又叠了一个立面，完全破坏了原有建筑的艺术价值（图4–35）。

3）建筑的生态环境伦理

1960年代兴起的“绿色建筑”运动要求建筑关注对环境的保护，抵制高强度开发带来的建筑扩张，主张使用无污染、可再生利用、再循环的材料，这种新兴的理论旨在发展一种建筑与自然环境之间的和谐关系。美国建筑师、环境学家威廉·麦克多诺认为建筑的道德含义包括为未来几代人以及物种保持健康的环境，对现代建筑和现代性中过度注重物质条件的立场予以批判。在筹备2000年汉诺威世博会的过程中，麦克多诺与德国政治家莫宁霍夫在1992年的巴西里约热内卢全球峰会上正式发布了可持续设计的《汉诺威原则》。《汉诺威原则》涉及人类对自然的态度，承认自然对人类活动所造成的生态恶化的敏感性。维护人与自然在一个健康的、互惠的、多样的和可持续的环境中共存的权利。设计应该负起责任，

图 4-33　新建的多层厂房

图 4-34　中南银行原貌

图 4-35　翻建后的原中南银行大厦

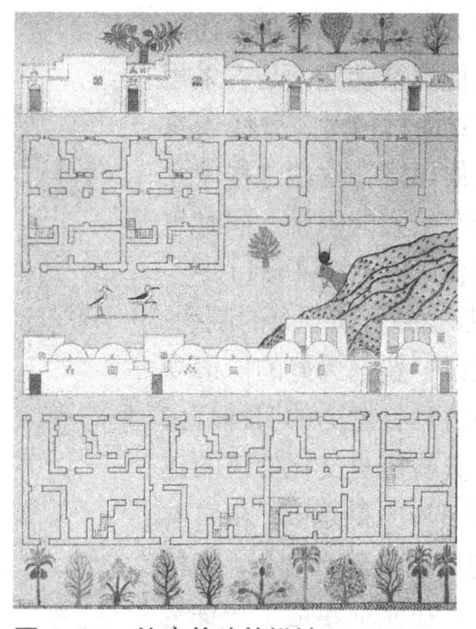

图 4-36　法赛的建筑设计

包括保护自然系统、人居环境和后代的生存。《汉诺威原则》不仅是建筑师要遵循的原理，也是在当今社会条件下应对复杂的环境问题的理想。该原则并非仅是对建筑师的一项规定，在当今的环境中工作是一个复杂的过程，而《汉诺威原则》正是建筑师们在复杂的工作过程中所应贯彻的理念。这些理念对那些在“设计、生态、伦理和制造”中从伦理立场所得出的建议作了明确的概括。

由于众所周知的建筑材料和建造过程的非环保性，麦克多诺认为当前建筑实践过程中对于各种习惯做法的延续使用，是粗心的，不在意的。他强烈要求重新定义什么是繁荣、生产力和生活质量。首先要让人和平地生活在自然环境里。自然不是用之不竭的，这要求我们采取恢复地球和生态系统的态度。

埃及建筑师哈桑·法赛（Hassan Fathy，1899–1989）的作品与地方传统有着紧密的联系，从阿拉伯的宇宙观中寻求建筑的原型，从传统民居中汲取理念，应用民间建筑的材料和技术，关怀普通人的生活质量，显示了对生态学方法的关注（图 4-36），他认为：

> 建筑师“是在向一个长久保持平衡的环境中引入新的元素。他必须有责任感，如果没有考虑环境因素而在建筑过程中对其造成严重的破坏，他就是在对建筑和文明犯罪……”[63]

4.4.3　高层建筑与价值观

高大的建筑由于其标志性及其在远古时期的地平线上的壮观，一直为人青睐，因此，有史以来，人们就一直在挑战重力，尽力建造高大的建筑。距今四千多年的两河流域建造了高大的塔庙作为观象台，传说中的古代世界七大奇迹中有五座是高大的建筑，它们是高 146.4 米的齐奥普斯（胡夫）金字塔（公元前 2500）、巴比伦空中花园（公元前 600）、高约 45 米的摩索拉斯陵墓（公元前 315）、高 33 米的罗德岛的太阳神像（公元前 292– 前 280）、亚历山大灯塔（公元前 270），它们是高层建筑的雏形（图 4–37）。中世纪的塔楼在当时是地位和财富的象征，20 世纪是高层建筑蓬勃发展的时期，21 世纪成为了高层建筑的世纪。高层建筑的问题除了经济与工程技术因素之外，其动因往往取决于价值观念。

图 4–37　巴比伦空中花园

1）历史上的高层建筑

古埃及的金字塔是人类最早的摩天大楼，最早的一座由建筑师伊姆霍特普（Imhotep，活动期约为公元前 27 世纪）建造的左塞金字塔（公元前 2778），为 6 级台阶形的矩形石砌结构，高达 61 米，是显示人类创造力的纪念碑。在当时，法老们就竞相建造更高更大的金字塔。大约建于公元前 290 年的亚历山大港的法罗斯灯塔，高约 115 ~ 150 米，是古代最高的建筑（图 4–38）。古罗马时代就已经出现了多层住宅，在当时已经属于高层建筑。

图 4–38　亚历山大灯塔

从中世纪开始，人们就在建造塔楼。在意大利的托斯卡纳地区，佛罗伦萨西南约 55 公里处，有一座 11、12 世纪发展起来的山城圣吉米涅阿诺（San Gimignano），坐落在一个海拔 324 米的山丘上，位于中世纪时期贯通欧洲的法兰克大道的要冲。圣吉米涅阿诺是意大利保存最完好的中世纪城市之一，这座城市原来有 72 座塔楼，今天只留下了 15 座。建造塔楼在当年是一种风尚，一开始是出于防御和安全地储藏财宝的需要，到后来则是为了显耀威望和财富，各大家族都竞相建造高塔，并不断地把从敌对家族的塔楼上拆下来的石头码在自己的塔楼上（图 4–39）。

图 4–39　俯瞰圣吉米涅阿诺

中世纪的教堂和市政厅是城市的地标，也是高层建筑的代表，各座城市竞相建造高塔。始建于 1352 年的安特卫普圣母大教堂，其塔楼高 120 米，法国的亚眠大教堂（1220–1270）的中堂高达 42 米，始建于 10 世纪的博韦大教堂的拱顶高 48 米，中央塔楼高达 150 米，这座塔楼于 1573 年倒塌。德国乌尔姆大教堂（14–19 世纪）的塔楼高 160 米，是欧洲中世纪最高的建筑物。科隆大教堂（1284 年始建，1842–1880 年竣工）的塔尖高度超过了 164 米（图 4–40）。塔楼奇观是低地国家的一个特征，17 世纪的一幅图画描绘了位于荷兰泽兰省济里克泽的圣利文斯教堂的塔楼，据估计，其高度超过 200 米，可能这是一座灯塔，但是没有证据表明这个构想得以实现。

意大利画家多梅尼科·迪·米开里诺（Domenico di Michelino，1417–1491）曾于 1465 年在佛罗伦萨大教堂墙面上画了一幅湿壁画《但丁和“神曲”》（图 4–41），画面背景是圣经里隐喻“天堂”的巴比伦通天塔，通天塔的故事源自圣

图 4–40　科隆大教堂

图 4–41　《但丁和“神曲”》

图 4–42　复原的巴比伦塔楼

经《创世纪》中的“巴别塔”。传说中，上帝刚刚创造天、地、人的时候，天下所有的人的口音、语言都是一样的，当他们往东边迁移的时候，在示拿地遇见一片平原，就住在了那里，他们商量要建造一座城市和一座通向天上的塔楼，他们学会用石料、砖头与石灰等材料建造高大的建筑物。上帝为了打击示拿人的傲气，就弄混了人们的语言，使他们彼此之间无法沟通，并将人们分散到大地的各个方向，最终使通天塔无法建成。1899 年，在古代的巴比伦遗址挖掘出了一座方形塔楼的基础，其周边长 91.5 米，测算出这座塔楼的高度为 90 米左右。巴比伦通天塔是一种通向天堂的隐喻，并在几千年的人类历史中不断重现，成为现代摩天大楼的原型（图 4–42）。

欧洲绘画史上，有无数以油画、蚀刻画等方式表现的巴比伦通天塔，图 4–43 是绘于 1460–1470 年的正在建造中的巴比伦通天塔（图 4–43）。我们还要介绍尼德兰画家彼得 · 勃鲁盖尔（Pieter Bruegel, 又称老勃鲁盖尔，约 1525–1569），他的绰号叫“庄稼汉”，农民的乡村风俗及生活是他的作品的主要表现对象。他在 1563 年移居布鲁塞尔以后创作了一幅《巴比伦通天塔》，用圣经故事影射现实世界。勃鲁盖尔在这幅构图十分宏大的油画中，用幻想的手法描绘了人类自古以来对高楼大厦的向往。图中的建筑有联系上下各层的大楼梯，层出不穷的屋面，在塔顶处还用云彩拦腰截去一部分，并在云层上露出隐约可见的塔顶，以表示有着螺旋形空间的塔楼已建到相当可观的高度。塔身坐落在海边，右下角的海滩上还有停泊的船只，远处有密集的房屋，展现出平原的风光。在表现建筑的同时，探讨人类的生活，展示了人类为了满足世俗野心所做出的各种举动。勃鲁盖尔凭借细密画工的技术，在塔身的每一层上都精心地描绘了各种车辆与人物，画中有木工、石匠、砖瓦匠等各种工人和巨大的施工现场，依稀可见远处的城市。这幅画极富表现力和寓意，勃鲁盖尔所画的通天塔被誉为世界上最富有想象力的塔楼（图 4–44）。勃鲁盖尔将画面的场景从巴比伦搬到了荷兰的安特卫普，这幅画成为了电影《大都会》的场景设计师和摄影师霍斯特·冯·哈勃（Horst von Harbou, 1879–1953）设计新巴比伦塔的原型（图 4–45）。

从古代西亚建筑中的塔庙、古罗马的图拉真纪功柱（Colonna Traiana, 113）等，我们可以看到，螺旋形的高塔已经成为一种高楼的象征，并一直沿用至今。艺术史上曾经留传下来无数有关巴比伦通天塔的绘画作品。博学多才的耶稣会修士、学者，被誉为最后一位文艺复兴人物的德国版画家阿塔纳修斯·基歇尔（Athanasius Kircher，1601–1680）留下了多幅蚀刻画《巴比伦通天塔》。在他于 1679 年创作的一幅版画中有一座已经建成的巴比伦通天塔，酷似勃鲁盖尔画中直插云霄的高塔（图 4–46）。

图 4–43　历史上的巴比伦通天塔

荷兰油画家和版画家埃舍尔（Maurits Cornelis Escher, 1898–1971）也有过一幅《巴比伦通天塔》（1928），埃舍尔在画中所表现的是他一贯探讨的超现实主义方法，追求规律性、连续性、无限性和数学结构。在他的通天塔上，内部与外部的边界是含混的，这座通天塔正在建造之中，它不是物体或目标，而是一个过程、一个事件（图 4–47）。

巴比伦通天塔在建筑历史上也曾有过许多影响，意大利巴洛克时期的伟大建筑师博罗米尼设计建造的罗马圣伊伏教堂（1642–1662），就是以巴比伦通天塔的神话作为原型的建筑，当然，这是一种以圣灵降临般的空间，寓意真理与智慧，表现诸神反对巴比伦通天塔的符号（图 4–48）。博罗米尼对当代的许多著名建筑师，如日本的矶崎新、意大利的波尔多盖希等都有着深远的影响。矶崎新写过有关博罗米尼的论著，波尔多盖希还收藏有博罗米尼的设计图。

图 4–44　老勃鲁盖尔的《巴比伦通天塔》

图 4–45　《大都会》电影中的新巴比伦塔

图 4–46　基歇尔的《巴比伦通天塔》

著名的巴黎埃菲尔铁塔和当代许多摩天大楼的原型，实际上也源自巴比伦通天塔，自从中世纪以来，许多想象中的理想城市都向空中发展。人类从来没有停止过建造巴比伦通天塔的愿望，许多城市正在竞相建造世界最高的建筑物。1885 年，法国工程师朱尔·布尔代（Jules Bourdais，1835–1915）提出了在荣军院广场竖立一座 300 米高的水泥塔的构想，起名为“太阳柱”，塔顶上将设置一个光源和一个抛物线形的镜面系统，用以照亮整个巴黎，以高塔作为标志的构思成为了 300 米高纪念碑建筑的最初雏形。

许多建筑成为地标，成为城市形象，或由于其艺术成就，或由于结构技术的成功，或由于环境，甚至由于另类。地标性的建筑已经不再是传统的纪念性建

图 4–47　埃舍尔的《巴比伦通天塔》

图 4–48　罗马圣伊伏教堂

筑，而是具有鲜明特征的建筑。1886 年，法国政府在筹备 1889 年纪念法国大革命 100 周年的巴黎世博会时，举办了纪念建筑的设计竞赛，征集到 700 多个方案，其中土木工程师古斯塔夫 · 埃菲尔（Gustave Eiffel，1832–1923）设计的 300 米高露空格构铁塔方案中选。在一开始，埃菲尔铁塔不可名状的美学表现，以及既不像建筑又不像雕塑的形象还不能为人们所接受，巴黎的艺术家和文化名人曾经掀起一场猛烈的反对运动。1887 年 2 月 14 日的《时代报》刊登了一群艺术家以“保护良好审美情趣”和“受到威胁的法国文化和历史”的名义给世界博览会负责人的抗议信，信中说：

“我们，作家、雕塑家、建筑师和画家，以及一群直至现在之前尚未被糟蹋的巴黎的美的激情热爱者，现在以保护良好审美情趣的名义，以受到威胁的法国艺术和历史的名义，奋起抗议建造一无是处和可怖的埃菲尔铁塔。难道巴黎这座城市将以一名巴洛克和商业化工程师的意图去冒险，以不可救药的方式救赎背叛自身的荣耀吗？因为，连商业化的美国都不想要的埃菲尔铁塔，无疑将成为巴黎的耻辱。”[64]

但是，当埃菲尔铁塔最终伫立在世人面前的时候，人们对它的评价是“它压塌了欧洲”，原先的批评变成了赞颂，人们将它作为艺术品也作为建筑接受了它，没有人再讨论它到底是不是建筑。

尽管当时钢结构技术已趋于成熟，埃菲尔仍然用重达 7300 吨的锻铁来建造这座铁塔，埃菲尔铁塔在建筑史上的意义是，首次将外露的金属结构用于建筑上。埃菲尔铁塔比罗马圣彼得大教堂的穹顶或埃及的吉萨金字塔高一倍，铁塔的原始高度为 312.27 米，加上天线是 320.75 米，在美国纽约的克莱斯勒大厦于 1930 年建成之前，埃菲尔铁塔一直保持着世界最高建筑的纪录，它的高度几乎是 160 米高的德国乌尔姆大教堂和 170 米高的华盛顿方尖碑（1884）高度之和（图 4–49）。

2）现代高层建筑

早在建筑技术尚未成熟的时代，建筑师就在设计超高层建筑，法国工程师法莱西诺（Eugene Freysinner，1879–1962）在 1937 年为巴黎世界博览会设计了一座“世界灯塔”，高 700 米，游客可以驾驶汽车沿着螺旋状的道路蜿蜒直上顶层的餐厅、旅馆和观光厅，然而由于各种原因，这座塔楼最终并没有建成。美国建筑大师赖特在 1956 年设计了 1 英里高的空中城市（Mile High Sky City），高达 528 层，最终也未实现。

近年来已经有新的“通天塔”建成，例如日本建筑师原广司（Hiroshi Hara,

1936–）设计的大阪新梅田空中城市（1993）（图 4–50）。还有相当多的现代通天塔的构思，例如英国建筑师诺曼·福斯特在谈及他设计的高 394 米的伦敦千禧塔时说：

“高的建筑是世界级现代化城市的能力和志气的表现。”[66]

福斯特在 2009 年为上海中心设计了一幢高 580 米的超高层建筑，但方案没有被选中，自 2011 年起，他的团队又参与了外滩金融中心项目的超高层建筑群的设计（图 4– 51）。

有一个十分典型的例子可以说明建筑师的价值观与自身信仰之间的冲突，1985 年，在美国夏洛特市的弗吉尼亚建筑学院召开了一次由许多国际建筑界的明星参加的讨论会，与会的有美国建筑师菲利浦·约翰逊、弗兰克·盖里、彼得·埃森曼、凯文·罗奇、西萨·佩里（Cesar Pelli, 1926–2019）、保罗·鲁道夫（Paul Rudolph, 1918–1997）、斯坦利·泰格曼（Stanley Tigerman, 1930–2019）、迈克尔·格雷夫斯（Michael Graves, 1934–2015）、亨利·柯伯（Henry Cobb，1926–2020），荷兰建筑师雷姆·库哈斯、奥地利建筑师罗伯·克里尔、西班牙建筑师拉菲尔·莫奈欧和日本建筑师安藤忠雄等。在会上，大家讨论了关于高层建筑引发的价值观问题，克里尔表示不理解在美国为什么要建造那么多的高层建筑，认为他自己绝对不会建造一个高度超过自己用双脚爬得到的建筑（图 4–52）。约翰逊是这样解释的：

图 4–49　巴黎埃菲尔铁塔

图 4–50　大阪新梅田空中城

“我读过你的书，而且我完全同意你的观点，但是我就像一个妓女一样，他们付高价让我替他们盖高层建筑。搭电梯是一个人一生中最令人厌恶的事，我也不知道有什么必要。这个世界的空间已经够了。如果你飞越这个国家，会怀疑人都到哪去了。”[67]

从中，我们可以看出一个建筑师的价值观是十分矛盾的，有些事情既不愿意做，但又看在金钱的份上不得不为之。克里尔作为会议的主持人，精辟地指出：

“我们的问题就是批判性结论。批判性是艺术家最重要的工具，光是让别人批评你做出来的东西是不够的，身为一个艺术家或建筑师，你是唯一可以下判断的人，也是负全责的人。我相信今天这场盛会中许多人是身价非凡的，在一个都市里盖个 50 栋像帝国大厦一样的摩天

图 4–51　福斯特设计的上海中心方案

图 4-52　菲利浦·约翰逊

大厦也不是问题，但可能在座的只有两个人会拒绝这样的案子。当然，接了以后你们会说：'这不是我们的错，我们只是替别人做事。' 如果是我，我会把你们丢到炼狱里去，因为你们很清楚自己在做错的事！现在的区域制（zoning）不只迫使你们建造建筑巨兽，也制造了现代建筑的轻率。区域制让我们看到未来 20 年都市的样子，这已经不是一个抽象的概念。" [67]

克里尔指出，未来几年后在座各位建筑师的作品将是一种模仿他人作品的建筑物、建筑群和城堡，不再有创新，不再有真正的建筑作品。洛奇则反过来指责克里尔以建筑师的身份扮演独裁者的角色，试图控制生活环境里的每一件事情，这种傲慢的态度才应当下地狱。其他人也纷纷指责克里尔，佩里指责克里尔的罪恶更为深重，认为克里尔不是在谈建筑，而是在讨论神学，并且犯下了更严重的僭越上帝的罪孽。格雷夫斯认为克里尔是在以教师爷的身份对别人训话，埃森曼也抨击克里尔的无礼。实质上，克里尔说出了事情的实质，建筑的根本问题在于价值观（图 4-53）。

图 4-53　纽约的摩天大楼

约翰逊对建造摩天大楼的原因有过深刻的分析，在一次采访中，他谈到：

"关于什么是摩天大楼的起因，人们有不同的概念，但在所有的文化中，真正的只有一个原因，即为了宗教信仰或自豪的目的而拔高。我们的商业摩天大厦是竞争性商业世界启动与推进的结果。"

"不！高塔是为了权力……他们（指亚洲人——笔者注）没有学到我们的经济模式，而是去学我们的自尊模式，而形式是美国化的……" [68]

图 4-54　迪拜的哈利法塔
黄睿摄

3）今日高层建筑

21 世纪的世界又在重复这样一种兴建"最高"建筑的竞争，马来西亚的吉隆坡在 1998 年建成了当年世界最高的佩重纳斯大厦（Petronas Towers），这座由美国建筑师西萨·佩里设计的双塔，高 452 米。这个记录随后被台北的 101 大厦（508 米）在 2003 年打破。今天，这个最高纪录是 2010 年建成的迪拜的哈利法塔（Burj Khalifa），高度达到 828 米，是当今世界上最高的建筑。沙特阿拉伯的吉达计划建造一栋高 1000 米的大厦，迪拜计划建造一栋高 1400 米的建筑（图 4-54）。

图 4–55　芝加哥特朗普大厦

许多城市都竞相设计超高层建筑，2009 年建成的由美国 SOM 建筑师事务所设计的芝加哥特朗普大厦（Trump Tower），该大厦原来规划的高度为 610 米，“9 · 11 事件”后，塔顶高度降为 360 米，天线顶部标高为 423 米，高度居美国高层建筑第二位，世界第十位（图 4–55）。另外，芝加哥正在建造由西班牙建筑师卡拉特拉瓦（Santiago Calatrava，1951–）设计的芝加哥螺旋大厦，高 610 米，拥有 1200 个单元，建成后将是世界最高的摩天住宅楼。此前，卡拉特拉瓦已经在瑞典的马尔默海滨设计建造了一座高 190 米的旋转大厦（2001–2005）。雷姆 · 库哈斯为韩国的首尔设计了一座高 440 米的 XL 塔（Togok，XL Towers，1996–2002），KPF 事务所为香港九龙车站设计的塔楼高 475 米（2000–2007），韩国的釜山正在建造 510 米高的釜山乐天塔楼，福斯特为纽约世界贸易中心设计的塔楼高 538 米（2002），中选的里伯斯金的方案为 541 米，甚至柬埔寨也在计划建造一座 555 米高的塔楼，印度的孟买正在建造高度为 720 米的印度塔（India Tower）。1999 年，西班牙建筑师哈维尔 · 皮奥斯（Javier Pioz）设想在上海建造一座可容纳 10 万人的高 1228 米的垂直城市——仿生塔（Bionic Tower），2003 年，这家事务所又提出了绿色可持续生物塔的方案。德国建筑师和设计师赫伯特·奥尔（Herbert Ohl，1926–）在 2002 年为上海设计了一座和平塔，高度设想为 685.8 米或 514.3 米。

欧洲也在加入高层建筑竞赛的行列，福斯特为莫斯科设计的俄罗斯塔的高度为 600 米，米兰正在建造由扎哈 · 哈迪德设计的名为“都市人生”的高层办公楼和住宅项目，巴黎拉德方斯正在打造面积为 500 公顷的欧洲商务区，邀请国际著名建筑师规划设计了一系列高层建筑，其中有三幢高度超过 300 米的超高层建筑，如汤姆·梅恩（Thom Mayne, 1944–）设计的高 300 米的灯塔大厦（Tour Phare）（图 4–56）。此外还有 2011 年建成的由美国建筑师 KPF 设计的高 231 米的第一塔楼（Tour First）、罗伯特 · 斯特恩设计的高 162 米的双子大楼（Carps Diem）、法国建筑师让 · 努维尔设计的高 301 米的信号大厦（Tour Signal）、让 – 保罗 · 维吉尔设计的高 205 米的马琼卡大厦（Tour Majunga）等（图 4–57）。

据称，巴西企业界大亨马里奥 · 加纳罗曾经筹划建造一座可以遮住太阳的摩天大楼，这座外形类似印度呋陀神庙的建筑高 494 米。加纳罗想要建造一个圣保罗新区的标志，是后工业的圣保罗作为世界大城市的标志。巴西作家安德拉德把这样的摩天大楼描写成“一个长着一千颗牙齿的大嘴”。

中国目前是全世界建造超高层建筑最为活跃的地区，全国有 30 多座城市正在定位为国际或区域性金融中心，全国 200 多个地级市中，有 183 个正在规划建设“国际大都市”，高层建筑成为金融中心和国际大都市城市形象的首选目标。北京和上海要建设国际金融中心，南宁要建设区域性国际金融中心，天津、广州、深圳、长春、成都、石家庄、杭州、宁波、长沙、合肥等城市要建设区域性金融中心，昆明要建设泛亚金融中心，乌鲁木齐要建设中亚区域金融中心，重庆要建

图 4–56　梅恩设计的灯塔大厦

图 4–57　巴黎拉德方斯商务区全景

设长江上游金融中心等。据 2011 年中国首次发布的《摩天城市竞争力统计报告》所述，中国在 2011 年建成了 212 幢 200 米以上的超高层建筑。

计划成为区域性金融中心的大连正在建造高 518 米的大连绿地中心。天津提出建设区域性金融中心，正在建造高度约 530 米的天津 CTF 摩天大楼和 597 米高的高银金融 117 大厦，预计 2015 年建成，于家堡地区正在成为全球高层建筑最为集中的地区之一。预计 2017 年建成的武汉绿地大厦高 606 米，体现中部金融中心的地位。深圳正在建造 660 米高的平安国际金融中心大厦，预计 2015 年建成。

根据芝加哥国际高层建筑和都市人居协会（CTBUH，Council on Tall Buildings and Urban Habitat, Chicago）在 2011 年的统计，世界最高的 10 座高层建筑的记录平均只能保持 8 年，在巴拿马，每 2 年就会刷新这个记录，巴林平均 3~5 年，而美国需要 32 年。该报告预测，中国在今后数年内平均每 5 天就将有一座超高层建筑封顶，中国的人口占全球的 19.5%，而 2011 年建造了 212 座 200 米以上的超高层建筑，占全球总数的 33. 4%。美国在 2011 年建造了 162 座 200 米以上的超高层建筑，在数量上位居第二，占全球总数的 25.6%。在数量上占第三位的阿联酋建造了 49 座 200 米以上的超高层建筑，占全球总数的 7.7%。[69]

据统计，直到 20 世纪末，世界上最高的 100 座建筑中有 80% 在北美，而现在这个数字只有 30%，剩下的有一半在亚洲。今天，全世界排名前 20 位的超高层建筑中，有 11 座在中国，美国只剩位列第 8 的威利斯塔楼（442 米），位列第 10 的芝加哥特朗普大厦（423 米），位列第 15 的帝国大厦（381 米）和位列第 18 的美洲银行大厦（366 米），其余 3 座在迪拜，2 座在马来西亚。预计到 2016 年，全世界排名前 20 位的超高层建筑中，只有 2 座在美国。届时，中国的城市除北京（330 米，现第 30 位，2016 年为第 74 位）、上海（632 米，第 4 位）、香港（484 米，第 14 位）、台北（508 米，第 12 位）、深圳（660 米，第 3 位）、广州（439 米，第 20 位）、天津（597 米，第 6 位）、南京（450 米，第 17 位）、沈阳（384 米，第 33 位）、武汉（331 米，第 71 位）、重庆（339 米，第 75 位）之外，无锡（339 米，第 58 位）、昆明（333 米，第 68 位）、常州（332 米，第 70 位）、江阴（328 米，第 77 位）、烟台（323 米，第 85 位）、温州（322 米，第 88 位）等的建筑也将跻身世界上最高的 100 座高层建筑的行列。[70]

1980 年，在上海只有 121 幢建筑的高度超过 24 米，没有一幢建筑的高度超过 100 米。截至 2011 年末，上海已经有 22998 幢高层建筑，1066 幢建筑的高度超过 100 米。[71] 正在建造的上海中心的建筑高度将达到 632 米，这幢超高层建筑位于陆家嘴中央商务区，紧邻高 421 米的金茂大厦（1995–1998）和高 492 米的环球金融中心（1997–2009）。这三幢建筑在 1993 年的陆家嘴中央商务区城市设计中的高度均为 320 米左右，总建筑面积为 60 万平方米，而目前仅上海中心一幢建筑的面积就将超过 60 万平方米（图 4–58）。整座城市已经变成了混凝土的森林，而且呈一种无序分布的态势。在一定的程度上说，这也是价值因素的作用。许多建筑本来并没有必要建成高层建筑，用多层建筑更经济，也更符合功能要求。不管是建在哪里，不管周围的建筑环境如何，许多业主都要求自己的建筑成为标志性建筑。受经济利益驱使，政府要求较高强度的开发，一方面为显示政绩，另一方面也可以从高容积率中获得更多的经济利益。开发商也希望提高容积率，以获得经济利益。

在 1980 年代初，国内建筑界曾经就高层住宅建筑问题进行过讨论。人们希望通过建高层建筑多空出一些绿地，改善环境。但是，住宅建筑的实际情况表明，多建绿地只是一种良好的愿望。目前的状况不仅没有增加绿地，相反，建筑群的密度越来越大，高层建筑之间的间距越来越小。为了争取最大的利润，热衷于兴建超高层建筑，上海市中心的人民广场已经被周围的高层建筑所包围。建于 1931–1934 年的上海国际饭店曾经是上海的标志，直到 1950 年代以前，国际饭店都是亚洲最高的建筑，是城市天际线的中心之一。可是几乎紧贴它边上新建的永新广场，以其庞大的体量使国际饭店显得十分可怜（图 4–59）。

图 4–58　上海中心效果图

图 4–59　人民广场全景

位于上海徐家汇的建于 1904–1910 年的天主教堂（圣依纳爵教堂），是上海现存的最具特色的哥特式天主教堂，其规模在当时为东亚之冠，在外滩的汇丰银行大楼于 1923 年建成之前曾被誉为“上海第一建筑”。“文革”时期，教堂的两

图 4-60　徐家汇天主教堂周围的环境

图 4-61　北京的城市空间

座塔楼的尖顶及十字架曾被拆毁，教堂内的彩色玻璃花窗损坏殆尽，直到 1982 年才将塔楼的尖顶及十字架修复。2001 年，在徐家汇天主教堂的正西方，也正是信徒们朝拜的方向，兴建了一片高楼住宅区，有一栋高层住宅正好嵌在徐家汇天主教堂的两座尖塔的中间，破坏了教堂的轮廓线。在徐家汇天主教堂的东北侧建造了教会所属的圣爱广场，这是一座略微带有所谓哥特式风格的高层建筑，西北侧建造了一座带有中国传统式样大屋顶的西藏大厦。这一个区域成为建筑风格的大拼盘，造就了又一个城市空间败笔，这完全出于局部的利益，破坏了城市空间的典型表现（图 4-60）。

北京、杭州等地也频频报道城市建筑空间的失控和失语现象（图 4-61），美国规划协会秘书长苏解放（Jeffrey L．Soule）在 2005 年访问北京后说：

“这是一件令人悲伤的事情：一个有着最伟大城市设计遗产的国家，竟如此有系统地否定自己的过去。”[72]

本章注释

[1] 艾·阿·理查兹．文学批评原理．杨自伍译．南昌：百花洲文艺出版社，1992：19.

[2] 简明不列颠百科全书（第 4 卷）．北京：中国大百科全书出版社，1985：306.

[3] 马克思．资本论．马克思恩格斯全集·第 23 卷．北京：人民出版社，82.

[4] 桑塔亚那．美感．缪灵珠译．北京：中国社会科学出版社，1982：33.

[5] 万俊人．现代西方伦理学史·上卷．北京：北京大学出版社，1990：390-414.

[6] 列·斯托洛维奇．审美价值的本质．凌继尧译．北京：中国社会科学出版社，2007：21.

[7] 索洛杜依．价值和评价．哲学译丛．1987，1：6.

[8] 宾克莱．理想的冲突——西方社会中变化着的价值观念．马元德等译．北京:商务印书馆,1993:7.

[9] 列·斯托洛维奇．审美价值的本质．凌继尧译．北京：中国社会科学出版社，2007：3.

[10] 柏拉图．泰阿泰德篇．转引自：范明生．西方美学通史·第一卷．古希腊罗马美学．上海：上海文艺出版社，1999：196.

[11] 李凯尔特．文化科学和自然科学．涂纪亮译．北京：商务印书馆，1986：78．转引自：范明生．西方美学通史·第一卷．古希腊罗马美学．上海：上海文艺出版社，1999：196.

[12] 库恩．必要的张力．范岱年，纪树立译．北京：北京大学出版社，2004：322.

[13] 弗·布罗日克．价值与评价．李志林，盛宗范译．上海：知识出版社，1988：12.

[14] 李凯尔特．文化科学和自然科学．涂纪亮译．北京：商务印书馆，1986：78.

[15] 列·斯托洛维奇．审美价值的本质．凌继尧译．北京：中国社会科学出版社，2007：33.

[16] 诺维尔－史密斯．伦理学．转引自：宾克莱．理想的冲突——西方社会中变化着的价值

观念．马元德等译．北京：商务印书馆，1993：381.
[17] 堺屋太一．知识价值革命．金泰相译．沈阳：沈阳出版社，1999：44.
[18] 宾克莱．理想的冲突——西方社会中变化着的价值观念．马元德等译．北京:商务印书馆，1993：37.
[19] 哈利·弗朗西斯·茅尔格里夫．建筑师的大脑——神经科学、创造性和建筑学．张新，夏文红译．北京：电子工业出版社，2011：102.
[20] Giancarlo De Carlo. *Architecture's Public.* 见 Charles Jencks and Karl Kropf. *Theories and Manifestoes of Contemporary Architecture*. Academy Editions, 1977：47.
[21] 列·斯托洛维奇．审美价值的本质．凌继尧译．北京：中国社会科学出版社，1984：47.
[22] 尼采．偶像的黄昏．尼采文集（查拉斯图拉卷）．周国平等译．银川：青海人民出版社，1995：324.
[23] 哈特曼．美学．转引自：列·斯托洛维奇．审美价值的本质．凌继尧译．北京：中国社会科学出版社，2007：19.
[24] 米盖尔·杜夫海纳．美学与哲学．孙非译．北京：中国社会科学出版社，1985：24.
[25] 列·斯托洛维奇．审美价值的本质．凌继尧译．北京：中国社会科学出版社，2007：21.
[26] 杰拉尔德·G·马尔腾．人类生态学——可持续发展的基本概念．顾朝林，袁晓辉等译校．北京：商务印书馆，2012：64.
[27] 同上，65.
[28] 雅克·里纳尔，赫尔曼·普瑞格恩．生态美学或审美生态．见：李庆本主编．国外生态美学读本．长春：长春出版社，2010：149.
[29] 孟子·离娄篇．
[30] 沪华海工程师论建筑．申报．1924.
[31] 弗·布罗日克．价值与评价．李志林，盛宗范译．上海：知识出版社，1988：48.
[32] 马克思．政治经济学批判．马克思恩格斯选集·第二卷．北京：人民出版社，2012：685.
[33] 马克思，恩格斯．德意志意识形态．马克思恩格斯选集·第一卷．北京：人民出版社，2012：161.
[34] 格林诺夫．形式与功能．载:汪坦，陈志华．现代西方艺术美学文选·建筑美学卷．沈阳：春风文艺出版社／辽宁教育出版社，1989：3.
[35] William J.R.Curtis．*Modern Architecture Since 1900.* London: Phaidon Press，1996：16.
[36] 威廉·寇蒂斯．现代建筑的当代转变．世界建筑．1990：123.
[37] 曼弗雷多·塔夫里．建筑学的理论和历史．郑时龄译．北京：中国建筑工业出版社，2010：141.
[38] 勒·柯布西耶．走向新建筑．陈志华译．天津：天津科学技术出版社，1991：237.
[39] 曼弗雷多·塔夫里．建筑学的理论和历史．郑时龄译．北京:中国建筑工业出版社，2010:46 页。中译本可参见：明日之城市．李浩译．北京：中国建筑工业出版社，2009：264.
[40] 帕皮尼．未来主义与马里奈蒂主义．未来主义·超现实主义·魔幻现实主义．北京：中国社会科学出版社，1987：64.
[41] 马里奈蒂，博乔尼等．致威尼斯人书．现代西方文论选．上海：上海译文出版社，1983：71.
[42] 施太格缪勒．当代哲学主流．王炳文，燕宏远，张金言等译．北京：商务印书馆，1989：150.
[43] 马克斯·舍勒．伦理学中的形式主义与质料的价值伦理学．倪梁康译．北京:商务印书馆，2011：150.
[44] 同上，154.
[45] 同上，155.
[46] 同上，159.
[47] Kenneth Leung．"一个中国企业家和他的'美国国会大厦'"．大都市．2000，11：24.

[48] 同上．26 页
[49] 马克思．路易·波拿巴的雾月十八日．马克思恩格斯选集·第一卷．北京：人民出版社，2012：669–670.
[50] 曼弗雷多·塔夫里．建筑学的理论和历史．郑时龄译．北京：中国建筑工业出版社，2010：141.
[51] 乔弗莱·司谷特．人文主义建筑学——情趣史的研究．张钦楠译．北京：中国建筑工业出版社，1989：1.
[52] 同上
[53] 德·富斯科．作为大众媒介的建筑．转引自：曼弗雷多·塔夫里．建筑学的理论和历史．郑时龄译．北京：中国建筑工业出版社，2010：138.
[54] 贺拉斯．诗艺．杨周翰译．北京：人民文学出版社，1962：155.
[55] Geert Beaert. *Quel nom est architecte?* Hunch. The Berlage Institute Report No.6/7：75.
[56] 同上，77.
[57] Veronica Biermann and others. *Architectural Theory: From the Renaissance to the Present.* Taschen，2003：212.
[58] 罗斯金．建筑的七盏明灯．张璘译．济南：山东画报出版社，2006：4.
[59] Robin Middleton, David Watkin．*Neoclassical and 19th Century Architecture*．Vol. 2．New York: Electa/ Rizzoli．1987：374.
[60] Adolf Loos．*Ornament und Verbrechen.* 选 自 Akos Moravanszky. Architekturtheorie im 20. Jahrhundert. Springer. Wien. 2003：59.
[61] Theodor Adorno. *Functionalism Today*. 引自 Neil Leach. *Rethinking Architecture, A Reader in Cultural Theory*. Routledge. London and New York. 1997：10.
[62] 许安之编译．国际建筑师协会关于建筑实践中职业主义的推荐国际标准．北京：中国建筑工业出版社，2005：17–18.
[63] 查尔斯·詹克斯，卡尔·克罗普夫．当代建筑的理论和宣言．周玉鹏等译．北京：中国建筑工业出版社，2005：142.
[64] Klaus Reichold & Bernhard Graf. *Buildings that Changed the World.* Munich. Prestel，2004：142.
[65] 戴芸．英国建筑．北京：中国计划出版社，1999：106.
[66] 卢瑟尔·弗格森等．艺术论述：后现代艺术与文化的对话．吴介祯译．台北：远流出版事业股份有限公司，1999：385.
[67] 同上，386.
[68] 朱迪思·杜勃蕾．菲利普·约翰逊谈高层建筑——对菲利普·约翰逊《摩天大厦——世界最著名与最重要摩天大厦的历史》一书的绪言采访．世界建筑，1997 (2)：34.
[69] Antony Wood. *Best TALL Buildings: CTBUH International Award Winning Projects.* Routledge Taylor & Francis Group. 2011：13–17.
[70] Antony Wood. *Best TALL Buildings: CTBUH International Award Winning Projects.* Routledge Taylor & Francis Group. 2011：200–201.
[71] 上海统计年鉴—2012．北京：中国统计出版社，2012：174.
[72] 王军．拾年．北京：生活·读书·新知三联书店，2012：28.

第5章
建筑批评的符号论

Chapter 5
The Semiology of Architectural Criticism

在一定的意义上说，所有的文化现象都是符号系统，建筑也不例外。符号学是关于符号系统的科学，是将所有的文化现象当作符号系统来研究的一门科学，这门科学同时也研究任何事物生成并产生意义的方式。符号学的兴起与结构主义哲学、控制论、信息论、系统论、现象学以及人工智能等学科的发展有着密切的关系，法国结构主义文论家罗兰·巴特在 1964 年发表了《符号学原理》(*Éléments de sémiologie*)。符号的意义首先在于积淀了许多科学的经验和研究的成果，是认识世界的不可分割的部分和有效手段。

符号和符号系统的建立，不是为了用符号系统来取代人们对现实世界的认识，而是为了不断完善和拓展这种认识。符号论并没有普遍的本体论意义，符号论所具有的主要是方法论上的意义，涉及思想与表达之间的关系。建筑批评的符号论与建筑批评的价值论共同组成建筑批评的基本理论。

1950 年代，意大利建筑理论家奠定了建筑符号学（Archisemiotics）和建筑语言学（Architectural Linguistics）的基础理论。此外，在欧洲也相应出现了关于城市符号学的理论。在第 4 章一开始，我们引述了英国文艺理论家的论断：价值的记述和交流的记述是批评理论的两大支柱，符号论就是关于交流记述的理论。建筑语言学和建筑符号学的理论基础是符号学哲学和符号学美学。

建筑符号学和建筑语言学在后现代建筑理论中占有重要的地位，将建筑及建筑设计看作是信息交流的过程，肯定建筑形式的意义及其传达意义的功能，将建筑看作一种视觉语言和符号系统，并与语言加以类比。后现代关于文脉和文脉主义的理论也推动了建筑符号学和建筑语言学的发展。

在这一章中，除了符号学和语言学的基本问题，我们还要讨论语义学。语义学是有关符号的意义、信息和内容的理论，语义学是一切人工产品的设计必然涉及的知识领域。语义学和符号学主要与语言学相关，涉及符号及其生成、结构和内容，因而可以用于对我们的感官产生刺激的因素的诠释。建筑批评的符号论讨论作为符号系统的建筑的有关信息的产生、表现和传达，探讨建筑符号、建筑代码、建筑的深层结构及其生成、建筑语言的意义，研究建筑与环境、文脉的关系，建筑的表现和交流等问题。建筑符号学的研究并非手法或实用方法的讨论，而是涉及建筑的一种思维方式的研究，是对思想的表述体系的研究。

5.1 符号学的基本理论

符号学研究符号的产生、符号的本质、符号的意义和符号系统等理论问题，符号学这个术语源于希腊文的“符号”(Semeion) 一词，可以解释为符号及其应用的普遍原理。符号学在英语中有两个同义词：Semiology 和 Semiotics。前者与医学中的症候学 Semeio-logy 的词源一致，内涵也有相似之处。1690 年，英国哲学家和物理学家约翰·洛克在《人类理解论》(*An Essay Concerning Humane Understanding*) 一书的结论部分提出了“符号学”的概念。19 世纪末，美国哲学家和心理学家查尔斯·桑德斯·皮尔斯（Charles Sanders Peirce，1839–1914）描述了他称为“符号学”（Semiotics）的研究。1916年，瑞士语言学家费迪南·德·索绪尔（Ferdinand de Saussure, 1857–1913）在《普通语言学教程》（*Cours de linguistique générale*）中提出了“符号论”（Semiology），他认为符号论的主要对象“是以符号任意性为基础的全体系统”。[1] 实质上，符号学和符号论这两个术语是同一门学科的不同表述。

符号学这个词本身也是符号，其中包含了许多不同的研究方向和理论。作为符号理论的符号学是研究任何事物可以附带含意的方式的一门学科，其内容涵盖许多学科，其研究方法来自许多学科，建筑学也为符号学提供了重要的理论和方法。意大利符号学家翁贝托·埃科认为：

“当代研究领域——从明显更‘自然’、更‘自发’的交流过程出发，直至更复杂的‘文化’系统——均可视为从属于符号学领域。”[2]

符号学是现代哲学的发展，语言学是符号学的主要来源和基础，为符号学提供了大部分的基本概念和方法。现代哲学用符号学来分析人类的文化现象，把语言、神话、仪式、艺术等现象都看成是用来组织和构成人类经验的符号形式，而不是客观现实的外观形式。

5.1.1　符号

符号是一切基于习惯而能够代替某种其他事物，并能够被理解的东西。符号这个术语广泛地应用在从神学、数学到医学、社会人文科学等领域的词汇中。意大利符号学家埃科把符号定义为根据既定的社会习惯可被看作代表其他东西的某种东西。符号学为各种方法开辟了新的途径，美国哲学家和符号学家约翰·迪利（John Deely，1942–）认为，符号学提供的不是一种方法，而是一种观念，符号是方法观念的预设条件：

“符号不仅是哲学和科学——自然科学和人文科学的任何方法都不可或缺的，而且是存在着无论什么方法或者探索的可能性一事本身所不可或缺的。”[3]

1）能指和所指

符号(sign, signum)又称记号、语符。符号这个词源于希腊的技术－哲学术语，是“证据”、“症状”、“征兆”的同义词。符号是一切基于习惯而能够代替某种其他事物，并能够被理解的东西。符号这个术语广泛地应用在从神学到医学的词汇中，其历史十分悠久，从《圣经》福音书到现代的控制论都运用了符号这一术语。早在古罗马时期，神学家圣奥古斯丁说过：

符号是“隐其表象而引入意义的某种对某人来说能产生其他认识的东西。”[4]

因此，符号是用某种事物来代替或表示相对于某人的另一种事物，也就是代表他物之物，符号是传达信息所借助的某种有意义的媒介。符号的意义首先在于它们积淀了许多科学的经验和研究的成果，是对周围世界的认识的一个不可分割的部分和认识的有效手段。在科学中，符号和符号系统的建立，不是为了用一种约定俗成的符号的固定不变的系统来取代人们对现实世界的认识，而是为了不断完善和发展这种认识。因此，符号学并没有那种普遍的本体论意义，符号学所具有的主要是方法论上的意义，涉及思想与表达之间的关系。

按照索绪尔的概念，符号由两个不可分割的要素，即“能指”（signifier, signifian，表示成分）和“所指”（signified, signifié，被表示成分）组成，“能指”又称“指符”（signans）、符征或符号表现，是符号的表现层面，是表达的信码。例如一棵树的概念（即所指）和由词“树”（即能指）形成的“音响－形象”之间的结构关系就构成一个语言符号，而一种语言正是由这些符号构成的，在这个意义上说，语言是“表达概念的符号系统”。所指，又称符号内容、符旨，是作为符号含义的一种概念或观念。“能指”与“所指”之间的关系是一种任意的关系，它取决于文化和历史上的约定俗成。也正是这样一种任意的关系，使作为“能指”的文本具有开放性。索绪尔认为：

符号学的对象“是以符号任意性为基础的全体系统”。[5]

一方面要注意“能指”与“所指”之间的任意关系，另一方面，也不能过分强调这种关系，因为“能指”对它所表示的观念而言，是一种自由选择，但是对使用它的语言社会来说，却不是任意的，而是一种确定的强制关系。“能指”在建筑符号中的主要层次是形式、空间、表面、体积、物质材料等有形的东西。

2）符号的分类

由于符号学研究存在着相互竞争的名词系统，符号的术语翻译需要统一，目前出现的多种译法往往会使概念混淆。此处我们使用的术语是最为普遍接受的意义。在许多文章中，也把“符号”译作“象征”、“记号”，二者都在具有类似关系和不同关系的一个术语系列之中，按照索绪尔的观点，符号具有任意性，而象征永远不是完全任意的，象征具有确定性，特定的象征是不能用其他符号替代的。也有观点认为：符号“应该理解为能被人们用来互相交际的任何象征”。[6]

符号有下列三种性质：

(1) 符号的作用不在于它是否是一种物质实体，物质实体至多是表达性相关因素的具体表现形态；

(2) 符号不是一种固定的符号学实体，而是各种相互独立的因素的交汇点，这些独立因素来自于两种不同平面的不同系统，在编码的基础上汇合到一起；

(3) 符号体现在表达和内容这两种功能函项上。

美国哲学家和美学家苏珊·朗格（Susanne Langer, 1895–1985）将符号划分为自然符号和人工符号两大类，也称之为自然符号和社会符号。人工符号又是由理智符号（语词符号和非语词符号）以及情感符号（艺术符号和艺术中的符号）所组成的。她认为，虽然艺术和语言都是符号，但是一件艺术作品显然不同于一个语言符号。她所说的艺术符号是指艺术品是表现情感的整体意象，而艺术中的符号则是指构成艺术作品的各个要素。我们要着重讨论的是人工符号。人工符号是由理智符号和情感符号组成的，理智符号包括语词符号和非语词符号两类，语词符号具有双重作用，一是陈述事实，二是表达并唤起情感。情感符号指艺术符号和艺术中的符号，其中艺术符号是指艺术品作为表现情感的整体意象。

美国符号学家皮尔斯把所有的符号划分为三大类：标志（index）、图像（icon）和象征（symbol）。皮尔斯给符号概念下了确切的定义，对符号的种类进行了划分和描述，并创立了符号分类学。皮尔斯的符号理论建立在对意义、表达及符号概念分析的非语言学方向的哲学基础之上。

符号（sign）又称记号，索绪尔把符号看作是能指与所指之间的一种关系，也是意义关系的整体。丹麦语言学家叶尔姆斯列夫（Louis Hjelmslev, 1899–1965）把符号看作是表达形式和内容形式之间的统一关系体。符号本身没有意义，也不表示什么其他意义，只标明是什么。符号有两个组成部分：一个是声音，即声学部分，就是"能指"；另一个是思维，即概念部分，就是"所指"。语言是作为一个符号系统发挥作用的，语言中的任何一个词都是符号。

（1）标志又称指号、标引、索引等，以内在的逻辑和邻近性为基础，是一种在类比基础上所提供的联想。标志是以自己和对象之间的某种事实的或因果的关系作为符号起作用的东西，一方面和个别客体相联系，另一方面又与将其当作符号的个人感觉和记忆相联系。标志是具象的，与存在的事物有关。标志是词的符号功能，又是真正的语义单位。

（2）图像又称类像、肖似记号，以相似性为基础，与其所代表的对象有共同的性质，例如照片和画像与本人的图像关系。图5–1是美国画家罗克韦尔（Norman Rockwell，1894–1978）在1960年的自画像，画板上、镜子里的画家和画家的背影构成了惟妙惟肖的三种图像关系（图5–1）。图像是凭借自身和所表达的客体之间的某些共同特征来指示客体的一种符号，不论这种客体是否实际存在。图像是规则和符号的系统化的形态，是一种处于纯粹状态中的语言。皮尔斯认为图像是"以本身特征指称对象"，并将图像区分为图画、图表和隐喻三种类型。埃科认为这种相似性不是符号和所指对象的物理性质之间的相似，而是相同的知觉结构或关系之间的相似，这种关系涉及文化范式。他指出：

"相似性也是文化规范问题。"[7]

埃科指出，图像符号有三种属性：客体的视觉（可见）属性，本体论（虚拟）属性以及规范化属性。[8]这种属性有赖于感知经验和文化传统，社会对建筑的抽象与具象的接受程度也取决于文化环境对建筑的理解。

建筑设计的图纸、模型、照片等都是建立在相似基础上的一种构形，是以建筑物的可以感知的形式、空间以及其他有形的部分为基础的图像。这种相似不是与建筑物的物理性质的相似，而是结构、空间和布局之间的内在相似。

图5–1　画像与本人的图像关系

(3) 象征是某种因自己和对象之间有着一定惯常的和习惯的联想的“规则”而作为符号起作用的东西。象征是与对象有关的符号。象征借助某种规约的力量进行指示，通常是一般性概念的任何一种联想，依靠所做出的与客体有关的解释而起作用。

此外，也存在不同的观点，瑞典语言学家马尔姆贝（Bertil Malmberg, 1913–1994）主张所有的符号都是象征，但不是所有的象征都是符号。德裔美国心理学家、美学家鲁道夫·阿恩海姆（Rudolf Arnheim，1904–2007）在《艺术与视知觉》（*Art and Visual Perception*，1954）中指出：

“所有的艺术作品都与象征有关。”[9]

象征是形象与意义的协调。象征与文化相关，同一个事物在不同的文化中有可能象征不同的意义。象征与上下文的语境有关。例如三角形在基督教的建筑中象征圣父、圣子和圣灵的三位一体，但是在其他建筑中的三角形就不一定具有象征意义。

3）符号中的象征

意大利哲学家克罗齐（Benedetto Croce，1866–1952）说，所有的形象都可以看作是象征，因为形象与意义之间的关系不可能是直接的。象征是某种因自己与对象之间有着一定惯常的联想的“规则”，而作为符号起作用的东西。作为象征符号，必须具备三个特性：一是物质的对象代表抽象的概念；二是这种代表作用是以一种约定俗成为基础的，人们要理解一个符号的话，就必须知道这种约定；三是约定的代表作用是以一种表面上诉诸于感官的代表作用为基础的。

艺术中的符号是指艺术作品构成的各个要素，例如保存在马德里普拉多美术馆的西班牙画家毕加索（Pablo Picasso, 1881–1973）在1937年创作的《格尔尼卡》，画面中有许多符号。毕加索采用了象征主义的立体分解构成法，整个画面由黑、白、灰三种颜色组成，那种阴郁的调子暗示着恐怖的场景，充满悲剧气氛，表达了对德国法西斯于1937年4月26日轰炸西班牙北部小镇格尔尼卡的愤怒和抗议。画面上有多种风格和手法，毕加索以半写实的、立体主义的、寓意的和象征的形象，表现复杂的内涵。画面最右侧左上方那个眼睛移位的狰狞的牛头象征着残暴、黑暗和邪恶，中部下方一把折断的剑、一段断臂和一束鲜花象征着对死难英雄的哀悼，画面上所有的形象都是超越时空的表现（图5–2）。

图5–2　毕加索的《格尔尼卡》

图5–3　奥斯陆歌剧院

挪威的斯讷山建筑师事务所（Snøhetta）在2000年挪威奥斯陆歌剧院的国际设计竞赛中获胜，建筑师是塔拉尔德·伦德瓦尔（Tarald Lundevall，1948–）和他的团队，歌剧院于2008年4月建成,并获得了2009年的密斯·凡德罗奖。在设计说明中他是这样描述奥斯陆歌剧院的:"一座白色的平台从大海中浮现",这不仅是一座平台,而且象征着挪威国土上白雪皑皑的山岭,是国土和城市景观的组成部分。歌剧院的斜坡可以让人们漫步而上,仿佛地毯地覆盖屋面的精确加工的石块诗意地讴歌着大自然和城市,这种隐喻只能在置身于挪威的自然环境后才能深刻领会(图5–3)。

图5–4 米罗的维纳斯像

象征与文化相关,象征只是在特定的文化环境中才具有意义。象征在不同的文化环境中会有几乎完全不同的意义,法国卢佛尔宫收藏的米罗的维纳斯像(约公元前1世纪)不仅是古典艺术的象征,甚至可以说是人类艺术的象征(图5–4),然而有一个时期的中国电影往往把维纳斯像用作腐化堕落的环境雕塑。建筑通过平面形状、布局、造型、数字、细部装饰等表现象征,建筑的象征可以表现为价值的象征,几何形式的象征,符号的象征和色彩的象征等,例如西方建筑以圆形象征"美德"、"永恒",阿尔贝蒂就曾声称大自然本身在所有形式中特别钟爱圆形。建筑的象征就是在有限中展示无限和完美,借助物质实现非物质的意象。建筑的象征就是建筑的意境和意义,是人类及其社会存在的隐喻,象征着人与宇宙、人与社会、人与自身、人与他人的关系。

5.1.2 符号学

符号学,顾名思义,是研究符号的作用的学说,被称为"现代语言学之父"的瑞士语言学家索绪尔,早在1894年就提出了符号学的概念,他在《普通语言学教程》中关于符号学有这样的定义:

"我们可以设想有**一门研究社会生活中符号生命的科学**;它将构成社会心理学的一部分,因而也是普通心理学的一部分;我们管它叫**符号学**。它将告诉我们符号是由什么构成的,受什么规律支配。"[10]

我国符号学家李幼蒸(1936–)认为符号学是研究意指关系或意指方式的一门学科。[11]

由于"符号属于为我们对于知识和一切经验的理解再造基础的工作",符号学涉及为客观世界重建模式,其研究涉及一切学科,符号学甚至被誉为"一切科学之母"。[12]

1)符号学的组成

符号学大约在1960年代才发展成为一门独立的新学科。符号学与结构主义哲学有着密切的联系,因此,很容易将二者混淆。但是,结构主义所涉及的范围远不止符号学,而符号学的研究也可以不采用结构主义方法。符号学的发展要归功于索绪尔,美国符号学家皮尔斯,德国哲学家恩斯特·卡西尔(Ernst Cassier, 1874–1945),美国哲学家、美学家苏珊·朗格以及法国哲学家雅克·拉康(Jacques

Lacan, 1901–1981)，法国结构主义哲学家、社会学家列维－斯特劳斯（Claude Lévi–Strauss, 1908–2009），法国结构主义理论家罗兰·巴特，立陶宛出生的法国符号学家、结构主义批评家格雷马斯（Algirdas Julien Greimas，1917–1993）和意大利符号学家翁贝托·埃科等。

符号学的发展使它同越来越多的学科发生了横向的联系，诸如精神分析学、信息传达理论、文字学等。在当代具体的学科领域中用符号学方法从事研究的有法国符号学家、批评家罗兰·巴特和保加利亚裔法国文学批评家茨维坦·托多洛夫（Tzvetan Todorov, 1939–）的文学符号学，法国批评家、电影符号学家克里斯琴·梅茨（Christian Metz, 1931–1993）和法国电影理论家雷蒙德·贝洛尔（Raymond Bellour，1939–）等的电影符号学，芬兰音乐学家、符号学家塔拉斯蒂（Eero Tarasti，1948–）的音乐符号学等。

按照美国逻辑学家、哲学家莫里斯（Charles William Morris, 1901–1979）在《符号理论基础》（*Foundations of the Theory of Signs*，1938）中的观点，符号学基本上可以划分为三种关系：语义关系、句法关系和语用关系。语义关系是指符号与其所指称或描述的外在事物的关系，句法关系是指符号与符号之间的关系，语用关系是指符号与其使用者之间的关系。

相应的符号学由语义学、句法学和语用学这三个层次组成。语义学（Semantics），又称符义学，是一门研究语言的意义的学科，研究语言符号与它所代表的对象之间的结构关系，研究语言的内涵（Connotation）和外延（Denotation，又称意指，即 Designation）的关系，涉及符号携带含意的方式；句法学（Syntactics）又称符用学、符号关系学，研究语言符号之间的结构关系；语用学（Pragmatics）又称语言实用学、符构学，研究语言符号与它的使用者和环境之间的结构关系，研究符号使用者对符号的理解与运用，研究符号的起源、使用和效果，是一种关于语言表达的意义对其使用者及其对环境和目的的依赖的研究，涉及说话人的心理，听话人的反应，话语的社会情境与语言情境，话语的分类和对象等与语言的应用过程有关系的方方面面。

莫里斯认为，这三个层次是相互联系、互为条件的，因此，对符号的基本研究就是一个语用学的问题，对含意的研究，也就是语义学的研究，是其中的一部分，而对句法的研究又是语义学的内容。莫里斯的符号学分类已被广泛采用。

埃科认为，符号学的目标是综合研究关于语义作用及其交流的所有现象：

“关于某种一般符号学的设想，应该考虑到：(a) **代码理论**和 (b) **符号生产理论**——后者考虑的现象范围颇大，诸如语言的日常用法、代码的发展、审美交流、不同类型的相互交往行为、为指涉外界事物或状态而对符号的使用，如此等等。”[13]

就结构主义符号学的原理而言，符号学基于两个基本假设：

(1) 一切社会及文化事物不仅应当被看作是物质的事物或事件，而且应当被看作是约定俗成的符号；

(2) 这些符号根据它们在系统中的位置而产生自己的意义。

2）符号学的理论体系

符号学的四大理论体系包括以逻辑中心主义为代表的美国的皮尔斯理论体系，以语言中心论和概念系统的同一性为代表的瑞士的索绪尔结构主义符号学理论体系，法国符号学家格雷马斯的欧陆符号学理论体系以及意大利符号学家埃科的一般符号学理论体系。随着科学的发展，尤其是控制论、信息论、系统论、现象学以及计算人工智能等学科的发展，符号学也广泛吸收了科学理论，丰富了符号学的内涵。

20 世纪符号学的研究方向大致可以分为三大类：语言学的方向，非语言学的方向和综合的方向。索绪尔，丹麦语言学家、结构主义哥本哈根学派创始人叶尔姆斯列夫，俄裔美国语言学家雅科布松（Roman Jakobson, 1896–1982），罗兰·巴特的研究属于第一类语言学的方向，例如罗兰·巴特的泛文化符号学理论；皮尔斯、莫里斯、匈牙利裔美国符号学家和语言学家西比奥克（Thomas Sebeok，1920–2001）的研究属于符号学研究中的非语言学方向，皮尔斯从逻辑学的角度奠定了符号学的基础；埃科和其他一些意大利符号学家的研究则属于综合的方向。

从西欧、北美到东欧、中国和日本等国，都有人进行符号学的研究。但是这些研究并非都符合最初提出符号学理论的人的想法，不再从属于心理学、语言学、逻辑学的领域，而是发展了另外的研究，尤其是对于文学作品等的研究。目前，符号学的许多思想在国际上几乎已经成为常识，这大概是由于电子计算机的广泛应用及控制论、信息论、系统论对各方面的影响。符号学虽然已经成为一项科学研究，而且是国际性的，可是似乎并没有教科书和“经典定义”，仍然是一门发展中的科学。

3）符号学的分类

日本语言学家池上嘉彦（1934–）指出：“符号学，从不同的角度看，其形象就不同。”[14] 值得注意的是符号学总是同某一门学科相联系，例如研究动物的交际通信的动物符号学，研究生物细胞的信息传递就进入了仿生学范围，研究机械通信与控制论相联系等。这大概也是因为对符号的含义在广与狭的方面理解不一致，狭义的只指语言以外的符号，把语言符号的研究归入语言学，广义的则指有符号意义和作用的一切事物，甚至把礼仪也包括在内。

图 5–5　埃科的《论丑》

意大利博洛尼亚大学教授、符号学家翁贝托·埃科是当代极负盛誉的符号学权威，集哲学家、历史学家、美学家、文学评论家、文学家等于一身（图 5–5），1954 年获都灵大学哲学博士学位，曾经担任意大利米兰大学建筑系讲师、佛罗伦萨大学视觉传达学教授、米兰理工大学符号学教授、博洛尼亚大学语义学教授等。他的研究范围十分广博，从中世纪意大利神学家和经院哲学家圣托马斯·阿奎那到爱尔兰小说家詹姆斯·乔依斯（James Joyce, 1882–1941），乃至超人。他参与主编了《对应：符号研究纪事》（*Versus: Quaderni di studi semiotici*）这本重要的国际符号学研究的学术刊物。1971 年，他在世界上最

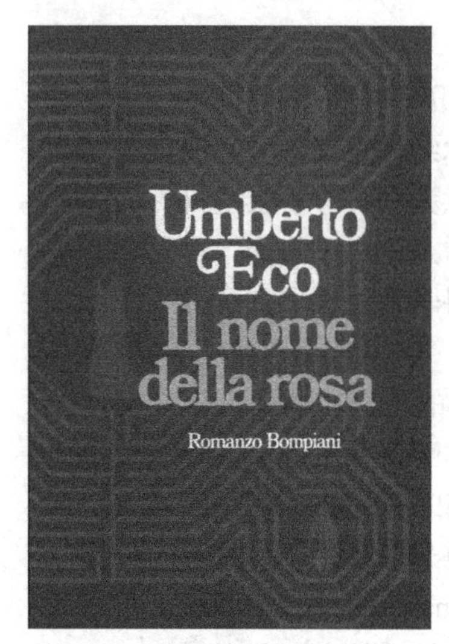

图 5–6 《玫瑰的名字》的意大利文版封面

古老的大学博洛尼亚大学创立了国际上第一个符号学教席。1974 年，他组织了第一届国际符号学会议，担任学会秘书长。埃科曾先后发表过十多本学术论著，还有享誉全球的小说：《玫瑰的名字》(*Il Nome della Rosa*, 1980)、《傅科摆》(*Foucault's Pendulum*, 1988)、《昨日之岛》(*L'Isola del Giorno Prima*, 1994)、《博多利诺》(*Baudolino*, 2001）等。《玫瑰的名字》一书使他荣获意大利和法国的文学奖，以致在欧美各国家庭的书桌上放着埃科的小说已经成为知识与身份的象征。《傅科摆》被誉为 20 世纪最具震撼力的问题小说，《纽约时报书评周刊》在评论《昨日之岛》时指出："埃科的小说证实了时间的永恒与无止境，以及无界限扩散的思想。"（图 5–6）

埃科在《符号学理论》(*A Theory of Semiotics*，1976）一书中，按照对象或记号的性质异同原则，将自然与文化的通信过程分门别类地纳入符号学的领域，埃科列出的与符号学有关的分类有动物符号学、嗅觉符号学、触觉通信、味觉符号学、副语言学、医学符号学、运动和动作符号学、音乐符号学、形式化语言研究、书写语言系统研究、天然语言研究、视觉通信系统（广告、纸币、纸牌、建筑、舞蹈图谱、地图、电影、电视等)、物体系统、情节结构、文本理论、文化代码研究、美学文本研究、大众传播研究、修辞学等。[15]

美国符号学家约翰·迪利认为符号学囊括了人类的知识，符号学是将"真实的存在"和"理性的存在"统一的观点。[16] 按照他的符号学分类，符号学可以划分为生命符号学与非生命符号学，动物符号学与人类符号学属于生命符号学。人类符号学又可以划分为绘画符号学、建筑符号学、民俗符号学、文学符号学、仪式符号学、音乐符号学、电影符号学等。

4）符号学与语言学

索绪尔的结构语言学认为，符号学研究构成符号的因素和规则，符号学与语言学有着本质的联系，符号学是比语言学更为普遍的另一门科学。语言学是符号学的一部分，语言是一个符号系统。所有言词的意义都是由现存的语言规则系统所产生的，然后才会有说话的主体。这些主体必须服从语言规则才能成为社会中的一员。索绪尔着重符号在社会生活中的意义，与心理学相联系。皮尔斯则从逻辑学的角度奠定了符号学的基础，着重阐述符号的逻辑意义，与逻辑学联系，他将语言看作是一个传播体。皮尔斯强调符号具有通用的意义，将符号性应用于人的整个思维上，在他看来，每个思想都是符号。皮尔斯认为符号学等同于逻辑学：

"逻辑学，就其一般意义而言，正如我确信我已指出的那样，不过是符号学的另一种名称，一种关于符号的几乎是必然的或形式的学说。"[17]

德国哲学家卡西尔是 20 世纪西方重要的哲学家之一，1919 年至 1933 年在德国汉堡大学任哲学教授，之后在英国牛津大学和瑞典哥德堡大学任教，1941 年去美国，任耶鲁大学与哥伦比亚大学的客座教授，1945 年在纽约逝世。卡西尔在奠定符号学的基础方面，起了重大的作用，他的《符号形式的哲学》（*Philosophie der Symbolischen Formen*, 1923–1929）和《人论》（*An Essay on Man*，1944）创立了符号学美学。卡西尔的符号学属于文化哲学，用符号系统来规定人的本质，并把人类文化的各个方面看成是符号化行为的结果。他认为语言、神话、宗教、艺术、科学、历史学等都是符号化行为。卡西尔指出，符号是人的本性的提示，并具有功能性的价值，符号表现是人类意识的基本功能。卡西尔提出了一个十分重要的命题：

“我们应当把人定义为符号的动物（Animal Symbolicum）。”[18]

根据卡西尔的符号论哲学，人之所以区别于动物，其根本点就在于人能创造并运用符号来交流思想和认识对象。卡西尔从符号论出发，把艺术对自然形式的发现和定型看成是对世界的认识方式，同时也是对实在的意义的解释，艺术直观和感性形式就只具有符号价值。他说：

“所有在某种形式上或在其他方面能为知觉所揭示出意义的一切现象都是符号，尤其当知觉作为对某些事物的描绘或作为意义的体现，并对意义作出揭示之时，更是如此。”[19]

美国符号论美学家苏珊·朗格全面继承和发展了卡西尔的符号学哲学，使符号学美学产生了十分重要的影响。她曾先后在美国哥伦比亚大学、纽约大学、康涅狄克学院等大学任教，主要论著有《哲学新解》（*Philosophy in a New Key: A Study in the Symbolism of Reason, Rite, and Art*，1942）、《情感和形式》（*Feeling and Form: A Theory of Art*, 1953）、《艺术问题》（*Reflection on Art*, 1961）等。苏珊·朗格在她的美学著作《哲学新解》中，通过对音乐意味的分析，将符号划分为推理的符号和表象的符号，从而发展了卡西尔的基本思想。苏珊·朗格在《哲学新解》的续篇《情感和形式》中，将音乐意味的分析扩展到所有的艺术领域，认为所有的艺术只有在创造形式符号来表现情感这一点上才具有共性，艺术是一种特殊的符号体系。她具体分析了各种艺术符号的特性，把艺术定义为“人类情感的符号形式的创造”。[20]

雅克·拉康是当代西方影响力最大的精神分析学批评家和美学家，是奥地利心理学家、精神分析学创始人弗洛伊德（Sigmund Freud, 1856–1939）的积极追随者和诠释者。无意识的结构是拉康的心理过程理论赖以建立的基础，拉康最著名的看法是“无意识是以类似于语言的方式建构起来的”，他认为语言创造出了无意识。他的思想糅合了语言学、人类学、象征逻辑学、集论以及拓扑学，对人类科学研究做出了贡献。他指出，服从语言规则不仅是学习或遵守语法规范，它也涉及主体性的建构，这种主体性是由语言所存在的结构中的位置所建构的。拉康认为语言和文字建构了现实世界，语言不仅是写实，更是创建。通过语言，社会得以联结主体，也得以存在。拉康运用结构主义和后结构主义语言学的理论，就与人的主体问题有关的各个方面，尤其是无意识与语言的关系问题，从精神分析学的角度，提出了他的阅读和批评方法论。

罗兰·巴特是20世纪下半叶在法国文坛上最为活跃、最有创造精神的一位学者，同时也是结构主义向后结构主义转折的关键人物，继法国存在主义哲学家萨特之后，罗兰·巴特以一系列既富有思想创造性，又在形式上具有独创性的著述成为了国际文坛的先锋人物，成为了对整个西方世界具有深刻影响力的文学批评家和思想家。罗兰·巴特一生发表了二十多部著作，他的主要论著有《符号学原理》（1964）、《批评与真实》（*Critique et vérité*, 1966）和后结构主义时期的《S/Z》（1970）、《符号帝国》（*L'Empire des signes*，1970）等。罗兰·巴特采用符号学和结构主义语言学的方法，将文学作品看成是一个完全独立的符号系统，他把文学语言看成是由各种能指结构按照约定俗成的传统和习惯组成的一个整体。文字本身并没有自然而然的意义，它们的意义即所指，具有人为性和随意性。罗兰·巴特在他的《S/Z》一书中分析了巴尔扎克的小说《萨拉辛》的多元意义，指出小说中看起来连贯的意义系统在实质上是能指碎片的组合，而这些能指碎片与所指并没有直接的关系。罗兰·巴特认为，这些能指由下列五种构成分解文本的力量的不同代码所支配：阐释代码，语义代码，象征代码，行动代码和文化代码。[21]罗兰·巴特指出，批评家的任务就是分析把各种符号组织在一起的“语言规则”，从而了解并掌握这些“密码”，以便“破译”符号，理解它们的意义。

5）文本理论

文本又称本文、正文、原文等。就词源学而言，“文本”一词来自于拉丁文“Textus”，意指“质地”（Texture）、组织（Tissue）、结构（Structure），并与语言（Language）、构造（Construction）、联合（Combination）、联系（Connection）等有关。这个词的词根Texere也表示编织的东西，如在“纺织品”（Textile）一词中，意味着组织的交错编织，还表示创造的东西，例如“建筑师”（Architect）一类的词。所有这些词都含有合成性和复杂性的意思。

文本的基本含义指的是由作者所创作的、原原本本的、尚未经过读者的创作结果，而它只有经过读者的阅读与欣赏才能成为名副其实的作品，文本这个范畴具有创作结果的初始性。古巴裔美国哲学家格雷西亚（Jorge J.E. Gracia，1942–）对文本的定义是：

> “一个文本就是一组用作符号的实体，这些符号在一定的语境中被作者选择、排列并赋予某种意向，以此向读者传达某种特定的意义。”[22]

从语言学的观点来看，文本指的是文本的表层结构，即作品的“可见”、“可感”的形式客体，是构成作品的词语的结构，这些词语的排列赋予它一种稳定的和尽可能独一无二的意义。从符号学的观点看，文本表示以一种代码或一套代码通过某种媒介从发信人的信源传递到接受者的信宿的一套记号。这样一套记号的接受者把它们作为一个文本来领会，并根据代码诠释。

在后结构主义批评中，文本不再是完成了的作品，其内容不再是封闭的，其结构是开放的，与其他文本相交织。意指是活动的、多元的，因此文本也是“离心的”、“解构的”，文本不再有独一无二的确定性，文本是一个动态的生成过程。现代批评的文本概念已不再局限于文学的、书面的文本，既适用于建筑、电影、电视、绘画、音乐等文本，也可以指一切具有“语言－符号”性质的构成物，如服装、饮食、仪式乃至历史等。

结构主义关于“互文性”（Intertextuality）的概念导致符号学由研究作品文本所反映的物质世界，转而研究由写作和结构的不同形式所构成的文本世界。互文性又称文本间性，表示两个或两个以上文本之间发生的互文关系。实际上，多种文本构成一个互相联系的网络，在这个网络中，文本总是与某个或某些以前的文本相缠结。建筑也是这样，历史上的建筑总是相互启示，相互影响的。此外，互文性也表明在同一个话语系统中建筑的创作和解读的共同作用，是一个文本与其他文本的对话，同时也是一种批评活动。

美国景观建筑师劳伦斯·哈尔普林（Lawrence Halprin 1916–2009）在《人类环境中的创造过程——RSVP 环》（*The RSVP cycles; creative processes in the human environment*，1969）一书中试图用“谱记”（Score）来记录建筑和事件的过程和演变。谱记正是一种动态的符号文本，记述事件的过程，例如乐谱是音乐的文本，但本身并不是音乐。建筑设计图纸中的平面图、剖面图和立面图是文本，但本身不是建筑。哈尔普林用 RSVP 循环圈来记述事件的轨迹，将文本作为一个反复作用的循环过程来看待。R（资源，Resources）是建筑和事件必然涉及的部分，包括人力、自然资源、动机与目的。S（谱记，Score）表明建筑和事件导致最终成果的过程。V（评估，Valuation）是分析建筑和事件的结果，寻找决策的方向。P（过程，Performance）是谱记的成果，比如建筑的设计和建造过程，乐谱的演奏，属于过程的形式。在本书第七章我们还将继续讨论有关文本的问题（图 5–7）。

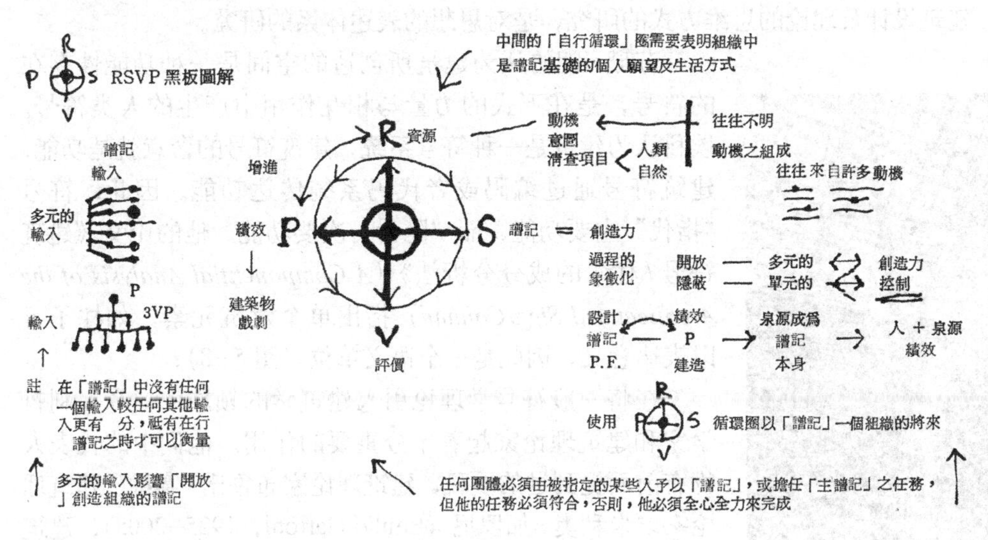

图 5–7　哈尔普林的谱记

5.1.3　建筑符号学

建筑符号学对于当代建筑的发展具有重要的影响，在这方面，意大利建筑理论家起着重要的开创作用，奠定了建筑符号学的理论基础。符号学理论很早就在意大利被引入建筑学，1950 年代后期，建筑师们已经在反思“国际式”建筑的得失，并努力去寻找用地域性或是历史性的方法，用新的语言去代替建筑上的“世界语”。

建筑符号学是从符号学的角度研究建筑，把建筑看作为一种符号系统，在一定的文脉中，建筑语言和建筑符号的内在结构和模式及其生成和演变，建筑的功能、形式及其含义，建筑的意指方式和意义的传达等。建筑符号学研究建筑的形式与含义的关系，符号转变为代码的过程，研究符号本身的逻辑关系、象征意义、意义的生成及建筑符号系统与使用者和观察者之间的关系。建筑符号学也研究建筑语言学的内涵以及建筑作为文本的生产性，包含生产者和读者的生产，建筑语言的差异性等。然而，建筑符号学的研究远未达到语言符号学和其他艺术符号学的深度和广度。

1）建筑符号学的理论基础

建筑符号学的理论基础的依据是所有文化现象都是符号系统的观念，建筑也是一种符号系统。正如韩国建筑师承孝相（Seung H-Sang，1952-）所说：“建筑——思维的符号。”其实，建筑不仅是思维的符号，也是社会的符号、文化的符号和历史的符号。抽象、象征与建筑的意义是建筑功能的重要组成部分，在一定的条件下，建筑的形式具有代码作用，可以传达某种意义。与语言符号相比，建筑符号侧重于标志性、结构性和图像性，而语言符号则侧重于象征性。建筑与它所涉及的关联域有关，如果不存在意指关系的环境，任何交流都是无法存在的。

建筑符号学是在 1950 年代由意大利建筑理论家建立的一门建筑理论，在这门理论中，探讨建筑与环境、文脉的关系，讨论建筑符号、建筑代码、建筑语言的意义等问题。对建筑符号学的研究不是一种手法或实用方法的讨论，而是一种建筑设计及理论的思维方式的研究，是对思想的表述体系的研究。

图 5-8　作为语义单位的柱子

苏珊·朗格认为建筑所创造的空间是一种功能性存在的符号，是在形式的力量与相互作用中产生的人类符号。埃科认为建筑是一种符号系统，建筑符号的含意就是功能，建筑符号通过编码或者代码系统传达功能。因此，符号“指代”主要功能，而“隐含”次要功能。他的论文《建筑符号 / 柱子的成分分析法》（*A Componential Analysis of the Architectural Sign/Column*）指出单个建筑元素，如柱子可以表达意义，因此是一个语义单位（图 5-8）。

在将一般符号学理论引入建筑学的领域中，意大利哲学家和建筑理论家起着十分重要的作用。他们中的代表人物有前面提到过的埃科，建筑理论家布鲁诺·赛维，建筑理论家埃米利奥·加罗尼（Emilio Garroni，1925-2005），建筑理论家、建筑师、佛罗伦萨大学建筑教授乔瓦尼·克劳斯·柯尼希（Giovanni Klaus König, 1924-1989），那不勒斯大学教授、建筑师斯卡尔维尼（Maria Luisa Scalvini）等。柯尼希认为建筑是一种“引发一定行为的符号载体”的卓越系统。[23]每一种艺术形象，都可以说是一个有特定含义的符号或符号体系。要理解艺术作品，就必须理解艺术形象，而要理解艺术形象，又必须理解构成艺术形象的艺术符号，我们可以将这种对形象与符号的理解推广到建筑的符号体系上。

当人们把空间看作是一种形式时，也就同时产生了空间语言，在符号学的研究中，也就存在如何以符号结构看待空间的问题，由此出现了空间符号学。空间会再产生，意义也就会不断地产生。法国结构主义符号学家格雷马斯把空间语言指称为拓扑符号学，在此基础上提出了“城市符号学”的概念，并将其列为拓扑符号学的组成部分，以城市作为符号学的研究对象（图 5-9）。城市是一种空间语言，使用者是城市空间的解释者，城市符号学是研究城市哲学和城市社会学的一门科学。这门科学涉及城市的生成机制和解释性的方式，城市的形态模式及其解读，对城市的非语言空间信息的意义加以诠释，分析那些比规划师和建筑师更为强大的经济和政治要素以及影响规划师和建筑师的限制体系。他认为：

图 5-9　城市

“城市符号学的任务既不是描述实际的城市，也不是描述活生生的城市建设者，而是描述标准对象和句法施动者。”[24]

2）言说的建筑

法国建筑师克洛德－尼古拉·勒杜提出了“言说的建筑”（Architecture Parlante）的概念，“言说的建筑”是一种自身就能说明其目的、功能和特征的建筑。这个思想又由法国建筑师部雷和勒奎（Jean-Jacques Lequeu，1757-1825）加以发展。勒杜规划了一座理想城市——绍村皇家盐场，总体呈圆形的建筑群坐落在绍村的中心。庞大的建筑群呈简洁的几何体，各个部分将功能性和纪念性融为一体。箍桶匠所在的部分，设置在大量的房屋中，其外观就像一个轮子。公共部分带来和平，饰以代表权力的标志，象征统一。盐场的主管宅邸的入口大厅具有强烈的体积感，形式的简洁提升了其视觉上的表现力（图 5-10）。勒杜设计的建筑自身就具有表现性，例如他设计的河道巡视官的房屋，河道直接穿过建筑，外形就像输水管道的出口（图 5-11）。

图 5-10　勒杜设计的绍村皇家盐场

图 5-11　勒杜设计的河道巡视官住宅

图 5-12　新罗马的劳动文明大厦 1937~1940

图 5-13　2010 年上海世博会德国馆

图 5-14　中国古典园林的空间叙事

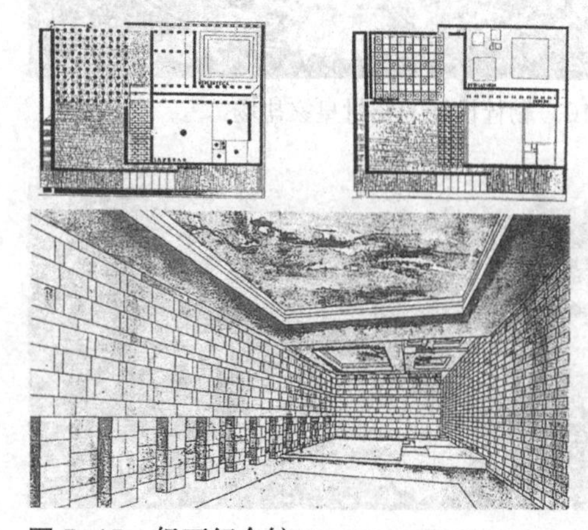
图 5-15　但丁纪念馆

建筑史上有许多言说的建筑的实例，充满隐喻的建筑的装饰、壁画、雕塑，甚至园林，都是建筑符号，在言说建筑的性质和功能。例如宗教建筑以其造型和装饰宣讲并传播宗教的教义，意大利和德国的法西斯建筑是经过简化和抽象的古典主义建筑，宣传某种意识形态。图 5-12 是意大利建筑师拉帕杜拉（Ernesto Bruno La Padula, 1902–1969）设计的新罗马劳动文明大厦（1937–1940），他将古罗马的象征——大竞技场进行方块体的变奏，设计了一座六层建筑，基座前有着很长的台阶，外观为层层叠叠的古罗马拱廊，拱廊布置了六尊雕像。建筑顶部的铭文是"一个拥有诗人、艺术家、英雄、圣人、思想家、科学家和航海家的民族"。人们为这座建筑起了个外号："方形大竞技场"，建筑的形式十分简洁，然而庞大的体量与空间的张力使建筑具有独特的造型（图 5-12）。

现代建筑在很大程度上也是一种符号，是言说建筑隐含的思想的符号。2010 年上海世博会的许多国家馆都通过建筑言说民族的文化和理想，例如德国馆以造型、表皮材料以及展示的技术表现环保和技术的理念（图 5-13）。

借鉴于语言学和文本理论，20 世纪初的表现主义和 1980 年代的后现代建筑的叙事性问题也是建筑符号学的表现，建筑的叙事性实质上是建筑师想在建筑上表达的深层次的内容，是建筑的造型、布局、空间结构、场所和材料等所形成的序列，这种体验在很大程度上取决于空间和场所的叙事，尤其是一些功能性很强的大体量和大跨度建筑、纪念性建筑以及赋予主题的建筑。中国古典园林布局和组景中的起承转合、抑扬顿挫、步移景异、曲径通幽等手法组成一种空间叙事，给人们一种连续变换的空间感受（图 5-14）。

意大利理性主义建筑师泰拉尼（Giuseppe Terragni, 1904–1941）在 1938 年设计了一座但丁纪念馆（Danteum），泰拉尼在设计中竭力追求古典式的完美，表现诗与建筑这一主题。但丁（Alighieri Dante, 1256–1321）是意大利伟大的诗人，文艺复兴运动的先驱者，代表作有史诗《神曲》、抒情诗集《新生》等。泰拉尼用建筑阐述但丁的《神曲》，建筑中运用了架空的广场、严谨的几何关系和黄金分割的比例。三组建筑空间分别隐喻《神曲》的三个组成部分：地狱、炼狱和天堂，建筑师试图将具有黄金分割比例的古典主义与现代建筑的空间形式结合在一起，以空间与实体、黑暗与光明、宽与窄的对比，将史诗的内涵转化为图像学的探索，在形式与内涵之间建立起语义学上的联系（图 5–15）。

建筑的造型和装饰具有叙事性，造型本身往往表明了建筑的内容，“形式追随功能”就是建筑内容的自我言说。建筑在追求纪念性、标志性、象征性、创造性、广告性，表现建筑师的手法和印迹的同时，也是在实现一种言说的建筑，用造型，用装饰来叙述气候、地理、材质，叙述社会，叙述历史，叙述建筑的内容，表白建筑师的才华和业主的身份。在表现等级的同时，实际上是在言说建筑的主人的身份和等级，表现建筑的城市、民族、国家身份和等级，表现建筑所在城市、民族、国家的价值观。

艺术一般都具有自明性，艺术作品和艺术家的意图基本上可以让观赏者一目了然，建筑则不尽然。建筑需要用某种手段自我解说，自我表白。在一定条件下，包括建筑的名称在内，建筑能够自我言说，自我表白，外观和造型反映内容。言说的建筑可以追溯到文字的起源时期，许多建筑的装饰纹样实际上是一种文字图案。装饰倾向于抽象的阿拉伯建筑以几何形、书法和植物为母题，尤其是阿拉伯的文字作为装饰图案就是历史悠久的言说建筑的表现（图 5–16）。

图 5–16　阿拉伯的文字装饰图案

中国建筑的名称，建筑上起点景作用的匾额、楹联、题记和碑碣等，也是言说建筑的表现形式，述说建筑的环境、历史、内涵和意境，已经成为建筑的有机组成部分。匾额和楹联一般都布置在建筑物最重要、最醒目的部位上，而且也确实对建筑起到了表达其意境的重要作用，是建筑意义的一种说明。由于中国古代建筑的各种类型的相似性，匾额、楹联、题记和碑碣等就成为了表述建筑的重要手段，历史上流传下来的许多脍炙人口的文学名篇在很大程度上都是对建筑的言说，这种言说已经超越了建筑的时空，大大延伸了建筑的意义。

中国古典园林中建筑的名称和题记都具有某种符号意义，园中临水的水榭或亭子往往题名为“知鱼槛”、“鱼乐轩”，取与“鱼”有联想关系的名称，而水中总是养有鱼，就是一个很好的例子。这个符号意义源于我国古代著名的哲学家庄子的论文集《庄子》中的“秋水篇”，其中最后一段故事具有很深邃的哲学内涵。这段故事是这样的：有一天，庄子和他的朋友惠子一起出游，到了濠水的一座桥上，庄子看见水中的游鱼，就对惠子说：“你看水中的鱼游得那么从容，真是舒服快乐呢！”惠子不能理解，就问庄子：“你又不是鱼，怎么会知道水中的鱼快乐不快乐呢！”庄子回答：“你又不是我，怎么了解我不知道鱼儿的快乐呢？”惠子说：“我不是你，虽然不了解你的思想，但是你又不是鱼，你当然不知道鱼是不是快乐。”

图 5-17　上海豫园的鱼乐榭

图 5-18　意大利罗马某府邸建筑的纹章

庄子接着说：“让我们顺着刚才的思路继续讨论下去，你问我‘你怎么知道鱼是快乐的’，这句话的意思就是已经知道了我知道鱼儿的快乐而问我。”虽然庄子在这里未免有诡辩之嫌，“鱼”和“水”却成为了中国古代哲学中睿智的象征，也成为了中国古典园林中的重要符号（图 5-17）。

苏州有一座以太湖石假山闻名的园林——狮子林，园中有一“真趣亭”。相传乾隆皇帝于 1765 年南巡来到狮子林，见假山重叠，小桥流水，不由兴致勃发，挥笔写下“真有趣”三字，随从某黄姓状元觉得此话太俗，但又不敢明说，灵机一动，就说：“皇上您这‘有’字臣最喜欢，就赏给臣吧。”乾隆听后，立即心领意会，就吩咐将“有”字撤去，并在“有”字旁添了一行小字：“御笔赐黄轩”，“真趣亭”之名由此而来。

中世纪以来的欧洲建筑和府邸上的标志板、匾额、纹章既是雕塑，也是装饰，是主人身份的象征。标志板上用文字说明建筑的缘由、建筑的建造者或建筑师的名字。纹章往往做成盾牌的形状，放置在建筑转角的二层部位，其上部安放着冠冕、头盔和叶饰（图 5-18）。

在不同的时期，形式与内容的关系一直是理论界讨论的问题。“形式追随功能”、“形式追随形式”、“形式追随失败”、“形式追随利润”等，都是从形式上对“言说的建筑”的表述。

意大利未来主义建筑师德佩罗（Fortunato Depero，1892–1960）是一位多才多艺的艺术家，他曾从事绘画、雕塑、室内设计、舞台设计，也是一位作家，他曾接受米兰三年展的委托，在 1926~1927 年设计了一种“广告建筑”，这是一种在展览会上展示的书亭。将艺术转变为实用的图形生产，建筑立面上有建筑师的名字和公司的名称，用文字表现建筑的功能，这种建筑适用于博览会和展览会。其实，德佩罗是建筑表皮媒体化的创始人（图 5-19）。

后现代建筑所表现的强烈的符号性也属于这种“言说的建筑”，例如法国建筑师佩罗（Domenique Perrault，1953–）设计的像四本打开的书的巴黎密特朗图书馆（1989–1996）等，好比看图识字，看建筑形式识别其内容，用形象隐喻建筑的功能（图 5-20）。

在形象表达和图像作用的类比方面，当代建筑与艺术具有许多共性。建筑注重快速的图像化和信息传达价值，承载并传递着信息，建筑不再局限于使用功能，而是兼具广告和宣传作用，成为言说的建筑。一些当代建筑注重外观形象甚于室内，表层甚于结构。多元化的艺术观使一些建筑师对形象的思考重于对美学的思

图 5-19　德佩罗的广告建筑模型

图 5-20　巴黎密特朗图书馆

考，对外观和表面的重视压倒了一切，甚至玩弄形式。在法国马克思主义理论家、作家、制片人居伊·德博（Guy Debors，1931—1994）的《影像社会》（*La société du spectacle*，1967）一书的影响下，人们将建筑的表皮视为媒体，展现一种具有活力、生动、闪耀以及持续变幻的特质，成为言说的手段。巴黎蓬皮杜中心的早期设计曾经考虑将多媒体屏幕与建筑的立面整合为一体，建筑师开始将建筑当作城市中传递信息的新媒介，能够提供信息，表现空间结构，建筑的表皮变成一部灵敏的影片，甚至使建筑与电影和电视相互竞争。

3）建筑形象的符号意义

符号形象在当今时代已经愈益成为许多建筑的表象和主要特征，在社会快速演变的情况下，时间和空间都在压缩，曾经建立在历史性和艺术性基础上的建筑的基本价值正在动摇。受后现代主义艺术"无深度性"的影响，注重表皮以及非物质化、透明化、多媒体化成为现代建筑的特征。法国诗人、哲学家兼评论家保罗·瓦莱里（Paul Valéry，1871—1945）曾经说过："表面具有最深的厚度。"一个时期以来，表皮的应用和演化成为时尚，建筑从其他艺术中借鉴传达概念和情感的方式，产生惊奇、模糊、混乱的效果。在计算机的帮助下，建筑师探索的不只是空间，而且也包括作为信息和广告工具的建筑形象。

许多现代建筑大师也在建筑的表皮上刻意加工，增强建筑的内涵表现。挪威斯讷山建筑师事务所设计的埃及亚历山大图书馆（1989—2001）的灰色花岗石外墙面上，由挪威艺术家约伦·桑内斯（Joruun Sannes）和克里斯蒂安·布莱斯塔德（Kristian Blystad，1946—）设计加工刻有世界上的各种文字和图形，象征古老的文化和当代的文化，既有丰富的肌理，又与埃及的传统文化完美地呼应（图 5-21）。

古埃及的神庙就是表皮建筑的典范，砖石砌筑墙体表面的装饰被认为来源于早期的泥墙壁上划刻图案的做法，泥墙壁平坦且没有窗户的表面特别适合于雕刻图画和刻写象形文字，古埃及祭殿墙壁上的浮雕十分精美，墙壁、柱身和横梁上布满了雕刻文字和彩色浮雕，记载了那些曾给这个壮观的神庙做出过贡献的王室人物的名字和功绩，并且颂扬神庙供奉的神灵。在这些古老的雕刻之中，可以看出几个世纪之后的基督教堂建筑的一些萌芽。基督教堂的彩色陶瓷锦砖和壁画以及彩色玻璃窗，还有记录圣经历史和圣人生活的浮雕都可以在这里找到雏形（图 5-22）。

图 5-21　亚历山大图书馆的外墙图形

图 5-22　中世纪教堂的壁画

图 5-23　纽约电报电话公司大楼

商业化使建筑成为大众艺术、波普艺术，甚至与广告融为一体。纽约电报电话公司大楼是通信公司的总部，仿佛奇彭代尔式高脚柜的断裂山花顶的古典式摩天楼令人印象深刻，菲利普·约翰逊因提倡国际式风格而闻名，而电报电话公司大楼的设计无疑表明：建筑师改变了自己，以适应商业化的社会需要（图 5-23）。

文丘里在 1994 年为纽约 43 街和第 8 大道的高层办公楼设计竞赛提出的方案就是一种广告式建筑，建筑的底座立面是鲜明的符号，塔楼主体做成统一的立面，仅在转角处略有装饰，顶部刻意夸张，以便从远处就能清晰地看见（图 5-24）。

5.2　建筑语言结构的生成

图 5-24　文丘里设计的高层办公楼

1960 年代引进的语言学理论是当代建筑理论的重要范式，符号学、结构主义、后结构主义以及解构主义重塑了许多学科，包括文学、哲学、人类学和社会学以及广泛的批评活动。建筑师在探讨建筑的意义和象征主义的过程中，研究如何应用建筑语言来表达意义。阿根廷裔美国建筑师戴安娜·阿格雷斯特（Diana Agrest，1945–）和马里奥·冈德尔索纳斯（Mario Gandelsonas，1939–）以及英国建筑理论家杰弗里·勃罗德彭特等人奠定了建筑语言学的理论基础。彼得·埃森曼在建筑理论和建筑设计方面探索建筑语言的深层结构。

建筑语言学的诞生有两个基本前提，一是注重建筑文脉，二是注重建筑与城市整体的关系。建筑语言学讨论作为非语言符号的建筑的信息交流，讨论建筑的语境。当然，也有很多人不认为建筑是一种语言，或者说只是在某种条件下，在某种状态下类似于语言。建筑作为语言只是一种类比，只是建筑的一种表述。

5.2.1　建筑语言的内在结构

亚里士多德认为语言是观念的符号。在瑞士语言学家索绪尔看来，语言是一种形式，而不是一种实体。语言是从一代人传到另一代人的语言系统，包括语法、句法和词汇，语言是人类交际最重要的工具和个人表达思想的手段。人类学家认为语言是文化行为的形式，社会学家认为语言是社会集团的成员之间的相互作用，文学家认为语言是艺术的媒介，哲学家认为语言是解释人类经验的工具。语言是一种社会现象，语言的意义就在于它为整个社会服务。

语言结构关注的是一种整体性的联系，或者说是一种系统。因此，建筑语言的内在结构对于建筑具有重要的意义。后现代文化批评的转变也受到语言学范式重构的影响。符号学、结构主义，尤其是后结构主义（包括解构理论）重塑了许多学科，包括文学、哲学、人类学和社会学以及广泛的批评活动。这些范式在 1960 年代对建筑思潮产生了较大的影响，与建筑意义的探索和象征主义的兴起同步。建筑语言学研究如何应用语言作为载体来表达意义、知识如何通过语言学类比而应用于设计中。建筑语言学质疑建筑究竟在何种程度上是约定俗成的，就像语言一样，质疑建筑领域以外的人们是否可以理解建筑传统是如何建立起意义的。

1）中国古代的语言学

人类对语言的认识经历了漫长的历史，至今仍在继续不断地探索。中国的文化有着悠久的历史，很早就有了语言和文字，古代流传着“仓颉造字”的传说。相传仓颉的脸长得像龙一样，嘴巴很大，有四只眼睛，放射出神奇的光芒，他将鸟兽在地上走过所留下来的痕迹作为区别事物的标记，从而创造了汉字。汉代的《淮南子·本经》里有这样的描写：“昔者，仓颉作书而天雨粟，鬼夜哭。”这就说明，古代的人们把语言看得十分神秘，认为它有一种神授的魔力（图 5–25）。东汉时期的语言学家和经学家许慎（字叔重，约 58– 约 147）在他所撰写的《说文解字 · 叙》中说：

图 5–25　仓颉像

“仓颉之初作书，盖以类象形，故谓之文；其后形声相益，即谓之字。文者，物象之本；字者，言孳乳而多也。”

公元前 5 世纪左右，中国和希腊的哲学家就在研究事物和名称之间的关系。一种主张认为名称与事物之间的关系不是固有的，而是社会的约定俗成，如我国古代著名的哲学家荀子（约公元前 313– 前 230）。另一种主张则认为名称与事物之间的关系是固有的。公元前 3 世纪，我国的学者就编撰了世界上最早的一部解释词义的专著《尔雅》，东汉时期的许慎在大约公元 100 年编出了第一本也是最完备的字书《说文解字》，说明了早在秦汉时代，中国已经有了研究语言学的专著。古人所说的“言生于象”，就是说语言从符号而来，“象生于意”就是说符号源自

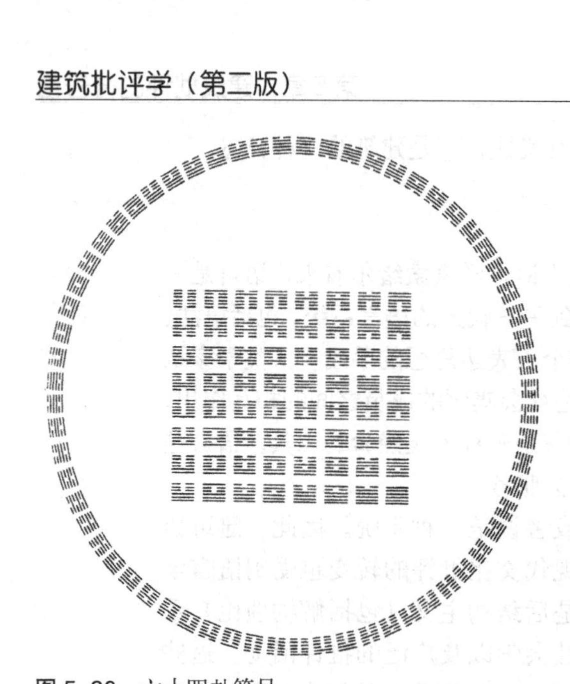

图 5–26　六十四卦符号

于存在。“言”，就是语言，是象征符号的诠释，“象”就是符号象征，就是从意指的世界出来而进入存在本身的象征。

符号与思维的关系在《易经》中也有论述，《易经》又称《周易》，在中国思想史上有着深远的影响，具有神奇的语词符号，成为了一种融数理科学、哲学、伦理学以及美学为一体的卦爻符号体系。古人以阴、阳符号为“爻”，连线代表阳爻，断线代表阴爻，每三爻叠成一卦，出现了“八卦”。八卦两两相重，出现了六十四卦，并出现了解说这些卦形所寓哲理的卦爻辞。中国古代的阴阳、阳爻、阴爻、八卦、六十四卦是一种宇宙符号体系和世界图式（图 5–26）。爻是组成《易经》中的卦的基本符号。《易·系辞上》说：“爻者，言乎变者也。”《易·系辞下》又说：“爻也者，效天下之动者也。”阳爻是日的象征，而阴爻则是月的象征，每卦都由阳爻和阴爻配合组成，阴阳两爻的对立象征事物的运动与变化。《易经》中的爻变、卦变、爻辞等都具有象征意义。对《易经》作出解释的《易传》中说：

“古者包牺氏之王天下也，仰则观象于天，俯则观法于地，观鸟兽之文，与地之宜，近取诸身，远取诸物，于是始作八卦，以通神明之德，以类万物之情。”[25]

2）西方的语言学传统

西方的语言学研究起源于古希腊的语法研究，亚里士多德就曾对语言作过论述。之后，罗马人继承了希腊人的研究方法，仿照古希腊人的蓝本编制了拉丁语法，从而奠定了古典语言学的基础。文艺复兴进一步促进了语言学的发展，并使科学方法进入了语言学的研究。然而，到了 19 世纪，语言学才开始成为一门独立的学科。第一部关于普通语言学的巨著是 1836 年出版的由德国语言学家、教育改革家洪堡（Karl Wilhelm Von Humboldt, 1767–1835）撰写的关于各种人类语言的论述。德国哲学家、生理学家、实验心理学的奠基人冯特（Wilhelm Wundt, 1832–1920）从哲学的角度研究语言学，根据他的社会心理学体系来研究语言心理学。美国语言学家赫尔曼·保罗（Hermann Paul, 1846–1921）的《语言史原理》（*Principles of Linguistic History*）是历史语言学方法论的经典著作。

根据德国语言哲学家卡尔·比勒（Karl Bühler，1879–1963）在 1918 年发表的观点，语言是一种通信工具，他认为语言有三种功能：言说（Kundgeben）、引发（Auslösung）和表现（Darstellung）。“言说”是宣告、公布、表明、显示的意思。“引发”是唤起、引起、招致、致使的意思。之后，在他的《语言理论》（Sprachtheorie, 1934）一书中，又将这三种功能发展为表达（Ausdruck）、发出（Appell）和表现（Darstellung）。“表达”又可译为表达方式、表现、表现力、艺术形象、标志特征等。“发出”又可译为发表、发布等。“表现”又可译为描写、描绘、表达、阐述等。

由此可见，语言的功能是十分广泛的，几乎渗入生活的各个领域，很难想象如果没有语言，人类社会会是什么状态。

图 5–27　马洛斯迪卡市政厅广场上的棋赛

瑞士语言学家索绪尔对语言学理论的建立起了十分重要的作用，他从新的视角来认识人类的交往问题，并创建了符号学。索绪尔首先把语言看成是由各个成分之间的关系组成的结构系统，把语言系统比作下棋时各个棋子之间的规则系统。棋子可以在不同的物质材料上有所变化，不管是木质的还是石料做的棋子，甚至可以是由真人扮演的棋子，如意大利北部城市马洛斯迪卡（Marostica）的市政厅广场的地面上画了一个巨大的棋盘，每隔两年的九月份，都要在广场上由穿上 15 世纪服装的真人作为棋子进行棋赛（图 5–27）。但是不管怎样，只要棋子的数目和棋盘不变，下棋的规则系统总是不变的。能指的意义就像是棋盘上的棋子，会根据前后情境而有所改变，就像是一个棋子的价值，会随着棋局的发展而改变。能指与所指之间的关系是随机的，总之，意义是由系统的差异性形成的。

索绪尔先根据语言展示的两种基本表现形态——“语言”和“言语”来考察整个语言现象。“语言”（langue）是言语活动的一个确定的主要部分，它既是言语机能的社会产物，又是社会集团为了使个人有可能行使这个机能而采取的社会约定俗成的规则体系。“言语”（parole）则是个人的说话，言语在根本上是一种选择性的、现实化的个人规则，言语的意义是由语言系统规定的。“语言”属于全社会，是抽象的，而“言语”属于个人，是具体的。索绪尔认为：

“语言的问题主要是符号学的问题，我们的全部论证都因这一重要的事实获得意义。要发现语言的本质，首先必须知道它跟其他一切同类的符号有什么共同点。”[26]

法国结构主义哲学家和社会人类学家列维－斯特劳斯认为：

“人无法和语言分开，有语言就表示有社会。”[27]

法国启蒙运动思想家卢梭（Jean Jacques Rousseau, 1712–1778）在 1746 年写的著名论文《论语言的起源》（*Essai sur l'origine des langues*）中提出“人是语言动物”的命题。德国存在主义哲学家海德格尔也指出：

“人是能言说的生命存在。”[28]

今天仍有不少人类学家坚信，从攀援于树林的猿到直立行走的人的转变，是与语言的出现相伴随的过程。美国人类学家莱尔德（Charlton Laird，1901–1984）在《语言的奇迹》（*The Miracle of Language*，1963）中写道：人确实可以定义为“一种语言化的哺乳动物”。实质上，语言是一种社会现象，没有人类社会，就不会存在语言。语言是伴随着人类社会的形成而产生的，而且跟随着社会生活的变化而发展。语言与意识同在，语言与思想是不可分割的。马克思和恩格斯在《德意志意识形态》中也从哲学的角度论述了这个问题：

“语言和意识具有同样长久的历史。语言是一种实践的、既为别人存在因而也为我自己存在的、现实的意识。语言也和意识一样，只是由于需要，由于和他人交往的迫切需要才产生的。”[29]

语言表达是一种集体的制度，语言的规则是个人必须遵守的，语言既是不受个人决定影响的具有数千年传统的传输者，又是任何人进行思维所必不可少的工具。语言结构关注的不是事物之间零散的、片断的联系，它所关注的是一种整体性的联系，或者说是一种系统。语言结构不仅受支配于语言材料（声音）自身，而且也体现了概念的思维活动，叙述功能，表达、唤起感情的要求。语言是符号体系中的一个分支体系，语言是象征符号的诠释。语言从符号而来，所以可以根据语言外观、内观、上观符号体系。语言结构不仅是一种习俗，而且是由规则控制的语言系统。

3）建筑语言

按照英国建筑理论家勃罗德彭特的评价，加拿大建筑理论家、建筑师乔治·贝尔特（George Baird，1939–）在建筑理论方面最早论述了符号学的理论，并将它应用到建筑学的领域，提出了建筑意义的概念。乔治·贝尔特于1968年毕业于英国伦敦建筑协会皇家艺术学院，贝尔特在他与詹克斯合著的《建筑中的意义》（*Meaning in Architecture*, 1969）中论述了建筑不是单纯的结构体，而是具有意义的人工产品和事件。把建筑从整体上看作是一种语言，而把个别的作品看作是说话的行为，也就是言语。[30] 其中隐含着这样一层意思：建筑师不可能简单化地指定或取消建筑中的意义，建筑中的意义也不可能是不言自明的。他认为建筑是可以阅读的文本，建筑语言是可以理解并且可感知的一种表达系统，而作为言语的作品则包含了在这个表达系统内进行有意识选择的可能性。

建筑语言结构具有一定的顺序和规律，例如在一般情况下，建筑总是按照受力关系，自下而上，从基础到支承结构再到屋盖，按照施工的顺序建造的。对建筑空间的体验也有一定的线性关系，一般来说，总是按照空间的先后序列，由外而内，在时间与空间的发展中进行体验。然而，作为建筑语言语法的内在结构经常会被突破，规则经常会被背离。

美国语言学家、哲学家、政治评论家乔姆斯基（Noam Chomsky，1928–）在他的《句法结构》（*Syntactic Structure*, 1957）一书中深入研究了语言结构并建立了转换生成语法（Transformational–generative grammar）。他在1965年又出版了《语法理论要略》（*Aspects of the Theory of Syntax*），进一步完善了转换生成语法，并将它称作标准理论。1972年，乔姆斯基出版了《深层结构，表层结构和语义解释》（*Deep Structure, Surface Structure and Semantic Interpretation*）一书，建立了“扩展的标准理论”，后又不断修正他的理论。乔姆斯基的《关于形式和解释的论文集》（*Essays on Form and Interpretation*，1977）建立了“修正的扩展的标准理论”，把语义解释放到表层结构上，由此得出逻辑形式表现，并且在语言结构中增加了一个层级——“逻辑形式表现”。图 5–28 列出了修正的扩展的标准理论框架图。

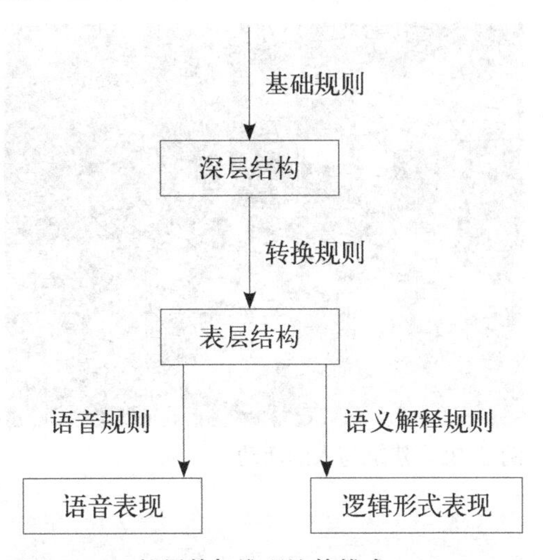

图 5–28　扩展的标准理论的模式

按照乔姆斯基的模式，转换生成语法的规则是高度抽象和形式化的，它具有很强的生成能力，也就是说，由于语言的普遍性，以有限的规则可以生成无限的句子。转换生成语法由三部分规则系统组成：语法、语义和语音。乔姆斯基的“语法”（Syntax）与“语言结构”（Grammar）相区别。语法的规则系统主要包括基础部分的基础规则和转换规则，基础部分的规则生成深层结构。语义规则和语音规则都是解释性规则，语义规则对深层结构作语义解释，语音规则对表层结构作语音解释。

语言结构可以分为深层结构（Deep Structure）和表层结构（Surface Structure）。语法的基础部分生成深层结构，深层结构通过转换规则可以产生不同的表层结构，乔姆斯基把这个转换过程称为“映现”（map）。乔姆斯基认为，深层结构就是人与外部世界之间的某些基本关系。任何表层结构都是某种深层结构的表现。深层结构与语言的语义有关，而表层结构则涉及语言中最基本的单位——语音、音位、音段音位（语言中的动态特征，如声调、音高、音强、音长等）、音色等。表层结构可以通过感觉而感知，但是，深层结构只有借助模式才能认识。乔姆斯基的转换规则主要有省略（Deletion, A+B → B）、添加（Adjunction, A+B → A+B+C）、换位（Permutation, A+B+C → C+A+B）和替换（Substitution, A+B → A+C）等。

图 5–29 是传统的语言结构模式，其语言结构由语法、词汇和语音三部分组成。

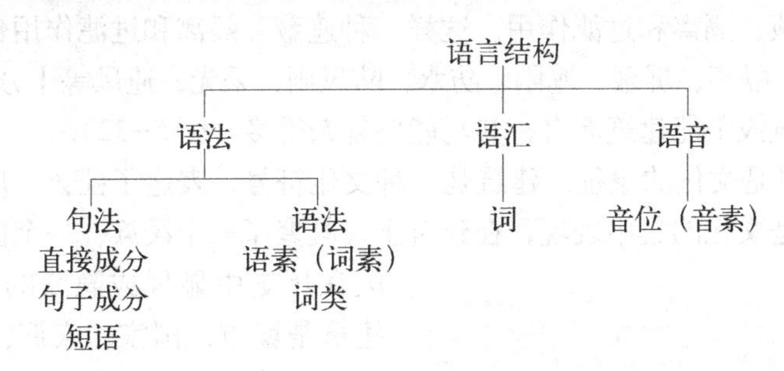

图 5–29　传统的语言结构模式（图表中各个结构部分引号后面是结构的基本单位）

图 5–30 是转换生成语法的语言结构模式，在这个模式中，语言结构相当于传统的语言结构模式中的语法，语言结构则由语法、语义和语音三部分组成。

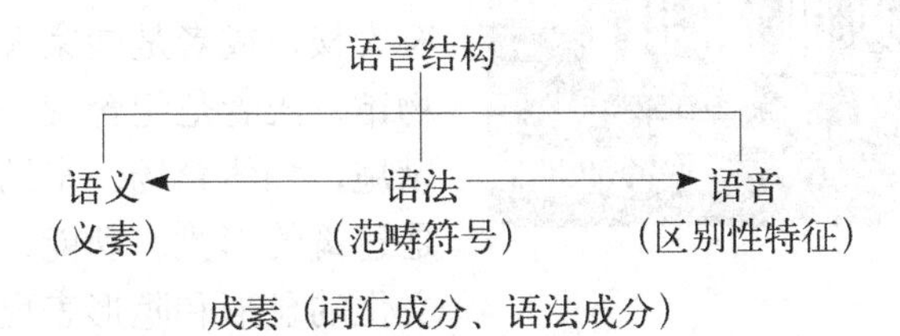

图 5–30　转换生成语法的语言结构模式

图 5-31　建筑与人的活动

图 5-32　建筑与气候

4）建筑语言的深层结构

建筑语言的深层结构是建筑中最基本的内在因素，也可以说是建筑的规则。布局、空间组合、建筑的含义等是建筑语言的深层结构，这种深层结构是无法借助感觉来认识的，必须通过整体的把握才能认识。一般而言，后现代主义的建筑理论偏重于建筑的符号层面，也就是建筑语言的表层结构，而解构主义的建筑理论则深入地对建筑语言的深层结构进行探索。勃罗德彭特把建筑的深层结构归纳为下列四个方面：

(1) 建筑是人类活动的容器。作为人类活动的容器，建筑的功能因素是最重要的。因此，建筑必须拥有内部空间，在尺寸和形状上应当适合该建筑所容纳的各种活动，满足各种功能的要求，这些内部空间存在于相互之间的物质关系中。这种关系形成了建筑的布局、空间序列、空间组合等。这种关系可以促进或抑制该建筑内以及该建筑与其他建筑之间的各种活动的运动方式（图 5-31）。

(2) 建筑是特定气候的调节器。为了满足建筑的功能要求，建筑也必须作为特定气候的调节器。因此，建筑的表面，尤其是外部的墙体和屋面，应当在封闭空间和外部环境中起到遮蔽、隔离和过滤作用。这样一种遮蔽、隔离和过滤作用包括围护、隔热、隔蒸汽、隔声、屏蔽、遮阳、防水、防风雨、采光、通风等十分复杂的功能。对于生态建筑或节能建筑而言，其功能要复杂得多（图 5-32）。

(3) 建筑是文化的象征。建筑是一种文化符号，表达了社会、历史和文化的意义。建筑是文化的集中表现，在建筑上，凝聚了一个民族、一个国家和一个地区在历史中显现或隐藏的文化。因此，建筑是城市、国家、家族、集团等的象征，这种象征并不一定和建筑采用什么样的形式有很大的关系，其象征性主要取决于建筑的地位。各个国家都有所谓国家级的建筑，或者是宫殿，或者是政府大楼，或者是国家大剧院，或者是博物馆，或者是纪念碑，或者是大型公共设施，如体育场、车站、机场等。无论是建筑的形式、功能，还是技术，都是文化的显形和隐形表现。作为文化的象征，建筑可表现出它的意义（图 5-33）。

图 5-33　作为文化象征的建筑

(4) 建筑是资源的消费者。这就意味着建筑是一种物质的实体，在建筑的设计、建造和使用的过程中，无论是使用建筑的材料和设备、加工与制作还是建筑的运行等，都要消耗能源，消耗大量的材料和人力资源等。这样的资源消耗过程，也是建筑物的物质、经济方面和文化、环境等方面升值的过程。[31]

虽然建筑的深层结构具有一定的规则系统，但是，建筑的深层结构的生成却不是单凭这些规则系统就能完成的，实际情况要复杂得多。勃罗德彭特将这种规则系统归纳为实用型的设计、类型学的设计、类比型的设计和规构型的设计这四种设计方式。

实用型的设计类似于科学研究中的反复试验，也称为试错法。大多数的建筑都是由这种设计方式形成的，建筑师在设计过程中不断探索，也不断完善，从初始的构思逐步演变，最终实现设计的意图，用这种方式设计出一种符合业主要求和建筑目的的建筑。这种设计方式不仅应用在功能性特别强的一些建筑上，也适用于应用新材料、新结构和新技术的建筑。通过试验，通过反复的应用，可以得出设计某种结构的科学的理论基础，因而在以后的时间中，可以借助并依据科学理论，不再需要反复试验，反复试错。例如在 18 世纪中叶以前，由于力学理论及其应用的不完善，力学科学还没有成熟到足以解决复杂的实际工程结构的问题，建筑工程主要是按照传统经验、按照试错法来建造的。建筑的结构全凭直观和经验来建造，人们还不知道如何在工程技术中应用数学工具。

规构型的设计又称几何形的设计方式。柏拉图认为宇宙是由立方体、四面体、八面体和二十面体所构成的，而这些形体又都是由三角形所组成的。柏拉图的三角形说奠定了中世纪哥特建筑设计的基础。中世纪的建筑师被人们称为“几何学家”、“几何学大师”等。

我们将那种参照已经存建筑在于建筑领域或其他领域的客体的建筑设计称为类比型的设计，这种客体可以是建筑、生物、机械，甚至电路板、电子元件等。类比于型的设计分为直接的类比和间接的类比，类比于生物界的动物和植物，甚至类比人本身，类比机械，类比人造的现实，类比于几何形体等。例如希腊的多立克式柱子的原型可以追溯到木构建筑，我们通常所见到的希腊建筑只是用石头来替换木头的建筑。

历史上有过许多用一种材料模仿另一种材料的形式的例子，中国古代的石构建筑也出现过模仿木构建筑的情况，例如泉州的开元寺仁寿塔，建于 1228–1237 年，塔高 44 米，忠实地表现了木结构的式样（图 5–34）。

图 5–34　开元寺仁寿塔

5.2.2　类型作为内在结构

类型学的设计又称型类学（型式分类学）的设计方式。按照勃罗德彭特的观点，设计类似于某种特定的文化成分在审美心理上形成的一种固定的形象。例如从古希腊、罗马建筑一直到文艺复兴建筑、古典主义建筑和新古典主义建筑所形成的建筑模式，一旦经过艰苦而又漫长的历程确定之后，

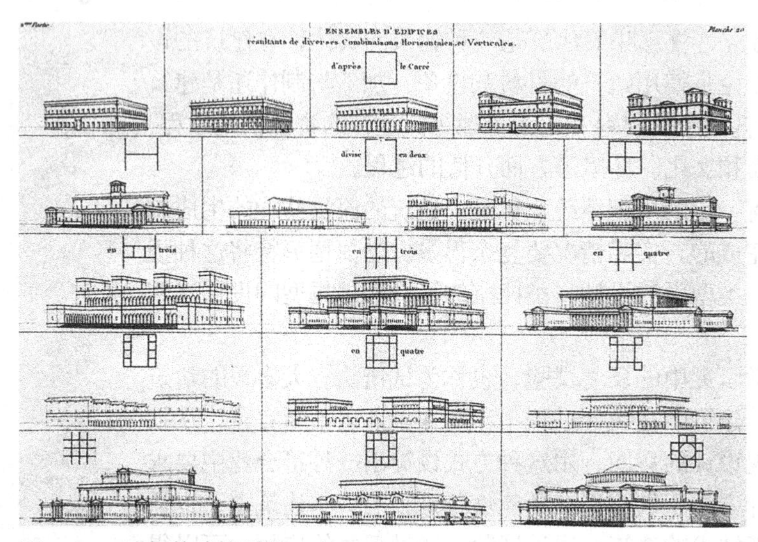

图 5-35　迪朗的建筑原型

其根深蒂固的程式化的模式是很难完全抛弃的。现代建筑，在实质上，也在建立一种新的模式。勒·柯布西耶提出的著名的“新建筑五点”，就是一种模式的表达。从一定的意义上可以说，建筑历史就是一部不断建立和改造建筑模式的历史。

1）建筑与模式

哲学上的结构主义从生活的一切表象中寻找生活的基本模式和符号化的模式，或者说从生活的一切表象中寻找生活的结构，结构主义主张以模式去认识事物的结构。实际上，对模式的探求在建筑史上有着深厚的渊源，法国历史学家和建筑评论家迪朗的建筑组合类型学就是典型的实例。迪朗于 1802 年提出了 72 种建筑的几何组合基本类型，这些基本类型包括了封闭形、半封闭形、正方形、矩形、圆形以及各种图形的组合等。迪朗的类型学方法开创了方法论上的意义，并具有操作性，从此，类型学的模式概念成为了建筑学方法上的一种规则，一种以原型为基础的设计组合规则（图 5-35）。

卢森堡出生的奥地利建筑师和建筑理论家罗伯·克里尔（Rob Krier, 1938-）的类型学理论建立在对城市公共领域的关注上。他的类型学研究深入到城市和建筑的基本元素之中，创导了一种注重操作性的设计类型学方法。罗伯·克里尔对城市空间进行了研究，在《城市空间》（*Urban Space*, 1979）一书中，列出了街道与广场交汇的四种情况：一条道路引入广场，两条道路引入广场，三条道路引入广场和四条道路引入广场。在这种情况下，结合道路与广场不同的交接和切入方式，一共出现了 44 种变体。此外，还有 4 种基本的空间形式以及 55 种变体，48 种四边形广场，24 种圆形广场和 120 种组合形式。罗伯·克里尔还运用了共时性和历时性的概念来分析城市中的空间与场所，把城市空间归结为 10 种基本形、15 种内角变化、15 种外部尺寸变化，研究 15 种内角和外部尺寸同时起变化的模式。罗伯·克里尔还运用了类型学方法研究室内空间的模式，他所进行的是形态学意义上的建筑语言探索，在城市内部形成空间与建筑的延续性，重新建立建筑物与公共领域、实体与空间之间的辩证关系（图 5-36）。

图 5-36　罗伯·克里尔的广场类型

美国建筑师、建筑理论家克里斯托弗·亚历山大（Christophor Alexander, 1936-）应用了结构主义的方法，提出了253种建筑与城市的空间模式，试图以这些具体的模式使当代及未来500年间的建筑和城市规划得以规范化，成为一种具有可操作性的建筑语言，从而以具体的典型形态及总体关系来说明建筑和城市的本质。他在《建筑模式语言》的使用说明中指出：

“没有任何一个模式是孤立存在的。每一个模式在世界上之所以能存在，只因为在某种程度上为其他模式所支持，每一模式又都包含在较大的模式之中，大小相同的模式都环绕在它的周围，而较小的模式又为它所包含……这就是我们对世界的基本观点……”[32]

历史上的先锋派建筑师在亮出自己的旗号时，也往往在其“宣言”中发表新的建筑观，提出要创造新的类型，以表明其革命的方式。对现代建筑有很大影响的意大利理性主义七人集团（Gruppo 7）在1926年发表的宣言中也主张创造一些基本的类型。当代理性主义建筑的代表人物——意大利建筑师、建筑理论家阿尔多·罗西在建筑设计和城市设计中，始终将类型学方法作为基本的设计手段，借助类型学方法赋予建筑以久远的生命力和灵活的适应性，并在类型学研究中倾注了他的建筑理想，一种体现了人文理性的理想，以形式逻辑为基础的建筑理想。阿尔多·罗西的类型学不仅具有认识论的意义，而且还具有方法论的意义。他认为：

“所有的建筑理论也是类型学的理论，而且在具体设计中很难区分这两者。……类型就是建筑的思想，它最接近建筑的本质。尽管有变化，类型总是把对‘情感和理智’的影响作为建筑和城市的原则。”[33]

2）建筑与自然

自古罗马时代到今天，建筑从自然中借用原型和母题作为主题。在人造物体的历史上，随处可见自然形态的影子，从哥特式建筑的拱顶和森林中树枝的交错盘结，到主导汽车设计的有机语言，这些都是把自然的原型用作一种方法上的指导的实例。从大自然的花朵、水母、珊瑚和海参的形状中得到启示，与生物的类比可以是勒·柯布西耶设计的朗香教堂的蟹壳屋顶那样的一种直接的类比，也可以是应用生态系统原理的间接类比。这种类比可以应用传统技术与工艺，也可以应用高科技。生物圈经过了数十亿年的进化，已经发展成了一个能够自律的体系，因此，建筑师想到将生物的构成原理应用到人居环境中。建筑的构造模仿生态系统，人们在设想运用显微技术和基因工程，使未来的建筑与城市成为一种生命体，成为一种类植物体，如同巨大的菩提树或珊瑚礁一样。德国设计大师路易吉·科拉尼（Luigi Colani, 1928−）于1999年构想的上海崇明岛生态城市，是他在1983年的一项设计的发展。科拉尼以人体的形状作为造型的基础，他认为城市是有生命力的，大楼是它的脚，脚趾上耸立着五百多米高的建筑物，神经系统和血液循环系统作为城市的道路和通信系统，发电厂是城市的心脏，公园则是城市的肺（图5−37）。

类比自然是表现设计的创造性的重要方法，例如赖特巧妙地将睡莲的形式用

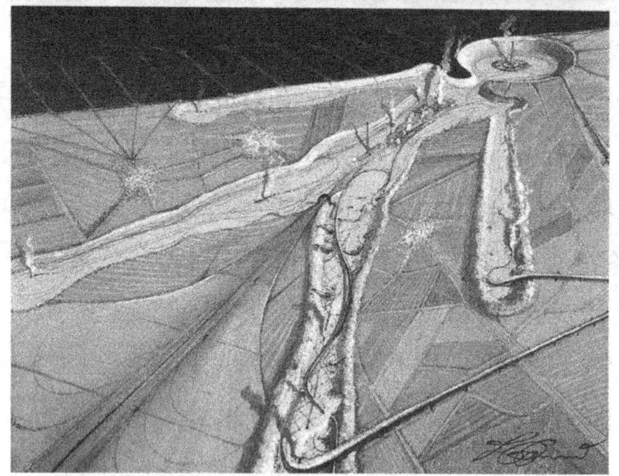

图 5–37　科拉尼设计的上海崇明生态城市

图 5–38　田纳西水族馆

在约翰逊制蜡公司办公楼（1936–1939）的结构体系上，取得了非凡的美学效果。美国 SITE 事务所的建筑师怀恩斯（James Wines）认为建筑迫切需要在理念、哲学和美学方面与自然环境结合，建筑应当在形态和图像上与这个大环境相呼应 [34]。

SITE 设计的田纳西水族馆展示水的历史、科学和保护，采用了水母的形状（图 5–38）。由齐康设计的福建长乐下沙海滨度假村“海之梦”塔楼（1987–1988）也是运用这一原理的实例。塔楼建筑的造型仿佛是被风蚀刻出来的一样，如同被风堆聚的沙丘，或退潮后起伏的沙滩，又像海边的岩石。这是一种有机形态的类比，这种类比不是直接从自然界的某个实体中获得的启示，而是设计与自然在深层次上的结合，就像自然界本身的基本法则一样，是具有灵活性的一种方法，是建筑师的想象与现实结合的产物（图 5–39）。

3）建筑与人造物的类比

在高技派的建筑中，建筑师刻意表现机械技术的外在形式，并以此隐喻社会技术与智力技术。社会技术是指组织、管理、协调以及社会的机制。智力技术是指系统的分析、预测、规划设计与判断、决策。建筑师从高速赛车、航天飞机、邮轮、赛艇等的外形中寻求类比，从新的虚拟的现实中寻找模仿的对象和模仿的原理。

英国建筑师卡普利茨基（Jan Kaplicky，1937–2009）认为所有的建筑都应该像汽车和飞机的机身或宇宙飞船的外壳一样用硬壳体或半硬壳体结构建造，他在 1979–1986 年间，模仿太空飞行器和想象的天外来客所使用的舱体，设计了一系列称为“未来体系”的可移动的住宅。图 5–40 是他在 1986 年设计的“面包圈住宅”，以铝等金属材料表现高技术的建筑形象，中间有一个露天的庭院，其深度和坡度可以变换。位于地面下的覆土住宅回应当时的节能要求，不破坏环境，同时也与任何历史文化环境都没有冲突（图 5–40）。

5.2.3　建筑与建筑语言

建筑师的创作过程是一种从非现实向虚拟现实，再到现实的转化，是想象活动的意向表现。创造思维不能用概念来描述，这种思维往往表现为一种意象思维，是意识的意向作用和移情作用。意象是意识和对象的统一关系，是艺术家的创造，是对象在意识中得以显现的方式，是一种综合各种因素的本质直观。

1）建筑语言的生成

建筑是一种文化符号，表达了社会、历史和文化的意义。早在 19 世纪直接将建筑类比成语言之前，从维特鲁威到阿尔伯蒂、帕拉第奥和维尼奥拉的建筑理论所奠定的西方世界的建筑法则和原理，实质上就是古典建筑的语言学基础。从现代建筑的发展过程中，我们可以看到，如同现代艺术一样，现代建筑语言也出现了一个抽象化的过程。从具象到抽象的过程，在某种意义上说，也是一个思维成长的过程。

图 5-39 "海之梦"塔楼

英国建筑史学家彼得·柯林斯（Peter Collins，1920–1981）在《现代建筑设计思想的演变》（*Changing Ideals in Modern Architecture*, 1965）一书中，专门有一节论述建筑与语言之间的比拟。建筑比拟于语言要比用生物或机械作比拟更为贴切，柯林斯在书中列举了 200 年来建筑与语言类比的各种观点。从 18 世纪开始，法国的一些学者就曾将建筑与语言相比拟，柯林斯引证了法国洛可可风格雕塑家、建筑师杰曼·博夫朗（Gabriel–Germain Boffrand, 1667–1754）在《论建筑》（*Livre d'architecture contenant les principes généraux de cet art*，1745）一书中的一段话：

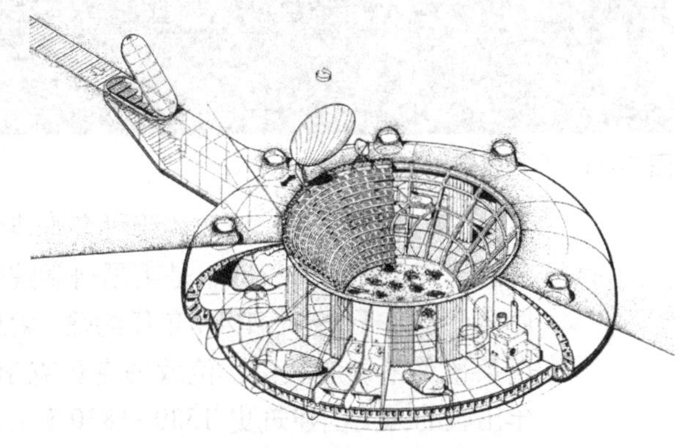
图 5-40 卡普利茨基设计的"面包圈住宅"

"线脚以及其他组成一座房屋的部件对于建筑，就如单词对于语言一样。"[35]

他还引用了法国古典主义建筑理论家盖特梅尔·德昆西的观点，德昆西曾于 1816 年至 1839 年担任巴黎美术学院的院长，他写过许多论著，其中最重要的就是第一章提到的《建筑词典》和《11 至 18 世纪末著名建筑师的作品与生平》，还有《方法论百科全书》（*Encyclopédie Méthodique*, 1788–1825）等。德昆西在 1785 年为碑铭学院写的一篇论埃及建筑的论文《论埃及建筑》（*De l'Architecture Égyptienne*，1803）中，主张建筑的创造必须与语言的存在相比，它们都不能归因于个人，二者都是人类的属性。

19 世纪上半叶，建筑与语言的比拟更为流行，在许多建筑论述中，明确提出了"建筑语言"、"建筑字母"的命题。持这种观点的有英国古典主义建筑理论家、建筑师、测量师詹姆斯·埃尔姆斯（James Elms, 1782–1862）与工程师、建筑师、哥特复兴主义者威廉·伯吉斯（William Burges, 1827–1881）等，他们认为建筑风格之间的关联类似于语言的语系或共同的词根，并主张追溯建筑语言语系的起源。英国建筑师学会的创始人之一、英国第一位建筑学教授、建筑师唐纳森（Thomas Leverton Donaldson, 1795–1885）1842 年在伦敦大学学院的一次演说中认为，建筑中的风格可以比之于文学中的语言。像语言那样，风格具有其独特的美以及特有的力量。唐纳森著有《建筑原理和理论》(*Architectural Maxims and Theorems*, 1847）以及《建筑古迹研究》(*Architectura Numismatica*, 1859）等，他指出：

"就像精通几种语言的旅行者那样，在熟悉其语言的人们中间，他觉得安然又自在。同样那些能够掌握古典风格的庄严、哥特式的崇高、复兴式的优雅或阿拉伯的华美幻象的建筑师，在他艰难的职业中，就更能适应非常情况。" [36]

图 5–41　古典建筑语言

然而，长时期以来，在欧洲只有一种经典的建筑语言，也就是古典建筑语言（图 5–41）。英国艺术史学家约翰·萨莫森爵士在 1964 年出版了《建筑的古典语言》(*The Classical Language of Architecture*)，这本书将建筑作为一种语言来考察，强调古典建筑有其特定的语言，论述了自文艺复兴到现代五个世纪里几乎是西方世界共同的建筑语言，被公认为研究古典建筑语言的经典著作。萨莫森爵士是当今英国建筑历史学的权威，是英国科学院院士、英国文物协会委员、英国皇家建筑协会会员，于 1945–1984 年任约翰·索恩博物馆馆长，曾任牛津大学和剑桥大学斯莱德美术讲座教授、伦敦伯克贝克学院建筑史教授，他的主要论著还有 1953 年出版的《英国建筑史 1530–1830 》(*Architecture in Britain* 1530–1830)、《维多利亚女皇时期的伦敦建筑》(*The Architecture of Victorian London*, 1976）和《18 世纪建筑》(*The Architecture of the Eighteenth Century*, 1986）等。

2）现代建筑语言

英国建筑理论家罗杰·斯克鲁登（Roger Scruton, 1944–）在《建筑美学》(*The Aesthetics of Architecture*, 1979）一书的第七章"建筑学的语言"中，也论述了建筑学的语言问题。斯克鲁登认为，建筑学有时类似于语言。作为语言，必然有两种不同的语言特性——语法和意向。像语言学的表达一样，建筑物也有其特殊的意向性。但是，不能简单地把建筑艺术看作是一种"象征主义"或"表意"的形式。建筑艺术表现为一种句法，建筑的各个部分以一种有意义的方法组合起来，建筑的整体含义又将反映和依靠各部分组合的方式 [37]。

20 世纪初的现代建筑运动中，许多建筑师，如勒·柯布西耶和格罗皮乌斯，都试图创造一种建立在图像符号基础上的"通用"语言，这是一种来源于功能、结构和知觉作用法则的"世界语"。勒·柯布西耶提倡超越文化的纯粹主义，不受历史、文化和地域影响，认为"房屋是居住的机器"，他主张住宅应当像汽车一样，在构思和设备上也应当像汽车和船舱一样，他极力推崇工程师的美学，那种机器的美学：

“工程师的美学，建筑，这两个互相联系，形影相随的东西，一个正当繁荣昌盛，另一个则正可悲地衰落。

受到经济法则启示并受到数学计算引导的工程师，使我们跟宇宙规律协调起来。他获得了和谐。”[38]

应当从广义上理解建筑与语言的类比，在这个方向上研究建筑语言学的学者是布鲁诺·赛维，他在《现代建筑语言》（*The Modern Language of Architecture*）一书中总结了现代建筑语言的基本法则。他指出，必须立即编纂现代建筑语言的基本法则。现代建筑语言相对于古典建筑语言来说，是反义词、反语法和反句法。赛维提出了七条建筑学现代语言的普遍原则，也是某些特定实践的各个阶段：

（1）在所有原则中起提纲挈领作用的按照功能进行设计的原则，是所有现代语言法则中的基本前提；

（2）非对称构图和不协调性；

（3）与表现主义和立体主义的发展同时产生的反古典的三维透视法；

（4）时空一体的四维分解法，对建筑物的观察是从动态的无数位置进行的；

（5）在建筑中引进新的工程结构技术，如悬挑、薄壳和薄膜结构等，这是运用结构手法表现各个建筑单元的原理；

（6）时间与空间的连续，亦即流动空间；

（7）建筑、城市和自然景观的组合。

以上七条原则的建立经过了一个多世纪的历史进程，赛维认为每个建筑师都必须沿着这条路线循序前行，现代语言是批判主义的精确而又无情的工具，也是检验一名建筑师是否以及在何种程度上成为现代建筑师的试金石。

3）语言学与建筑理论

美国建筑批评家查尔斯·詹克斯是当今世界上著述最多的建筑批评家之一，他对建筑语言学的发展起了重要的推动作用。詹克斯在打出后现代主义旗号的同时，把当代西方盛行的语言学和符号学的概念和方法引入建筑学，他把建筑语言与建筑看作是等同的事物，认为建筑具有意指作用并存在一种语义领域，形式作为一种符号，在改变着建筑的性质。当建筑的形式发生变化时，其意指也会随着起变化，在引入新的形式以后，它的意义也将会转变。期间，符号的性质则由习俗上的标示性符号，也就是本义的符号，由那种能指与所指之间的必然关系，转变为象征性的符号。本义的符号构成的是低层次的建筑，象征性的符号构成的才是有意义的建筑。他在《后现代建筑语言》中，论述了建筑语言的许多基本问题，诸如“单价的形式与内涵”、“多价的形式与内涵”、“象征”、“隐喻”、“代码”、“词汇”、“句法”、“语义学”等（图 5–42）。

图 5–42　《后现代建筑语言》

他认为，建筑语言就像言说的语言一样，必须运用大家都熟知的意义单元——词汇。但是，詹克斯在他研究建筑语言学的时候，过于直接地将建筑与语言相对照，并完全以语言及符号学的理论来研究建筑，将一些语言学和符号学的概念对号入座，简单地套用在建筑上，把建筑作为象征性符号来看待，强调其隐喻的作用。尽管如此，詹克斯对建筑的意义的关注和认识是相当深刻的，他在这方面的贡献也是十分重要的。

后现代主义建筑理论曾受到现代语言学发展的影响。1966年，法国结构主义哲学家和语言学家、后结构主义的奠基者雅克·德里达、罗兰·巴特和雅克·拉康在美国约翰·霍普金斯大学举办的“国际语言批评和人文科学研讨会”上，将符号学和结构主义介绍到美国。他们的语言学理论与当时美国正在进行的对于建筑的意义和符号的研究热潮相吻合，形成了语言学与建筑学理论的相互交叉，从而将新的学科注入了建筑理论。

研究建筑语言学的理论家还有出生在奥地利的美国建筑师、建筑理论家克里斯托弗·亚历山大、挪威建筑理论家诺伯格－舒尔茨等。亚历山大于1936年在维也纳出生，大学期间学习过数学与建筑，1970年任加利福尼亚大学伯克利分校的建筑教授，他对建筑领域的贡献首先是建立在科学原理的基础之上的设计理论，著有《俄勒冈实验》（*The Oregon Experiment*, 1975）、《模式语言》（*Pattern Language*，1977）、《建筑的永恒之道》（*The Timeless Way of Building*, 1979）、《秩序的本质》（1989）等。亚历山大是建筑设计方法学的创始人之一，他的建立在模式语言基础上的建筑语言学也具有方法论上的重要意义，他的建筑语言学注重形式与关联域之间的契合，建筑语言基本上是逻辑的、理性的。亚历山大的“模式”是一种场所形态，众多的模式所组成的系统组合起来构成模式语言。亚历山大在《模式语言》一书中，列举了253种模式，分成了不在同一层次上的三组——城镇模式、建筑物模式和建造模式。

结构主义建筑理论把建筑与城市的关系理解为一种结构关系，荷兰结构主义建筑师阿尔多·凡艾克（Alto van Eyck, 1918–1999）在1950年代指出，城市是一座大建筑，建筑是一座小城市。凡艾克运用法国哲学家、社会学家、结构主义哲学的创始人克劳德·列维－斯特劳斯的方法论，研究城市与建筑的生成结构。城市与建筑的网络结构关系就是整体与部分的关系，由此形成城市的意义，从而构成了结构主义建筑的语言规则。

荷兰建筑师赫尔曼·赫茨博格（Herman Hertzberger, 1932–）也是结构主义建筑的代表人物，他受到凡艾克的影响，从结构出发，认为建筑秩序会产生意义。同样地，赫茨博格也将结构思想比作国际象棋，棋盘上各个棋子的移动都是按照非常简单的规则进行的，而优秀的棋手们却创造了无限的可能性。棋盘上的固定的规则并没有限制自由，反而创造了更多的自由。赫茨博格设计的阿珀尔多伦中央保险大厦是一座多层建筑，按照复杂的几何关系组织空间，为的是使个体既有私密性又足够宽敞，视觉上还要有丰富多彩的环境（图5–43）。赫茨博格指出：

“每一个句子因构成句子的词而产生意义，同时每一个词又因作为整体句子的一部分而产生意义。当然，每一个好的设计都有一个统一独特的主题作为背景，一种由词汇、材料和建筑手法构成的统一性。”[39]

图 5-43　赫茨博格设计的阿珀尔多伦中央保险大厦

4）建筑的符号表现

美国建筑师文丘里在建立现代建筑符号学的理论方面具有重要的作用，他的思想影响了建筑界达半个世纪之久。他在2004年出版的《作为符号和体系的手法主义时代的建筑》（Robert Venturi & Denise Scott Brown. *Architecture as Signs and Systems: for a Mannerist Time.* The Belknap Press of Harvard University）回顾了他的创作思想，延续了他的多元论、多元文化论、象征主义和形象论，批判了当代建筑理论。书中声称，当今的时代不再是表现主义的时代，而是手法主义的时代。在这个时代，与其说建筑是空间，不如说建筑是符号。[40]

文丘里主张拉斯维加斯所呈现的电子标志可以演变成为作为符号的建筑的电子形象，具有复杂性和矛盾性的建筑，在内涵上是手法主义的，适合我们这个尤为复杂和矛盾的新拜占庭时代。文丘里提出了12点主张：

（1）建筑应当具有形象性的外表，而不是结构清晰的形式；

（2）显而易见的视觉传达，而不是艺术表现；

（3）形象性，而不是抽象表现主义；

（4）电子技术，而不是电子游戏；

（5）数字的辉煌，而不是郁闷的闪光；

（6）信息和装饰的多样性变换，而不是抽象的纯粹；

（7）日常和普通的因袭，而不是原创的戏剧性；

（8）普通的地域性庇护所，而不是表现异域风情的雕塑；

（9）进化的实用主义，而不是革命性的意识形态；

（10）手法主义的多元媒体，而不是表现主义的纯粹；

（11）地域性商业化建筑作为符号，作为充满活力和健康的符号，而不是平庸；

（12）有效的城市化，重视汽车交通也同样关注公共交通。[41]

参照美国哈德逊画派奠基人之一、浪漫主义风景画画家托马斯·科尔（Thomas Cole，1801–1848）于1840年创作的《建筑师之梦》，文丘里也创作了一幅《建筑师之梦》。科尔在画中表现了一位古代社会的“缔造者”——建筑师，斜依在一个巨大的柱冠上，象征着古典的启示。柱冠上放着帕拉第奥的建筑经典著作《建筑四书》，展示在他面前的是历史上的传统建筑的拼贴。时间成为一条流淌的长河，流向建筑师，河岸两旁排列的都是建筑师十分熟悉的建筑形式——埃及的金字塔、古希腊的神庙、古罗马的输水道、中世纪的大教堂、古典主义的殿堂等。这种乌托邦的理想代表了新古典主义建筑师梦寐以求的理想，同时在漫长的近六个世纪中，又深远地抑制了建筑师的创造性（图5–44）。文丘里在科尔的画面上增添了

图 5-44　科尔的《建筑师之梦》

图 5-45　文丘里的《建筑师之梦》

图 5-46　意大利 50 年代的标准抽水马桶

代表商业文化的各种标志，表现出了一种面向现实世界的取向（图 5-45）。

现代建筑运动的倡导者试图用一种国际式的风格，一种全新的功能主义语言去创立各种文化环境都能普遍适用的世界语。他们相信，这样一种表现在产品中的功能主义的图像，对任何人都是明白易懂的。然而，事实并非如此简单，由于符号从传统上的反映现实，转变为与现实无关，符号与现实分离了。建筑符号学的论著中常常引用的抽水马桶的教训就是一个很好的实例。卫生洁具、抽水马桶、小便斗等的形状、材料和外表都完全是由它的功能所决定的，但是这种功能的内涵和外延并不是一一对应的。意大利建筑理论家柯尼希曾经举过一个关于抽水马桶的十分有趣的例子：1950 年代，意大利“南方发展基金会”在意大利南部为农民新建了一批住宅，内部的设备很齐全，有浴室和厕所，而农民们却将抽水马桶当作冲洗葡萄的器皿，农民在桶内吊起一张网，再放水冲洗葡萄，直到干净为止。在希腊北部地区，农民们仍然按照他们习惯的方式使用厕所，却把抽水马桶当作火炉来烧木头，因为抽水马桶的形状与在地上挖坑燃火的传统形式一样，而且使用方便，要熄火和冲洗的话，只要放水就行了（图 5-46）。

5.2.4　建筑语言结构的普遍性

建筑语言结构是在“历时”与“共时”的关系中展开的，也就是在时间与空间的关系中展开的。在前面我们已经讨论过，按照索绪尔的说法，“历时”是指以时间历程中的某一点到以后的语言现象，“共时”是指时间历程中的某一点上的语言状态。历时性表现为时间进程中的变化与发展，它存在于时间中，是无数瞬息的连续、变化、进化、衰亡与再生。表层结构的变化比较明显，如追求时尚的材料、形式和装饰母题等。中国的许多城市在 1960 年代流行过一种“捷克式”的家具，这种家具有工业化加工的外表形式，线条简洁。然而，人们到处引用它的折线形，大大小小的城市和城镇都将它用在漏窗的花格上，阳台栏杆花饰上也到处搬用这种线条。今天再也没有人去用这种形式了，恐怕也早已被人们遗忘。建筑的立面装饰，有过一个时期，到处滥用不锈钢、镜面玻璃等，后来大家都开始用石料来装饰门面。今天到处流传的“欧陆风”建筑所注重的正是建筑语言中的表层结构，用一种一知半解的从美国拉斯维加斯抄袭过来的表面形式取代深层次的探求。

建筑的深层结构，比如结构体系、空间关系、建筑的布局、建筑的文化象征等可表现出历史与文化的积淀，建筑的深层结构的变化一般要经历比较长的历程。建筑的深层结构是支配建筑生成的根本因素，是建筑中最基本的内在因素，就好比是语言中生成深层结构的语法基础部分。深层结构与语言的语义有关，涉及全面的、整体的问题。表层结构则涉及个别的、局部的问题。表层结构可以通过感觉感知，深层结构只有借助模式才能认识。

彼得·埃森曼认为现代建筑已经陷入了风格问题，将现代性简化为功能主义，他试图找回现代建筑的现代性理想。埃森曼认为语言是一种有生产力的活动，而不是语义和语法关系的叙述，他将乔姆斯基的转换生成语法规则移植到建筑设计中，将语言的深层结构理论应用到建筑上。他在设计中寻找可以解释形式生成的结构和原理，建筑造型设计成与外界事物无关的纯符号系统，为建筑寻找哲学和语言学的证明。埃森曼提倡一种以严谨的理性操作生成的建筑，通过与以往模式的疏离，拉开建筑与建筑师、业主、功能与建筑意向的距离，表现空间的中性特征，强调生成过程是建筑的本质。因此，埃森曼在 1968–1980 年间设计了 11 幢编号的系列住宅，不断地探索建筑的深层结构和生成过程（图 5–47）。

图 5–47 埃森曼的 IV 号住宅语言生成

建筑语言是建筑符号的模式，它基本上是一种构成语言，是形式构成语言和技术构成语言，这种构成语言是实用性与符号学的结合。建筑的构成语言包括：空间的构成语言、结构与施工工程技术的构成语言、体积的构成语言、设备与建筑技术的构成语言、建筑与城市的构成语言。

1）空间的构成语言

按照诺伯格 – 舒尔茨的观点，建筑空间是人所存在的空间的具体化，这是一种空间布局、空间顺序或空间重叠的构成关系。空间也是一种表现的手段，例如幼儿园和学校、办公楼等建筑是相同空间，或者说模式化空间的排比和叠合。又如空间、结构、体量会产生相互之间的联想，大空间、主次空间关系和系列空间会使人联想到建筑的物质功能和精神功能。

美国建筑师路易斯·康（Louis Isadore Kahn，1901–1974）将建筑空间划分为主体空间和服务空间，他在宾夕法尼亚大学理查德医学研究楼（1957–1964）的设计中，考虑了空间的特定用途，三座研究塔楼成为主体空间，并围绕一个设备中心。每个研究塔楼都有供疏散用的楼梯小塔楼和废气排放小塔楼，这些小塔楼都是服务空间（图 5–48）。正如路易斯·康本人所说的：

图 5-48　宾夕法尼亚大学理查德医学研究楼构思草图

“这座建筑中，形式来自其空间的特征以及空间怎么‘被服伺’的特征……平面形式也应归属于它的时代。把握复杂的服伺空间，正是属于我们的时代，20 世纪。正好比庞贝城属于它们的时代一样。”[42]

英国建筑师理查德·罗杰斯设计的伦敦劳埃德大厦（1978–1986）是 20 世纪工艺水平最高的建筑之一，同样采取了矩形的主体空间、中央共享空间和服务空间安排在建筑外部的处理手法，雕塑化造型的所有变化都是由堆积在周边的服务空间形成的，卫生间、疏散楼梯、电梯、吊舱般的会议室、维修架、空调设备间和管道系统等形成了大量的动感因素（图 5–49）。

图 5-49　劳埃德大厦

2）结构与工程技术的构成语言

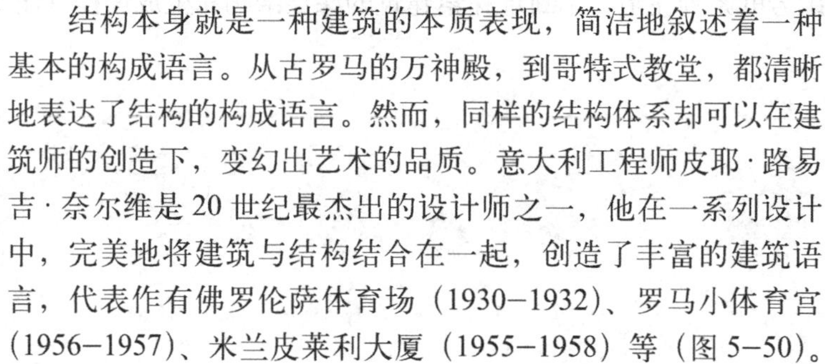

结构本身就是一种建筑的本质表现，简洁地叙述着一种基本的构成语言。从古罗马的万神殿，到哥特式教堂，都清晰地表达了结构的构成语言。然而，同样的结构体系却可以在建筑师的创造下，变幻出艺术的品质。意大利工程师皮耶·路易吉·奈尔维是 20 世纪最杰出的设计师之一，他在一系列设计中，完美地将建筑与结构结合在一起，创造了丰富的建筑语言，代表作有佛罗伦萨体育场（1930–1932）、罗马小体育宫（1956–1957）、米兰皮莱利大厦（1955–1958）等（图 5–50）。奈尔维认为，建筑是技术与艺术的结合。在《建筑的艺术与技术》（*Aesthetics and Technology in Building*, 1965）一书中，他以混凝土为例，指出了结构与施工所形成的造型艺术表现力：

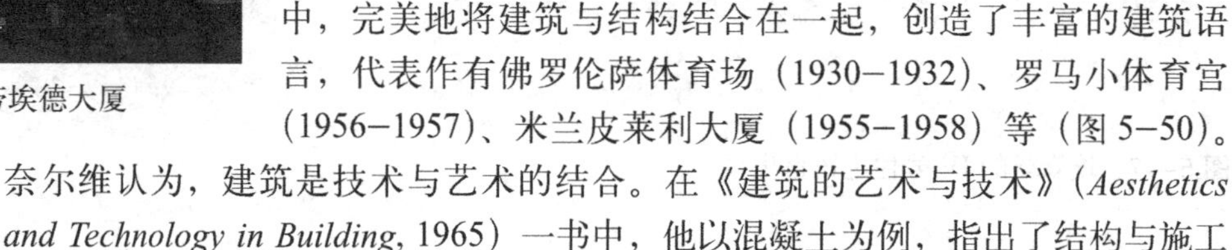

“从建筑的观点来看，混凝土的流质形态及其整体性，是在力学和施工观念上以及在造型能力上取之不尽的源泉。”[43]

伊朗裔加拿大建筑师萨帕（Fariborz Sahba, 1948–）为印度新德里设计的大同教礼拜堂（1976–1986）也是结构构成语言的实例。这座礼拜堂由三层共 27 片莲花瓣状的壳片组成，礼拜堂内的直径为 70 米，共有 9 个出入口，周围有 9 片水池，整个建筑物就像是漂浮在水面上的一朵莲花，每年有 350 万来自世界各地的参观者访问这座教堂（图 5–51）。加拿大建筑师阿瑟·埃里克森（Arthur Erickson，1924–2009）赞扬这座建筑是“我们这个时代最杰出的成就之一，证明了热情和精神的力量能够创造奇迹。”[44]

3）体积的构成语言

体积是空间形态，是由建筑物的形状、体量和方位构成的实体，是由秩序和序列形成的造型。作为空间实体，建筑是由体积的物质对象构成的，体积是建筑主要的一种构成语言。体积不仅是物质形态，也是在心理上产生的凝聚感和运动感。美国建筑师彼得·埃森曼曾经对体积构成进行系列的研究，他设计的10号住宅（1975）应用了“分解”的概念，建筑以“片段”构成的形式出现。彼得·埃森曼为10号住宅设计了一系列的方案，一共有八个方案，由A方案至H方案，随时可以停止发展，哪一个都不是最后的结果。10号住宅的基本形体是呈田字形排列的四个正方形，并具有一种向心性，表现出空间结构立体构成的逻辑因素（图5–52）。

图5–50 罗马小体育宫

图5–51 大同教礼拜堂

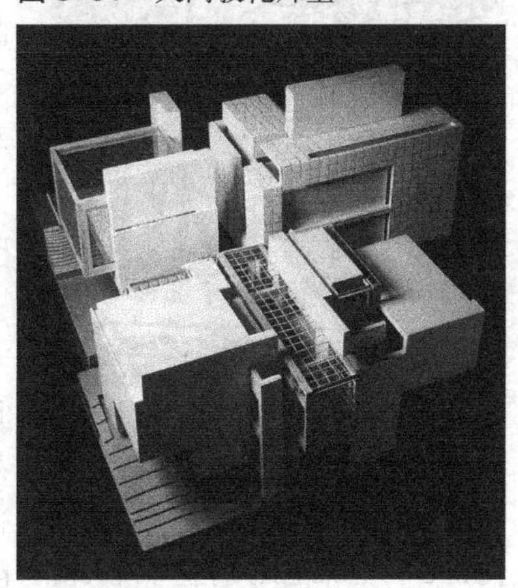

图5–52 10号住宅

4）设备与建筑技术的构成语言

在高技术建筑和工业建筑中，设备与建筑技术是重要的建筑语言的表达手段，由意大利建筑师伦佐·皮亚诺和英国建筑师理查德·罗杰斯设计的巴黎蓬皮杜中心（1971–1977）突破了传统的设计手法，将结构、设备和管道等都暴露在建筑的外面，并涂上鲜明的色彩，使高技术建筑开始进入公众的意识（图5–53）。

由德国建筑师韦伯和勃朗特事务所（Weber, Brand and Partners）设计的德国亚琛理工大学医学院大楼（1984）十分典型地表达了设备与建筑技术的构成语言。这是一个巨型结构，建筑物内设有教室、阶梯教室、实验室、餐厅、办公室、研究室以及服务设施。整个建筑物由24座高54米、安装设备和管道的塔楼构成建筑的主要形象。建筑的主体结构是现浇和预制钢筋混凝土，外露的管道和钢结构涂上亮黄色和金属的银灰色，栏杆、楼梯和雨篷涂上红色。在室内，金属结构的细部和鲜明的色彩吸引了人们的注意力，掩盖了单调的大体积混凝土结构的影响（图5–54）。

5）建筑与城市的构成语言

建筑的构成不仅是建筑内部组成细胞的构成，也存在建筑对城市的构成以及城市对建筑的构成关系。城市的空间形成建筑的场所、建筑的环境。这种场所与环境实质上是经过设计，也就是经过编码的宏观周际特征，形成了建筑的关联域。在建立建筑与城市的构成语言方面，意大利建筑师和理论家阿尔多·罗西起了重要的作用，他的建筑和建筑画，试图表现建筑与城市的永恒结构。这种永恒的结构是通过一系列建筑客体来表达的，塔、住宅、烟囱、墓地、桥、长臂吊车、剧场等都是罗西的城市建筑剧中的核心角色。这些角色在城市环境中表现自我时，是以周围建筑的风格相关性或符号学来表现的。城市的形式与内容在阿尔多·罗西的艺术想象力中，占有十分重要的地位。他的所有作品始终贯穿着对城市形象的关注，在建筑形式中表现出一种深刻的隐喻。他在《城市建筑学》一书中，分

图 5-53　巴黎蓬皮杜中心的外露设备

图 5-54　亚琛理工大学医学院大楼

析并研究城市，探索城市的本质，对城市文脉所涉及的建筑形式及其意义进行了开拓性的研究，使《城市建筑学》成为了城市和城市设计理论的一座里程碑。阿尔多·罗西的作品不仅与城市密切相关，作品本身就是构成城市的一座小型城市（图 5-55）。

西班牙建筑师安东尼·高迪是西班牙新艺术运动的加泰罗尼亚学派的代表人物，他的作品充满了各种隐喻，对海的隐喻也是来自于濒临地中海的巴塞罗那的城市环境，追求对海藻的感受成为安东尼·高迪作品中的城市代码（图 5-56）。安东尼·高迪设计的巴特略公寓（1904-1906）具有十分深刻的象征意义，建筑立面上的隐喻分为三个部分，底层和二层的基座隐喻"骨骼"，指示着底层商店的主入口和二层的主要房间，借助波浪形的陶瓷面砖和海藻似的阳台，上面四层的墙体隐喻"大海"，建筑的屋顶则隐喻"龙"。无论是"骨骼"、"大海"还是"龙"，都与巴塞罗那这座城市的代码有关。圣乔治是传说中的武士圣徒、殉教者，他曾在海岸上与有着双翼、遍身鳞甲的恶龙搏斗，以救出被当作祭品的国王的女儿。圣乔治也是巴塞罗那这座城市的守护神，领导着加泰罗尼亚的独立运动，"龙"就是被加泰罗尼亚的基督教徒杀死的毒龙，"骨骼"象征着殉难者（图 5-57）。

5.3　建筑的符号生成

在本章第一节中我们已经介绍过什么是符号和符号学，正如我们所知，符号是能指与所指之间的对应关系。按照皮尔斯的观点，符号可以分为法则符号、单义符号和属性符号这三种类型。法则符号是指个例可以根据其类型而无限复制的符号；单义符号是指个例尽管按照类型产生，但却拥有一定的物质特性的符号；属性符号是指个例即其类型的符号，或是指类型与个例相同的符号。

图 5-55　罗西设计的热那亚卡罗费利切剧场

5.3.1　建筑符号

就建筑语言学要讨论的问题而言，我们关心的是非语词符号。非语词符号是由信号和代用符号组成的，代用符号又包括象征和严格意义下的代用符号。严格意义下的代用符号包括两部分：一是语言中的书写符号，以约定俗成为基础；二是以类似原则为基础的符号，比如图画、雕塑、某个建筑物的照片、渲染图、模型等。以图画为例，我们可以列举人物画像作为代表，例如意大利建筑师伯尔尼尼（Giovanni Lorenzo Bernini, 1598–1680）的自画像（图 5–58）。见到这个自画像，我们就知道伯尔尼尼是什么样的脸型、身材、衣着等，甚至也可以揣摩出伯尔尼尼的性格、爱好等。可以说，这幅自画像就是伯尔尼尼的符号。艺术作为符号，所揭示的是不存在的存在。同样，某人的塑像，也就是某人的符号，例如坐落在上海汾阳路上的俄罗斯近代文学的奠基人、俄罗斯文学语言的创建者之一、伟大的俄罗斯诗人普希金（Aleksandr Sergeyevich Pushkin, 1799–1837）的铜像，也已经成为诗人普希金的符号，在中国人心目中甚至已经成为俄罗斯文化的象征。

图 5–56　巴特略公寓

1）符号和功能

受功能语言学的影响，埃科将建筑的功能性与建筑的交流作用联系在一起来研究建筑符号学的基本问题。他认为，建筑学是对符号学的一种特殊挑战。他指明："不存在符号，而只有符号 - 功能。"[45]

符号所暗示的代码化的含意就是它可能实现的功能，实用的东西总是依照代码指称着功能。埃科在《功能与符号 – 建筑的符号学》一文中还深刻地指出：

"建筑物的大多数显然不传递什么意思（也不是为了交流才设计的），它是为了满足功能。没有人会怀疑，屋顶最初就是用来遮风避雨的，玻璃杯是盛水便于人喝的。的确，这是如此显而易见又不容怀疑的事实，以至坚持把本来很容易说成是具有**功能可能性**的东西当成起交流传递作用的，似乎倒像是反常了。符号学若企图在这个领域中实现它的目标，为文化现象提供几把钥匙，它首先面临的问题便是能否有可能解释功能与交流有关。从符号学的观点来看功能有可能使我们更好更准确地理解并给它下定义，从而发现其他种类型的功能性，这些功能性也是根本性的，然而是简单化的功能主义解释所不能领悟的。"[46]

图 5–57　巴特略公寓与龙的隐喻

埃科进而重新阐述了形式追随功能的原则：

"一件物品的形式除了能使其功能成为可能之外，还必须十分清楚地指示出这种功能，使功能得以预期地实现，它必须能很清楚地指导别人怎样做才能完成这些功能。

图 5-58　伯尔尼尼的自画像

要是没有现成的代码化过程的支持，建筑师或设计师无论如何也不能使一种新形式有功能的作用（也不能赋予新功能以形式）。”[47]

因此，建筑形式的发展与功能的演变是一个与建筑代码的创造与译码的进步密切相关的过程，建筑必须渐渐改变代码，使人们熟悉这种变化。因为，人们对这种变化的适应是一个渐变的过程。人们不可能从原始社会的生活习惯一下子跳跃到当代的信息社会，这里总是有一个学习并掌握功能与形式不断更新的过程。同时，建筑也应当逐步改变已经为人们所熟知的形式以及与这种形式相适应的功能。在一般情况下，建筑功能的变化可能比建筑形式的变化更快。在特殊的情况下，也就是在建筑的先锋派创新运动过程中，例如 1920 年代的现代建筑运动中，功能的变化不如形式的变化那样急剧。然而，形式与功能永远处于一种相互影响、相互包容的关系之中。在结构主义批评中，功能分析就是对结构的一种描述。以功能为依据，而不是以形式为依据的结构分析法是结构主义批评的基本方法。

如果将建筑符号与语言符号相比较的话，建筑符号更注重功能性、标志性和图像性，相对而言，语言符号则更注重象征性，这是因为建筑比语言更带有明显的动机。建筑符号可以分为建筑的图像性符号、建筑的标示性符号（又称建筑的标志性符号或建筑的指示性符号）和建筑的象征性符号。符号与客体的分节(articulation)有关，在符号学中，分节表示任何足以刺激产生不同组合单元的符号学组织。埃科认为：“建筑是空间分节的艺术。”[48] 建筑中有三层分节。第一层分节是有意义的单元，即“义素”或“意素”(seme)。第一层分节是象形图像，是一种可以为人们理解的要素单元，例如“一幢带有古典柱式的住宅”，作为一幢新建的住宅，却用了古典柱式。第二层分节是更小的图像符号，称之为象形符号。这种图像符号具有一定的意义，但是要在某种意义的关联域中加以辨认。第三层分节就是符号学组织的基本组合单元，也就是最小单元所形成的分节——象形义素。第三层分节作为最小单元可以相互结合而形成较大单元的组成部分，上升为第二层分节。第二层分节又可以经过组合，上升为第一层分节。在语言中，音词（morphemes）或词素（monemes）构成第一分节的“有意义的单元”，音词又可以进一步分解成“无意义的单元”，也就是纯粹以声音为区别单元构成第二分节的音素（phonemes）。

但是，埃科也认为并非所有的符号都具有三层分节，有些符号只有第一层分节，有些符号只具有二层分节，也有无分节的符号系统。无分节的符号系统，例如具有“零记号”载体的系统，譬如海军舰队旗舰上的司令旗，挂司令旗的意思是“司令在旗舰上”，而不挂司令旗（没有符号的符号）的意思是“司令不在旗舰上”。又如用单个数字或字母表示的公共交通路线，譬如“地铁 2 号线”，无法再进一步分节。只具有第一分节的符号，如具有可分为记号的交通信号，在红边的白色圆盘内画一辆汽车，再有一道红色的斜杠画在汽车上，表示“不准汽车通行”。

2）构成符号

按照意大利符号学家伊塔罗·甘伯利尼（Italo Gamberini，1907–1990）的分类，建筑符号是一种实体的构成符号，实际上也是建筑的分部构件及其技术符号。建筑符号由 7 种构成符号所组成：①平面图构成符号，建筑的平面图提供了建筑的底面，是建筑体量的基底，由平面图符号可以提示整个建筑的形体；②连接构成符号，既可以是水平的连接构件，也可以是垂直的连接构件，如楼梯、踏步、坡道、电梯等，这种符号会提示人们各个楼层和标高的差异；③围护构成符号，承重墙、非承重墙，可以移动的隔墙或是不能移动的隔墙等，这种围护构成符号提示着围合、屏蔽、遮挡、分隔和保护等；④围合空间内的相互交流符号，这种符号是由围合空间内的各种构件所形成的，传达各种信息，表现空间的性质等；⑤屋顶符号，可以是自承重的屋顶，也可以是被支撑的屋顶，这种符号同时也提示着建筑的体量和性质；⑥由各种垂直的、水平的甚至倾斜的各种结构构件体系所组成的独立的承重符号，这种符号表现建筑的力学性质，勾画建筑的空间和体量；⑦限定性强调符号等。这种构成符号的划分是由符号学组织的基本组合单元，也就是最小单元所形成的分节所决定的。按照三重分节的理论，伊塔罗·甘伯利尼的建筑构成符号实质上是第三层分节，如果其中的一些构成符号代表着功能的话，就可以理解为第二层分节或第一层分节。

从建筑符号的性质来看，建筑符号包括：生活方式的符号、建筑活动的符号、功能符号、传统的意念和信仰的符号、社会人类学含意的符号、社会经济和政治生活的符号、心理动机的符号、空间设计手法的符号、构造表层的符号、形式表现的符号、美学的符号等 11 种符号。[49]

（1）生活方式的符号

各个民族的生活方式，各种不同的地理和气候条件，人们的劳动与工作方式，生活习惯，对居住及其舒适的要求等因素会明显地表现在建筑，尤其是城市之中。生活方式的符号会随着经济和政治生活的变化而演变，这种符号因而是一直处于发展过程之中的。但是对于某一座城市，或者某一个民族来说，又有着自身的特点。当我们第一次访问一座从来没有去过的城市的时候，这座城市及其建筑的特征往往就是一种生活方式的符号。我们大家都十分熟悉有关古罗马城市庞贝在公元 79 年 8 月 24 日毁于维苏威火山爆发的历史，根据考古发掘，历史学家得以向我们描述古罗马的城市以及古代罗马人的生活方式。带有喷水池的中庭和花园的住宅是庞贝古城的特点，那些住宅的墙壁上布满了以庞贝红为主色调的壁画，庞贝人喜欢用画来装饰自己的住宅，同时也喜好各种装饰品。城市中的各种作坊、店铺、市场、体育场、公共浴场、广场等表明了十分活跃的公共生活的方式（图 5–59）。此外，如果我们到香港的话，可以发现一个十分特殊的现象，香港的许多住宅，包括高层建筑的外立面上都布满了各式各样自搭自建的挑台，并装上了铁栅栏，这就是群体的生活方式，一种处于防范状态的符号。但是仔细察看的话，就会发现，每一户的搭建方式都有所不同，成为一般市民生活方式的符号。

生活方式是一个与共时性和历时性，同时也与价值体系有关的范畴，在不同的历史时期与不同的地区，生活方式会有很大的差异，这些都会在建筑与城

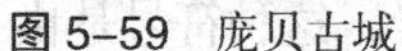
图 5–59　庞贝古城

图 5–60　北京西单文化广场

市中反映出来。从古罗马时期到中世纪、文艺复兴和巴洛克时期的意大利都有各式各样的广场，其特点是由于生活方式和地理条件的差别所形成的。1999 年建成的北京西单文化广场成为了北京这座城市的开放空间和城市的交通节点，形成了一个完整而又和谐的城市文化生活的公共活动场所，反映了生活方式的变化（图 5–60）。

（2）建筑活动的符号

这种符号是历史变化过程的符号，与生活方式的符号相比，建筑活动的符号与具体使用并生活在某个建筑物之中的个体及其个性有关，而生活方式的符号则与城市中的群体及共性有关。例如一幢已经建成的建筑物在使用的过程中会经受各种变化，受到诸如建筑审美观念、经济条件、宗教信仰、自然灾害等的变化的影响，从而改变建筑的使用性质和建筑的外观。最突出的例子是罗马的大竞技场(70–82)，又称弗拉维圆形剧场，习惯上称为大斗兽场。这座圆形剧场的命运与罗马城一样多灾多难，公元 217 年遭雷击起火，修复后，442 年又遇地震受损。公元 6 世纪，外族入侵时，曾企图炸毁大竞技场，墙上的许多大小洞口就是炮眼。从 1231 年起，连续三次遭到地震破坏。15 世纪的破坏达到了无以复加的地步，大竞技场一度成为废墟和采石场，任人拿走那里的石头。许多著名的建筑如威尼斯宫、冈切莱利亚宫、圣彼得大教堂等，都有大竞技场的石头。19 世纪的考古发掘则又一次使大竞技场的地面全部破坏殆尽（图 5–61）。此外，伊斯坦布尔的圣索菲亚大教堂在君士坦丁堡被奥斯曼帝国占领以后，则由原来的基督教教堂改为伊斯兰清真寺，建筑的四周增添了四座光塔。这些实例说明建筑自从建成以后，都会经历各种变化，表现出建筑活动的符号。

（3）功能符号

包括建筑物的使用性质，如体育场、办公楼、教堂、图书馆、剧院、各种工业建筑等，都有其特殊的功能要求、从而形成其建筑类型的符号。功能符号还包括其室内环境的控制要求、空间要求等。图 5–62 是荷兰鹿特丹的垃圾焚烧电厂的照片，烟囱成为了电厂的功能符号（图 5–62）。

在当代建筑的发展中，也形成了特殊的建筑类型，不是按照其功能来划分建筑类型，而是按照其技术性质来划分，例如生态建筑、太阳能建筑、智能建筑等。2002 年建成的伦敦贝丁顿“零能耗”生态住宅发展项目是英国最大的“零碳”

图 5-61　罗马大竞技场

图 5-62　荷兰鹿特丹的垃圾焚烧电厂（1991-1993）

生态社区（BedZED，Beddington Zero Energy Development），建筑师是英国建筑师比尔·邓斯特（Bill Dunster）。整个社区使用 777 平方米的太阳能板供应能源，住宅屋顶都安装了使用风力的换气及恒温装置，建筑的风帽和太阳能板成为了最明显的功能符号（图 5-63）。

（4）传统的意念和信仰的符号

建筑历史表明建筑的符号体系与传统的意念和信仰有关，建筑的形制、建筑物上面的雕塑和装饰都表现出了信仰的影响。由西班牙建筑师多梅内奇·依·蒙塔内尔（Lluis Domènech i Montaner, 1850-1923）设计的巴塞罗那的加泰罗尼亚音乐宫（1905-1908）位于城市古老街区的转角上，复杂的立面装饰使建筑融入了城市的环境之中。整个建筑的造型表现为新艺术运动的风格，其内部装饰精雕细刻，墙壁上布满了西班牙特有的综合了东西方风格的釉面砖（图 5-64）。

图 5-63　伦敦的零碳住宅

图 5-64　加泰罗尼亚音乐宫的柱廊

（5）社会人类学符号

社会人类学的研究表明，建筑、聚落和城市不仅表现出建筑与社会个体及群体之间的关系，同时也表现出了各个时代的社会生活与经济生活的关系。距意大利南部城市巴里（Bari）西南面大约 50 公里处，有一座称为阿尔贝洛贝洛（Alberobello）的小城市。阿尔贝洛贝洛在意大利文中是美树城的意思，那里有一种称为特鲁里（Trulli）的奇特的锥形农舍，这种特殊形式的住宅是当地的特色，

图 5–65　美树城

图 5–66　凡尔赛宫

一共有一千栋之多，其特点是用石块砌成的锥形屋顶，即使是新建的建筑物，也采用这种传统的建筑形式（图 5–65）。

（6）社会经济和政治符号

根据城市与建筑的发展，可以看到一个国家、一座城市的社会经济和政治生活的状况。土地利用、土地价值、城市经济及政治的各种政策与措施，城市规划的指导思想都会反映在城市及建筑之中，在这个意义上说，任何城市与建筑都可以作为一门社会经济与社会政治的图像来阅读。图 5–66 是法国 17 世纪画家皮埃尔·巴特尔（Pierre Patel, 1605–1676）在 1668 年所画的凡尔赛宫的一幅油画，气势雄伟的凡尔赛宫是法国的王权以及法国作为当时的世界文化中心的象征。巴黎在 19 世纪拿破仑执政时期（1804–1815）和拿破仑第三的第二帝国时期（1853–1870）经历了史无前例的大规模的改建，乔治－欧仁·奥斯曼（Georges–Eugène Haussmann, 1809–1891）在 1853 年到 1868 年负责了大巴黎的改建计划，使巴黎成为了法国强盛的象征。这个计划是法国的社会经济和政治生活的具体体现，后成为了许多国家首都和大城市仿效的一种模式。工业革命以来，许多城市由于人口密集、地价昂贵，造成了一些地区的高密度发展，也是经济和政治生活的反映（图 5–66）。

图 5–67 是美国芝加哥的建筑拼贴，从图中可以清晰地看到汉考克大楼（1970）、威尔斯大楼（1974）等。芝加哥是美国 19 世纪最发达的经济中心。芝加哥在 1871 年的那场大火后进行了大规模的重建，由于商业经济高度繁荣，市中心的地价十分昂贵，出现了越来越多的高层建筑，促进了建筑业的发展。高层建筑成为了芝加哥的社会经济和政治生活的一种象征，并成为了各国大城市追求的形象。图中的每一栋建筑都有它的历史，象征着芝加哥的繁荣与发展（图 5–67）。

（7）心理动机符号

心理动机的符号有时是明显的，但是大多数都是隐含在形式的背后，用一种隐喻和象征的手法来表现。心理动机符号最常为人们所引用的实例就是法国建筑师勒杜设计的妓院（1804）的平面，勒杜的设计显然是运用象征来表现对男性生殖器的崇拜。日本建筑师矶崎新的作品中也表现出一种隐喻的情欲主义，他曾多次应用代表工业社会审美观的美国影星玛丽莲·梦露（Marilyn Monroe，1926–1962）的身体曲线，例如群马县美术馆（1971–1974）的入口门道、北九州图书馆（1972–1975）的餐厅屋顶外轮廓、福岗市政厅入口走廊的立面，也用在他所设计的曲线形的胶合木板椅子的靠背上（1966）等。

图 5–67　芝加哥的高层建筑

（8）空间符号

空间设计手法是十分古老的表现形式，人们对建筑的认知源于建筑的非实体的空间，正是由实体围合的空间使建筑能够满足其用途和功能的需要。从古希腊、罗马建筑到文艺复兴建筑，空间构成一直是建筑师最为关注的主体。在 19 世纪的西方新古典主义建筑中，传统的建筑空间构成不复存在，取而代之的是形式的构成。20 世纪现代建筑的发展使建筑空间构成再度成为建筑的主体，逐渐形成了以墙体空间的解体为特征的现代经典空间，实质上，这是一种匀质性的空间构成体系。现代建筑运动的空间构成在当代的发展背景下，又开始进入了新的演变，从匀质性的空间构成走向以解构主义建筑为代表的非匀质性的空间构成（图 5–68）。

图 5–68　非匀质性的空间构成

（9）构造表层符号

构造表层所具有的含意并非是建筑的深层含意，这方面的表达主要是由室内装修设计和室内陈设设计所承担，例如家具、灯具、雕塑、绘画、室内陈设等。构造表层的符号以其多种多样的分节层次，诸如韵律、色彩、质感、比例、尺寸、肌理等，具有丰富的表现能力，可以传达深邃的文化信息（图 5–69）。

（10）形式表现符号

由于技术的发展，那种传统意义上永恒的建筑形式正受到无形而抽象的体系的冲击，建筑师们正在为摆脱自我封闭的形式主义而运用各种设计手段来表现时代，对传统观念进行具有革命意义的改造。信息时代、数字时代、网络时代在观念上的影响必然会促使建筑师对建筑设计进行根本性的变革。因此，这样一种形式表现的符号会长期处于不断的调整与变化之中。

图 5–69　传统民居的墙面

图 5–70　大埃及博物馆的设计方案

2002 年在埃及国家博物馆迎来 100 周年诞辰之际，埃及政府宣布：计划在首都开罗附近著名的吉萨大金字塔附近建造一座珍藏埃及古文明文物的现代化“大埃及博物馆”，并公开向海内外征集设计方案。2003 年，代表爱尔兰参选的华裔建筑师谢福林提交的设计方案以其简洁明快、寓传统于现代的设计理念获得金奖(图 5–70)。

大埃及博物馆（2003）由联合国教科文组织赞助，由爱尔兰的 Henghan Peng 事务所设计，设计用三个理念与基地呼应，利用高原的边缘，面向金字塔的视野，位于开罗到亚历山大港的通道上。建筑师采用了三角形分形构图，即赛宾斯基三角形（Sierpinski gasket）作为母题，高地的边缘把基地分为高的和低的两部分，大埃及博物馆建在开罗城外第一座沙漠高地上，是世界上最大的博物馆之一。大埃及博物馆的提案由为吉萨高地创造一个新的边界开始，并用半透明的石头薄幕建起平缓的斜坡，斜坡的折叠就像沙漠的折痕，墙壁的半透明象征着知识和技术领域的开放。作为埃及文化的象征，在建筑形式和装饰细部上也采用了埃及的传统符号。[50]

（11）美学符号

美学符号具有很大的不确定性，在社会文化中，特别是在艺术中，存在着大量非严格编码或无编码结构的现象。尤其是现代派作品，它们肯定是一种“表达”，也就是说具有“内容”与其相对应，然而表达层面和内容层面的关系却不明确或甚至无从建立一种直接的关系。这种不确定性使编码和解码之间的关系十分模糊，经过一定时期的约定俗成，有可能在相对稳定的情况下，建立表达层面和内容层面之间的关系。但是，艺术的创造性又会不断地打破平衡，再次使表达层面和内容层面的关系无法确定。美学的符号也正是因为这种不确定性，可以产生丰富的联想，让“读者”参与创造（图 5–71）。

图 5–71　传统民居的空间

符号的生成也是符号功能的表达，是一种创造活动。按照埃科的观点，正是代码提供了有关生成符号的规则，而这种符号是人际交往过程中的具体表现形态。

5.3.2　建筑代码

代码(Code)又称为符码、信码。代码是从一种符号系统到另一种符号系统时，变换信息的一套预定规则，广泛用作符号学、信息论、交流理论的术语。代码提供有关生成符号的规则，信息交流需要借助代码才能进行。代码这个词在古代词源学中是指制度性法典，就是将各种法律条文按照一定的分类和次序排列在一起，以避免相互冲突或重复。代码是一种关系体系，是保证语言符号或非语言符号在符号体系中发挥作用的规则或限制性规定的总体，是从一种符号系统到另一种符号系统变换信息的一套预定规则。

1）代码的意义

在词源学中，Code与Codex同源，Codex是拉丁文中的“树干”的意思，是古代的书写工具。后来，人们用它来表示书本。之后，这个词用在抽象的意义上，逐渐含有“项目或单元的系列”和“项目或单元排列的规则”等意义。自从莫尔斯电码出现以后，代码被引申为一种提供信号系列和字母系列相互关系的系统，例如传送电报的莫尔斯电码、海军所应用的旗语信号系统等。在控制论、信息论和生物遗传学等学科中，代码是指一组信号的信息发送者与接收者之间的信息传送的法则。1950年代以后，科学代码的概念开始被应用到人文科学之中。因此，代码是一种关系体系，是一种结构。代码理论的完善是与意大利符号学家、作家埃科的贡献分不开的，埃科试图以代码范畴取代语言系统范畴，从而建立他的一般符号学规则系统，主张：

“建筑事实上必须建立在现有代码的基础上，建筑师可以从这种代码出发，但与此同时必须建立在外部代码的基础上。”[51]

按照埃科的分析，代码首先是一种规则系统，他将代码定义为：

(1) 记号载体单元的系统和各种单元的组合规则；

(2) 各个语义系统和各个单元的语义组合规则；

(3) 这些单元的可能匹配的系统及其转换规则；

(4) 各个环境规则的总和，这些规则预告了对应于种种解释的通信环境。

因此，代码不仅是记号系统的内部规则，代码也是制约这个记号系统的通信环境中的有关规则。在埃科看来，代码是一种一直不断地在变动，随环境而变化的东西。埃科把代码看作是各种亚代码的复合网，他的代码模式可以看作为一种由富于变动性的亚代码复合而成的“超代码”(hyper-code)。

信息的交流需要借助代码，代码的含义超出了语言学的范畴，成为了信息发送和信息接收必须遵循的规则系统。埃科在他的论著《电影代码的分节》一书中指出：

“如果说符号学研究中有一种确定的指向，那么，它就在于把每一种传播现象归结为代码与信息的辩证关系。我强调使用‘代码’(Code)这一术语，从现在起我将始终用它来代替‘语言’一词，因为按照语文语言这种特别系统化和具有双重分节的专门代码的模式去描述多种多样的传播代码总会引起概念的含混。”[52]

罗兰·巴特将文本中的所有能指归纳为五种代码：阐释代码、语义代码、象征代码、行动代码和文化代码。

2）操作性代码

埃科在1967年发表的《电影代码的分节》中，将代码归纳为10种操作性代码：知觉代码、认知代码、传输代码、情调代码、象形代码、图示代码、体验和情感代码、修辞代码、风格代码和无意识代码。[53]

对于这10种操作性代码，也有人批评说，其中的情调代码、体验和情感代码及风格代码之间的区别并不十分明显。[54]这些代码之间并没有一种固定不变的关系，它们之间是可以相互转化的。尤其对于建筑而言，建筑的部件、细部甚至整体，都会同时起到上述10种代码中的若干种作用。

图5–72　奥斯陆体育场

（1）知觉代码（Perceptive Codes）

知觉代码，又称理解性代码、感知代码，属于心理认知的范畴。这种代码可建立起一种有效的感知条件。建筑结构、空间、体量、装饰及建筑类型等都能构成这种感知代码，例如大型体育设施的大空间和庞大的体量成为建筑功能的标志，就是一种感知代码（图5–72）。

（2）认知代码（Codes of Recognition）

认知代码，又称识别代码，将知觉条件整体构筑为意义的要素，即义素（“意义”的形象化因素）。义素又称意素，它们往往被看作“形象”或“形象符号”。人们按照这些义素去识别对象，或者回忆感知过的对象，例如大理石和花岗岩的肌理及质感会产生一定的意义，我们所认知的对象或者记忆中的被感知对象往往以义素整体为参考进行分类。

（3）传输代码（Codes of Transmission）

传输代码构成决定知觉形象的感知条件，例如印刷照片中的网点、电视影像上的扫描线等。这种代码可以用物理学的信息理论方法加以分析。这种代码所确定的是如何传输一种感觉，而不是一种事先预设的知觉。传输代码在确定某一形象的结构组成时，涉及了这个形象信息的美学性质，并由此引出了情调代码、趣味代码、风格代码和无意识代码。

（4）情调代码（Tonal Codes）

情调代码又称格调代码、声调代码等。它与体验和情感代码、风格代码、无意识代码一样，都由传输代码引申而来。我们用情调代码来称呼已经程式化的可选择的变异系统，由符号的特殊情调赋予的韵律性质，如“强度”、“张力”等，或者称呼已经风格化的内涵系统，如“优雅的”、“表现性的”等。

（5）象形代码（Iconic Codes）

象形代码又称肖似性代码，肖像代码。这种代码是非语言符号学中十分重要的代码类别，通常建立在根据传输代码而形成的可感知要素之上。象形代码只能出现于视觉传达领域，是绘画符号学和电影符号学中的主要概念。象形代码又可以分解为图像、符号和义素。在同一种文化模式的范围内，甚至在同样的艺术作品中，象形代码很容易转换。例如背景在古典绘画中有可能成为独立和夸大的形象，再现很少的认知义素，而在现代绘画中，同样只应用很少的认知义素，但是，这些认知义素已经不再是背景，而是主题。象形代码构成了十分复杂而又可以立即认知和分类的组合形态。

建筑设计方案的模型，就是一种运用象形代码的实例。2000 年 2 月开馆的上海市城市规划展示厅，将内环线以内的中心城区，用 1∶500 的模型展示给社会各界，可以说是当时世界上最大的一个模型。模型中的各幢建筑是建立在象形代码的基础上的一种虚拟现实，有一位历史学家把这个模型称为浓缩上海城市景观的“新盆景”（图 5–73）。

（6）图示代码（Iconographic Codes）

图示代码又称肖似图像代码，肖像化代码，与象形代码有着密切的联系。图示代码将记录下来的象形代码的“所指”上升到“能指”的地位，以求包含更复杂的和文化性的义素，例如不再是简单的“一幢房子”，而是“中国美术馆”、“勒·柯布西耶设计的萨伏依别墅”以及我们在讨论象形代码时所说的上海城市的模型，从整体上说就是一种图示代码（图 5–74）。

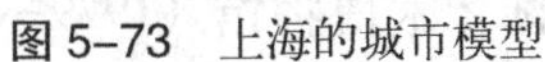
图 5–73　上海的城市模型

图 5–74　中国美术馆

（7）体验和情感代码（Codes of Taste and Sensibility）

体验和情感代码又称品位与感性代码，趣味与感觉代码。体验和情感代码可以在有很大变异的情况下，确定由前面几类代码中的义素所形成的内涵。一座希腊神庙可以包含“希腊人的理想”、“古典建筑”、“和谐的美”这一类内在的意义。体验和情感代码的所有内涵都依赖于关联域，一定的程式使一种外在的类型比另一种类型更引人注意，例如带有柱式的后现代主义建筑自然会让人们觉得有某种

图 5-75　体验和情感代码

图 5-76　修辞代码

图 5-77　克朗馆

图 5-78　迈耶的白色风格建筑

内涵，柱式成为了一种体验和情感代码（图 5-75）。

（8）修辞代码（Rhetorical Codes）

修辞代码可以划分为图解代码、视觉引导代码和视觉论证代码等。修辞代码产生于已经被社会接纳成为传达模式或规范，但尚未流行的象形处理方法的程式化过程。图解代码又称视觉修辞格代码，可以归结为文字的或视觉形象化的形式，通常在隐喻、换喻、反语、夸张中可以找到例证。视觉引导代码又称视觉修辞提示，是含有特殊情绪或体验内涵的象形图示义素，借用程式化的图像可以给人们某种提示，例如轴线对称的建筑或按照一定的平面类型设计的建筑引导人们认为这个建筑是庄重的。从早期基督教建筑的巴西利卡、中世纪哥特式教堂的巴西利卡，到文艺复兴和巴洛克教堂的巴西利卡，这种程式化的结果能够很容易为人们所接受。视觉论证代码又称视觉修辞证明代码，这是真正充满了力的组合结构体。在建筑中，就是各个视角在时间与空间上的组合（图 5-76）。

（9）风格代码（Stylistic Codes）

风格代码是在修辞学上代码化的或是一次性实现的起决定作用的独特表现手段。这种代码表示风格上的一种成功的类型，一种“作者”的标志。例如美国建筑师、现代建筑的创始人之一密斯·凡德罗设计的建筑，始终是一种玻璃盒子，从平面到造型，逻辑性很强，建筑及其细部十分精练，简直到了不能再简洁的境地，他的建筑具有强烈的个人风格代码（图 5-77）。

建筑师的风格往往在建筑上有强烈而又一贯的表现，就好比签名一样，根据建筑的外观，有时候就能推断是某位建筑师的作品。美国当代著名的建筑师理查德·迈耶（Richard Meier, 1934-）的白色派建筑，也已经形成了一种建筑师个人的风格信码，无论是他早期的史密斯住宅（1965-1967）、道格拉斯住宅（1971-1973）还是后来的法兰克福装饰艺术博物馆（1979-1984）、亚特兰大的海依艺术博物馆（1980-1983），都表现出了一种建筑师的个人风格特征，形成了特殊的风格信码。每当人们见到这一类建筑时，很容易识别出是迈耶设计的作品（图 5-78）。可以说，几乎每一位优秀的建筑师都会在作品中表现出典型的个人风格，这种风格是通过风格代码识别的。风格代码也是审美理想、技术理想的典型化实现过程。

(10) 无意识代码 (Codes of the Unconscious)

无意识代码又称潜意识代码，这种代码建构出象形的、象形逻辑的、风格的或修辞的有决定性意义的结构形态。通过程式，这种代码可以允许某些认同或投射，刺激确定的反应，表现心理状态。

3）建筑代码的组成

建筑的形式只有在代码的基础上才能表达其外延——功能，才能表达其内涵——审美意识。建筑形式的发展是随着代码的演变与不断地创造新的代码而发展的，艺术风格、艺术手法都体现了这种代码，其中包含着思想的演变。在这个演变过程中，形式本身并没有直接产生什么神秘"表现"的价值，而是从表意的形式和表达代码之间的辩证关系中，产生一种表现力。

代码的含义超出了语言学的范畴，成为了信源（发生）和信宿（接受）必须遵循的被社会确定的规则系统。建筑的代码可以分为基本代码、象征代码、文化代码、目标代码、环境代码等五种代码。

(1) 基本代码

属于基本符码的有技术代码和能指性代码等。技术代码是指建筑工程各个部分的分类，例如结构体系、空调设备体系等。能指性代码是一种类型学代码，是有关各个词的内涵的代码，它所用的是由某些能指产生的暗示或"意义的闪现"，例如有些建筑的外形能清楚地表明"教堂"、"火车站"、"宫殿"、"剧院"等。此外，平面形式也是一种类型学代码，文艺复兴时期的集中式平面就代表了一种新的建筑方向，一种带有革命性的建筑形式。属于类型学代码的还有句法习惯，例如一般情况下建筑的布局有一些常用的做法，就像楼梯通常不会穿过窗户，卧室通常与浴室相邻或相连等。

(2) 象征代码

象征代码属于语义代码，是一种关系代码。古希腊、罗马建筑中的多立克柱式代表大胆、严厉、简单、纯真、诚实，具有男性的阳刚特征，科林斯柱式细致、高雅、优美，带有装饰性，具有年轻少女的特征，而爱奥尼柱式则具有中年女性的特征。维特鲁威在《建筑十书》中谈到神庙的性格与得体的关系时就曾指出：

"奉献给雷电与天空之神朱庇特的神庙，或奉献给太阳神与月亮神的神庙，应建在露天，处于它们的保护神之下，便在功能上实现了得体，因为我们是在户外目睹这些神祇的征象和伟力的。密涅瓦、马尔斯和海格立斯的神庙应建成多立克型的，因为这些神祇具有战斗的英雄气概，建起的神庙应去除美化的痕迹。祭祀维纳斯、普洛塞尔庇娜或山林水泽女神的神庙，用科林斯风格建造最为合适，因为这些女神形象柔美，若供奉她们的建筑造得纤细优美，装点着叶子和涡卷，就最能体现出得体的品格。如果以爱奥尼风格建造朱诺、狄安娜、利柏尔以及此类神祇的神庙，就要运用"适中"的原则，因为他们特定的气质正好介于线条峻峭的多立克型和柔弱妩媚的科林斯型之间，取得了平衡。"[55]

这种象征代码也是一种能指性代码，在古典主义建筑中，正是由于多立克柱式的简洁和雄劲而往往用在银行建筑上，并不是因为银行的功能需要多立克柱式，

图 5-79　后现代建筑的象征代码

图 5-80　东京 M2 大楼

而是多立克柱式的象征意义使得银行建筑选择了多立克柱式。但是这种象征代码会随着时间的推移而有所变化，上海外滩的大多数银行建筑就采用了爱奥尼柱式。在后现代主义建筑中，多立克柱式和爱奥尼柱式不再用来象征男性特征或女性特征，而是象征与历史的联系，成为一种隐喻，一种传统符号（图 5-79）。日本建筑师隈研吾（Kengo Kuma, 1954-）设计的东京 M2 大楼（1991）是马自达汽车的展示馆和办公楼，建筑物的立面上，运用了硕大无比的爱奥尼柱式作为建筑的标志，这根柱子可以说是世界上最大的爱奥尼式柱子（图 5-80）。

（3）文化代码

文化代码也属于语义代码，建筑是文化形式或复杂形式组合的图像系统。文化代码是一种指称性代码，它为确立公认的知识或智慧这一目的服务。当人们访问一座城市时，城市空间的形式、历史遗产和文物的积淀、城市建筑、建筑的装饰和纹样、城市雕塑和小品、城市的色彩，甚至城市居民的行为、生活方式、城市的交通状况等都会成为一种文化代码。芬兰裔美国建筑师埃利尔·沙里宁（Eliel Saarinen, 1873-1950）曾经指出：

"让我看看你的城市，我就能说出这个城市居民在文化上追求的是什么。"

这是对城市本身作为文化代码的精辟论断。

（4）目标代码

属于语法代码，是有关"行动"的代码，是合理地确定行动结果的能力，起承上启下的作用，例如中国古典园林中的起承转合，以及空间和空间序列的变化都带有指示目标的作用。

代码又可分为单一代码和双重代码。交通标志、灯、钟、铃、鼓、汽笛、军号等的形象或音响都有指示行动的符号意义。这一类代码的共同特点是单一、明显、高度稳定，其共同的规定不能随意改变，要求人们立即作出具有因果关系的决策和行动。比如红灯表示"危险"、"停车"等，1966 年"文革"初期，红卫兵中有人认为，红色象征革命，应当废止红色的交通信号灯作为"停车"的信号，相反，见到红色应当表示通行无阻，终因违反国际上的约定俗成而没有得到推行。在欧洲流行一则笑话，反映了不同的民族的性格。在红色交通信号灯亮时，德国人认为是必须执行的命令，法国人则把它当作是一种劝告，而意大利人就把它看作是一场挑战，必须赶紧冲过去。

据说交通信号在国际上已经有 150 多种类型，交通信号应当是一种单一代码，例如在高速公路上的交通标志，只能有一种选择，当汽车驾驶员见到“下一出口 5 公里”这样的标志时，他绝不会误解。此外，还有各种各样用途的标志和图形符号，特别是在大型的公共设施，如机场、车站、码头以及公共活动场合，如世界性的博览会、展览会、运动会上的标志是十分重要的。由于这些场所汇聚了来自世界各国的人，为了超越语言上的障碍，有许多社会活动家和艺术家都在创导一种国际通用的图形符号。

又如厕所的标志。笔者认识一位在日本大阪都市信息中心工作的艺术家，他有一个爱好，就是收藏厕所标志，他已经收藏了二百多种不同的标志。厕所的图形标志起源于意大利，在意大利文中“女士”一词（Signora）的复数（Signore）与“男士”一词的单数（Signore）相同，如果用文字来表示的话，必然会出现混乱，于是有人想出用图形标志来区分男女的办法。

还有一种是科学代码，这是认识性符号。在后现代主义理论家看来，在大多数情况下，现代主义的国际式建筑也是一种单一代码。按照后现代主义的理论，双重代码能传递更多的信息，使人们有充分想象的余地。

(5) 环境代码

建筑的环境代码主要是城市代码，城市代码（ur-Code）是建筑的一种关系体系。每一座城市都有其成形的原因和过程，每一座城市都可以作为一个社会经济的图像来阅读。日本建筑师丹下健三（Kenzo Tange, 1913–2005）在 1969 年为意大利的古老城市博洛尼亚设计新的副都心和展览中心时，为了体现意大利和博洛尼亚的传统，丹下健三经过研究，认识到博洛尼亚这座城市有三个要素：一是传统的广场；二是由连续的拱券构成的柱廊，博洛尼亚的柱廊与意大利的其他城市的特别之处是城市建筑的柱廊一直从市中心延伸到东南方向离市区大约 10 公里的山上的圣路加圣母圣堂（1723–1757）；三是城市中有许多中世纪时期的塔楼，例如位于市中心的高 97.6 米的阿西西利斜塔和高 48.16 米的加里森达塔楼等。这三个要素形成了博洛尼亚这座城市的环境代码（图 5–81）。

前面讨论过的阿尔多·罗西的作品中就蕴含着丰富的城市代码，城市的在场一直是罗西的建筑设计的组织原则。许多意大利建筑师的创作实践都在自觉地探索城市建筑的符号体系，在城市的关联域中注入作为事件的建筑，使建筑与城市融为一体。

图 5–81 博洛尼亚的塔楼

5.3.3 建筑符号与形式

我们可以看到，符号是编码规则引起的结果，它确立了成分之间的瞬时关系。编码所产生的代码提供了有关生成符号的规则，而这种符号就是人际交往过程中的具体表现形态。符号的表达可以是观念，也可以是形式，观念的表达与符号化的过程是联系在一起的。事实上，我们在前面几章中所批评的当今到处盛行的“欧陆风”建筑，并非是追求形式的完美，而是用符号化来表达崇尚西方新古典主义的“后殖民”心态。

符号化的实质就是符号先于形式的产生，这是一种观念上的符号，将表达与内容的关系割裂开来。表达和内容是两个相互联系、互为前提的因素，也可以说是建筑的基本功能。按照符号学的理论，建筑语言的表达是由于表意的形式与解释代码的辩证关系，只有在代码的基础上，形式才能表达功能。下面，我们来看看形式是怎样产生的，有四种情况可以产生形式：

图 5-82　莱斯特大学工程馆

1）功能与形式

首先，功能可以产生形式，芝加哥学派的经典格言“形式追随功能”对现代建筑运动产生了带有根本性的影响。勒·柯布西耶关于平面是设计的发动机的思想也表明了功能与形式的关系。许多大空间功能性建筑，像体育场、火车站、机场的航站楼、重工业工厂的厂房等，又如一些内部空间重复的建筑，如幼儿园、学校、住宅、办公楼等，可以产生一种排比的形式。英国建筑师斯特林设计的莱斯特大学工程馆（Engineering Building, Leicester University, 1959）的造型表现出了明显的重复单元与建筑整体的关系，人们可以看见其中的单元细胞，能够感觉到它们的存在以及相互连接构成整体的过程。这些单元是确定的实体，是建筑的组成部分（图 5-82）。

赖特也主张形式服从功能，但是，他也曾疑惑，在某些情况下，“可能会是功能服从形式。”[56]

在当代建筑的发展中，利用历史建筑，使功能服从建筑的形式是我们面临的新问题。为筹备 1900 年巴黎世博会，在塞纳河左岸修建了奥尔赛火车站，1898 年由维克多·拉卢（Victor Laloux，1850-1937）设计。由于车站的规模不适应火车交通的发展需要，车站在 1939 年废弃。1960 年代曾经动议将其拆除，建一座旅馆。当时的建筑媒体称这座建筑是丑陋的裱花蛋糕，是虚假的建筑。所幸的是，新的替代建筑方案没有人赞成。1970 年代，在中央市场被拆除之后，公众的舆论完全改变了，奥尔赛火车站在 1973 年被列为历史建筑，终于免遭拆毁的命运。德斯坦总统政府建议将车站改为 19 世纪艺术博物馆，1979 年进行设计竞赛，任务书要求尊重拉卢的原设计，但是将原有 30000 平方米的建筑扩大到 43000 平方米。最终由意大利女建筑师加埃·奥伦蒂（Gae Aulenti，1927-）负责改建设计，这个设计成为了收藏法国 19 世纪艺术的奥尔赛美术馆（图 5-83）。

此外，对于特殊的建筑，诸如纪念性建筑、国家级的文化建筑等，形式也是功能。

2）含意与形式

含意可以产生形式，这是一种表意的形式。美国建筑师巴里·A·伯克斯在加州的圣巴巴拉为一位妇产科医生设计了一幢西科德医学楼，建筑师从毕加索的一幅肖像画《阅读》（1932）中得到启示（图 5–84），试图在建筑的造型上表现女性的形体和气质。所设计的立面由垂直的形式构成，隐喻着脸部、肩膀和胸部，同时也表现妇产科医生的工作，使医学楼成为建筑功能的肖像（图 5–85）。

图 5–83　奥尔赛美术馆内景

3）结构和技术与形式

结构和技术可以产生形式，结构和技术的进步对建筑形式也具有根本性的影响。西班牙建筑师和工程师特罗哈（Eduardo Torroja，1899–1961）指出：

> “可以看到的结构体必须是美的。即使是结构体被隐藏起来，作品整体美的价值也在某种程度上由内部结构的承载力、经济性体现出来。骨架本身虽然没有什么魅力，但是它是用自身所具有的间接的表现形式来提高整体建筑的诗意的。”[57]

图 5–84　毕加索的肖像画《阅读》

2000 年前的万神庙（118– 约 128）在当时的技术条件下形成了跨度达 43.2 米的穹顶，直到 1420–1436 年布鲁内莱斯基用一个当时的最大直径、比万神庙更大的穹顶覆盖了佛罗伦萨大教堂（图 5–86）。

波兰裔德国建筑师马克斯·贝格（Max Berg, 1870–1947）设计的布雷斯劳百年纪念堂（1910–1913）采用钢筋混凝土肋拱穹顶，穹顶直径达 65 米，是当时历史上空间跨度最大的建筑（图 5–87）。

4）形式逻辑

形式的逻辑可以导致形式的产生，这些逻辑包括整体、统一、变化、和谐等审美逻辑，例如建筑的对称和平衡，是自从有建筑学以来就一直存在的基本概念。建筑学中的平衡，是利用空间或形体的因素进行组合的基本形态。对称和平衡既表现在整个建筑上，也可以是建筑的局部或建筑的单元细胞。平衡是形式或概念上的等量或均衡，对称是平衡的特殊形式，对称和平衡是形式逻辑的主要表现形式，是一

图 5–85　西科德医学楼

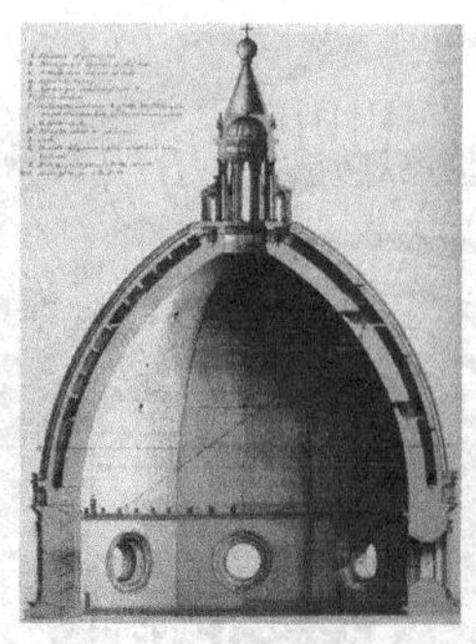

图 5-86　佛罗伦萨大教堂的穹顶

图 5-87　布雷斯劳百年纪念堂

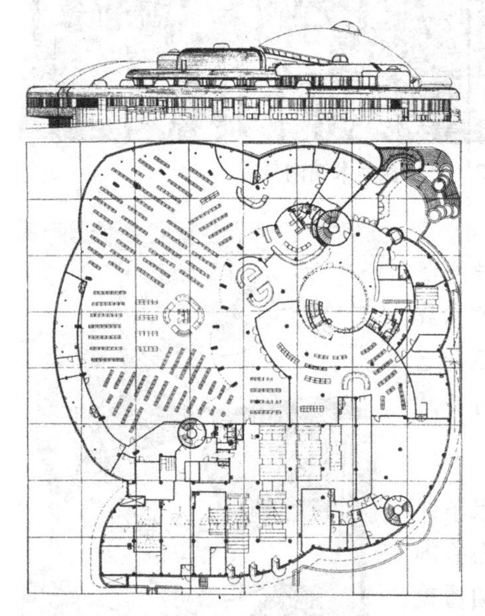

图 5-88　芬兰坦佩雷中心图书馆

种形体构思的手段。形式逻辑也表现在几何图形的完善上，用平面几何学和立体几何学的原理来塑造建筑的形体。几何学的原理不仅表现在规则的造型上，而且更多地表现在复杂多变的造型处理上。形式逻辑还表现在平面与形体的关系、形体的等级关系等方面。

芬兰建筑师雷马·皮耶蒂莱设计的芬兰坦佩雷中心图书馆（1978-1986），其平面组合就是运用形式逻辑的典型实例，建筑平面布置在一个正方形的外廓内，各种形状组成的平面构图十分完美，相互渗透的功能空间与彼此呼应的空间弧形边界形成了丰富而又统一的效果（图 5-88）。

5.4　建筑符号的生产性操作

一个符号代表它以外的某个事物，例如钱钟书先生的《管锥编》中的“管、锥”二字，除了本身意义以外，显然是“用管窥天，用锥指地”（《庄子》）的简化符号。这个典故传达信息用的是人所共知的符号。由此可以联想到，“管城子”和“毛锥”和“中书君”都是古代的笔的雅号，而“中书君”是钱钟书先生早年曾经用过的一个笔名，因此，又传达了说明这本书的作者是谁的一种信息。

由于语言符号所含的信息不确定，因此物理学、数学、化学、经济学等许多科学的术语常用一些别的符号代替文字符号，以求确切。数字也不能脱离编码和解码，例如电话号码和电报挂号都是数目，但并不是用来表示数，只表示某种意义上的号码。同样是一种数字符号，却传达了不同的信息，起了完全不同的作用。我们不能用电话号码打电报。1、3、5 可以是音乐简谱，不是数字。符号的功能可以有各种分类。若就人类语言而论，科学符号是一种指物的，表达客观的；另一种是指感情的，表达主观的。符号还有作为社会交际对话的传达信息的功能，这些符号又可以进一步分门别类。对于符号的研究已经从动物的非语言符号，科技性质的和社会性质的符号，发展到现代文化的各个领域。

建筑符号也必然表达某种意义。表达和交流都必须以操作为前提。也就是说，必须要有一种从生产信号，到发送信号，接收信号，对信号作出反应的过程，这个过程就称之为符号的生产性操作，这个过程也是符号—功能的转换过程。信号与符号是有差别的，信号是系统的一种相关单位，它可以是一种表达系统，也可以是不带任何符号学目的的物质系统。但是，在符号与不带符号学目的的物质系统之间，并没有不可逾越的界限。例如一个事物在过程中的同质的合理延伸只是一种信号，而不是符号。通常，在下雨之前的电闪雷鸣，就不是符号，只是一种征兆，而一旦变成人们所说的“山雨欲来风满楼”，用在某些场合就变成了传递某种信息，代表风和雨这种自然现象之外的意义的符号。信号有可能是一种刺激，它不表示任何东西，只是引发和诱导某种东西。当信号代表它的后承事物时，就成为了一种符号。

5.4.1　信息交流

在信息论的“通讯模型”中，发报方要把想传递的信息变成某种信号，这称为编码（Encoding），这就是制定一套代码系统，借助代码传递信息，而收报方则要把这些信号重新安排为原有意义的序列，这就称为解码（Decoding）。

1）信源和信宿

任何交流都是由输送者所发出的信息构成的，它的终点是接受者。信息需要输送者和接受者之间的媒介，媒介作为管道、频道、渠道，可以是口头的、视觉的、电子的或其他形式的。媒介要以代码作为形式：言语、数字、书写、音响、图纸、图表等。

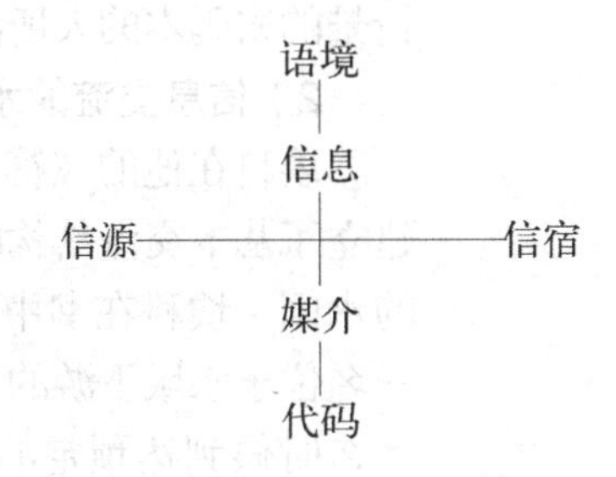

图 5–89　构成言语的六个组成因素

俄国形式主义批评的创始人、语言学家雅科布松提出了构成任何言语事件的六个组成因素：语境、信息、媒介、代码以及信源（输送者）和信宿（接受者）（图 5–89）。借助图表，我们可以清楚地理解这些因素：

雅科布松认为，任何信息都有六种功能：情感功能（Emotive Function）、意动功能（Conative Function）、指涉功能（Referential Function）、交流功能（Phatic Function）、元语言功能（Metalingual Function）和诗性功能（Poetic Function），这六种功能对应于上述六个构成语言的组成因素。情感功能又称情绪功能、表现功能，是与信源（输送者）这一因素相对应的功能。意动功能是指在交流偏向于信息的接受者或信宿时，信息的、称呼的、或命令的功能。指涉功能，又称认识或指称功能，是与语境相对应的功能，传达有关这个语境的具体的客观的情况，指涉功能是交流活动的首要功能。交流功能，又称媒介功能，是与接触手段相对应的功能，是检查交流通道是否畅通的功能。元语言功能是与代码相对应的功能，是验证交流双方是否都使用相同的代码的功能。诗性功能是与信息相对应的功能，当交流倾向于信息本身的时候，诗性的或者说是美学的功能就占据了主导地位。

雅科布松用一则故事来说明信息的六种功能，说是莫斯科艺术剧院的一位演

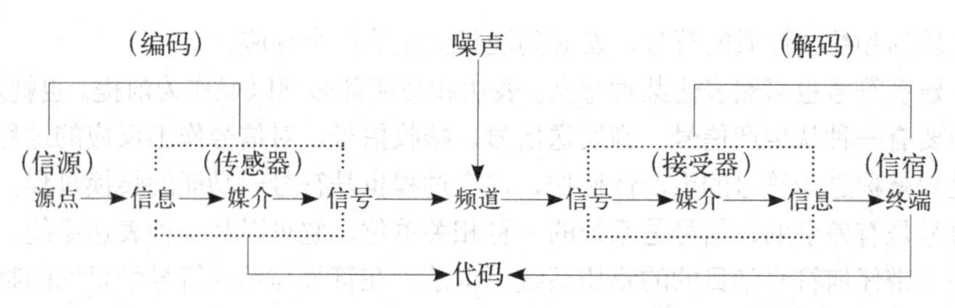

图 5–90　信息交流的水闸模式（本图系根据埃科的《符号学原理》改制）

员曾经在晚会上作过一次表演，据说他用了几十种不同的表演方法，只是为了发出简单的“今晚”两个字，让听众在没有上下文的情况下，从表演的声调和姿态中，了解到几十种不同的情景。这可以是文体学和心理学的实例，同时也可以从符号学的角度来说明。他发出的“今晚”或“今天晚上”这个信息所用的符号不仅有声音，而且有不同的音调，还有各种表情符号，构成了一个复杂的符号系统。听众同时又是观众，接收了这个复杂的视听符号系统后，立刻解译出了他所传达的信息“今晚”，只要他用的是双方都懂的一种语言，就可以得到，但是各种不同情况下的“今晚”所带的各种不同的符号，要解译出来就需要进一步地解码，无法解码的人就会感到莫名其妙。例如儿童就不能体会出幽期密约的“今晚”的语气，而惊讶、怀疑、哀叹、喜悦等，附加在“今晚”上的情绪也不能为没有这类情景的密码本的人所深切体会。

2）信息交流的水闸模式

埃科在他的《符号学理论》(1976) 一书中提出了信息交流的水闸模式理论，建立了基本交流结构的模式（图 5–90）。他将信息的交流过程比拟为水利工程中的水闸：埃科在书中勾勒出了一幅简单的交流情景。他谈到在上游有一道水闸，一名位于水域下游的工程师需要知道，处于峡谷地带的一段水域，其水位到底在什么时候到达预定的饱和平面，对此界定为“危险平面”，不管有水还是没水，不管是在危险平面之上，抑或在其下面，不管有多少水在上面，又有多少水在下面，也不管它以何种比率上升，所有这些构成了那种可以从水域传递过来的信息，这种水域因而被视为一种信源，即信息的源点。

为此，工程师在该水域放上一种浮标，当水域达到危险平面时，浮标就激活传递物，使之能够发出一种电信号，该信号由一种频道（电线）传送，并在下游由信宿（接受者）接收。这种手段把信号转变为一连串的机械指令，构成了终端的机械装置的信息，产生一系列机械反应，以便校正源点的状况，例如打开水闸让水排放至下游。这就构成了一种传送并接收信息，从而作出反应的过程。信息必须以具备物质因素的能被感觉知道的符号传达，就好像密码的传送一样。

信息交流模式中的信息是指能得到传递的信息量，也指实际上已经得到传递和接受的所选信息的精确量。[58] 我们可以把信息划分为结构信息、文化信息、技术信息和价值信息等范畴。

其中，源点又称为信源，亦即信息源。终点是信息终端，又称信宿。传递物就是传感器。从信源到传感器这一段，属于编码阶段。从接受者（或称接受器）

到信宿这一段，属于解码阶段。信息终端就是信宿，收到解码信息后，只要不拒绝接受信息，终端的行为将产生反应或者发生改变。但是，如果所发生的反应或改变与信息源所期待的有差异，那就表示信息源的信息交流没有成功。

信息源的信息交流之所以没有成功，原因是多方面的。首先，信息源的信息本身就十分重要。水闸模式中的信息指的是对人、事或物等对象的概念，也就是语言学概念里的所指，必须从现成的语言中选用，再将它们编码成文字、图像或符号，也就是编码为能指。在编码过程中，就有可能产生偏差，我们将这种现象称之为失真。因为，能指与所指不会是一种必然的对应关系，有时，在信息源中找不到合适的“能指”以直接描述对象指向“所指”，而且在艺术领域这种现象更为普遍，就只能用比喻、隐喻去编码，以表达其内涵。这样在编码过程中就会带来失真，这种失真属于在编码过程中的一种语义噪声，也就是编码噪声。

水闸模式中的频道可以取任何传输形式，可以是广播、电影、电视、音乐、书籍、信件、雕塑、图画等，建筑设计的图纸、模型、任务书、说明书以及口头上的介绍、说明等都属于传输信号的频道。然而，无论什么样的频道都会出现噪声，这种噪声是对良好通信的一种干扰。例如建筑师所选用的符号不属于信息源与信宿之间的约定语言，又如图纸上的折叠、污损、褪色，建筑上的广告等都会引起某种误解。在信号的传输过程中，噪声也会引起信号本身的失真。比如良好的通信会受到天气现象或人为因素的干扰，所采用的符号不属于源点与终点，也就是信源与信宿之间约定俗成的语言，信宿在理解信源发出的原始信息时，必然会产生偏差。有时候，建筑师也会采取手段，故意制造出一些噪声，有意引起误解，以达到一定的目的。在这种时候，噪声是由人为因素造成的。举例来说，在建筑设计方案的阶段，只要用图纸就已经能够完整地表达出设计意图，而在大多数情况下，业主都不仅要求建筑师提交效果图，还要求提供模型。严格而言，在方案阶段，效果图的色彩和许多细部处理都还没有考虑完善，往往由画效果图的人随手加上去，周围的环境都经过美化处理，模型的材料、色彩、环境处理等，也都有许多失真，因此，在某种意义上说，效果图和模型都是一种噪声。

在解码过程中，也有噪声，称为解码噪声。如果原来的“能指”带有大量指明的外延，而且在传递信息时没有或很少有机械干扰，那么所传达的信息是准确的。但如果带有含蓄的内涵，如隐喻等，那么译码的意义很可能与信息源的原始意图不一致，译码者加入了自己的经验，于是就会引入感知（解码）噪声。

信息交流的水闸模式中，符号功能的实现建立在约定俗成的信码，也就是一种关联的规则系统的基础上，形成表达和内容之间的关系。埃科主张代码与代码环境是决定信息意义的基本条件，信息交流只有借助代码才可以实现。同时，代码又是不断变化发展，跟随环境而变异的。

建筑师在生成符号的生产性操作中，必须根据自己的经验和期望，从信息中选择合适的形式，而不是寻找实际存在的现有形式。建筑师在设计的过程中，用透视图、用模型更有效地传递信息，尽力提出最易懂、最富吸引力的表现图，用业主能够理解的语言，以多余的信息去克服由于业主对建筑知识的缺乏而产生的噪声，而不是以噪声去掩盖设计的缺陷。

5.4.2 信息交流的逆向传译

建筑批评的过程中，我们必须思考信息交流的水闸模式的逆向还原过程能否成立的问题，也就是说从信宿推导信源的可能性问题，这是检验批评是否符合作者的原意的一种方法。这种代码的逆向传译结果是多元的，几乎无法还原，具有极大的不确定性。

图 5-91 《大地之歌》

1）解码

有一个关于信息逆向传译的典型实例，甚至被新闻媒体称为“世纪之谜”，就是对德国作曲家马勒（Gustav Mahler, 1860−1911）的交响乐《大地之歌》（*Die Lied von der Erde*，1907−1909）的解读，《大地之歌》是马勒为两个歌唱声部和管弦乐队谱写的作品，并称它为“为男高音和女低音（或男中音）独唱和管弦乐队而谱写的交响曲”（图 5−91）。这是马勒最著名的一部作品，也可以说是他的全部创作之冠。这部交响曲一共有六个乐章，它们分别是：第一乐章《愁世饮酒歌》，第二乐章《秋寂》，第三乐章《咏少年》，第四乐章《咏美人》，第五乐章《春日醉酒人》，第六乐章《送别》。1998 年 5 月，一支来自德国的交响乐团在北京演奏了这部乐曲，这部交响乐注明是根据中国的唐诗创作的，而破译这些唐诗却成为了所谓的“20 世纪的斯芬克思之谜”。

故事是这样的，1907 年马勒得到了莱比锡岛屿出版社新出版的一本诗集《中国之笛》，其中收集了德国抒情诗人汉斯 · 贝特格（Hans Bethge，1876−1946）意译的唐诗，马勒的《大地之歌》从这本诗集中选用了七首唐诗作为唱词。贝特格不是汉学家，对中国的古诗没有直接的认识，他的译本并没有以原文为基础，而是参照了法国汉学家赫维 · 圣丹尼斯（Marquis d'Hervey de Saint Denys，1822−1892）的法文版《唐诗》（1862），法国意象派诗人、汉学家朱迪斯·戈蒂埃（Judith Gautier，1845−1917）的法文版《玉书》（*Le Livre de Jade*，1867）和 1905 年由德国诗人汉斯·哈依曼根据前两种法文版本转译出版的德文版《中国抒情诗》。《大地之歌》的七首原诗，经过考证是：李白的《悲歌行》，《秋寂》（佚名），李白的《青春》，李白的《采莲曲》，李白的《春日醉起言志》，孟浩然的《宿业师山房待丁大不至》，王维的《送别》。

解读中遇到困难的是其中的第二和第三乐章的唐诗来源，因为原诗先后被译为法文和德文，最后又被加工成唱词，贝特格的意译更是使人们无法将它还原。第二乐章的标题是“秋寂”，也有译作“寒秋孤影”、“秋日的孤独者”的。问题是这首诗的作者无法考证，作者的德文译名为 Tschang Tsi。按照译音，有人说是钱起，也有人说是张籍或张继。但是，在查找了读音相近的几十个诗人的作品后，都无法确认究竟是谁的哪一首诗。目前，有三种观点，一是认为这首诗来源于李白的《古风》和《长相思》，一种观点认为是钱起的《效古秋夜长》，第三种观点认为是张继的《枫桥夜泊》。最有意思的是第三种观点，这种观点来自翻译家许渊冲（1921–）的解释。第二乐章《秋寂》的歌词译文如下：

“蓝色的秋雾弥漫在湖面上，青草叶上覆盖着严霜，好似画家把翡翠似的绿粉，轻撒在娇嫩的花朵之上。

鲜花已失去它的芬芳，寒风将花朵吹落在地上。凋谢成金色的莲花，即将随波荡漾。

我已困倦，灯已熄灭，诱我入眠，长眠之地啊，我已来到你这里，赐给我平静吧，我需要休息。

我心中的秋日过于漫长，我在孤寂中啜泣，亲爱的太阳啊，你为何不再放射光芒，亲切地把我痛苦的泪水晒干？”

我们读了这段诗之后，马上就会认为这样的诗句与张继的《枫桥夜泊》似乎风马牛不相及，我们每个人几乎从孩提时代起都记得这首脍炙人口的著名唐诗：

“月落乌啼霜满天，江枫渔火对愁眠，姑苏城外寒山寺，夜半钟声到客船。”

许渊冲认为贝特格意译的这首诗，是根据法国意象派女诗人、汉学家朱迪斯·戈蒂埃的法文版《玉书》转译的，因此，首先要从分析意象派诗人的译诗方法入手。意象派译汉诗有两个与众不同的特点：一是拆字分译，二是增加原文没有的意象。许渊冲教授指出：

“第一，‘Tschang Tsi’就是张继，不能绕过这条最重要的线索。第二，《玉书》的前言中说，戈谢（应为戈蒂埃）不懂中文，她译诗是一个中国老师教的。如果我是戈谢的老师，我会怎样对她讲《枫桥夜泊》呢？我大概会给她看一幅相关的图画。记得我小时候，《国文课本》上有一课叫《核舟记》，说的是在一个核桃壳上刻下《枫桥夜泊》这首诗，上面就有这样一幅画。不懂中文的戈谢可能对图画印象很深。她看见画家用来表现‘霜满天’的茫茫白点，既可能理解为一片秋雾，也可能看成巧匠撒下的玉粉；河上的枫叶画得像莲花，她自然会以为是北风一吹，就香消花落；而‘江枫渔火对愁眠’的‘愁’字经她一拆，就成了‘心中的秋日’；最重要的是，画家无法表现钟声，只能借钟声引起乡愁之意，画一个船客伏几而眠，梦见自己的妻子。但是，法国人一般梦见妻子的少，梦见未婚情人的多，于是戈谢（戈蒂埃）就推己及人，以为船客梦想的一定是婚姻大事了。根据这些我认为，戈谢（戈蒂埃）《玉书》中的《秋日》大约是根据《枫桥夜泊》译出来的。”[59]

许渊冲的解读是根据水闸模式中可能出现的编码偏差，试图去除噪声而逆向反推出来的，很有臆想的成分。音乐理论家钱仁康教授（1914–）根据考证则认为第二乐章的出处是钱起的《效古秋夜长》，这首诗的原文是：

“秋汉飞玉霜，北风扫荷香，含情纺织孤灯尽，拭泪相思寒漏长。”

由此对照一下许渊冲和钱仁康的分析的话，显然钱仁康的考证更贴切一些。

钱仁康认为第三乐章《青春》，又译《琉璃亭》、《陶亭》或《白瓷亭》，就是李白的《宴陶家亭子》。然而，至今这两种解释依然存在。

这里表明，艺术家在创作的过程中，往往只能用比喻、隐喻去编码，以表达其内涵。这样的一种编码实质上就是一个相互关联的系统，如果这个相互关联的系统建立在不真实的基础上，如果缺乏生成符号功能的规则，如同戈谢的意译，何况再加上贝特格的双重意译，那么这样的编码和解码过程必然会带来失真，这是一种在编码和解码过程中的语义噪声，而解读时，就会产生更多的歧义。从信源到信宿的解读已经会产生许多歧义，再从信宿回到信源的话，只能是一种推测，一种想要凭借不确定的印迹来描述整个事件或系统的愿望并不等于现实。因此，在艺术解读中，很难实现完全的解读，尤其是在解码偏差十分严重的情况下。在逆向解读的过程中，解码转化为探究原有的编码，如果找不到原始的密码本，解码就不可能成为真正的解读，并且很可能成为永远的谜，让人们不断地去发现新的密码，新的解读方法。许渊冲的解读只是其中的一种解读方法，其他的许多种解读方法也都有各自的理由。我们引用这个例子是想说明，信息交流的水闸模式是一个十分复杂的过程，其间，会出现许多意想不到的编码和解码噪声以及歧义，而这种噪声又与不同的频道有关。频道本身在表现过程中的性质会引起噪声，人为的因素则会使编码和解码偏差出现失真，甚至会出现完全的失真。

2）多义性

多义性又称模糊性、歧义、复义、晦涩、含混、朦胧等。语言和文本都具有多义性，即多种解说，汉语尤其善于运用歧义语。歧义可以是作品本身未曾确定的意义，或文学语言的多义所形成的复合意义的现象，也可以是一个词表示几种事物的意图。可以是一种不同的事物同时被意指的可能性，或是一个陈述有多重含义，它是作者主观上有意造成双关语的使用。作品文本中存在着众多不同的、对立的、在某种程度上说是相互排斥的意义，而这些意义又源于同一文本。

多义性可以引起读者的多种联想，并且可丰富作品的语言内涵，从而取得戏剧性和美学效果。罗兰·巴特认为，多义性表明了文本的“生产性”，文本并不附属于一种最终的意义，意义的产生就是文本的生产过程的一部分，文本总是处于不断的运动之中，生产出不同的意义。

英国诗人、文学批评家燕卜荪在他的《朦胧的七种类型》中，列出了七种类型的歧义，其朦胧的程度逐层提高，这七种歧义具有方法论的意义。

（1）一物与另一物相似，但它们却有几种不同的性质都相似，这是一种参照系统的朦胧；

（2）所指的朦胧，由于上下文引起多义的并存，包括词义本身的多义和语法结构的不严密引起的多义；

（3）观念的朦胧，两种意思存在于同一个词中，双关语是这种类型的例证；

（4）意图的朦胧，一个陈述句的两个或更多的意义相互不一致，但能结合起来反映作者的综合的思想状态；

（5）作者在作品的写作或创造过程中才能发现自己所要表达的真实意义，有可能出现这样一种情况：一个词在上文是一个意义，在下文又有另一个意义，这是起承转合的过渡式朦胧；

(6) 作品的陈述意义累赘，相互矛盾，迫使读者找出多种解释，而这些解释也相互冲突，这是矛盾式的朦胧；

(7) 意义的朦胧，一个词的两种意义、一个歧义词的两种价值，正是上下文所规定的恰好相反的意义。

这七种类型可以简要地归纳为同音异义、一词多义和由于句法原因所引起的模棱两可等三种情况。英国建筑理论家查尔斯·詹克斯在他的《后现代建筑语言》一书中分析了建筑语言的多义性。

歧义是一种违反代码规则的方式以及在有些情况下的风格歧义，歧义往往是艺术家在创造过程中偏爱的一种表现手段，是美学中的一种起引导作用的手段。艺术家有意识地去违反约定俗成的信码规则，以创造出与众不同的作品。俄国形式主义美学理论将这种方式称为"陌生化手段"，就是指艺术家以一种与传统的艺术迥然不同的方式去运用符号，表现手段的变化同时也带来内容的变革，由于偏离，甚至破坏一定的规则而产生了某种震撼作用，从而迫使接受信息的人去重新思考内容的整个组织方式。

后人对建筑作品的解读已经将读者的体验和思想纳入到作品之中，一方面说明作品的开放性、作品本身的开放性以及解读的开放性，另一方面也说明解读本身就是作品的再创造。

现代艺术和现代建筑运动的出现就具有一种震撼作用，俄国构成主义建筑师、艺术家符拉基米尔·塔特林（Vladimir Evgrafovich Tatlin，1885–1953）的第三共产国际纪念碑（1920）采用了一座巨大的倾斜的螺旋塔状结构作为意识形态的象征，它是结构、宣传和广播设施的结合，以抽象的艺术动力学实验来表现新纪元的到来。这座纪念碑计划树立在莫斯科的市中心，是一座表现乌托邦思想的结构主义作品，所运用的是一种前所未有的歧义代码。俄国构成主义的骨架和塔楼显然受到哥特建筑和埃菲尔铁塔的启示，由于埃菲尔铁塔是 19 世纪的技术象征，塔特林则试图让他的作品成为 20 世纪的象征，以通天塔表现革命气概（图 5–92）。

违反代码规则的方式有全局歧义信息、句法歧义信息以及语义歧义信息等。全局歧义信息是指违背语音和词汇规则的信息，通常出现在许多先锋派的艺术表现中。句法歧义信息和语义歧义信息是指总体上并没有违背语音和词汇规则，但是却故意生造出晦涩的代码，违背通常为人们所接受的句法和语义规则。然而，这类代码又必然会与传统的代码建立一定的关联，以利用原先已经确立的交流模式。例如塔特林的第三共产国际纪念碑依然沿用了巴比伦通天塔和巴黎埃菲尔铁塔的隐喻，如果这座纪念塔建造完成的话，俄国就可能拥有世界上最高的建筑物，它的高度是纽约帝国大厦的两倍。

意大利设计师塞姆普利尼（R.Semprini）在 1989 年设计了一款沙发，命名为"塔特林沙发"，完全建立在图像符号的类似性上，然而其相似性建立在螺旋塔变形的基础上，正是这种歧义给人一种理想，形成审美价值（图 5–93）。

图 5-92　第三国际纪念碑

图 5-93　塔特林沙发

本章注释

[1] 索绪尔．普通语言学教程．高名凯译．北京：商务印书馆，1980：103.
[2] 埃科．符号学原理．卢德平译．北京：中国人民大学出版社，1990：7.
[3] 约翰·迪利．符号学基础．张祖建译．北京：中国人民大学出版社，2012：13.
[4] 圣奥古斯丁．论基督教教义．转引自：翁贝托·埃科．符号学与语言哲学．天津：白花文艺出版社，2006：9.
[5] 索绪尔．普通语言学教程．高名凯译．北京：商务印书馆，1980：103.
[6] 约瑟夫·房德里耶斯．语言．岑骐祥，叶蜚声译．北京：商务印书馆，2012：10-11.
[7] 埃科．符号学原理．卢德平译．北京：中国人民大学出版社，1990：234.
[8] 同上．237.
[9] 阿恩海姆．艺术与视知觉．滕守尧，朱疆源译．成都：四川人民出版社，1998：531.
[10] 索绪尔．普通语言学教程．高名凯译．北京：商务印书馆，1980：38.
[11] 李幼蒸．理论符号学导论．北京：社会科学文献出版社，1999：40.
[12] 约翰·迪利．符号学基础．张祖建译．北京：中国人民大学出版社，2012：100.
[13] 翁贝托·埃科．符号学原理．卢德平译．北京：中国人民大学出版社，1990：1.
[14] 池上嘉彦．诗学与文化符号学——从语言学透视．林璋译．南京：译林出版社，1998：127.
[15] 埃科．符号学原理．卢德平译．北京：中国人民大学出版社，1990：8-15.
[16] 约翰·迪利．符号学基础．张祖建译．北京：中国人民大学出版社，2012：8.
[17] 朱立元．当代西方文艺理论．上海：华东师范大学出版社，1998：248.
[18] 卡西尔．人论．甘阳译．上海：上海译文出版社，1985：34.
[19] 卡西尔．符号形式的哲学．转引自：朱立元，张德兴等．西方美学通史．上海：上海文艺出版社，1999：589-590.
[20] 苏珊·朗格．情感与形式．北京：中国社会科学出版社，1986：51.
[21] 罗兰·巴特．S/Z．怀宇译．罗兰·巴特随笔集．天津：百花文艺出版社，1995：168-170．本书在引用时根据通常的术语将原译的阐释编码译为阐释代码，义素译为语义代码，

象征性编码译为象征代码，动作性编码译为行动代码，文化编码译为文化代码。
[22] 乔治·J·E·格雷西亚．文本性理论：逻辑与认识论．汪信观，李志译．北京：人民出版社，2009：16.
[23] 勃罗德彭特等．符号·象征与建筑．乐民成等译．北京：中国建筑工业出版社，1991：11.
[24] 格雷马斯．符号学与社会科学．徐伟民译．天津：百花文艺出版社，2009：143.
[25] 周易·系辞下．北京：中华书局，2011：607.
[26] 索绪尔．普通语言学教程．高名凯译．岑麒祥，叶蜚声校注．北京：商务印书馆，1980：27–28.
[27] 列维－斯特劳斯．忧郁的热带．王志明译．北京：中国人民大学出版社，2009：487.
[28] 海德格尔．诗·语言·思．彭富春译．上海：文化艺术出版社，1991：165.
[29] 马克思，恩格斯．德意志意识形态．马克思恩格斯全集·第一卷．北京：人民出版社，2012：161.
[30] George Baird. *La Dimension Amoureuse' in Architecture*. From Charles Jencks and George Baird, *Meaning in Architecture*.
[31] 勃罗德彭特．建筑的深层结构．符号·象征与建筑．乐民成等译．北京：中国建筑工业出版社，1991：131.
[32] 克里斯托夫·亚历山大．建筑模式语言．李道增等译．北京：中国建筑工业出版社，1989：4.
[33] 阿尔多·罗西．城市建筑学．黄士钧译．北京：中国建筑工业出版社，2006：42–43.
[34] Susannah Hagan. *Taking Shape: A NewContract between Architecture and Nature*. Architectural Press. 2001：128.
[35] 彼得·柯林斯．现代建筑设计思想的演变 1750–1950．英若聪译．北京：中国建筑工业出版社，2003：169.
[36] 同上，172.
[37] 罗杰·斯克鲁登．建筑美学．刘先觉译．北京：中国建筑工业出版社，1992：150–151.
[38] 勒·柯布西耶．走向新建筑．陈志华译．天津：天津科学技术出版社，1991：11.
[39] 赫尔曼·赫茨博格．建筑学教程：设计原理．仲德昆译．台北：圣文书局，1996：126.
[40] Robert Venturi & Denise Scott Brown. *Architecture as Signs and Systems: for a Mannerist Time*. The Belknap Press of Harvard University. 2004：7–9.
[41] 同上，12–13.
[42] 李大夏．路易·康．北京：中国建筑工业出版社，1993：55.
[43] P·L·奈尔维．建筑的艺术与技术．黄运升译．北京：中国建筑工业出版社，1981：15.
[44] 摘自 Wikipedia，the free encyclopedia
[45] 翁贝托·埃科．符号学理论．卢德平译．北京：中国人民大学出版社，1990：56.
[46] 翁贝托·埃科．功能与符号——建筑的符号学．俞峰华译．见：勃罗德彭特等．符号·象征与建筑．乐民成等译．北京：中国建筑工业出版社，1991：6.
[47] 同上，16.
[48] 同上，31.
[49] 查尔斯·詹克斯．建筑符号．见：勃罗德彭特等．符号·象征与建筑．乐民成等译．北京：

中国建筑工业出版社，1991：99–101.

[50] Jane Burry , Mark Burry. *The New Mathematics of Architecture*. Thames & Hudson，2010：93.

[51] 翁贝托·埃科．功能与符号——建筑的符号学．俞峰华译．见：勃罗德彭特等．符号·象征与建筑．乐民成等译．北京：中国建筑工业出版社，1991：42.

[52] 埃科．电影代码的分节．鲍玉珩，葛岩等译．外国电影理论文选．上海：上海文艺出版社，1995：430.

[53] 翁贝托·埃科．电影代码的分节方式．见：李幼蒸．结构主义和符号学电影文集．台北：桂冠图书股份有限公司，1990：79–83.

[54] 翁贝托·埃科：电影代码的分节．见：李恒基，杨远婴．外国电影理论文选．上海：上海文艺出版社，1995：437–440.

[55] 维特鲁威．建筑十书．陈平译．北京：北京大学出版社，2012：67–68．引文中朱庇特（Jupiter）在希腊神话中称为宙斯（Zeus, Jove），是罗马神话中的主神，即众神的最高的统治者，永生不死，位于奥林匹斯山上十二大神之首。弥涅瓦（Minerva）是罗马神话中主管智慧、技艺和战争的女神，在希腊神话中称为雅典娜女神（Athene）。马尔斯（Mars），在希腊神话中称为阿瑞斯(Ares)，是罗马神话中的战神。海格立斯即赫耳库勒斯(Hercules)在希腊神话中称为阿尔喀得斯（Alcides），是罗马神话中的大力神。维纳斯（Venus, 在希腊神话中称为阿芙洛狄忒 Aphrodite），是罗马神话中的爱与美之女神。普洛塞尔庇娜即普罗塞耳庇涅（Proserpine）是罗马神话中谷物女神刻瑞斯（Ceres）的女儿，后被冥王普鲁东（Pluto）所劫掠。朱诺（Juno, 在希腊神话中称为赫拉 Hera）是罗马神话中主管婚姻和生产的女神，主神朱庇特的妻子。狄安娜（Diana）在希腊神话中称为阿耳忒弥斯（Artemis），是罗马神话中月亮和狩猎女神，奥林匹斯山上十二位男女神尊之一，也是“贞洁”的化身，以后与鲁娜（塞勒涅）合而为一。利柏尔即利柏洛·帕忒里（Libro Patri）是罗马神话中的神名。

[56] 赖特．建筑学的未来．转引自：戴维·史密斯·卡彭．建筑理论：勒·柯布西耶的遗产——以范畴为线索的20世纪建筑理论诸原则．王贵祥译．北京：中国建筑工业出版社，2007：71.

[57] 特罗哈．现代的结构设计．转引自：斋藤公男．空间结构的发展与展望——空间结构设计的过去·现在·未来．季小莲，徐华译．北京：中国建筑工业出版社，2006：202.

[58] 翁贝托·埃科．符号学理论．卢德平译．北京：中国人民大学出版社，1990：38.

[59] 转引自《中华读书报》2000年1月26日第5版，张洁宇，“谁破译了《大地之歌》的唐诗密码”。关于这个问题的讨论，还可以参考1999年5月29日的《深圳商报》和2000年1月1日的《文汇读书周报》。

第 6 章
建筑师

Chapter 6
The Architect

我们今天所生活的世界在本质上是经过人工改造的世界，充满了有意识的创造，其中，建筑师功不可没。建筑师所从事的工作是一种综合了社会性、艺术性、技术性、逻辑性和创造性的理性活动，是从现实世界迈向未来可能实现的世界的一种创造，也是一种想象的飞跃。我们讨论的建筑批评必然会涉及建筑师，涉及建筑师的创造，涉及建筑师的设计思想和创作过程、建筑师的培养、建筑师的文化背景、建筑师的执业制度、建筑师的社会责任等。建筑师是建筑批评所关注的焦点之一，也是建筑批评的核心问题之一。他们既是批评的对象，也经常担任批评家。不仅如此，他们在思考设计的过程中也是自己作品的批评家，偶尔，他们也会成为业主。法国建筑师和建筑理论家德洛尔姆在《建筑学基础》中形象地描述了“好建筑师”，他认为真正的建筑师应该有三只眼睛，一只眼睛看着上帝，第二只眼睛观察并评价当下的世界，第三只眼睛预见未来。[1]

建筑师必须具备一定的素质和资质才能成为一名合格的建筑师，才能设计出安全、坚固、实用、优美的建筑。按照建筑师的定义，建筑师是能够为具有复杂功能的建筑物，以具有审美的内涵进行设计的主导人物，并能够按照设计图纸和说明，指导或监督工程的施工。英国建筑师和建筑理论家约翰·索恩（John Soane,1753–1837）把建筑师的职业描述为“进行设计和评价”，“指导工程”，“对建筑的各个部分作出计量和预算”等，他认为建筑师是介于业主和工匠之间的中间代理人。一方面，建筑师要了解业主的需要、维护业主的利益；另一方面又要维护工匠的权益。建筑师负有重托和信赖，要为失误、疏忽等承担责任，要为社会和人民的生命财产、为人们的生活品质、为社会功能的实现负责，其责任十分重大。也正因为其责任重大，社会才制定了一系列规范建筑师执业的制度，以保证让合格的建筑师设计出合格的建筑。

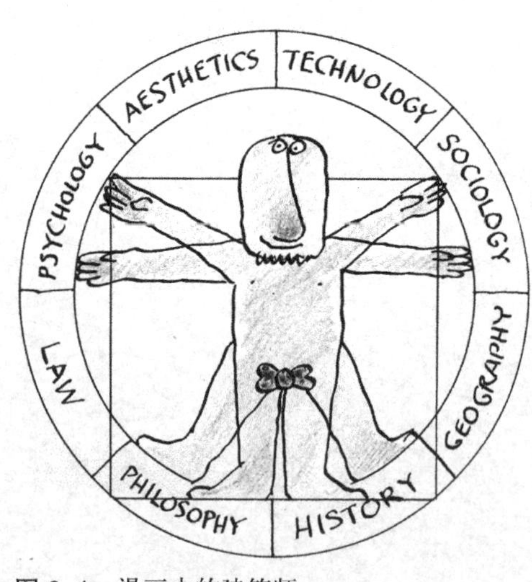

图 6–1　漫画中的建筑师

随着社会的进化和科学技术的发展，历史上，建筑师的作用曾经有过很大的发展变化。在西方社会，建筑师与医生、律师并列为三大古老的职业。在人们的概念中，医生维护人体的秩序，律师维护社会的秩序，而建筑师则塑造物质世界的秩序（图 6–1）。

6.1　历史上的建筑师

最早的建筑师可以说是距今约一万年的中国上古时代的有巢氏，根据历史记载，古埃及时期的建筑师至今也有将近 5000 年，职业建筑师的出现则可以追溯到 16、17 世纪。建筑师的作用在不同的社会体制和科学技术体系中，经历了从建筑匠师到艺术家、工程师和艺术家工程师，再到建筑师的转变。历史上的建筑师在建筑的策划、构思、设计和建造过程中，起着乐队总指挥的关键作用。在当代社会，由于设计任务的变化，建筑师的角色也在转变，由于技术的进步、设计领域的扩展、房屋建造过程的转变、设计控制权的转变、建筑设计过程的分解等，建筑师的作用与100年前相比，已经有了很大变化。

6.1.1　古代埃及、希腊和罗马的建筑师

根据传说和历史记载，有建筑的遗存和考古佐证，建筑师在世界上已经存在了大约上万年。中国上古时代的圣人有巢氏构木为巢，发明巢屋，可以说是建筑师的始祖。关于建筑师的记载也可以追溯到5000年前古埃及和古希腊的神话和传说。古埃及、古希腊和古罗马建筑师之间有着很深的渊源，他们是西方建筑师的鼻祖。

1）古埃及建筑师

古埃及的建筑师具有很高的地位，当时的建筑师伊姆霍特普集祭师、工程师、雕塑家、法学家、天文学家、魔法师、作家和医生于一身，他是埃及第三王朝法老左塞（Zoser，活动时期为公元前27世纪）的首席大臣、占星家和术士，他还是埃及医药学的奠基人。人们在开始书写记录之前，总是花大量的笔墨来颂扬并祭奠他，伊姆霍特普死后2000年仍被人们怀念，在第二十六王朝的时候被奉为神明，人们在孟菲斯和尼罗河的菲莱岛上为他建立了神庙。伊姆霍特普曾为他的主公——当时的法老左塞建造了台阶形的左塞金字塔。左塞金字塔是历史上最早的如此大体量的石造纪念碑。由于伊姆霍特普建造了这座金字塔，他被誉为石构建筑的创始者，好莱坞电影《木乃伊归来》就以他为主角的。相传伊姆霍特普曾经写过一本《神庙基本理论》（图6–2）。

图6–2　伊姆霍特普

绝大部分建筑师的姓名没有留存下来，古埃及主管建筑的神祇是塞夏（Seshat），被称为建造者、作家的女神，她的作用有时被科学之神透特（Thot, Thoth），或者手艺之神布达（Ptah, Putaha）替代。古埃及时代的建筑师所受的教育与祭司和神职人员相仿。

2）古希腊建筑师

古希腊人把代达罗斯（Daedalus）奉为石构建筑和众神塑像的鼻祖，作为发明家、建筑师和雕塑家，他的美名家喻户晓。作为一名工程师，他通晓金属制造的艺术，他也是一位生物学家，了解鸟类的生物结构，他是海员，深谙商业和贸易事务。据阿尔贝蒂在《论建筑》中的记述，意大利城市阿格里真托（Agrigentum）就是代达罗斯在一块陡峭的岩石上建造的。相传克里特岛上的弥诺斯迷宫就出自他的设计，根据希腊神话的描述，这座宏伟的迷宫是一座巨大的建筑，里面有无数迂回曲折的通道和转角，无从穷尽其首尾（图6–3）。代达罗斯也是最早的飞行器的发明者，据说他曾经帮助海神波塞冬勾引弥诺斯王的妻子，由于一连串

图 6–3　弥诺斯迷宫

的灾祸都与代达罗斯有关，弥诺斯王将代达罗斯和他的儿子伊卡洛斯囚禁在一座高塔中。代达罗斯企图逃跑，为自己和伊卡洛斯编织了一副人造羽翼，他把羽毛连接起来，并使它具有和鸟翼相同的曲率，用蜂蜡分别粘在儿子和自己的双肩上，于是，代达罗斯和伊卡洛斯逃出了克里特岛。起飞之前，父亲叮嘱伊卡洛斯不要飞得太高，以防太阳把蜡融化，也不要飞得太低，以防羽毛被浪花打湿。但是，在飞翔的时候，伊卡洛斯越飞越高兴，高高地直向上飞，太阳的炽热把粘连羽毛的蜂蜡融化了，羽毛一片片地脱落下来，伊卡洛斯最终坠入水中淹死。他的尸体被冲到一座岛上，这座岛就称为伊卡里亚，代达罗斯则飞到了西西里岛。这个故事也有不同的版本，有人认为，代达罗斯是和伊卡洛斯驾船而不是用人造羽翼逃出克里特岛的，伊卡洛斯不幸从船舷上翻入海中溺死。人们认为代达罗斯实际上是船帆的发明者，希腊人把许多无法溯源的建筑和雕塑都归为代达罗斯的作品。希腊神话还描述了代达罗斯的自负，他不能容忍与他旗鼓相当的对手，出于对他妹妹的儿子——圆规、锯子和指南针的发明者帕尔狄克斯的嫉妒，企图谋害帕尔狄克斯。最后，这一阴谋被智慧女神密涅尔瓦识破，救了帕尔狄克斯，将他变成了一只山鹑鸟，称为帕尔特里奇。代达罗斯这个词在《荷马史诗》中出现了 33 次，在希腊诗人赫西奥德（Hésiode, 公元前 8 世纪）的著作中出现过 8 次。

有一些古希腊建筑师也是传奇式人物，但没有人能达到像伊姆霍特普那样神性的地位。我们今天所知道的希腊建筑师有公元前 6 世纪建造了萨摩斯岛赫拉神庙的建筑师和雕塑家塞奥佐罗斯（Theodoros）以及建筑师罗伊克斯（Rhoikos），于公元前 5 世纪建造了帕提农神庙（Parthenon, 公元前 447– 前 436）的建筑师伊克蒂诺和卡利克拉特，建造了雅典卫城山门的建筑师姆奈西克里（Mnesicles，活动期约为公元前 5 世纪）以及著名的建筑师和雕塑家菲迪亚斯（Phidias，活动期约公元前 490– 前 430），建造特拉勒斯的阿斯克勒庇俄斯神庙的建筑师阿尔克西阿斯，建造了奥林匹亚宙斯神庙的伊利斯李班（Libon of Elis，公元前 5 世纪），建造泰耶阿的雅典娜 · 阿里亚神庙的希腊古典时代末期雕刻家、建筑师斯科帕斯（Skopas，约公元前 395– 前 350），建造了摩索拉斯陵墓和普里恩的雅典娜 · 波利亚斯神庙的希腊普化时期的建筑师菲蒂斯，帕加马宙斯神坛的建筑师墨涅克拉特（Menekrates），比雷埃夫斯造船厂的建筑师菲隆（Philon，公元 4 世纪初）等。希腊化时期还有建筑师和理论家赫莫杰尼斯，他的著述影响了维特鲁威的《建筑十书》；以及建造特拉勒斯的阿斯克勒庇俄斯神庙的建筑师阿尔克西阿斯（Arkesias）。

伊克蒂诺是古希腊最负盛名的建筑师之一，他曾经记述过帕提农神庙，可惜已经失传，他还建造了埃莱夫西斯的秘密宗教神庙和巴赛的阿波罗 · 埃皮鸠里神庙（始建于公元前 5 世纪），这座神庙被认为是伯罗奔尼撒半岛上最美丽的神庙之一。他还与考罗勃斯、梅塔吉尼合作进行了位于埃莱夫西斯的得墨忒耳和珀耳塞福涅神庙的泰勒斯台里安神庙大厅的重建和扩建工程。卡利克拉特是雅典建筑师，建造了雅典城墙，他的作品还有雅典卫城的胜利神庙以及雅典的赫菲斯托斯神庙（约始建于公元前 449 年）、苏尼翁角的波塞冬神庙（约公元前 444–前 440）和提洛岛的阿波罗神庙（约公元前 426）等。此外，还有以弗所的阿尔忒弥斯神庙的设计者——希腊雕塑家德米特里（Demetrius，活动时期为公元前 5 世纪末至前 4 世纪中期）、帕奥尼乌斯（Paeonius of Ephesus，活动时期为公元前 450– 前 400 年）以及亚历山大城的规划设计师狄诺克拉底（Deinocrates，活动时期为公元前 4 世纪）等人（图 6–4）。

根据史料记载，建筑师塞奥佐罗斯曾应邀到斯巴达去建造雅典娜神庙，神庙建成后，他留在斯巴达并管理一所私立的建筑学校。由此我们知道，古代希腊就已经出现了建筑学校，作为艺术家，古希腊的建筑师属于上流社会。

3）古罗马建筑师

在古罗马时期的文献中就已经出现过关于建筑师的论述，维特鲁威主张建筑师应当具备多种学科的知识，掌握各种技术，既要有天赋的才能，又要有钻研学问的本领。建筑师应当擅长文笔，以便作记录而使记忆更加牢固，应当熟悉制图，依靠它们绘在图纸上，通晓各种表现手法，精通几何学，深悉历史与哲学，懂得音乐，知晓医学，了解法律，具有天文学的知识，认识天体运行的规律（图 6–5）。总之，建筑师必须是通才：

“由于这样一种了不起的职业必由丰富多彩的专业知识来装点，所以我不信任那些天真地声称自己如何如何的建筑师。只有一步一个脚印不断攀登，从小接受教育——首先是语文，以及技艺——的人，才能抵达巍峨的建筑圣殿。”[2]

维特鲁威本人也是一位博学多才的建筑师，他的《建筑十书》所论述的专业面十分广泛，其中包括：市镇规划和城市选址，气候，物质要素和建筑材料，神庙建筑的原则、对称性和古典柱式，公共建筑、剧场、浴场和体育场，住宅，抹灰、湿壁画、铺地和着色，储水和供水，输水道和掘井，几何学，天文学，日晷

图 6–4 帕提农神庙

图 6–5 博学的建筑师

图 6–6　万神庙

图 6–7　圣索菲亚大教堂

和水钟计时，提升、搬运和测量的机械和工具，军事机械和防御设施等。按照维特鲁威的观点，建筑师的工作是所有艺术中最复杂，但也是最丰富的。

古罗马的建筑师同时也是营造、水利工程、测量和规划方面的专家，这项职业的意义和影响都十分深远。罗马共和国时期的政治家、演说家和哲学家西塞罗（Marcus Tulius Cicero, 公元前 106– 前 43）曾经将建筑与医学、教育相提并论，维特鲁威则称建筑学是一门伟大的学科。史书上记载了许多建筑师的名字，他们中有为残暴的尼禄皇帝（Nero，54–68 年在位）建造金屋（Domus Aurea，公元 1 世纪 60 年代）的建筑师赛维罗斯（Severus）和工程师赛勒（Celer）。图拉真皇帝（98–117 年在位）的御用建筑师和工程师阿波罗多鲁斯（Apollodorus，20–130？）是图拉真广场、音乐厅、公共浴场和好几座凯旋门的建筑师，他还建造了横跨多瑙河的图拉真桥。阿波罗多鲁斯是大马士革人，据信，罗马的万神庙是他的作品（图 6–6)。

此外，还有来自小亚细亚的安提莫斯（Anthemius of Tralles，?–558）和米利都的伊西多勒斯（Isidorous of Miletus）等。安提莫斯是罗马帝国最后一位伟大的建筑师，他和伊西多勒斯曾建造了君士坦丁堡的圣索菲亚大教堂（Hagia Sophia，532–537)，这样一座将形式与空间融为一体的复杂建筑必然要求建筑师充分掌握锥体、抛物线、椭圆等方面的数学知识（图 6–7)。古罗马传记作家苏埃托尼乌斯（Suetonius，69–104）曾经在他的作品中描述过尼禄的无比壮丽的金屋，在他的笔下，金屋不只是一组建筑群，而且也是一座怡人的大花园，其间有宫殿、花园、水池和田园。罗马帝国后期没有出现著名的建筑师，也没有因他们所设计的著名建筑而受到赞誉。

在古罗马时期，有三条培养建筑师的途径：首先是受教于七艺（语法、修辞、逻辑、算术、几何、音乐、天文)，然后在大师门下执业，走私人培养的道路。其次是在军队中受训练，从事各种工程实践，逐渐成为一名资深的军事工程师，然后成为一名建筑师，就像维特鲁威那样。最后一种方式则是从最下层的工程实践中接受锻炼，逐级成长为一名建筑师。按照希腊数学家和作家亚历山德里亚的巴普斯（Pappus of Alexandria，约 290– 约 350）的记载，一名建筑师的教育包括理论和实践两大部分。他在大约公元前 320 年指出，理论部分由几何学、算术、天文学和物理组成，实践部分包括金属加工、施工、木工、绘画艺术等，建筑师的培养有着严格的训练过程。

根据记载，古罗马时期的建筑师在工作中已经广泛应用按照一定比例绘制的平面图、立面图、透视图、渲染图以及模型等手段，这些设计图和模型是建筑项目的计划得以批准的重要媒介。

6.1.2　中世纪的建筑匠师

在中世纪，建筑师的名称从历史中消失了，而代之以匠师的称呼。匠师有着很高的社会地位，因为上帝本人也往往被比作建造天国之门的建筑师，西方历史上把上帝称为“宇宙伟大的建筑师”（Il grande architetto dell’Universo）。在中世纪的人们看来，上帝是一名艺术家，是依照既定规则从事工作的人，是将世界的辉煌宫殿建在奇妙的美之中的建筑师。基督被誉为“教堂的建筑师”（Architectus ecclesiae），使徒圣保罗（Saint Paul, ?–67?）被誉为“睿智的建造大师”（Sapiens Architectus）。

中世纪是建筑的辉煌时期，建筑形式丰富多样，建造量空前，中世纪也是城市发展的时期，建筑师的行业在11世纪下半叶已经初具规模，建筑匠师有大量的机会从事实践并脱颖而出。

1）建筑匠师

中世纪是建筑史上最为辉煌的时期之一，整个欧洲大兴土木，建造了大量的宗教建筑、居住建筑、军事设施、城堡和市政建筑，新建筑的建设大潮从11世纪一直延续到13世纪中期，仅以法国为例，一位20世纪的学者的研究指明：

“在三个世纪的岁月中，即1050年到1350年，法国人用了几百万吨的石头建造了80座大教堂、500座教堂以及几万座的小教堂。在三个世纪的时间里，法国用去的石头比古埃及在它的任何一个时期用的石头都要多——尽管光是大金字塔就有250万平方米。”[3]

宗教建筑推动了新技术的进步，修道院引领着风格与技术的变化潮流，这一时期也培养了大量的建筑师，建筑师成就了许多辉煌的建筑。在一份7世纪中期的文献中，记述了一位国王与一位修道院院长谈话时对建筑师所作的评价：

“如果没有高贵的建筑师，就不可能有高贵的建筑物。”[4]

中世纪的建筑匠师和其他工匠组成了各种行会，例如公元7世纪伦巴第地区的石匠行会。在公元800年以后，我们可以见到一些建筑的平面图。建筑师的主要任务就是设计平面图，例如圣加仑隐修院（S. Gallen）的平面图（图6–8）。在法国克莱蒙－费朗特大教堂回廊的平台上，曾镌刻了大教堂拱门的缘饰、北面耳堂的山墙以及两组飞扶壁的图样，这些图样是建造大教堂的依据。这个时期也可以见到一些大教堂的模型，尽管其中大部分模型是在大教堂完工后才制作的，它们仍然显示出了建筑匠师的成就。

有一些中世纪建筑师的名字在历史上流传下来，但是更多的建筑师的名字却由于各种原因而被湮没了。由于教堂的建造时间延续数百年，一座教堂往往由数位甚至数十位建筑师像接力赛一样代代相传建造。法国斯特拉斯堡的圣母大教堂

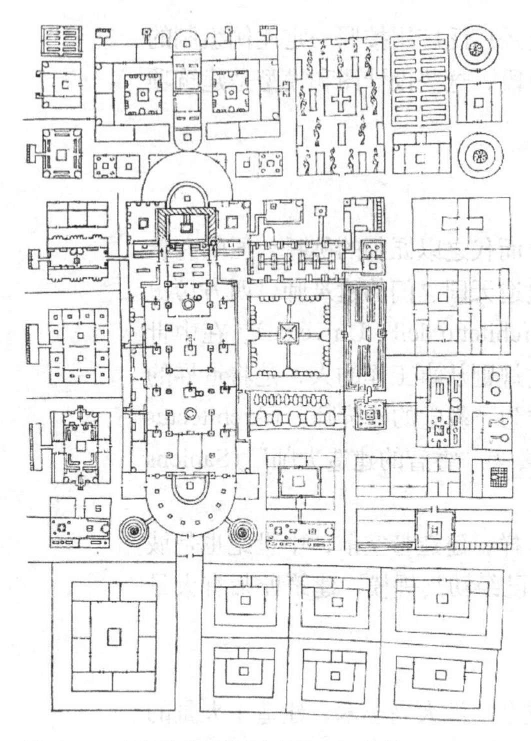

图 6-8　圣加仑隐修院的平面图

就记录了 13 位建筑师的名字（图 6-9）。

中世纪的建筑师中有建造意大利摩德纳大教堂（1099-1184）的维利吉莫（Wiligelmo, 活动期为 11-12 世纪），建造意大利皮亚琴察、费拉拉和维罗纳大教堂的尼科洛（Niccolò, 12 世纪），重建法国普瓦捷的圣伊莱尔教堂的戈蒂埃·德·科尔朗（Gautier de Coorland, 11 世纪），建造法国克吕尼的欧坦大教堂（约 1125）的吉斯勒贝尔图斯（Gislebertus），建造英国坎特伯雷大教堂的桑斯的威廉（William of Sens, ?-1180）和英国人威廉（William the Englishman, 活动期始于 1174 年，约卒于 1214 年），建造亚眠大教堂的罗贝尔·德吕扎什（Robert de Luzarches，?- 约 1236）和托马斯·德科尔蒙（Thomas de Cormont，?-1228），建造巴黎圣母院的建筑师让·德谢尔（Jean de Chelles）和皮埃尔·德蒙特勒伊（Pierre de Montreuil），建造了拉昂大教堂的建筑师维拉尔·德奥内库尔（Villard de Honnecourt，13 世纪），建造埃夫勒圣母大教堂的戈蒂埃·德瓦兰弗罗瓦（Gautier de Varinfroy，13 世纪），接替于格·利贝热大师（Hugues Libergier，?-1267）建造兰斯的圣尼盖斯教堂的罗贝尔·德库西（Robert de Coucy，?-1311），德库西也建造了兰斯的圣母教堂，建造德国雷根斯堡大教堂的马蒂厄·罗里泽尔（Mathieu Roriczer，14 世纪），建造了布拉格大教堂的德国建筑师彼得·帕尔勒（Peter Parles of Gmünd，1330?-1399），建造维也纳新堡修道院的凡尔登的尼古拉斯（Nicholas of Verdun），建造了英国威斯敏斯特大教堂的莱昂的亨利大师（Henry de Reyns, 1245-1253）以及格洛斯特的约翰（John of Gloucester, 1253-1261）和贝弗利的罗伯特（Robert of Beverley, 1261-1284）等建筑匠师，有许多建筑匠师也是修道院的修士（图 6-10）。

图 6-9　斯特拉斯堡的圣母大教堂的图纸

建造法国兰斯大教堂的建筑师于格·利贝热大师死后获殊荣——葬在兰斯大教堂内。他的墓石上镌刻着这样一段话："此处躺着于格·利贝热大师，他于 1229 年开始建造这座教堂，卒于 1267 年。"墓石上还刻有他的画像，一手拿着尺子，另一手端着大教堂的模型（图 6-11）。兰斯大教堂中，地面上镶着一块石板，上面刻着一座迷宫，迷宫的四个角上的八边形图案中央，分别刻有一位建筑师，他们是从 1211 年起负

图 6-10 德国建筑师帕尔勒

图 6-11 利贝热大师

图 6-12 兰斯大教堂的迷宫图

责建造兰斯大教堂的简奥百（Jean d'Orbais, 活动期为 13 世纪）、让·勒·卢普（Jean Le Loup）、戈歇兰斯（Gaucher de Reims）和伯纳德苏瓦松（Bernard de Soissons, 活动期为 13 世纪），迷宫的中心是古希腊建筑师代达罗斯，四位建筑匠师正在考虑如何将他领出迷宫（图 6-12）。从这幅图中也可以看到中世纪建筑匠师与古希腊神话的关系，说明代达罗斯被看作是最早的建筑师。中世纪的建筑匠师既是艺术家，主要是雕塑家，同时也是工匠和包工头。

建造佛罗伦萨大教堂的建筑师阿诺尔福·迪坎比奥（Arnolfo di Cambio, 约 1245–1302），由于他的盛名与功绩，1300 年由市政府授予免税的特权："因为这位大师在教堂建筑和任何其他部门中都最负盛名，才艺精绝，在大教堂工程宏图初展之际，佛罗伦萨公社政府希望凭着他的勤劳、经验与天才，把这座教堂建设成为托斯干纳最美丽、最宏伟的大教堂。"[5]

中世纪有一位著名的建筑师，他就是法国政治家、巴黎圣但尼修道院的院长絮热（Abbot Suger, 1081? –1151）。其实他不是建筑师，不受专业和传统规范的约束，然而却创造出了哥特教堂的一种范式。他在圣但尼教堂（1132–1144）的设计中创造了哥特建筑的标志——尖券和肋拱屋面，装有彩色玻璃的圆花窗以及充满光线的垂直向上的内部空间，圣但尼教堂是法国哥特式大教堂的原型。絮热曾经把重建修道院过程中的每一个细节都记载下来，然而却对建筑师的名字绝口不提（图 6-13）。

2）建筑匠师的创造

中世纪建筑匠师的工程技术知识主要是神学、数学和几何学。几何学，一方面是确定比例的主要手段，用以完善建筑的比例关系，另一方面，也是神学观念的隐喻。按照中世纪的美学观点，几何学体现了宗教的美德：

> "正方形的石块表示圣徒所具有的美德正正方方，即节制、公正、勇敢和谨慎。"[6]

中世纪建筑匠师的创造完全以几何学的原理为基础，并从中体现上帝的宫殿这个象征意义。此外，并没有任何仪器可以帮助他们将设计图纸变成实际的建筑物，当时没有经纬仪，甚至没有三角板，也没有圆规和其他精确的测量仪器，所依靠的仅仅是以三角形原则或是正方形原则为基础的几何学。因此，中世纪的建筑也是几何学的艺术，只有符合几何规则的建筑物才被认为结构合理并符合审美要求。1391 年，为了建造米兰大教堂（约 1385–1485），专门召开了

图 6–13　圣但尼修道院教堂

图 6–14　米兰大教堂

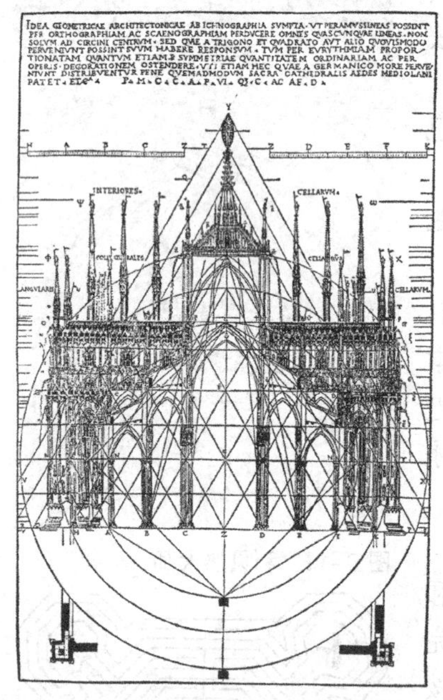

图 6–15　米兰大教堂的剖面分析图

一次有 14 名建筑师和工程师参加的有关建筑的议事会（图 6–14）。从法国来的大师让 · 米尼奥（Jean Mignot，活动期为 14–15 世纪）言简意赅地说：

“缺乏科学依据的艺术一钱不值。”（Ars sine scientia nihil est）[7]

让 · 米尼奥在这里所说的建筑艺术是指建筑实践、实际的建筑知识，而科学依据是指以几何学为基础的建筑理论。争论的焦点是究竟以正方形作为几何形的基础还是以三角形作为基础。会议决定“只运用三角形图形建造以三角形为主要形制”的大教堂。米兰大教堂的剖面分析图选自切萨莱 · 切萨瑞阿诺于 1521 年出版的意大利文版的维特鲁威的《建筑十书》上所附的插图（图 6–15）。

一座大教堂的整个结构可以根据任何一个细部的比例重建，因此，中世纪的建筑匠师也往往被称为构成家。这个名词在后来才被用作音乐的专门术语——作曲家，而当时则是艺术家的统称。他们所从事的主要任务是考虑结构的纯形式美。建筑师的实践技艺称为“能力”、“力”。建筑匠师的任务是签订契约，提出图样，并与其他建筑匠师竞争。他们雇佣工匠，督造工程，并且漫游各地，传播体面的思想。建筑师领导着一个庞大的“企业”，不仅要设计建筑的形式，而且要为建筑的坚固性负责，他们领导着采石匠、砌筑匠、木匠、雕刻匠、玻璃匠等，每一个匠师手下又有着一大群助手和工人，协助建筑师完成巨大的工程。建筑匠师所接受的训练与石匠、雕塑师相同，大多数的建筑匠师是从工匠中培养出来的，建筑匠师与工匠们共同工作，逐渐积累知识和经验，也逐步得到擢升。图 6–16 是文艺复兴时期的一幅画，表现的是人们正在建造大教堂的工地，许多工匠正在工地上施工，图中可见到模板、脚手架、起重设备、运输车辆等（图 6–16）。

图 6–16　哥特式建筑的工地

中世纪大教堂的业主往往是城市，或者是大教堂的教士团或主教。当一座城市要建造代表城市形象和声誉的教堂时，当地的建筑匠师为首选的建筑匠师，尤其是当这名建筑匠师曾经做过前任大师的助手时，他就会有更多的机会当选。有时候，教士大会也会从外部寻找合适的建筑匠师，寻找那些有着最安全可靠的业绩和声望的建筑匠师。法国建筑匠师由于对推动哥特建筑的发展起了十分重要的贡献而受到普遍欢迎，他们中有 1209 年为西班牙的莱昂修建大教堂的亨利大师、1287 年建造了瑞典乌普萨拉圣三一大教堂的博讷伊的艾蒂安（Etienne de Bonneuil, 活动期为 1287–1288 年）以及建造了米兰大教堂的让 · 米尼奥等。

如同历史上的先例一样，建筑匠师往往受到业主的意旨和水平、宗教的教义和教规的制约，业主会吩咐建筑匠师按照他所确定的大小尺寸、比例去进行设计，或者要求建筑匠师模仿某座已经建成的建筑。除此之外，还有各种地方的人们的偏爱和政治因素等，这些都制约了建筑师的创造。

6.1.3　文艺复兴时期的建筑师

从 14 世纪开始，随着人文主义的影响不断深入到社会生活的各个领域，意大利率先呈现出了古典艺术影响下的文学、艺术和科学活动的繁荣，建筑和艺术的各个领域都出现了新的创造和新的风格，人们将这种创造看作是古典文化和艺术的“再生”(Rinàscita)。这一场文化和艺术上的运动持续了大约两个世纪，这就是被称为“文艺复兴”的时期。文艺复兴一词（Rinascimento）最早是由意大利画家、建筑师及艺术史学家乔尔吉奥 · 瓦萨里在 1550 年出版的著作《意大利最杰出的建筑师、画家和雕塑家传记》中提出来的，19 世纪初叶，根据意大利文转译的法文“文艺复兴”（Renaissance）一词开始流行。之后，文艺复兴一词的内涵又扩大到包括一切历史事件的一个时代的再生。

然而，文艺复兴时期的建筑师对建筑的结构技术依然根据经验的法则来建造，而不是按照力学的计算来建造。因此，从总体上说，文艺复兴时期的建筑师属于艺术家式的建筑师。

1）艺术家建筑师

阿尔贝蒂在 15 世纪中叶这样定义建筑师：

“那个被我看做是建筑师的人，他有恰当而充分的理由与方法，无论是什么，只要是能够以最美的方式满足人的最高尚的需求的，他都会通过重物的搬运以及形体的体块与连接，既知道如何以他自己的心灵与能力去设计，又通过建造去加以实现。为了达到这一点，他必须对所有那些最高深和最高尚的学科，有一个理解和把握。那么，这就是建筑师。”[8]

图 6–17　桑迦洛设计的蒙特普尔恰诺的圣布莱斯圣母教堂

文艺复兴时期的建筑师几乎都是全能的艺术家，瓦萨里在他那本被誉为西方第一部艺术史的《意大利杰出的建筑师、画家和雕塑家传》中（图 6–17），列举了从意大利中世纪画家契马布埃（Cimabue，活动期约为 1260–1302 年）到拉菲尔的两百多位艺术家的传记，其中有近 40 位建筑师的传记，在艺术家的传记中也提及了其他一些建筑师，他们被分别列为“建筑师”、“雕塑家和建筑师”、“画家和建筑师”、“画家、雕塑家和建筑师”。仅作为建筑师列入名单的有 11 位，他们是：阿诺尔福·迪坎比奥、阿尔贝蒂、基门蒂·卡米恰（Chimenti Camicia，1431–？）、多纳托·布拉曼特、朱利亚诺·达·桑迦洛（Giuliano da Sangallo, 1445–1516）、老安东尼奥·达·桑迦洛（Antonio da Sangallo, 约 1460–1534）、小安东尼奥·达·桑迦洛、科罗纳卡（Cronaca，Simone del Pollaiuolo，1457–1508）、巴乔·达尼奥罗（Baccio d’Agnolo，1642–1543）、米凯莱·桑米凯利（Michele San Micheli，1484–1559）等。菲利波·布鲁内莱斯基（Filippo Brunelleschi, 1377–1446）和米开罗佐·迪巴尔托洛梅奥（Michelozzo di Bartolommeo, 1396–1472）则被列为“建筑师和雕塑家”。瓦萨里本人既是画家、装饰师，又是建筑师和城市设计师，他也是知名的作家和艺术史家，这本著作至今仍然是研究文艺复兴艺术的最重要文献之一（图 6–18）。

图 6–18　瓦萨里的《意大利杰出建筑师、画家和雕塑家传》封面（新版）

在文艺复兴时期，艺术家有了新的社会地位。艺术家的才能受到更多的尊重，艺术家的行业从手工艺提升为“高级艺术”，但是，建筑师在这一时期仍然没有与艺术家分离。瓦萨里认为，绘画、雕塑和建筑都有共同的根源，这个根源就是有赖于画图的能力。文艺复兴建筑师的代表人物布鲁内莱斯基最初的职业是金银匠和雕塑师，他在学习了古罗马建筑以后才改行做建筑师。他的父亲是公证人，也期望他能继承父业。布鲁内莱斯基像所有的富家子弟一样，从小就读书，学习写字和算术，这是 15 世纪的佛罗伦萨对儿童的基础教育。流传下来的小学课本告诉人们，学校里教授商务数学，这对于布鲁内莱斯基日后学习比例关系是很有帮助的。布鲁内莱斯基从小就表现出对素描和绘画的浓厚兴趣，他的父亲发现了他在这方面的才华，把他培养成了一名金银匠。当年，有许多艺术家的培养都是走的这条路，金银匠的技艺包括了各门艺术的基本要求在内。1398年，布鲁内莱斯基参加了丝绸业行会，并在1404年成为一名匠师，即使在他成长为建筑师之后，由于当时在意大利没有建筑师的行会，他仍然是丝绸业行会的成员。像其他金银匠一样，布鲁内莱斯基也加工青铜和木材。他所创作的《十字架上的基督》在今天依然挂在佛罗伦萨的新圣母教堂的祭坛上方，他为佛罗伦萨洗礼堂东大门所创作的浮雕《以撒作为祭品》(1401–1403) 也被誉为表现天使抓住以撒的父亲之手，他正要动刀将以撒作为祭品的那一瞬间，是一件传神之作（图6–19）。他曾努力学习古代建筑，使他终于成长为一名建筑师。布鲁内莱斯基由于主持佛罗伦萨大教堂的穹顶工程的卓越功绩，而被推选为佛罗伦萨1423年的长老会议的成员（图6–20）。

图6–19 布鲁内莱斯基的浮雕《以撒作为祭品》(1401–1403)

图6–20 佛罗伦萨大教堂的穹顶

2）神性建筑师

作为建筑师、建筑理论家和诗人的阿尔贝蒂出身于商人家庭，他的父亲是服装商和银行家，在佛罗伦萨的政治和经济生活中起着重要的作用。从孩童时代起，阿尔贝蒂就几乎在一切方面出人头地，他学习过绘画、造型艺术和音乐。阿尔贝蒂的许多关于艺术和建筑的著作都是文艺复兴的里程碑，他著有小说、散文和诗歌，在建筑史上的成就也是功盖史绩的。在他的《建筑十书》中，阿尔贝蒂论述了建筑师的社会责任、建筑师对后代所负的历史责任以及个人的荣誉，要求建筑师谨慎、明智、有学问和深思熟虑，善于构图并有能力把自己的意图贯彻到建筑上，同时也孜孜不倦地追求完美的建筑形式。从阿尔贝蒂的时代起，已经形成了建筑的全新的概念。阿尔贝蒂认为，建筑师应当是全能的设计师，能从事城市规划，能设计从宫殿、教堂到普通的农舍等各种类型的建筑。建筑师也有着与业主、与匠人的新的工作关系，建筑师必须能处理好各种专业的以及社会的关系。图6–21为阿尔贝蒂设计的里米尼圣方济各教堂，这是阿尔贝蒂设计的第一件作品，他只设计了这座建筑的外立面。未建造完成的立面受到了里米尼的奥古斯都拱门的启示，由柱墩支承的侧面拱廊在形式上带有强烈的古罗马风格（图6–21）。

从古罗马时期起，建筑师已经懂得运用平面图、立面图和剖面图来表现建筑构思，在文艺复兴以前，基本上是通过二维的平面形式展示的。因而，建筑师的

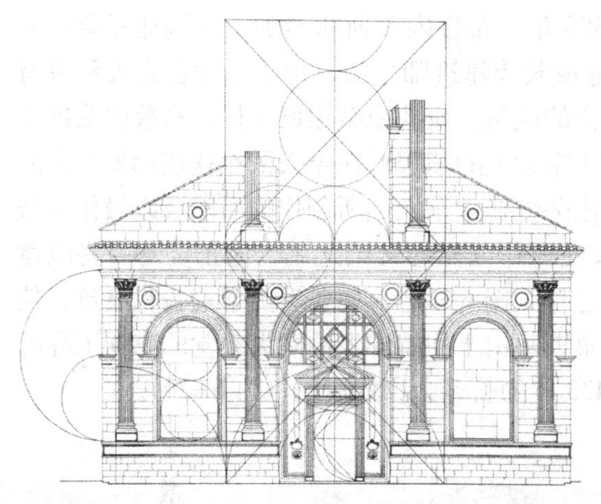
图 6–21　阿尔贝蒂设计的里米尼圣方济各教堂

图 6–22　佛罗伦萨大教堂的穹顶模型

图 6–23　布鲁内莱斯基用模型向梅迪契大公介绍圣洛伦索教堂的设计

空间观念受到很大的制约，建筑的形式也没有太大的变化。文艺复兴时期的建筑师除了用图纸说明建筑的设计以外，还常常用模型来表现设计意图。布鲁内莱斯基在设计佛罗伦萨大教堂的穹顶时，为了更清楚地说明和验证设计意图，他制作了两座木模型（图 6–22）。在这两个模型中，布鲁内莱斯基刻意忽略建筑的细部装饰，突出表现建筑的主要结构和构件以及空间关系，其中一个模型主要表示大教堂的穹顶。这两个模型以及其他一些立面设计的模型，至今仍然保存在佛罗伦萨大教堂的博物馆中。模型不仅可以用于形象的认识和表达，同时，作为工作模型，可以用来推敲光影关系和比例关系等。瓦萨里有一幅于 1565 年画在佛罗伦萨市政厅的湿壁画，画面上布鲁内莱斯基正在用模型向佛罗伦萨的统治者科西莫·德·梅迪契大公（Cosimo de' Medici, 1389–1464）介绍圣洛伦索教堂的设计，背景是一座正在施工的教堂，说明了模型在当时的作用。由于工程的复杂性，一些大型的建筑主要还是用图纸（图 6–23）。

米开朗琪罗在设计法尔内塞府邸（1541–1549）时，甚至用足尺的檐口模型显示构造和最终的效果。他在主持圣彼得大教堂的设计时，曾经制作过四座模型，这些模型代表了他在大教堂的建造过程中的各个阶段的思考（图 6–24）。

图 6–24　米开朗琪罗用模型向教皇保罗四世介绍圣彼得大教堂的设计

从文艺复兴时期起，艺术家这一阶层本身也在起变化，他们已经成为社会的宠儿，并且变得狂放不羁。米开朗琪罗被尊为超人，被奉为神性艺术家（il divino artista）。在神性艺术家身上，我们看到了那种个人表现所达到的辉煌高度以及对创造性的极大尊重。文艺复兴时期的建筑师、工程师、画家、雕塑家、学者、发明家的身份往往和谐地落在同一个人的身上。这一时期出现了一大批建筑师，在布鲁内莱斯基、米开罗佐、布拉曼特等大师的创作背后，有一个悠久的技术工艺和发明创造的传统。这些大师更接近于现代的艺术家，而不再是中世纪的手艺匠师。实质上，他们开辟了直至现代主义建筑以前的建筑艺术创作的道路，他们所依据的是古典的法式，遵循了维特鲁威所要求的通才的品质。建筑师从艺术的角度把握建筑，先是从培养成为一名艺术家开始，然后成为一名建筑师，就像桑索维诺（Jacopo d'Antonio Tatti Sansovino, 1486–1570）从一名雕塑家，朱里奥·罗马诺（Jiulio Romano, 1499–1546）从一名画家培养成为建筑师那样。

6.1.4 职业建筑师

世界上最早的职业建筑师出现在 16 世纪的意大利，建筑师不同于中世纪和文艺复兴早期的匠师。在瓦萨里的《意大利杰出的建筑师、画家和雕塑家传》中，已经将建筑师与画家和雕塑家并列。在书中，建筑师有两种称呼：Architettore 和 Architetto，都源自拉丁语的 Architectum，前者指在建筑学院毕业的建筑师，后者则指从实践中培养的建筑师。

职业建筑师的出现是由于建筑学逐渐成为一门学科，建筑师经过系统的培养，建筑师地位的确立而形成的。随着社会的发展，建筑师不再依附于某个赞助人、教会或君主，他们的业主已经广泛世俗化。维特鲁威的《建筑十书》手稿在圣加仑隐修院被发现，也向世人说明了建筑师的角色与建筑匠师的角色相差甚远，建筑师既要具备实践能力，也要掌握相关的建筑理论和古典知识，建筑师在社会上具有与其他艺术家同等的地位。16 世纪中叶的意大利的相关文件也清晰地表明建筑师已经作为一种从业人员，明确了建筑师与工匠的区别。

1）最早的职业建筑师

意大利建筑师帕拉第奥和加莱阿佐·阿莱西（Galeazzo Alessi，1512–1572）是世界上最早的职业建筑师，法国的早期职业建筑师如菲利贝尔·德洛尔姆，是由书本加长期的实践培养出来的建筑师。文艺复兴理论家乔尔吉奥·瓦萨里于 1563 年在佛罗伦萨创建了欧洲历史上第一所绘画学院（Accademici del Disegno）。Disegno 这个词在意大利文中的原意是以素描和透视为基础的绘画和设计，与英文的 Design 一词是有差别的。在这所学院中，建筑师和艺术家们一起学习，从此开始了以艺术为基础的系统地培养建筑师的体系，而这一体系的核心是古希腊、罗马的柱式。图 6–25 是意大利晚期文艺复兴画家雅可波·贝尔多亚（Jacopo Bertoia，1544– 约 1574）的一幅素描，画面上，一位建筑师正在他的顾问的陪同下，向工地上的匠师介绍建筑设计图纸，从这幅画中可以看到建筑师已经出现，并成为建筑的核心人物（图 6–25）。

图 6–25 建筑师向匠师介绍建筑设计图纸

2）最早的建筑设计机构

法国是最早成立建筑设计机构的国家，早在法国国王查理五世（Charles V, 1364–1380 年在位）的统治时期，就成立了法国皇家建筑管理委员会（L'Administration des bâtiments royaux），这一机构经过了几十年的演变才最终形成，是现代建筑师事务所的雏形。皇家建筑管理委员会是建筑设计与管理的原型，它的任务是设计草图、规划、现场监督以及工程建设等，这些都是今天的大型建筑师事务所的业务范围。国王查理八世（1483–1493 年在位）任命皇家建筑总监来主持法国皇家建筑管理委员会。法国国王弗朗西斯一世（1515–1547 年在位）曾任命来自博洛尼亚的意大利建筑师、理论家和画家塞里奥为皇家建筑总监。塞里奥的背景是画家，而不是雕塑家，他于 1541 年应召来到法国的枫丹白露王宫，还被任命为皇家建筑师。这件事本身就具有不寻常的意义，因为在法国，建筑师往往以雕塑而不是绘画作为主导专业，他在法国留下了许多优秀的建筑作品，并且为后人留下了关于五种柱式的不朽著作。

1648 年 1 月 20 日，根据法国国王的旨意，在巴黎成立了皇家绘画雕塑和建筑学院。在 1671 年建成的卢佛尔宫东翼的设计与建造过程中，国王对法国建筑师在建筑理论和建筑美学方面的培养方式不满意，国王认为有必要建立一所学校以培养适应皇家建筑管理委员会需要的建筑师，于是在 1671 年成立了法国皇家建筑科学院（L'Académie royale de l'architecture），同时成立了法国国立高等美术学院，形成了一套严格的艺术教育制度，国王对于建筑行业具有绝对的控制权。建筑师与画家、雕塑家一起受教育，学院成为文化专制的工具。国王还任命皇家建筑和美术总监，指导并控制艺术创作，排除异端，形成了具有绝对权威的学院主义。

在皇家建筑科学院中，自中世纪以来沿用的培养建筑师的方法得到了彻底的改革。未来的建筑师的首要任务是学习抽象的设计原理，只有在进入皇家建筑管理委员会之后，建筑师才能逐渐增加实践经验。在皇家建筑学院的学习主要是通过专题讨论进行的，建筑师们学习古罗马的柱式，学习历史上以及当代著名建筑师的范例，研究皇家建筑和建筑论著。皇家建筑科学院的首任院长弗朗索瓦·布隆代尔（François Blondel, 1679–1719）撰写了一本《建筑教程》（*Cours d'architecture*, 1675），论述建筑教育的原理。这一教育体系影响了整个西方世界的建筑教育，直到包豪斯学校（Bauhaus）在 20 世纪对这一体系提出了挑战。

3）巴黎美术学院和建筑

1793 年法国大革命之后，法国皇家美术学院被关闭，1795 年重新恢复，1816 年改组为巴黎美术学院（Ecole Nationale et Spéciale des Beaux–Arts）。这是一所由建筑学院、绘画学院和雕塑学院合成的艺术大学，建筑学专业的学生与绘画专业和雕塑专业学生的基础理论课程和课本都是一样的，并且在一起上课，学生同时也要学习数学、画法几何、历史、制图、建筑设计和房屋建筑学。自 1900 年以后，教学计划大大扩充，新增物理、化学、建筑法规、法国建筑史等课程，由此开创了“学院派”的建筑教育体制，信奉学院派传统的建筑师将建筑尊崇为一门艺术。按照这个传统，艺术家和建筑师虽然具有比较崇高的地位，但他们只不过是业主，诸如国王、主教、贵族和资本家们的仆人。艺术家和建筑师的地位不如医生、律师、教士和军官，并没有形成艺术家和建筑师的专门职业。由于工业革命，建筑的业主和赞助人起了很大的变化，新的建筑类型不断涌现，工厂、仓库、火车站、办公楼、银行、旅馆、商店以及工人住宅等成为主要的建造对象。然而，当时的社会其实看不起这些工厂主和各种新贵，从狄更斯到马克思，都把资本家看作是卑鄙、自私的小人和守财奴，建筑师当然不愿成为资本家的仆从。当建筑师为自己的社会地位奋斗时，他们要求自己像医生、律师那样在大学中受教育，把研究作为学科的基础（图6–26）。

1968年，巴黎美术学院在大动荡中关闭，在这以前的150年间，巴黎美术学院一直是阿尔卑斯山以北最古老的一所艺术和建筑大学。多年来，政治变革和趣味的转换不断地影响着巴黎美术学院的发展变化，但是，就整体而言，巴黎美术学院始终保持着在风格和教学方法上的连续性，至少在20世纪初期之前，巴黎美术学院一直被看作是世界上占有领导地位的一所声誉卓著的美术和建筑学院。

在相当长的一个时期内，为了借助良好的教育体系优化建筑实践，美国人始终把巴黎美术学院当作他们的教学范式。19世纪末叶，美国的建筑师感到有必要像其他行业一样，建立起建筑师行业统一的高标准，巴黎美术学院对美国的影响在建立美国的建筑院校时达到了高峰。巴黎美术学院有组织良好的教学计划，具有理性的设计理论，同时又能得到政府的支持，美国的建筑师将巴黎美术学院奉为楷模（图6–27）。

图6–26 巴黎建筑师帕斯卡尔事务所

图6–27 巴黎美术学院

6.1.5 英国的建筑师和执业制度

建筑师职业在英国的形成与两方面的因素有关，一是从中世纪思想向近代思想的转变，二是由于工业革命而使所有制从农业社会的平均地权向资本主义社会的转变。近代建筑设计师的产生以及建筑师职业的跨学科性质是第一种变化的产物，而建筑师职业制度的形成以及建筑师职业的专门化则是第二种变化的产物，然而，这两个方面的内在冲突长期以来却一直无法得到解决。

1）英国最早的建筑师

作为一门行业，建筑已经与建造业完全分离。16世纪时，一个建筑项目，例如宏大的伊丽莎白时代的宫殿通常分散委托给不同的设计师。建筑画还相当粗糙，都是模仿外国的“舶来品”。甚至像伊丽莎白时代杰出的英国建筑师罗伯特·斯迈森（Robert Smythson，约1535–1614）这样著名的建筑师都还没有获得国际声望。

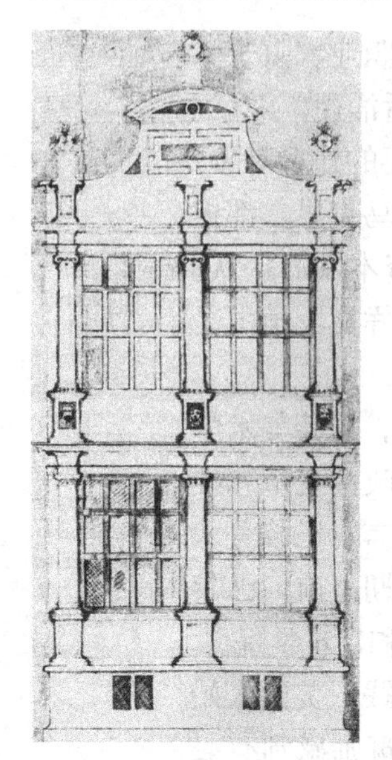
图 6–28　斯迈森的设计图

伊尼戈·琼斯（Inigo Jones, 1573–1652）可能是英国第一位获得认可的建筑师，他是一名画家，他在职业生涯的初期是一位舞台设计师，掌握了意大利建筑的第一手知识。琼斯是英国建筑界的新的学术权威，曾被授予王室工程司（the King's Works）的测量师这一荣誉称号。在 17 世纪的英国，建筑师的地位已经逐渐由中世纪的匠师上升到了专业设计者，然而建筑师还没有自己的专业团体、建筑教育体系和收费组织（图 6–28）。

一位从事建筑工作的英国人约翰·舒特（John Shute，？ –1563）于 1563 年首先在著作中宣称自己是一名建筑师，他的详细情况尚不得而知，看来他曾经接受过绘画的训练，并且在 1550 年由他的雇主诺桑伯兰公爵送到意大利去深造。约翰·舒特的著作《建筑学的基本原理》（*The First and Chief Grounds of Architecture*, 1563）不仅是英国最早介绍柱式的书，也是最早从理论的角度思考建筑实践的一种探索。他把维特鲁威、阿尔贝蒂和塞里奥的著作介绍到英国，并且继承了意大利文艺复兴运动的思想，认为建筑师应当是全能的人，不仅要精通绘画、测量、几何学和数学，而且也应当通晓文学、历史、哲学、医学和天文学。但是，英国在引进欧洲大陆的建筑理论时，一开始只是把它们看作是一种装饰性元素，并没有把柱式作为一种体系来对待。

图 6–29　琼斯设计的伦敦圣保罗教堂

第一位真正理解文艺复兴建筑思想的英国建筑师和理论家当推伊尼戈·琼斯，他是英国第一位文艺复兴意义上的建筑师，推动了英国建筑的巨大变革。琼斯两次赴意大利深入研究帕拉第奥的论著和建筑，从而认识了古典建筑的精髓，并首先将帕拉第奥的建筑风格引入英国，使英国的建筑经历了从中世纪向近代的跨越，倡导了英国的古典主义建筑（图 6–29）。

英国最早的建筑机构是皇家工程事务司（The Royal Office of Works），这个机构在自从成立以来的将近 200 年间一直是进步的建筑思想的重要中心，伊尼戈·琼斯在 1615 年被任命为皇家工程事务司的测量师。皇家工程事务司建立了系统的建筑师培养制度，并且在欧洲建筑发展的影响下，持续地对古典主义进行试验和推广，并且取得了成功。从现代的意义上说，伊尼戈·琼斯是英国第一位真正的建筑师。

2）建筑师的培养模式

由于 17 世纪上流社会对琼斯和意大利建筑的尊崇以及对建筑的激情，尽管受到内战的影响，人们对建筑设计的需求依然流传到了宫廷以外的圈子。虽然从匠师到建筑师仍然是一条从事建筑业的常规之路，但是从其他行业转为建筑师的人则更为普遍和多样化，这成为了英国培养建筑师的特殊方式。例如威廉·温德（William Winde，约1640–1722）原先是军事工程师，克里斯托弗·雷恩（Sir Christopher Wren, 1632–1723）是从自然科学转行的，他原来是一位天文学家和数学家。科学天才罗伯特·胡克（Robert Hooke，1635–1703）曾发现著名的胡克定律，他还首创了“细胞”（cell）一词，他对科学的贡献足以与牛顿、波义耳（Robert Boyle，1627–1691）相媲美，他是一位全才式的人物，对天文学、物理学、生物学、化学、机械、气象学、生理学等学科都作出了重要的贡献，在艺术、音乐和建筑方面也颇有建树，被誉为“英国的达·芬奇”。

许多业余的建筑爱好者也涉足建筑领域，包括英国17世纪古典主义建筑的先驱罗杰·普拉特爵士（Sir Roger Pratt，1620–1685），用著作来表达对建筑理论的兴趣的英国律师、历史学家、传记作家、业余建筑师罗杰·诺思（Roger North，1653–1734），约翰·范布勒爵士（Sir John Vanbrugh，1664–1726）原来是一位喜剧作家，英国乡绅、作家、业余建筑师约翰·伊夫林（John Evelyn，1620–1706）和英国诗人、外交家、艺术鉴赏家、业余建筑师亨利·沃顿（Henry Wotton，1568–1639）等。但是在这些主要人物中，只有琼斯的侄子——约翰·韦伯（John Webb，1611–1672）可以看作是训练有素的建筑师。

18世纪下半叶，当艺徒已成为培养有成就的建筑师的必要条件。英国建筑师罗伯特·泰勒（Robert Taylor，1714–1788）和詹姆斯·佩因（James Paine，1717–1789）都曾经当过艺徒，艺徒期为五到六年。这种体制一直延续到20世纪仍然在发挥作用。1768年皇家艺术院（Royal Academy）建立后，只有极少数杰出的人士能进入皇家艺术院。艺术院附设的学校在伦敦举办的建筑讲座对于青年建筑师而言，只是一种受教育的形式，到意大利游历仍然是建筑教育的一个重要阶段。18世纪下半叶，建筑师们游历的范围更广，他们也探访希腊遗迹。1793年，英国土木工程师学会（The Society of Civil Engineers）宣告成立。1835年成立建筑师协会，1837年根据皇家特许状（Royal Charter）冠名为皇家建筑师协会。

3）建筑师的执业制度

直到19世纪，还几乎没有哪一个建筑师能够仅仅靠设计和工程监理谋生，职业建筑师不得不通过其他的方式来增加收入。建筑师从设计房屋的合约以及房屋测量中得到报酬，由此产生了“测量师”一词。房屋合约这种方式在英国建筑师、城市规划师、营造商约翰·纳什（John Nash，1752–1835）的年代尚不为人们所认同。除此之外，建筑师通常靠投机性的房地产开发赚钱，就像主导巴斯市规划的约翰·伍德（John Wood of Bath，1704–1754）那样。建筑师们从公共机构委托的工作中获得固定的薪水，担任皇家工程署的测量师和职员，到慈善团体或者市政委员会谋职等。1792年，建筑师俱乐部同意在正常的5%的设计费和监理费之外，再加付2.5%的测量费。

建筑工种仍然沿用中世纪的方式划分为石匠、泥瓦匠、木匠、细木工和抹灰工。通常在委托人或测量师与各个工种之间划分独立的合同，一直延续到大型承包商的出现。在这种情况下，建造商负责提供所有必需的工种。19世纪初，这种方式已经运作得井井有序。中间商承包可以看作是房屋投机的必然趋势。在伦敦，这是17世纪末的英国经济学家、物理学家和金融投机者尼古拉斯·巴本（Nicholas Barbon，约1640–1698）创始的建造城镇住宅的一种惯用的方式。

由于没有建筑图得以保存下来，因此很难说清楚建筑师和工匠之间的确切关系。留传下来的16世纪英国土地和房屋测量师约翰·索普（John Thorpe，约1565–约1655）和罗伯特·斯迈森的草图集，与其说是工程图纸，不如说是样书。斯迈森的草图展示出了设计的原创性，草图并没有古典主义绘图技术的精密性。这种绘图技术通过琼斯收藏的帕拉第奥的建筑图集引入英国。这一收集图集的传统由琼斯的侄子约翰·韦布所继承，保存下来的雷恩和霍克斯穆尔时代的大量图纸说明了当时的建筑师不仅要把握总体形式，而且要负责细部设计。普遍认为帕拉第奥风格更注重细节的准确性，与之相比，“英国式巴洛克”允许工匠有更大的创作自由。从琼斯到霍克斯穆尔（Nicholas Hawksmoor, 约1611–1736）和詹姆斯·吉布斯（James Gibbs，1682–1754）的年代，木制模型作为表现并保存设计概念的一种方式，并确保设计有足够的耐久性。这个时期的英格兰像欧洲的其他地方一样，在结构方法上并没有什么显著的创造。雷恩设计的圣保罗大教堂的穹顶，可能是这个时期在结构方面取得的最伟大的成就。

图6–30　雷恩设计的水钟

4）克里斯托弗·雷恩

克里斯托弗·雷恩爵士是英国17世纪后半叶最重要的一位建筑师，自1668年起，雷恩担任皇家工程事务司的总测量师有40年之久。雷恩的知识面和所从事的专业面十分广博，在牛津大学期间，雷恩曾经担任过物理学家、数学家、解剖学家查尔斯·斯卡伯勒博士（Charles Scarburgh, 1616–1694）的助手。与此同时，雷恩也培养了对解剖学和天文学的兴趣，发明了一个天文学的装置，可以显示地球、太阳和月亮周期性的位置变化。他在1653年成为牛津大学万灵学院的院士，并在1657年被选为伦敦格雷沙姆学院的天文学教授。他在28岁的时候就已经是一位有造诣的科学家了，曾经在1663年设计过一架水钟（图6–30）。也就是在这个时候，他开始对建筑学发生兴趣。他的设计崇尚理性并呈几何化，继承了琼斯和韦布的设计传统，同时他也受到霍布斯（Thomas Hobbes，1588–1679）和法国建筑师佩罗的建筑美学的影响。雷恩在1665年游历巴黎的时候，被法国建筑所深深打动，此后就经常从法国建筑那里寻求灵感。1666年伦敦大火之后，雷恩制定了重建伦敦的规划，并重建圣保罗大教堂和其他51座城市教堂，设计了温彻斯特宫和白厅。雷恩不仅是皇家工程事务司的总测量师，也是国会议员，同时又是设计师和工程师，他在所从事的业务中，领导并协调一大群匠师和各个行业的人员（图6–31）。雷恩在设计中，广泛地使用表现三度空间的模型，不仅是设计的工具，同时也是设计师、业主和匠师之间交流与沟通的一种手段。在他的设计与指导下，由威廉·克利尔和理查德·克利尔（William

图6–31 克里斯托弗·雷恩

图6–32 圣保罗大教堂模型

and Richard Cleer）和12位专业工匠组成的小组精心制作，在1673–1674年间，一共用了大约10个月的时间才制作完成了圣保罗大教堂的模型（图6–32）。遗憾的是，这个著名的方案突然被否定，甚至没有得到任何补偿。这个事例表明，即使是伟大的建筑师也要依赖与业主的关系。在1890年至1914年间，雷恩的17世纪后半叶的建筑风格被人们所模仿，并称之为“雷恩复兴”（Wrenaissance）。雷恩的视野比较开阔，他曾说过：

“建筑有它的政治性的用途；公共建筑已经成为国家的门面；它将一个民族凝聚在一起，它推动着人们以及商业向前发展。”[9]

雷恩也十分重视建筑中的技术因素，他认为，对于建筑而言，大自然的规律也是有效的。他在建筑设计中，注意应用分析方法和经验主义，首先在设计中引入结构科学，由此往往产生复杂的巴洛克式的建筑空间。

5）三种类型的建筑师

18世纪末的英国有三种类型的建筑师，第一种是贵族型建筑师，第二种是艺术家型建筑师，第三种则是工匠型建筑师。在1811年开始的英国摄政时期，英国国王乔治四世（George IV，1820–1830年在位）积极赞助建筑活动，很多贵族和乡绅都成为了业余建筑师，推动了帕拉第奥风格和新古典主义风格在乡村府邸中的影响。贵族型建筑师往往经受过古典主义的熏陶，到过欧洲大陆访问，深受意大利建筑的影响。其代表人物有第三任伯林顿勋爵——被称为“艺术的阿波罗神”的理查德·博伊尔（Richard Boyle, 1694 1753），他热切地在英国传播正统的帕拉第奥建筑的原理。博伊尔既是业主，又是建筑师，他运用自己的贵族地位影响推动了英国18世纪的帕拉第奥复兴。画家、室内设计师、园林建筑师和建筑师威廉·肯特（William Kent, 1685? –1748）则属于艺术家型的建筑师，他在园林设计史上具有十分重要的地位。亨利·弗利特克洛夫特（Henry Flitcroft, 1697–1769）和托马斯·里普利（Thomas Ripley, 1683? –1758）则是靠建筑业起家的工匠型建筑师，里普利原先是木匠，后才成为了测量师。

1761年，英国成立了艺术家学会（The Society of Artists），接着在1768年，成立了皇家艺术科学院（The Royal Academy of Arts），在36名院士中，只有4

名建筑师。在科学院所属的学校中，只有一名建筑学的教授，这位教授的职责是培养“学生的鉴赏力，并使他们专注于构图的法则和原理”[10]，而对于结构科学只是一带而过。

在18世纪后半叶，新知识以及经济因素开始对专制化和手工业化的帕拉第奥风格产生威胁，导致17世纪末和18世纪初在英国出现了职业建筑师。1791年，在雕塑家、建筑师乔治·丹斯（George Dance, 1695–1768），建筑师詹姆斯·怀亚特（James Wyatt, 1746–1813）等人的发起下成立了对英国的建筑发展具有重要作用的英国建筑师俱乐部（The Architects'Club），随后，英国古典主义建筑的代表人物——建筑师威廉·钱伯斯爵士（William Chambers, 1723–1796）等也加入了建筑师俱乐部。俱乐部的成员严格限制在皇家建筑科学院的院士、皇家建筑科学院的金奖获得者以及杰出的国外学术机构的成员范围内。在这个俱乐部成立的三十多年间，俱乐部所讨论的问题包括建筑师职业的评估、建筑防火、建筑师的收费等，然而，对建筑师的培养体制却几乎毫无涉及。教学的质量并没有一定的标准，建筑教育仍然依赖教师和学生那种手工作坊式的设计室制度，教师个人的影响成为质量的关键因素。

18世纪末，人们努力试图将设计师与自从16世纪以来建筑师的传统职业区分开来，在塞缪尔·约翰逊博士（Samuel Johnson, 1709–1784）1755年出版的著名的《英语辞典》中，建筑师与测量师还是被作为同义词对待。直到1869年成立测量师学会（The Surveyors'Institute）之后，建筑师与测量师的职业才算得到区分，而彻底的划分则是在1930年代。建筑师与结构工程师之间的区分也是同样的情况，尽管英国在1771成立了土木工程师学会（The Society of Civil Engineers），1793年成立了斯米顿学会（The Smeatonian Society）以及1818年的土木工程师协会（The Institution of Civil Engineers），历史上建筑师和土木工程师在学科上的结合一直延续到19世纪。举例来说，英国土木工程师协会的会员威廉·钱伯斯爵士的学生托马斯·哈德维克（Thomas Hardwick, 1752–1829）就曾在1854年获英国建筑师学会金奖。

6）皇家建筑师学会

1834年成立的英国建筑师学会（The Institute of British Architects）在建筑师行业的最终形成上无疑起了十分重要的作用。1866年，英国建筑师学会由维多利亚女皇授予“皇家”（RIBA）的称号。英国皇家建筑师学会的宗旨是“促进建筑知识的传授，推动各个学科的相互结合，建立起建筑师执业的声誉和统一性”。[11] 英国皇家建筑师学会也制定了建筑教育目标，第一任英国皇家建筑师学会秘书长唐纳森（Thomas Leverton Donaldson, 1795–1885）据称是伦敦大学学院的第一位建筑学教授，他在学校里授两门课，一门是“科学的建筑学”，另一门是“艺术的建筑学”。根据这种划分，也可以看出当时的建筑观。按照英国皇家建筑师学会的会章，其成员至少要在土木建筑行业中有连续七年以上担任工程负责人的经验，或者年龄在21岁以上，作为合作者，学习过土木建筑，从事土木建筑行业未满七年的人员。

1800–1830年间英国的人口膨胀带来了住宅建设和城市发展的繁荣，一种新的职业进入了建筑业，这就是总承包。建筑师作为总承包的实例是著名的英国建筑师约翰·索恩爵士，他可以被看作是现代建筑师职业的创始者，索恩以他自己的设计实践以及在皇家艺术科学院担任教授的教学实践树立了建筑执业的标准。约翰·舒特时代的建筑师是像克里斯托弗·雷恩爵士那样的通才，而伯林顿勋爵（Richard Boyle Burlington, 1694–1753）时代的建筑成为了一种文化的准则，这一类的观点与现代建筑师的专业已经相距得十分遥远。作为职业建筑师，索恩的观点更为现实。他在 1788 年对建筑师的职业曾经下过一个经典的定义：

“建筑师的业务是进行设计和评价，指导工程，对各个部分作出计量和预算。建筑师是业主和工匠之间的代理人，一方面，他要维护业主的名望并了解业主的利益。另一方面，他又要维护工匠的权益。作为建筑师，他负有重托和信赖，他要为失误、疏忽、缺乏有关知识等承担责任。此外，建筑师还要注意不要让工人的支出超出预算。”[12]

在 1931 年和 1938 年，英国议会分别通过了两个“建筑师注册法案”，建筑师的社会定位就此形成，并出现了建筑师的执业制度，为 20 世纪的建筑师制度的现代化打下了良好的基础。英国的建筑师执业制度对世界各国的建筑业的发展，起了极大的示范作用。

6.2　现代建筑师制度

19 世纪以前，建筑师从事的领域是由各种背景的人所设计的，包括今天意义上的建筑师、测量师、工程师以及匠师等，也有业余从事建筑设计的绅士、科学家等。总体上说，他们的设计依靠的是经验而不是科学知识。

建筑师和工程师的分工是从 19 世纪开始的，现代建筑师制度起源于工程教育和艺术教育两大分支，至今仍影响着各国的建筑教育。目前国际上培养建筑师的制度大致可以划分为工学院的建筑学模式、艺术和应用艺术学院的建筑学模式、独立的建筑院校的建筑学模式、研究院的建筑学模式四大类。

6.2.1　科学技术进步对建筑师制度的影响

在科学技术进步的推动下，法国在 18 世纪中叶首先开创了工程教育，工程师和建筑师的分工对现代建筑师制度产生了根本性的影响。从此，建筑师与工程师从事不同的建筑领域，也在一些建筑领域合作，建筑师在工程师的帮助下实现了前所未有的创造性，建筑工程技术成为技术科学和工程科学的重要组成部分。

1）工程教育与建筑教育

1747 年成立的法国巴黎桥梁与道路大学（Ecole Nationale des Pont et Chaussée）以及 1748 年在梅济耶尔建立的军事工程学院（Ecole Nationale des Ingénieurs de Mézières）奠定了现代土木工程技术教育的基础，数学原理开始应用在结构技术上，教学建立在严密的科学基础上，但学校只接纳已经受过初步

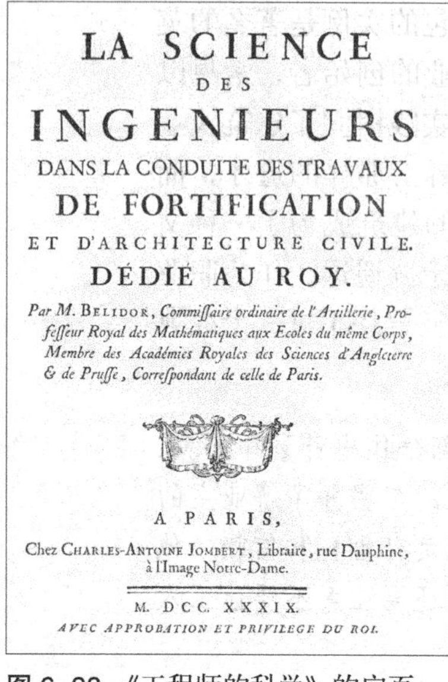
LA SCIENCE
DES
INGENIEURS
DANS LA CONDUITE DES TRAVAUX
DE FORTIFICATION
ET D'ARCHITECTURE CIVILE.
DÉDIÉ AU ROY.
Par M. BELIDOR, Commiſſaire ordinaire de l'Artillerie, Profeſſeur Royal des Mathématiques aux Ecoles du même Corps, Membre des Académies Royales des Sciences d'Angleterre & de Pruſſe, Correſpondant de celle de Paris.
A PARIS,
Chez CHARLES-ANTOINE JOMBERT, Libraire, rue Dauphine, à l'Image Notre-Dame.
M. DCC. XXXIX.
AVEC APPROBATION ET PRIVILEGE DU ROI.

图 6–33 《工程师的科学》的扉页

建筑训练的考生。直到 18 世纪末叶，工程师的培养才按照学科自身需要的方式，而不是按照与培养建筑师一样的方式来进行教育。图 6–33 是 1729 年巴黎出版的《工程师的科学》（*La Seience des ingénieurs*）一书的扉页，作者是法国工程师德贝利多（Bernard Forest de Bélidor,1698–1761），该书的副标题是“建造和民用建筑工作指南”，他最早将力学原理应用到工程上，通过计算决定构件的尺寸，从工程科学的角度并用实际案例论述了如何设计和计划一项工程，在他之前还没有人如此研究这个问题（图 6–33）。

法国 18 世纪艺术史学家洛日耶在《建筑论》一书中，主张建筑艺术应当与合理的结构同等对待，提倡理性主义的建筑观。18 世纪中叶以后，科学与技术的进步使一部分建筑师开始用历史唯物主义的观点来分析建筑形式，并在英国博物学家达尔文（Charles Robert Darwin, 1809–1882）的进化论的影响下，将建筑看作是一种序列进化的形式，并试图变革形式，以有意识的方式去促进这个历史演变的过程。

科学的建筑史和建筑理论在 18 世纪中叶的发展，使建筑师深入思考建筑的未来方向和建筑的理性，建筑艺术创作开始建立在美学和哲学的理论基础之上，建筑师也科学地研究建筑形式的逻辑构成，研究建筑艺术与技术的关系。法国建筑师苏夫洛设计的巴黎圣热纳维埃夫教堂，可以说是世界上第一座实际上以现代科学方法设计的建筑物。早在初步构思阶段，就有土木工程师的参与——对建筑物的结构稳定性作科学的分析。然而，这一时期建筑界的主流依然是强调建筑师的艺术才华，专注于建筑的装饰和艺术形式。但是，就总体而言，建筑师与工程师的分工已逐步形成，工程科学已经有所独立发展并渗入建筑设计的过程中，应用工程技术开始受到重视。技术的进步使建筑师在传统上所具有的势力受到了挑战，专业技术人员的工作越来越为社会所重视，“工程师”与“建筑师”之间的竞争和分工模式就此建立。

2）工业革命时代的建筑师

18 世纪的英国工业革命形成了以蒸汽能源为核心的产业革命，直接影响了城市和建筑的发展。钢铁在建筑中得到越来越广泛的应用，工业革命为现代建筑提供了必要的现代技术手段，建筑师的作用有所改变，工程师的作用愈益重要。1889 年巴黎埃菲尔铁塔和跨度为 115 米的钢结构机械馆的建成，标志着当时的工程技术已经达到空前的高度。法国建筑师、建筑理论家、考古学家维奥莱－勒－杜克在现代建筑思想的发展中，起了重要的促进作用，他总结了在修复法国中世纪建筑中的知识和经验，提出了对现代世界的挑战，要创造一种完美的钢铁、玻璃和混凝土的现代建筑，一种由铸铁框架和新材料、新技术构成的建筑（图 6–34）。维奥莱－勒－杜克的建筑理论以技术、形式和社会历史因素为出发点，他认为建筑是一定社会结构的直接表现。但是，维奥莱－勒－杜克的

图6-34　维奥莱－勒－杜克的新建筑局部

建筑思想是以哥特复兴为中心的理论的先进与建筑形式的保守，并没有提出未来的建筑形式。当时，仍有不少建筑师采用新的材料和新的建筑技术来设计和建造古典风格的建筑，尽管如此，他们仍为新材料的应用探索了新的方向。在城市规划方面，霍华德的花园城市运动（Garden-City Movement）、建筑师诺曼·肖（Richard Norman Shaw，1831–1912）和工艺美术运动（Arts and Crafts Movement）的代表人物之一——建筑师查尔斯·沃伊齐（Charles Francis Annesley Voysey，1857–1941）所提倡的建筑设计中的“自由风格”和地域风格都对现代建筑运动起了积极的推动作用。

维多利亚时期的社会变革也对建筑师的职业产生了重要的影响，伦敦的建筑师成立了事务所，由于铁路的发达，他们开始承担全国各地的设计。英国园艺师帕克斯顿（Joseph Paxton, 1803–1865）在1851年为伦敦国际博览会设计并建造了他的“水晶宫”，标志着建筑工业化的进步，宣告了金属结构时代的到来（图6–35）。1851年在“水晶宫”举办的伦敦世界博览会同时也促进了工业产品的设计，也引发了对于形式与功能关系的讨论。曾为“水晶宫”世界博览会设计加拿大馆、丹麦馆、瑞典馆和土耳其馆的德国建筑师戈特弗里德·森佩尔（Gottfried Semper, 1803–1879）在伦敦世博会后写过一本书《科学，工业与艺术》（*Wissenschaft, Industrie und Kunst*, 1852），探讨建筑、设计、工业与教育的关系问题。他主张艺术与技术的结合，提倡实用美术。在工业化的挑战面前，建筑师和设计师的思想表现是十分矛盾的，进步与倒退往往同时发生在同一个建筑师身上、同一个艺术流派之中，这也是社会转型期的特点之一。

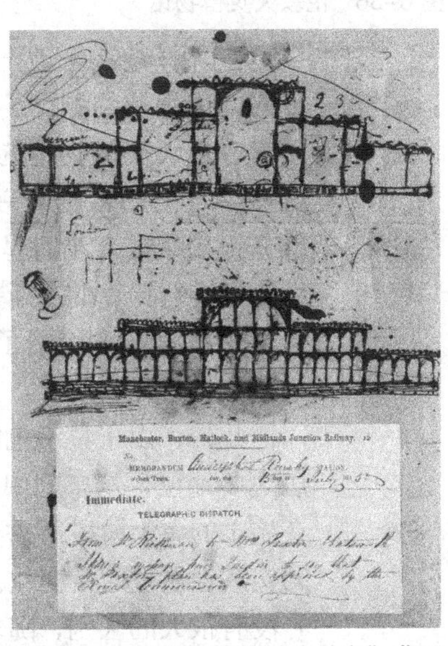

图6–35　帕克斯顿的“水晶宫”草图

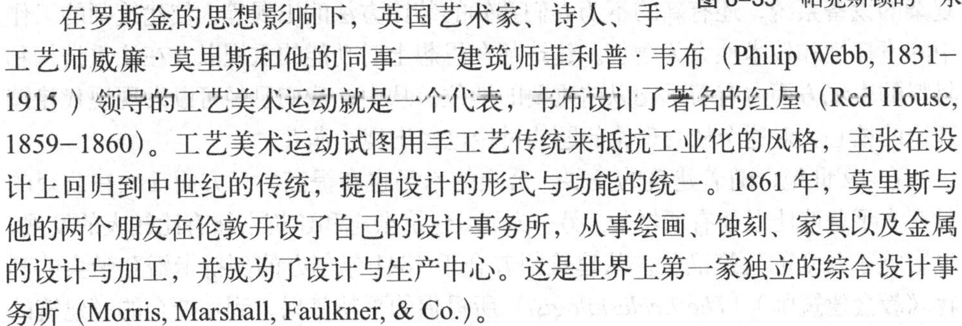

在罗斯金的思想影响下，英国艺术家、诗人、手工艺师威廉·莫里斯和他的同事——建筑师菲利普·韦布（Philip Webb, 1831–1915）领导的工艺美术运动就是一个代表，韦布设计了著名的红屋（Rcd IIousc, 1859–1860）。工艺美术运动试图用手工艺传统来抵抗工业化的风格，主张在设计上回归到中世纪的传统，提倡设计的形式与功能的统一。1861年，莫里斯与他的两个朋友在伦敦开设了自己的设计事务所，从事绘画、蚀刻、家具以及金属的设计与加工，并成为了设计与生产中心。这是世界上第一家独立的综合设计事务所（Morris, Marshall, Faulkner, & Co.）。

19世纪末，只有大约10%的英国建筑师参加了各种建筑协会，留在英国皇家建筑师学会外面的建筑师中，有许多人是十分杰出的，例如韦布、威廉·巴特菲尔德（William Butterfield. 1814–1900）、诺曼·肖等。他们反对英国皇家建筑师学会于 1887 年制定的强制性入会资格考试制度，保持艺术的自主性。1884 年成立了建筑师学会（The Society of Architects），积极促进注册制度的发展。然而，仍然有许多人竭力反对任何考试，他们认为合格的艺术家和建筑师是无法通过考试培养的。

图 6–36 伦敦大英博物馆

3）现代执业制度

英国皇家建筑师学会对建筑业的发展起了至关重要的影响。英国皇家建筑师学会的入会制度在整个 19 世纪都深刻地影响着建筑师的执业，建筑师与工程建设者之间的紧密联系一直保持到 1936 年。自 1931 年起，要求建筑师通过英国建筑师注册委员会组织的资格考试，以规范建筑师的执业。因为建设量和建筑规模的扩大，总承包制度产生了许多深远的影响。例如，由于成本的核算不再像过去那样是在工地上按照实际的工作量，而是按照工程量的明细表来进行计算的，工程量的测算于是变得越来越重要。工程量的明细表计算大约是在 1830 年代，由大英博物馆的建筑师、伦敦考文垂花园剧院等许多重要建筑作品的建筑师、英国的希腊复兴的倡导者罗伯特 · 斯默克（Robert Smirke，1760–1867）首先提出来的。当时是按照建筑师的施工图所体现的工作量以及材料消耗的详细摘要进行计算的。斯默克在工程方面有许多贡献，他也是混凝土基础的首创人，并率先在建筑上应用了铸铁。在 1820 和 1930 年代，斯默克的事务所被认为是最进步的（图 6–36）。

此外，由于总承包制度，使得建筑施工中对于技艺和主动性的依赖越来越退居次要地位，从合同中分离出来的明细表的拟订则起了更重要的作用。相应地，在施工的各个阶段所需要的一系列的专业化的图纸也更加重要，正因如此，设计的实践性质也起了变化。以往，在雷恩和钱伯斯的“表现图”和“施工图”之间，并没有很大的区别，随着工业革命的发展，新的结构技术和新材料的应用，更为复杂的设备系统，还有新的不为人们熟知的装饰方法的出现等，使建筑师的工作中的责任性和技术性大为增加。建筑师在思想上对功能的重视以及在注重结构和材料的表现方面占有着远比以前重要的地位。从中，我们已经可以发现现代建筑理论的核心，对这个核心理论问题的讨论已经出现了萌芽。

在 19 世纪，随着建筑的发展，公众的水平也在提高。一方面反映在公众的教育水平普遍比以往有所增长，另一方面，建筑杂志和建筑书籍有比较大的发展，也影响了公众的建筑品位。从建筑师普金于 1841 年创办的剑桥卡姆登学会的刊物《教会建筑师》（*The Ecclesiologist*）所提倡的哥特复兴，到罗斯金的《建筑的七盏明灯》、《威尼斯之石》的影响面都十分广泛。大型公共建筑的设计竞赛成为公众关注的焦点，对建筑的批评不仅出现在专门的建筑学术刊物上，也刊登在新闻报刊上，同时也出版了许多供公众阅读的建筑杂志，这些刊物记录了每一种潮流和鉴赏力的变化。对建筑师来说，出现了许多新的建筑类型，诸如火车站、专业医院、办公楼和工厂等。另一方面，建筑师又面临着许多新的技术和新的设备，例如新的供暖设备、照明灯具和系统、排水设备和系统等。

6.2.2 美国建筑师与现代建筑师制度

与英国的注册建筑师制度相比，美国的制度起初是不健全的。在19世纪的美国，任何人只要愿意，就可以自封为建筑师，可以从事任何等级的专业工作。建筑师也不一定需要经过职业的教育，注册建筑师制度的启动也比建筑院校的建立要晚得多。

1）美国最早的建筑师

美国建筑师学会（American Institute of Architects 简称 AIA）于1857年正式成立，标志着建筑师作为一种职业，在美国已经得到社会的承认（图6–37）。美国的注册建筑师法于1897年首先在伊利诺伊州实行，伊利诺伊州成为第一个实施建筑师执照制度的州，并于1909年制定了正式的建筑师行为道德准则。建筑师执照制度的建立首次明确了建筑师要对公众的健康、安全和福利负责。1888年，美国建筑师学会出版了第一个标准的建筑合同文件，这一建筑合同文件的建立，标志着建筑业进入了现代工业的时代。

理查德·莫里斯·亨特（Richard Morris Hunt，1827–1895）是美国建筑师学会的主要倡导者，他是在巴黎美术学院学习的第一个美国人。亨特的建筑带有更多的学院派风格，而缺少创新，但他的作品为镀金时代的富有阶层所追捧，同时也使法国建筑教育方法成为了时尚。他的继承人亨利·霍布森·理查森（Henry Hobson Richardson，1838–1886）、查尔斯·麦金姆（Charles Follen Mckim，1849–1909）和路易斯·沙利文（Louis Sullivan，1856–1924）均毕业于巴黎美术学院（图6–38）。

2）美国的建筑师执业制度

美国的第一家建筑师事务所由亨特于1857年在纽约建立，这个事务所也是当时进步的建筑教育的中心。1865年从欧洲回美国的建筑师理查森也在1866年

图6–37 美国建筑师学会1883年大会代表的合影

图6–38 美国最早的建筑师亨特

建立了事务所，他的事务所不仅引进法国的建筑设计思想，更重要的是将事务所变成了教育与培养年轻一代建筑师的场所，亨特和其他美国建筑师学会的创立者主张建筑师的工作应当是有文化的，符合学科发展的，反对以往工程建造中那种随心所欲的所谓创造性。

美国的建筑师制度与建筑教育有着密切的关系，亨特和理查森的工作室与事务所体制相结合，而波士顿、纽约、费城、芝加哥、旧金山的建筑师工作室采用俱乐部的体系，也有一些建筑师工作室建立在大学体系内，例如麻省理工学院、哥伦比亚大学、加州伯克利大学等。[13]

20 世纪的设计组织机构必须适应建筑业的迅速增长以及设计和施工的复杂性质，建筑业由一门手工业发展成为国民经济的支柱产业。建筑业内部的分工也越来越精细，建筑师的数量急剧增加，建筑设计制度不断完善，水平也在不断提高。如纽约在 1930 年代建造的帝国大厦和洛克菲勒中心就需要大量的各种专业领域的人员。建筑师、结构工程师、设备工程师、施工公司、材料供应商以及其他许多人员的工作都必须十分精确而又全面地进行协调。这些大型工程项目的建设组织十分详细而又特别复杂，过程中的任何重大决策都会对建设起关键作用，任何决策都必须与其他问题综合起来考虑。

在面临社会进步和经济迅速增长的情况下，建筑设计越来越向专业化和综合化的方向发展。一方面，建筑设计的深度在增加，建筑师需要更专业化和更全面的知识。另一方面，建筑师又需要有更强的综合能力，协调更多的专业人员。建筑师已经不再像传统的角色那样仅仅只是设计建筑师，今天的建筑师已经划分为经营建筑师、管理建筑师、建筑设计建筑师、室内设计建筑师、景观设计建筑师等。建筑师的设计范围也由传统的建筑单体，扩大到建筑群、城市设计、园林设计、景观设计，甚至一些产品的设计，如城市小品、展示设计、平面设计等。建筑师几乎成为一种万能的职业，这些全面的作用不可能集中在某一个建筑师身上，需要建筑师本身的分工。然而，建筑项目的负责人又必须具有全面的能力以协调如此复杂的业务。

6.2.3 日本的建筑师制度

日本文化曾经深受中国文化的全面影响，在吸收汉唐文化的过程中也逐渐建立了自己的文化和建筑传统。1868 年“明治维新”以后，日本的产业得到振兴，使文明开化。由英国建筑师引进了近代建筑教育体系，强调建筑的艺术性和技术性。1871 年成立了一所工部省工学寮（Kogakuryo，理工学院），1872 年改称工学校，1877 年，更名为工部大学校，它的第一批学生于 1879 年毕业。[14] 1877 年，英国建筑师乔赛亚·康德尔（Josiah Conder, 1852−1920）最早将欧洲的建筑教育制度介绍到日本，那一年，他被日本政府聘为“工部大学校”造家学科的主任教授，培养了第一代日本近代建筑师，被称为“日本建筑学之父”。康德尔主张建筑教育既是科学教育也是艺术教育，他一共培养了 20 名日本建筑师，以辰野金吾（Kingo Tatsuno, 1854−1919）为代表。1886 年，理工学院成为东京帝国大学工学部，设立建筑科，日本的建筑教育显然将建筑学归属于工科。1911 年早稻田大学开设建筑系。

另外，也有将建筑学归为艺术类来进行培养的体系，1877 年设立东京美术学校，设置建筑学科，1923 年，建筑学单独设置，成为东京艺术大学建筑学的前身。辰野金吾和他的学生伊东忠太（1867–1954）提倡美术建筑，倡导和洋折中的建筑风格。

早期的日本建筑师设计的日本建筑多为西式风格，20 世纪 20 年代的这一代建筑师，明显地分化成两个建筑派别：一派信奉现代的欧洲风格，而另一派则推崇新的设计技术，演化出了日本建筑的精神。

“二战”后，新一代的年轻建筑师开始关注日本的传统建筑文化，日本建筑在 20 世纪 60 年代有一个蓬勃发展的时期，培育了一代日本建筑师，寻求日本文化在现代建筑中的表现，将民族性与时代性结合在一起。经过几十年的努力，尤其是 1964 年东京奥运会和 1970 年大阪世博会的洗礼，日本建筑师已经在国际建筑界占有重要地位，有六位日本建筑师先后获得了普利兹克建筑奖，他们是丹下健三（1987）、槙文彦（1993）、安藤忠雄（1995）、妹岛和世和西泽立卫（2010）、伊东丰雄（2013），在获奖者的数量上仅次于美国。

日本建筑学会（AIJ）于 1886 年由 26 名发起人创建，初始的名称是造家学会，1897 年改名为日本建筑学会，1947 年组建为现在的日本建筑学会。日本建筑学会以推动建筑的学术、技术、艺术的进步与发展作为宗旨，是日本建筑界规模最大的综合性学术团体。日本于 1950 年制定建筑士法，1987 年 5 月，成立新日本建筑家协会（JIA），是日本唯一的建筑师团体，并代表日本加入国际建筑师协会（UIA）和亚洲建筑师协会。日本建筑家协会的宗旨是确立建筑师的职能，提高建筑师的资质，改善和促进业务的进步，提高建筑质量和建筑文化，增进公共福利事业。日本建筑家协会的第一任会长是丹下健三（图 6–39）。

图 6–39　丹下健三设计的东京都厅舍

日本的建筑师组织还有 1952 年成立的日本建筑士会联合会、全日本建筑士会（1914 年成立全国建筑士会，1915 年改名为日本建筑士会，1951 年解散）、日本建筑士事务所协会联合会（1962 年成立全日本建筑士事务所协会联合会 [全事联]，1980 年成立日本建筑士事务所协会联合会 [日事联]）、日本建筑家协会（1987 年成立，1996 年 6 月改名为新日本建筑家协会）、日本建筑中心等。

日本建筑师分为一级建筑士和二级建筑士以及木结构建筑士，后又增加了结构设计一级建筑士和设备设计一级建筑士，各类建筑士只能进行各自对应级别规模的设计。[15]

6.2.4　建筑教育的演变

总的说来，目前在世界上有四种建筑教育的类型。一是将建筑学专业与土

图 6–40　法国巴黎美丽城建筑学院

木工程专业设置在同一个学院之中，一般是在工学院中，将建筑师的培养与工程师的培养相互交叉。这种建筑教育体系多数是在日本、美国和德国等国的部分大学之中，我国在 1960 年代也曾有过这种体系，建筑学专业设在建筑工程系之中。二是将建筑系设置在艺术及应用艺术学院，使建筑教育与造型艺术和应用艺术教育相互交叉。这种建筑教育体系多数是在法国、奥地利、德国和美国等国的大学和艺术学院中。三是在大学中独立设置建筑学院或建筑系，让建筑学专业与人文学科、工程学科都有所交叉。采取这种建筑教育体系的有英国、德国、韩国等国的大学，我国内地和我国香港特区的大多数大学也采用这种教育体系。四是独立设置建筑大学或建筑学院，将与建筑学有关的各个学科如建筑历史、建筑理论等放在单独的一所建筑学校里，采取这种体系的有英国、法国、意大利、荷兰、挪威等的一些建筑院校，我国内地也有一些独立的建筑大学和学院（图 6–40）。

1）英国的建筑教育

1768 年，英国皇家学院的建筑学校正式开创了英国的建筑教育，1870 年，英国皇家学院设立了一所建筑学校，学校的负责人是曾在巴黎美术学院接受教育的费内·斯皮尔斯（Phené Spiers，1838–1916）。在对建筑教育进行改革的问题上，1847 年成立的英国建筑协会起了积极的推动作用。

对建筑教育的改革是由年轻的建筑师们自己发动的。1842 年，一群由于没有达到英国皇家建筑师学会规定的入会年限，而被英国皇家建筑师学会排除在外的建筑师成立了他们自己的组织“建筑设计师协会”，并于 1847 年改名为“建筑协会”(The Architectural Association)。建筑教育始终是建筑协会十分关注的领域，在建筑教育的改革方面，起了极大的推动作用。建筑协会首先建立了用考试来检验教学的系统的现代教育制度，并以此作为建筑教育的基础。在建筑协会的学校里，教学由学生自己通过讨论和设计评论来进行，学校还邀请杰出的客座教授来指导。这样一种以志愿者的方式组成的教师队伍在 1891 年才被废止，从此，教师和职员都由领取薪水的公务员担任。

英国皇家建筑师学会于 1887 年制定了强制性入会资格考试制度，并把考试划分为三个等级——初级、中级和高级。前两个等级的考试自愿参加，而高级的考试对于英国皇家建筑师学会的会员资格则是强制性的。19 世纪 80 年代末，由于英国皇家建筑师学会的会员大量增加，导致了整个协会结构的重组。1889–1891 年，英国皇家建筑师学会按照先进的模式，调整了教学计划。在这个过程中，英国建筑协会引入了新的建筑教育体系，改变了历史上的手工作坊式的培养模式，从此建立了现代的建筑教育体系。

1892 年，在英国建筑师、建筑史学家巴尼斯特·弗莱彻教授的主持下，伦敦国王学院实行了三年全日制的建筑教育课程体系。弗莱彻教授是著名的《一部比较方法的建筑史》一书的作者。其他一些城市的建筑学院也纷纷采用弗莱彻教授的教育体系，利物浦大学在 1895 年实行这一教育体系，并在 1900 年建立了建筑学学士课程。若干年以后，这个建筑教育体系被英国皇家建筑师学会承认，凡是按照这个培养计划毕业的学生，入会中级考试可以免考。1920 年，利物浦大学建筑系的五年制课程体系再度为英国皇家建筑师学会所承认。之后，许多学校也实行了这一教育体系，从此彻底改变了建筑师的培养方式，建筑学校的教育体制一直沿用到今天。

2）美国的建筑教育

长期以来，相对比较保守的美国的建筑教育最早是以巴黎美术学院的教育体制和国家认证作为楷模的，同时融合了英国的师徒相承式教育、德国大学体制的实验性研究模式。[16] 长期以来，学院派的教学体系统治了美国的建筑教育，大部分的近现代美国建筑师的建筑教育都是在法国接受的，从 19 世纪末到 20 世纪初，在纽约的许多著名建筑师事务所中，不仅主持人，就连设计人员也都曾经在巴黎美术学院学习，巴黎美术学院的体制对美国建筑教育具有长远的影响。美国的第一所建筑学校是威廉 · 罗伯特 · 韦尔（William Robert Ware，1832–1915）创建于 1865 年的麻省理工学院，完全遵照巴黎美术学院的培养模式。接着成立的是厄尔巴那－尚佩恩的伊利诺伊大学（1870），该校延续并发展了德国的建筑教育体制，反映了中西部不同的文化特征。随后，康奈尔大学于 1871 年在土木工程与建筑学院内设立了建筑系，锡拉库萨大学的建筑系于 1873 年创办，是美国首次在美术学院中设立建筑系，美国建筑师学会也在 1912 年成立了美国建筑师学会的建筑学校。麻省理工学院、宾夕法尼亚大学、哈佛大学的建筑系都聘请巴黎美术学院的毕业生担任教师，成绩优秀的学生将获得巴黎大奖、罗马大奖去法国和意大利深造（图 6–41）。美国的建筑院校是在大学的体制中成长的，不像欧洲的建筑院校那样相对独立。建筑设计的设计室教学与大学的课堂教学体制相结合，大学的教学计划被划分为相互独立的课程单元。按照美国建筑师学会的要求，建筑院校的教学目标是培养“具有建筑的专业才能，并且具备全面文化学识的绅士”。[17]

就总体而言，美国早期的建筑教育是从巴黎美术学院引进的，并结合美国的特点作了调整。今天，美国的建筑教育已经改变了 1920 和 1930 年代巴黎美术学院的体制，更多地向工程方面靠拢，以培养职业建筑师为目标（图 6–42）。但是，

图 6–41　匹兹堡卡内基梅隆大学的设计课教室

图 6–42　卡内基梅隆大学建筑系的学生

在硕士研究生阶段，则容许培养非建筑学本科专业的学生，学制为两年，以扩大建筑师的培养基础。

美国的建筑教育重视教学与实践的联系，今天的美国大约有125所高等院校设有建筑学专业，其中约半数学校是五年制本科学制，授予建筑学学士学位（BArch）。其余半数是两年制或三年制硕士研究生课程，授予建筑学硕士学位（MArch）。近年来，也有少数院校开始培养建筑学博士研究生（DArch），学制为七年或七年以上。[18] 一些建筑学院聘请著名的建筑师担任导师，学派纷陈，学术气氛浓厚，培养出了许多优秀的建筑师。诺曼·福斯特回忆他于1961年和1962年在耶鲁大学的学习时说：

“这是一个伟大的英雄时代，每个人都渴望成为建筑大师。这里有大师班，你可以在宾夕法尼亚跟随路易斯·康学习，也可去耶鲁跟随保罗·鲁道夫学习，或者去哈佛跟随塞特学习。耶鲁是最具生气的地方，吸引了大量人群跟随保罗·鲁道夫学习，这是一个尤为多元的集体。那里有查理·格瓦思梅、大卫·奇普菲尔德（他持续引领美国的建筑实践），SOM以及费尽全力获得设计纽约破土建筑的丹尼尔·里伯斯金也在那里，相当显要的教师资源。人们谈论的都是关于如何成为天才，你知道要去哪里磨练你的才华并且成为我们的时代中那些伟大的建筑师的一员。”[19]

图6–43　包豪斯的教师

3）包豪斯和建筑教育

20世纪在建筑教育上的最大变革是由德国的包豪斯发起的，包豪斯的基本教育思想是不再把技艺作为一种浪漫主义的目的和理想，而是作为现代设计师的教育工具。这个教育体系使建筑师的教学基础由艺术面向工艺，建立以实践为依托的教育价值观，培养具有多方面的艺术和技术技能的建筑师。包豪斯的创始人——德国建筑师瓦尔特·格罗皮乌斯将包豪斯的教育体系总结归纳为三个特点：一是理论教学与实践教学并重；二是与实践的结合；三是具有创造力的教师。包豪斯的教学原则和教学方式使建筑思想产生了根本的变化，将各门艺术综合起来进行训练，使建筑成为艺术的综合。包豪斯提倡全面的建筑观，重视空间设计，强调功能与结构效能，把建筑美学与建筑的目的性、材料性能和建造的精美紧密结合在一起（图6–43）。

英国多年来由英国皇家建筑师学会拟定和监督一项七至八年的建筑师教育、培训及考试计划，只有通过该计划的全部环节之后，才能成为英国皇家建筑师学会的正式会员。英国的建筑教育制度所培养的建筑师，不仅要能保证安全、健康、福利，还要能完成一系列社会所需要的义务。

在美国，存在两种建筑教育制度，一些州立大学建筑系实行五年一贯制，并授予建筑学学士学位，而一些私立大学的建筑系则倾向于接受已经取得文学学士学位（四年）的毕业生，再经过二至三年的研究生教育，授予建筑学硕士学位。马克斯韦尔教授（R. Maxwell）在比较了英、美两国的建筑教育制度的异同后，认为其共同点在于双方都承认：

“建筑学是一种艺术，而又包含建筑科学、设计管理和成本控制，并延伸为人之精神的表达。低于以上这些就等于剥夺了社会的价值。”[20]

6.3 当代建筑师

当代建筑师的作用随着设计任务的变化以及社会分工、技术的进展正在起根本性的变化，建筑师所从事的工作范围也在不断拓展。一方面，建筑师职业的全球化现象越来越普遍；另一方面，各国、各地区对建筑师的执业和职业标准和要求也有很大的差异。

在现代社会，建筑师的称号正在向其他领域延伸，在西方世界，似乎每个领域的设计师或创导者都可以称之为“建筑师”，诸如网站“建筑师”、软件“建筑师”、音响“建筑师”、政治活动的“总建筑师”、和平协议的“建筑师”，甚至恐怖主义行动的“建筑师”等。一方面，建筑师的分工已经十分细化，建筑师也可以更宏观地把握整体，协调不同的专业人员；另一方面，要求建筑师的思维和行为更为全面。

建筑的运作需要建筑师不断地对相互矛盾的设计理论、建造过程和客户要求作出反馈。建筑师必须扮演一大堆角色才能胜任工作，这些角色包括艺术家、商人、官员、社会改革者、业主要求的捍卫者以及工程技术人员等。

图6–44 奥斯卡·尼迈耶

通常情况下，建筑师的职业生涯比较长，如巴西现代建筑大师奥斯卡·尼迈耶（Oscar Niemeyer，1907–2012)，在1936年参加了里约热内卢的教育与公共卫生部大楼的设计以及1939年纽约世博会巴西馆的设计，这两个设计使这位年轻的建筑师崭露头角，他在1988年获得了普利兹克建筑奖（图6–44)。到他2012年逝世，建筑师的生涯达75年。建筑师会以他们的大量作品为世界建筑史作出贡献，美国建筑师赖特在他72年的建筑师生涯中，有超过600项设计作品已经建成，另外还有大约600项没有建成的设计。

6.3.1 建筑师的职业标准

英国建筑理论家和建筑师约翰·索恩把建筑师的职业描述为“进行设计和评价”，“指导工程”，“对建筑的各个部分进行计量和编制预算”等。他认为建筑师是介于业主和工匠之间的中间代理人。一方面，他要了解业主的利益、维护业主的名望；另一方面，他又要维护工匠的权益。作为建筑师，他负有重托和信赖，要为失误、疏忽等承担责任。

1）建筑是社会的创造

建筑业的高度动态和不稳定的职业前景，为建筑师的教育和实践塑造了一种试验和创新的文化。建筑的运作需要建筑师不断对相互矛盾的建筑设计理论、复杂的建造过程和各种客户的要求作出反馈。建筑师必须扮演一大堆角色才能胜任，这些角色包括工程师、艺术家、商人、官员、社会改革者、功能的捍卫者以及经济学家等，处理各种矛盾的能力能够为建筑师提供获得创造性和个人满足感的独特机会。

图 6–45　漫画中的路易十四和建筑师

建筑师的形象随着时代和社会的需要而变化，从工匠、艺术家、贵族、工程师到大师，成为传奇人物，甚至是神，这种形象在很大程度上取决于他们在社会上的地位以及与业主的关系。一般而言，他们受过良好的教育，有些甚至出身于建筑世家。历史上的许多建筑师兼通绘画、雕塑、科学，乃至天文、数学等。历史上，建筑师也曾经是教皇、君主和贵胄的仆人，需要跪在主人的面前进献他们的方案（图 6–45）。

建筑艺术的创造，从本质上说，是建筑师从构思某个方案开始，到绘成施工图纸，然后施工建造、使用与完善的设计过程，在有些情况下，只是设计构思及方案。然而，这个过程在实质上是开放的，是不断丰富与完善的过程，又是在历史的演变中，不断添加、不断积淀的过程。按照康德的观点，创造美的艺术需要人的天才，一种操控物质材料的特殊能力，由此创造出机能的和谐，并由此使观众产生一种有距离的享受。

同时，建筑艺术的创造不仅是建筑师的创造，它也是一种社会的创造，包括社会的价值体系、社会经济和政治体系对建筑的影响等。这个过程也包括建筑师的学习与培养、无数次的练习与思考、成功与失败，经过艰苦的锤炼，才能孕育出一名杰出的建筑师，然后才能有卓越的构思跃然于图纸之上。另一方面，建筑艺术的创造与建筑的建造过程以及人们的使用、认识、理解和观赏的过程有关。在现代科学技术及社会分工的条件下，一些原来由建筑师完成的传统工作已经改由承建者按照产品目录以及各个分包的产品生产企业来实施。以英国建筑师斯特林（James Stirling，1926–1992）设计的斯图加特新美术馆（1977–1983）为例，这座建筑物所涉及的施工、装备公司一共有 114 家，分别来自 60 多个城市，前后参与工作的建筑师有 28 人。因此，一个建筑物的诞生所牵涉的产业领域之广，人员之多是难以想象的。芬兰当代建筑师佩卡·海林（Pekka Helin, 1945–）说过：

“建筑不仅仅是一个自由艺术家个人直觉性创作过程的结果，这门艺术具有社会群体性的基础。”[21]

以上的评价说明了建筑与社会的关系，建筑师的责任在于如何以自己的知识和技能去引导社会并接受社会的批评。在当代社会经济和文化迅速发展的条件下，一幢建筑从最初的构思、选址，到可行性研究、方案准备、设计方案竞赛，再到方案调整、初步设计、施工图设计、施工、装修，一直到建成验收、使用、再调整等，要经历无数个环节，涉及无数人、无数个委员会和无数个产业领域的工作。其间，政治家、规划师、业主、投资者、建筑师、工程师、制造商、施工公司、质量监管机构、设计审查机构、消防部门、卫生防疫部门、劳动安全部门等，都与建筑的成功与否有关。不仅如此，每个专业、每个环节又有无数道环节有人把关，会有多少干预牵扯在里面呢？恐怕任何统计数字都很难说清问题的实质。但是，有一点是肯定的，那就是建筑不仅仅是建筑师的作品，而是整个社会的作品，而且建造与使用是同一过程中的两个相辅相成的组成部分。另外还有一点是可以肯定的，那就是建筑师起的关键作用是无法用统计数字来表达的。

2）建筑师的角色

社会需要建筑师，建筑师的作品塑造城市空间，建筑作品是城市，甚至国家和时代的代表，成为人类文化遗产。在当代社会，建筑师也有十分细致的分工，有相当一部分建筑师专注于一定类型的设计，有的建筑师出构思，有人把构思深化并扩展，有人管绘制图纸，有人管文件，填各种表格，写各种报告，也有人负责经营，接任务，谈合同，有人专管制作模型，还有些人的工作似乎就是整天守候在电话旁。在香港和台湾，大型建筑师事务所的老板的办公室十分豪华，丝毫不像是有才华和激情的建筑师进行创作的工作场所。欧洲和美国的一些建筑师事务所更像艺术家的工作室，虽然事务所内的等级十分森严，办公室除了空间的大小以外，并没有那么明显的差异（图6–46）。

图6–46 挪威奥斯陆的斯纳山建筑师事务所

不同的建筑师制度会产生建筑产品上的差异，这种差异主要是在内在的体制方面，是整个运行体制的差异，它会影响到建筑的创造性和艺术性以及建筑批评。中国的建筑师制度是相当特殊的，但是最终建成的作品与他们的国外同行所完成的作品从外观上看，似乎并没有根本的差异。

美国建筑理论家和建筑史学家黛安娜·吉拉尔多（Diane Girardo）引发了一场关于建筑究竟是艺术还是服务行业的争论，她认为建筑师自文艺复兴时期以来就一直服务于业主。建筑师是对社会和任务作出反应而非行动，她认为建筑师应当关注社会各个层面的宏观问题。[22]

3）建筑师的职业精神

当代社会中，由于工业化和后工业化时代的发展，由于设计任务的变化、社会分工的日益复杂以及科学技术和工程技术的进展，建筑师的角色也正在转变，主要表现在下列五个方面的转变：一是设计任务从新建到重建和修建的转变；二是设计作为公共事业而非个人追求的转变；三是设计和建造由线性过程向平行过程的转变；四是设计的控制权从建筑师到专业人员和营造商的转变；五是建筑设计过程化解为独立的设计分工的转变。[23]

今天，在讨论到建筑师的国际职业标准时，世界各国都认同的建筑师的主要业务范围和内容有三项：方案构思和设计；协调各专业的设计施工文件编制；包括施工监督在内的合同管理。为了保证建筑师完成上述三项任务，美国建筑师学会制定了一系列文件，规定建筑师在设计的各个阶段的服务范围，在方案设计阶段、扩大初步设计阶段和施工图阶段的主要任务是提供设计来满足业主的要求，而在投标阶段和施工及施工管理阶段的任务主要是与承包商就施工建造进行协调。

图 6–47　英国皇家建筑师学会的《注册建筑师指南》

为了从制度上保证建筑师完成其业务，为业主和公众服务，并对建筑设计人员规定基本的质量要求，许多国家都实施了注册建筑师制度和开业建筑师法。建筑师的最低标准包括建筑教育、实践经验和资格考试三个方面。我国自 1997 年起在继续实行设计单位资质管理的同时，也开始实施注册建筑师制度。实行注册建筑师制度或建筑师执照制度以后，建筑师要严格遵守有关法规，在法律上对设计负责，承担设计上的责任，同时，也要对自己的行为负责，从而以法律的形式从根本上提高建筑设计水平，建立完善的建筑师执业管理制度（图 6–47）。

国际建筑师协会《关于建筑实践中职业主义的推荐国际标准认同书》中，关于建筑师的职业精神原则和对建筑师的基本要求是这样表述的：

"1985 年 8 月，有一批国家首次共同拟定了一名建筑师所应具有的基本知识和技能：能够创作可满足美学和技术要求的建筑设计；有足够的关于建筑学历史和理论以及相关的艺术、技术和人文科学方面的知识；与建筑设计质量有关的美术知识；有足够的城市设计与规划的知识和有关规划过程的技能；理解人与建筑、建筑与环境以及建筑之间和建筑空间与人的需求和尺度的关系；对实现可持续发展环境的手段具有足够的知识；理解建筑师职业和建筑师的社会作用，特别是在编制任务书时能考虑社会因素的作用；理解调查方法和为一项设计项目编制任务书的方法；理解结构设计、构造和与建筑物设计相关的工程问题；对建筑的物理问题和技术以及建筑功能有足够知识，可以为人们提供舒适的室内条件；有必要的设计能力，可以在造价因素和建筑规程的约束下满足建筑用户的要求；必须要有在造价和建筑法规约束下满足使用者要求的设计能力；对在将设计构思转换为实际建筑物，将规划纳入总体规划过程中所涉及到的工业、组织、法规和程序方面要有足够的知识；有足够的对项目资金、项目管理及成本控制方面的知识。"[24]

这12项基本要求涉及功能，美学和技术，建筑史及理论，城市设计和城市规划，建筑与可持续发展环境，建筑师的社会责任，结构、构造和工程技术，建筑物理，法规和有关程序，项目管理，成本控制等。

4）建筑师的社会责任

美国建筑师，曾任耶鲁大学建筑学院院长的罗伯特·斯特恩（Robert A.M. Stern, 1939–）喜欢说：

“就建筑而言，唯一重要的就是美学问题……我们最终感兴趣的唯一的建筑是从美学的观点进行表达的建筑。”[25]

美国社会学家霍华德·博伊（Howard N.Boughey）在撰写博士论文时曾经采访过50位建筑师，他所关注的是这些建筑师如何通过他们的设计去影响社会的行为。在调查中发现了他称之为“艺术自由”的现象，以这个“艺术自由”为借口，建筑师把自己放在艺术家的地位上，以保持独立自主，逃避批评。作为一名艺术家，建筑师似乎有权力用主观而又神秘的方式去处理问题，这就是所谓的“意识形态的自由”。建筑师以此来对付业主的不满，回答业主的要求。

美国加州大学建筑与设计教授达纳·卡夫（Dana Cuff）在《建筑实践史》（*Architecture: The Story of Practice*, 1991）一书中，按照美国建筑师学会确定的五个设计阶段，即方案设计阶段、扩大初步设计阶段、施工图阶段、工程投标阶段、施工及施工管理阶段，列出了建筑师与业主的关系图。在方案设计阶段，建筑师与业主的关系主要表现为建筑师取悦于业主，就像求偶一样。在扩大初步设计阶段，建筑师与业主逐步建立起融洽的关系。在施工图设计阶段，建筑师与其他工种工程师的合作以及建筑师之间的合作占据重要的地位，建筑师与业主的关系应当没有任何障碍，彼此十分了解。在工程投标阶段，建筑师与业主要避免争执，建筑师与承包商的关系占主导地位。施工阶段，建筑师与承包商的关系仍然占主导地位，建筑师与业主的利益一致，随着建设的进展，他们的关系也更为密切（图6–48）。

荷兰贝尔拉格学院在2003年对109位建筑师、理论家、规划师就当代建筑与社会有关的六个基本问题作了书面征询，接受征询的包括荷兰裔美国社会学家萨斯基亚·萨森（Saskia Sassen，1949）、弗兰姆普敦、安东尼·维德勒、迈克尔·海斯（Michael Hays）、扎哈·哈迪德、大卫·奇普菲尔德、马里奥·博塔（Mario Botta, 1943–）、荷兰建筑师赫尔曼·赫茨伯格、安藤忠雄、伊东丰雄、妹岛和世、美国建筑师斯蒂文·霍尔（Steven Holl，1947–）、罗伯·克里尔等人。这些问题大部分涉及建筑师及其责任。这六个问题是：①今日

图6–48 俄亥俄州立大学的建筑系

图 6–49 安藤忠雄

社会要求什么样的建筑师；②怎样才是具有创造性的建筑师；③如何从事建筑实践；④建筑师的责任是什么；⑤什么是建筑的实验室；⑥今天我们如何进行建筑教育。

荷兰裔美国建筑师和宾夕法尼亚大学建筑学教授温卡·杜贝尔丹（Winka Dubbeldam）指出："建筑师按照字面意义来说正在成为顾问，我们今天应当重新思考城市结构及其变化对建筑的影响，建筑师必须挑战有关工艺、比例和审美的传统观念。"[26]

安藤忠雄认为："在当代社会虚拟世界的条件下，借助电脑提供的广泛可能性，许多人都把自己视作建筑师，建筑师是永远以综合的方式思考并作出决策的人，处于物质世界的核心。"[27]（图 6–49）

6.3.2 建筑师与业主

一般说来，一栋建筑从计划到建成，往往需要四方面的共同努力，即业主、建筑师、工程师和建设者。业主是建筑的投资者或者是投资者的代理人，或者是投资的经营者。他们提供资金，委托设计并提出设计要求。实际上，建筑师有两个业主：有土地使用权或产权的业主，他们是建筑的投资者，也就是通常意义上的业主。但是，业主不仅仅是出资建造，或者下任务给建筑师个人或团体。这里有一种广义的业主，广义的业主审查设计，以法律、制度和措施对建筑物的实施及运转起保证监督作用。承担广义的业主职能的有代表国家、公众和城市利益的主管领导、规划部门、交通管理部门及其他政府主管部门，如公安消防部门、卫生防疫部门、劳动安全部门等。这些部门代表了国家和公众利益，对于城市空间和环境的整体发展负有重要的责任。从更加广泛的意义上说，城市和国家是建筑的业主，在一定的意义上说，建筑代表了城市和国家的形象，建筑是城市和国家的象征。每个城市，每个国家都有标志性的建筑物，城市和国家的代表必然会对这些建筑提出造型和功能方面的要求。

1）建筑师与业主的合作关系

文艺复兴时期的建筑的业主主要是教会和贵族保护人，他们对建筑风格的演化起了相当重要的作用，他们的人文教育背景包括对建筑的研究，此外，他们的游历经历在引进新的理念方面也同建筑师一样起着重要的作用。

建筑师的社会地位和影响决定了建筑师与业主的关系，建筑师与业主之间的关系是一种相互依存的关系。在大多数情况下，建筑师的业主既有权又有钱，他们可以去找任何人替他们设计，关键是如何找到最合适的建筑师，而不一定是最好的建筑师。在当代的社会发展条件下，业主的文化背景有了很大的变化，建筑师会有很多机会在异国他乡从事设计，为完全不同的文化环境设计建筑。在这种情况下，建筑师与合作设计的伙伴建筑师之间的关系非常重要，以确保设计意图的实现。

建筑师与业主的关系问题是建筑的一个本质的问题，可以说，建筑从来就是为业主而设计建造的。但是建筑师与业主的关系又是十分微妙的，业主的理想和雄心需要建筑师的帮助才能实现。按照美国建筑师学会的要求，建筑师在建筑过程中的作用是业主的代理人，建筑师负责将建筑过程中的所有方面联系起来。所有美国建筑师学会的标准文件都建立在这个基础上，整个建筑业的运作也是建立在这个基础上的。[28]

2）维护公众和业主利益

建筑师的行为以维护公众和业主的利益为前提，建筑师的责任是在建筑过程中，以业主代理人的身份向业主提供各种建筑设计服务，向业主负责，包括设计、协调、咨询和管理。建筑师与业主的这种关系往往用合同的形式加以表述。既然建筑师是业主的代理人，建筑师代表业主的利益，建筑师理应为业主服务，满足业主的要求，这是没有疑问的。因为从根本上说，没有业主也就没有建筑，没有建筑师。

有什么样的业主，就会选择什么样的建筑师，建造什么样的建筑，业主是建筑的重要主体。还在建筑策划的最初阶段，在建筑的计划阶段，业主就会为未来的建筑确定方向，提出各种功能和造型方面的要求，对建筑成败与否起着十分关键的作用。有时候甚至没有方向，需要建筑师为业主提出意见，可以说，建筑是和业主共同诞生与成长起来的。在某种意义上说，业主代表了社会的需要，反映了社会的政治、伦理、经济、文化和思想水平。如果业主对所要建造的建筑不具备深入的认识，又不能认真听取建筑师的意见的话，建筑师在设计阶段就会遇到困难，也就无法保证建筑的成功。在大多数情况下，在最终决策选择方案时，建筑师往往被排除在外，甚至某些决策者反其道行之，否决建筑师自己认为是好的方案，而选择建筑师认为是较差的方案，以表明业主的权威性。

应该说，建筑构成城市的空间环境和功能结构，有什么样的城市，就会有什么样的建筑，城市是建筑的隐形业主。在全球化的影响下，作为全球经济的组成部分，建设优质的城市空间环境是促进经济发展的必要条件。自1960年代以来，整个世界都在不同程度上经历了一场后工业化城市的更新运动，可以称之为再城市化，包括调整城市布局，完善城市公共交通系统，保护并激活历史城区，改造工业区或滨水地区，建立城市绿地系统为城市居民提供休闲和活动场所等。例如近年来西班牙的巴塞罗那在1992年奥运会时的城市建设基础上，不断提高城市公共空间的品质，按城市地区成片整治城市空间，取得了令世人瞩目的成就。

3）业主与设计

2004年7月，英国皇家建筑师学会年会的主题是“好业主=好建筑”。这个题目十分有意义，好的建筑是好的城市的标志，是城市的品质。城市塑造建筑，建筑也反过来塑造城市。建筑师与业主的关系中十分重要的是业主与建筑师的合作程度，优秀的建筑是业主和建筑师共同的创造，业主对所要建造的建筑的理解以及与建筑师的全面沟通是优秀建筑的前提。如果业主对所要建造的建筑不甚了解，自己都不知道想要什么样的建筑，再加上与建筑师缺乏合作，那就不可能产生优秀的建筑。此外，建筑的成功与否也取决于业主对设计的参与程度，业主的参与会使建筑师更深入地理解任务，而且建筑师在利益上的关系完全不同于业主，建筑师所看重的东西，业主不一定有兴趣。有些业主的身家性命都投在工程项目上，正如荷兰建筑师卡米尔·克拉塞（Kamiel Klaasse，1967–）所提出的一种极端，然而又不无道理的说法：

"建筑师没有权势，因为我们用别人的钱去'博彩'，我们没有权威。由于我们无法资助自己设计的作品，我们不承担风险，因此，我们也不作决策。自1990年代以来，'市场'占据了统治地位，我们唯一的手段就是诱惑他人，由此产生令人不快的依赖性。建筑师集傲慢与无能于一身，我们是乞丐，又是吹牛家。"[29]

但是，业主的过分干预会阻碍设计目标的实现，尤其是业主缺乏对建筑的理解，又不尊重建筑师的意见时，就会影响建筑的成功。曾经有过一则故事：从前，有一个人想要做顶帽子，买了一块布料拿给裁缝，让裁缝量好尺寸后就回去了。走在路上的时候，突然想起，这块布料做一顶帽子一定有富余，他就返回去找裁缝，让裁缝用这块布料做两顶帽子。裁缝想了一下就答应了，于是，布料的主人就高高兴兴地回去了。回去以后，想想不对，又回过去找裁缝，要裁缝用这块布料做三顶帽子，裁缝也答应了。布料的主人想，既然可以做三顶帽子，那么为什么不做四顶呢？于是乎再三增加，最后加到十顶帽子。等到完工的时候，果然拿到了十顶帽子，但是，这十顶帽子只好戴在十个手指上。这个故事说明，在有限的条件下，业主不能要求无限的结果。只要不是无能，建筑师就能满足业主的要求，但不是所有的要求。因此，一个好的业主应当深入了解设计的全过程，但是不能提出超过经济和技术可能性的要求，要尊重建筑自身的规律。

我们还应当质疑建筑设计的决策管理机制，当前，几乎所有重要的项目都举办设计竞赛或方案征集，都有若干方案供选择。看来似乎很合理，实际上，有时候只是徒然浪费精力和钱财。尤其是对于大面积区域的规划方案和大项目，更没有必要请建筑师广种薄收，在做法上完全可以先请有一定功力的建筑师进行策划，探讨各种可能的发展方向，拟出较完善的任务书后再选择合适的建筑师参加设计方案征集。有时候业主自己都不知道想要什么，在任务书十分粗糙的情况下，就举行招标。有时候，在不了解国外建筑师的情况下，就邀请数家甚至十家以上设计单位参加竞赛，其中不乏优秀的建筑师，但是也必然会有不对路的设计师应邀参加。自2002年以来，上海的"外滩源"地区一直在策划开发，人们都希望这个地区的保护与改造能够成为21世纪世界上最重要的一项历史地区保护与再生项目，可是开发商却请了毫无历史地区设计经验的建筑师，甚至请英国建筑师哈迪德来进行规划。

2005年笔者去青岛参与讨论该市将要建造的一幢超高层建筑，业主曾经请过三家国际建筑师事务所提交了方案，应该说这些建筑师都有很高的水平，所提交的方案都比即将要评审的新方案更为成熟，于是我问业主代表为什么不采用那些方案，回答是这些建筑师的服务有问题。原来是业主要建筑师多提几个比选方案，建筑师不理解，他认为既然已经把自己最好的设计方案给了业主，为什么还要他再提交自己也觉得不好的方案来比选呢？这里面有着文化的差异，不同价值观念的建筑师的态度迥然不同。一些商业化的建筑师完全会投业主所好，业主要圆的，就给他圆的，要方的就说方的确实比圆的好，业主要“欧陆风”，就糊弄业主设计一个夸张的不伦不类的建筑，有些业主会认为这才是“好建筑师”。

绝大多数业主并不是建筑师，对建筑的认识和建筑美学方面的知识必然不及建筑师，因此，业主与建筑师的合作中，对建筑师的尊重是十分重要的。美国建筑师彼得·埃森曼对待业主有他特殊的一套想法：

“没有哪一栋我所设计的房子是根据业主的意愿而成型的，设计是要把业主的意愿彻底改造……如果你相信我所说的，建筑就可以使文化产生变化，你不可以设计建筑去取悦有钱的业主。”[30]

美国建筑师罗兰·科特（Roland Coate）对于主管部门则抱怨说：

“与大多数庞大的公共委员会打交道的话，你会发现，他们所关注的只是安全、预算和功能，令人感到乏味。”

业主常常对建筑师的强烈个性和刚愎自用表示抱怨，确实，有些建筑师把建筑看作是自己的纪念碑，看作是艺术表现的手段。在一些特殊情况下，建筑师也会成为业主。这些特殊情况包括：建筑师为自己盖房子，大学建筑系为自己建系馆，房地产开发公司的老板本人是建筑师等。最典型的是耶鲁大学的建筑系大楼，当时的系主任是保罗·鲁道夫，而这座大楼的建筑师就是鲁道夫本人。图6–50是日本建筑师伊东丰雄在1984年为自己设计的住宅（图6–50）。

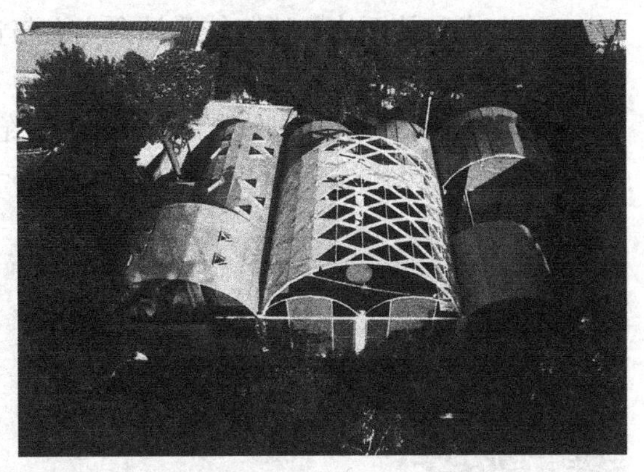

图6–50 伊东丰雄宅

在相当多的情况下，业主是建筑批评的重要主体，甚至在建筑的最初阶段，业主就会为未来的建筑确定方向，定调子，对建筑方案的实现与否及其成败掌握着生杀大权。业主在当代中国的特殊条件下，有着十分巨大的话语权。甚至可以说，建筑是和业主共同诞生与成长起来的，有什么样的业主，就会有什么样的建筑。历史上，业主对建筑事业发展的贡献是无可否认的。无论是暴戾的君主，还是颐指气使的贵族、教皇和宗教团体，或者是城市的代表，或者是我们通常所说的领导，都对建筑的繁荣和发展作出了不可磨灭的贡献。在某种意义上说，业主代表了社会的需要，反映了社会的政治、伦理、经济、文化和思想水平。业主往往是建筑的投资者、投资者的代理人，或者是投资的经营者。他们的意见及个人的好恶对建筑的成败具有举足轻重的作用。实际上，建筑师有两个业主：一是有土地使用权或产权的业主，就是建筑的投资者；二是代表国家、公众和城市利益的规划部门、交通管理部门及其他政府部门，这些部门代表了国家和公众利益，对于城市空间和环境的整体发展负有重要的责任。

出于各种原因，业主在决策前无疑已经研究过许多已建成的建筑，对自己将要建造或正在建造的建筑有过各种现实的或超现实的想象。业主的组成成分是极其复杂的，既有专业人员、准专业人员，又有在专业水平方面与一般公众几乎没有什么区别的领导、企业家等。对于这个批评群体，有必要深入分析，他们对建筑的批评有时的确是真知灼见，但也有随心所欲的颐指气使，或者两者兼而有之。

在当代中国的特殊条件下，业主与建筑师的关系往往成为一种雇佣关系，业主认为自己的意见总是正确的，这当然可以理解，但是业主往往忘记了在自身领域的成功并不等于他可以在一切领域都能够获得成功。有时候，业主对建筑设计的干预会达到过分深入的细枝末节，以至于从空间布局、立面处理、材料选择到室内设计，都会要求建筑师实现业主的合理或不合理的意愿。有时也会要求建筑师在建筑设计上表达抽象的概念，在建筑上增添非建筑的语言。在这种情况下，建筑师往往被动地作为一名绘图员进行设计，其作用不能充分发挥。许多建筑师都有同感：一名建筑师最大的幸运莫过于遇到一项能让他充分发挥才华的设计，遇到一个开明的业主，能够欣赏建筑师的创作。

苏联在1930年代时曾经将现代建筑运动的先锋建筑与新古典主义之间的学术和流派的分歧归结为社会主义与资本主义的分歧，把建筑作为政治的符号，开创了政治干预建筑创作的先河。历史上有许多将建筑看作是国家和城市的象征的实例，将建筑作为政治或领导人的纪念碑。法国大革命200周年所建造的音乐城、巴士底歌剧院、巴黎国家图书馆等十大建筑也是这种实例。

图6-51 《英国掠影——个人的建筑观》

1984年，正值英国皇家建筑师协会成立150周年，英国的查尔斯王子发动了一场日后被他称为“圣战”的建筑批评行动，并于1989年在双日出版社出版了一本《英国掠影——个人的建筑观》（*A Vision of Britain, A Personal View of Architecture*），同时也有一部同名电视片问世（图6-51）。他在这场“圣战”中大肆攻击“异教徒”、虚无主义者、抽象主义者以及英国许多新建的建筑物，他对伦敦的变化，对圣保罗大教堂地区的变化，城市的轮廓线等，都提出了批评：

“我们正在对我们的首都做些什么？自从空袭之后，我们已经做了什么？对于伦敦最著名的区域之一——特拉法加广场，我们并不是在为国家画廊的优雅的立面设计扩展部分，使它既能与画廊相得益彰，同时又能延续柱子和穹顶的概念，我们好像面对的是一座庞大的装备着报警器塔楼的消防站。如果你把特拉法加广场彻底摧毁，然后邀请一位对整个布局负责任的建筑师重新设计，也许我会对这种高科技的处理方式多一点理解，但是我现在看到的，就像是一个我非常热爱的优雅朋友，脸上长了一个怪异的粉刺。我完全迷惑不解，为什么要把属于画廊的早期文艺复兴时期的绘画挂到新的画廊中，以至于展示具有惊人比例关系的作品的时代精神与环境发生了激烈的冲突？而且，这还不是我的全部困惑。为什么我们不能在设计中用曲线和拱门来表达我们的情感？它们有什么不妥？为什么所有的地方都是竖直的、直线的，没有一点弯曲，只有直角——抑或这是功能的原因？”[31]

他还尖锐地批评了国内外的一些建筑师，包括英国的建筑师詹姆斯·斯特林、菲利普·道森（Philip Manning Dowson, 1924–）、奥雅纳（Ove Nyquist Arup, 1895–1988）等。查尔斯王子指责道森缺乏人性，将道森和奥雅纳事务所在圣保罗大教堂地区的规划比喻成监狱，称之为一种被水淹没的古典主义，批评建筑师没有全身心投入等。不仅如此，查尔斯王子还亲自干预并操纵开发商的合法程序。因此，在英国，有人甚至把查尔斯王子比作希特勒，认为他的品位很有问题，相当多的人反对他对决策的干预。

查尔斯王子在书中批评了詹姆斯·斯特林所设计的位于城市中心保护区的一幢纪念碑式的雄伟建筑将取代由贝尔切事务所（John Belcher, 1841–1913）设计的具有晚期维多利亚风格的马平和韦布大楼（Mappin & Webb Building）以及斯特林设计的另一幢在圣保罗大教堂附近的帕特诺斯特广场（1987），参加该广场设计竞赛的还有矶崎新、诺曼·福斯特等。查尔斯王子认为这些方案都似乎要将圣保罗大教堂置于屋顶像铁刺般林立的监狱之中。[32]

近些年来，中国当代建筑中出现的一些现象是与业主的过度干预分不开的。例如1985年重建的黄鹤楼受到社会政治意识的支配，设计者都期望通过这一名楼的重建来体现时代精神，象征民族的振兴。业主和设计者想要塑造出一座“超过古代”的新楼，在设计任务书中规定要“建设一个社会主义的新黄鹤楼”。因此，在设计中试图创造一种“既似古楼，又非古楼”的雄伟气势。建筑师为今天的时代能使黄鹤楼“毁而愈新”而感到骄傲，而实际造成的结果则是历史意义、文化意义的遗失，上千年流传下来的黄鹤楼的诗意荡然无存。由此而产生的一个方面是极其抽象的看字识图式图喻，另一方面则是极其具象的看图识字式直喻。1972年建于郑州市中心的“二七纪念塔”用两座连体塔楼图解“二”，用九层塔体来表示“二”和“七”，连在一起的基座代表党的统一领导（图6–52）。某城市于1990年代中期新落成一栋市政府大楼，用一座圆柱形的大楼表示“一个中心”，然后用展开的两翼表示“两个基本点”，左右分列的柱廊有四根圆柱，寓意“四项基本原则”。

4）商业化的业主和理性的业主

2008年，上海北外滩白玉兰广场的建筑方案征集中，开发商的老板颇为得意地将他投资开发的外滩中心建筑的王冠状顶部形容为王后的王冠，东方明珠电视塔是国王的权杖，而将要开发的白玉兰广场的建筑顶部应该是国王的王冠，误把城市空间看成是他的私人王国（图6–53）。

当前在全国仍然流行的所谓欧陆式建筑主要是开发商推波助澜的结果，开发商之所以热衷于这种时间和空间都错位的欧陆式建筑，一方面是为了迎合他们所服务的业主的需求，另一方面也是他们自身的品位使然。2003年以来，沿苏州河的原公济医院大楼被拆除，开发商几经易手，方案也做过多轮。由于这

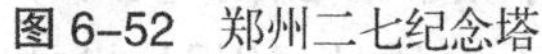

图 6–52　郑州二七纪念塔　　图 6–53　外滩中心的王冠

块基地处于外滩历史文化风貌区的范围内，邻近又有重要的国家级文物建筑——邮政大楼（1926），方案需经国家文物局审批。2010 年接手开发的业主仍然热衷于欧陆式，不顾专家组和管理部门的反对，坚持让擅长仿欧洲古典风格的建筑师设计（图 6–54）。

业主是一个非常复杂的社会群体，他们中有许多人受过良好的教育，对建筑有着深厚的感情，甚至激情，能够认真听取建筑师和专家的意见。2010 年，复旦大学管理学院拟建新楼，邀请了美国 KPF 建筑师事务所、西班牙 EMBT 建筑师事务所、法国铁路建筑设计公司、台湾大元建筑师事务所四家建筑师事务所，经过中期审查和终审，选出了 KPF 建筑师事务所和 EMBT 建筑师事务所的方案进入第二轮设计竞赛。在第一轮方案中，业主倾向于选择 KPF 的方案，这家事务所设计过美国某大学的管理学院（图 6–55）。两家事务所的方案有很大差异，KPF 的设计注重形象，表现出一种纪念性的造型；而 EMBT 的设计比较内敛，注重功能和室内空间。2011 年 6 月 20 日，在两家事务所提出修改方案后，复旦大学管理学院的 8 位院领导经过讨论，有 6 位选择了 EMBT 建筑师事务所的比较理性的方案。次日，在专家组评审时，在尚未公布复旦大学管理学院选择结果的情况下，8 位专家中也有 6 票选择了 EMBT 的方案。EMBT 建筑师事务所的建筑师贝妮代塔 · 塔利埃布（Benedetta Tagliabue，1963–）曾经设计了 2010 年上海世博会的西班牙馆，她对复旦大学管理学院新楼的设计充

图 6–54　某广场的建筑方案

图 6–55　KPF 事务所设计的复旦大学管理学院新楼方案

图 6-56 EMBT 事务所设计的复旦大学管理学院新楼方案

满了激情。EMBT 的第二轮方案比起第一轮的设计有很大的改进，这也是业主选择了这个方案的原因所在，同时，业主也认真研究比较了这两个方案，更注重功能，而不是形象（图 6-56）。

6.4 中国建筑师

中国古代社会历来轻视自然科学、技术科学和工匠，“道器分涂”，视之为形而下。中国古代的建筑家，历来社会地位不高，史籍中很少有记载。历史上伟大的建筑总是归功于君王，中国古代并不存在“建筑师”这一称号，古代的匠师、都料匠（掌管设计和施工的木工匠师）或者样师（负责设计图纸、制作烫样、估工算料等的匠师），可以说就是建筑师，真正意义上的中国职业建筑师是从近代开始的。直至今天，中国建筑师的社会地位虽然有所提高，然而仍然被看作是服务性行业。当代中国建筑师已经逐渐走出边缘化的境地，创造出大量足以载入世界建筑史册的作品。

6.4.1 中国古代建筑师

传说中的上古时代“构木为巢”的有巢氏可以说是中国第一位建筑师，距今大约已经有一万年。尧舜时期，作为工匠的垂以及作为工官的鲧和禹等，严格而言，他们是工程师。历史上也记载了周公旦（姬旦，公元前 11 世纪）和建筑师弥牟营造洛邑的事迹。历史上的建筑师主要是建筑匠师，或者是由匠师擢升掌管建设事务的官员，公元前 5 世纪的鲁班可以说是中国早期建筑师（建筑匠师）的代表。西汉学者扬雄（字子云，公元前 53- 公元 18）的《将作大臣箴》生动地描写了中国古代建筑师的工作：

“侃侃将作，经构宫室。墙以御风，宇以蔽日。寒暑攸除，鸟鼠攸去。王有官殿，民有宅居。”

1）中国建筑师溯源

中国历史上的建筑师，大多是实际承担建造职责的匠师。由朱启钤（字桂辛，

1872–1964）辑录，梁启雄（字述任，1900–1965）和刘敦桢（字士能，1897–1968）校补的《哲匠录》考证了历史文献，辑录了从唐虞时代至近代的四百多位匠师和建筑师。中国古代的匠师和建筑师或者是像春秋时期的鲁班，唐代的阎让（字立德，？–656），北宋的喻皓（？–989），明代的陆贤、李善长、汤和、吴良、蒯祥（字廷瑞，1397–1491）、杨青、陆祥、蔡信，清代的雷发达（字明所，1619–1693）家族那样的匠师，或者是像明代的张连（字南垣，1587–1671）、周秉忠（字时臣）、计成（字无否，1582–1642），清代的张然、叶洮（字金城）、李渔（字谪凡，号笠翁，1611–1680）、仇好石（1723–1795）、戈裕良（字立三，1764–1830）那样的造园家，或者是曾任北魏将作大匠的蒋少游（450？–501）、隋朝的工部尚书宇文恺（字安乐，555–612）、北宋的将作监少监李诫（字明仲）、宦官梁师城那样的主管工程的官员。

鲁班是中国古代著名的建筑工匠和创造发明家，姓公输，名般，是春秋时代的鲁国人，大约生于公元前507年。因般与班同音，古代通用，所以称为鲁班。两千多年来，鲁班一直被我国的建筑工匠奉为祖师。

蒋少游是北魏时期的建筑家，他出身于士族，有文才并善于作画，曾主持过洛阳的宫殿和苑囿的规划和建设，也曾为宫殿建筑绘制壁画。

隋代的宫廷建筑师宇文恺，京兆（今陕西西安）人，是我国古代一位优秀的建筑家，担任过隋朝的工部尚书，他曾参与隋朝的许多重要工程，例如营建隋朝宗庙，营建仁寿宫（593），参与新都大兴城（582）和隋东京城（605）的规划与建设等。相传，宇文恺著有《东都图记》二十卷，《明堂图议》二卷，《释疑》一卷等著作。他曾在建筑设计中使用比例尺绘制图样，制作模型。根据文献记载，我国早在汉代就有了图样，隋代的宇文恺已经开始用1：100比例尺的建筑图样和模型，向隋炀帝介绍明堂的方案，这是用比例尺绘制图样的最早的文献记录。隋代有名的建筑工匠还有594–605年间建造著名的赵州桥的李春。

唐代出现了许多建筑师，《哲匠录》辑录了23人，最有名的建筑师当数阎立德，唐太宗贞观初年任将作少监，他的弟弟就是著名的画家阎立本（601–673），阎立本也是一名建筑师。阎立德本人既是画家，也是建筑工程专家，曾设计建造唐高祖的献陵和唐太宗的昭陵。

北宋初年（公元10世纪中叶）著名的杭州匠师喻皓曾经写过一本《木经》，现已失传，但在宋代著名学者沈括所著的《梦溪笔谈》中，还保存着片段的记载。喻皓是民间匠师，精于木工技术，成为了工程主持人——都料匠，人称“喻都料”，他的另一件重要事迹是于981年至989年主持建造了位于汴京的宋代最大的塔——高111米的开宝寺塔以及杭州的梵天寺塔。

李诫是北宋时代的建筑师和画家，曾经营建了五王府、辟雍、龙德宫、太庙等建筑，编修了著名的《营造法式》共34卷，这部中国建筑史上珍贵的文献在北宋元符三年（1100）编修完成，崇宁二年（1103）刊印颁发。宦官梁师城监造了北宋著名的皇家苑囿艮岳。另外，从宋代的绘画中也已经可以看出当时的建筑图样所能达到的水平。

元大都的规划师是刘秉忠（字仲晦，1216–1274）、郭守敬（字若思，1231–1316）和阿拉伯人也黑迭儿（?–1312）。刘秉忠负责统筹规划元大都，后弃官出家。郭守敬是中国古代最著名的科学家之一，负责元大都的水系建设。1267年，也黑迭儿为忽必烈监造宫殿。元代的北京妙应寺白塔的建筑师是尼泊尔人阿尼哥（1244–1306），他和也黑迭儿可以说是历史记载的最早来中国的外国建筑师。

僧人建筑师对佛教建筑有着重要的贡献，历史上大量兴建的佛教建筑中，僧人及僧人建筑师必定参与其中，但史书少有记载。《哲匠录》记载了晋代荆州长沙寺的建筑师昙翼、隋代的慧达、唐代的薛怀义（？–694）和东林寺的正言、五代的智晖、宋代的道询、明代山西永祚寺的妙峰、清代四川洪塔寺的祖印等。妙峰法师（1540–1612）是永祚寺（始建于1597年）的建筑师，41岁开始建筑师生涯，曾主持修建了大量佛寺建筑、石窟、道路和桥梁。

2）香山帮

苏州香山帮建筑、北京皇家建筑和广东岭南建筑是我国传统建筑的三大流派。苏州香山帮建筑又称苏式建筑、苏派建筑，包括寺庙、会馆、衙署、书院、牌坊、仓库、桥梁、民居及园林等建筑。许多著名的苏州园林和建筑均出自苏州香山帮之手。

苏州香山自古出建筑工匠，因从业者技艺不凡，人称“香山匠人”。香山帮是一个以苏州市吴中区胥口镇为中心，以木匠领衔，集泥水匠、漆匠、堆灰匠、雕塑匠、叠山匠、彩绘匠等古典建筑工种于一体的建筑工匠群体。他们将建筑技术与建筑艺术巧妙结合起来，创立了中国建筑史上的重要一派“香山帮”。

苏州香山帮以蒯祥最为著名，蒯祥本为苏州香山木匠，祖父和父亲都是有名的木匠，后任明工部侍郎，于永乐十五年（1417年）建北京宫殿。1438年，他负责永乐年间被烧毁的紫禁城三大殿的重建工作，天顺末年建裕陵，在半个多世纪中，蒯祥一直是北京那些最重要建筑的建筑师（图6–57）。据《吴县志》记载，蒯祥“凡殿阁楼榭，以至回廊曲宇，随手图之无不中上意者。每修缮，持尺准度，若不经意，既成不失厘毫。有蒯鲁班之称。”

图6–57 北京紫禁城

3）样式雷

明末清初的建筑师还有康熙年间重修紫禁城三大殿的梁九等。清初即在北京供役内廷的建筑匠师雷发达（字明所，1619–1693）在康熙年间曾参加紫禁城三大殿的工程，之后，雷家历代相传在样式房掌案，统领设计事务延续二百多年，祖孙共八代都是清代宫廷设计机构“样式房”的主持者，人称这一家族为“样式雷”、

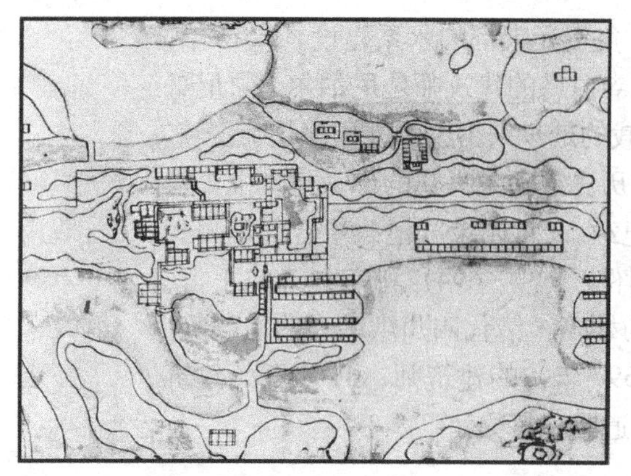
图 6-58 “样式雷”的图纸

“样子雷”或“样房雷”，是中国古代最负盛名的建筑师世家。规模巨大的圆明园、清漪园、玉泉山和香山离宫、故宫、承德避暑山庄、昌陵、惠陵、三海等工程，都由样式雷家主持。样式房兼办内外工程，除工程大木之外，业务范围也包括建筑装饰、工艺美术等，同时也留存下两万余件珍贵的图档（图 6-58）。

6.4.2 近代建筑师

在近代中国，“建筑师”被称为“打样师”、“技师”、“工程师”、“营造师”、“建筑家”或“画则师”。建筑师作为一个正式的称号出现在 1920 年代，作家和文学评论家茅盾（原名沈德鸿，字雁冰，1896–1981）在 1922 年将挪威文学家易卜生（Henrik Johan Ibsen，1828–1906）的剧本《建造匠师》（*The Master Builder*，1892）译成中文时以《建筑师》为标题在《晨报》副刊上发表。

1920 年代和 1930 年代从海外留学归来的建筑师构成了中国近代建筑师的主体，虽然为数不多，他们是中国的第一代职业建筑师。在实践中，他们施展了自己的才华，创造了众多优秀的建筑，在众多外国建筑师面前表现出了中国建筑师群体的活力和能量，奠定了中国现代建筑的基础。同时，他们中的多数人也都参与创办了中国的高等建筑教育，从事建筑教学工作，培养了第二代和第三代中国建筑师。一部分人则研究中国古建筑，在建筑历史和建筑理论方面进行了开拓性的工作。

1）近代建筑教育

历史上的建筑师都是师徒传授，没有正规的建筑教育。近代中国早期的新建筑的设计，基本上被外国建筑师所开设的洋行或打样间所垄断。近代中国的建筑师和土木工程师的成长道路，或者是在外国建筑师开设的洋行和打样间等设计机构中通过设计实践逐渐成长起来的技术人员，或者是在国内、国外的大学经过专业教育培养的人员。我国近代土木工程师的出现先于专业建筑师。

中国近代建筑教育主要受美国引进的法国学院派传统的影响，个别学校也受到日本近代建筑教育体系的影响，视各所建筑学校奠基人的背景而定，建筑学科的设立则较多地受到日本建筑教育的影响。近代中国的土木工程教育早于建筑教育。1866 年洋务派兴办的军事学堂中，有部分土木工程的科目。1872 年起，赴国外学习的留学生中，有专攻土木工程的，例如我国最早留学美国学习建筑工程学的建筑师庄俊（字达卿，1888–1990）就是学土木工程的。1903 年，天津北洋大学堂正式成立了土木工程科。山西大学堂、京师大学堂也分别在 1907 年和 1910 年相继开设土木科。到 1910 年，全国已经有了 12 所开设土木科的学校。

中国的近代建筑教育从 20 世纪初开始萌芽，先是 1902 年颁布的《钦定京师大学堂章程》和 1903 年的《奏定高等学堂章程》列入了土木工程和建筑学科目并引进了日本的教程。在近代中国教育体系中，建筑作为一门独立学科的设立最早当属 1904 年京师大学堂学制所列的“建筑学门”，不再视作典章制度的一部分，而是作为工学的一个门类。[33] 1906 年，江苏铁路学堂开设建筑班。1910 年，农工商部高等实业学堂开设建筑课程，张锳绪（字执中，1876－？）任教授，张锳绪是中国近代第一位建筑教育家，他曾在日本留学，著有我国第一本用科学原理著述的介绍西方近代建筑学的教科书《建筑新法》（1910），综合了房屋构造、施工方法和各种类型建筑的设计知识。此后，建筑师葛尚宣（字布生，1896－？）于 1920 年出版了《建筑图案》一书，介绍各种类型建筑的设计以及建筑各部构件的设计，他极为崇尚西方的科学与技术，倡导向西方学习建筑艺术与技术。

1923 年，苏州工业专门学校设立了建筑科，创办时的系主任是柳士英，当时的教师还有 1922 年从日本东京高等工业学校建筑科留学回国的刘敦桢、朱士圭（1892–1981）和黄祖淼等。出身营造世家的姚承祖（字汉亭，1866–1938）也曾任教授，著有讲稿《营造法原》。苏州工业专门学校建筑科的办学方式带有日本建筑教育注重建筑工程实际的特点。1927 年，这所建筑学校并入南京中央大学改为建筑工程系。

中国现代建筑教育的奠基人梁思成于 1924–1927 年在美国的学院派建筑教育的中心——宾夕法尼亚大学建筑系学习，1928 年回国后，创办了东北大学建筑系，并担任系主任，1946 年创办清华大学建筑系。当时在宾夕法尼亚大学建筑系学习的中国留学生占在美国学习建筑的留学生的几乎半数，他们是范文照（1893–1979）、朱彬（1896–1971）、赵深（字渊如，1898–1978）、童寯、吴景奇（字敬安，1900–1943）、卢树森（字奉璋，1900–1955）、杨廷宝（字仁辉，1901–1982）、陈植（字直生，1902–2002）、李杨安（1902–1980）、黄耀伟（1902－？）、谭垣（1903–1996）、林徽因（1904–1955）、过元熙（1905－？）、王华彬（1907–1988）、哈雄文（1907–1981）等。

中央大学（1927）、北平大学（1928）、勷勤大学（1932）、天津工商学院（1937）、之江大学（1940）、重庆大学（1940）、圣约翰大学（1942）等都相继成立建筑系。

中国近代建筑教育的另一个流派是 1940 年由哈佛大学研究院毕业回国的黄作燊（1915–1976）筹建的同济大学建筑系的前身之一——圣约翰大学建筑系。1941 年由奥地利维也纳工业大学建筑系毕业回国的冯纪忠担任了同济大学建筑系的系主任，采用的是包豪斯的现代建筑教育体系，开创了中国的现代建筑教育。

2）中国第一代建筑师

20 世纪初，第一批在西方留学学习西方建筑学的中国学生陆续回国，从事建筑设计行业，形成了近代中国的第一代建筑师。1920 年代以后，则有大批留学生回国。这些第一代建筑师中，最早学成回国的是毕业于美国伊利诺伊大学（厄尔巴拿－尚佩恩校区）土木工程系，获学士学位，于 1914 年回国的庄俊。庄俊于 1927 年与其他建筑师共同发起成立中国建筑师公会，1931 年改称中国建筑师学会，并担任第一任会长。庄俊曾在北京、天津、上海、汉口等地设计了一批西方古典主义风格的公共建筑。1918 年毕业于美国康奈尔大学的吕彦直（字仲宜，又字古愚，1894–1929）原来是学电学的，后来改学建筑。他曾于 1925 年 9 月荣获孙中山陵墓设计首奖。随着 1910 年代第一批留学西方学习西方建筑学的中国学生学成回国，1920 年代后大批留学生回国，其中大部分都在上海开业，从事建筑设计工作。

图 6–59　1933 年中国建筑师协会上海会议合影

他们一开始的作品风格以西方古典主义为主，但只有少数中国建筑师从事西方古典主义风格的探索，而且为时不久即转向中国传统形式古典主义，或者转向“国际式”风格。1920 和 1930 年代，中国建筑师的人数开始有了比较大的增长，在上海、南京、天津等城市组成了一批建筑师事务所（图 6–59）。

第一代建筑师中的一些主要建筑师，如庄俊、罗邦杰（1892–1980）、范文照、赵深、董大酉（1899–1973）、杨锡镠（字右辛，1899–1978）、童寯、李锦沛（字世楼，1900– ？）、吴景奇、梁思成、杨廷宝、陈植、奚福泉（字世明，1902–1983）、林徽因、陆谦受（1904–1991）、吴景祥（1905–1999）等都积极推动了现代建筑的发展。

中国第一代建筑师遇上 1920 和 1930 年代的城市化发展时期，获得了大量的建筑创作机遇，他们也都保持了当时的国际先进水平。在新中国成立后的 1950 年代，他们中的大多数仍然在设计第一线工作，进入国营建筑设计院工作，也遭受过历次政治运动的批判。

6.4.3　中国当代建筑师

建筑师的社会地位和影响对于建筑的发展具有至关重要的作用，相对而言，中国建筑师的地位和影响是十分有限的。中国也有一些著名的建筑师，像梁思成、杨廷宝等，他们的影响也为社会所承认，他们的批评和观点也在相当程度上决定了中国建筑的发展方向。可是，就总体来说，中国建筑师的地位还没有得到足够的尊重。他们的工作虽然已经被社会承认是有用的，然而，权势话语和经济地位的影响力要远远超过中国建筑师的能力。在中国，建筑师至今被视为服务性行业，建筑师的社会地位和经济地位仍然远低于他们的大多数国际同行。

图 6–60　雷姆 · 库哈斯

1）中国建筑师的社会地位

中国建筑师历来在社会上缺乏话语权，在业主的权势话语面前，他们也没有太多的发言权，中国建筑师的社会地位要比世界上大多数国家的建筑师低。中国的第一代建筑师绝大部分是 20 世纪 20 和 30 年代从海外留学归来的建筑师，他们需要与统治中国建筑市场的外国建筑师争夺建筑设计的话语权，这种竞争基本上是平等的，而中国当代建筑师与外国建筑师的竞争在很大程度上是不平等的，甚至经常会被排除在邀请招标的行列之外，这些招标只邀请外国建筑师参加。

库哈斯在《大跃进》（*Great Leap Forward*, 2002）一书中，对中国当代城市和建筑的发展提出了尖锐的批评，他夸张而又调侃地说（图 6–60）：

“世界上最重要、最有影响力、最强大的中国建筑师，他们的职业生涯中，仅只计算所设计的住宅数量就相当于36幢30层的高层建筑。中国建筑师在最短的时间内，以最低的设计费，设计了最大数量的建筑。中国建筑师的数量是美国建筑师的1/10，在1/5的时间内设计了5倍数量的建筑，而他们的设计费只有美国建筑师的1/10。这就是说，中国建筑师的效率是美国同行的2500倍。”[34]

尽管这种说法有些刻薄，但也并非空穴来风。

网上有一篇文章是这样描述中国建筑师之最的：“中国建筑师是世界上最劳累的建筑师，因为他们在一个月内要完成‘洋’建筑师一年的工作；中国建筑师是世界上最轻松的建筑师，因为他们在这个以量为需求的时代，复制替代了创意；中国建筑师是世界上最幸运的建筑师，因为他们一年内签订的项目数量是‘洋’建筑师一辈子签订的数量；中国建筑师是世界上最不幸的建筑师，因为他们为了应付史无前例的工作量和饭碗，舍弃了自己的梦想，迷失了建筑的价值；中国建筑师是世界上最贫穷的建筑师，因为他们辛苦一年获得的报酬仅是‘洋’建筑师一月的薪金；中国建筑师是世界上最富有的建筑师，因为他们工作简历上所列设计作品的数量足够他们一生炫耀；中国建筑师是世界上最没创意的建筑师，因为他们完成全部施工图纸所用的时间比‘洋’建筑师构思一个方案的时间还要短；中国建筑师是世界上最有创意的建筑师，因为他们用十天就能构思出一栋屹立百年的建筑；中国建筑师是世界上最苦的建筑师，因为他们做不了自己的主宰……”

优秀的作品需要土壤培植，需要有让建筑师脱颖而出的环境，而目前中国对待建筑师的态度，在一定程度上依然沿袭了封建社会对待匠人的传统，视建筑师为服务性行业。业主可以对建筑师颐指气使，或者就像古代西方贵族对待被他们保护的艺术家那样，对建筑师和建筑的形式“指点江山”。在这样的条件下，建筑只是业主的绘图员，是业主的附庸，业主通过建筑师的手来捏造形象。没有受过专业训练的业主有什么样的水平，建筑也就只能有什么样的水平，建筑师的作用变成加入一些调料，掺加一些色彩而已。社会的分工被资本的权势所取代，建筑话语被业主或代表资本或权力的威势性话语所取代。建筑师从建筑的中心地位排斥到边缘的地位，其后果当然是大量水平不高的建筑充斥了城市的空间。

相比之下，有些国家对建筑师的尊重值得我们深思。有的国家以建筑师作为民族的光荣，国家最高领导人出席颁发建筑奖的典礼，将建筑师的肖像镌刻在象征国家的纸币上，为建筑师举行国葬等。例如美国总统里根（Ronald Reagan, 1911–2004）在1986年美国的国庆节为贝聿铭授勋，在大多数情况下，美国总统都要出席普利兹克建筑奖在美国的颁奖仪式（图6–61）。瑞士将勒·柯布西耶的头像印在10瑞士法郎的纸币上，法国曾为勒·柯布西耶举行国葬。欧元发行前，阿尔瓦·阿尔托（Alvar

图6–61 美国前总统克林顿出席波赞帕克普利兹克奖的颁奖仪式

Aalto，1898–1976）出现在50元面值的芬兰马克上，20元面值的英镑上可以见到苏格兰新古典主义建筑师亚历山大·“希腊人”汤姆森（Alexander ‘Greek’ Thompson，1817–1875），斯洛文尼亚将建筑师约热·普里契尼克（Jože Plečnik，1872–1957）的肖像印在纸币上，纸币的背面是他在卢布尔雅那设计的国家图书馆。苏联设立的列宁文化金奖每年颁发三枚，其中一枚规定必须颁给建筑师。

中国的建筑师如梁思成等的肖像曾经印在邮票上。有少数年轻的明星建筑师也像影视或体育明星那样成为商业广告的模特，不过只限于厨房用具和复印机等的广告，他们在社会上的影响力远不如影视和体育明星。

当今社会上流行的功利主义价值观引发了急功近利和短期行为，而且这一现象已经深入影响到各个领域。几乎一切项目都求快，大跃进的思维方式依然在相当大的程度上主宰着我们的城市建设和建筑领域，这个思潮在相当大的程度上也影响了中国建筑师的建筑思想。在这样的情况下，一方面是中国的建筑师与发达国家在人均数量上相比，几乎只是他们的1/10甚至1/20，建筑师的担子十分沉重。另一方面，建筑师本身的素质难以担当如此重要的任务，大量粗制滥造的设计本身也渐渐腐蚀了建筑师。

扎哈·哈迪德评价中国是“一张可供创新的神奇空白画布”[35]，她在中国就“画”了一些神奇的作品，广州歌剧院也许还是她在中国最不出格的作品，与常见的歌剧院的区别只是用一个覆土的大平台将建筑的下部遮盖，地下空间比较复杂而已，歌剧院的室内虽然与众不同，但是观众厅的声学效果仍然很好（图6–62）。美国SOM事务所香港办事处的建筑师安东尼·费尔德曼认为，在中国“你可以看到别的国家脑筋清楚的人不可能会盖的东西”。[36]

就中国建筑师的边缘化现象而言，一方面应当反思中国建筑师自身的问题，另一方面也应当反思一下中国的教育制度和建筑教育问题，其本质是价值体系的偏移和文化中心地位的丧失。回顾中国建筑师在近60年间的创作，我们清楚地看到，中国的建筑师正在不断成长，中国建筑师在探索建筑的现代性和建筑文化方面已经取得了相当大的成绩，正在创造出一代又一代的优秀作品，其中有许多足以载入世界建筑史册的作品。自20世纪以来，在建立中国建筑的话语系统，探索并实现中国建筑的生命精神方面，一代又一代中国的建筑宗师为之奋斗终生，作出了伟大卓绝的贡献，他们以自己的建筑思想、建筑教育和建筑设计实践奠定了现代中国建筑之路。然而，建筑是一个永远在持续发展的领域，我们仍然必须寻找一条在全球化背景下适合中国社会与中国城市发展的建筑之路。

2）创造未来的中国建筑师

中国当代建筑师按照杨永生的《中国四代建筑师》（2002）的定义，当属仍在从事建筑设计的第三、四代建筑师，以及之后的年轻的第五代建筑师。按照他们所归属的单位或机构，可以划分为五类：在国营设计院体制内工作的建筑师；在大学建筑学院或建筑系工作并同时从事教学、研究和设计的建筑师；开设民营建筑设计院或事务所的建筑师；在民营建筑设计院或事务所，包括境外建筑师事务所工作的建筑师；在企业或房地产公司工作的建筑师。他们中的大多数都毕业于建筑院校，其中有相当一部分还毕业于境外的建筑院校。

图 6–62　哈迪德设计的广州歌剧院

图 6–63　崔恺

中国年轻一代建筑师正在成长，在国际建筑界的影响也越来越大，国际建筑展经常邀请他们参加，在国外已经可以见到他们的设计作品，他们中的佼佼者有张永和、王澍、马清运、崔恺等（图 6–63）。

3）中国大陆的建筑教育

指导中国大陆建筑教育的机构是教育部和住房与城乡建设部，建筑学专业指导委员会和建筑学专业评估委员会由住房与城乡建设部领导，而专业的设置和学位教育则归国务院学科评议组负责。中国大陆的建筑教育从 1980 年代以来有了很大的发展，截至 2010 年 9 月的统计，全国高等学校中已有 228 所大学开设了建筑学专业，在校学生数已达 20000 人左右。另外，有 175 所大学开设城市规划专业，184 所大学开设风景园林专业，近 180 所中等专业学校开设了建筑设计和建筑装修等课程，以培养初级的建筑设计人才。从 1992 年起，国务院学位办公室和国家教育委员会批准设立了建筑学学士学位。

今天的建筑教育体系与实行注册建筑师的制度是密切结合在一起的。我国在 1995 年颁布《中华人民共和国注册建筑师条例》之前，首先从 1991 年起对建筑院校进行评估，截至 2012 年 5 月，已有 48 所高等学校的建筑系通过了建筑学专业评估。从 1995 年全国实行注册建筑师考试和考核制度以来，到目前，已有 28000 多名一级注册建筑师和 23000 余名二级注册建筑师。

自 2011 年起，原来的建筑学划分为建筑学、城乡规划学和风景园林学三个一级学科。建筑学一级学科下设：建筑设计及其理论、建筑历史与理论、建筑技术科学、城市设计及其理论、室内设计及其理论、建筑遗产保护及其理论等研究方向。以上的分科有利于专业化和学科发展。

对建筑师的培养涉及我国的教育制度，中学阶段对于一个人以后的发展至关重要，而学校高中阶段的文理分科只是为了大学的入学考试，对学生的全面发展不利。作为培养未来大学生的中学，人才培养上的实用主义已经严重影响了基础教育。为了适应高考制度，中学阶段忽视科学教育和审美教育，培养的是能考入大学的人才，而不是社会需要的专业人才，学校渐渐失去了文化的核心功能。在这种情况下，进入大学学习建筑学之前的基础先天不足。另一方面，中学教育的功利化又将本应作为工具的外语和计算机转变成为教学的核心。此外，建筑学专业的学生缺乏文学修养，历史、地理知识贫瘠，大学又不可能去补中学的课程，如此造成学生人文素养的缺失。大学建筑学教育应当提倡建筑师的全面发展，但是，由于偏重工具理性，而忽视终极理性，长此以往，很难培养出具有崇高的社会责任感的建筑师。

我们曾经在2009年作过一次统计，在我们主讲的建筑评论课上，对建筑学本科四年级的学生作了一个关于课程比例的问卷调查，尝试简单地用语文课和外语课的比例来反映建筑学学生的人文素质。总共有来自全国各地的学生97人填写了问卷，他们在小学时期的语文课与外语课的课时比例为6.71∶1，初中时期为1.02∶1，高中时期为0.97∶1，大学时期仅为0.032∶1，平均比例为1.33∶1。这说明，学生的语文功底不够扎实，学语文所花的时间与学外语的时间相近，而我国的外语教学又基本上只是一种工具性的学习。

2011年，又作了一次更全面的问卷调查，小学时期的比例为2.69∶1，初中为1.06∶1，高中为0.99∶1，大学为0.44∶1，平均为1.17∶1。两次调查的结果基本接近，虽然课时数不能代表学生学习语文的全部时间，他们在课外必然也在阅读和学习，但仍然可以从一个侧面反映学生的人文素质培养的缺陷。

2011年的问卷调查还涉及学生最喜欢的5部小说、5本艺术史和艺术类图书、5部历史著作、5位中外音乐家和歌手、5位中外艺术家、5位作家或诗人、5个中国历史建筑作品、5个外国历史建筑作品、5位当代中国建筑师和5位当代外国建筑师。从统计来看，学生们涉猎的面十方广泛，但是缺乏系统的知识，与专业有关的问题相对比较集中，关于艺术家、作家或诗人、音乐家和歌手的答案则相当分散，当代前卫艺术家和历史上的艺术家平分秋色，最喜欢的当代中国建筑师则是实验性前卫建筑师王澍、张永和、马清运、刘家琨、冯纪忠等，最喜欢的5个当代中国建筑师作品是方塔园/何陋轩、中国美术学院象山校区、苏州博物馆、青浦夏雨幼儿园、同济大学中法中心等，最喜欢的5位当代外国建筑师是雷姆·库哈斯、阿尔瓦罗·西扎（Alvaro Joaquim de Melo Siza, 1933–）、安藤忠雄、彼得·卒姆托（Peter Zumthor，1943–）和妹岛和世（Kazuyo Sejima，1956–）等。

6.5 建筑师与创造性

我们已经讨论了建筑批评的价值论的问题、符号论的问题，也讨论了建筑师的工作和意义。然而，建筑师的特点是从事建筑创造，创造必然涉及创造性的问题。创造性具有原创性、创新性、生产性的意义，创造性又称创造力，蕴含了想象力和对未来的远见的意义。《不列颠百科全书》对创造性的定义是："创新的能力。所谓创新，可以是提出解决问题的新途径，完成一项新设计或新方法，或是创造一种新的艺术形式等。"《辞海》的定义是："对已积累的知识和经验进行科学的加工和创造，产生新概念、新知识、新思想的能力。大体上由感知力、记忆力、思考力、想象力四种能力构成。"

创造性这个词在历史的进程中增添了许多不同的内涵，其词源Creare在拉丁文中最早的意义与"某种被创造出来的事物"、"过去的事件"等，有着内在的联系，表示制造或生产，一种人为的创造，是从无到有。在中世纪，惟有造物主能够创造，被创造者是没有能力去创造的，因此，人类最多只能模仿。Creative（创造性的）这个词最早出现在英国哲学家卡德沃思（Ralph Cudworth，1617–1688）于1678年出版的一部著作中，它与"艺术"和"思想"相关联。19世纪初，创造性这个词充满高度的自主意识，意指“人的心智能力”。在20世纪，创造性成为一个普遍的语汇，意指“心智能力”，强调人的能力。如果将词义扩大并延伸，也可用来表示思想、语言和社会实践活动。

创造性必须建立在科学和理性的基础上，不同领域的创造性是不同的，建筑师的创造必须将工程技术创造与艺术创造相结合。美国心理学家、哲学家唐纳德·麦金农（Donald Mackinnon，1913–1994）在1962年曾结合艺术、科学、技术等方面对创造性的理解，对创造性下过比较全面的定义：

“创造性的含义指某一想法（或反应）是新颖的，至少在统计上是鲜见的。但这种思想或行动上的新颖只是创造性的一个必要方面，还不是全部。若认为某一反应是创造过程的组成部分，则在一定程度上必须是适应现实的，适合一定情况，能解决一定问题，完成某种可识别的目标，而且真正的创造性还包括对新颖领悟的持续、评价、完善和充分发展。”[37]

麦金农认为艺术和科学的创造性在本质上是一致的，建筑师典型地代表了人的创造性。麦金农的定义建立在全面发展的建筑师的基础上，建筑师的创造将科学、工程技术和艺术融为一体。建筑师的工作永远是需要并具有创造性的工作，建筑师面临的任务总是新的，即使是遇到同样的建筑类型，其基地、规模、环境等也总是新的。本节的目的不是讨论如何创造，或如何具有创造性，而是讨论与创造性有关的因素。

6.5.1　创新和创造性

创造性的核心要素是创新，创新是近年来出现频率极高的一个名词，创新包含了创造、创作、创造性等内涵。由感知能力、记忆能力、思考能力和想象能力构成的创造性是对已经积累的知识和经验进行科学加工和创造，产生新概念、新知识、新思想的能力。创造性是创造才能、创造过程和作品的统一。

1）创新与创造

创新也在于发现问题，从理论和实践上解决问题。创新可以分为表现创新、生产创新、发明创新、革新创新和呈现创新等。表现创新是一种独立的表现，不涉及产品的性质。生产创新是创造者掌握住某些环境条件，生产出某种客体。发明是创新，是对旧有部分的新的使用。革新创新是发展新的观念、新的原理或新的理论。呈现创新是从所提供的一般经验中生产出完全不同事物的能力。[38]

创新的核心不是新，而是创造性。创新取决于社会的需要，创新首先要有创新意识，是想象力的发挥。创造离不开社会、历史和文化环境的制约，因此还要有创新的社会生态环境，既有创新的文化环境，也有机制和政策环境、社会环境。创造者是既有科学技术素质，又有正确的思维和思想指导的人，创造者既要有自然科学和技术科学的基础和能力，也要有社会科学的基础和文化素质。

创新并不只是指创造新的，出现以前没有过的东西，并非新的就是好的，旧的都是不好的。1990年代中期的上海曾经提倡城市建设要“一年一个样，三年大变样”，创新在某种程度上与新和变有某种联系，但是需要确定什么是变，变什么，什么是新，怎样新。单纯提倡求新求变，而不考虑为什么要新，为什么要变，其实不是创新。在大变样的过程中，有些历史建筑在发展过程中被认为是旧的、落后的东西，被拆掉然后造新的建筑。但很多时候新造的东西品质不高，没有牢固的基础，也没有经过时间的考验。创造和创新涉及的面十分广泛而又深入，不仅涉及自然科学、技术科学，也涉及社会科学和政治、经济、文化、教育等领域的深层次问题，当然也包括城市的创新。

我们在创新的同时，需要知道创新的坐标。尤其是涉及文化、涉及传统的领域时更是如此。必须尊重环境，尊重原有的建筑传统。英国建筑师奇普菲尔德（David Chipperfield,1953－）认为：

“思想在任何实验室都应占主导，同时也应联系现实。思想和现实之间的关系愈益具有试验性，一方面可以诞生奇妙的思考，偶尔，这种思想也会体现在建筑作品上，然而，我们不应忘记什么是正常的状态。”[39]

创新的核心是创造性，创造是指产生出前所未有的观念、事情、作品或产品，也包括发明创造在内。创造包括理论创造、工程创造、技术创造和艺术创造，创造就是去面临挑战，解决人类从来没能解决的难题，科学是这样，工程是这样，建筑也同样如此。设计任务会为设计的创造性思维提供方向，建筑师在满足设计任务的需要时有可能导致创新。创造和创新涉及的面十分广泛而又深入，不仅涉及自然科学、技术科学，也涉及社会科学和政治、经济、文化、教育等领域的深层次问题。

创造需要艰辛的努力，晚清学者王国维在《人间词话》中用宋词中选出的三段描述比喻如何做学问，他指出：“古今之成大事业、大学问者，罔不经过三种之境界：‘昨夜西风凋碧树。独上高楼，望尽天涯路。’此第一境界也。‘衣带渐宽终不悔，为伊消得人憔悴。’此第二境界也。‘众里寻他千百度，蓦然回首，那人却在，灯火阑珊处。’此第三境界也。”三种境界分别摘自三首宋词，第一境界选自晏殊（字同叔，991－1055）的《鹊踏枝》：“槛菊愁烟兰泣露。罗幕轻寒，燕子双飞去。明月不谙离恨苦，斜光到晓穿朱户。**昨夜西风凋碧树。独上高楼，望尽天涯路。**欲寄彩笺无尺素，山长水阔知何处。”第二境界选自柳永的《蝶恋花》：“竚倚危楼风细细。望尽春愁，黯黯生天际。草色烟光残照里，无言谁会凭栏意。拟把疏狂图一醉。对酒当歌，强乐还无味。**衣带渐宽终不悔，为伊消得人憔悴。**”第三境界选自辛弃疾的《青玉案·元夕》：“东风夜放花千树，更吹落、星如雨。宝马雕车香满路。凤箫声动，玉壶光转，一夜鱼龙舞。蛾儿雪柳黄金缕，笑语盈盈暗香去。**众里寻他千百度，蓦然回首，那人却在灯火阑珊处。**”事实上，王国维的概括本身也是一种创造，是他的广博学识的积累和表达。

创造者首先应该具备创造精神和创造能力，创造性和想象力来自创新思维。发现相对论的科学家爱因斯坦（Albert Einstein，1879－1955）曾经说过：“想象力比知识更重要，因为知识是有限的，而想象力概括着世界上的一切，推动着进步，并且是知识进化的源泉。”想象力支配并指导着创造性的实现。任何创造都首先是一种思维方面的创造，先有意识上的创造，然后才是物质形式的创造。科学家也需要想象力和艺术的熏陶。

2）创造的基本前提

创造是一种以目的为引导的活动，创造需要有基本的前提，包括偶然性前提、个人的心理前提和社会文化前提等。偶然性前提是在创造者之外的一切事物，一个人不能凭空创造出新东西，创造需要某种环境，这种环境能提供文化熏陶以及各种刺激。此外，创造离不开社会、历史、文化环境的制约。

个人的心理生活前提属于一切可包括在想象和无定形认识（内觉）的范畴之内的心理活动，对想象的加工和润饰。社会与个人两者对于创新和创造都非常重要，涉及的面不仅是自然科学、技术科学，也会涉及社会科学、政治、经济、文化、教育等领域的深层次问题。整体的文化状况，对于创造力的发展具有非常重要的作用。对建筑师的创造来说，非常重要的是一种社会的生态环境，只有这种社会的生态环境和文化积累提供了这种因素的时候，才能够创新，才能够发明。文艺复兴时期出现了大量的艺术家和建筑师，正如德国思想家、哲学家和革命家恩格斯（Friedrich Von Engels，1820−1895）在《自然辩证法》中所赞美的：

“这是人类以往从来没有经历过的最伟大的、进步的变革，是一个需要巨人并且产生了巨人的时代，那是一些在思维能力、激情和性格方面，在多才多艺和学识渊博方面的巨人。”[40]

俄罗斯文学家、诗人普希金（Александр Сергеевич Пушкин，1799−1837）的艺术造诣不是偶然的，他总是花很长的时间思考作品，当一个已诞生的创作思想在脑子里还没有成熟，给自己寻找和谐而完整的素材的时候，有时要拖上一段很长的时间，甚至得等上好几年，才会借助灵感把这些材料变为艺术杰作。

创造性需要环境的培育，尤其是具有创造基因的文化的培育，文化对于创造性的推动具有不可估量的作用，整体的文化状态和氛围对于创造性的发展具有非常重要的作用。美国人类学家莱斯利·怀特（Leslie Alvin White，1900−1975）认为：

“在文化积累能够提供进行综合的各种必要的物质的和观念的因素——物质的和观念的——之前，不可能产生发明和发现，当文化的发展与传播以及正常的文化交流提供了适宜的必要材料时，就一定会产生发明和发现。”[41]

具有创造基因的文化与有潜力的创造个人是创造力的必要条件，社会要提供这样的文化创造的基因，对于个人的创造性，要给予充分的发展机会。创造和创新涉及的面十分广泛而又深入，不仅涉及自然科学、技术科学，也涉及社会科学和政治、经济、文化、教育等领域的深层次问题，我们可以把这种促进创造性的环境称之为社会的文化生态环境。

6.5.2 建筑师的创造性

建筑师的创造性在很大程度上取决于社会的接受程度，建筑不像绘画，即使社会不接受，也能创造出来，可以等待日后社会的认可。社会如果不接受某项建筑设计的话，这种建筑只能以虚拟的方式生存在图纸上，无法成为真正的建筑。历史上有过无数这样的纸上建筑，其中不乏富于创造性的作品。

此外，多元创造性对于创新是至关重要的，也就是说，创造者的多重才能可能促进他的创造性。一个建筑师如果只专注于建筑设计，那么，他的创造性，一般来说，及不上那些多才多艺的建筑师，这也是为什么艺术家建筑师往往比单纯的职业建筑师更富创意的原因。

1）建筑创造的特殊性

建筑的创造在于完美地组织空间，回应地形和环境，整合技术、材料和造型以实现建筑的功能，把握标准，追求尽善尽美，构想出建筑审美的独特性，设计出前人不曾设计的优秀作品。建筑创造包括形式和造型的创造，回应功能方式的创造，生活方式的创造，结构和建构方式的创造，材料和技术应用的创造，节能和生态环保技术和方法的创造，回应地形和基地环境的创造，室内外环境艺术的创造等。

美国心理学家麦金农认为，无论是艺术创造性还是科学创造性，本质上是一致的，在这方面，建筑师最典型地代表了人类的创造性。[42] 正如并不是每一位科学家都能成为牛顿、达尔文或爱因斯坦那样，并非每一位建筑师都能成为弗兰克·盖里、扎哈·哈迪德或是王澍，也不是只有盖里、哈迪德或王澍式的作品才是创造。建筑的创造性涉及建筑创作的过程、建筑师的创造性表现以及富于创造性的建筑作品。创造的目的在于推动社会和技术进步，英国建筑师奇普菲尔德认为：

“一名具有创造性的建筑师就是能够通过建成的作品建议，促进并激励更好的世界观。”[43]

斯洛文尼亚建筑师米卡·奇莫利尼（Mika Cimolini，1971–）认为创造在于激发新的文化体验：

“创造性来自真实的体验！建筑就是时尚，建筑自成系统等，都是社会经济取向形成的僵化的，意识形态上沉重的定义。除了寻求宣言，出版有图片的书籍以外，应当研究日常生活的程序，社会经济变化的方式以创造多元的空间。无论我们是否要从其他学科寻找帮助以预示不远的将来，并创造与之适应的空间，还是寻找日常生活的共同模式，创造性的本质就是挑战传统空间，并创造新的空间。创造就是为建筑的使用者激发新的文化体验。”[44]

在创作过程中，建筑师总是以批评的眼光审视自己作品的每一个进展，每一次进步，每一项创新，以寻求得到就目前的条件范围而言最佳的选择。正如西班牙建筑师、作家和编辑曼努埃尔·高萨（Manuel Gausa，1959–）所说：

具有创造性的建筑师“把研究凌驾于技艺之上，探索‘事物的性质’而不是学科的语言，吸纳我们这个新的太空时代的知识所带来的动力，应用更为‘开放的逻辑’，从而发展出一种全新的先进建筑。”[45]

在英国建筑师扎哈·哈迪德的思想中，建筑的创造性在于激进，她认为建筑师应当是一位在空间组织方面激进的创造者：

“创造性曾经是建筑的构成力矩和确凿不移的目标，自从文艺复兴以来，已经成为一种戒律。所有伟大的建筑师都是激进的创造者，这就是建筑史告诉我们的事实……建筑学是由激进的创新和理论上的论争所标志的。一般的建筑（乡土建筑，主流建筑，商业建筑）有赖于重复那些已经证明是良好的方法，而创新意味着质疑已有的方法，创新需要提升建筑通常关注的事物和现状。创新需要理论，最终要求关注良好的生活和良好的社会。伟大的建筑和宏观的建筑理论依存于与社会进步有关的建筑进步。”[46]

创造性有时候需要通过实验获得，我们应当促进思想上的实验，提倡实验性建筑的先锋性。建筑不像物理或化学实验室，可以为一个结果做无数试错性实验。建筑的实验包括理论的探讨和方案的探讨，应当先想明白了再做，意在笔先，进行的是理性的实验，是有目标的试验，是理论指导下的试验。在方案阶段反复探讨不同条件下的各种可能性，试验场也不只是为了生产今后拿到国际建筑展览会上去陈列的东西，不是1：1的儿童积木。大学建筑系和学术机构首先应当起到建筑实验室的作用，保持其先锋性。美国建筑师弗兰克·盖里在设计出蜚声海外的西班牙毕尔巴鄂古根海姆博物馆之前，曾经有过无数次的模型实验。

创新需要各个方面的共同努力。无论什么艺术，必须有一定的积累，而不是一时的结果。对于创造来说，重要的是创造的基因，它需要一个社会因素，首先是文化，一定的物质手段的便利，这个对于我们今天的社会来说，是越来越进步了，还有文化环境的开放，大家可以创造性地发展，注重新生事物。另外一点，“无差别”让所有的人都可以使用文化手段，而不是少数人享有，要促进交流，要推动一种激励的机制，这才是一种具有创造基因的社会因素。此外，建筑的涉及面十分广泛，不仅是建筑师的实验，业主、管理部门、管理体制以及整个社会都在参与这种实验。选择基地，选择项目，拟定任务书，选择建筑师，选择评委，调整方案，进行实施等，都是建筑实验的组成部分。

也有理论家对待创造性持理性的观点，西班牙建筑师、作家和摄影师拉菲尔·戈麦斯－马里安纳（Rafael Gómez–Moriana）主张日常生活的建筑，创造性应当以历史的尺度来衡量，而不是当下的技术进展，他认为：

“让我们面对这个事实：如果说建筑是第二古老的职业，那么今天建筑大概并非是最有创造性的领域。这有什么关系呢？建筑和城市的变化相对而言比较缓慢：我们每天仍然可以应用那些优美的场所餐饮、睡眠，甚至排泄。建造建筑的创造性必须以更大的历史的尺度来度量，而不是用当下的半导体和信息技术的进展作为参照。”[47]

可持续发展问题也是创造性的组成部分，当代优秀的建筑师都关注建筑的节能和环保问题，从整体空间和建筑技术方面提出新的构思。日本建筑师安藤忠雄曾指出：

“就全球环境观而言，建设一个可持续发展的社会就是真正的创造性。环境保护的概念似乎很保守，与创造性似乎有些冲突，然而事实并非如此。迄今为止，没有哪一个现代国家成功地实现一种人类与其他物种共生的社会，每个社会都对环境施加了负面的影响。要不了多久，我们的以消费为主导的现代文明就会走向末日。我们必须懂得，如果我们不提高自觉性，人类就会处于灭绝的边缘。”[48]

2）个性和创造性

建筑师是一个特殊的人群，集企业家、新闻学家、教育家、心理学家、政治家、艺术家、科学家、经济学家和工程师于一身。大部分建筑师的个性都比较强，建筑师的创造性在很大程度上与他们的心理状态有着密切的关系。麦金农在研究中发现，创造性与自我控制成反比，创造性越显著，自我控制的能力就越差。具有高度创造性的建筑师通常不能忍受长时间地从事一项工作，他们的心理结构极富变动，不能容忍因循守旧，喜欢无序、混乱和复杂性。麦金农认为与创造性成正比的人格变量是自主性、独立性、表现欲、攻击性和变动性。[49]

麦金农曾经在1962年对三组，共124位建筑师进行了测试和分析，考察建筑师的创造性和人格。第一组是40位公认为具有独创性的建筑师，第二组是43位有两年以上的工作经验，并与第一组的著名建筑师有工作联系，但是独创性稍逊的建筑师，第三组是41位一般的建筑师。麦金农发现，具有独创性的建筑师通常并不关心自己在公众中的形象，而是追求一种自认为完善的理想形象。测试的结果表明，自信力与创造性的关系不大，创造性与自我控制能力往往成反比，创造性越显著，自我控制的水平和能力反而越差。大多数心理学家的结论是，富于创造性的建筑师的心理结构极富变动和发展，因而不会因循守旧。麦金农指出：

“概而言之，不论其创造水平如何，建筑家都倾向于很好地构想自己。但是，具有高度创造性的建筑家的自我形象，其特质显然有别于创造性较低的同仁，他们更多地强调自己的首创性、独立性、个体性以及热情、决心和勤奋，而较少创造性的建筑家给人们的印象往往是他们的美德和好脾性、理性及其对别人的同情心。”[50]

建筑师的个性和气质在很大程度上影响他们的创造性，在某种程度上甚至可以说，个性和气质推动了建筑师的创造性。按照德国哲学家施普兰格尔（Eduard Spranger, 1882－1963）的观点，从文化价值来看，存在六种类型的人：理论型、经济型、审美型、社会型、政治型和宗教型等。理论型的人，其主要兴趣在于哲学、数学、物理、化学等领域的抽象真理，他们对于人的行为、对书籍和知识本身感兴趣。经济型的人强调实效，对金钱、市场情况、房地产以及生活水平、事业及其组织感兴趣。审美型的人则对诗歌、建筑、音乐、舞蹈、现代绘画、雕塑、文学等感兴趣，他们尊重历史，重视美感和华丽的事物，感觉敏锐，强调和谐，善于设计，有自我为中心的倾向。社会型的人关心人的权利，有利他主义，热心福利，助人为乐。政治型的人对政治感兴趣，热衷于行政管理事务，善于言辞和组织群众意见，有一种强烈影响他人倾向的意欲，善用权术。宗教型的人抱有信仰，热衷于精神启示，虔诚，追求灵性，积极探求终极目标，渴求理解宇宙的整体意义。[51]实际上，没有谁可以完全归属于某种类型，一般而言，每个人都是混合型的。但是每个人必然属于某种主导类型，只不过有时会掩盖其他类型的倾向而已。建筑师除了是建筑师之外，同时又应当是政治家、演说家、艺术家、工程师、城市规划师和社会工作者。因此，对于建筑师而言，也许需要所有这六种类型的综合能力才有可能完成社会赋予的使命。从整个职业群体来看，建筑师也可能涵盖了所有这六种类型。

图 6-64 诺曼·福斯特和他的自行车

建筑师给一般人的印象通常是彬彬有礼，思路敏捷，既像艺术家，又像工程师。一般而言，建筑师的修养与他们所受的教育以及成长的过程和他们的经历有关。建筑师除了在设计方面表现出众之外，业余爱好也是较广泛的，他们往往喜好体育运动，喜欢复杂精密的机械和照相机。英国建筑师诺曼·福斯特喜欢模型，尤其钟情于飞机和火车模型，少年时代时曾经将零用钱都花在购买装配式模型上，直至今天，他仍然喜欢骑自行车，跑马拉松（图 6-64）。日本建筑师黑川纪章的办公室中有一张桌子摆满了他使用和收藏的各式照相机，他还喜欢驾驶飞机。彭一刚老先生喜好精密的机械，自己动手做车辆的模型，收藏汽车和坦克车模型。

有的心理学家对建筑师几乎没有好感，他们相信好的建筑师“不善社交，不懂幽默，严峻，猜疑，清高，孤僻，寡言，愤世，沉着，冷淡，算计，以自我为中心，封闭和狂热”。[52] 确实有少数建筑师的个性十分强烈，着装另类，发型夸张，性情乖戾，与别人难以沟通。

3）创造性与其他科学和艺术

建筑的创造性，需要其他科学和艺术的支持。科学史上伟大的人物都曾站在巨人的肩膀上，科学在特定的文化传统之中才有可能产生，在科学诞生的过程当中，起到重要作用的天才人物吸收了前人的成果，推动了科学的进步。建筑与科学和技术有密切关系，也离不开这样一种吸收前人成果的创造。无论什么艺术，必须有一定的积累，而不是一时的结果。人类的创造有一个积累、不断深化和进步的过程。英国物理学家、数学家、天文学家牛顿（Isaac Newton，1642-1727）说过：

“如果说我看得更远的话，那是因为我站在巨人的肩上。”[53]

对于创造来说，重要的是社会的创造基因，需要社会环境因素的支撑，一定的物质手段的便利，需要文化环境的开放，促进并注重新生事物，无差别地让所有的人都可以使用文化手段。关注文化的多元化，促进交流，建立激励的机制，这些都是具有创造基因的社会因素。创造涉及创造者的多元创造性，也就是说，创造者的多重才能能够促进他的创造性。建筑师的创造性既涉及艺术创造，也涉及空间创造和技术创造。一个建筑师如果只会建筑设计，那么他的创造性一定及不上那些多才多艺的建筑师，这也是为什么艺术家建筑师往往比单纯的职业建筑师更富创意的原因。

在科学界和艺术界，历史上创造性最旺盛的时代往往是杰出的创造性处于同一层次的科学家、哲学家、艺术家群集的时代，例如中国春秋时代的诸子百家，唐代和宋代的艺术家群体，中国的五四新文化运动时期的文学家和思想家群体。

古希腊时代的哲学家群体，文艺复兴时期的科学家、画家、雕塑家、建筑师群体，古典主义和浪漫主义时期的科学家、哲学家、作家、音乐家、画家和建筑师群体，现代主义运动时期的科学家、作家、诗人、画家和建筑师群体等，都是这样的例证。这些科学家、文学家、艺术家、建筑师作为创造者往往也是多才多艺的，属于双栖甚至多栖科学家或艺术家。

建筑的创造性，也同样需要其他科学和艺术的支持。

图 6–65　米开朗琪罗

15 和 16 世纪被誉为一个人才辈出的时代，许多艺术家都兼有建筑、绘画、雕塑、音乐等多方面的才华与技能。拉斐尔（Raffaello Sanzio, 1483–1520）既是画家，也是建筑师，米开朗琪罗（Buonarroti Michelangelo，1475–1564）和贝尔尼尼（Gian Lorenzo Bernini, 1598–1680）都把他们自己看作是建筑师、雕塑家和画家，米开朗琪罗还是诗人，写过一些十四行诗（图 6–65）。

当代建筑师也会从事多个领域的工作，包括艺术，建筑师一般都具有多种才艺，这些才艺大多表现在各种设计方面，例如高迪设计的卡尔韦宅邸（Casa Calvet）的靠背扶手椅，勒·柯布西耶设计的躺椅 LC4、阿尔瓦·阿尔托设计的帕米奥椅、密斯·凡德罗设计的巴塞罗那椅子等。

日本建筑师伊东丰雄（Toyo Ito，1941–）撰写过许多建筑论著，他探索了“变形体”、“柔软包覆身体的建筑”、“半透明的皮膜所包覆的空间”、“熔融状态的建筑”、“动态建筑”（《衍生的秩序》，2008）等。伊东丰雄也做过雕塑和装置艺术，他设计的许多作品的纯净的造型犹如雕塑，他在 2005 年台中歌剧院设计竞赛中的获胜方案是一个长方体，有着连续的无限空间，其开放的网格状结构和孔洞有声学的作用（图 6–66）。伊东丰雄认为：

“建筑师的范畴已经扩展，我发现自己从事许多领域的工作，当然有建筑，也包括城市规划，展示设计，家具设计和产品设计。我也撰写建筑思想和建筑批评。尽管如此，我把自己称作建筑师。”[54]

意大利建筑师吉奥·蓬蒂（Gio Ponti，1891–1979）兼建筑师、画家、雕塑家和作家于一身，他也从事室内设计，设计家具、灯具、餐具、图案、汽车车型和书籍装帧等。蓬蒂与工程师皮耶·路易吉·奈尔维（Pier Luigi Nervi，1891–1979）共同设计了米兰的皮雷利大楼（1955–1958）（图 6–67）。

设计巴黎奥尔塞美术馆（1980–1996）的意大利建筑师加埃·奥伦蒂（Gae Aulenti，1927–）也是工业设计师和舞台设计师，在历史建筑的改造方面有着超凡的造诣。她也从事家具、灯具、展示、景观设计等。

美国建筑师迈克尔·格雷夫斯（Michael Graves，1934–）是一位从事多种设计的建筑师，除建筑设计外，也是优秀的艺术设计师，他的著名的迪士尼系列产品设计已经广为流传。除此之外，格雷夫斯还设计过餐具、茶具、烛台、钟表、地毯、灯具、鸟窝、信箱、服饰等。格雷夫斯作品集的编辑亚历克斯·巴克（Alex Buck）和马赛厄斯·沃格特（Matthias Vogt）在序言中是这样介绍格雷夫斯的：

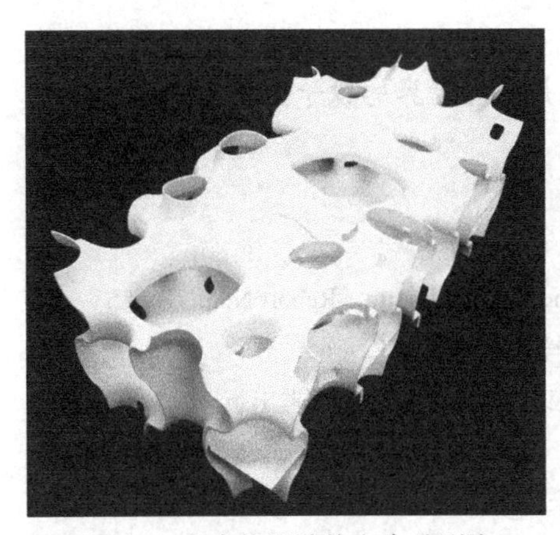

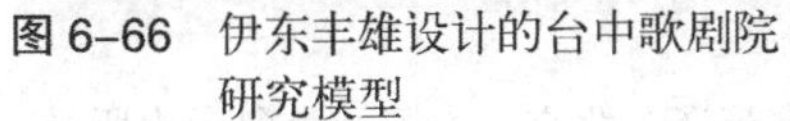

图 6–66　伊东丰雄设计的台中歌剧院研究模型

图 6–67　蓬蒂

“迈克尔·格雷夫斯显然是一家超级设计工厂，这家工厂当然生产建筑，但是也从事工业设计、包装设计、室内设计、家具设计、平面设计、珠宝设计、舞台布景和其他种种东西，只要列举他设计的水壶就足以说明。迈克尔·格雷夫斯不仅仅是一位设计过水壶的伟大建筑师，他所构想的水壶创造出一种古老而又新颖的产品，并且成为一种标志。”[55]（图 6–68）

许多建筑师也将创作拓展到许多与设计相关甚至无关的领域，扎哈·哈迪德在 2005 年为埃斯塔布里希德父子公司（Established & Sons）设计的用有机硅树脂制作的餐桌（Aqua Table）售价高达 2 万美元（图 6–69）。她为 2006 年米兰家具展设计了厨房家具，为意大利 B&B 品牌设计的月光系列（Moon System）的家具参加了 2007 年的米兰设计展，之后又为梅莉莎（Melissa）和法国的鳄鱼公司（LACOSTE）设计了鞋子。

有不少建筑师同时也是画家、雕塑家、摄影家或艺术设计师，他们画画，做雕塑，进行城市规划和城市设计，同时也设计景观，设计电影场景和舞台布景，策展和布展，设计服装，设计家具、灯具和装置和从事写作等。建筑师从事的领域在许多方面都与艺术家交叉，他们的手伸展到几乎无法想象的广泛领域。荷兰建筑师、UN Studio 的创始人本·凡·贝克（Ben van Berkel，1957–）和卡罗琳·博斯（Caroline Bos，1959–）认为：

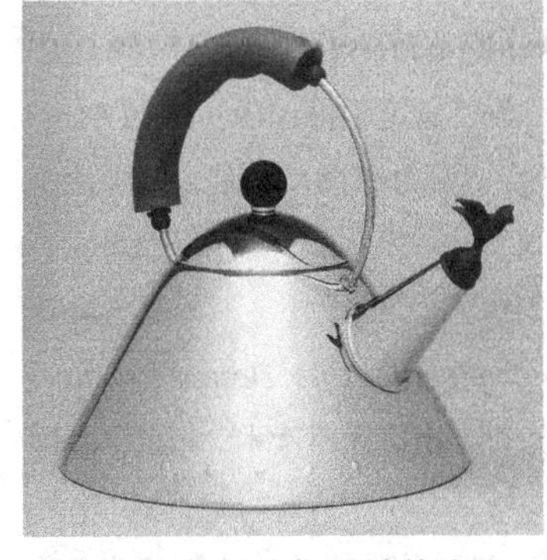

图 6–68　格雷夫斯设计的水壶

图 6–69　哈迪德设计的座凳

“建筑师是未来社会的时尚设计师，向 Calvin Klein 品牌学习，将来的建筑师将关注时装设计，预示将要发生的事件，是掌握世界的镜子。”[56]

本章注释

[1] Geert Beaert. *Quel nom est architecte*? Hunch. The Berlage Institute Report No.6/7. p.77.
[2] 维特鲁威．建筑十书．陈平译．北京：北京大学出版社，2012：65.
[3] Alain Erlande-Brandenburg. 大教堂的风采．徐波译．上海：汉语大词典出版社，2003：34.
[4] 同上，37.
[5] 坚尼·布鲁克尔．文艺复兴时期的佛罗伦萨．朱龙华译．北京：生活·读书·新知三联书店，1985：316–317.
[6] 沃拉德斯拉维·塔塔科维兹．中世纪美学．褚朔维等译．北京：中国社会科学出版社，1991：212.
[7] Spiro Kostof. *The Architect, Chapters in the History of the Profession*. Oxford University Press.
[8] 阿尔贝蒂．建筑论——阿尔伯蒂建筑十书．王贵祥译．北京：中国建筑工业出版社，2010：32.
[9] 汉诺－沃尔特·克鲁夫特．建筑理论史——从维特鲁威到现在．王贵祥译．北京：中国建筑工业出版社，2005：170.
[10] Spiro Kostof. *The Architect, Chapters in the History of the Profession*. Oxford University Press.
[11] 同上，193.
[12] 同上，194.
[13] Nancy B. Solomon. *Architecture: Celebrating the Past, Designing the Future*. Visual Reference Publications Inc., The American Institute of Architects. 2008：105.
[14] 徐苏斌．近代中国建筑学的诞生．天津：天津大学出版社，2010：30.
[15] 古阪秀三．建筑生产．李玥等译．北京：中国建筑工业出版社，2012：38.
[16] Spiro Kostof. *The Architect, Chapters in the History of the Profession*. Oxford University Press, New York. 194.
[17] Spiro Kostof. *The Architect, Chapters in the History of the Profession*. Oxford University Press, New York. 217.
[18] Nancy B. Solomon. *Architecture: Celebrating the Past, Designing the Future*. Visual Reference Publications Inc., The American Institute of Architects. 2008：105–106.
[19] Deyan Sudjic. *Norman Foster: A Life in Architecture*. The Overlook Press，2010：57–58.
[20] 张钦楠．从注册建筑师制度论及建筑设计与创作的基本任务．建筑学报，1996，4：41.
[21] 渊上正幸．现代建筑的交叉流，世界建筑师的思想和作品．覃力等译．北京：中国建筑工业出版社，2000：86.
[22] Diane Girardo. *Initials*. The Berlage Institute report. 2003：210.
[23] David Haviland. *Some Shifts in Building Design and Their Implications for Design Practices and Management*. 杰伊·M·斯坦，肯特·F·斯普雷克尔迈耶．建筑经典读本．北京：中国水利水电出版社，知识产权出版社，1996：461.
[24] 许安之．国际建筑师协会关于建筑实践中职业主义的推荐国际标准．北京：中国建筑工业

出版社，2005：17–18.
[25] 同上，37.
[26] Winka Dubbeldam. *The Right Questions*. Hunch. The Berlage Institute.2003：269.
[27] Tadao Ando．*Protecting Life*. Hunch 6/7. The Berlage Institute report，2003：67.
[28] 杨德昭．怎样做一名美国建筑师．天津：天津大学出版社，1997：166.
[29] Kamiel Klaasse. *Greetings from Sicily*. Hunch. The Berlage Institute.2003：269.
[30] Dana Cuff. *Architecture: The Story of Practice*. MIT Press, Cambridge. Massachusetts，1992：40.
[31] Charles Jencks and Karl Kropf．HRH The Prince of Wales．RIBA Gala Speech, 1984．*Theories and Manifestoes of Contemporary Architecture*．Academy Editions, 1997：185. 该书中文版已由周玉鹏、雄一、张鹏翻译，由中国建筑工业出版社于2005年出版，此处引文根据原文翻译。
[32] HRH The Prince of Wales. *A Vision of Britain, A Personal View of Architecture*. Doubleday. London. 1989：71.
[33] 徐苏斌．近代中国建筑学的诞生．天津：天津大学出版社，2010：104.
[34] 库哈斯．大跃进．见蒋原伦，史建主编．溢出的都市．桂林：广西师范大学出版社，2004：42. 作者根据原文修改了译文。
[35] 美国时代周刊中/英文版，2004年6月号：41.
[36] 同上。
[37] 勃罗德彭特．建筑设计与人文科学．张韦译．北京：中国建筑工业出版社，1990:2.
[38] 阿瑞提．创造的秘密．钱岗南译．沈阳：辽宁人民出版社，1987:19–20.
[39] David Chipperfield. *Adding Up*. Hunch．The Berlage Institute. 2003:131.
[40] 恩格斯．自然辩证法．马克思恩格斯选集·第三卷．北京：人民出版社，2012：847.
[41] 阿瑞提．创造的秘密．钱岗南译．沈阳：辽宁人民出版社，1987：386.
[42] 周宪．走向创造的境界——艺术创造力的心理学探索．南京：南京大学出版社，2009：49.
[43] David Chipperfield. *Adding Up*. Hunch．The Berlage Institute，2003：130.
[44] Mika Cimolini. *Faster, not Cheaper*. Hunch．The Berlage Institute，2003：136.
[45] Manuel Gausa. *The Initiator*. Hunch．The Berlage Institute，2003：206.
[46] Zaha Hadid & Patrik Schumacher. *Mainstreams and Avant-Gardes*. Hunch．The Berlage Institute，2003：226.
[47] Rafael Gómez-Moriana. *Less and More*. Hunch. The Berlage Institute，2003：219.
[48] Tadao Ando. *Protecting Life*. Hunch．The Berlage Institute，2003：67.
[49] 麦金农．创造性的建筑家．艾尔伯特编．天才与俊杰．转引自：周宪．走向创造的境界——艺术创造力的心理学探索．南京：南京大学出版社，2009：51.
[50] 同上，50.
[51] 勃罗德彭特．建筑设计与人文科学．张韦译．北京：中国建筑工业出版社，1990：16.
[52] 同上，10.
[53] 布莱恩·麦基．哲学的故事．季桂保译．北京：生活·读书·新知三联书店，2002：68.
[54] Toyo Ito. *To be an Architect*. Hunch．The Berlage Institute，2003：250.
[55] Alex Buck, Matthias Vogt. *Michael Graves, Designer Monograph 3*. Ernst & Sihn. 1994：6.
[56] Ben van Berkel & Caroline Bos. *Weather, Wine, and Toenails*. Hunch．The Berlage Institute，2003：90.

第 7 章
建筑批评与批评家

Chapter 7
Architectural Criticism and Critics

批评家阐释作品的意义，参与并延伸作者的创造，从而使作品成为新的创造的起点。优秀的批评家应当具有良好的素质，例如具有广博的历史知识，生活阅历丰富，富于审美情趣、鉴赏力和判断力，坚持真理，有社会负责感，宽容并尊重建筑师和他们的作品，有高尚的品德和学术风范，理论功底雄厚，学识渊博，善于思考，不墨守成规，热爱建筑和建筑批评事业，对新生事物十分敏感，勇于创新等等。

在这种情况下，批评及其实践本身就是一种文本，是作品的开放性文本的组成部分，是一种引导读者去阅读的“导读”以及作品的“演绎”文本。“导读”需要发现并阐释文本的多重意义，所发现并阐释的实际上是一个新的批评客体，也就是说，批评可能生产出新的文本。例如关于曹雪芹的《红楼梦》的批评文本如汗牛充栋一般，并且已经形成一门“红学”，一些关于《红楼梦》的批评论著本身就具有可读性，有着一定的文学价值，甚至出现《续红楼梦》、《新红楼梦》、《红楼梦补》等演绎文本。

由于作品有自身的完整性，并且受到文本的材料、技术和表现方法的限制，作者不可能直截了当地说出自己的意图，批评则可以揭示出作品不能直接说出来的东西。加拿大批评家诺思洛普·弗莱在他的原型批评的代表作《批评的解剖》中指出：

> “批评为什么存在还有另一个理由。批评可以讲话，而所有的艺术都是沉默的。在绘画、雕塑或音乐中，很容易看到艺术在显示什么，但它们却不能说出任何东西……批评的要义是：诗人不是不知道他要说什么，而是他不能说他所知道的。”[1]

因此，只有批评家才能用批评指出作品的意蕴所在，在作者、作品和读者之间建立起内在的联系，这种联系形成的不仅是一种理解，而且是一种不断创造与再创造的过程。建立起批评主体与创作主体之间不断互动的交流与沟通的关系，使批评家和作者的思想相互交融。

7.1　批评家

最早的批评家是文学批评家，古希腊文中的“批评家”（Kritikós）这个名称最先出现在公元前4世纪，拉丁文中相应的词是“Criticus”。在古代，艺术家被看作是艺术作品的批评者。埃及国王托勒密二世的导师、希腊诗人、语法学家——科斯岛的菲勒塔斯（Philetas of Cos，约公元前330－前270）被人称作“诗人兼批评家”，亚里士多德曾经被誉为“第一位批评家”。在文艺复兴时期，批评家的地位高于哲学家，批评家的作用是批评和判断作家和作品的优劣。对于那些致力于复兴古代学术的人而言，批评家、文法学家、语文学家这几个称号可以相互通用。被后世称为“伟大的批评家”的意大利裔法国古典学者斯卡里杰（Julius

Caesar Scaliger, 又名 Giulio Cesare della Scala, 1494–1558）著有《诗论》（*Poetices*, 1561），其中第六篇的题目是“批评家”，对古典作家作了批判性的评价。

今天意义上的“批评家”（Critic）这个名称直到 17 世纪下半叶才被普遍使用，涉及有关理解、判断和认识论的问题。过去常常有人说批评家是不成功的艺术家，这种论调已经不再适用于今天的情况。批评家在评论某件作品时所努力追求的正是作品的内在生命，并且通过批评话语深入到作品这一客体中去，建筑批评则像建筑师一样全面融入作品。

批评家借助各种批评媒介，或书写，或言说，或设计，或展示，或隐喻，或实体，或虚拟，表达自己的观点和判断。批评的媒介包括论著、学术期刊、论坛、展览、褒奖、设计竞赛、方案征集等，并且会采用各种形式和艺术手段。

7.1.1 建筑批评家的素质

批评家在当代社会具有重要的作用，批评家引导价值观念，确立批评的标准，因此，批评家的素质是十分重要的。巴勒斯坦裔美国文学与文化批评家、后殖民主义批判理论的奠基人爱德华·W·萨义德（Edward W. Said, 1935–2003）认为：

“批评家所创造的不仅是用来判断和理解艺术的价值观念，而且他们还在书写中体现了那些处于**现在**之中的过程和实际情况，凭借它们，艺术和书写才具有了意义。”[2]

1）批评家的行为

批评家应当具有广博的学识和非凡的洞察力，具有审美情趣、鉴赏力和判断力才能在复杂的多元历史文化背景下从事建筑批评。建筑批评家的批评主要是通过专著，通过他们参与的建筑设计评选，通过他们在各种评奖中选出的获奖作品或获奖者以及发表在各种报章杂志或各种会议、论坛上的文章作为媒介展开的。批评家的建筑批评和他们所树立的批评标准在建筑的发展中起着重要的导向作用，有时候批评家的作用可以影响建筑的发展，让某些被忽视的建筑方案和建筑获得生命，甚至可能改写建筑史，至少会使某些建筑有所不同。我们在第三章援引了美国《德尔菲报告——批评思维：教育评估和指导的专家意见》总结报告中关于批评思维的定义，这份报告对理想的批评家也提出了要求：

“理想的批评思维者习惯上是好奇的、见多识广的，信仰理性，思想开放、灵活，能合理、公正地作出评价，诚实面对个人偏见，审慎地作出判断，乐于重新思考，对问题有清晰的认识，有条理地处理复杂问题，用心寻找相关信息，合理选择评价标准，专注于探究等。”[3]

英国现代派诗人、剧作家和文学批评家艾略特认为有四类批评家：第一类是职业批评家，属于报刊的特约批评家，也称为超级批评家。第二类是作为作品辩护人的批评家，他们偏重个人的情趣和爱好，发现并为那些被忽视的作家和作品声辩。第三类是学院批评家和理论批评家，是学者型的批评家。第四类是身为作者、诗人、艺术家的批评家，对于这个群体而言，批评只是创作活动的副产品。[4]

在19世纪，人们把批评看作是文学和艺术的派生形式，一种依附于原本已经存在的艺术的艺术，是对创造力的模仿。尤其是艺术家们更是把批评家看作是没有创造能力，只会复述艺术家的作品的人，艺术家往往认为批评家要比他们低一等，视批评家为艺术的不速之客，甚至是艺术的叛徒，是一个永远对比他高明的人指手画脚的“导师”、“法官”与“警察”，永远是一个二流的艺术家。艺术家们甚至坚信批评家“无能”、“乏味”，认为批评家对真正具有创造力的艺术家有着嫉妒的仇恨等。这是19世纪后半叶“反批评时代”的观点，其中的一些偏见至今未能消除。实际上，批评家是艺术的鉴赏者，是艺术的组成部分，应该说是艺术家和批评家共同创造了艺术。法国批评家和作家莫里斯·布朗绍（Maurice Blanchot, 1907–2003）认为：

“就创造性而言，批评并不凌驾于作品之上，而可能是作品得以实现的必要手段。”[5]

2）艺术家作为批评家

早期的批评家本身也是艺术家，只是由于艺术的发展需要有专家来评论，才出现了批评家。许多有造诣，同时也是思想家的艺术家涉足艺术批评，正如法国音乐家克洛德·德彪西（Claude Debussy，1862–1918）成名之后被报刊邀请撰写音乐批评专栏那样，成为艺术家和批评家。

关于批评家的素质，在文艺批评界已经有许多论述，就总体而言，要求批评家同时也是艺术家和作家，也能创造与他们的批评对象同样的作品，只有这样的批评家才具有现实意义，也才能深入评论他们所涉及的批评对象。美国批评家、新闻记者亨利·路易·门肯（Henry Louis Mencken，1880–1956）认为：

“如果他是一个真正的艺术家，他就会有自己的思想和感情，他也会有无法抗拒的冲动要用客观形式把它们表现出来。”[6]

除了思想和感情，批评家需要有正常的心态，善于体验，善于判断，善于洞察事件和作品的本质。英国批评家理查兹认为：

“一位优秀的批评家要具备三个条件。他必须是个善于体验的行家，没有怪癖，心态要和他所评判的艺术作品息息相通。其次，他必须能够着眼于不太表面的特点来区别各种经验。再则，他必须是个合理判断价值的鉴定者。”[7]

此外，批评家需要理解作品，深入作品，甚至需要融入作者的意识。在这方面，作为批评家的艺术家更具有优势。正如比利时文艺理论家乔治·布莱在《批评意识》（*La Conscience critique*, 1969）一书中所说的：

“批评是一种思想行为的模仿性重复，它不依赖于一种心血来潮的冲动。在自我的内心深处重新开始一位作家或哲学家的‘我思’，就是重新发现他的感觉和思维的方式，看一看这种方式如何产生，如何形成，碰到何种障碍，就是重新发现一个人从自我意识开始组织起来的生命所具有的意义。”[8]

3）建筑批评家

就建筑批评而言，建筑批评家既是批评的主体，同时又是建筑的参与者，往往也会成为批评的对象，这样一种关系处于不断变换角色的状态之中。被称为当代建筑学“四教父”之一的库柏联盟（Cooper Union）建筑学院院长、美国建筑师、纽约五人小组的成员之一的海扎克（John Quentin Hejduk, 1929–）曾经把建筑隐喻为“假面舞会”。“假面舞会”中的“人物”有一个特点：他们既是表演者，又是观众，既是社会活动的引导者，又是社会活动的参与者，既是建筑的创造者，又是被创造的对象。批评家与社会，批评家与建筑，建筑师与社会，建筑师与建筑之间的关系就是这样一种假面舞会的参加者和观众、主体和客体的关系。这也就是说，建筑批评与被批评是一种对应的相辅相成的关系，相互依存的关系，批评家与被批评的对象之间的关系总是处在不断转化的过程之中。建筑批评家与建筑师实际上是同行，他们的关系是批评主体和批评对象之间的平等关系。批评家的建筑批评同时也是一种学术研究，把建筑和建筑师作为研究对象，与建筑师共同推动建筑事业的繁荣发展。

从事建筑批评的批评家既有理论家、历史学家，也有建筑师和从事新闻和传媒并同时涉足建筑批评的批评家，汪坦先生在研究当代西方建筑理论时，曾经精辟地指出：

“我们大致经常遇到三方面的建筑评论见解：来自历史学家或建筑师或来自报刊专栏作家。三种评论各有特色。历史学家见多识广，善于穷究来龙去脉，从时间长河中去探索，又往往能够旁通绘画、雕塑、音乐、语言、文学等等的思潮动向，触及建筑艺术理论真谛。”[9]

西班牙当代哲学家、建筑理论家德索拉 - 莫拉莱斯在《差异——当代建筑的地标》的导论中，把批评比作希腊神话中的科林斯暴君西绪福斯（Sisyphus）被罚在冥府中所做的那种永无休止的艰苦劳动，认为批评的作用是说明建筑的生命力和丰富的内涵，这比任何理论都更具说服力，正如歌德所说：“理论是灰色的，而生命之树常青。”建筑创作和建筑批评两者是一个事业整体中的组成部分，相互之间的密切关系是不可分割的。

英国建筑师诺曼 · 福斯特在为英国建筑批评家、作家马丁 · 波利（Martin Pawley，1938–2008）的文集《建筑批评的奇特消亡》（*The Strange Death of Architectural Criticism*，2007）所写的前言中说：

“与马丁的交谈会使你的大脑兴奋，他的知识的渊博和对历史的通晓，以及对当代文化的把握令人惊讶，这一切使他具有非凡的洞察力。伴随着这一切的是即刻识别谎言以及挑战公认的看法，传播新思想的能力。”[10]

4）批评家的品质

美国艺术批评家海勒（Bernard C. Heyl，1946–）在他的《美学与艺术批评中的新思想》（*New Bearings in Aesthetics and Art Criticism*, 1943）一书中，论述了批评家的品质，他认为批评家应当从整体上意识并把握艺术，具备一定的知识和经验，并且指出了批评家必须具备的六种品质：

“批评家技巧越熟练，他就会更完全地具有下述6种品质并加以运用：1）对他所评论的艺术家的目的和作品的品质具有一种自然敏感性；2）有着批评不同种类艺术的广泛而丰富的经验，并从中获得了训练有素的观察力；3）足够的文化知识和素养[历史的、宗教的、社会的、政治的、画像（或塑像）的等]，使他能理解其批评的对象；4）一种思考能力，使其能够洞察并考虑到他个人偏爱方面的怪癖，运用这种思考能力，他将分析并认真思考和比较艺术创新作品对他的影响和印象；5）与古怪相对，应具有一定程度的正常状态，这种正常状态将是保证他的广泛经验能为其他参与批评的人加以利用的关键；6）能够成为艺术评价理论基础的一种批评体系。”[11]

海勒为如何进行艺术批评提供了全面的方式，要求批评家可以超越个人在经验和教育方面的局限性，提高判断能力。海勒强调全面而又丰富的经验、足够的文化学识和素养、健全的思考能力和洞察能力等的重要作用。另外，批评家的主要责任是面向公众，因此，批评文章应当尽可能明确，直截了当，通俗易懂。批评本身就是一种艺术，批评家要有卓越的组织和表达能力，使批评具有感染力。

建筑批评家应该具有全面的知识，博览群书，通晓历史和人文学科理论。正如维特鲁威在《建筑十书》中对建筑师的期望：

“世间万物，尤其是建筑，可分为两大类，**被赋予意义者**以及**赋予意义者**。**被赋予意义者**是我们打算谈论的对象，赋予意义就是根据既定的知识原理进行理性的验证。因此我们可以看到，如果有谁想成为一名建筑师，就应该在这两方面进行练习。此外，他还应有天分，乐于学习（该专业）的各种科目。因为，有天分而无学问，或无天分又无学问，只能成为一个工匠。要有教养，就必须是位熟练的制图者，要精通几何学，深谙历史，勤学哲学，了解音律，知晓医学，理解法律专家的规则，清晰掌握天文学和天体运行规律。”[12]

这段描述，似乎更像是对一个建筑批评家的要求。

对于当代建筑批评家来说，大体上应当具备两个条件：第一，如上所述，要具有丰富而深厚的人文知识和专业知识；第二，虔诚的宗教信徒般的对于批评事业和批评艺术的热忱。批评家和纯学术的研究者有所不同，批评家应当参与建筑的实践，与当代建筑的发展保持密切的联系。从实用主义的观点来看，纯学术的研究有可能根本无助于当下的建筑事业，但他们的研究成果也许是研究者个人爱智与求真的知识产品，深究事物的本质以及求真本身的价值就足以令人痴迷而陶醉。历史上有许多为纯学术而献身的人们，并不会因为其成果没有当下的实用价值而失去其光芒，他们为批评家建立了理论基础，但批评家必须在社会的现实层面上运作，成为建筑作品与意义的联系者和批判者，他们要影响建筑师和公众。后现代理论中有所谓“双重代码”，其中包括建筑的意义向建筑师和公众两个层面开放。但批评家还有一个第三者的声音，即“第三代码”。后现代文化遭遇解构之虞，也就是由于批评家这一旁观者和阐释者的参与。批评家的参与既是历史的，又是当下的；既是个人的，又是社会的；既是综合的，又是分析的。

从事建筑批评的批评家有建筑理论家、建筑师、艺术史学家、艺术批评家、记者和专栏作家等。据粗略的估计，大约有70%的建筑批评专著和论文是由那些积极从事建筑创作实践的建筑师所撰写的。批评家的批评具有深厚的理论基础和知识背景，具有经过长期专门训练和培养的批评意识，批评家的批评对于建筑的发展具有重要的指导意义。

7.1.2 建筑师与批评

建筑批评家指专门从事建筑理论研究和建筑批评的学者，每一个重大的历史时期都出现过一些建筑理论家和批评家，没有他们的创造性批评，建筑发展的进程也许是无法想象的。我们在导言中已经对建筑史学家和理论家作了介绍，这一节我们专注于那些既从事建筑设计，同时又从事建筑理论研究和建筑批评的建筑师。

1）作为批评家的建筑师

伟大的建筑师和平庸的建筑师的区别在于，伟大的建筑师同时也是伟大的批评家。我们遇到过许多有才华的建筑师，然而设计却不怎么成功，或者只偏重作品的某些方面，缺乏理念，只关注形式、构图等。其原因在于他们不仅缺乏对自己作品的批评能力，同时也不能接受他人的批评。这里，我们借用美国艺术史学家、教育家埃德蒙·费尔德曼（Edmund B. Feldman）的话：

“大多数情况下……伟大艺术家和平庸艺术家的区别在于，伟大艺术家同时也是一位伟大批评家，不一定是批评他人作品的批评家，而是批评自己作品的批评家。”[13]

建筑师应当是自己作品的批评家，任何批评家都不可能比建筑师更了解自己的作品，每件作品的缘起、背景、构思、演变等，建筑师都了然于心，批评家至少不可能像作品的建筑师那样了解得那么详细而又全面。诺曼·福斯特曾说：

“如果你是一名建筑师，你可能会认为绝对不需要批评，你在大多数情况下大概是对的。这也许反映了批评的水平，或许是由于建筑师的自负和偏狭。值得庆幸的是还有使人们得到启示的例外。有时候，会出现洞察力十分敏锐的批评家，他的批评十分敏捷而又准确无误，这就会阻止你偏离目标，让你思考。”[14]

我们在第二章关于建筑批评的历史简述中，已经介绍了建筑理论家，这里主要介绍建筑师与建筑批评。当代伟大的建筑师在各自的领域积极从事建筑史和建筑理论的研究，他们中的许多人往往既是建筑师，同时又是建筑教育家、建筑史学家和理论家。最重要的是，他们不仅思考并研究建筑理论，同时也懂得建筑批评，既能够批评他人的作品，也善于用批评的眼光审视自己的作品。代表人物如意大利建筑师、设计家、建筑教育家卡罗·斯卡帕（Carlo Scarpa, 1906–1978），意大利建筑师、理论家贾恩卡罗·德卡罗，美国建筑师、理论家文丘里、彼得·埃森曼、文森特·斯卡利（Vincent Scully，1920–），意大利建筑师、理论家维托里奥·格雷戈蒂，阿尔多·罗西，保罗·波尔托盖希，日本建筑师黑川纪章、伊东丰雄，卢森堡建筑师罗伯·克里尔，荷兰建筑师雷姆·库哈斯等，他们中的大部分都是职业建筑师，同时又在大学的建筑系兼任教授。

2）英美建筑师与建筑批评

英国建筑师、规划师理查德·罗杰斯除了致力于建筑设计和城市设计领域外，也积极投身于建筑批评和建筑理论的研究和著述。他曾于 1981 至 1989 年间担任伦敦泰特美术馆的馆长，1994 年至 1999 年任英国艺术委员会副主席和建筑基金会的主席。他于 1985 年获英国皇家建筑师学会金奖，1986 年获法国国家骑士勋章，1996 年荣获英国皇室授予的勋爵称号，2007 年获普利兹克建筑奖。罗杰斯的名字是在 1977 年法国蓬皮杜中心建成后才为世人所知的，他的作品注重城市环境、建筑文脉和生态问题，拓展了建筑技术美学的内涵，创造了精美绝伦的技术形象，为技术注入了新的文化意义。1997 年，罗杰斯发表著作《小小地球上的城市》（*Cities for a Small Planet*），他在书中提出了密集型城市（Compact City）的设想。这是一种综合的城市，一种有完善的公共交通及市政基础设施的城市，一种生态适宜的城市，美观的城市，一种富于创造精神的城市，一种在她的市民中相互之间有着密切的邻里关系、易于交往的城市，一种居民和建筑密集而又多中心的城市，一种不仅仅是垂直城市的立体城市，一种多种活动、多重功能叠合与包容的城市。这本书成为了影响当代城市发展的重要批评论著（图 7–1）。

图 7–1　理查德·罗杰斯

文丘里的《建筑的复杂性和矛盾性》是继勒·柯布西耶的《走向新建筑》之后有关建筑发展的最重要的理论著作之一，奠定了后现代主义的理论基础，这部著作是他于 1956 至 1957 年间在罗马的美国学院任研究员的研究成果。他的《向拉斯韦加斯学习》（*Learning from Las Vegas*, 1977）也是当代建筑美学的重要论著之一（图 7–2）。

图 7–2　罗伯特·文丘里

彼得·埃森曼深受美国语言学家、哲学家和政治评论家乔姆斯基、德里达和法国结构主义的影响，他也深受意大利理性主义建筑的影响，熟谙建筑史。他在 1967 年建立了纽约建筑与都市研究所（The Institute for ArchitecturL and Urban Study, IAUS），并主编学术刊物《对立》（*Oppositions*），介绍建筑理论家的文章。同时，埃森曼以他的范围广泛的深刻作品奠定了建筑批评的基础，他是少数几位能在当代建筑几乎所有类型的文化作品上留下印迹的建筑师之一。他也从事建筑教育，发表文章，主办论坛和会议，进行理论研究，从事施工实践，举办展览，开拓建筑设计的学科视野，深刻地影响了 1970 年代至今的建筑文化（图 7–3）。

3）意大利建筑师与建筑批评

意大利建筑师以他们的整体理论素质及其对建筑理论的贡献而占有十分突出

图 7–3　彼得 · 埃森曼和夫人

的地位，有许多建筑师属于两栖类，既从事建筑设计，也从事教学和理论研究，罗西就是他们的代表。罗西曾获 1990 年普利兹克建筑奖。罗西在《城市建筑学》中提出了城市规划和设计的类型学模式，指出城市的意义存在于重复产生的记忆之中（图 7–4）。意大利建筑师、城市规划师朱塞佩·萨蒙纳（Giuseppe Samonà, 1898–1983）的研究涉及表现主义、折中主义、国际式现代主义、意大利理性主义等等，他的论著《城市规划与城市文化》（*L'urbanistica e la cultura della città*, 1959）是战后年轻一代建筑师关于"城市化"的宣言。卡洛 · 艾莫尼诺（Carlo Aymonino, 1926–2010）的《现代城市的起源与发展》（*Origine e sviluppo della città moderna*, 1964）也是重要的建筑理论著作。

图 7–4　阿尔多 · 罗西

意大利建筑师和建筑教育家卡罗 · 斯卡帕是一位以威尼斯作为主要活动舞台的意大利设计家和建筑师，曾经担任威尼斯建筑大学的校长。他设计了许多精美的玻璃器皿，也设计过桥梁、镶嵌画，从事建筑设计、室内设计、展览设计和城市规划。他的早期建筑作品受理性主义、新建筑运动和维也纳分离派的影响，表现出一种多元的倾向。尽管他并没有留下理论著作，他的一生所留下的作品也并不多，然而却代表了意大利精湛的手工艺传统与现代技术的完美结合。他作品中对威尼斯城市历史环境的理解，与美国现代建筑大师弗兰克 · 劳埃德 · 赖特有着天然的联系（图 7–5）。

意大利建筑师贾恩卡罗 · 德卡罗是 CIAM 的成员，也是"十次小组"（TeamX）的奠基人之一，同时也是批评家、规划师和建筑教育家，他创办了杂志《空间与社会》（*Spazio e Società*，1978–2001）并担任主编，著有《参与建筑》（*An Architecture of Participation*，1980）等著作。他的涉及广泛领域的建筑设计、城市规划和理论著作，表现出了深厚的理性主义思想。德卡罗十分关注历史城市的保护和更新，关注超越一切目标的建筑的社会功能，可以说，他在弗兰姆普敦之前二十多年就已经提出批判性地域主义的思想了。德卡罗以他的作品和思想、他的杂志以及他在 1976 年组织的国际建筑与城市设计实验室，为当代建筑树立了具有批判性的实例。他的作品和思想经历了巨大的社会变革，表现出了对社会责任和伦理的承诺。德卡罗主张：

图 7–5　卡罗 · 斯卡帕设计的布里昂家族墓园

"度量成果的有效性应当根据它们对社会贡献的程度来评判。"[15]

格雷戈蒂是意大利新理性主义建筑的代表人物之一，他在从事建筑设计实践的同时，还在威尼斯建筑大学担任教授，将建筑实践和理论研究有机地结合在一起。格雷戈蒂曾经担任意大利自 1982 年开始发行的著名的建筑杂志《卡萨贝拉》的总编，他的论著《建筑学的领域》、《意大利建筑中的新倾向》（*New Directions in Italian Architecture*, 1969）和《看得见的城市》（*La Città Visibile*, 1993）、《欧洲建筑的识别性及其危机》（*L'identità sell'architettura europea e la sua crisi*，1999）具有十分重要的理论意义（图 7–6）。《看得见的城市》是他对意大利作家卡尔维诺的《看不见的城市》的回应。在《建筑学的领域》一书中，他敏锐地提出历史是设计的工具这一概念，体现了结构主义的建筑观。格里戈蒂坚持认为：

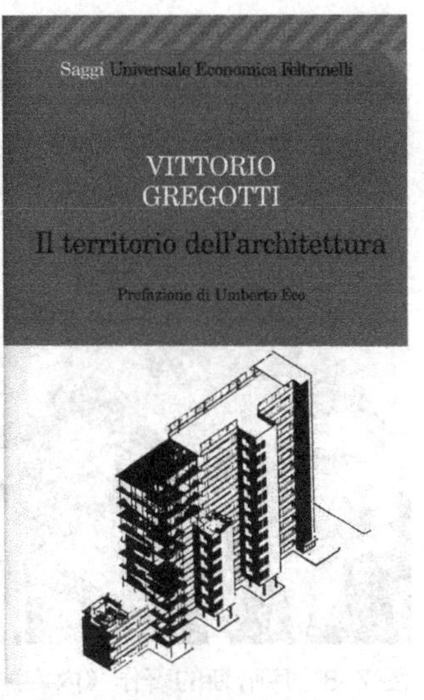

图 7–6　格雷戈蒂的《建筑学的领域》

“理论研究是指导建筑设计行为的直接基础。”[16]

意大利建筑师、建筑理论家保罗·波尔托盖希的建筑有着一种偏爱历史主义的倾向，他是最先从传统的理性主义转向后现代主义的当代建筑师之一。波尔托盖希深受哥特风格建筑、巴洛克建筑和新艺术运动的影响，是巴洛克大师博罗米尼（Francesco Borromini, 1599–1667）的崇拜者和研究学者，曾写过有关折中主义、米开朗琪罗、博罗米尼、夸里尼（Guarino Guarini, 1624–1683）等的论著，他十分强调博罗米尼的批判精神。他于 1969 年创办杂志《反空间》（*Controspazio*），并担任主编。他是 1980 年威尼斯国际艺术双年展的第一次国际性建筑展览“历史的风采”的策展人，开创了后现代主义建筑的先河。波尔托盖希写过大量的论著，其中最有影响的是《现代建筑之后》（*Dopo l'architettura moderna*，1982）和《自然与建筑》（*Natura e architettura*, 1999）。他也是 1968 年出版的十卷本《建筑与城市规划百科全书》（*Dizionario Enciclopedico di Architettura e Urbanistica*）的主编。他的一些作品表现出了仿生的理念，并表达了自然与历史、文化的结合（图 7–7）。

图 7–7　波尔托盖希的《建筑与城市规划百科全书》第一卷

4）荷兰建筑师库哈斯

荷兰当代建筑师库哈斯在他的建筑师职业生涯中出版了大量著作，世界上也许找不到第二个像库哈斯这样出版了这么多文字作品的建筑师了。库哈斯早年在阿姆斯特丹的荷兰电影和电视学院学习，毕业后曾经在《海牙邮报》担任记者，同时也从事电影剧本的创作，1968 年起他在伦敦建筑协会学院学习建筑，1972 年起在康奈尔大学学习。库哈斯于 1975 年在伦敦创立了大都会建筑事务所（OMA），之后将总部迁往鹿特丹。目前，库哈斯是 OMA 的首席设计师，也担任哈佛大学设计研究院的建筑与城市规划学院教授。他的形式语言源自俄国构成

图 7-8　库哈斯的著作《内容》

主义和现代建筑运动，然而他摒弃了这两种运动的社会革命思想。他的主要论著有《颠狂的纽约：曼哈顿的再生宣言》（*Delirious New York: A Retroactive Manifesto of Manhattan*，1978，1994）、《小号，中号，大号，特大号》（S，M，L，XL，1995）、《内容》（*Content*，2004）等。他那延续早年写作剧本与电影蒙太奇手法的写作风格和实用性理论已经被广泛接受，甚至许多建筑论著、国际性的重要展览也都采用了这种新闻媒体式的拼贴风格（图 7-8）。

他在《颠狂的纽约：曼哈顿的再生宣言》中，以超现实主义的后现代观点讨论纽约这座城市，认为现实与幻想其实是并行不悖的。他在与加拿大设计师布鲁斯·毛（Bruce Mau，1959-）合著的《小号，中号，大号，特大号》中提出的“通属城市”（The Generic City）发展了这个思想，认为这种既无品质又无特殊认同的城市，总是遗忘历史，却不可避免地在全世界蔓延，这个观点为非建筑领域的人们所广泛引用。

早年在报社当记者与剧本写作的经验，影响了库哈斯对于建筑和城市的诠释，他那富于幻想的设计构思，嘲讽的解读方式，蒙太奇式的建筑表现手法，发掘并制造事件的方式，一再颠覆人们对于环境的既有观念。对库哈斯的评价也千差万别，他被《纽约时报》评为“建筑师时代建筑师的建筑师”。[17] 盖里认为：“他是我们这个时代最伟大的思想家之一。”[18] 然而，他那玩世不恭和怪诞的作风、语不惊人死不休的态度，也往往被人们贴上犬儒主义、撒旦主义的标签，他那实用主义、嘲弄、诡辩、乖僻、讽刺式地游戏和放纵的行径难以被人们接受，总是引起争论。尽管如此，近年来，库哈斯的光环却不断增加，他于 2000 年获普利兹克建筑奖，2004 年获英国皇家建筑师协会金奖，2010 年获威尼斯建筑双年展金狮奖。

图 7-9　黑川纪章的《从机器时代到生命时代》

5）日本建筑师与建筑批评

以黑川纪章为代表的许多日本建筑师也十分关注建筑理论，并将建筑理论与建筑创作紧密地结合在一起。黑川纪章撰写过大量论著，其中最重要的是《建筑论 I——日本的空间》（1982）、《建筑论 II——意义的生成》（1990）、《从新陈代谢到共生》（1992）、《新共生思想》（1996）、《从机器时代到生命时代》（1998）等（图 7-9）。

伊东丰雄于 1965 年从东京大学毕业后进入菊竹清训（Kiyonori Kikutake，1928-）的事务所工作，于 1971 年创立自己的事务所，坚持另类的现代建筑道路。他的作品之所以表现出有机性和感性的形象，被誉为永远走在时代前面的前卫建筑师和建筑冒险家，是与他对理论的探索密切相关的。他在东京大学的毕业论文《建筑中时间概念的导入》中就指出了当时在日本盛行的“新陈代谢主义”的时间概念不充分，提出了“有别于外在的物理性时间而流动的时间是一定存在的，而那对于建筑才是最重要的”。[19] 他的论文集有《风之变样体》、《透层建筑》、《建筑：非线性的偶发事件——从smt 到迈向欧陆》等。伊东丰雄于 2002 年获威尼斯建筑双年展金狮奖，2006 年获英国皇家建筑师协会金奖，2013 年获普利兹克建筑奖（图 7–10）。

图 7–10 伊东丰雄的论文集《衍生的秩序》

7.1.3 超级批评家

批评家和建筑师的分工不同，建筑师使用的建筑语言可以是跳跃的、片断的和拼贴的，而批评家则必须用合乎逻辑然而又是艺术的语言和媒介，对建筑的意义以公众理解的语言和方式加以表述。诚然，就广义来说，每一个人都可以以自己的方式领会建筑的意义，但社会的发展和公共交流的环境与规模需要专业批评的规范文本，这就要求有专业的建筑批评家。建筑业的发展，除了技术与行为科学上的统计信息的反馈以外，更重要的是作为意义阐释者的批评文本。西方历史上的建筑批评家，大多是根据对建筑作品的批评，演绎出一系列较为规范的形式与准则的。例如对建筑形式、建筑形制及其社会意识形态的批评，对古典的建筑语言、法则或者建筑形制、场所和仪式的对应关系进行的探索，这种以建筑形式为中心的批评完全与西方哲学的形式化发展相一致。

1）约翰・罗斯金

我们必须关注那些虽然从事建筑批评，然而并非是哲学家的，既不是建筑师，也不是传统意义上的建筑理论家的人，他们是艺术评论家、专栏作家、新闻记者等。在历史上，作为思想家和文艺理论家，英国的罗斯金、德国的温克尔曼等都曾经从艺术评论的角度，以人文主义者的观点论述建筑。

罗斯金的《威尼斯之石》(*The Stones of Venice*, 1851–1853) 和《建筑的七盏明灯》(*The Seven Lamps of Architecture*, 1849) 一直是学习建筑艺术的经典著作。《建筑的七盏明灯》指的是献身精神、真理、力量、美、生活、回忆和顺从，书中并没有很多关于建筑学的内容，但却表达了罗斯金的建筑理想，他那以哥特建筑为建筑典范的理想，论证了伦理情感和倾向会成为形成优秀建筑的动力。罗斯金在《威尼斯之石》的第二章“论哥特式的本质”中对哥特建筑的评价揭示了由历史的、社会的以及伦理的元素所构成的“哥特式的灵魂”，并成为了 19 世纪最重要的美学批评著作之一（图 7–11）。

图 7–11 罗斯金的《威尼斯之石》

罗斯金从 1845 至 1850 年在威尼斯总共待了 15 个月，致力于测绘和拍摄威尼斯的建筑，画水彩画，试图在纸上挽救威尼斯城市的没落。他的成果是共 168 页写得密密麻麻的大开纸张、两大本 A4 开本、共 454 页的笔记本、8 本小开本共 582 页的笔记本、约 3000 件细部图稿，最后汇编成三卷，包含约1000幅左右的插图。《威尼斯之石》的第一卷发表于1851年，1853年又发表了这本书的第二、三卷，罗斯金以这本书闻名世界。罗斯金还写过不少有关建筑与城市、艺术和工艺的散文，他在19岁（1838年）的时候就出版了第一本书《建筑诗》（*The Poetry of Architecture*），其他还有《论建筑与绘画的讲座》（*Lectures on Architecture and Painting*, 1854）等。

罗斯金的《威尼斯之石》一书是用散文讲述建筑的典范。下面举出书中描述圣马可教堂的一段优美的文字：

"……许许多多的石柱和圆屋顶，汇集成一座矮扁的金灿灿的金字塔群。它们仿佛是一座由黄金、宝石、珍珠构成的宝库，下面空着的部分，是五座拱形的大门廊。廊顶上有精美的镶嵌画、精美的雕刻，像琥珀一样澄澈，像象牙一样精致。无与伦比的雕刻上刻着棕榈叶和百合花，葡萄、石榴以及树叶间展翅欲飞的鸟儿，互相交织在一起，形成一片羽毛和叶子之网。神态庄严的天使手持权杖。长袍贴脚，一字儿排开，相互依靠着站在其中，一直延伸到门廊外的拱饰上。天使们的身影在镏金底面的枝叶中若隐若现地闪着光，像远古时代伊甸园的晨光中，天使立于门外，隐身在枝叶间。门廊下绕着墙，是碧玉般、宝石般斑驳的石柱，雪花般地布满了深绿色的蛇形点。大理石，似乎半推半就地向着阳光，克里奥佩特拉般地'要亲吻蓝透了的藤蔓'。阴影似乎从它们那儿悄悄隐退，呈现出一条条天蓝色的波纹的分界线，仿佛退潮的浪花告别曲折的沙滩一般。石柱的柱头上雕满了交织的细工花纹——有扭结的花草，有飘动的苣苔叶子，有藤蔓以及其他一些神秘兮兮的符号。这些缘饰以十字架始，又以十字架终。在它们上面，在外面的拱门装饰上则能看见一连串的生活画面——天使们，天国的图案，世人的劳动场面等，每一类场景都有他们特定的工作季节。更高一点的地方，是一排闪亮的塔尖，混杂在红花滚边的白色圆拱间——可以说是一种非常愉快的混合。在这中间，希腊马的胸脯在金色的柱撑上闪闪发光，而圣马可的狮子，高高立在布满星星的蓝色圆拱顶端，似在狂喜的状态中。圆拱顶部最顶端的顶饰，是一片大理石般雪白的浪花，星星点点地互相缠绕着，把自己抛向遥远的蓝天，恰似丽都岛沿岸飞溅的浪花，飘洒在半空中，刹那间凝固住，又被海神镶上了珊瑚和石英作为装饰。"[20]

这段引文选自罗斯金的《威尼斯之石》。1849年，罗斯金刚刚写完《建筑的七盏明灯》，这年冬天，罗斯金是在威尼斯度过的，并开始着手写《威尼斯之石》。这两本书无论在内容上，还是在观点上，都有很多相似之处。按照罗斯金自己的介绍，在《威尼斯之石》中，他试图论证威尼斯的哥特式建筑产生于举国上下的纯真的信仰和德行，而威尼斯的文艺复兴建筑的根源则隐藏在各种现象背后的宗教信仰的普遍失落以及国家的衰落中。[21]

书中，罗斯金探讨了威尼斯的建筑特征：墙体及其表面的力量，重力感、体积感和向上的升力，对具有潜能的阴影的应用等。他高度赞赏哥特式建筑的美，用了许多篇幅叙述意大利的哥特式建筑，论证了哥特式建筑的特征：原始性，多变性，自然性，奇异性，强固性以及复杂性。[22]

罗斯金还详细地叙述了威尼斯以及圣马可教堂的历史演变。始建于 11 世纪的圣马可教堂融入了拜占庭建筑的风格、14 世纪末的哥特式建筑风格以及文艺复兴时期的装饰风格等。罗斯金那充满艺术性的描述引导人们去欣赏圣马可教堂，细致入微地赞美圣马可教堂。文章记述了圣摩西广场历史面貌的改变，现代的店铺，圣马可教堂与英国教堂的对比，教堂形式的含义等（图 7–12）。

图 7–12　罗斯金的水彩画《圣马可教堂的南立面》

2）赫克斯苔布尔

当代著名的美国女建筑评论家和作家埃达 · 路易丝 · 赫克斯苔布尔作为《纽约时报》的专栏作家，对于促进建筑艺术的普及，曾引起社会对建筑的普遍关注，提高公众的建筑艺术修养起了相当重要的导向作用。她于 1946–1950 年担任纽约现代艺术博物馆的建筑与设计策展助理，1950–1963 年担任《美国进步建筑与艺术》（*Progressive Architecture and Art in America*）的责任编辑，从 1963 年至 1982 年一直担任《纽约时报》（*New York Times*）的建筑专栏评论员，从此奠定了她在建筑批评界的名望。赫克斯苔布尔也是美国政府的顾问委员会成员，她在 1965 年倡导成立纽约市城市地标保护委员会，反对盲目的破坏性建设。赫克斯苔布尔在 1970 年荣膺首届普里策杰出评论奖，曾获得 30 多个项奖和 25 个名誉学位，并从 1987 年起在历届普利兹克建筑奖的评审中担任评审委员和评论员。佩夫斯纳曾赞誉她是“当代最杰出的建筑批评家”，保罗 · 戈德伯格指出 ：“在埃达 · 路易丝 · 赫克斯苔布尔之前，建筑没有成为公众的话题。”

赫克斯苔布尔在授予法国建筑师波赞帕克（Christian de Portzamparc, 1944–）1994 年度普利兹克建筑奖时，提倡新一代的现代建筑方向，颂扬那种敏锐的、具有诗意的、多重复合的、充满智性的、大胆的创造（Ada Louise Huxtable. *Reinventing Architecture: Christian de Portzamparc, The Pritzker Architecture Prize*. 1994 ：23）。她曾写过《从艺术角度对高层建筑的再思考——摩天大楼风格的探索》（*The Tall Building Artistically Considered: The Search for a Skyscraper Style*, 1982, 1984），她把摩天大楼看作是“当代文明最伟大的技术和建筑成就”。她的论著还有 ：《经典的纽约 ：从乔治式的雅致到希腊风格的典雅》（*Classic New York: Georgian Gentility to Greek Elegance*, 1964）、《纽约时报》发表的文章集《何时才能让布鲁克大街竣工？》（*Will They Ever Finish Bruckner Boulevard*? 1970，1989）、《论建筑 ：一个世纪变化的反思》（*On Architecture: Collected Reflections on a Century of Change*, 2008）等（图 7–13）。

图 7–13　赫克斯苔布尔

3）戈德伯格

毕业于耶鲁大学的美国建筑评论家保罗·戈德伯格（Paul Goldberger, 1950–）是著名的公共建筑评论家，曾经担任纽约市新校的约瑟夫·厄本设计与建筑讲席教授以及新校帕森斯设计学院的院长。他在美国各地教授建筑设计、历史建筑和城市保护等，除纽约市新校外，还曾在耶鲁大学建筑学院担任教师，在加州大学伯克利校区研究院教授新闻学。他作为建筑批评家的生涯始于《纽约时报》，他的杰出评论文章于 1984 年被授予普里策杰出评论奖，也曾获得美国建筑师学会奖、纽约标志性纪念物保护基金会荣誉奖，以及纽约市长颁发的纽约市标志性纪念物保护委员会的保护成就奖。2012 年，他获得了华盛顿国家建筑博物馆颁发的文森特·斯卡利奖，同年获美国社会科学学会的金奖。

图 7–14 《建筑无可替代》

戈德伯格 1997 至 2011 年间担任美国《纽约客》（*New Yorker*）的“天际线”专栏作家，现任《名利场》（*Vanity Fair*）杂志的责任编辑。他著有多部关于建筑评论的论著，其中具有代表性的有《突破零点：政治，建筑和纽约的重建》（*Up from Zero: Politics, Architecture and the Rebuilding of New York*, 2004）、《建筑无可替代》（*Why Architecture matters*, 2009）以及他的建筑批评论文集《建造与拆毁：建筑时代的反思》（*Building Up and Tearing Down: Reflections on the Age of Architecture*, 2009）等。他的建筑评论专辑《后现代时期的建筑设计》（*On the Rise: Architecture and Design in a Postmodern Age*, 1983）收集了他于 1974–1983 年在《纽约时报》发表的 81 篇有关建筑的评论员文章，包括对建筑、建筑师、建筑思潮等的评论（图 7–14）。

4）苏吉奇

英国伦敦设计博物馆馆长、建筑批评家德扬·苏吉奇（Deyan Sudjic）于 1983 年创刊《蓝图》（*Blueprint*）并担任主编，也曾担任杂志《观察家》（*The Observer*）的建筑和设计评论家，2000–2004 年担任意大利设计杂志《建筑与装饰艺术》（*Domus*）的主编，也曾担任过英国金斯顿大学艺术、设计与建筑学院的院长，参与过一些建筑的评审。作为评委，他曾经参与了 2012 年伦敦奥运会水上运动中心的评审，并选中了扎哈·哈迪德的方案。苏吉奇曾经出版过许多建筑评论集，其中有《方圆一百英里的城市》（*The 100 Mile City*, 1993）、《建筑与民主》（*Architecture and Democracy*）《事物的语言：认识物质需求的世界》（*The Language of Things: Understanding the World of Desirable Objects*, 2009）等。他在 2006 年出版了《建筑的复杂性：富人和有权势的人如何塑造世界》（*The Edifice Complex: How the Rich and Powerful Shape the World*，台湾出版的译本将标题译为《建筑！建筑！ 谁是世界上最有权力的人？》）。这是一部纪实评论集，文笔优美，言辞犀利，全书分为 14 篇，以作者 15 年的观察和研究，积累了丰富的资料，分析并评述了 20 世纪 30 年代以来的建筑师和政治以及业主的关系。重庆出版集团、重庆出版社在 2007 年出版了该书的中文简版《权力与建筑》。苏吉奇在《致中国读者》中说：

“建筑真正的意义所在，并未从建筑师用立面和平面图构筑的密闭世界中，或他们的自我审美表述中体现出多少。使我越来越感兴趣的并不是建筑物的外形、窗户的形状或屋顶的形式，真正吸引我注意的是建筑为何建成和它们如何建成，对我而言，它们的含义远比它们的外形更重要。

建筑的背后有着丰富的内涵。它们是个人宣扬身份的利器；它们是有雄心的城市向全世界宣扬自己的工具；它们是权力和财富的表达；它们是创造和记载历史的方式。”[23]

2010 年，苏吉奇出版了《诺曼·福斯特：建筑生涯》(*Norman Foster: A life in Architecture*)。书中详细描述了福斯特从童年到成长为国际知名建筑师的过程，其作品和思想，以及从一名默默无闻的建筑师成为建筑大师的过程（图 7–15）。

图 7–15　《诺曼·福斯特：建筑生涯》

7.1.4　艺术家与建筑批评

艺术家必然会以批评的眼光审视自己的作品，发表艺术评论，在这个意义上说，艺术家也是批评家。然而，在对建筑进行批评时，严格说来，不能将艺术家归入批评家的行列，但由于他们在一定程度上与建筑艺术有某种相通之处，有时候可以列为建筑方面的准专家或业余批评家。

1）参与建筑批评的艺术家

艺术家用他们的作品对建筑进行批评，他们用艺术家敏锐的观察力和想象力通过作品表现其建筑观和对建筑的理想。最典型的莫过于建筑摄影家。有时，建筑刊物或其他报章杂志上，由建筑摄影家拍摄的图片也是一种批评。摄影师在经过精心选择和耐心等待到的某个瞬间，拍照的位置、角度、光线，和用经过精心选择的相机镜头和曝光方式，以及借助剪裁和暗房技术处理后发表的建筑摄影等，消除了形象的时间与空间序列，用特殊的话语形成了一种批评。画家在描绘建筑时，同样也有这种效果。这种图画和照片会给人以特别的启示，启发人们从画家和摄影家为他们选择的特殊角度去观赏和体验建筑，从而发现建筑的意义和美。法国印象派画家克劳德·莫奈（Claude Monet, 1840–1926）所描绘的卢昂大教堂、伦敦国会大厦、威尼斯的宫殿、府邸和教堂的一组组表现光影和色彩变幻的油画，会使人们从画家所领悟的建筑美中得到深刻的启示，其效果甚至比亲临建筑现场更为浓烈（图 7–16）。

图 7–16　莫奈的《卢昂大教堂》

图 7–17　刘心武 .《我眼中的建筑与环境》

著名作家刘心武（1942–），曾经担任《人民文学》杂志主编，他的代表作有长篇小说《钟鼓楼》(1985)、《续红楼梦》(2011）等。自 1996 年以来，他写了许多关于建筑批评的散文，陆续在《文汇报》和《为您服务报》上发表，其内容涉及城市规划和建设、城市景观、建筑艺术、建筑美学、建筑语言、雕塑与绘画艺术，遍及世界各国，贯通古今，受到社会各界和新闻媒介的欢迎。1998 年这些散文由中国建筑工业出版社编成《我眼中的建筑与环境》出版，全书共分三辑：第一辑是“通读长安街”，包括对 35 座建筑的评论；第二辑是“城市美学絮语”，收录了 18 篇关于城市与建筑的随笔；第三辑是“建筑·环境·人”，收录了 55 篇关于国内外城市与建筑的散文和随想，三辑共 100 篇文章（图 7–17）。刘心武在书中的“写在前面”中写道：

“文学与建筑隔行却并不隔山。这两个行业都属于宽泛的艺术范畴。引领这两个行业的美学女神如果不是一位，也该是孪生姐妹。”[24]

刘心武在 2004 年又出版了《材质之美：刘心武建筑文化酷评》。这些批评文章表现出了刘心武的美学素养、艺术追求、丰富的想象力和鲜明的判断力，文笔优美，褒贬分明，比喻生动。在大部分批评文章中，作者的侧重点是在视觉形象的美学意义和对于建筑的形式批评方面，很少涉及建筑的功能、技术以及经济方面的因素，也很少从历史借鉴和建筑史学的发展上来加以批评。当然，那样要求一位非建筑专业的人士是过于苛刻的，也是不可能的。尽管如此，作者的艺术功底、文学修养和深厚的生活观察，使这些批评文章具有了非凡的艺术感染力，并在社会上产生了广泛的影响。这样一种影响力是绝大多数建筑专业人士的建筑批评所不具备的。

近年来，另一位著名的作家冯骥才（1942–）也有许多关于城市和建筑的批评文章，写得很有深度和广度。更为难能可贵的是，冯骥才不仅用批评，而且也以实际的行动与其他的文化志愿者一起参与到建筑狂潮中。他于 1996 年参与挽救天津的津门老城的工作，1997 年抵制了对原来的租界建筑的毁灭性冲击，1999 年抢救了天津一条濒临灭绝的老街——估衣街。估衣街是一条有着六百多年历史的老街，是天津最古老的商业街，被列为文物保护单位，其中的谦祥益绸缎庄和瑞蚨祥鸿记绸缎庄等店铺是天津市的文物保护单位。这条记载了中国近代历史上的商埠天津、具有历史意义和建筑艺术价值的街竟然要拆除，引起了社会各界的深切关注。冯骥才呼吁：“把前人的创造留给后人。”他在 2000 年 9 月由西苑出版社出版的《抢救老街》一书中，详详细细地记录了估衣街及其历史建筑的命运。这些年来，冯骥才还组织了一系列的文化采风活动，为保护优秀历史建筑做出了卓越的贡献。冯骥才所著的《手下留情——现代都市文化的忧患》(上海学林出版社，2000）一书中的文章大多发表在《文汇报·笔会》上，它们是冯骥才文化思考的记录，记下了他为保卫城市的历史文化价值所作的不懈的努力。其中大约有不到 1/4 的文章涉及了建筑的文化批评，然而却具有一定的深度，这与冯骥才积极组织各界人士进行文化考察、用实际行动进行批评是分不开的（图 7–18）。

图 7–18　冯骥才所著的《抢救老街》

上海市建设委员会曾经在 1999 年组织了一场评选新中国成立 50 年来的 50 个经典建筑的活动，让广大市民参加评选，另外也成立了专家组，按照规则，专家和市民的投票分别占 50% 的比例。专家组的成员有建筑师和规划师，他们中有台湾地区建筑师李祖原，新加坡建筑师刘太格，法国建筑师夏邦杰（Jean–Marie Chapentier，1939–2010），中国建筑师齐康（1931–）、蔡镇钰（1936–）、何镜堂（1939-）、邢同和（1939–）、马国馨（1942–）等，建筑史学家罗小未教授也作为专家组成员参加了评选。同时，也有非建筑界的专家，他们中有电影导演谢晋（1923–2008），画家陈逸飞（1946–2005），作家叶辛（1949–），文化理论家余秋雨（1946–），作家赵鑫珊（1938–）等人。他们在所从事的艺术生涯中，必然会表达并涉及建筑，对建筑的理解显然不同于一般市民。这些专家都非常重视这次评选的示范意义和启发意义，与建筑界的专家在许多方面都达成了共识。

学语言文学的赵鑫珊从 1990 年代后期开始，陆续写下《建筑是首哲理诗：对世界建筑艺术的哲学思考》以及诸如《建筑，不可抗拒的艺术》、《建筑面前人人平等：说不完的建筑》、《人—屋—世界：建筑哲学和建筑美学》、《罗马风建筑：信仰与象征》、《哥特建筑——上帝之光》、《手绘欧洲建筑之旅：建筑语言符号论》之类与建筑有关的书，包括涉及其他各种领域的书，迄今总数已超过 50 本，可谓著作等身。他的著作涉及领域甚广，上及天文，下至地理，包括哲学、音乐、政治、文化、生物、科学和建筑等。然而，仔细思考的话，这位并非建筑行业人士的作家有不少关于建筑的似是而非的论断恐怕需要讨论，例如赵鑫珊在《音乐与建筑——两种语言的相互转换和音乐解释学》（2010）的自序中断言：“音乐是时间的艺术，建筑是空间的艺术。两者在本质上相通符合‘逻辑与存在’这条最高法则。”[25] 又如：“西方音乐是从歌颂、赞美上帝起步的。在颂扬造物主方面，宗教建筑罗马风走在前头。先有‘绝对建筑’，紧跟其后的是‘绝对音乐’。在中世纪的神学家看来，只有赞美、齐声歌唱上帝的建筑语言才能走近‘绝对’境地。”[26]（图 7–19）

图 7–19 《音乐与建筑——两种语言的相互转换和音乐解释学》

2）作为建筑师的艺术家

艺术家在接触生活的时候，也会掌握朦胧的建筑理论和有关建筑的知识，然而他们在论及建筑的历史地位、建筑的批评作用、城市与建筑空间的时候，其认识角度和深度必然不同于建筑师和规划师，更不同于建筑史学家。此外，对建筑的批评也经常出现在文学家、画家、雕塑家，甚至音乐家的作品中，艺术家们通过他们的作品表达了他们对世界、对生活和对城市与建筑的看法和批评。然而，

图 7–20　艾未未在 2008 年威尼斯建筑双年展的展示

就整体而言，作为批评的主体，就严格的意义而言，我们仍然应当将艺术家们归入公众的行列。

自称"建筑设计师"的艺术家艾未未（1957–）在他的文集《此时此地》中用了相当多的篇幅进行建筑批评，但是他的论断往往流于偏颇，缺乏论证。在 2008 年的威尼斯建筑双年展上，他用竹竿串上竹椅宣称北京的"鸟巢"是他的创意，并频频接受媒体采访（图 7–20）。2006 年他在《新京报》发表的题为"右后视镜"的一篇文章中说："中国还没有出现和人的处境有关的建筑思想，没有真正意义上的建筑师。包括城市规划和交通问题，都处在盲目的阶段，缺少文化、美学、伦理的修养，哪怕是实用逻辑都是薄弱的。"[27]其实这个论断也消解了他自称是建筑设计师的行为(图 7–21)。

图 7–21　艾未未的文集《此时此地》

7.1.5　公众与批评

作为城市的主人，公众是城市建筑的业主，是城市的主体。建筑要满足公众的利益，为公众服务。公众是一个十分复杂的范畴，就文化素养、心理素质、爱好和情趣、生活方式的层次而言，简直可以说是千差万别。他们中的有些人受过十分良好的教育，但是就建筑而言，他们很可能一窍不通。公众对建筑的批评主要是直观式和鉴赏型的批评，而不是分析型的批评，可以划分为即兴批评和体验批评。

1）参与批评的公众

建筑是生活的艺术，是环境的艺术。公众生活于斯，他们对建筑及其环境有深切的直接体验。大到城市规划、城市交通、建筑的总体环境、艺术造型，小到门扇、窗扇的细部和开启方式，五金零件及各种室内外建筑材料的肌理和质感，都对建筑的使用者产生持续的相互作用。不仅是直接的使用者，也包括社会上的公众都会对此做出反应。

作为批评者的公众，在批评的主体意识这一方面与专业人士有着十分明显的差异。从批评意识这个角度来看，一个读者——批评者必须把发生在建筑师意识中的某种东西当作自己的来体验。对建筑师意识的体会远远不同于一个读者在阅读《红楼梦》或其他小说时的那种对社会和生活的体会。因为建筑师对建筑的体验远远超出单纯的生活，融合了社会、历史、文化、艺术、技术的因素和各种知识，所以，一般公众几乎不可能把握建筑师的"我思"。乔治·布莱认为：

"一切批评都首先是，从根本上也是一种对意识的批评。"[28]

对意识的批评是一般公众无法做到的，就实质而言，公众批评只是一种知觉批评，往往是一种看热闹式的批评，而不是意识批评。而且批评并不是一种消极的被动式反应，而是一种再创造，未经专业训练的公众难以达到艺术性再创造的境界。此外，建筑从创作到建造，到使用过程，有着政治的、经济的、技术的、艺术的各种因素的介入。其中，在建筑师创造建筑形象的过程中，建筑的演变有其特殊的规律，这些都是一般公众所无法理解的。

公众的作用不是主要表现在直接的批评活动方面，而是一种培育建筑和艺术情趣的土壤。这种土壤尤其取决于社会的精英和代表人物，公众是在他们的引导下才形成批评的作用的，由于人数众多，起着相当重要的舆论作用。一般来说，在社会风尚、广告、新闻媒介等的指引和诱导下，公众愿意接受社会要他们接受的任何东西。

2）公众与建筑批评

1999 年由上海市建设委员会发起了评选新中国 50 周年经典建筑的活动，由专家和市民分别评选，各占 50% 的权数，然后将其结果综合，最终选出 50 个经典建筑，对照分析专家和市民投票的结果很有意义。笔者作为专家组的组长，自始至终参加了评选的全过程。为了使评选具有一定的代表性，起到引导作用，由建筑师、规划师组成初评小组，从 1949 年至 1999 年的上海建筑中，经过认真筛选，评出 80 个具有代表性的建筑供专家组和市民投票。由于市民投票时并不知道专家组评选的结果，专家组的成员也被告知不要公开发表自己的观点，以免使个人的意见起导向作用，以使市民的投票能够反映真实观点。

专家组的评选总共进行了三天，投票评出的前十名建筑依次为：金茂大厦（1998）、上海大剧院（1998）、上海展览中心（1955）、上海博物馆（1994）、浦东国际机场（1999）、“东方明珠”电视塔（1995）、上海图书馆（1997）、松江方塔园（1982）、西郊宾馆睦如居（1985）和上海体育场（1998）等。

市民的评选共有 51265 位市民参加投票，约占上海市区居民总数的千分之六，其中有效票为 43030 张。即使排除未成年人和老年人的因素，参与投票的面仍然是相当狭窄的。市民投票得出的前十名依次为：“东方明珠”电视塔、金茂大厦、国际会议中心（1999）、浦东国际机场、上海大剧院、上海博物馆、上海展览中心、上海体育场、证券大厦（1997）、新锦江大酒店（1990）。其中，相互一致的有 7 项。巧合的是专家和市民对上海商城的投票结果都是第 11 位，综合结果为金奖第 9 位。

市民对松江方塔园探索传统建筑中的创新精神，及其重要的历史和文化地位并不了解，所得市民选票只占总有效票数的 17.66%，排第 58 位，因此，松江方塔园在综合专家和市民的最终的评选结果中，只能排第 23 位。市民，甚至组委会的许多成员，居然认为松江方塔园只是历史建筑的维修，或者顶多只是园林中处于边缘地位的辅助建筑，对于松江方塔园在中国当代建筑史上的重要地位完全缺乏认识。上海图书馆所得市民选票占总票数的 37.68%，排第 12 位，综合的结果为第 8 位。

专家组评选出的1950年代的现代建筑的代表作——排第13位的同济大学文远楼（1952）只得到市民选票的16.57%，排第61位，可以说，市民和相当一部分非专业人士对于这座建筑在中国现代建筑史上的地位并没有认识到。西郊宾馆睦如居获市民选票仅占总票数的15.49%，排第65位。不要说一般市民，就是许多专业人士也从来没有见过这座建筑，更不可能认识西郊宾馆睦如居在探索中国传统建筑精神中的地位和作用。一些建筑艺术水平较高的建筑也未能被市民所赏识，例如利用1930年代的旧车库改建的第16名锦江迪生商厦（1997）、第17名嘉里中心（1998）、第18名陶行知纪念馆（1986）在市民的投票结果中分别排名第71位、第79位和第73位。专家组评选出的排名第26位的龙柏饭店（1982）和第30位的交大闵行分部1号、2号教学楼（1984、1991）在市民的投票结果中则分别排第67位和第72位，均被排除在50个经典建筑之外。

图7–22 上海国际会议中心

这次评选还有一个很有趣的现象，那就是市民推崇的一些建筑与专家的评价大相径庭。市民投票将国际会议中心（1999）评为金奖第三名，占总票数的59.82%，证券大厦（1997）被评为金奖第9名，占总票数的29.06%，但是，由于评选规定“专家和市民的投票比率各占50%”，国际会议中心在专家组的投票中以零票落选，证券大厦被评为第24位，综合结果应为，国际会议中心列为第22位，即铜奖第二位，证券大厦列为第12位。但是在组委会最终讨论评选结果时，许多人对专家组评选的结果不以为然，主要是针对国际会议中心没有中选的结论加以指责，甚至有一位参加专家组同时又是组委会成员的作家，竟然不顾他自己也没有投国际会议中心的票这样的事实，在会上大肆挞伐专家组评选的结果，认为这座建筑没有中选是不对的。一位主管文化与广播、电影、电视的领导干部甚至公开指责这样的评选有问题，对专家组评选的上海展览中心、松江方塔园、同济大学文远楼也妄加指责。会前与主管部门领导协商，准备授予国际会议中心“市民评选的金奖作品”奖项的意见也未能实现，到会的19位组委会成员及其代表中除两人外，其余成员均将国际会议中心评为金奖，强词夺理地认为既然市民和专家对上海商城的投票结果都是第11位，就把原定金奖第9名的上海商城剔至银奖第1名，还美其名曰符合专家和市民的共同意愿（图7–22）。

我们将评选的最终结果以及专家、市民评选投票的结果分别列在下面，以供分析参考（表7–1）：

目前，社会越来越关注建筑，许多重要项目也都进行公示，或者将方案

表 7–1

评选结果	专家评选意见	市民评选意见
金奖		
金茂大厦	金茂大厦	东方明珠广播电视塔
上海大剧院	上海大剧院	金茂大厦
东方明珠广播电视塔	上海展览中心	国际会议中心
浦东国际机场	上海博物馆	浦东国际机场
上海展览中心	浦东国际机场	上海大剧院
上海博物馆	东方明珠广播电视塔	上海博物馆
上海体育场	上海图书馆	上海展览中心
上海图书馆	松江方塔园	上海体育场
国际会议中心	西郊宾馆睦如居	证券大厦
新锦江大酒店	上海体育场	新锦江大酒店
银奖		
上海商城	上海商城	上海商城
豫园商城	新锦江大酒店	上海图书馆
证券大厦	同济大学文远楼	国际贸易中心
上海电视台大厦	静安希尔顿酒店	上海电视台大厦
虹桥新世纪广场	豫园商城	上海市规划展示厅
静安希尔顿酒店	锦江迪生商厦	豫园商城
新中高级中学	嘉里中心	上海体育馆
龙华烈士陵园	陶行知纪念馆	东方电视台大厦
广电大厦	广电大厦	金钟广场
上海体育馆	虹桥新世纪广场	龙华烈士陵园
铜奖		
华亭宾馆	花园饭店	新中高级中学
金钟广场	巴黎春天百货公司	虹口足球场
松江方塔园	上海电视台大厦	虹桥新世纪广场
西郊宾馆七号楼	证券大厦	上海马戏城
第一八佰伴新世纪商厦	华亭宾馆	中共“一大”会址纪念馆
花园饭店	龙柏饭店	招商大厦
虹口足球场	第一八佰伴新世纪商厦	华亭宾馆
上海市规划展示厅	新中高级中学	久事复兴大厦
同济大学文远楼	龙华烈士陵园	上海书城
国际贸易中心	交大闵行分部教学楼	地铁人民广场站

模型向公众展示，征求公众意见，甚至让公众投票作为参考。关注城市空间品质的公众也会通过网络等媒体表达自己的观点。2011 年 7 月，上海的市民十分关注外滩“204 地块”的建筑形象，媒体也极为关注这一问题，走访有关审批部门和专家，大部分公众认为，建筑的立面造型没有延续外滩的建筑风格，该方案的建筑造型被揶揄为“口琴楼”、“云片糕”，并在媒体上展开讨论。公众不理解建筑的现代性是可以理解的，其核心问题其实是，虽然“204

图 7–23　204 地块的建筑造型

地块”已经在外滩历史文化风貌区的范围之外，但旁边就有一幢历史保护建筑，这组高达 135 米的建筑群，对整个外滩的南延伸段的天际线有很大的影响（图 7–23）。

7.2　建筑批评的媒介

就像建筑本身的丰富多彩一样，建筑批评的媒介也可以是多种多样的。文字批评的应用最为广泛，但是文字本身也是十分多样的，报纸和杂志上刊登的文章、学术论著等只能说是最常见的批评媒介，而不是全部的文字形式的批评文本。小说、诗歌、散文也可以在一定的条件下成为建筑批评的文本，前面谈到的著名作家刘心武所写的《我眼中的建筑与环境》就是一种散文体的评论。建筑与其他艺术、其他学科的交叉都会对各自的领域产生新的启示、变异和发展。

法国建筑师和服装设计师于 2001 年举办了一个展览会，展出建筑师和服装设计师合作的作品，显示了建筑和服装之间的关系。建筑与其他艺术以及其他学科的结合必然会产生新的领域和新的艺术。几乎所有的艺术与设计领域都与建筑批评的媒介有关，包括建筑史、作为批评的建筑、雕塑、电影、绘画、摄影、文学、音乐等。作为建筑批评的直接媒介，本节仅涉及建筑史、作为批评的建筑、建筑奖、建筑论坛、建筑展、学术刊物、建筑设计竞赛和方案征集等。

7.2.1　批判性建筑

从信息传达的角度来看，具有形式的建筑本身就是一种建筑批评，是一种特殊的语言和意义的表现。建筑所表现出来的历史参照性和导向性，就是建筑形式取代语言所直观表达的建筑批评。形象、体量及空间序列的构成与安排，建筑风格的形成及其表现本身就是一种批判性的论述。一件表达了建筑师和社会对建筑本体的认识，蕴含了对未来方向的思考，表现出历史参照性和导向性的建筑作品，本身就是空间与结构的组织与形式取代语言所表达的建筑批评。我们把具有批评意义的建筑称为批判性建筑，意大利历史学家和建筑理论家曼弗雷多·塔夫里指出：

“任何建筑都拥有自身的批判性内核。”[29]

作品在自身的领域具有批判性起始于绘画界，意大利 16 世纪的画家安尼巴莱·卡拉契（Annibale Carracci, 1560–1609）的全部作品都被看作是批评体系。卡拉契出生在意大利博洛尼亚的一个绘画世家，后在意大利北部和罗马工作，1595 年以后，他受雇于红衣主教法尔尼斯，为法尔尼斯宫和基齐别墅（今法尔尼斯别墅）作室内装饰设计，并且画了许多的湿壁画，题材多为古代神话。卡拉契在罗马的许多宗教画受意大利 16 世纪的绘画，尤其是受威尼斯画派的绘画大师提香

(Vecellio Tiziano, 1490–1576) 和柯勒乔 (Antonio Allegri Correggio, 1489–1534) 的影响。卡拉契对意大利巴洛克绘画和学院派艺术有重要的影响，他的绘画风格影响了法国画家普桑 (Nicolas Poussin, 1594–1665) 和其他许多 17 世纪的著名画家（图 7–24）。

图 7–24　卡拉契的《酒神巴库斯和阿里亚娜》(1597– 约 1604)

塔夫里在《建筑学的理论和历史》一书中，曾经引证意大利建筑理论家布鲁诺·赛维对建筑实证的论点，从建筑语言的领域论述建筑自身的批判性。塔夫里说：

"在建筑领域内，原有的建筑使隐喻扩展而形成**开放性**。事实上，可以说，任何一幢新建筑的诞生都与原有的作品形成的符号关联域有关——无论是延续性的关系还是对立关系——这些原有的作品是由建筑师当作他的主题的参照关系而自由选定的，就目前而言，无论这种关系的历史年代远近与否，都不重要。这就进一步证实，任何建筑都拥有自身的批判性内核。"[30]

作为批评的建筑的首要条件是审美、功能与意义的结合，这是一种借助于形象的批评。这也是为什么建筑史上往往以各种主义：结构主义、解构主义、现代主义、后现代主义等作为主线来阐述的原因所在。建筑的批判性是通过形象语言——符号语言表达出来的，正如塔夫里在同一书中所说：

"以建筑作为批评媒介，意味着建筑自身的变形：除了审慎的试验以外，建筑必须从语言转化为**符号语言**，必须论述自身，必须在代码中探讨代码。"[31]

塔夫里认为建筑实现批判性的第一个必要条件是各种主题的独立性，从而以完善的自身成为建筑表现的主角。这就是说，形式结构必须具有独立的信息功能，能够在作品中传达某种主题，表现建筑师的创造性思想，为建筑的发展奠定方向。由密斯·凡德罗设计的，作为功能主义代表作的 1929 年巴塞罗那世博会德国馆 (1929，1986 年重建) 实际上并没有什么功能要求，完全超越了使用，主要是一件建筑艺术作品，仿佛雕塑一样坐落在大理石的基座上。巴塞罗那世博会德国馆被誉为现代主义建筑的伟大代表，这座建筑提供了新的空间体验，所呈现的精确的建筑比例可以追溯到 18 世纪的古典主义，同时又融合了构成主义和立体主义。可以说，很少有建筑像巴塞罗那世博会德国馆那样成为世界建筑史上承前启后的典范。该建筑显示出一种超凡脱俗的气质，是品质和空间的表现，而不是量的堆砌。美国现代建筑运动的理论家希契科克 (Henry–Russell Hitchcock，1903–1987) 曾经这样评价这座建筑："这是 20 世纪足以与过去的伟大时代较量的少数建筑之一。"也有人认为，这是一座超越自然的建筑，是时代精神的表现，代表了现代建筑的流动空间的观念和极少主义的审美理想。这座建筑可以说是凝古典和现代精神于一体，表现出了建筑的批判性（图 7–25）。

图 7-25　1929 年巴塞罗那世博会德国馆

如果回顾一下建筑历史上具有批判性的建筑的代表作品的话，帕拉第奥的类型学批评是非常典型的，这是一种符号批评。在帕拉第奥的作品中，我们可以发现实验的逻辑性与形象的表现力之间的完美平衡，而且在意大利威内托地区的许多别墅建筑中形成了系列，成为了类型学批评的典范。此外，他与阿尔贝蒂共同建立了柱式体系的批判。除了密斯以外，德国现代建筑师彼得·贝伦斯（Peter Behrens, 1868–1940）和格罗皮乌斯不仅以其理论和思想，更以他们的作品在奠定现代建筑的批判性基础方面，创立了完整的符号体系，从而赋予自身一种历史意义。

1999 年，联合国教科文组织将捷克古老的城市布拉格认定为世界文化保护遗产，并将这座城市誉为“建筑艺术的教科书”。布拉格作为建筑艺术的教科书的意义就在于，城市对古代文化遗产的尊重与保护，以及城市与建筑为人类的未来所树立的典范和批评意义。布拉格地处欧洲大陆中心，这里有着灿烂的古代文化，保留着大量珍贵的文物。

7.2.2　建筑奖与建筑批评

对于建筑界的直接而又影响深远的建筑批评要算建筑评奖了。目前在国际上比较有影响的建筑奖主要有：英国“皇家建筑师学会金奖”（RIBA Gold Medal, 自 1848 年），美国“建筑师学会金奖”（The AIA Gold Medal，自 1907 年），法国建筑师协会金奖（自 1965 年），芬兰建筑师协会主办的阿尔瓦·阿尔托建筑奖（自 1967 年），阿卡汗建筑奖（The Aga Kahn Award for Architecture, 自 1977 年），美国的“普利兹克建筑奖”（The Pritzker Architecture Prize, 自 1979 年），“当代建筑欧洲联盟奖——密斯·凡德罗奖”（自 1987 年开始），日本天皇建筑赏（The Praemium Imperiale，自 1988 年），丹麦皇家嘉士伯建筑奖（The Carlsberg Architectural Prize，自 1991 年），美国艺术和文学院布鲁诺奖（该奖每年授予一位把建筑当作艺术来创作的建筑师），日本艺术学会世界文化大奖（自 1989 年），中国的梁思成建筑奖（自 1999 年）等。在文化艺术领域具有很高声誉的基于瑞士的国际机构——世界经济论坛（The World Economic Forum）的水晶奖（Crystal Award）有时也颁发给建筑师，香港建筑师何弢曾获得 1997 年水晶奖。

1）普利兹克建筑奖

普利兹克建筑奖是由美国文化活动家卡尔顿·史密斯（Carlton Smith）在 1970 年代中期联合艺术史学家肯尼思·克拉克（Keneth Clark，1903–1983）和美国国家美术馆馆长约翰·卡特·布朗（John Carter Brown，1934–2002）共同倡议，并于 1979 年由国际凯悦酒店集团的总裁杰·普利兹克和夫人辛迪·普利兹克（Jay and Cindy Pritzker）设立的。普利兹克家族一贯支持文化教育和科学医药领域的发展，对建筑与环境也十分重视。这项建筑奖每年颁发一次，由普利兹克家族的凯悦基金会（The Hyatt Foundation）负责运作，美国建筑师弗兰克·盖里、西萨·佩里、菲利普·约翰逊、凯文·罗奇（Kevin Roche, 1922–）和印度建筑师查尔斯·柯里亚（Charles Correa，1930–2005），日本建筑师槙文彦和矶崎新（Arata Isozaki，1931–），墨西哥建筑师里卡尔多·莱戈雷塔（Ricardo Legoretta，1931–）等都曾经担任过普利兹克建筑奖的评审委员（图7–26）。普利兹克建筑奖的宗旨是："褒奖还在从事建筑事业的建筑师，他们的作品显示出建筑师的才华、想象力和事业心的完美结合。由此而通过他们的建筑艺术对人类以及建成的环境做出持久而重大的贡献。"[32]

图7–26 1994年普利兹克建筑奖的评审委员合影

普利兹克建筑奖通常被人们看作是国际建筑界的"诺贝尔奖"或"奥斯卡奖"，实质上，普利兹克建筑奖在许多方面都借鉴了诺贝尔奖的做法。获奖者将得到10万美元的奖金和获奖证书，1986年以后，获奖者还可以得到一尊特许的美国著名雕塑家亨利·摩尔（Henry Moore, 1898–1986 ）的雕塑，1987年后，又增加了一块奖牌。至今，已有47个国家的500多名建筑师得到提名。自普利兹克建筑奖设立以来，获奖者有：

1979年 第1届 菲利普·约翰逊，美国
1980年 第2届 路易斯·巴拉干（Luis Barragán, 1902–1987），墨西哥
1981年 第3届 詹姆斯·斯特林（James Frazer Stirling, 1926–1992），英国
1982年 第4届 凯文·罗奇，美国
1983年 第5届 贝聿铭（Ieoh Ming Pei, 1917–），美国
1984年 第6届 理查德·迈耶（Richard Alan Meier, 1934–），美国
1985年 第7届 汉斯·霍莱因（Hans Hollein, 1934–），奥地利
1986年 第8届 戈特弗里德·伯姆（Gottfried Böhm, 1920–），德国
1987年 第9届 丹下健三（Kenzo Tange, 1913–2005），日本
1988年 第10届 戈登·邦沙夫特（Gordon Bunshaft, 1909–1990），美国
奥斯卡·尼迈耶（Oscar Niemeyer, 1907–2012），巴西
1989年 第11届 弗兰克·盖里（Frank O. Gehry, 1929–），美国
1990年 第12届 阿尔多·罗西（Aldo Rossi, 1931–1997），意大利
1991年 第13届 罗伯特·文丘里（Robert Charles Venturi, 1928–），美国
1992年 第14届 阿尔瓦罗·西扎（Alvaro Joaquim de Melo Siza, 1933–），葡萄牙
1993年 第15届 槙文彦（Fumihiko Maki, 1928–），日本
1994年 第16届 克里斯蒂安·德·波赞帕克（Christian de Portzamparc, 1944–），法国
1995年 第17届 安藤忠雄（Tado Ando，1941–），日本

1996 年　第 18 届 何塞·拉菲尔·莫尼欧（José Rafael Moneo, 1937–），西班牙
1997 年　第 19 届 斯韦勒·费恩（Sverre Fehn，1924–2009），挪威
1998 年　第 20 届 伦佐·皮亚诺（Renzo Piano, 1937–），意大利
1999 年　第 21 届 诺曼·福斯特（Norman Foster, 1935–），英国
2000 年　第 22 届 雷姆·库哈斯（Rem Koolhaas），荷兰
2001 年　第 23 届 雅克·赫尔佐格（Jaques Herzog, 1950–），瑞士
皮埃尔·德梅隆（Pierre de Meuron, 1950–），瑞士
2002 年　第 24 届 格伦·默库特（Glenn Murcutt, 1936–），澳大利亚
2003 年　第 25 届 乔恩·伍重（Jørn Utzon, 1918–2008），丹麦
2004 年　第 26 届 扎哈·哈迪德（Zaha Hadid，1950–），英国
2005 年　第 27 届 汤姆·梅恩（Thom Mayne, 1944–），美国
2006 年　第 28 届 保罗·门德斯·达罗查（Paulo Mendes da Rocha, 1928–），巴西
2007 年　第 29 届 理查德·罗杰斯（Richard Rogers, 1933–），英国
2008 年　第 30 届 让·努维尔（Jean Nouvel，1945–），法国
2009 年　第 31 届 彼得·卒姆托（Peter Zumthor，1943–），瑞士
2010 年　第 32 届 妹岛和世（Kazuyo Seijima，1956–），日本
西泽立卫（Ryue Nishizawa，1966–），日本
2011 年　第 33 届 艾德瓦尔多·索托·德·莫拉（Eduardo Souto de Moura，1953–），葡萄牙
2012 年　第 34 届 王澍（1963–），中国
2013 年　第 35 届 伊东丰雄（Toyo Ito，1941–），日本

图 7–27　赫德马克博物馆室内

普利兹克建筑奖颁奖仪式上宣读的颁奖辞会对获奖人做出评价，这种评价对倡导未来的建筑具有重要的意义。例如在介绍 1997 年的普利兹克建筑奖获奖人斯韦勒·费恩时，是这样评价的：

“挪威建筑师斯韦勒·费恩的建筑将现代的形式与斯堪的纳维亚的传统及文化完美地加以结合。他在设计中极为关注建成环境与自然环境的关系……他是一位多才多艺的建筑师，除建筑设计之外，他也设计家具，从事展览设计。他以诗歌般的语言完美地对材料加以把握。

费恩避免了曾经严重影响了当代建筑界的趋附时尚，执着地探索个人的风格，不断追求完美。他的现代建筑汲取了挪威的景观——北极光、银灰色的岩石和郁郁葱葱的森林以及现实，他的建筑既是当代的，又是永恒的。”[33]（图 7–27）

2012 年的普利兹克建筑奖颁给了年轻的中国建筑师王澍，表明自 2000 年以来，中国的实验性建筑正得到国际建筑界的重视。颁奖辞高度评价王澍和他的作品：

“2012年普利兹克建筑奖获得者王澍在回应场所和记忆的同时，开拓了新的视野。他的建筑以独特的才华再现往昔而非直接参照历史。出生于1963年并在中国受教育，王澍的建筑表现出对文化延续性的敏锐感，是传统复兴的典范……在目前中国的城市化进程中，过去与当今的关系问题尤为适时，引发了建筑是否应当基于传统还是仅着眼于未来的论争。

正如所有的伟大的建筑作品那样，王澍的作品得以超越这种论争，深深扎根于文脉之中，成为永恒的建筑。王澍的建筑作品具有难能可贵的特质——在外表不失庄重威严的同时，又能完美运作，并为生活作息及日常活动创造出一个宁静的环境。宁波历史博物馆就是这些独特的建筑之一，不仅照片上看起来十分震撼，置身其中更令人感动。博物馆已经成为城市的地标，尘封着历史，也吸引着参观者的到来。广阔的空间感，无论从外部还是从内部体验，都是非同寻常的。这座建筑将力量、实用及情感凝结在一起……

就年龄而言，王澍还是一位年轻的建筑师，但是他已经在不同程度上证实了自己的能力……由于他发挥自如，正如所有伟大的建筑一样，他的作品看起来浑若天成，印证着大道无痕。

他将自己的事务所命名为业余建筑工作室，但实际上他的工作则是指挥一首由形式、规模、材料、空间和采光等建筑乐器演奏的乐章。2012年度普利兹克建筑奖授予王澍，是因为其作品的杰出特性与品质，同时，也出于他始终致力于建筑的坚定与责任，那份坚定与责任出自于一种特定文化及区域的归属感。”[34]

2）其他建筑奖

日本天皇赏是在1988年为了庆祝日本艺术协会（The Japan Art Association）成立100周年而设立的，1989年第一次颁奖，日本天皇赏分设绘画、雕塑、音乐、戏剧与电影、建筑一共五项奖。自1989年以来，获得历届日本天皇建筑赏的建筑师是：美籍华裔建筑师贝聿铭、英国建筑师詹姆斯·斯特林、意大利建筑师加埃·奥伦蒂（Gae Aulenti, 1927–2012）、美国建筑师弗兰克·盖里、日本建筑师丹下健三、印度建筑师查尔斯·柯里亚、意大利建筑师伦佐·皮亚诺、日本建筑师安藤忠雄、美国建筑师理查德·迈耶、葡萄牙建筑师阿尔瓦罗·西扎等。除了查尔斯·柯里亚自1993年担任普利兹克建筑奖的评委而没有获普利兹克建筑奖之外，所有的日本天皇建筑赏获得者几乎都是普利兹克建筑奖的获得者。

英国皇家建筑师学会金奖在所有著名的建筑奖中，历史最为悠久，设立于维多利亚女王时期的1848年，每年颁给那些“直接或间接地以其作品促进了建筑进步的个人或团体”。[35] 英国皇家建筑师学会金奖是国际性的建筑奖，但是更偏重于英国和欧洲的建筑师，近年来，候选人的范围比以往有所扩大。在大约150名历届金奖获奖者当中，有13名来自美国，3名来自日本，1名来自苏联，1名来自印度。获奖者不仅有建筑师，也有规划师、作家和历史学家，1999年的金奖颁给了1992–1997年任巴塞罗那市市长的马拉加尔（Pasqual Maragall, 1941–），这是第一次非建筑师获该奖。历届获奖者中有法国规划师托尼·加尼耶（Tony Garnier, 1869–1948），英国规划师雷蒙德·昂温（Raymond Unwin, 1863–

1940），英国建筑理论家约翰·萨莫森，英国建筑理论家尼古拉斯·佩夫斯纳，英国建筑批评家、《拼贴城市》一书的作者科林·罗（Colin Rowe，1920–1999）等。由于英国皇家建筑师学会金奖的历史及其连续性，以及这个奖的国际方向，英国皇家建筑师学会金奖仍然是最享有国际声誉的建筑奖之一。

相对而言，由新嘉士伯基金会（The New Carlsberg Foundation）于1992年设立的丹麦皇家嘉士伯建筑奖比较年轻，评委由商界、文化界、新闻界和政界人士组成，每三年颁发一次。安藤忠雄荣获第一届皇家嘉士伯建筑奖，第二届皇家嘉士伯建筑奖授给了芬兰建筑师尤哈·莱温斯卡（Juha Ilmari Leiviska, 1936–），这位芬兰建筑师只是在斯堪的纳维亚建筑界为人们所了解，在这个圈子之外就鲜为人知了，这显示了评委会希望将此奖项颁发给这一地区建筑师的愿望。1998年的皇家嘉士伯建筑奖授予瑞士建筑师彼得·卒姆托，这一届的候选人中有不少普利兹克建筑奖的荣膺者，如美国建筑师盖里、西班牙建筑师莫尼欧、葡萄牙建筑师西扎、意大利建筑师皮亚诺、巴西建筑师奥斯卡·尼迈耶等人，评委会的决定表明，皇家嘉士伯建筑奖注重精美的工艺和对文脉的敏感，奖励那些作品相对而言比较小，不为欧洲之外的世界所了解的建筑师。

许多国家也都有定期颁发的建筑奖，例如我国住建部评选的优秀建筑设计奖，教育部和各个省、市评选的优秀建筑设计奖，以及其他在某个具有纪念意义的时机所颁发的建筑奖等。例如在新中国成立50周年前夕，由中国艺术研究院发起的评选55项当代中国建筑艺术代表作的活动，这55个建筑分为古典风格作品、乡土风格作品、少数民族风格作品、本土现代风格作品及台港澳作品等。上海市建设委员会于1999年发起的50个经典建筑评选活动，上海浦东新区管理委员会在2000年发起的浦东新区十年建设精品项目评选活动等，都属于这一类奖项。美国建筑师学会自1907年起，每年也颁发金奖给美国国内的建筑师，但是也曾有过国外建筑师获得美国建筑师学会金奖，例如勒·柯布西耶曾获1961年的学会金奖，阿尔托获1963年的金奖，奈尔维获1964年的金奖，丹下健三获1966年的金奖。

在艺术界和科学界很早就有向做出了杰出贡献的艺术家、科学家颁发各种荣誉奖的传统，以荣誉来表彰成就，同时也为后人树立榜样。无论是对于获奖者还是评委来说，都是一种荣誉，一种评价。这些奖励有可能会明确地设立标准，但是，也很可能将标准隐含在选定获奖者的过程中。各种奖励中最负盛名的要算是诺贝尔奖、普里策奖和电影奥斯卡奖了，而建筑领域的普利兹克奖享有很高的声誉，建筑师一旦获此殊荣就会享誉国际建筑界。尽管这个奖项的奖金与其他奖项相比，并不很高，但是专业人士和新闻界对普利兹克建筑奖的关注要远远超过其他建筑奖。大多数情况下，评奖是由专家组成的委员会进行的，具有一定的权威性。因此，大部分有影响的评奖和颁奖已经成为制度化或准制度化的批评。

普利兹克建筑奖、日本天皇建筑赏和丹麦嘉士伯建筑奖是以基金会的名义颁发的，是企业界设立的建筑奖。英国皇家建筑师学会金奖和美国建筑师学会金奖是由专业学会——英国皇家建筑师学会和美国建筑师学会颁发的，上述五种建筑奖都是颁给个人的奖项。也有一些建筑奖是奖励某一座建筑，表彰职业生涯的某个方面，或者表扬建筑建造过程中的特殊方面的。这些建筑奖都是向所有建筑师开放的，无论其国籍、地点或专长。普利兹克建筑奖、日本天皇建筑赏和丹麦嘉士伯建筑奖都是以现金的方式发奖，奖金额在 10 万至 22.5 万美金之间。英国皇家建筑师学会金奖和美国建筑师学会金奖只颁发金质奖章，不发奖金，但是却被看作最高的荣誉，而且有着比较悠久的历史。美国总统曾两次出席普利兹克建筑奖的颁奖典礼，日本天皇建筑赏是由天皇的家族成员来颁奖的，丹麦女皇参加嘉士伯建筑奖的颁奖典礼，这就提高了这些建筑奖的声誉，也必然会吸引新闻媒介的关注。

3）我国的建筑奖

中国建筑学会在 1992 年设立“中国建筑学会建筑创作奖”，2004 年起，每两年举办一次，奖项分为“建筑创作优秀奖”和“建筑创作佳作奖”，是建筑创作优秀成果的最高荣誉奖之一，表彰建筑设计项目、设计单位和主要创作人员。中国建筑学会自 1993 年起设立了“中国建筑学会青年建筑师奖”，每两年举办一次，褒奖年龄为 25 至 40 周岁的青年建筑师。

1999 年北京国际建筑师协会大会后，中国设立了梁思成建筑奖，这是终身成就奖，是授予中国建筑师的最高荣誉，表彰奖励在建筑设计创作中做出重大贡献和成绩的杰出建筑师。自 2001 年起，每两年评选一次，每次选出两名梁思成建筑奖获得者，2~4 名梁思成建筑提名奖。2000 年评选出了 9 位首届梁思成建筑奖获奖者：齐康、莫伯治（1914–2003）、赵冬日（1916–2005）、关肇邺（1929–）、魏敦山（1933–）、张锦秋（1936–）、何镜堂（1938–）、张开济（1912–2006）、吴良镛；2002 年第二届梁思成建筑奖的获奖者是马国馨（1942–）和彭一刚（1932–）；2004 年第三届梁思成建筑奖的获奖者是程泰宁（1935–）；2006 年第四届梁思成建筑奖的获奖者是王小东（1939–）和崔愷（1957–）；2008 年的第五届梁思成建筑奖颁给了柴裴义（1942–）和黄星元（1938–）。

中国的民间建筑奖还有台湾远东集团设立的两年一度的“远东建筑奖”，评选台湾地区的优秀建筑作品，奖励杰出的建筑师，由建筑师和建筑理论家汉宝德先生主持评审。2008 年，自第六届远东建筑奖开始将上海地区的建筑纳入评选范围，奖项分为优秀奖、提名奖和入围奖。

此外，还有 2002 年由《世界建筑》杂志社设立的“WA 中国建筑奖”。2009 年设立的“中国传媒建筑奖”是从社会和媒体的视角来评价建筑，以“公民建筑”作为主题，并由传媒颁发的建筑奖，侧重建筑的社会评价，以“建筑的社会意义和人文关怀”作为评奖标准（图 7–28）。

图 7–28　公民建筑奖的介绍

7.2.3　论坛和展览

以论坛、展览和研讨会等方式进行建筑批评是重要的批评形式，从理论和意识形态的层次上进行建筑和城市批评，建筑史上，一系列影响深远的展览推动了建筑理论的传播。由约翰逊倡导的纽约现代艺术博物馆（Museum of Modern Art，MoMa）

图 7–29　纽约现代艺术博物馆

图 7–30　《西班牙建筑，1975-2005》的展示目录

于 1932 年举办了国际风格展，在美国首次带动了现代主义的建筑趋势。在后现代主义时期，也有类似的创新式的展览。纽约现代艺术博物馆曾经举办过三次标志建筑演变过程的重要展览。1975 年的学院派艺术展对后现代主义建筑画产生了巨大影响，同时也为如何使用古典主义的序列、轴线、层次、门廊和比例提供了典范。四年后，“转型期”展览推出了 1969 年以后的建筑作品，作品丰富多样（图 7–29）。

在后现代主义时期，纽约现代艺术博物馆举办的第三个展览是 1988 年的“解构主义建筑展”，这是由约翰逊和马克·威格利（Mark Wigley）共同策划的。策展人试图对专业进行重新定位，并对一场“运动”进行整理规范。在这一点上，与前两次有影响力的展览是一样的。

2005 年在纽约现代艺术博物馆展出的“西班牙建筑，1975–2005”（Spain Builds: Arquitectura en España, 1975–2005），由 BBVA 基金会、建筑杂志《永恒的建筑》（*Arquitectura Viva*）和纽约现代艺术博物馆联合主办，由马德里理工大学建筑学院教授路易·费尔南德斯－加利亚诺（Luis Fernández-Galiano）和纽约现代艺术博物馆的特伦斯·赖利（Terence Riley，1955–）策展，全面介绍了西班牙在后佛朗哥（Francisco Franco，1892–1975）时代的建筑，使西班牙当代建筑备受国际建筑界的关注。赖利曾多次担任威尼斯艺术双年展的评委会主席及策展人，也应邀担任了 2011 年深圳·香港城市 / 建筑双城双年展的策展人（图 7–30）。

此外，又如 2002 年巴黎蓬皮杜艺术中心的法国建筑师让·努维尔建筑展，2002 年西班牙毕尔巴鄂古根海姆博物馆的弗兰克·盖里建筑展等，是一种全景式的展览，全面介绍了建筑师的思想和作品。纽约的马克斯·普罗提克画廊（Max Protech Gallery）在 1980 年代以定期举办建筑展而闻名。

许多传统意义上的艺术双年展也都把建筑列为展览的内容，创办于 1895 年的威尼斯双年展是艺术的风向标，自 1975 年起设立建筑展，正式创办于 1980 年的威尼斯建筑双年展也已经成为国际建筑界的最重要的风向标，对推动当代建筑的发展具有重要的意义。每届建筑双年展都设定一个主题，关注当代建筑的普遍性问题。

在 1980 年第一届威尼斯建筑双年展上，罗马大学教授、建筑师、理论家保罗·波尔托盖希作为策展人主持了主题为“历史的风采”（The Presence of the Past）的建筑展，推动了后现代建筑的发展。威尼斯建筑双年展已经成为实验性建筑和建筑批评的重要交流场所。

历届威尼斯建筑双年展的主题及策展人如下：

1975年“威尼斯的历史建筑”，策展人：维托里奥·格雷戈蒂

1976年“设计的起源，法西斯时代的意大利理性主义与建筑”，策展人：维托里奥·格雷戈蒂

1978年“乌托邦与反自然危机，意大利的建筑取向”，策展人：维托里奥·格雷戈蒂

1979年“世界的剧场”（Theatre of the World），策展人：阿尔多·罗西

1980年“历史的风采”（The Presence of the Past），策展人：保罗·波尔托盖希

1982年“伊斯兰建筑”（Architecture in Islamic Countries），策展人：保罗·波尔托盖希

1985年“威尼斯计划国际设计竞赛”(Venice Project),策展人：阿尔多·罗西

1986年“荷兰建筑师贝尔拉格纪念展”，策展人:阿尔多·罗西

1988年“双年展国际设计竞赛”，策展人：塔尔·柯（Francesco Dal Co，1945–）

1991年“1990年代建筑，通向威尼斯的门户”（A Gateway to Venice），策展人：塔尔·柯

1992年“现代性与神圣空间”（Modernity and the Sacred Space），策展人：保罗·波尔托盖希

1996年“感受未来”（Sensing the Future ），策展人：汉斯·霍莱因（Hans Hollein, 1934–）

2000年“少点美学，多些伦理”（Less Aesthetics, More Ethics），策展人：马西米利亚诺·富克萨斯（Massimiliano Fuksas，1944–）

2002年“下一波”（Next），策展人：德扬·苏吉奇

2004年“蜕变”（Metamorph）策展人库尔特·福斯特（Kurt Foster）（图7–31）

2006年“城市，建筑与社会”（City. Architecture and Society），策展人：里基·伯德特（Ricky Burdett）

2008年“越界：超越房屋的建筑”（Out There：Architecture Beyong Building），策展人:阿龙·别茨基（Aaron Betsky，1958–）（图7–32）

2010年“相逢于建筑”（People meet in Architecture），策展人：妹岛和世

2012年“共同基础”(Common Ground),策展人:大卫·奇普菲尔德(图7–33)

图7–31　《蜕变》的展示目录

图7–32　《越界：超越房屋的建筑》的展示目录简本

图7–33　《共同基础》的导览

图 7-34 《建筑实录》

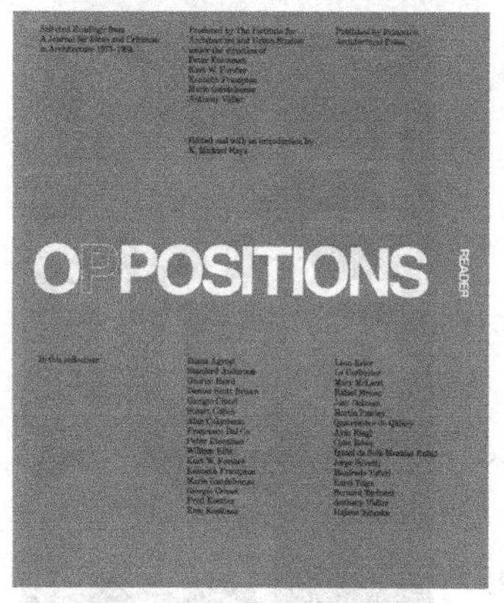

图 7-35 《对立》

图 7-36 耶鲁大学的建筑学报《展望》

7.2.4 建筑刊物概览

建筑的学术期刊和论著对建筑理论的发展以及建筑新思潮的推广有着极为重要的意义，许多重要的理论著作往往都是学术期刊上发表的论文的拓展。勒·柯布西耶与现代派诗人和画家在1920年创办了《新精神》(*L'Espirit Nouveau*)杂志，宣传新的建筑理念。勒·柯布西耶在1923年发表的《走向新建筑》就是他在《新精神》发表文章的汇集。

有关建筑理论的学术期刊层出不穷，学术期刊往往站在批评的立场上对待官方刊物。由于刊物汗牛充栋，而且地域广阔，必然挂一漏万，这里仅举一些例子说明，只能以偏概全。

1）美国的建筑刊物

美国是世界上出版建筑刊物最多的国家，建筑杂志有1891年由Clinton Sweet在纽约创办的美国建筑师学会会刊《建筑实录》(*Architectural Record*)、1913年在华盛顿创刊的《建筑》(*Architecture*)、1917年创刊的《建筑论坛》(*The Architectural Forum*)、1920年创刊的《建筑进展》(*Progressive Architecture*)、1944年创刊的《美国建筑师学会志》(*Journal of American Institute of Architects*)、《建筑辑要》(*Architecture Digest*)等（图7-34）。

纯粹学术性的刊物会遇到许多困难，很难长期坚持办刊。彼得·埃森曼、马里奥·冈德尔索纳斯与安东尼·维德勒，在纽约建筑与都市研究所于1973年创办的建筑理论刊物《对立》(*Oppositions*)，对建筑理论和建筑批评的发展起了重要的推动作用，这份刊物在1984年停刊；由海斯（K. Michael Hays）和肯尼迪（Alicia Kennedy）主编的《建筑与设计文化的批评学报》(*Assemblage: A Critical Journal of Architecture and Design Culture*)继续奉行探索建筑理论的路线，直至2000年停刊。由美国任何人协会（Anyone Corporation）的主任和麻省理工学院建筑书籍出版委员会的辛西娅·戴维森（Cynthia Davidson）主编的，涉及广泛的建筑领域的《任何》杂志（*ANY*）创刊于1993年，2000年停刊（图7-35）。

除了上述商业期刊外，美国一些大学的建筑学报也在后现代主义时期有所增加。麻省理工学院出版《灰空间》(*Grey Room*)，耶鲁大学的建筑学报《展望》(*Perspecta*)创刊于1952年，至今仍由麻省理工学院出版社出版（图7-36）。宾夕法尼亚大学的VIA和《建筑协会季刊》(AAQ, *Architectural Association Quarterly*)自1968年开始出版，1982年停刊，后重新以AA案卷的形式出现。《模度》(*Modulus*，弗吉尼亚大学）和《文摘》(*Precis*，哥伦比亚大学）出版于1979年，后者在1987年停版。这些评论文章的主题描绘了整个时期的主流思潮，例如1980年首次出版的《哈佛建筑评论》(*Harvard Architecture Review*)的主题是"超越现代主义运动"。具有重要的理论意义的《普林斯顿建筑学报》(*Princeton journal of Architecture*)于 1983 年发刊,《普拉特建筑学报》(*Pratt journal of Architecture*)第一期刊登了《建筑与抽象》(*Architecture and Abstraction*,1985),关注用现代主义的抽象手法进行后现代历史主义表达的兴起。有些期刊以专题为主点,比如得克萨斯大学奥斯丁分校出版的《中心》(*Center*),自 1985 年创刊以来重点刊登了大量与美国建筑研究相关的文章。

大众时尚性建筑杂志往往跨越建筑、艺术、设计、居家、景观、产品等领域,以专业的资讯为精英阶层服务,如美国的《建筑文摘》(*Architectural Digest*)。

2)欧洲的建筑刊物

1893 年创刊的《英国皇家建筑师学会学报》(*RIBA Journal*),主要刊载建筑设计、城乡区域规划、建筑理论和建筑史等方面的论文。1896 年创刊的《建筑评论》(*Architectural Review*)介绍现代建筑艺术和技术、建筑考古、建筑史和建筑设计等。1895 年创办的周刊《建筑师杂志》(*Architects' Journal*),主要报道新建筑及其技术,是了解英国建筑界动向的重要刊物。由建筑联盟学校出版(*AA Profiles*)的,1930 年创刊的《建筑设计》(AD, *Architectural Design*)介绍建筑实例和各种建筑物的设计,及时报道当代最重要的论题。有相当一些编辑同时在《莲花》、《建筑与都市》和《建筑设计》杂志的编辑委员会内兼职。英国的大众时尚建筑杂志有《壁纸》(*Wallpaper*)(图 7–37)。

图 7–37 《建筑评论》

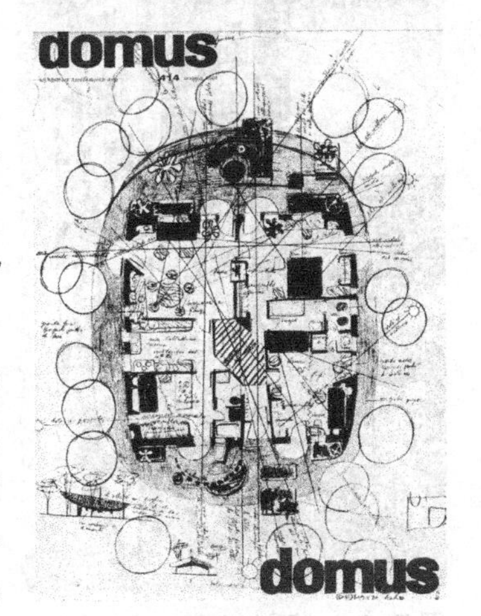

图 7–38 《建筑》

在意大利,除威尼斯建筑大学的刊物之外,还发行了多种出类拔萃的建筑杂志,主要有:创刊于 1928 年的《美好的建筑》(*Casabella*)和《建筑》(*Domus*),《建筑》属于精英时尚杂志(图 7–38);1963 年创刊的《莲花》(*Lotus*)等,这些刊物至今仍在发行。这些刊物编辑出版了意大利语和英语版的颇具国际影响力的理论文章。格里戈蒂在后现代主义时代到来之初,再次提出了对建筑学的一些宝贵见解。其他建筑期刊还有《居住》(*Abitare*)、《域》(*Area*)以及以建筑、设计和视觉传达艺术为主题的《阿尔卡》(*l'ARCA*)等(图 7–39)。

图 7–39 《美好的建筑》

德国的建筑杂志有着古老的传统,1895 年创刊的《德国建筑》(DBZ, *Deutsche Bauzeitung*)介绍各种建筑物的设计和室内装饰等。创刊于 1910 年的《建筑世界》(*Bauwelt*),刊载有关建筑艺术、建筑设计、城市建设、建筑法规以及施工等方面的文章。1946 年创刊的《建筑和居住》(*Bauen und Wohnen*)主要介绍前联邦德国和世界各国建筑的设计、构造、装饰、

图 7–40 《今日建筑》

图 7–41 《2G》

室内陈设以及城市规划等。1960 年于慕尼黑创刊的《细部：建筑艺术、建筑细部、装饰》（*Detail, Zeitschrift für Architektur und Baudetail und Einrichtung*），主要刊载建筑的细部设计、施工及其装饰方面的技术报告。1971 年创刊的《建筑》（*Architektur*）半年刊，主要刊载西方建筑史、建筑艺术史方面的论著。

法国的建筑刊物主要有卡恩（M.E.Cahen）于 1930 年创刊的《今日建筑》（*L'Architecture d'Aujourd' hui*），创办者是身兼画家、雕塑家、工程师、建筑师和杂志编辑的安德烈·布洛克（André Bloc，1896–1966），勒·柯布西耶、奥古斯特·佩雷（Auguste Perret）、André Lurçat 等都曾担任编辑，主要介绍法国及世界各地建筑艺术和技术方面的情况，包括市政规划、住宅以及公共建筑的设计和结构问题。布洛克在 1949 年又创办了杂志《今日艺术》（图 7–40）。

西班牙最重要的建筑期刊有以介绍建筑师及其作品为主的 1982 年创刊的《建筑素描》（*El Croquis*）、《建筑》（AV）和《2G》等。《建筑》同时出版《永恒的建筑》（*Arquitectura Viva*）和《AV 专辑》（*AV Monografías*）。《AV 专辑》于 1985 年创刊，自 1993 年起，该杂志每年都出版一期西班牙建筑年鉴，以记录西班牙建筑的发展。《2G》是一份西班牙语和英语双语季刊，报道当代国际建筑（图 7–41）。

其他比较重要的建筑杂志还有瑞士建筑师协会编辑的《作品、建筑和居住》（*Werk, Bauer und Wohnen*），于 1914 年创刊，原名《作品》（1914–1980）；瑞典出版的《建筑》（*Arkitektur*）于 1922 年创刊，介绍城市规划、建筑设计、室内装饰等。俄文建筑杂志有 1933 年创刊的《苏联建筑艺术》（*Архитектура СССР*），由苏联国家建设委员会和苏联建筑师协会合编，主要刊载苏联及东欧国家有关建筑设计的文章；1936 年创刊的《列宁格勒建筑工程和建筑艺术》主要刊载该市工业和民用建筑的规划、设计和施工方面的文章；《莫斯科建筑工程和建筑艺术》于 1952 年创刊，主要刊载该市城市规划、建筑设计和施工等方面的文章和工程实例；1953 年创刊的《乌克兰建筑工程和建筑艺术（俄文版）》，主要刊载建筑设计、材料和施工方面的文章，多为实例。

3）日本的建筑刊物

日本的建筑刊物以其图版精美，内容综合，编辑的国际化和学术性强等特征，赢得了国际声誉，同时也推动了日本建筑走向世界。1925 年创刊的《新建筑》报道新建筑的动态及其评论，是日本有代表性的建筑综合刊物。1946 年由彰国社创刊的《建筑文化》，介绍现代建筑优秀作品，探讨建筑设计和技术。1971 年创刊的《建筑与都市》（A+U, *Architecture and Urbanism*）出版了设计和理论文章，一批国际顾问和通讯作者塑造了《建筑与都市》的编辑方向，通过英语翻译、精美的照片和设计图版，传入世界各国，2004 年出版中文版。日本的《环球建筑》(*GA, Global Architecture*) 同时出版《环球建筑文献》(*GA Document*)、介绍建筑师的大开本专辑《环球建筑师》(*GA Architect*)、《日本建筑》(*GA Japan*)、介绍建筑作品的专辑《环球建筑旅行家》(*GA Traveler*)、介绍建筑新材料的《环球建筑材料空间》(GA 素材空间) 等 (图 7–42)。

图 7–42 《环球建筑文献》

4）我国的建筑刊物

我国是世界上出版与建筑有关的杂志种类最多的国家之一。最早的建筑学术刊物当推 1930 年 7 月由中国营造学社编辑出版的《中国营造学社汇刊》，第一卷为半年刊，第二卷不定期，自 1932 年第三卷起为季刊，1945 年停刊，共出版了 7 卷 23 期。由中国建筑师学会主办的《中国建筑》(*The Chinese Architecture*) 于 1931 年 11 月创刊，1937 年 4 月停刊，共出版 30 期。由上海建筑师协会于 1932 年 11 月创办的《建筑月刊》(*The Builder*)，至 1937 年 4 月停刊，共出版 49 期。这两份刊物的主旨均为介绍现代建筑作品与思想，介绍新材料、新技术和新设备。1936 年在广州勷勤大学成立的中国新建筑社于 1936 年 10 月创办了《新建筑》(*Die Architektur*)，1939 年停刊，1941 年 5 月在重庆复刊，直至 1949 年 8 月终刊。

图 7–43 《建筑学报》

新中国成立后出版的第一本建筑专业杂志是 1954 年 6 月创刊的《建筑学报》，1955 年停刊，1956 年复刊，后又因政治原因在 1965 年和 1966 年 11 月至 1973 年 9 月期间两度停刊，1973 年 10 月复刊，1981 年恢复为月刊至今 (图 7–43)。

1980 年代是我国建筑学术刊物出版最活跃的时期，随着大学恢复考试并招收研究生，文化热和学术研究的热潮催生了大量建筑领域的学术刊物。1979 年《世界建筑》试行出版，1980 年 10 月正式出版，成为我国第一本系统介绍国际建筑的专业杂志。1979 年 8 月，以建筑理论及建筑批评为主题的《建筑师》出版，2004 年正式获得刊号。1983 年，由华中工学院(现名华中科技大学)创办《新建筑》，1999 年，由季刊改为双月刊。1983 年，在武汉，还有《华中建筑》创刊，2001 年改为双月刊。同济大学建筑系在 1984 年 11 月创办《时代建筑》(*T+A, Time + Architecture*)。《世界建筑导报》在 1985 年创刊，北京市建筑设计研究院于 1989 年创办《建筑创作》(*Architectural Creation*)，2002 年由半年刊改为季刊。

学术机构也出版了多种跨学科学术刊物，例如哈尔滨工业大学建筑学院于 2004 年 10 月创办《城市建筑》(*UA, Urbanism and Architecture*) 月刊，天津大学建筑学院于 2004 年创办《城市 · 环境 · 设计》(*UED, Urban Environment Design*) 杂志，这是中国建筑界第一本时尚、跨界的专业杂志。天津大学建筑学院于 2008 年 5 月创办了建筑类杂志《城市空间设计》(*Urban Flux*) 双月刊。清华大学建筑学院于 2009 年创刊《建筑观察》（*AV, Architecture View*），《建筑观察》的发刊词表明，这是一份致力于对世界建筑资讯进行专业整合和传播的建筑新媒体。

《重庆建筑》是由重庆市建筑科学研究院主办的重庆市建设行业科技期刊，2002 年 5 月正式公开发行。一些建筑设计单位也在主办学术刊物，如前述北京建筑设计研究院 1989 年创办的《建筑创作》，该刊依托于国有大型设计院的专业实力和品牌信誉，由半年刊、季刊发展为月刊，2003 年开办了沙龙与评论性质的副刊《建筑师茶座》。中国建筑设计研究院于 1994 年 5 月创办了《建筑技术与设计》，这是第一本兼顾建筑、室内设计和建筑产品的杂志，2009 年 4 月起更名为《建筑技艺》（*Architecture Technique*）。《设计新潮 · 建筑》在 2002 年由一家建筑设计院为主体的商业公司接手协办，杂志性质从原来的设计类转变成建筑时尚杂志，成为一本商业化、时尚化的建筑类社会杂志。该刊运作多年的“中国建筑设计市场排行榜”在业界形成了一定的影响力，2010 年改名为《Di 设计新潮》。此外还有上海华东建筑设计研究院在 2010 年 5 月创办的《A+》、中建国际创办的《新空间》、英国阿特金斯顾问（中国）公司出版的《新视点》（*New Vision*）等。甚至私人建筑师事务所也在创办有关学术刊物，例如上海青年建筑师卢志刚创办了《米丈志》（*Minax*），并于 2011 年正式出版，内容以艺术、建筑、生活为主，每期均有若干主题。卢志刚还主编了一系列城市的《米丈建筑地图》（*Minax Archimap*）。

图 7–44　中文版《建筑与都市》

一些国际建筑期刊也出版了中文版，例如 2003 年 12 月由大连理工大学建筑与艺术学院出版的德国杂志《建筑细部》（*Detail*）中文版，2005 年开始以双月刊的形式与德国《建筑细部》的英文版同步发行。该刊以德国原版的《建筑细部》杂志为核心内容，近年来增添了中国的相关建筑资讯。

美国的《建筑实录》（*Architectural Record*）于 2004 年推出中文版，主要内容是选自原版杂志的世界最新的设计作品报道与评论。近年刊期从每年 3 期增加至 4 期，篇幅也扩至近百页，并逐步加强中国的资讯分量。继 2003 年 12 月的中国建筑特集之后，日本的《A+U》在 2004 年由上海文筑国际出版《建筑与都市》中文版，该中文版由原先的全版翻译到后期增添中国的资讯，特别是报道中国优秀的年轻一代建筑师及其作品，开始有本土化的倾向（图 7–44）。鉴于文筑国际试图创办具有自己品牌的中国建筑杂志的理想，以翻译为主的中文版引进工作就不再继续了。从 2010 年起，《建筑与都市》中文版改由华中科技大学出版社出版与发行。世界知名的西班牙建筑专业杂志《建筑素描》（*El Croquis*）中文版也由上海文筑国际于 2005 年翻译出版，这是当今对国际上最杰出的建筑师最详尽的采访和深入分析的建筑杂志。该中文版质好价高，为日后的盗版留下了利润空间，不幸在国内猖獗盗版的打击下倒下，出了 4 期 3 本（其中一本是合刊）后就于 2006 年停刊了。

创刊于 1928 年的意大利著名建筑、设计和艺术杂志《建筑》（*Domus*）的国际中文版也在 2006 年 7 月出版，整合了亚洲资源，推动了中国建筑、设计的发展，为 21 世纪东西方交流发展搭建了广阔的国际平台。该刊呈现出极大的媒体能量及编辑团队的活力，采用多层面的经营之道，来自原刊丰富的国际资讯与中国本土资源得到了较完美的结合，其商业与时尚风格对于开拓大众建筑艺术的世界起到了重要的作用（图 7–45）。

图 7–45　Domus 的国际中文版

2008 年，历史悠久的意大利建筑杂志《居住》（*ABITARE*）中文版，由意大利 RCS 集团与中国艺术与设计出版联盟合作推出，以《住》（*ABITARE*）和《居》（*CASE DA ABITARE*）两个版本呈现，分别着重建筑设计与室内家居设计两个方面。《住》是第一本面对决策阶层战略设计话题的杂志，从设计的角度来看待、分析城市、建筑、消费、城市文化等问题，其前沿性在传媒领域是不多见的。

意大利建筑杂志《域》（*AREA*）在出版 100 期之际，其中文版第一期于 2008 年 10 月在国内正式发行。杂志致力于对建筑文脉的深度透视，是一本关注哲学、社会、人文、城市的专业建筑杂志。结合每期的专题，该刊开设的"《域》对话"是基于以中国当代建筑实践为目标的研究而展开的，一系列跨领域的讨论，颇具特色。

德国建筑杂志《建筑世界》（*Bauwelt*）中文版双月刊自 2007 年起由北京《世界建筑》杂志和柏林《建筑世界》杂志共同主办，逢双月出版，每期刊登从德国《建筑世界》周刊中精选出的文章，并按主题归类，介绍有创新建构与精妙理念的建筑作品，该中文版只出版了 7 期就于 2008 年停刊。

外刊介入的最新进展是大连理工大学在 2010 年开始引进的日本著名建筑杂志《新建筑》，迄今通过以书代刊的形式出版了 5 期中文版，2012 年计划获得刊号并与原刊同步出版 12 期。

学术期刊的主编单位往往还举办一系列的学术活动，推动理论研究和学术交流，如《建筑实录》作为美国 McGraw Hill 建筑信息公司在中国的产品，很多相关的经营理念和活动被引入中国，如每年一次的"全球建筑高峰论坛"和"好设计创造好效益"奖等。

7.3　建筑设计竞赛

广义的建筑设计竞赛包括方案竞赛、设计招标和方案征集等，普遍用于建筑概念设计、建筑设计、室内设计、城市设计以及城市规划的各个阶段。建筑设计竞赛是建筑批评的重要媒介，促进了建筑设计水平和建筑批评的普遍提高。许多设计竞赛已经成为建筑历史上的重大事件，一些竞赛获胜的方案建成后具有世界性的影响。大部分建筑设计竞赛都鼓励创造性的探索，激发新的理念和构思，提供新的思路和发展方向，在一定程度上代表了当时的最新思潮和探索方向。另一方面，设计竞赛也是发现人才，促进人才成长的重要场所，许多著名的建筑师往往是在设计竞赛中脱颖而出的。

建筑设计竞赛一般分为开放式参赛和邀请参赛两种方式，这取决于项目的规模和性质，一些特殊的项目在确定了建筑师的情况下也采用定向议标的方式。设计竞赛和方案征集可以是实际的项目，也可能是探索性和实验性的，既有由国际和国家机构或城市组织的设计竞赛和方案征集，也存在由企业、非政府组织或专业杂志组织的竞赛。有时候，设计竞赛和方案征集会举行多轮竞赛，参赛者有可能是第一轮的优胜者，也可能是另行邀请的建筑师和设计单位。多轮竞赛也可能是由经过筛选后的建筑师和设计单位参加，有可能增加一轮或两轮中期审查，以避免设计方案偏离项目的要求。

一般而言，设计竞赛和方案征集的规则是由设计竞赛和方案征集的组织者所拟定的。设计竞赛会评出一、二、三等奖和入围奖等名次，分别给予不同级别的奖金，没有获胜的方案则没有任何补偿。方案征集往往只选出入围的方案，有可能会将入围的方案加以排序。参加方案征集的建筑师或单位一般都会获得补偿金，入围的方案则可能获得一定数额的奖金。设计招标的规则往往由政府主管部门制定。

有时，设计竞赛也会采用研讨会的方式，邀请参赛者集中在一起工作，同时进行设计交流。

德国有一份专门介绍设计竞赛的期刊：《竞赛实录》(*wettbewerbe aktuell*)，这是一份月刊，由设在德国南部城市弗赖堡的《竞赛实录》杂志社出版发行。该杂志每期的内容由四个部分组成：竞赛信息，竞赛结果报道，竞赛实录和获奖并建成的作品。对于国际上重大的设计竞赛，有时会出版专辑，将竞赛的各个参赛方案公之于众。有时没有入选的建筑方案也可能提供大量的创意和信息。

7.3.1 历史上的设计竞赛

设计竞赛和方案征集在历史上属于同一个概念，最早的设计竞赛可以追溯到两千多年以前。设计竞赛和方案征集与城市和国家的建筑活动有密切的关系。许多参赛作品无论获胜或建造与否，在建筑史上都曾经留下重要的影响。

1）设计竞赛史略

历史上最早的建筑设计方案竞赛可以追溯到公元前448年，为了庆祝公元前490年的马拉松胜利，要在希腊的雅典卫城兴建纪念建筑，召集了建筑师和艺术家提供设计方案。

我国北宋的宋真宗时期（998–1022年在位），曾经大兴土木，建造道教宫观。1014年左右，为了兴建五岳观，举办了一次设计竞赛。据南宋画论家邓椿（字公寿，生卒年月不详）所述："始建五岳观，大集天下名手。应詔者数百人，咸使图之，多不称旨。"[36] 尽管成绩不太理想，但应该说这是中国历史上的第一次建筑设计竞赛。

1355年，意大利的佛罗伦萨长老会议广场的规划设计竞赛的结果形成了欧洲最精美的广场之一。根据瓦萨里在《意大利杰出建筑师、画家和雕刻家传》中的描述，1417年和1418年举办了佛罗伦萨大教堂穹顶（1420–1436年建造）的设计竞赛，这是一种通过讨论选择建筑师的竞赛。来自意大利、西班牙、法国、英国和德国等国的艺术家和建筑师们应邀汇集在一起讨论方案，各人依次阐述自己的构想和建造方案。会上，佛罗伦萨建筑师和雕塑家布鲁内莱斯基提出了一个大胆的方案，然而不但没有被大教堂的建设委员会的理事们所接受，还被怀疑他是否发疯了。在第二次讨论会议上，布鲁内莱斯基的双层内壳结构设计终于获得理事们的信任，被委以重任，从而创造了文艺复兴最重要的丰碑。穹顶的设计既表现了美学成就，也彰显了城市的形象，这两项设计竞赛的成就成为历史上一直沿用至今的设计竞赛的重要标准（图7–46）。

图7–46 佛罗伦萨大教堂的穹顶

历史上的设计竞赛和方案征集数不胜数，据英国的罗杰·哈珀（Roger Harper）的初步统计，英国和爱尔兰在维多利亚时期的一百年间，举行了不下2500场的设计竞赛，平均每周一场，伦敦以362场设计竞赛居首位。[37]

从1792年美国华盛顿特区的白宫设计竞赛，1835年伦敦的英国议会大厦的设计竞赛中查尔斯·巴里（Sir Charles Barry, 1795–1860）的方案中选，让－路易－夏尔·加尼耶（Jean-Louis-Charles Garnier, 1825–1898）在巴黎歌剧院（1861–1875）的设计竞赛中中选，1889年的巴黎世界博览会的埃菲尔铁塔，1904–1906年的维也纳邮政储蓄银行，阿姆斯特丹证券交易所，1904–1914年的芬兰赫尔辛基火车站，日内瓦国际联盟总部，1939年纽约世博会的巴西馆和芬兰馆，1961–1963年的柏林爱乐音乐厅，到悉尼歌剧院，都是各种类型的设计竞赛的成果。

澳大利亚悉尼歌剧院在1957年举行设计竞赛时，如果不是由于美国建筑师伊罗·沙里宁（Eero Saarinen, 1910–1961）的慧眼从已经淘汰的方案中选择伍重的设计的话，悉尼歌剧院就完全不会是今天的这座具有历史意义的建筑。上海的金茂大厦，在1995年评选时，正是由于日本的评委黑川纪章的力排众议，才使SOM事务所的方案得以中选，如此金茂大厦今天才会列为最优秀的当代建筑之一。历史上每一次重大的设计竞赛，其结果对于某座城市，甚至某个国家而言，都必然会产生深远的影响。

2）众多建筑师角逐的设计竞赛

一场重要的设计竞赛和方案征集往往会吸引来自世界各国的建筑师参赛，有时参赛方案的数量极其可观，甚至多达上千个方案。1835年的英国国会大厦的设计竞赛有97个方案参赛；1860~1861年举行的巴黎歌剧院的设计竞赛有171个方案参赛；为了1889年巴黎世界博览会而在1886年举行的纪念建筑竞赛，吸引了107个方案参赛，法国工程师埃菲尔（Gustave Eiffel，1832–1923）设计的300米高露空格构铁塔方案最终获胜。20世纪以来，设计竞赛的规模也越来越大。1911年澳大利亚首都堪培拉的城市规划设计竞赛有137个方案；《芝加哥论坛报》于1922年在全世界范围内征求办公楼建筑方案，共收到257件设计方案，其中98份来自欧洲；1927年日内瓦国际联盟总部建筑方案竞赛，收到世界各地377

图 7–47　芝加哥论坛报大楼方案

件图纸（图 7–47）。

“二战”以后，随着世界范围内城市建设的繁荣，国际设计竞赛更为普遍，1980 年代以后，随着大型公共建筑的发展，设计竞赛规模越来越大，中国也成为国际建筑师重要的角逐场。1956 年举行的悉尼歌剧院设计竞赛有 233 个方案参赛；1958 年举行的加拿大多伦多市政厅的国际设计竞赛，有 42 个国家和地区的建筑师提交了 1520 个方案；1964 年的波士顿市政厅设计竞赛有 250 个参赛方案；1970–1971 年的法国巴黎乔治·蓬皮杜国家文化艺术中心设计竞赛，有来自 50 个国家和地区的 681 个方案参赛；1982–1983 年举行的巴黎拉维莱特公园设计竞赛，第一轮有 481 个方案，第二轮有 9 个方案参赛，结果瑞士裔美国建筑师屈米的方案获得一等奖，库哈斯的方案获二等奖；1982 年的巴黎新歌剧院的设计竞赛有 787 份作品参赛，加拿大建筑师卡洛斯·奥托（Carlos Otto）的方案获胜；同年的香港顶峰俱乐部竞赛，有 539 个方案参赛，扎哈·哈迪德的方案获胜；由国际建筑师协会赞助并组织的 1982–1983 年巴黎拉德方斯大拱门的设计竞赛，有 897 人登记参赛，最后提交了 424 个方案；1984–1985 年的东京高等法院的设计竞赛有来自 22 个国家和地区的 228 个方案参赛，其中 168 个方案是由日本建筑师提交的；1987–1988 年的柏林德国历史博物馆设计竞赛有 220 个方案；1988 年举行的澳大利亚堪培拉议会大楼综合体的设计竞赛有 329 个方案；英国皇家建筑师协会组织的 1988 年国际大学生设计竞赛有来自 51 个国家的 651 份作品参赛；1988–1989 年举行的日本东京国际广场公开设计竞赛，共有来自 50 个国家和地区的 395 个方案参赛；1988–1989 年的柏林犹太人博物馆设计竞赛有 165 个方案提交；埃及亚历山大图书馆的设计竞赛共有 524 个方案参赛，挪威奥斯陆的斯讷山建筑设计公司的方案获胜；1989–1990 年的巴黎日本文化中心设计竞赛有 453 个方案，日本建筑师黑川纪章的方案获胜；1992 年英国格拉斯哥的“千禧大厦”设计竞赛吸引了 353 个方案参赛；1993 年的芬兰赫尔辛基当代艺术博物馆设计竞赛，收到 516 份参赛方案。近年来，这样大规模的设计竞赛和方案征集已经趋向于更集中，也更有针对性，一般邀请经过选择的建筑师参加竞赛或方案征集。2003 年由联合国教科文组织和国际建协组织的大埃及博物馆竞赛，吸引了来自 83 个国家的 1557 个设计方案。

对于建筑师来说，设计竞赛在一定条件下的机遇是相同的，也就是说，建筑物所处的环境、物质与技术因素是同等的。尤其是在建筑设计竞赛的情况下，功能、环境、技术，甚至文化条件都是相同的，但是在不同的建筑师的手下，其结果却可以是千差万别的。也就是说，功能与空间并不是决定建筑的直接因素，但却是决定建筑的第一动因。

日本东京国际广场 1988 年的公开设计竞赛，最终选中了乌拉圭建筑师维诺里（Rafael Vi ň oly, 1944–）的方案。日本鹿岛建设公司建筑师由里知久、桥本修英和英国的詹姆斯·斯特林（James Stirling, 1926−1992）获得优秀奖，8 位日本建筑师，2 名美国建筑师，意大利和法国各 1 名建筑师共 12 人获得佳作奖。大多数方案都表现出了在这块困难的基地上的建筑处理的杰出手法和独特的建筑造型。评委会在审查报告中首先肯定了维诺里的方案的功能组织：

“这个方案在本次应征的作品中，不仅对提出的任务书来说是最恰当的方案，其功能组织也是最简洁的，同时也是充分考虑了用地的特殊条件之后最巧妙的方案。”[38]

维诺里设计的东京国际广场（1989−1996），是一座大型的建筑群，总建筑面积为 145076 平方米，包含了一间 5012 座的大会场，一间 1500 座的剧场，一间 1200 座的剧场，一间 300 座的小剧场，其他还有 34 间大大小小的会议室，3 间总面积为 10000 平方米的展厅以及各种多功能厅、停车场等。

图 7−48　东京国际广场

维诺里于 1944 年出生在乌拉圭的蒙得维的亚，1969 年毕业于阿根廷布宜诺斯艾利斯大学的建筑与城市规划系。他于 1965 年在布宜诺斯艾利斯开设建筑师事务所，之后，这个事务所成为南美规模最大的设计事务所，1981 年又在纽约开设了设计事务所。维诺里之所以愿意参加这次国际公开设计竞赛，也是因为他认为评委有很高的素质，对各种尺度的建筑有丰富的经验。维诺里在设计的时候也认识到这个设计基本上是创造一种新型的建筑综合体，解决好建筑的复杂功能问题至关重要（图 7−48）。

3）脱颖而出的青年建筑师

公平和公正的设计竞赛能让有才华的青年建筑师得以脱颖而出，许多著名的国际建筑大师往往都是在 30 岁出头时，通过设计竞赛而走上世界建筑舞台的，他们中的不少人后来获得了普利兹克建筑奖，在设计竞赛中的获胜作品也大都成为世界建筑史上的杰作。

加尼耶当年参加巴黎歌剧院设计竞赛时，年仅 36 岁。芬兰建筑师埃利尔·沙里宁（Eliel Saarinen，1873−1950）在 1898 年的 1900 年巴黎世博会芬兰馆设计竞赛中获胜，当时他只有 25 岁，芬兰馆的成功使芬兰建筑在世界建筑舞台上崭露头角。1904 年在赫尔辛基火车站的设计竞赛中获胜时，他也仅 31 岁，这件作品对欧洲的一些火车站的设计产生了重要的影响。瑞典建筑师拉赫纳尔·奥斯特伯格（Ragnar Östberg，1866−1945）在 1903 年参加斯德哥尔摩市政厅设计竞赛时 37 岁，经过两轮角逐获胜。荷兰建筑师亨德里克·佩特鲁斯·贝尔拉格（Hendrik Petrus Berlage, 1856−1934）在 41 岁设计了阿姆斯特丹证券交易所（1897−1903）。

38 岁的勒·柯布西耶设计了 1925 年巴黎世博会的新精神馆。芬兰建筑师阿尔瓦·阿尔托（Alvar Aalto，1898−1976）31 岁时在帕伊米奥结核病疗养院（1929−1933）的竞赛中获胜，后在 1936 年举行的 1937 年巴黎世博会芬兰馆的设计竞赛中，他所提交的两个方案均获胜。芬兰馆的成功使他在国际上声名远扬，

图 7–49　1939 年纽约世博会的芬兰馆

当时他年仅 38 岁，两年后，他又在 1939 年纽约世博会的芬兰馆设计竞赛中获胜（图 7–49）。1937 年巴黎世博会日本馆的建筑师是坂仓准三（Junzo Sakakura，1901–1969），坂仓准三对现代建筑的内在本质有深刻的认识，他将现代建筑的精神传至日本。日本馆体现了日本传统建筑对模数、比例和细部的关注，日本馆代表了日本第一座非西方形式的建筑，当年的坂仓准三也只有 38 岁。

巴西现代建筑大师奥斯卡·尼迈耶在 1988 年获普利兹克建筑奖。他设计了 1939 年纽约世博会的巴西馆，原先竞赛由巴西建筑师卢西奥·科斯塔（Lúcio Costa，1902–1998）获第一名，尼迈耶获第二名，但是科斯塔为年轻的尼迈耶所设计的一个大坡道所打动，决定重新设计并与尼迈耶合作，由尼迈耶最终完成设计，这是建筑师培养提携年轻建筑师的一段佳话。巴西馆代表了巴西现代建筑的发展方向，将国际上的最新思潮与巴西的建筑技术、对气候条件回应的传统方式完美地结合在一起。

1956 年悉尼歌剧院设计竞赛的获胜者伍重当时是 38 岁，当时的伍重几乎没有重要的建筑作品。英国建筑师理查德·罗杰斯和意大利建筑师伦佐·皮亚诺在 1970–1971 年的巴黎蓬皮杜中心设计竞赛获胜时，分别只有 37 岁和 33 岁，这次竞赛获胜使他们两人迅速赢得国际声誉。

挪威现代建筑的先驱斯韦勒·费恩在 1956 年的 1958 年布鲁塞尔世博会挪威馆的设计竞赛中获胜，时年 32 岁。法国建筑师保尔·安德鲁（Paul Andreu，1938–）31 岁时就在巴黎戴高乐机场 1 号航站楼的设计竞赛中获胜，从此在世界各地设计了 50 多座机场。

图 7–50　华盛顿越战军人纪念碑

38 岁的瑞士裔美国建筑师屈米在 1982 年的巴黎拉维莱特公园设计竞赛中获胜。同年，美国华盛顿越战军人纪念碑的设计竞赛中，华裔美国学生林璎（Maya Lin，1959–）的方案在众多参赛作品中获胜，当时林璎年仅 23 岁，还只是耶鲁大学建筑系的四年级学生（图 7–50）。让·努维尔在 1987 年巴黎阿拉伯研究所设计竞赛中获胜时，只有 43 岁，研究所由图书馆、管理办公室和社交设施等组成，这座建筑的南立面由大量努维尔所谓的“现代阿拉伯式隔扇”组成，这是一种阿拉伯遮阳设备的高技术版本。

4）规定风格的建筑设计竞赛

历史上许多特定设计竞赛的组织方往往会在任务书中限定建筑风格，其目的是引导设计以符合组织方的审美要求。1835 年的伦敦国会大厦的建设委员会宣布了一项竞标的政策，所有提交设计方案的人必须按照哥特式或伊丽莎白一世时代的风格设计。

我国在 1925 年举行的南京中山陵设计竞赛，《陵墓悬奖征求图案条例》规定建筑的风格为“中国古式而含有特殊与纪念之性质”。

自 1924 年起，莫斯科就准备在原救世主大教堂的地盘上建造一座有高耸列宁像的宏伟纪念大厦——苏维埃宫，1931 年组织的莫斯科苏维埃宫设计竞赛可以说是空前的，总共进行了四轮竞赛。苏维埃宫建筑方案竞赛的任务书要求这座宫殿是“有卓越建筑形式的纪念碑”，勒·柯布西耶也提交了一个表现新时代的工程技术方案，由于缺乏庄严的纪念碑风格而被否决，同时落选的还有格罗皮乌斯（Walter Gropius，1883–1969）、珀尔齐希（Hans Poelzig，1869–1936）、门德尔松（Erich Mendelsohn，1887–1953）、奥古斯特·佩罗（Auguste Perret，1874–1954）以及苏联的现代派建筑师的方案。在第二轮竞赛中，苏联古典主义学派的领袖若尔托夫斯基（Ivan Vladislavovich Zholtovsky，1867–1959）获一等奖，波利斯·米哈伊洛维奇·约凡（Boris Mikhailovich Iofan，1891–1976）在 1931 年的竞赛中与其他两位建筑师同时获得一等奖，约凡最终被委任为这座没有建成的超大建筑的建筑师。约凡设计的建筑高 434 米，顶部的列宁塑像高 103 米（图 7–51）。

图 7–51 约凡的苏维埃宫方案，1934

2004 年举行上海平安金融大厦的建筑设计方案竞赛时，任务书奇怪地规定“采用中世纪以来的古典主义风格”，这是会引起歧义的风格。一些应邀参加竞赛的建筑师如西萨·佩里和 SOM 要求修改这条风格上的限制，建设方坚持不肯修改，于是这两家事务所拒绝参赛。参加投标的三家事务所中，英国建筑师泰瑞·法莱尔（Terry Farell, 1938–）提交了一个后现代历史主义风格的方案，日建设计根据任务书提到的“中世纪”，提交了一个现代风格的建筑平面，立面上竖了许多小尖塔，以代表中世纪的哥特式风格。当时的评审专家组认为，只要去除这些尖塔，就是一个很好的方案。可是，在业主的要求下，最终的设计却是一座 170 米高的大楼，顶部是罗马式的铜质穹隆顶，基座为希腊神庙，立面上有许多壁柱，到 2009 年修改设计时，穹顶改用玻璃，而每扇窗户两边都添加了古典式的壁柱，整个立面上布置了上千根壁柱（图 7–52）。

图 7–52 平安金融大厦

7.3.2 设计竞赛的目的

设计竞赛和方案征集的主要目的是为项目寻找实施方案和合适的建筑师，带有明显的实用目标。有的竞赛是为了鼓励创新和探索，突破原有的理念，激发建筑师的创意。此外，有的竞赛是为了发现人才，培养年轻的建筑师。对于参加竞赛的建筑师而言，竞赛是获得项目的重要途径，对于年轻建筑师来说也是成功的职业生涯的起点。

设计竞赛和方案征集评审的目的可能是选择实施方案，也可能是为了选择合适的建筑师和设计单位。建筑设计竞赛和方案征集有可能是概念性方案的竞赛或方案征集，是为了寻求某些特定问题的解决方案，属于比较早期的概念探讨，帮助建设方分析项目的各种可能性，为下一步的项目发展提供参考。有时候，举行设计竞赛或方案征集是为了宣传的需要，为了让人们认识举行设计竞赛和方案征集的城市，扩大建设方的影响。有时，建设方还以方案作为吸引投资、出让土地、出售房地产的媒介，甚至有的国家的法规规定方案获得审查通过后，所设计的建筑就可以预售。

1）设计竞赛的类型

设计竞赛和方案征集可以大体上划分为开放型和封闭型，选择哪一种类型取决于设计竞赛或方案征集的目的。设计竞赛和方案征集一般通过政府部门的规划编制中心、招投标办公室、招标代理公司进行。

设计竞赛和方案征集可以是开放型的公开招标，参赛建筑师和设计单位的数量不限，但是竞赛的组织者往往不支付任何补偿费用。这种方式多数为设计竞赛，竞赛会吸引青年建筑师和学生参加，而有经验的职业建筑师多半不愿意参加，他们害怕在竞赛中名落孙山。根据项目的性质，有时候也会经过选择，特邀一部分建筑师参加，以提高竞赛的层次，竞赛的组织者会支付补偿金。邀请的建筑设计竞赛和方案征集可以获得较理想的结果，而公开的设计竞赛和方案征集往往很难征集到十分优秀的方案，如果项目重要，有足够的吸引力，这种海选有时候也会出现优秀的方案。但是，邀请建筑师参赛也取决于邀请什么类型的建筑师，取决于设计竞赛和方案征集组织方的经验和选择。

有的设计竞赛一方面采用开放型，同时另行邀请一些知名建筑师参加，以保证会产生比较理想的方案。2009 年 10 月，韩国丽水世博会主题馆的设计竞赛就采用了这种开放型与特邀建筑师参加相结合的方式，共有 1004 个来自 74 个国家和地区的建筑师申请参加，提交了 135 个方案，其中有 5 个方案是主办方特邀的建筑师提交的，包括英国建筑师扎哈·哈迪德（Zaha Hadid，1950–）、日本建筑师坂茂（Shigeru Ban，1954–）和荷兰建筑师组合 MVRDV 等。每个方案限定只能用 3 张图版，所有的图版都展示在评审大厅中。评审在丽水进行，评委由来自美国、韩国和中国的建筑师组成。评审持续了 3 天，共分成 4 轮评审，最终选出一、二、三等奖各 1 名，入围奖 3 名，一等奖由特邀的韩国建筑师获得（图 7–53）。

图 7–53　2012 年丽水世博会韩国建筑师设计的主题馆方案

另外，由于开放型的竞赛会带来广种薄收的效果，实用的意义并不很大，因此多用于设计竞赛。方案征集多采取邀请建筑师参加设计的方式，以选择具有实用价值的建筑师和方案。有时候，也会先采取公开邀请的方式，再从申请参加设计的建筑师或设计机构中，选择一定数量的建筑师或设计机构参加最终的设计竞赛或方案征集。即使是邀请建筑师或设计机构参加设计竞赛或方案征集，也会让一些有名望的建筑师望之却步，他们不愿与声望比他们低的建筑师平起平坐，更怕输给别人。因此，也有些建设方会直接委托建筑师和设计机构去设计，条件是必须提出一些比选方案。

在设计竞赛或方案征集中获胜的建筑师，也会被要求再做几个方案供建设方选择，有些建筑师会拒绝，这引起了业主对于建筑师的服务态度的争议。例如青岛为筹备奥运会的水上运动，要建造一座超高层建筑，原先曾经邀请德国裔加拿大建筑师蔡德勒（Eberhard Heinrich Zeidler，1926–）和马来西亚建筑师杨经文（Kenneth Yeang，1948–）各设计了一个方案，但是业主说这两位建筑师的服务意识有问题，所以再另行组织方案竞赛。蔡德勒和杨经文都是国际知名建筑师，有许多作品问世，他们的服务意识怎么会有问题呢？原来是业主要他们再提交比选方案，这两位建筑师认为，既然他们已经把精心设计的最优秀的方案交给了业主，业主为什么还要别的没有那么优秀的方案呢？于是，业主就认为这些建筑师的服务态度不好。

2）促进新理念的设计竞赛

英国皇家建筑师学会（RIBA）编制过一份有关设计竞赛的指导性手册《建筑竞赛：业主指南》（*Architectural Competition: Guidance Notes for Clients*），手册列出了两种类型的竞赛目的：一是寻找合适的建筑师，一是寻找合适的设计方案，由此也会根据需要，发展出各种不同的竞赛方式，划分不同的阶段。手册说明：

> “竞赛针对某一特别的建筑类型鼓励、激发出新的设计想法，促使新的建筑人才涌现，并为发起人提供各种概念以供考虑，总的来说竞赛为一特定时代的建筑思想和表现手法提供了某种关键性的评价。”[39]

建筑师在参加设计竞赛和方案征集时，除了回应任务书的要求之外，大多数人都会努力发挥自己的创造性，或者寻求建筑与环境的关系，探求建筑与所在地区文化的关系，寻找地域文化的基因，或者寻求独特的构成表现手法，探索新的发展方向，或者表现新材料、新技术和新结构等，总之是寻求前所未有的设计创意，并使之与设计要求产生共鸣。当然，在设计竞赛的历史上也不乏刻意揣摩业主的心态和喜好，试图用投其所好的方法获胜的建筑师。

童寯先生在《建筑设计方案竞赛述闻》一文中精辟地指出：

> “在建筑工程进行之前，如由一家以上设计单位提供设计方案，在一般情况下，都属于竞赛性质。任何有成就的建筑家对自己方案都认为是具有独到概念、无懈可击的得意之作，并在竞赛中有中选希望。事实是，这类竞赛有如赌博，是对既无规律又无把握的投机。何况，中选方案很难完全合乎理性，也不能赢得尽人赞同；有的设计甚至置任务书规定于不顾。竞赛只使评选者能作一比较，多数通过，避免独断罢了。但每一次竞赛都可引起概念交流，看到解决问题的不同手法，有

助于扩展设计思路，有其积极作用。”[40]

评审委员会的组成及其评审报告、评审的过程和结论、参赛建筑师提交的各种方案、表现手法、有关媒体的报道等，都包含了大量的重要信息，反映了时代和社会的特征以及价值取向，反映了建筑发展的趋向，引导了建筑设计的发展。即便设计竞赛和方案征集不一定产生实际的建筑作品，即便是被否决的方案，这些纸上的建筑也包含了许多天才的创造和具有先锋性的探索，建筑设计竞赛和方案征集的历史已经成为建筑史的组成部分。

由于设计竞赛和方案征集往往针对重要的公共建筑项目，设计竞赛和方案征集已经成为国家和城市的大事件，甚至成为国际事件，从皇帝、国王、教皇、国家和城市的领导人、业主、市民，到参赛建筑师，都同样关注设计竞赛和方案征集的创造性和标志性。业主希望他或她的选择正确，能够得到一件独特的建筑，建成意想中的丰碑。建筑师通过竞赛和方案征集，迎接挑战，希望在竞赛中获胜，被业界认识，求得长期的发展，往往把参加设计竞赛和方案征集看作是流芳百世的职业生涯的重要里程碑。纵观历史，许多重要的建筑设计和建筑师的脱颖而出，往往与建筑设计竞赛和方案征集紧密联系在一起。

7.3.3 设计竞赛的评审

评审对于设计竞赛或方案征集的结果具有重要的作用，甚至是决定性的作用。评审一般依据任务书的规定以及招投标的有关规定选择优胜及入围方案，有时候只是排出方案优劣的次序供最终决策，有时候是为了根据方案选择下一阶段进行深化设计的建筑师或设计机构，建设方会要求评审委员会或评审小组对中选方案提出优化意见。特殊情况下，也会采用投资方带方案投标，评审委员会或评审小组的结果会影响投资结果。竞赛的组织者有可能是政府的有关部门、招投标机构、学术机构、媒体、业主或厂商等。

1）设计竞赛的规则

作为设计竞赛和方案征集，需要制定任务书、竞赛规则和标准，组成评审委员会或专家组。最早有记载的竞赛规则是由英国建筑师协会（Institute of British Architects，IBA）在 1839 年制定的，然而没有产生重要的影响。英国皇家建筑师学会（RIBA）在 1872 年制定的正式规则具有重要的影响。瑞士工程师和建筑师协会（The Association of Swiss Engineers and Architects, SIA）以及国际建筑师协会（The Union Internationale d'Architects）也都制定过竞赛规则。

在早期的设计竞赛中，由于时代特征比较明显，建筑风格的多元化尚未形成，竞赛的目的更多地集中在选择优秀的建筑师方面，这个任务也更容易完成。而今天的世界建筑发展已经多元化，各种理念层出不穷，竞赛的目标也呈多元化的状况。慎重地选择建筑师、评委，编制任务书是设计竞赛和方案征集能否成功的关键，成功与否在于能否获得优秀的设计方案。优秀的设计方案也是在业主想明白了自己究竟需要怎样的建筑之后，编制了既能反映业主的需要，又不至于束缚建筑师的创造性的任务书，与建筑师充分沟通之后才能获得。

设计竞赛在历史上和今天同样产生了许多优秀的设计方案，然而获胜的方案不一定总是最终的实施方案，获胜的方案在深化设计和建造的过程中，也会由于业主和有关审查部门以及建筑师的变化，而产生与原设计方案完全不同的结果。

设计的构思和方案对任务书的回应固然重要，但是建筑师介绍方案的效果会在很大程度上影响评审的结果。一般留给建筑师介绍方案的时间都会有一定的限制，因此，在介绍方案时充分表达设计意图并显示建筑师的能力，尽可能多地提供信息给评委，紧凑而精炼地介绍方案的核心构思是十分重要的。

大多数情况下，设计竞赛和方案征集的任务书会详细规定建筑的面积分配、规划和建筑的技术经济指标等。在特殊情况下，设计竞赛和方案征集的组织方更注重设计概念，希望得到一个特殊的地标建筑，而不关注具体技术经济问题。有趣的是，设计竞赛获胜的方案并不一定是按照竞赛规则和面积、规划指标等限制设计的作品。美国建筑师埃森曼说过：

“我给参加竞图的设计师的建议，就是不要遵守竞图规则，只有不遵守规则才有机会赢，规则的制定是等人去破坏的，尤其是竞图规则，一旦评审看上你的设计，他才不管什么规则不规则。”[41]

1991年西班牙毕尔巴鄂的古根海姆博物馆的建筑设计竞赛，拟邀请一位美国建筑师，一位亚洲建筑师和一位欧洲建筑师参加。组织方邀请了弗兰克·盖里、蓝天组（Coop Himmelblau）和矶崎新（Arata Isozaki，1931–）提交方案。组织方为了让建筑师充分发挥他们的创造性，对方案要求不加任何限制，评委会对技术和细节不感兴趣，最终选择了盖里的方案（图7–54）。

图7–54 毕尔巴鄂的古根海姆博物馆

不同的设计竞赛阶段需要解决不同的问题，需要不同的设计深度，这个问题在许多设计竞赛和方案征集过程中，业主都是不甚了解的。在相当多的情况下，业主对于设计要解决什么问题其实缺乏认识，不知道自己究竟需要什么建筑，任务书相当粗糙。参加设计竞赛和方案征集的建筑师则不知所从，往往视竞赛如赌博。在这种情况下很难获得好的作品。

设计竞赛和方案征集有可能没有结果，或者所有的参赛方案都没有得到竞赛主办方的认可而另行委托设计。例如英国政府为筹办1851年伦敦万国工业成就大博览会，于1850年向全世界公开征集主展馆方案，共有来自95个国家和地区的233名建筑师参加竞标，提交了245个方案，建设委员会评选出了68个荣誉奖。所有方案都是古典的形式，经过15次审查，结论是“均不采纳”。建设委员会最终采纳了园艺师帕克斯顿（Joseph Paxton，1803–1865）的自荐方案。

2）设计竞赛的评审程序

一般情况下，设计竞赛和方案征集的评审结果在很大程度上取决于评审委员、专家和业主的专业素质以及他们的背景和偏好，同时，也在很大程度上取决

图 7-55　2006 年 11 月 10 日香港设计学院国际设计竞赛终审评审现场

于评审程序。为了表达业主的选择意见，有时候，业主的代表也会坐在评委席上，和其他评委具有同等的投票权。在特殊情况下，为了影响评审的结果，业主的代表数量可能会超过专业人员。有的项目，业主代表不参加评委会，让专家选择，得出评审结论后供业主决策，业主会在评审委员会选出的方案中选择。但是，业主有时候也会否决专家的决定。大多数情况下，评审委员会或专家组会选出若干方案，供业主从商务方面进行决策。重大项目的设计竞赛获得第一名的方案基本上是以后实施的方案，也有可能最终选择其他获奖方案加以实施（图 7-55）。

设计竞赛和方案征集的评审会受到程序的影响，有相当多的评审，尤其是竞赛和招标的情况下，建筑师和设计单位的名字对评委是保密的，即使建筑师会到场介绍，但是不与评委见面，直到评审结果揭晓，才向评委公布建筑师和设计单位的名字，称为“暗标”。另一类称为“明标”，评委在评审时已经从文本上的署名知道参评的建筑师和设计单位，建筑师有可能到场当面向评委介绍方案。这两类方式各有利弊，“明标”的优点是评委可以当面提出问题，以保证充分了解设计意图，同时也确保选择合适的建筑师和设计单位，缺点是评委有可能在评审时掺入个人的偏好，或者只看重建筑师的名声，而忽略设计的品质。

重大项目的评审有比较复杂的程序，并且应当有正式评审前的技术审查，以保证获奖方案的技术合理性和可行性。巴黎德方斯大拱门（Tête Défense）1982–1983 年的设计竞赛，组织者考虑到法国建筑师虽然具有优秀的设计能力，但是由于这之前的 20 年他们都集中在社会住宅的设计领域，缺乏纪念性建筑的实践，因此决定举行国际设计竞赛。评委会的 13 名成员中有 4 位政府官员，7 位建筑师，1 位艺术评论家和 1 位建筑评论家，其中法国评委占 5 席。[42] 评委主席由法国政府高级官员罗贝尔·利翁（Robert Lion，1934–）担任，摩洛哥的高级官员穆哈迪·曼吉拉（Mhadi El Mandjra，1933–）和美国建筑师理查德·迈耶（Richard Meier）担任副主席，法国建筑师热拉尔·蒂默尔（Gérard Thurnauer，1926–）担任秘书，评委由法国政府高级官员塞尔日·安托万（Serge Antoine，1927–2006）、西班牙建筑师奥里奥尔·博伊加斯（Oriol Bohigas，1925–）、阿根廷艺术评论家豪尔赫·格鲁斯贝赫（Jorge Glusberg，1932–2012）、法国建筑师安托万·戈巴克（Antoine Grumbach，1942–）、美国建筑评论家埃达·路易丝·赫克斯苔布尔、日本建筑师黑川纪章、法国政府高级官员路易·穆瓦索尼耶（Louis Moissonnier）、英国建筑师理查德·罗杰斯和法国建筑师伯纳德·泽尔菲斯（Bernard Zehrfuss，1911–1996）担任（图 7-56）。

图 7-56　巴黎德方斯大拱门

图7-57 施普雷克尔森的大拱门方案

这次竞赛共提交了424个方案，由于有5个方案的邮寄日期晚于规定的1983年3月1日，所以未予受理，实际参赛作品419件。在正式提交评审前，先由竞赛的技术顾问——法国建筑师弗朗索瓦·隆巴尔（François Lombard）领导的技术委员会进行为期一个月的技术审核。技术委员会分成9个小组，每个组由1名建筑师和1名工程师组成，每个组审核50个方案，并由基础结构专家、金属结构专家、声学专家、节能专家、消防专家和造价估算专家对所有方案的有关技术问题提供咨询，技术委员会为每个方案都附上一份技术分析清单，每位评委都得到一份技术委员会的总报告。正式评审为期一周，第一轮评审保留了171个方案，第二轮评审从中选出58个方案，第三轮选出25个方案，最终选出2个一等奖，2个二等奖，12个提名奖，16个获奖方案中，有10个是由法国建筑师提交的。[43] 一等奖和二等奖方案呈送给当时的总统密特朗（François Mitterrand，1916–1996）作最终决策。密特朗在1983年5月25日宣布，丹麦建筑师约翰·奥托·施普雷克尔森（Johan Otto Spreckelsen，1929–1987）的方案获选（图7–57）。

图7–58 2011年12月北京新机场航站楼国际设计方案征集的评审会现场

在北京奥运会主体育场的设计竞赛的13名评委中，有6名外籍建筑师，7名中方评委分别是3位院士、1名行政官员、1名奥运会专家和2名企业承建方专家，国际设计竞赛请外籍建筑师作为评委是十分必要的。问题是评委的组成，他们的专长和思想方法是否合适。有的设计竞赛在正式评审之前会组织技术组，从结构、设备、造价等方面对方案加以评估，以帮助评审专家考虑各个方案技术上的可行性。

从本质上说，评选的结果不仅是对设计方案的评价，设计竞赛和方案征集的评审也是对评委和专家的一种考试，专家和评委们的水平、能力、眼界和学识等都会反映在他们对方案的取舍上，评审的结果及其影响最终也会转化成为社会对评委们的批评（图7–58）。

3）设计竞赛存在的问题

建筑设计竞赛也存在不公正或不合理的现象，或者由于评委组成的不合理，或者由于地方保护主义对建筑师和设计单位的偏袒，或者由于评委的素质，由于有关人员个人的局限性及先入为主的偏见等各种原因，也会使人们对评审的客观性和正确性产生疑问。此外，由于业主对自己要建造的建筑缺乏认识，甚至在尚未定位和策划的情况下就进行建筑设计竞赛，让参赛建筑师感到竞赛犹如赌博，而且获胜的方案并不一定是设计优秀的方案，而是设计表现方法吸引评委的方案。因此，也有人调侃说，很多设计奖其实应该颁给效果图的作者。

自古以来，建筑设计竞赛都会耗费大量的资金和精力，美国建筑师吉尔伯特（Cass Gilbert，1859−1934）在1899年写给妻子的信中抱怨说：

“整个竞图制度根本就是一项错误，令我非常痛恨，它要求一个人花费几个月时间研究工作，上万元的金钱去角逐一个机会，而且要使用政治手腕去获得公平竞争的权利。”[44]

有些设计竞赛不付给补偿费，对于大部分建筑师而言压力很大，有时候，交图的时间又十分紧迫，在这种情况下，会排除许多有创意的建筑师参加设计竞赛。美国景观建筑师施瓦尔兹（Matha Schwartz，1950−）认为：

“无酬的竞图对建筑师是一种压榨，上帝都知道我们这行的报酬不高，但是我们仍然踊跃地参与竞图，这是一种自我降格自贬身价的做法，这样可怜的奖金简直是一种侮辱，要求这么多工作量也是一种折磨，甚至有人利用竞图设计案到处去筹募经费，简直是荒谬无耻……”[45]

1927年日内瓦国际联盟总部建筑方案评审时，来自英国、法国、比利时、荷兰、奥地利和瑞士的6位评委各有偏爱，争执不休，评出9个方案并列首奖，后又减至4个，确定由这四位建筑师提出新的综合方案，最终选择了折中主义的方案。勒·柯布西耶的方案原先被评为一等奖，最后落选，而最后入选的4个方案造价均大大超过规定，为此他告到海牙国际法庭，但未被受理。

悉尼歌剧院曾经被誉为设计竞赛评委慧眼识英雄的典范，但是方案实际上存在很多的问题，英国工程师马尔科姆·米莱指出：

“在得奖作品表现出很多技术上的难题的时候，几乎没有任何人有一种成熟而且负责的态度。这些难题包括：

1. 没人知道如何设计和建造这样的屋顶结构；
2. 主会场没有充足的空间可以容纳3000个座位；
3. 没有解决交响乐与大型歌剧表演的音响难题；
4. 主舞台旁边的副舞台没有足够的场地；
5. 这个工程的建设，特别是这样的屋顶，自由形态的几何形状，会增加建造的成本。”[46]

有时会遇到设计竞赛的水平并不低，但是最终选择的方案却不佳的情况。其原因有三方面：一是应当检讨评选委员会的组成，有些评审委员会的组成可能不恰当，非专业人员的比例超过专业人员；二是我们应当深入了解参赛建筑师，认识从事该设计的建筑师的设计思想和职业情操，他们过去的专业经历；三是从业主的最终决策方面寻找原因，或者是业主对项目本身的要求缺乏认识，任务要求不明确，缺乏基础资料等。

笔者在2005年参加上海烟草博物馆的方案评审时，9名评委中，只有3位建筑师，其余都是来自北京国家烟草专卖管理局的领导。有时候，评审专家组会由不同专业的专家组成，而评审的目的是选出建筑方案。例如2007年5月在评审杭州西溪湿地博物馆建筑设计竞赛方案时，22名专家中，有 6 个从事与建筑有关的专业，其余的专家来自园林、博物馆、生物学等领域，也有政府官员。第一轮评选出来的方案中，有的其实在功能和结构上存在较大的问题，只是造型上夺人眼球。对于湿地博物馆，需要不同专业的专家参与评审，但如果选择建筑方案，也让与建筑完全不同的专业的专家来选择的话，很难达成共识。

图 7–59 维吉尔的白玉兰广场方案

图 7–60 SOM 的白玉兰广场方案

上海白玉兰广场项目在 2008 年邀请了法国建筑师维吉尔、日本的日建设计公司、美国的 SOM 设计公司提交方案，所有参加评审的专家和规划管理部门的领导都一致认为维吉尔的方案最有创意，比较好地解决了功能和景观问题（图 7–59），而远在海外的业主连方案还没有看到就说他只要美国建筑师的设计（图 7–60）。

有些城市在评选建筑设计方案时采用评标的方式，表面上看似乎公正，避免弊端，实际上只是形式上的公正。笔者于 2012 年 8 月参加某城市一座银行总部大楼建筑设计方案的评标，除了笔者作为业主聘请的代表提前看到了四个设计方案外，其余的评标专家都是建设工程交易中心的招标办公室，在评标开始前一个小时按照专家库的名单临时通知的，有一些评标专家候选人因为已经有其他安排无法参加，于是换专家候选人。评标之前所有专家的手机都交招标办公室保管，避免评标专家与外界联系。评标采用综合评估法，设计单位的名字是密封的，属于暗标。但是真正的评标时间只有一个小时，专家没有足够的时间深入理解四个方案的构思，也没有时间看设计任务书，然后就采用无记名投票的方式决标，因此，我们有必要质疑这种评标方式结果的公正性。

7.3.4 中国的设计竞赛和方案征集

由于快速城市化以及大量的建筑活动，我国是全世界当前举办国际设计竞赛和方案征集最多、涵盖领域最广的国家，而且几乎覆盖了大部分省市，甚至遍及边远的地区。国内投标的项目就更多了，投入的人力、财力和物力十分可观。

根据规定，我国推行强制性招标，1999 年颁布了《中华人民共和国招标投标法》，国际发展计划委员会（现国家发展改革委员会）于 2000 年制定了《工程建设项目招标范围和规模规定》，按照这个规定，绝大部分建设项目都必须进行招标。

1）历史上的设计竞赛

中国的现代意义上的建筑设计竞赛始于南京中山陵的设计竞赛，1925 年 5 月 15 日发布，9 月 15 日截止，丧事筹备委员会颁布的《陵墓悬奖征求图案条例》对陵墓的建筑风格、材料、功能等都作出了规定，建筑的风格为“中国古式而含有特殊与纪念之性质”，共收到来自中外建筑师的 40 多个方案。竞赛评审考虑

图 7-61 南京中山陵

了艺术与技术、本土艺术与外来艺术以及中国性和国际性之间的平衡，评判顾问包括三名中国人：土木工程师和教育家——曾任南洋大学校长的凌鸿勋（字竹铭，1894–1981）、象征派诗人和雕塑家李金发（原名李淑良，又名遇安，1900–1976）、国画家王一亭（1867–1938），还有一名德国建筑师朴士（Emil Busch）。评审选出了三名得奖者和七名荣誉奖获得者，获第一名的是吕彦直（1894–1929），范文照（1893–1979）获第二名，杨锡宗（1889–？）获得第三名，最终按照吕彦直的方案实施（图 7–61）。在获得荣誉奖的七名建筑师中，有六名外国建筑师。

1926 年 4 月的广州中山纪念堂设计方案征集，在二三十名中外应征者中，吕彦直再次获首奖，杨锡宗获二等奖。1929 年 10 月的上海特别市政府大楼设计竞赛，有 46 名中外建筑师应征，赵深（1898–1978）获首奖，巫振英（1893–1926）获二等奖，费立伯获三等奖，最终按照董大酉（1899–1973）的设计方案建造。

1949 年以后，设计竞赛和方案征集受苏联体制的影响，中国建筑师在有关机构的组织下，参加了苏联、波兰和古巴等国家组织的国际设计竞赛并获奖。1957 年，中国建筑学会组织参加华沙人民英雄纪念碑国际设计竞赛，吴景祥获设计奖。1959 年 4 月，中国建筑学会组织参加苏联举行的莫斯科西南区规划方案竞赛，1963 年 4 月，中国建筑学会组织中国建筑师参加古巴吉隆滩纪念碑的国际设计竞赛，龚德顺等人的方案获荣誉奖。1981 年 3 月，同济大学讲师喻维国等的“乐山博物馆”方案获得 1980 年日本国际建筑设计竞赛佳作奖。1984 年 2 月，西安冶金建筑学院 13 名学生提出的西安旧居住区化觉巷改造方案，获国际建筑师协会举办的国际大学生竞赛第二名。国际建筑师协会举办了 1984 年“建筑学大学生国际竞赛”，大学生们提交了 186 件作品。1999 年国际建筑师协会组织的国际建筑专业学生设计竞赛收到 466 件作品。

上海在 1951 年 3 月举办的“上海人民英雄纪念塔”的设计竞赛是新中国举办的第一个设计竞赛，22 份作品参选，评出一、二、三等奖各 1 名，第一和第二名的获得者均为谭垣、张智、黄毓麟和雕塑家张充仁。

为筹备 1959 年的国庆工程，于 1958 年 9 月组织了北京市 34 个设计单位和全国 30 多位专家进行了大规模的设计方案征集，这次竞赛吸引了全国各地的建筑师和大学建筑系师生的参与。1960 年 3 月的南京长江大桥桥头建筑设计方案征集，提交了 58 个方案。

2）1970 年代末以来的设计竞赛拾遗

改革开放的政策也带来了大量的各种各样的设计竞赛和方案征集。1979 年 2 月国家建委举办“全国城市住宅设计竞赛”，参赛作品有 7000 余件。1980 年 2 月至 1981 年 6 月，国家建委和中国建筑学会组织“全国农村住宅设计竞赛”，各地提出 6500 多个方案。1980 年 4 月至 12 月，中国建筑学会、国家建委和文化部等举办“全国中小型剧场设计方案竞赛”，共收到 677 个方案。1981 年，“南京雨花台革命烈士纪念碑建筑设计方案竞赛”，共收到 578 件作品。1985 年，城乡建设环境保护部和中国建筑学会等组织了“全国城镇建筑设计竞赛”，182 件作品参赛。这一年，教育部还举办了“全国城市中小学建筑设计竞赛”，共有 295 件作品。1988 年中国建筑学会组织的“全国文化馆设计竞赛”有 1165 件作品参赛。

图 7–62　某城市的新城规划概念方案评审专家与政府官员在观看方案模型

1995 年 4 月，原建设部颁发了《城市建筑方案设计竞选管理试行办法》，同时附有《城市建筑方案设计文件编制深度规定》，对参加设计竞赛的建筑设计方案的内容和深度作了具体规定。

自 1990 年代以来，中国是世界上举办建筑设计竞赛和方案征集项目最多、规模最大的国家，内容包括城市规划、城市设计、建筑设计、景观设计和室内设计等（图 7–62）。

近年来，凡是重大的项目都要经过设计方案的招投标，遇到国际招投标项目，还有可能组织国际专家参加评选。例如 1996 年上海国际住宅设计竞赛，除了国内的建筑、规划专家外，还邀请了印度著名建筑师柯里亚（Charles Correa, 1930–）、新加坡著名建筑师刘太格、荷兰著名住宅专家哈布拉肯（Nicholas John Habraken, 1928–）、美国 SOM 建筑师事务所的著名建筑师克瑞肯（John Lund Kriken，1938–）担任评委。这次国际住宅设计竞赛，来自阿根廷、澳大利亚、奥地利、比利时、加拿大、法国、美国、印度、韩国、英国、日本、南非等国的 54 家建筑师事务所以及 84 家中国建筑设计院参加了这次竞赛，共提交了 592 个方案。评选的目的是从有效的 131 个总体方案和 346 个住宅单体方案中评选出 1 个最佳方案奖，2 个二等奖，3 个三等奖，14 个佳作奖。在进行评选的同时，还组织了住宅设计展览和住宅设计研讨会。由于提交的方案比较多，在正式评审之前，先由技术工作小组进行前期的技术准备和初选工作。在评选过程中，评委们对众多的方案进行筛选，各抒己见，用无记名投票的方式评出获奖方案。评委们还要对每一个获奖方案提出评审意见，写出评审报告。在评审结束后，还选编了《上海住宅设计国际竞赛获奖作品集》，这个编辑的过程又是一次评价。在 1996 年上海住宅设计国际竞赛中，有相当多的方案以上海近代建筑中的“里弄”住宅作为模式，“里弄”住宅成为了一种历史参照类型（图 7–63）。

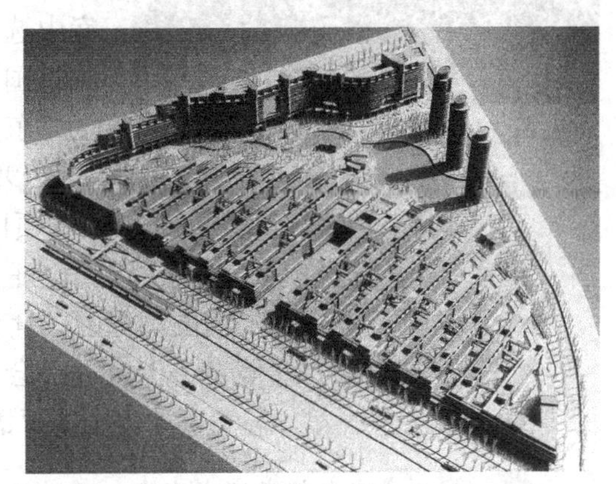

图 7–63　1996 年上海国际住宅设计竞赛的获奖方案“绿野 · 里弄构想”

图 7-64　2011 年的浦东中央商务区形象

1990 年上海浦东开发与开放后，在 1992 年举行了上海浦东陆家嘴中央商务区城市设计的国际咨询，这次城市设计国际咨询标志着国际建筑师和规划师开始全面参与上海的建筑设计、城市设计与城市规划，也标志着上海的建筑开始融入国际建筑界。这次城市设计国际咨询所提出的理念在世界城市规划史上也具有重要的意义，英国建筑师理查德·罗杰斯、法国建筑师多米尼克·佩罗（Dominique Perrault, 1953−）、意大利建筑师马西米利亚诺·福克萨斯（Massimiliano Fuksas, 1944−）、日本建筑师伊东丰雄应邀提出了各自的方案，最后按上海城市规划设计研究院的调整设计实施。如果能按照其中的任何一位国外建筑师的方案实施的话，上海的浦东和城市的空间就会有另一种完全不同的形象了（图 7−64）。

图 7-65　金茂大厦

1994 年的上海大剧院国际设计竞赛有来自法国、美国、日本、澳大利亚、加拿大和中国的 13 家建筑师事务所和建筑设计院参加，法国建筑师夏邦杰的方案一举中选。在 1995 年的上海金茂大厦建筑设计国际竞赛中，第一次邀请了国际评委参加评审。这次设计竞赛的结果让美国的 SOM 建筑师事务所设计出了近十年来这家事务所最好的作品，金茂大厦在 2001 年 5 月被美国建筑师学会授予最佳室内建筑荣誉奖（图 7−65）。

1996 年的上海浦东国际机场的国际设计竞赛，使法国建筑师保罗·安德鲁（Paul Andreu，1938−）在方案中选后，进入了中国的设计市场，他的设计相继在北京国家大剧院、沈阳国际机场、成都市政府大楼和上海东方艺术中心的设计竞赛中中选。

1998 年 4 月 13 日开始的中国国家大剧院建筑方案国际竞赛具有重要的影响，该项目的设计竞赛历时一年又四个月，经历了两轮竞赛，四次修改，多次评审和论证，共征集了 69 个方案。我国（包括香港）的建筑师以及美国、法国、德国、意大利、奥地利、日本、希腊等 36 家设计单位的建筑师参加了竞赛。专家委员会由 11 位评委组成，其中 8 位中国专家，3 位外国专家。第一轮竞赛评委会的评语为：

“在全部竞赛方案中，还没有一个方案能较综合地、圆满地、高标准地达到设计任务书提出的要求。我们推举不出不作较大修改即可作为实施的三个提名方案。”[47]

由于第一轮评选结果不理想，于是进行了第二轮方案设计，共有 14 个方案送选，从中选出了法国建筑师保罗·安德鲁的 1 号方案和日本建筑师矶崎新的 2 号方案、北京市建筑设计研究院的 6 号方案、清华大学的 8 号方案以及奥地利建筑师汉斯·霍莱因的 12 号方案共 5 个设计方案。另外，又同时上报英国建筑师特瑞·法雷尔和北京市建筑设计研究院协作的方案，以及清华大学和巴黎机场公司协作的方案作为候选方案。第二轮竞赛又进行了第二、三次修改，经过调整后，安德鲁的“湖中仙阁”方案最终中选并实施（图 7–66）。

图 7–66　中国国家大剧院方案

图 7–67　2010 年上海世博会中国馆

2007 年 4 月至 6 月举行的 2010 年上海世博会中国馆的设计竞赛，有 344 个来自中国大陆、港台和欧美各地的华人建筑师的方案应征，最终，华南理工大学何镜堂的方案“东方之冠”中选并实施（图 7–67）。对于中国馆而言，如果不算贝聿铭和彭荫宣、李祖原等设计的 1970 年大阪世博会的台湾馆，这是中国建筑师第一次设计世博会的中国馆。

世博会的各国自建展馆方案也经过了各国组织的设计竞赛，选出优秀的设计，体现了各国的建筑文化。同时，与历届世博会一样，也有一些青年建筑师在方案竞赛中脱颖而出。

选择参加设计竞赛或方案征集的建筑师是十分重要的工作，例如 2010 年 11 月 11 日举行的杭州师范大学仓前新校区音乐厅和美术馆的规划建筑方案设计征集，只邀请了斯蒂文·霍尔和法国里昂的 C & P（喜邦）建筑设计公司（Chareyre et Pagnier Architectes）共两家外国事务所参加，对建筑师的专长并没有深入的了解。之所以邀请霍尔参加，主要是由于杭州市的主管领导在杭州制氧机厂和杭州锅炉厂地块，国际旅游综合体总体规划及建筑概念设计方案的评审时，见到了霍尔本人，对他的声誉很欣赏。两个方案的设计深度均没有达到预想的要求。喜邦建筑设计公司采用群岛状的布置方式，过于符号化的表现，以及设计上的许多败笔让评委非常失望。霍尔的方案也只是一个粗略的概念，由剧院、音乐厅、演播厅和演奏厅组成的音乐厅功能十分复杂。霍尔设计的造型完全作为一座雕塑处理，有发光的基座和有机的造型，对而内部功能、视线分析及流线等均未考虑。由于喜邦建筑设计公司设计的失败，同时在汇报方案时又没有表现出专业化的水平，使得评委选择了霍尔的方案。霍尔本人没有到场，只是通过视频介绍。在必须选出一家设计单位的情况下，由于评委相信霍尔有能力调整方案，修改完善，所以 7 位评委一致投票选择了霍尔。之后在方案深化的过程中，由于霍尔要价高昂的设计费让业主无法承受，只能另行选择建筑设计单位，但是领导坚持霍尔的音乐厅方案外形不能变。霍尔事务所的设计人员事后也对笔者表示，他们当时提出的方案只是一种形式游戏，并没有当真，没想到会实施（图 7–68）。

3）城市规划和城市设计方案征集

在城市规划和城市设计领域，上海城市规划管理局与各个有关区在 2001 年组织了上海郊区城镇规划的国际方案征集活动，松江新城、金山新城和上海国际航运中心芦潮港新城这 3 座卫星城市，嘉定区的安亭镇、宝山区的罗店镇、浦东新区的高桥镇、青浦区的朱家角镇、闵行区的浦江镇、奉贤区的奉城镇、金山区的枫泾镇这 7 座中心镇，到 2001 年年底已完成了概念性规划方案征集，其中有一些已进入实质性启动阶段。邀请了法国、德国、美国、意大利、西班牙、澳大利亚、英国、瑞典、荷兰、日本等国的建筑师、规划师与中国建筑师、规划师一起进行规划和设计，提出了许多新的规划理念。一些国际上著名的建筑师，如意大利建筑师维多里奥·格里戈蒂、法国建筑师夏邦杰、德国建筑师冯·格康（Meinhard von Gerkan，1936–）、台湾地区建筑师李祖原等都参与了规划和设计。也有一些规划师和建筑师在规划中应用了英国社会学家霍华德（Ebenezer Howard, 1850–1928）的“花园城市”（Garden City）、西班牙工程师索里亚（Arturo Soria y Mata, 1844–1920）的“线形城市”、意大利未来主义的“新城市”（Città nuova）、勒·柯布西耶的“光辉城市”等规划思想，创造出适合上海城市发展的规划设计。可以说，在世界上没有任何一个国家和地区能在短时期内进行如此众多的规划设计方案征集。

2000–2001 年，上海市城市规划管理局组织了黄浦江两岸的概念性城市设计，美国的 SOM 建筑事务所、澳大利亚建筑师菲利浦·柯克斯（Philip Cox，1939–）和美国佐佐木规划师事务所（Sassakki Urban Planning Office）分别提出了规划概念方案，并对黄浦江两岸的四个核心地区作了深化设计。按照这个设计，结合城市产业和功能结构的调整，黄浦江沿岸滨水地区将逐步改造成为公共开放空间和绿地，并成为上海城市空间的核心。自 1999 年起，中国开始筹办以“城市，让生活更美好”（Better City, Better Life）为主题的 2010 年上海世界博览会，会址就选择在黄浦江两岸，卢浦大桥与南浦大桥之间 5.28 平方公里的滨水区，将沿岸的工业区和码头加以动迁和改造，以此带动城市中心区的更新和改造（图 7–69）。

在准备 2010 年世博会申办报告的过程中，上海市城市规划管理局与上海世博会申办办公室在 2001 年 9 至 10 月组织了世博会园区概念性规划设计，要求充分利用原有的工业设施，改造并有效地保护历史建筑。规划还将治理环境放在重

图 7–68　杭州师范大学仓前校区音乐厅方案

图 7–69　黄浦江滨水空间规划

要的地位，与此同时，倡导实验性城市社区的建设，探索新的城市结构理念。澳大利亚建筑师菲利浦·柯克斯（Philip Cox，1939–）、意大利的卢卡·斯加盖蒂设计事务所（Luca Scachetti & Partners）、法国建筑工作室（Architecture Studio）、西班牙建筑师马西亚·柯迪纳克斯（Marcià Codinachs）、德国建筑师阿尔伯特·施佩尔（Albert Speer，1934–）、日本 RIA 都市建筑研究所、加拿大 DGBK+KFS 建筑师事务所等七家建筑师事务所参加了方案征集。上海的邢同和建筑研究创作室、同济大学建筑与城市规划学院的教授王伯伟与李金生等也提交了规划设计方案。所有的九个方案都把生态环境以及城市价值的再开发作为规划的主导要素，计划将上海世博会办成生态环境的样板。经过全面的审查和讨论，选择了由马丁·罗班（Martin Robain）设计的法国建筑工作室的方案，作为申办 2010 年世博会的规划方案提交国际展览局。

2002 年 12 月 3 日，中国获得 2010 年上海世博会的主办权，随后于 2003 年对世博会园区的规模进行了调整。2004 年 4 月至 7 月，上海世博会事务协调局和上海市城市规划管理局再次组织世博会总体规划方案征集，英国的理查德·罗杰斯和奥雅纳咨询公司（Rogers & ARUP）、美国珀金斯建筑师事务所（Perkins Eastman）、同济大学国际联合体、东南大学、香港泛亚易道设计公司（EDAW）、日本 RIA 都市建筑研究所、德国 HPP 国际建筑规划设计有限公司（HPP International Planungsgesells mbH）、法国建筑工作室、中国城市规划设计研究院、加拿大谭秉荣建筑师事务所（Bing Thom，1940–）等共 10 家建筑和城市规划设计单位提交了方案。理查德·罗杰斯和奥雅纳咨询公司、美国珀金斯建筑师事务所以及同济大学国际联合体的方案入选。世博会的总体规划是在规划方案征集的基础上，经过多轮的调整和修改而最终完成的（图 7–70）。

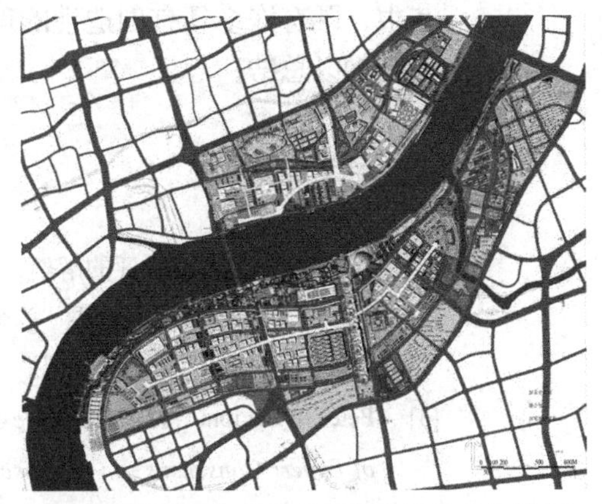

图 7–70　2010 年上海世博会实施的总体规划

2010 年 2 月，杭州市规划与国土资源管理局组织杭州制氧机厂和杭州锅炉厂地块，国际旅游综合体总体规划及建筑概念设计方案的评审，提交征集方案的是英国建筑师奇普菲尔德、瑞士建筑师赫尔佐格和德梅隆、美国建筑师斯蒂文·霍尔（Steven Holl，1947–）三家建筑师事务所，评委有美国建筑师汤姆·梅恩，原美国普林斯顿大学建筑学院院长拉尔夫·勒纳教授（Ralph Lerner，1950–2011），德国建筑师阿道夫·克里沙尼兹（Adolf Krischanitz，1946–），奥地利建筑师沃尔夫·普利克斯（Wolf D. Prix，1942–），美国艺术评论家特伦斯·赖利（Terence Riley），意大利建筑师、罗马大学建筑学院院长卢乔·巴尔贝拉教授（Lucio Barbera，1937–）等。国内的评委有艺术家、中央美术学院院长潘公凯教授，东南大学建筑学院院长王建国教授（1957–）和笔者等共 9 人。评审时，奇普菲尔德、赫尔佐格和德梅隆本人没有到场，只委派代表介绍方案，而霍尔本人亲自到场介绍方案，他与大多数评委都很熟识，介绍方案时的激情表现对评委的选择起

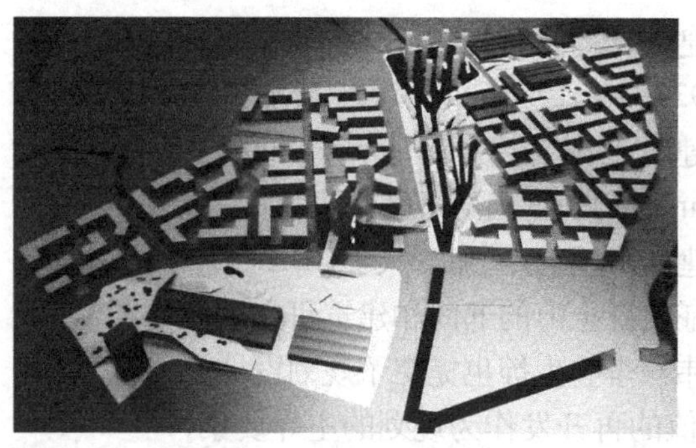
图 7-71　斯蒂文·霍尔的规划方案

了极为重要的作用。投票结果：霍尔的方案排名第一。笔者在 20 世纪 70 年代中期曾经有 4 年时间参加这两座工厂的设计，对这个地区的情况相当熟悉，按照我的理解，他的方案在三个方案中最为夸张，基本上没有考虑工业遗产的保护，而且也最不符合现状和任务的要求，要实施的话必须作彻底的修改（图 7-71）。

当前，全国许多城市都在进行大规模的新城和新区建设，规划设计方案征集的数量和规模也是空前的。规划面积少则几个平方公里，多则上百，乃至上千平方公里，甚至可以说在世界上也是空前绝后的。其中，既有许多具有创造性的理念，也有不少鱼龙混杂，滥竽充数的现象，需要认真加以总结。

本章注释

[1]　诺思罗普·弗莱.批评的解剖.陈慧等译.天津：百花文艺出版社，1998：4.

[2]　爱德华·W·萨义德.世界·文本·批评家.李自修译.北京：生活·读书·新知三联书店，2009：85-86.

[3]　Peter A. Facione. *The Executive Summary of the Delphi Report. Critical Thinking: A Statement of Expert Consensus for Purposes of Educational Assessment and Instruction*, The California Academic Press, 1990：2.

[4]　托·斯·艾略特.批评批评家.李赋宁，杨自伍译.上海：上海译文出版社，2012：2-5.

[5]　让－依夫·塔迪埃.20 世纪的文学批评.史忠义译.天津：百花文艺出版社，1998：4.

[6]　门肯.批判的过程.见：中国社会科学院文学研究所编.现代英美资产阶级理论文选.北京：知识产权出版社，2010：323.

[7]　艾·阿·理查兹.文学批评原理.杨自伍译.南昌：百花洲文艺出版社，1992：101.

[8]　乔治·布莱.批评意识.郭宏安译.天津：百花洲文艺出版社，1993：280.

[9]　汪坦.现代西方建筑理论动向.见：逝去的声音.北京：中国建筑工业出版社，2007：197.

[10]　Norman Foster. *Foreword. The Strange Death of Architectural Criticism*. Black Dog Publishing，2007：10.

[11]　沃尔夫·吉伊根.艺术批评与艺术教育.滑明达译.成都：四川人民出版社，1998：164.

[12]　维特鲁威.建筑十书.陈平译.北京：北京大学出版社，2012：64.

[13]　沃尔夫·吉伊根.艺术批评与艺术教育.滑明达译.成都：四川人民出版社，1998：112.

[14]　Norman Foster. *Foreword. The Strange Death of Architectural Criticism*. Black Dog Publishing，2007：10.

[15]　G. De Carlo. *Questioni di architettura e urbanistica*,1964. Pio Baldi. Giancarlo De Carlo, architetto dell' Italia che cambia. Margherita Gucciuone e Alessandra Vittorini. *Giancarlo De Carlo. Le Ragioni dell'architettura*. Electa. 2005：9.

[16] 维托里奥 · 格里戈蒂 . 理论的必要性 .*Casabella*.1983，494 ：13.

[17] 大师系列丛书编辑部．雷姆 · 库哈斯的作品与随想．北京 ：中国电力出版社，2005 ：9.

[18] 同上

[19] 谢宗哲 . 建筑家伊东丰雄．台北 ：天下远见出版股份有限公司，2010 ：85.

[20] 罗斯金 . 威尼斯之石．载 ：王青松，匡咏梅，于志新译 . 拉斯金读书随笔．上海 ：上海三联书店，1999 ：219−220.

[21] John Ruskin．*Selected Writings*．London ：EVERYMAN, 1995 ：357.

[22] 同上，188.

[23] 苏吉奇 . 致中国读者．权力与建筑．王晓刚，张秀芳译．重庆 ：重庆出版集团，重庆出版社，2007.

[24] 刘心武 . 我眼中的建筑与环境．北京 ：中国建筑工业出版社，1998 ：1.

[25] 赵鑫珊 . 音乐与建筑——两种语言的相互转换和音乐解释学．上海 ：文汇出版社，2010 ：2.

[26] 同上，封面

[27] 艾未未 . 此时此地．桂林 ：广西师范大学出版社，2010 ：147.

[28] 乔治 · 布莱 . 批评意识．郭宏安译．南昌 ：百花洲文艺出版社，1993 ：7.

[29] 曼弗雷多 · 塔夫里 . 建筑学的理论和历史．郑时龄译．北京 ：中国建筑工业出版社，2010 ：87.

[30] 同上

[31] 同上，88.

[32] Martha Thorne．*The Pritzker Architecture Prize: The First Twenty Years*．Harry N.Abrams, Inc., Publishers in association with the Art Institute of Chicago. 1999 ：12.

[33] 同上，166.

[34] www.pritzkerprize.cn.

[35] 同 [32]

[36] 画继 · 圣艺 .

[37] Cees den Jong, Erik Mattie. *Architectural Competition 1792~1949*. Benedikt Taschen,1994:7.

[38] 马国馨．日本建筑国际化的第四次浪潮（上）．建筑师 .1994，59 ：73.

[39] 周湘津．建筑设计竞赛全景．天津 ：天津大学出版社，2001 ：14.

[40] 童寯．建筑设计方案竞赛述闻．童寯文集 · 卷二．北京 ：中国建筑工业出版社，2001 ：155.

[41] 王纪鲲．竞图的悲剧——给参加专业竞图者的一些忠告．王纪鲲教授文集 ：建筑拾零．35.

[42] Tête Défense. 1983 Concours international d'architecture. Electa Moniteur. 1984 ：32.

[43] 同上，30.

[44] 王纪鲲．竞图的悲剧——给参加专业竞图者的一些忠告．王纪鲲教授文集 ：建筑拾零．32.

[45] 同上

[46] 马尔科姆 · 米莱．揭开现代建筑的神话．赵雪译．北京 ：电子工业出版社，2012 ：121−122.

[47] 周庆琳．中国国家大剧院建筑设计竞赛方案集．北京 ：中国建筑工业出版社，2000 ：45.

第 8 章
建筑批评的方法论

Chapter 8
The Methodology of Architectural Criticism

无论是理论研究还是实践工作都离不开方法，建筑批评也不例外，方法得当可以事半功倍，如果不得当就会事倍功半，因此我们要研究建筑批评的方法。方法论就是研究方法的理论，又称为方法学。关于方法论，哲学家与实践家有理性主义与经验主义这两大基本主张。理性主义主张在认识、设计、探索和研究的过程中，确立理性的原则，从这些原则出发，按逻辑步骤，建立合理的过程。经验主义则主张凭感觉和直觉以及由此积累的经验，用以从事各项具体的研究与工作。

历史上第一位研究科学方法的哲学家是亚里士多德，他从对自然现象的长期观察中概括出了科学依据的两阶段程序方法。他主张，从观察上升到一般原理的阶段应该采用归纳法，从原理再回归观察时，应当采用演绎法。归纳法和演绎法成为两大基本方法的类型。

在不同的理论体系中，方法有着不同的概念特征。当代的科学理论在很大程度上被归结为科学方法学说，归结为对数学或形式逻辑尚未要求其作为分科的那些方法的描述和反思，法国国际哲学学会主席、现象学家和解释学家保罗·利科(Paul Ricoeur, 1913–2005)在他为联合国教科文组织主编的《哲学主要趋向》(*Main Trends in Philosophy*，1978）一书中指出：

“一般都认为，科学是由其方法而非由其研究对象所确定的。”[1]

“方法”这一范畴大体上有下列七种不同的定义：①方法是认识客体的方式，方法就是如何能够完全地认识一个客体的方式（康德）；②方法是与必要的规则相联系的行动方式（德国哲学家、心理学家雅可布·弗里德利希·弗赖斯，Jakob Friedrich Fries, 1773–1843)；③方法是从原则出发进行推导的某种方式的说明（德国美学家约翰·弗里德利希·赫尔巴特，Johann Friedrich Herbert，1776–1841）；④方法是手段的统筹安排，通过这种安排能最好地达到目的（德国哲学家、神学家康斯坦丁·古特伯雷特，Konstantin Gutberlet，1837–1928）；⑤方法是一门科学获得有关其对象的有效判断的方式（德国哲学家班诺·埃德曼，Benno Erdmann，1851–1921）；⑥方法是规则的集中体现，根据这些规则，认识或意愿的某种素材在统一看法的意义上得到确定和判断（德国哲学家鲁道夫·施塔姆勒，Rudolf Stammler，1856–1938）；⑦方法是为了达到一个目的而对某个对象所采取的任何一种应用方式（德国哲学家瓦尔特·杜比斯拉夫，Walter Dubislav，1895–1937）等。

每一门学科都有自己的方法和体系，方法论的目的就是寻找那些对学科有意义的方法。方法论不是严格的形式科学，而是实用科学。方法论与人们的活动有关，给人们以某种行动的指示，说明人们应该怎样树立认识目的，应该使用什么样的方法、路径和辅助手段，以便有效地获得科学认识。德国哲学家、逻辑学家、心理主义逻辑学代表人物克里斯托夫·西格瓦特（Christoph Sigwart，1830–1904）在他的《逻辑》（*Logik*，1873–1878）一书中，是这样为方法论下定义的：

“方法论的任务是说明这样一种方法，凭借这种方法，从我们想象和认识的某一给定对象出发，应用天然供我们使用的思维活动，就能完全地、即通过完全确定的概念和得到完善论证的判断来达到人的思维为自己树立的目的。”[2]

建筑批评方法是在特定的规则系统中，应用不同的批评模式去实现批评目的的有效方法及判断方式。建筑批评的核心是建筑批评的客体、建筑批评的主体、建筑文本、建筑的读者和使用者以及他们之间的相互关系。一般而言，建筑批评可以划分为两大类批评方法：根据批评对象的批评方法，和根据批评观点与批评标准的批评方法。建筑批评的方法论是建筑批评的基础理论之一，将直接影响到建筑批评的标准和规范。狭义的方法论是指对某种活动中使用的方法或程序所进行的研究或描绘，是方法的同义词。方法论的应用主要是在广义上，包括某一门学科的目的、概念和原理，实现学科目的的方法，以及这门学科与它的二级学科之间的关系等。

中国古代著名的文学批评家——南朝的刘勰在他于南齐末年写的古代文艺理论巨著《文心雕龙》一书中，对批评者提出了艺术作品的六种标准：

“是以将阅文情，先标六观：一观位体，二观置辞，三观通变，四观奇正，五观事义，六观宫商。斯术既形，则优劣见矣。”

这是指批评的主体——批评者观察及分析批评对象的六个步骤，既是批评的方法与步骤，也包含着批评的见解。

8.1 根据批评对象的批评方法

批评必然要针对批评的对象来运作，也因此而产生根据批评对象的批评模式。根据批评对象的批评方法可以说是“就事论事，借题发挥”。大凡建筑批评都可以从三个方面来审视建筑，也就是针对三种批评对象。如果借用文学批评理论的术语的话，那就是“作者论”、“文本论”和“读者论”，从建筑师、建筑和建筑的使用者三方面来论述。按照信息论的观点，这也就是信息产生、传达和接收的三个阶段。此外，由于建筑批评的对象涉及面十分广泛，类型众多，背景和环境复杂，所以也需要采用不同的批评方法。

8.1.1 批评的对象

在导论中，我们曾经指出，建筑批评的对象包括涉及建筑整体的事件和建筑活动，涉及建筑师以及隐藏在建筑师背后，影响建筑实践的时代精神、社会和自然生态环境，既包括建筑作品本身及其实践过程，也包含了建筑的接受与使用。也就是说，建筑批评的对象主要是建筑的全过程中所涉及的作者、文本和读者，也就是建筑师、建筑文本和使用建筑的公众。首先，我们要讨论作者和建筑文本。

1）作者

在英文中，“作者”一词有两个术语：通常所用的术语“Author”和中世纪的术语“Auctor”、“Authorship”。“Author”这一术语含有文学创造的意义，而“Auctor”则与文化先祖的权威紧紧联系在一起。“作者”这一术语蕴含着关于权威的问题以及个体是否就是这一权威的根源和产物。“作者”一词起源于中世纪的术语“Auctor”,意思是一个作家,他的话受到尊重和敬仰。中世纪的三大学科中，每一门学科都有“作者”，例如，修辞学有古罗马政治家、演说家和哲学家西塞罗（Marcus Tullius Cicero，公元前106–前43），雄辩术有古希腊哲学家和科学家亚里士多德，语法则有古代的诗人。在后来的四大学科中，天文学有古希腊天文学家、地理学家、数学家托勒玫（Ptolemy，活动时期为公元2世纪），医学有意大利中世纪医学家康斯坦丁（Constantine，1020–1087），神学有《圣经》，算术有古罗马哲学家、数学家波伊提乌（Boethius，约480–524/525）。作者（Auctor）为各个学科建立了基本的原则和规范，以后的解释、阐述和发展表现为解决历史上出现的问题的能力，并延续了这一依赖于坚持并阐释文化遗产的权威。[3]

中世纪的作者所依据的是上帝的启示，并以此来建立权威。文艺复兴以来的新文化主张文化权威不再依赖于对文化遗产的阐释，而在于创造的能力。新文化的作者自身就能够宣称他的话语的权威性，通过发现新世界来获得其权威，并将个性建立在作品之上。

在文化活动中，批评家的职能与作者的职能有所区分，并导致了批评家文本与作者作品的分离。因此，在现代批评中，形成了一种“作者死亡”的观点，即作者的消亡。这个著名的观点是法国结构主义哲学家罗兰·巴特于1968年在他所写的《作者的死亡》一文中提出来的，是罗兰·巴特转向后结构主义而形成的文本观，文章的标题已经预设了一个结论。他认为，当一部作品有一位明确的作者时，就成为了一种限定，一个终极所指。因此，阅读一部作品就单纯地变成了再现作者或者再现一种已经存在的事实。巴特用“书写者”(Scriptor) 来替换“作者”的概念，强调文本的开放性和自主性。“书写者”概念的积极意义是打破了文学的表现论，作品不再是作者内心的写照，传达的不是作者的以往经验，而是一种行为方式，与书写者的生平、意识无关。只有批评家而不是作者和读者，能提供对作品的结构、不同文本层次的各部分之间的内在关系，以及从作者到书写者的这一转变过程的解释。

法国哲学家福柯则主张：如果作者消亡，那么作者影响和统辖下的整个文化领域也将消失。福柯对传统的作者概念进行了剖析,指出作者是话语的一种功能,作者与作品不可分割。福柯有针对性地发表了《作者是什么？》（*Qu'est-ce qu'un auteur ?* 1969）一文，文中将作者定义为话语的作用之一，作者具有一种可以称为“主体”的功能。福柯认为：

“在我们的文化里，作者的名字是一个可变物，它只是伴随某些文本以排除其他文本：一封保密信件可以有一个签署者，但它没有作者；一个合同可以有一个签名，但也没有作者；同样，贴在墙上的告示可以有一个写它的人，但这个人可以不是作者。在这种意义上，作者的作用是表示一个社会中某些话语的存在、传播和运作的特征。”[4]

福柯指出，作者作为话语的功能具有四方面的特征。首先，作者的功能是法律和约定俗成的惯例体系的产物，这个体系限制、决定并且明确表达了话语的权力范围。其次，作者的功能在整个话语中并不具有普遍和永恒的意义，同一类型的文本并非总是需要作者。每个时期对待不同类型文本的作者，都有着不同的态度。曾经有一个时期，我们称为“文学”的那些文本，例如小说、民间故事、史诗和悲剧等，就像古典时期的许多建筑，包括意大利帕埃斯图姆的海神庙（公元前5世纪）等一些十分优秀的建筑在内，它们得到了广泛的承认和传播，人们从不询问它们的作者是谁，也从来不会怀疑它们的真实性。而被我们看作为“科学”的文本，例如学术论文，只有同时指出作者的名字时，它们才会成为被证实的话语，才具有权威性。有时候，不仅有第一作者，还会列出第二作者、第三作者等，分别具有不同等级的权威性。

关于“作者”的第三个特征是，作者的功能并不意味着单纯在话语中探究作为个人的作者的来源。实际上，它是在建构我们称之为“作者”的一种特定的理性存在，例如，批评家寻找作者的深层动机、独创性等的努力。在历史的各个不同时期和不同的领域，这种建构的方式千差万别。安提莫斯和伊西多勒斯在设计君士坦丁堡的圣索菲亚大教堂时的社会环境和建筑知识，与设计建造巴黎圣母院时相比，差别是显而易见的，虽然我们并不知道设计建造巴黎圣母院的建筑师是谁。与现代建筑师，例如设计朗香教堂的勒·柯布西耶相比，则情况更为复杂。但是在支配作者构成的法则中，仍然有某些超越历史的永恒的东西。这意味着作者的功能并非单纯为话语寻找作者，同时读者也必须通过一系列特定的、繁复的努力来界定作者，建构出读者心目中的作者。

第四个特征是：作者的功能并不把话语看作被动的、静止的材料，以从中建构一个真实个体的形象。因为文本总是含有许多指向作者的符号，它们是个人的名词、动词以及时间、地点副词的各种变化形式，对于有作者功能的文本和无作者功能的文本会分别产生不同的意义。

2）建筑的“作者”

在一般的建筑批评中，“作者”的问题虽然没有提出来加以讨论，然而，建筑的作者是否存在一直是困扰人们的一个问题。建筑是建筑师的创造，更是社会的创造，这样一种创造有着社会、建筑师和业主的共同贡献。作者的概念应当扩大为原创作者和再创作者，原创作者就是传统意义上的作者，再创作者包括专业的批评家和读者。在建筑创造的过程中，社会的作用是无形的，但又是确实存在的，甚至是无穷的。在一个理性的社会中，人们所遵循的具有功能性和规范性的话语拥有某种权力，在专业的领域中，话语概念形成了批评功能。话语及其相关的专业和制度是权力的功能，关于这个问题，福柯指出：

“实际上，是行为模式界定了权力关系，但是这个行为不是直接作用于他人身上。相反，它是同他人的行为发生作用，行为作用于行为，作用于可能的或实际的，未来的或现在的行为……权力关系真的要成为权力关系，只能根据这两个不可或缺的因素进行连接：‘他人’（权力在他身上施展）始终被确定为行动的主体；面对权力关系，一整套回应、反应、结果和可能的发明就会涌现。”[5]

建筑师就是传统意义上的“作者”，经常会出现关于究竟是谁设计了某件作品的讨论和争论。如果我们今天的建筑史文献要想为每一座建筑找出它的建筑师的话，确实也不那么容易做到。笔者曾经对 20 世纪的建筑编年纪，进行过整理，发现要为每一座中国建筑都找到作为批评客体的“原创”建筑师往往十分困难，有时候标明是某一位建筑师的作品又会引来异议，然而作为编年纪，又似乎一定要找到作为作者的建筑师。在这个意义上说，建筑师的存在只是一种功能性的符号。对于除建筑历史学家和理论家以外的绝大多数人来说，许多建筑的建筑师是谁并不重要，而且任何建筑的建造都是与礼制、业主的意愿联系在一起的。历史曾经留下许多佚名的作品，即使知道某个建筑是某位建筑师的作品，但是隐匿在背后的人却不知道还有多少。尤其是对于某个文化体系之外的人们来说，建筑师的名字实质上只具有某种符号意义。影响建筑师作为作者的因素是多种多样的，它们包括产生建筑的机制、建筑师的执业制度、建筑技术体系和社会文化体系等。

就作者名字存在的功能性而言，建筑师的名字可以用作一种分类的方式。一个建筑师的名字可以把某些建筑文本集聚在一起，从而把它们与其他建筑文本区别开来。例如，我们曾经讨论过弗兰克·盖里的创作风格以及他的作品中所表现出来的论证型思维，在这种情况下，盖里这个名字就具有某种规范性的功能，一提到这个名字就可以形成一种建筑形式的类型，一种话语的群组。

建筑理论和建筑批评就是在建筑及其相关的领域中，由于社会文化和历史条件而形成的建筑思想、设计方法、建造方式等，从而产生的一种建筑话语，这种话语只适用于建筑及其相关领域。它也包括讨论建筑的角度，所评价的标准、规范，所应用的术语、词汇、习惯的建筑风格等，而建筑批评当然也必须讨论批评对象的话语。建筑师的话语具有一种非专业人士所不具备的前瞻性和虚拟性，具有深远的影响。建筑师在设计建筑的时候，可能预见他们所设计的建筑在建成后对城市环境、对社会生活将会带来的影响及其后果等。此外，建筑师设计的具有批判性的建筑作品会具有划时代的指导意义，为今后的城市和建筑的发展起导向作用。一些明星建筑师为世界贡献出可以改写建筑史的杰出建筑作品，他们的建筑作品也受到其他的建筑师以及建筑系学生们的顶礼膜拜，被人们到处模仿和传播，并载入史册。

在今天的中国社会，权力已经渗透到各个领域的话语之中，包括建筑话语。权力来自地位和金钱，也就是由于行政领导地位，或者由于拥有金钱而获得的那种威势性权力。权力话语反过来又获得了各个领域的准专业的话语权，而且这种准专业话语权在某种特殊的条件下，比专业话语具有更大的影响力。中国自古就有“人微言轻”的说法，今天有些有权力的人甚至自诩为建筑师，仅以自己的好恶，将权力话语凌驾于专业话语之上，随意“枪毙”建筑师的设计方案。在没有人能制止这种威势性权力的情况下，这些人越来越自鸣得意，感觉好到以为自己能指挥建筑师画图。笔者已经在几个不同的城市都听到过某些领导指责他们的城市没有好的建筑师，这里有两层意思：一是这些领导不喜欢建筑师的设计，二是这些领导自认为建筑师是在他们的指导和领导之下进行设计的，

图 8–1　日本设计事务所的娱乐城方案

他们才是优秀的建筑师。在这种情况下，有些建筑师宁愿淡出自己作为作者的名字。

我们在第七章提及的上海国际会议中心的建筑师，最早是日本设计事务所，他们在 1994 年设计了一个娱乐城方案（图 8–1）。1996 年由东方明珠集团公司接手，将建筑的功能改为国际会议中心，并由浙江省建筑设计研究院按照原先日本设计事务所的娱乐城方案的造型和轮廓线，改做施工图设计。浙江省建筑设计研究院设计的上海国际会议中心的方案中，立面的列柱上原先并没有那一排复合柱式的柱头，那些复合柱式的柱头是后来按照“领导”的意图加上去的(图 8–2)。同样，美国建筑师杰克·波特曼（Jack Portman）也矢口否认上海外滩中心的王冠状的屋顶是他们的设计，也说是“领导”的方案。

图 8–2　浙江省建筑设计院设计的上海国际会议中心的立面方案

在很多情况下，建筑师的名字只是一种纯粹符号意义上的作者和设计图纸的签字人。应当说，今天遍布神州大地的那股“欧陆风”主要是由那些有威势性权力的搞房地产开发的业主，或业主的有威势性权力的代表所倡导的。尤其是那些迅速扩张和发达的开发商，试图让他们的建筑披上一件“欧陆风”的外衣，以掩盖他们内在文化的贫乏。尽管他们没有受过专业的训练，而且在出境考察后，自以为他们走马观花所看到的皮毛就是一切，就要建筑师依照他们的非专业水准画出来的瓢去造葫芦，而且自我感觉极其好。当然，受过专业训练的职业建筑师们也可能为了“媚俗”，或为了“生计”，或者是由于无知而设计出这一类中国式的伪西方古典主义建筑。难怪不谙内情的“老外”还真以为当代中国人偏爱西方的古董，推崇“巴洛克”风格。

当今建筑市场的全球化，也引发了建筑的“作者”的问题，许多国际级的建筑大师承担了大量的设计任务，作品是否真的是他们的亲笔设计，还是他们的挂名作品也引发了讨论。为此，有时候在国际设计方案征集时明确要求列出主创建筑师的名单，在汇报方案时要求主创建筑师到场。2012 年 5 月，在上海世博会博物馆设计方案国际招标中，有 9 家设计单位和建筑师事务所提交了方案，评委对扎哈·哈迪德提交的方案是否是她本人的亲笔设计有不同的看法（图 8–3）。

图 8–3　扎哈·哈迪德的上海世博会博物馆方案

图 8–4　伍重在 1956 年参加悉尼歌剧院设计竞赛时的方案

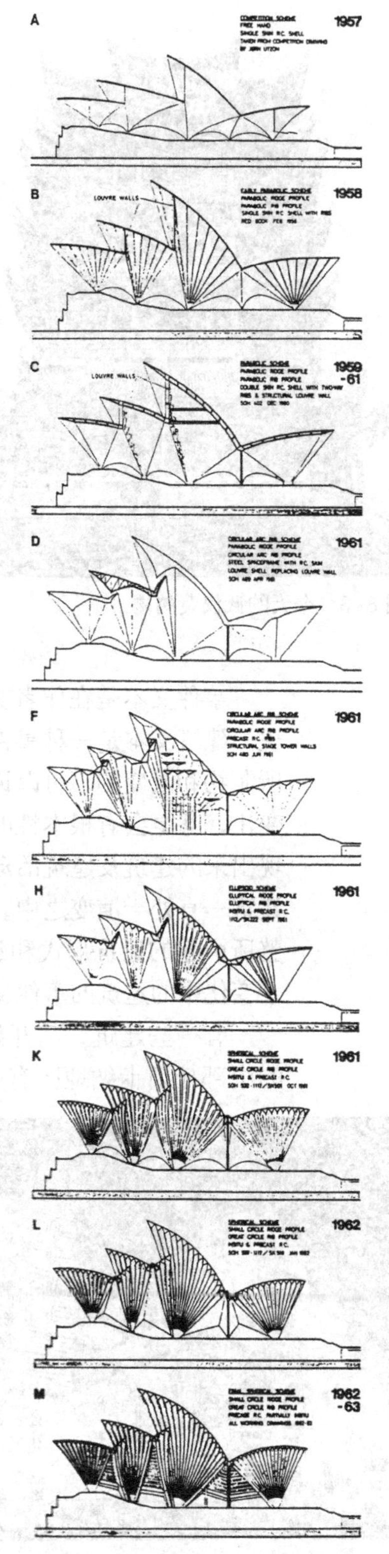

图 8–5　奥雅纳调整后的悉尼歌剧院方案

3）建筑和建筑文本

作者与文本在许多方面是相互依存的。文本又称本文、正文、原文等，文本的基本含义指的是由作者所创作的、原原本本的尚未经过读者的创作结果，而它只有经过读者的阅读与欣赏后才能成为名副其实的作品，文本这个范畴具有创作结果的初始性。按照意大利当代文学批评家弗朗哥 · 梅雷加利（Franco Meregalli，1913–2004）的观点，文本与作品的区别在于文本是属于作者这方面的，而作品则是属于读者这一方面的。在这个意义上说，建筑是属于使用者的，而建筑文本则是属于建筑师的。建筑文本可以有许多的表现形式和表现手段，它可以是建筑师的构思草图、方案图、施工图、模型、效果图等。建筑文本可以划分为作者文本、现实文本、事件文本和偶发文本。

（1）作者文本

作者文本是指作者的原创文本以及作者在建筑实现的过程中，对原创文本进行修改后的设计文本。建筑的作者文本批评主要是尽可能准确地确定建筑师实际设计的，或者原始的设计意图以及设计与建造过程中，出于何种原因和何种动机而做出的设计变更。建筑的作者文本批评是以建立起一种建筑师意图中的文本作为目标的。伍重在 1956 年参加悉尼歌剧院设计竞赛时的方案，与 1973 年最终建成的悉尼歌剧院，可以说有很大的差别（图 8–4）。如果说没有奥雅纳事务所 (Ove Arup) 的结构工程师的创造，悉尼歌剧院很可能就此夭折。但是人们仍然把悉尼歌剧院看作是伍重的作品（图 8–5）。对作者的批评主要是对作者文本的批评，按照现象学的理论，由建筑现象追溯建筑师的设计思想和建筑师的创作历程。

（2）现实文本

现实文本是一种主要的建筑文本。现实文本是指

图 8–6　今天的武汉黄鹤楼

在特定时间的建筑文本。这种文本已经由建筑师头脑中或图纸上的虚拟文本，变成了建造完成的建筑物，已经拥有空间、体积和体量，不再是原来那种需要经过特殊的想象才能勾勒出来的虚拟文本，已经由虚拟的建筑变成现实的建筑，因此被称之为现实文本。我们在批评中的对象主要就是这种现实文本。尽管现实文本并不是建筑的终极文本，对建筑而言，不存在什么终极文本。即使一栋建筑已经倒塌，不复存在了，也不等于终极文本。比如，武汉的黄鹤楼在重建时就会考虑究竟恢复哪一个文本，是唐代的黄鹤楼呢，还是宋代的黄鹤楼，或者是清代的黄鹤楼？然后，又出现了今天的新黄鹤楼。期间的每一种黄鹤楼都只不过是某个时代的现实文本，是仍然会发展变化的现实文本（图 8–6）。

（3）事件文本

事件文本是在作者文本的基础上实现事先存在的作者文本的过程，从根本上说，建筑文本是一种事件文本。处于不断变化的过程中的建筑是由一系列的事件所制约和改变的，可以说，建筑从作者文本到现实文本之间，必然会经历许多的变化，甚至会有根本性的变化。建筑文本必须是一个，或一系列事件的过程中呈现出来的建筑及建筑活动。由于建筑的使用功能的变化、建筑形式的变化等因素，建筑一直处于演变之中。这种演变包括业主的变换，功能的调整，建筑造型的调整所引起的建筑形式和建筑结构的变化。人们往往说“时间是建筑师”，就是基于变化中的建筑的事件文本来认识建筑的。

有一些建筑，从开始动工到建成使用，中间有可能经历了几百年。意大利的中部托斯卡纳地区有一座著名的中世纪时期的城市锡耶纳，它是意大利哥特艺术的中心，锡耶纳大教堂代表了意大利哥特建筑的艺术成就。这座教堂始建于 13 世纪，西立面的下部包括三座大门是由匠师乔瓦尼·毕萨诺（Guiovanni Pisano，约 1248– 约 1314）于 1284 至 1299 年设计建造的，西立面的上部包括圆窗在内，是由 14 世纪的建筑师和雕塑家乔瓦尼·迪契柯（Ciovanni di Cecco）于 1376 年开始建造的，西立面山墙的陶瓷锦砖镶嵌画则是 18 世纪的作品，表明了我们今天所见到的锡耶纳的大教堂的最终建成（图 8–7）。对于当时那些生命远比某栋建筑的建造更为短暂的人们来说，他们所能见到的这栋建筑必定

图 8–7　锡耶纳大教堂

是不完整的，他们只能想象这座教堂建成后的样子。而对于后人来说，也无法想象建造的过程。我们从来没有见到从公元前8世纪始建的雅典卫城，在施工建造过程中和刚刚建成时的实际情况，而雅典卫城其实在她耸立以前以及建成以来的近三千年间，一直都在发生变化。这一演变的过程中所显示的建筑过程，就是事件文本。我们所见到的任何建筑，实际上，都不是真正意义上的作者文本，而是一种经历过许多变化以后的文本，是一种在一系列事件中呈现的现实文本。

(4) 偶发文本

实质上，事件文本是因人因时而异的，事件文本会掺入涉及人的情感和认识方面的因素，此外，也有时辰、季节、气候等因素的影响，这就形成了偶发文本。偶发文本是真实的，然而又是有限真实和局部真实的现实文本。偶发文本对于相同时间的每个人来说，有可能在统一的现实文本基础上，出现不同的读者文本。对某一座建筑而言，人们所看到的只能是某个时间段的文本，也就是偶发文本。就整个事件文本而言，偶发文本是一种瞬间文本。例如，我国著名文学家朱自清（字佩弦，1898–1948）写过一篇脍炙人口的散文《荷塘月色》，一开始有这样一段话：

"这几天心里颇不宁静，今晚在院子里坐着乘凉，忽然想起日日走过的荷塘，在这满月的光里，总该另有一番样子吧……"

从这短短的46个字的字里行间，我们可以看到，这篇文章后面所描写的各种景色和感受，都是由于作者不宁静的心绪所引起的。此外，文章也点明了故事发生在满月的光影下，荷塘还是那天天经过的荷塘，满月的光影也经常出现。唯独在这一天的这个时候引发了文章中所阐述的独处心境，以及与月色中的荷塘联系在一起的梦幻。这表明，整篇文章是一种关于荷塘描述的偶发文本。

我国宋代著名的文学家欧阳修（字永叔，1007–1072）以滁州的琅琊山作为描写的对象，写过一篇传唱古今的优秀的散文《醉翁亭记》。依据作者个人心境和四季景色的变化，将自身的经历融会在山水的环境之中。文中有这样的一段描述：

"若夫日出尔林霏开，云归而岩穴暝，晦明变化者，山间之朝暮也。野芳发而幽香，佳木秀而繁阴，风霜高洁，水落而石出者，山间之四时也。朝而往，暮而归，四时之景不同，而乐亦无穷也。"

我们在观赏某个建筑的时候，往往会由于各种特殊的条件，得到十分不同的感受。笔者曾经有过十分深刻的体会。1984～1985年，我作为访问学者住在意大利的佛罗伦萨，一位意大利建筑师在1985年春的一个周末驾车带我去锡耶纳参观。那时，我刚到意大利不久，对锡耶纳的历史和文化还只有粗浅的了解。等我们到达锡耶纳时，天色已近黄昏，街上杳无人迹，由于是周末，商店也都关着门，只有大教堂内外集聚着做弥撒的稀疏的人群。夕照下的中世纪城市显得如此陌生，如此阴森森，锡耶纳给我的印象仿佛仍然是受1348年的那场黑死病的阴影所笼罩着的"死城"。

那年夏天，我又到锡耶纳大学去进修意大利语和意大利艺术史，在锡耶纳住

图 8-8　锡耶纳的市政厅广场

了两个月。这两个月有着与第一次去锡耶纳迥然不同的感受，每天生活在意大利的中世纪艺术和锡耶纳这座城市所特有的红褐色之中，才意识到第一次访问锡耶纳的印象只是一种表面感受。意大利艺术史课上每天都在讲授锡耶纳画派，以及那些创造了锡耶纳画派的艺术大师们，他们的名字和作品成天都在课堂上回响，他们的作品几乎天天都进入生活在锡耶纳的人们的脑海中，仿佛是一场意大利哥特艺术的洗礼。在锡耶纳经历了赛马旗会、夏日教堂和广场音乐会以及丰富多彩的城市公共广场生活之后，锡耶纳显示了一座活生生的城市的魅力，那些古老建筑物上的斑斑驳驳的石头呈现出了生命。锡耶纳再也不是陌生的城市，几乎每一条街道都成为了我这两个月生活中的组成部分，世界上大约有几百种图书和画册表现锡耶纳，而这座城市和建筑对于我和别人来说，却具有了完全不同的意义，完全不同于在书本上描写和表现的锡耶纳。于是，锡耶纳对于我来说，既是一种偶发文本，但又具有上升为事件文本的真实意义（图 8-8）。

8.1.2　根据演化方式的建筑批评

所谓的演化，包括了进化、退化、变化、发展、进步、退步等意义。就建筑的演化而言，人们只能在一个十分有限的局部范围内讨论进步问题，比方说，罗马风建筑有它的初创阶段、发展阶段和成熟阶段，在这个意义上说，建筑艺术有发展、进步、退步、退化等问题。然而，在大多数情况下，不能用进步与否来看待建筑艺术。我们不可能区分文艺复兴建筑和巴洛克建筑孰优孰劣，这是一个荒谬的问题。建筑艺术思想、建筑美学观念是随着社会的发展而不断地成长和进步的。建筑演化方式的批评就是遵循建筑师、建筑史，或某个国家和地区的建筑进行批评，这种批评方法以历时性的演变为主，亦即研究批评对象的历史发展，而共时性的演变，也就是说指静态的，相应空间中的共存关系则不那么突出。

1）建筑师的演化

每一位建筑师都有着自己特有的创作轨迹，形成一种演化方式。对某一位作者的演化方式的批评以作者本人的历时性演变，也就是建筑师的创作道路为主要研究对象，以作者同时代人的共时性演变为辅。例如我们在讨论丹麦建筑师伍重时，就要深入了解他的经历和建筑教育，要研究 1946 年他在芬兰建筑师阿尔瓦·阿尔托事务所，以及 1949 年在美国建筑师赖特的事务所工作时所受到的教育，研究勒·柯布西耶对他的影响，以及阿兹台克文化和玛雅文化给予伍重的熏陶等。

我们在研究日本建筑师黑川纪章时，就要从他在 1960 年代的新陈代谢论这一时期开始，深入到他在 1980 年代末和 1990 年代初的共生思想时期，再研究他在 1990 年代的生命原理时代的建筑思想，从机器时代转向生命时代的演化过程等（图 8–9）。

彼得·埃森曼在《图示笔记》(*Diagram Diaries*, 1999) 中表达了历年来许多主要作品的构思，以及各个建筑方案在设计过程中的演变。埃森曼在书中将作品归类并纳入一个广泛而又完整的设计生涯中，很好地展示了彼得·埃森曼的创作轨迹，表明了这位建筑师的思想和作品的演变历程（图 8–10）。

图 8–9　黑川纪章在 2007 年春

2）建筑类型的演化

英国艺术史学家佩夫斯纳写过一本《建筑类型史》(*A History of Building Types*, 1976)，这本书是佩夫斯纳于 1970 年在华盛顿国家艺术馆主持梅隆讲座（Mellon Lectures）时的拓展。在书中，作者以 19 世纪为重点论述了纪念碑、政府办公楼、法院、剧院、图书馆、博物馆、医院、监狱、旅馆、交易所、银行、仓库和办公楼、火车站、商店和百货商店、工厂等 20 种建筑类型的演变史（图 8–11）。

直到 18 世纪中叶之前，西方建筑史主要是由教堂、城堡、宫殿和市政厅构成的，这些建筑类型的演变有着悠久的历史。我们讨论教堂的演变时，就要从中世纪大教堂的原型——古罗马的巴西利卡和拜占庭建筑谈起。工业革命后的社会变革带来了大量新的建筑类型，诸如银行、百货商店、工厂、仓库、市场、旅馆、法院、交易所、火车站、展览馆、体育场等。这些新的建筑类型的演变虽然没有传统的建筑类型的演变那样长久，但是，其发展的速度所引起的巨大变化却是十分惊人的。

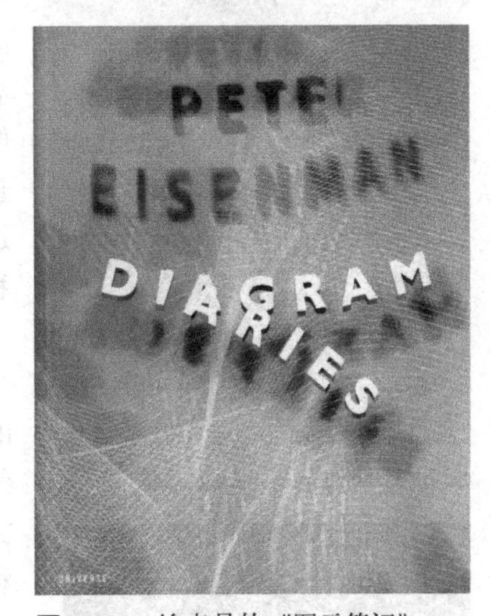

图 8–10　埃森曼的《图示笔记》

也有一些建筑类型在几百年间的发展变化并不显著。例如法院这种建筑类型的演变，从古罗马的巴西利卡到今天的法院建筑经历过许多年代，但是其变化却并不十分明显。在中世纪的时候，法院往往就设在市政厅内，直至 18 世纪初，在英国才开始出现了独立的与监狱连在一起的法院建筑。大多数的法院建筑采用希腊复兴的建筑形式，并使用多立克柱式。法国建筑师部雷也曾设计过一座有无数柱子组成柱廊的法院建筑，并为此获得过法国建筑科学院的大奖。在今天人们的观念中，法院建筑依然是一种国家权力的象征，其造型必须是庄重肃穆的。因而，总是试图在法院建筑上表现出一种保守的形式。

2000 年落成的上海的一座区级法院大楼，甚至还直接搬用了美国国会山的造型（图 8–12）。其实，这种建筑只是对华盛顿国会山的一种迪士尼式的“克隆”，而那些主其事的人想来对这种形式是很认真的。与之对应的是加拿大建筑师埃里克森（Arthur Charles Erickson，1924–2009) 设计的，位于温哥华罗伯森广场的省政府办公楼和法院大楼（1973–1979)，它完全脱离了原有的法院建筑的设计框框。

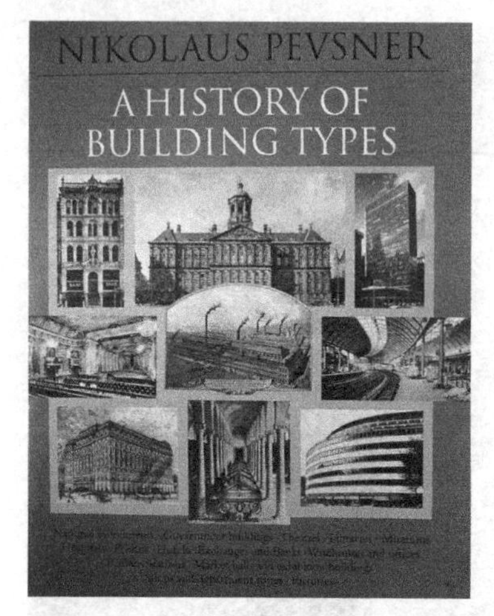

图 8–11　佩夫斯纳的《建筑类型史》

图 8–12　上海某区法院大楼

图 8–13　温哥华罗伯森广场

埃里克森以赖特的流水别墅为原型，结合功能和城市的环境进行设计，整个建筑群占据了市中心的三个地块。设计十分重视建筑物周围的环境，总共栽种了 50000 棵树木，广场上布置了水池、喷泉、瀑布和假山等。整个建筑群由办公楼、法院大楼、温哥华艺术画廊、新闻中心、冬季溜冰场、咖啡馆、轻轨铁路车站等组成，并与相邻建筑物的地下购物中心相连接，整个地块有许多公共空间和步行通道（图 8–13）。

英国建筑师理查德·罗杰斯设计的比利时安特卫普法院，采用了一组双曲抛物面壳体，这组壳体插入空中，形成了独特的建筑造型，同时又是为了通风的需要。罗杰斯设计的法国波尔多法院（1993–1997）位于波尔多的旧城中心，靠近教堂和市政厅，中间是原有的新古典主义风格的法庭，有一段中世纪遗留下来的围墙斜穿基地，旁边还有老的护城河及墙基，基地的城市环境较难处理。罗杰斯的设计采用了钢筋混凝土框架结构，整个框架坐落在一个厚重的石头基座上，立面上是透明的玻璃，从外面可以看到建筑内的七个法庭就像七个葡萄酒的酒瓶。建筑的内部空间和外部空间具有同等重要的地位，以强调建筑的公共性。这也说明同一种类型的建筑可以有许多种表现形式，并且这些形式取决于文化背景和社会发展（图 8–14）。

3）地域建筑的演化

某一国家或地区的建筑的存在与划分必定以某种内在的联系作为选择的理由，这样一种内在的联系形成了一种结构关系，以区别于其他的结构关系。这种批评的演变模式以历时性的发展为主，以共时性的发展为辅。但是，这种内在的联系有时是按照人为确定的原则而形成的，划分并不一定科学，有时也很难划分，边界比较模糊。例如，诺曼·福斯特在德国、美国和中国都有建筑设计的作品，他在 1994–1999 年建成的德国国会大厦圆顶是一件很优秀的作品（图 8–15）。那么，在论述德国建筑时，如何看待他的作品呢？是把它们归入德国建筑，还是英国建筑呢？实际上，在德国建筑史中必然会将福斯特在德国的建筑包括在内，然而，在英国建筑史中，也必然会将福斯特在德国设计的建筑包括在内。地域性的建筑有可能是一种开放型的建筑，可以合理地吸纳外来的建筑文化。但是这种文化的交流并不等于是国际式，国际式更重要的是一种概念，一种思想体系，而不是具体的建筑风格。

中国建筑学会在筹备 1999 年国际建协第 20 次大会的

初期，结合大会的主题“21 世纪的建筑学”，试图对 20 世纪的世界建筑作一个全面而又系统的回顾与总结，出版了十卷本的《20 世纪世界建筑精品集锦 1900–1999》。这套丛书按地区分卷，十卷分别为：北美卷，拉丁美洲卷，北、中、东欧卷，环地中海地区卷，中、近东卷，中、南非洲卷，俄罗斯 – 苏联 – 独联体卷，南亚卷，东亚卷，东南亚与大洋洲卷。

图 8–14　波尔多法院（模型）

以笔者参加编辑的“地中海卷”为例，全卷的编辑和评论就是对地中海地区的建筑演变的批评。“地中海卷”介绍了 20 世纪环地中海地区建筑的概况，实际入选的是西班牙（32 项）、法国（28 项）、意大利（25 项）、葡萄牙（6 项）、斯洛文尼亚（3 项）、希腊（3 项）、阿尔及利亚（2 项）、埃及（1 项）等国和地区的一百座建筑。

地中海地区的建筑具有深厚的生命力，而由于受语言和文化的影响，我们过去对这一地区的建筑认识不够。对个别建筑介绍比较多，而没有将整个地中海地区的建筑作为一个体系来认识。这一地区的建筑具有很多原创性，对于世界建筑史的贡献是显而易见的，可以说地中海地区的建筑领导了当代欧洲和世界建筑的潮流。很多伟大的思想从这里发端，而在其他地区开花结果。地中海地区对当代建筑的贡献表现在理性主义，乡土特征，简约的几何形体，纯净的建筑风格以及技术表现主义等方面。以丰厚而又细致入微的传统手工技艺结合高技术的品质，以及对城市文脉、建筑空间、材料品质的敏锐意识，对未来城市与建筑的完美理想和追求，在当代世界建筑史上写下了十分光辉的篇章。尽管受美国现代建筑中心论的影响，掩盖了地中海地区建筑的先锋性。实际上，当代世界建筑的新思想有相当重要的一部分是源自这一地区的，勒·柯布西耶和埃森曼都曾经从地中海建筑中寻找欧洲建筑的根。随着意大利建筑师罗西和皮亚诺、葡萄牙建筑师西扎和德·莫拉、西班牙建筑师莫尼欧、法国建筑师波赞帕克和努维尔相继获得普利兹克建筑奖，人们越来越认识到当代地中海建筑所表现的原创性、传统性和地域性（图 8–16）。

图 8–15　德国国会大厦

图 8–16　西班牙梅里达国立古罗马艺术博物馆

图 8-17　埃及卢克索神庙

同时，问题也在于怎么看待国际式建筑，国际式建筑的目的是设想创造出一种普遍适合的建筑风格，抽去了其地域性、民族性和文化性。历史已经证明，国际式的建筑仍然受到地域性因素的影响，即使同样是国际式建筑，也会在一定程度上表现出地区、地域和文化的差异与特点。地中海地区的国际式建筑具有一种内在的理性，始终表现出一种区别于其他地区的对建筑理性的追求。因此，一个国家或地区的建筑会具有某种识别性，可以作为批评的对象。

4）建筑技术的演化

历史上的每一个时期都出现了重要的技术进步，从古代苏格兰遗留下来的公元前 2000 年前的“巨石阵”所表现的原始工程技术开始，建筑技术经历了巨大的变化（图 8-17）。古代世界的七大奇迹代表了当时世界上最蔚为壮观的建筑技术以及人类文明的进步。古罗马人在建筑中应用了火山灰混凝土，使以砖为骨料的混凝土塑造出壮丽的建筑，并达到了很大的跨度，实现了巨大的空间要求。罗马人创造了拱、券和穹顶的技术，变革了希腊建筑的梁柱结构体系，从而建造出了有室内空间的建筑，将室内空间用于公共活动，并将室内空间转化为一种全新的世界。万神庙（118-128）是古罗马建筑革命的伟大成就，开辟了一条从圣索菲亚大教堂、威尼斯的圣马可教堂、罗马的圣彼得大教堂、伦敦的圣保罗大教堂到华盛顿的国会大厦的漫长的演化道路（图 8-18）。

图 8-18　万神庙内

中世纪的大教堂建筑曾经达到极高的技术成就，中世纪建筑师用尖券、肋拱和轻盈、开放、充满各色光线的结构，创造了光线的建筑和象征的建筑（图 8-19）。文艺复兴建筑师们从罗马建筑的结构技术中汲取了知识，依赖古典的主题，大胆地改造了中世纪的结构技术，使罗马建筑的原型在新的基础上得到新的生命。那些大教堂的穹顶解决了许多人类从未遇到过的工程和美学上的难题，数学理论，新的建筑施工技术和施工机械得到广泛的应用（图 8-20）。

建筑工程技术是包括了结构、设备、施工与材料等方面的技术共同发展起来的，建筑工程技术的进步促进了新的建筑思想的成长。建筑工程技术也包括了工程理论、力学理论，尤其是结构力学理论以及新的计算理论与方法的进步与突破。结构技术科学在解决复杂问题方面具有重要的现实意义，如结构动力学、结构稳定等；新的建筑材料如钢筋混凝土，如果没有这种技术和材料上的突破，现代建筑的出现是无法想象的。对现代建筑来说，技术的综合发展是建筑工程技术发展的趋势，例如钢铁、铝合金、不锈钢、搪瓷钢板、玻璃、塑料的广泛应用已经成为最重要的技术因素之一。新的结构技术与新材料的结合，如壳体结构、折板、网架结构等；新的设备技术也大大地促进了现代建筑的发展，如照明设备、空调设备、智能化设备及电梯等，如果没有这方面的技术进步，现代摩天大楼是不可能产生的；新的施工方法及技术，如预应力、预制装配、体系建筑等（图 8–21）。

图 8–19　索尔兹伯里大教堂

今天的建筑技术更多地倾向于信息技术、绿色技术，更注重人性，成为了与社会、生活和环境协调发展的技术，成为了以人为本的技术。建筑师和工程师可以运用新的技术创造无限的可能性。建筑技术的演变模式表明技术的进步有不同的含义，技术与文化有着不可分割的关系。建筑技术的进步还表现在它使人们的思想中不断地注入技术意识，提高人们的技术素质。

图 8–20　文艺复兴建筑——帕拉第奥设计的维琴察巴西利卡

5）建筑细部的演化

建筑细部的演化模式批评，是指对建筑的局部或细部，或不同的部位的发展的批评和研究，例如建筑的柱廊、入口、檐口、门厅的演变等。意大利建筑史学家克劳蒂亚·康福蒂（Claudia Conforti）主编了一本《苍天的镜子，从万神庙到 20 世纪穹顶在技术意义上的形式与功能》（*Lo specchio del cielo, forme significati tecniche e funzioni della cupola dal Pantheon al Novecento*，1997），论述了从古罗马的万神庙到 19 世纪钢筋混凝土薄壁穹顶的发展，其中包括了各种建筑实例（图 8–22）。

美国的欧内斯特·伯登（Ernest Burden）编写了《世界建筑立面细部设计》（*Building Facades: Faces, Figures and Ornamental Detail*），研究各个时期建筑细部的形式，从风格、材料、形式等相关主题来探讨建筑细部设计。当然，这两本书更倾向于作为建筑细部形式及构件的工具书来编写，而不是其演变。对建筑细部形式的演变研究比较深入的是俄国的伊·布·米哈洛夫斯基（И.Б.Михаловский）著的《古典建筑形式》（*Архитектурные Формы Античности*，1949）一书，米哈洛夫斯基教授系统地论述了古典建筑和文艺复兴建筑的建筑艺术手法，以及各种建筑细部组合的法则及其演变。例如，在关于檐口一节中，作者论述了文艺复兴建筑的檐口的各种变体及其构造，列举了大量实例。这本书中的其他关

图 8–21　现代摩天大楼

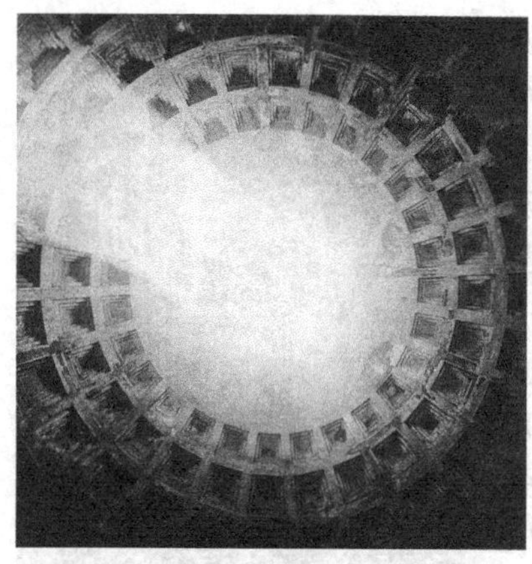
图 8-22　万神庙穹顶

图 8-23　《古典建筑形式》中的细部

图 8-24　英国的高技术建筑

于基座、墙面、窗、门及门廊、阳台和栏杆等章节的论述也十分深入细致（图 8-23）。

8.1.3　比较批评

我们经常需要进行比较批评，这是一种在文化、技术等方面的差异与共性的比较，可以从中找出一般规律或特殊性。"比较"一定是在具有可比性的情况下的比较和判断，通过比较和判断，可以更全面而又深入地理解文本。这种比较批评对象的选择本身，就是一种批评——在特定的选择规则制约下的批评。例如前面讨论到的《世界建筑精品集锦》选材的依据，就是一种特定的编选规则。每一个地区无论地域大小，有何种文化背景、社会历史，都只能限选 100 项建筑。这种比较是人为划定的，只能在限定的范围内进行比较。

文化比较是最常用的建筑批评，探索建筑的文化内涵，从而寻找建筑的原型，在建筑活动中实现文化的交融。技术比较既包括技术的先进与否，技术的适宜与否，也包括技术经济。在建筑中所表现的技术是一种工业的技术、运输或流程的技术、通信的技术等。我们在研究高技术建筑的时候，如果不仅从技术美学的角度，也从技术经济的角度来分析的话，就会得出结论，所谓的高技术建筑，大部分也都是从建筑的风格出发，是追求建筑的"时代精神"的产物。这些高技术建筑物的造价，一般来说，要比应用普通技术的建筑物高，如香港汇丰银行的造价几乎是天文数字。许多高技术建筑在屋面的防水、维护等方面也往往出现许多问题。另外，如果将美国的高技术建筑与英国的进行比较的话，就可以看出差异。英国的高技术建筑具有欧洲悠久的手工艺传统，比较细腻、精密，而美国则注重统一的标准化和工业化，相对而言就比较粗犷，不那么重视细部（图 8-24）。

1）作品的比较

在选编某位建筑师的作品集的时候，会遇到同一作者的不同作品的比较，从中加以选择。例如笔者在参与编译国外著名建筑师丛书《黑川纪章》时，最终编选入集的作品一共 41 项，而黑川纪章设计过的作品大约有 240 多项，如何在有限的篇幅范围内进行选择就是一种比较的结果。我们按照编者和社会公认的标准，从中选择能够代表黑川纪章在各个时期的设计思想和创作方向的作品。相当多的作品反映了黑川纪章不仅坚持日本文化传统的独特性，而且还在探求日本新文化与世界文化的结合，作品的选编就是在这一研究的基础上形成的。大凡编选作品集都会遇到这类作品比较的问题。图 8–25 是经过出版社选择的勒·柯布西耶的代表作品系列，要在一页图版上编选有限的作品本身就是一种判断和批评（图 8–25）。

LE CORBUSIER 1887-1965
1905-1985 REALISATIONS ET PROJETS

图 8–25　柯布西耶的作品系列

2）作者的比较

这里讨论的是一个作者与其他作者的比较，尤其是同一流派中不同作者的比较批评，以及同一国家或地区中不同作者的比较批评。例如，同样是具有后现代主义倾向的建筑师，文丘里与西班牙建筑师波菲尔就有很大的差异。文丘里不仅是一位优秀的建筑师，曾获得 1991 年的普利兹克建筑奖，他也是一位著名的建筑理论家、规划师、学者和教师。他的《建筑的复杂性和矛盾性》和《向拉斯维加斯学习——被遗忘的建筑形式的象征主义》（*Learning from Las Vegas-The Forgotten Symbolism of Architectural Form*，1972）是具有先锋性的论著。

西班牙建筑师波菲尔认为，创造一座新的城市的唯一途径就是创造新的纪念性，使人们潜意识的梦想得以陈述，而这个梦想正是由残缺的记忆所提供的线索维系的，波菲尔作品的纪念性有着强烈的庄严意象（图 8–26）。

意大利建筑师、建筑理论家保罗·波尔多盖希在 1998 年编辑出版了《20 世纪伟大的建筑师》（*I grandi architetti del novecento*），2000 年 1 月出版了该书的

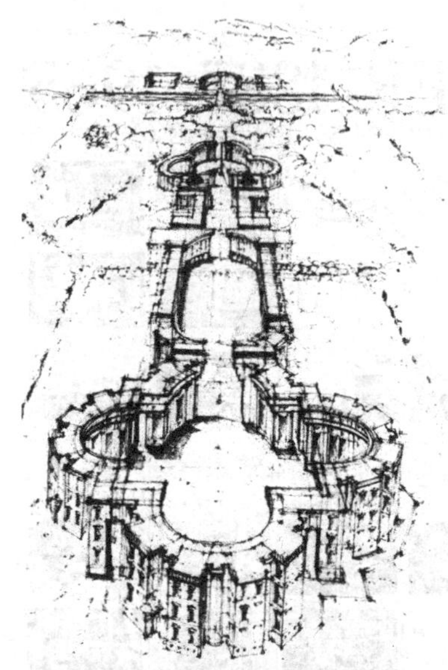
图 8–26 波菲尔的纪念性意象

图 8–27 《20 世纪伟大的建筑师》

第三版。书中编选的日本建筑师只有丹下健三、矶崎新和安藤忠雄三人，当时在世的意大利建筑师中，只选入了德卡罗、加贝蒂（Roberto Gabetti，1925–）、福克萨斯（Massimiliano Fuksas，1944–）等九人以及罗马建筑师与城市规划师集团（GRAU）。一些杰出的建筑师，如维多里奥·格雷戈蒂、伦佐·皮亚诺、乔尔吉奥·格拉西（Giorgio Grassi，1935–）、英国建筑师理查德·罗杰斯、葡萄牙建筑师阿尔瓦罗·西扎、西班牙建筑师拉菲尔·莫奈奥等，都没有编选入内。波尔多盖希当然有自己的编选标准，他也承认这部书不完整，计划出版第二卷，然而编选的遗漏也会影响这本书的价值（图 8–27）。

3）同一建筑类型的比较

举例来说，如果要编选一本博物馆建筑作品集的话，哪些博物馆应当入选，哪些应当舍弃，就是按照某种标准进行比较和判断的结果。当然，这种比较就好像编选文集，也不排斥批评家的个人观点从中所起的关键作用。为了筹备 2000 年 8 月 19 日在美国芝加哥艺术学院举办的“新千禧年摩天大楼展”，德国的 Prestel 出版社出版了一本，由芝加哥艺术学院建筑系的约翰·祖科夫斯基（John Zukovsky，1948–）和普利兹克建筑奖执行主任玛莎·索恩（Martha Thorne）主编的《新千禧年摩天大楼》（*Skyscrapers, The New Millennium*，2000）。入选的条件是在世纪之交已经开工兴建或已建成的高层建筑，注重美学和技术上的创新，论述摩天大楼最近的发展和竞争。另外，也展出了在世纪之交的新千禧年摩天大楼之前的建筑构想，例如美国建筑师西萨·佩里设计的芝加哥米格林－拜特勒塔楼（1990），美国建筑师墨菲 / 扬（Charles Franklin Murphy，1890–1985 + Helmut Jahn，现更名为 JAHN，1940–）设计的法兰克福博览会大楼（1991），科恩（A. Eugene Kohn，1930–）、彼德森（William Pedersen，1938–）和福克斯（Sheldon Fox，1930–）设计的上海环球金融中心（1994–2008）等。

8.2 建筑批评的标准

在前面的章节中，我们已经在不同程度上涉及了建筑批评的标准问题。建筑批评的方法与建筑批评的标准有直接的联系，选择什么样的批评方法本身就涉及了建筑批评的标准，不同的批评标准会得到不同的批评结论。批评意识的普遍性是建筑批评的前提，以观念意识与批评对象之间的异化和转换来进行批评，并保持批评的终极品格。因此，建筑批评并不是为了制定批评的标准和规范，也不以操作性的规范作为建筑批评的终极目标，而是为了启示和引导建筑的审美观念和审美标准，建构未来的理想世界。然而，建筑批评又总是与建筑批评的标准和规范联系在一起的，建筑批评也是由许多标准和规范所限定的。

图 8-28　维也纳哈斯百货公司（1985-1990）

此外，建筑批评的主要对象——建筑，在信息时代又是一个十分广泛的概念，奥地利建筑师汉斯·霍莱因甚至说："每个人都是建筑师，一切均是建筑。"[6] 在这种宽泛而极端的情况下就不可能为建筑批评确立任何标准和规范（图 8-28）。霍莱因认为空间和建筑是否是在物质世界里存在已经没有意义，虚拟与现实是同样真实的，他指出：

"关于'内涵'与'影响'的重要性已经发生了变化，建筑也具有影响力。人们占有和使用客体的方式变得越来越重要。一座建筑也变为一条信息——人们可以通过信息媒体（出版业、电视等）来获取它们。举例来说，事实上，雅典卫城或者是金字塔是否在物质世界里真实存在几乎无关紧要，因为对于大多数观众而言，他们是通过其他媒体感受到雅典卫城和金字塔的，而并非亲身经历，亲眼目睹。的确，不管是雅典卫城还是金字塔，他们的重要性和发挥的作用都是基于信息的影响力。"[7]

然而，在建筑批评的过程中，必然要涉及建筑批评的标准，也就是建筑批评活动所依据的尺度、规范、规则、原则以及判断的价值取向等。我们在这里讨论的建筑批评的标准和规范是，针对传统意义上的建筑而言的，建筑批评的标准和规范不是先验的，而是在建筑批评与建筑实践的发展过程中不断形成并完善的。首先，建筑批评的标准和规范要有理想性，建筑批评具有教育的功能，也就是一种导向的功能。其次，建筑批评的标准和规范并不是永恒的，建筑批评的标准和规范具有历史性，适用于文艺复兴建筑的批评标准就不一定能适用于巴洛克建筑，在新古典主义时期建立起来的批评标准也不能适用于现代主义建筑。也就是说，建筑批评的标准和规范并不具有普遍性和永恒性。此外，建筑批评的标准和规范不是单向的，即不仅建筑批评的主体会制定建筑批评的标准和规范，建筑批评的实践和建筑实践也会反过来对建筑批评的标准和规范作出调整和修改，建筑批评的标准和规范与建筑批评之间具有互动性。建筑批评家对建筑师和建筑文本进行批评，而建筑师和建筑文本也对建筑批评家进行批评。同时，建筑批评的标准和规范具有复杂性和多重性。建筑批评的标准和规范既要面对现实，又要面对未来。

8.2.1　批评的判断标准

分析，评价，判断是批评的主要内容，其中，判断是核心。批评的判断标准来源于鉴赏判断和逻辑判断，建筑批评将鉴赏判断和逻辑判断整合在一起。德国哲学家康德认为鉴赏判断是审美判断，他所主张的纯粹鉴赏判断的四个特性体现了审美的无利害关系的原则、美是不依赖概念而令人愉悦的普遍性原则、美是批评对象的无目的的合目的性原则，以及美是那无须通过概念而被认作必然引起愉悦的原则等是确定建筑批评标准的理论参照。对于建筑而言，除了纯粹鉴赏判断，还包括非纯粹鉴赏判断和逻辑判断，这就需要从建筑的结构、构造依据建筑技术方面的因素进行判断。建筑的特殊性决定了建筑批评的判断标准既考虑实用性又有理想性，既有主观性又有客观性，既有实践性又有普遍性。

1）鉴赏判断

在讨论建筑批评的标准和规范的性质之前，我们要回顾一下德国哲学家、德国古典美学的创始人康德，在他的经典论著《判断力批判》中对鉴赏判断的基本概念，这将有助于我们深入认识建筑批评的标准和规范。《判断力批判》是康德批判美学的主要著作，在《判断力批判》中，康德将他的核心概念分为纯粹鉴赏判断和非纯粹鉴赏判断两种。纯粹鉴赏判断就是以先验原理为基础的，不受对象质料的限制，不掺杂感官享受的，对单纯形式的鉴赏。非纯粹鉴赏判断是一种混合性的审美活动，混杂着功利和善恶经验因素在内。纯粹鉴赏判断只是一种科学抽象的结果，在康德看来，纯粹的形式也就是先验的形式。康德指出：

"一切都归宿于鉴赏的概念：鉴赏是关联着想象力的自由的合规律性的对于对象的判定能力。"[8] 也就是说，想象力是自由的，想象力本身又是具有规律并合乎法则的。

康德认为鉴赏判断有四个特性，第一个特性是"审美无利害"，"规定鉴赏的快感是没有任何利害关系的。"[9] 也就是说，鉴赏判断是借助不带任何利害的愉悦对批评对象加以评判的能力，丝毫不能夹杂利害感，美是超功利的，不涉及实际的利害计较，既不涉及概念，也不涉及欲念。审美无利害是四个特性中最重要的特性。

鉴赏判断的第二个特性是从审美无利害的基本规定引申出来的"无概念的普遍性"，"美是不依赖概念而作为一个普遍愉快的对象被表现出来的。"[10] 鉴赏判断不是逻辑判断，美是无一切利害关系的愉悦的对象，不依赖概念而普遍令人愉悦。鉴赏判断具有普遍性，鉴赏判断既然没有利害感，不受对象存在的约束，因而是完全自由的。

鉴赏判断的第三个特性是"无目的的合目的性"，合目的性引起了审美愉悦。"概念被视为目的的原因（它的可能性的现实根据）的范围内，目的就是一个概念的对象；一个概念的因果性就它的对象来看就是合目的性（Forma finalis）。"[11] 鉴赏判断是一种反思判断，所涉及的不是批评对象自身的目的，所谓"无目的的合目的性"，指的是没有实质性的主客观目的。鉴赏判断不是以自然产品的客观目的为依据，不是仅仅符合功能就可以判定为美。

鉴赏判断的第四个特性是"无概念的必然性"。康德认为审美愉悦是特殊的愉悦，它的必然性不是理论性的客观必然性，美是不依赖概念而被当作是一种必然的愉悦的对象：

“审美判断里所指的必然性却只能被称为范式，这就是说，它是一切人对于一个判断的赞同的必然性，这个判断便被视为我们所不能指明的一普遍规则的适用例证，因为审美判断不是客观的和知识的判断，所以这必然性不是从一定的概念引申出来的，从而也不是定言的判断。它更不能从经验的普遍性（对某一对象的美的诸判断的彻底一致）推论出来。因为不仅是经验很难提供足够的多量的证据，在经验诸判断的基础上不容建立这些判断的必然性的概念。”[12]

康德是根据形式逻辑判断的质、量、关系和模态这四个方面来分析审美判断的，他把审美判断力称为“趣味判断力”。康德提出来的鉴赏判断的四个特性表明，鉴赏判断的基本性质是审美的。他认为：首先，鉴赏不是认识。其次，审美判断的规定根据是主观的。第三，鉴赏判断不是逻辑判断而是一种情感判断，美不依赖概念，而是一种必然的愉快的对象。康德认为，在审美判断中，只涉及形式，而不涉及概念。审美对象只是以它的形式而不是以它的存在来产生美感，审美只对对象的形式起观照作用，而不起实践作用。

2）实用性与理想性标准

美国建筑理论家弗兰姆普敦在谈到关于建筑典范的标准时说，由于各地的文化发展和经济发展在规模与速度上相当不均衡，建筑文化背景也不一样，因此，不可能有统一的标准。但是，对一个特定的地区而言，可以有三个标准：一是代表作，或是这个地区中某个次一级地区的代表作，或是对该地区的文化产生过重要影响的某个建筑师或某个集团的代表作；二是品质优秀的作品，在综合建筑形式、社会性以及建构形态（Tectonics）中显示出高品质的作品；三是类型学上有突出贡献的作品，也就是对建筑文化起推动作用的作品。[13] 这种批评的标准具有文化上的相对性，离开文化环境的话，这种标准就没有意义。

建筑批评有着诠释建筑和施行建筑教育的功能，不仅是对建筑师和建筑批评家的教育，也是对民众的建筑教育。建筑批评的目的，用最简单的话来说，就是为了促进理解，导向未来。这就需要建筑批评家和建筑师引导人们去感受和体验建筑，揭示建筑的深层次意义，在现实的基础上去建构未来，提倡并努力去创造高尚的境界和理想的境界。如果建筑批评家的心中没有理想，不能建立理想的建筑批评标准和规范的话，就不可能起引导人们认识现在、展望未来的作用。我们所提倡的建筑批评，是为了启示和引导建筑的审美观念和审美标准，在批评中建构虚拟的建筑，从而建构虚拟的理想世界。一方面，建筑批评面对的是已经存在的建筑，是现实的建筑，建筑批评是为了一定的目的而产生的，其标准和规范针对现实的建筑，具有明显的实用性；另一方面，建筑批评又在今天的建筑的基础上构思未来的建筑，是理想的建筑，也是虚拟的建筑。

建筑批评必然会表达某种理想，对建筑的理解，尤其是在表述面向未来的建筑，或者在评论新的建筑类型或建筑形式时，所提出的标准往往都是一种理想的因素。因此，建筑批评的标准和规范同时具有现实性与理想性。例如面对信息时代的建筑，人们提出了“超建筑”（Hyper Architecture）的设想，人们认为，未来电子时代的建筑应当具备由密斯·凡德罗设计的巴塞罗那展览馆以及伦佐·皮

图 8–29　巴黎蓬皮杜中心细部

亚诺和理查德·罗杰斯设计的巴黎的蓬皮杜中心开创的三个因素：由建筑的透明性所表现的**非物质性**（Immateriality）、由建筑物与外界的互相作用的能力所表现的**精神性**（Sensoriality）以及建筑物综合各种媒体以传递信息的能力所表达的**多媒体性**（Multimediality）等。[14] 实质上，所有这一类建筑批评的标准都只是一种美好的理想，只能在实践中不断求索，也不可能存在具体的标准参数（图 8–29）。

建筑批评要紧扣当代的建筑，发现、确认并推动代表新的方向的建筑，让人们理解新的建筑思想。对于建筑批评家而言，当代和未来的建筑尤为重要，昨天的建筑已经归于建筑史。然而建筑批评家又要引证建筑的历史，从历史中寻求未来。就大多数批评而言，无论人们是否意识到这一点，所着眼的必然是选择未来。如果是针对现实的建筑的批评，那么批评所着重的是建筑的历史地位、对社会的影响、建筑与环境的关系等。这样的批评与其说是面对历史，不如说是考虑现实与未来的关系。如果批评是一种对正在设计过程中的尚未建造的建筑的批评或评选，就更是对未来的选择了。这些建筑的建成需要一定的时日，对于今天而言，就是属于未来的建筑。前面讨论过的伍重的悉尼歌剧院是在 1957 年参加设计竞赛获胜的，而建成时已经是 1973 年了，当时的评选，在这个意义上说，就可以说是选择未来。因此，建筑批评的标准和规范既是在现实条件下的总结，也是对未来的一种理想。建筑批评也就必然带有理想性和前瞻性，建筑批评家必须研究未来的建筑，抓住建筑的动向。

3）主观性与客观性的标准

建筑批评的标准和规范同时具有主观性与客观性的双重性质。主观性是指，建筑批评的标准和规范是通过主体精神活动的形式所表现的，是与批评主体不可分割的性质。建筑批评的主观性表明建筑批评是与批评主体的主观意识联系在一起的，批评主体的批评动机、要求、对建筑的参与程度、知识背景、教育程度以及观察的角度等都会对批评主体选择的建筑批评标准和规范产生影响。从表面上看，建筑批评标准和规范因人因时因地而有着很大的差异，同时，又有着十分突出的相对性。然而，建筑批评并不是建筑批评家的个人行为，只有在社会活动中才形成批评的能力和批评的标准。马克思在《政治经济学批判》导言中指出：

“人是最名副其实的政治动物，不仅是一种合群的动物，而且是只有在社会中才能独立的动物。”[15]

批评既是一定程度的真理判断，更是一种价值判断。作为真理判断，建筑批评的标准和规范必然具有客观性。价值判断表现出了对客体的评价关系，即不仅说明现象和对象的客观属性，而且说明客体与主体的关系，因为只有对于主体——人，现象和对象才是有用的、善良的、美的。我们在前面的第四章讨论过，规范、范式等是价值的命令式表达，是实现价值的规则体系，也是理想价值的静态表现与结晶，是反映价值的基本思维形式，是价值观念的表达方式。按照美学家斯托洛维奇的观点，把审美关系看作是一种价值关系，他认为，价值是客观的，因为价值是在社会历史实践的过程中形成的：

"审美价值是客观的。这种客观性归根到底产生于这一点：审美价值受到社会历史实践的制约，在审美价值中个体实践和社会实践由于后者的某种作用而辩证地融为一体。"[16]

在论证价值的客观性时，斯托洛维奇强调了"价值"概念中的"社会——人"的意义。他认为，价值之所以是客观的，不是因为它们存在于人和社会的关系之外，而是因为它们表现对象对于社会的人和人类社会的客观意义。价值概念必须以价值与人和社会的相互关系为前提，而这种关系是客观形成的，不以人的主观意志为转移。审美价值既是主观的，又是客观的，不仅因为它具有现实的、不取决于人而存在的自然性质，也因为客观地不取决于人的意识和意志而存在着这些现象与人和社会的相互关系，存在着在社会历史实践过程中形成的相互关系。价值的客观性决定了建筑批评标准和规范的客观性，这种客观性是一种建立在社会历史和社会实践基础上的客观性。

4）实践性与非普遍性的标准

就建筑批评的具体操作过程而言，建筑批评不仅运用标准和规范，而且也总是在制定标准和规范。建筑批评在进行判断和评价时，要根据一定的标准和规范，不仅是运用现存的标准和规范，也会在实践中建立新的标准和规范。

建筑批评的历史性和实践性的特点告诉我们，不存在一种永恒的标准和规范。长期以来，人们所遵循的是维特鲁威奠定的批评标准——一种古典的批评标准，这样一种批评的标准曾经被普遍认为是"放之四海而皆准"的范式，统治了从古典主义建筑到新古典主义建筑的思想和理论。实质上，它所展示的建筑法式只是一个单一时空观念的世界，在这个时空观念的制约下，无论是建筑批评还是建筑创作都被框定在古典的批评标准之中。自从哥伦布（Christopher Columbus，1451–1506）在 1492 年发现美洲新大陆之后，人们发现除了自身生存的世界之外，还存在着具有不同时空观念的世界，就会去探索新的世界。随着社会的进步和科学技术的发展，一个具有新的时空观念的世界就此建立。

历史上有过许多奠定建筑批评的标准和规范的基础的重要论著，最早的就是维特鲁威的《建筑十书》。每一种建筑的思潮和流派也都会有自己的批评标准和规范，最典型的就是菲利普·约翰逊和希契科克在《国际风格》（*The International Style*，1932）一书中提出的现代建筑的一系列美学原则：以体量和空间取代体积和实体，以稳定性取代轴线对称，表现材料而不是装饰。这些美学原则成为了现代建筑的规范，成为了评价现代建筑的标准，具有影响深远的意义。前面讨论过的布鲁诺·赛维的《现代建筑语言》中，关于建筑学现代语言的七项普遍原则，也同样具有标准和规范的意义。

查尔斯·詹克斯与卡尔·克罗普夫（Karl Kropf）继乌尔里希·康拉德（Ulrich

图 8–30 《20 世纪建筑的思想和宣言》

Conrads）在 1964 年主编的《20 世纪建筑的思想和宣言》（*Programmes and Manifestoes on Twentieth-Century Architecture*）之后，将许多建筑师和建筑理论家的理论宣言汇编为《当代建筑的理论和宣言》（*Theories and Manifestoes of Contemporary Architecture*）出版，书中收录的建筑师和理论家的许多理论和宣言都是某种建筑的标准和规范，查尔斯·詹克斯将所有的 151 篇理论和宣言归纳为后现代主义、后现代生态学、传统、晚期现代、新现代等五个类别（图 8–30）。在“后现代生态学建筑”一编中，介绍了荷兰裔美国设计师和规划师希姆·范德瑞（Sim Van der Ryn）和斯图尔特·考沃（Stuart Cowan）在 1996 年根据研究和实践提出的生态设计五项原则：场所中形成的设计解决方案，生态核算激发设计，设计结合自然，人人皆为设计师，自然的可视化等，试图建立生态建筑的批评标准（Ecological Design，1996）。[17] 又如查尔斯·詹克斯在《后现代主义：艺术与建筑中的新古典主义》（*Post-Modernism: The New Classicism in Art and Architecture*，1987）一书中，总结了从现代古典主义演化而来的后现代古典主义的 11 条原则：不协调的美和不和谐的和谐，文化与政治上的多元论，结合城市文脉，拟人化，多元的价值论，历史的隐喻，双重信码，多义性，传统的创造性转型，新颖的修辞，作品无中心和拼贴等。这些原则往往成为评价后现代主义建筑的标准和范式，而这种标准和范式并不一定适用于其他思潮或流派的建筑，同时也具有排他性，将不符合这些标准与范式的建筑排除在外。

8.2.2 建筑批评与建筑实践的互动性

建筑批评的标准和规范不是单向的，也就是说，不仅是建筑批评家和建筑师制定建筑批评的标准和规范，建筑批评的实践和建筑实践反过来也会对建筑批评的标准和规范作出相应的调整、修改、补充和完善，建筑批评的主体和客体之间会相互制约，相互影响，这就是建筑批评的标准和规范与建筑实践的互动性。

1）实践与建筑批评

建筑批评家对建筑师和建筑文本进行批评，而建筑师和建筑文本也会以“回应和批判性建筑”的方式对建筑批评家进行批评，不断地塑造建筑批评家，从而建立新的建筑批评的标准和规范。只有在建筑师和建筑文本有了相当的水平之后，建筑批评家才会有批评的对象，也才有用武之地。在这个过程中，建筑批评家会从批评客体中得到启发，获得新的知识和经验，实现建筑批评与建筑批评客体的互动作用。只有在社会具有了一定的认识水平后，建筑批评才能有批评的对象和批评的气候。

举例来说，在 1960 年代，国民经济处于低潮时期，建筑活动也处于低谷，与今天繁荣的建筑设计无法比拟，那时甚至连建筑批评这一名词也不存在。在 1980 和 1990 年代出现大规模的建筑活动的形势下，建筑师开始有施展才华的机会，建筑批评家也才开始有批评的对象。反过来，近年来建筑批评的繁荣也活跃了建筑设计创作，创作的进步有赖于建筑理论和建筑批评的发展。近年内，出现了曾昭奋的《创作与形式——当代中国建筑评论》(1989)、潘祖尧和杨永生主编的《建筑与评论》(1996)、陈志华的《北窗杂记——建筑学术随笔》(1999)、徐千里博士的《创造与评价的人文尺度——中国当代建筑文化分析与批判》(2000)、支文军与徐千里合著的《体验建筑——建筑批评与作品分析》(2000) 等，许多报刊杂志也开辟了建筑批评专栏。

2）建筑批评的复杂性与多重性

建筑所涉及的学科领域十分广泛，作为一种文化现象，建筑涉及并且包含着文化的、政治的、艺术的、技术的、经济的、环境的等多种因素。不同的建筑由不同的建筑师设计，他们的学术和创作背景，成长的条件和环境有很大的差异，对所有这一切因素都加以研究，并形成建筑批评的背景和知识基础，这个过程本身就是十分复杂的。建筑批评在具体操作方面，必须考虑到批评对象的整体性，不能将各种因素彼此分割开来。此外，在不同文化背景下的不同类型的建筑，又有着各自的特殊性，如果考虑到批评家这个主体方面的各种因素，那就更复杂了，制定建筑批评的标准和规范的人或群体又有形形色色的局限性。因此，建筑批评的标准和规范也必然具有复杂性和多重性。从来没有人认为对待所有的建筑和所有的建筑师，都应当用一种标准和规范来进行评价，而是应当在认真理解不同建筑的历史、功能、形式、环境和技术条件中，形成广泛的批评标准和规范。

建筑批评的标准和规范不是先验的，而是在批评实践中产生的，结论是在批评实践之后，而不是批评实践之前。意大利艺术史学家阿尔甘在 1957 年曾经指出：

"批评不允许事先注定的成功或失败。假如批评是实践的批评而非臆测，也就是说如果归根到底是历史的批评，对于艺术也同样适用，那么这种成功的保障——批评精神的保障就是现代艺术和文化从启蒙运动那里继承而来的——就很有可能存在。"[18]

由于建筑批评的话语权，建筑批评的判断总是有一定的权威性，尤其是经过历史认可的批评。这种认可是批评标准生成过程的一种真实的形态，是在时间的进程中逐步确立的观点转化成的标准和规范，逐渐形成了它的权威性。另一方面，由此建立的建筑批评的标准和规范本身也就具有了历史意义。建筑历史上的某些风格、流派、思潮和作品经过在时间和空间中的大浪淘沙之后，其风格特征和建筑思想逐渐为人们所接受，并成为了它们所处的历史时期的一种模式和标志。这种模式和标志一旦具有了范畴的性质，就成为了批评的标准，被用作对其他作品进行批评的参照物。这是由历史认可形成的权威性。在这方面，最有代表性的就是古典建筑的权威性。

另外有一种建筑批评的标准和规范的权威性，是由经典所确立的。所谓经典，就是指恒久不变的标准和规范。经典之所以被看作是标准和规范，就在于经典的权威性和深刻的影响力。因此，建筑批评的标准和规范，在生成过程中，就是将

图 8-31　伦敦瑞士再保险公司大楼

某些作品和思潮确立为经典，并以此去影响时代的风尚。这是经典话语的权威性。尤其是建筑史，更是在树立经典方面起着重要的作用，被某部建筑史所列举的建筑实例往往会成为一种标准和规范（图 8-31）。

个人的批评话语也具有一定的权威性，如果某著名的建筑理论家发表了某种批评意见，就会具有较大的影响力，社会将公认这是权威的意见并接受这个批评意见。例如在建筑设计竞赛的评选过程中，权威人物的意见往往会起决定性的作用，起某种“标准和规范”的作用，从而决定设计的成败。

8.2.3　建筑批评的规范性与局限性

建筑批评的目的是为了倡导未来，推动建筑和建筑事业的发展。建筑批评必须遵循一定的社会规范和学术规范，在一定的准则和规则的指导下进行。然而，建筑批评并不能代替建筑创作，同时也受到各种制约。

1）建筑批评的规范性

按照美国当代文学理论家和文学批评史家雷内·韦勒克（René Wellek, 1903—1995）的说法，“规范”是一个统称，是关于常规、主题、哲学、模式、范例和风格等的综合表述。[19] 批评的规范性涉及批评的准则和批评的学术规范。批评不是一种文章的形式，不存在某种定论，而是一种探讨的形式。因此，任何批评都不是一种强加于批评对象的文本，而是一种科学的、艺术的文本。对建筑批评来说，不存在推演的公式，从事建筑批评的批评家必须深刻思考和发现建筑作品的意义和价值。批评家与批评对象的关系不是法官与被告的关系，也不是医生与病人的关系。这是一种共同创造的关系，没有孰优孰劣的区别，没有地位高下的区别，只是一种社会分工的区别，以发挥各自的特长。

对建筑批评的规范性的认识，要从下列四个方面来认识。**首先，**批评要在批评意识的主导下，认识批评的对象，尊重批评的对象，这就是尊重历史，尊重现实，以客观的、科学的思想方法对待批评的客体。**其次，**批评要具有学术性。批评的学术性表现在批评的理论性和科学的研究和探索上。批评要有实事求是的态度和论述的逻辑性，是为了促进学术的交流，提倡建筑的理想。**第三，**批评要具有客观性。批评不能以批评家个人的愿望作为标准，也不能强加于人，将作品中没有的内涵硬栽在批评客体上，批评家要在认识并理解批评客体的基础上，要在批评客体的具体社会历史与文化环境的关联域中进行批评。**第四，**批评家要对批评的对象充满理想和热情，无论自己的好恶如何，都要有一种批评的意识和激情，批评家必须虔诚地投入对建筑的意义的探索。

建筑批评的规范性还表现为批评者为进行批评的过程中，要具有道德观念，树立正确的价值观念，遵守个体判断自身和尊重他人的行为准则。此外，批评者还必须有一种角色意识。社会的人有着不同的分工，拥有不同的社会位置，认识个体的不同性质，按照社会的需要完善自身的社会功能。

2）建筑批评的局限性

建筑批评的局限性首先表现在批评主体本身的局限性、批评媒介的表达方式和手段的局限性这两个方面。

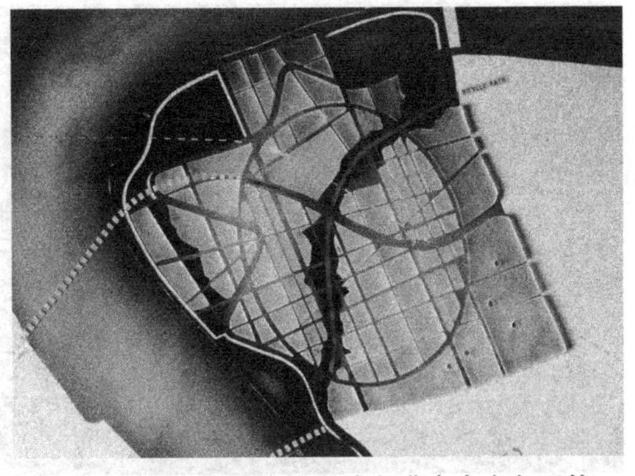

图 8–32　福克萨斯的浦东陆家嘴中央商务区的城市设计

就批评主体的局限性而言，表现在批评家的个人意识与能力以及社会环境和文化背景的制约上。批评家往往受自身学识、观点和素质的制约以及掌握的知识和信息的局限，甚至受到语言的影响。意大利记者马泰奥·韦尔切洛尼（Matteo Vercelloni）在意大利 2001 年出版的《建设》（*Costruire*）杂志第 205 期的文化专栏中介绍上海的发展时，写了一篇题为《面对中国》（*Cine a Confronto*）的文章，谈到上海浦东的发展时，所引用的只是意大利建筑师福克萨斯和法国建筑师佩罗在 1992 年的城市设计，而没有提及其他建筑师的设计。因此，基本上没有全面介绍浦东陆家嘴中央商务区的城市设计，这样就会误导阅读文章的读者（图 8–32）。

在建筑批评中，我们要注意理解与认识的历史性和局限性。每一个时期都有特定的文化观念，特定的关联域，它影响着我们的思想。我们每一个人都生活在一定的历史环境里，我们的一切活动，包括理解和认识这样的意识活动，都必然会受到历史环境的影响和制约。然而，也正是理解的历史性和局限性形成了对建筑作品和建筑师的理解的开放性。任何存在都是在一定的时间和空间条件下的存在，即哲学中所说的**此在**（Dasein），存在的历史性决定了理解的历史性。海德格尔曾经说过：

"领会的循环不是一个由任意的认识方式活动于其间的圆圈，这个词表达的乃是此在本身的生存论上的'先结构'。"[20]

优秀的建筑总是超越历史的，处于历史理念规范之中的批评家们难以对之作出评价。建筑批评往往需要批评家去确定史实，清理谬误，挖掘、考证并解释建筑的意义，说明发展变化的原因。繁复、枯燥的批评，很难让建筑师与公众理解与把握，人们宁可直接欣赏建筑本身，而不愿意在无穷的文字之中去探寻建筑的意义。

一方面，文化上的差异使我们往往不能理解，或比较难理解其他文化的精髓，另一方面，也由于我们的知识水平和认识水平的不足，在许多情况下，批评家往往无法得到足够的资料和文献来进行分析，从而使批评有坚实的理论基础和实例分析。社会科学研究的实用主义和急功近利，又使建筑批评在许多方面还需要做大量的基础工作。除少数例外，国际上还有许多重要的建筑理论著作和文献还没有系统地翻译成中文，甚至连与一些重要的原著接触的机会都很少，而我们的学术体制又不支持翻译，不认为翻译是具有学术水平的研究工作和学术的再创造。事实上，虽然仍然有不少书还可以读，但可悲的是，还有相当一部分建筑师不大

图 8–33　莫尼欧设计的斯德哥尔摩现代艺术和建筑博物馆（1991–1997）

读书或很少读书，除了建筑设计的操作以外，对其他艺术缺乏兴趣和修养，甚至还要排斥其他艺术，并且陷入设计的事务和程序之中。

此外，有许多社会因素会影响批评家的批评，社会的文化，社会的舆论，社会群体的意识，社会的风尚等，都会向人们灌输各种评价的观点，任何批评都不可能是纯粹个人的观点。这种影响包括他人的批评的影响，社会的批评导向的影响等，这些都将影响批评家在进行批评时的说明、描述和判断。

再者，也还有社会对批评的接纳程度的问题。社会对批评的接纳与社会的素质有关，越是理性的社会，越能理解批评对社会的积极作用。笔者遇到过这样的情况，在对某项设计进行批评时，不同的人有可能会有各种不同的观点，这是很普遍的现象，但是业主只选他所要听的意见，所谓“各取所需”。这样一种对批评的接纳方式在实际上使批评的作用大为减少。

无论建筑批评的表达如何完美、如何生动，与建筑艺术创造的可能性和艺术直觉的丰富性相比，总是贫乏无力的。生命之树常青，而理论总是灰色的。建筑批评的表达总是不完善的，无法传达建筑批评客体的全部真实性和完整性。尽管建筑批评可以借助各种媒介，给读者大量的文字和图像信息，但往往不能让读者对建筑客体产生真实的体验，任何人对建筑的生动描述都不能代替亲身体验和感受。例如罗斯金的《威尼斯之石》关于威尼斯的描述确实不凡，但即使配以生动的图片和录像，读者也不可能体验到威尼斯的大运河上那熙熙攘攘的生命力、阳光下的波光粼粼和咸涩的海风吹拂下的真实感受。此外，一座建筑总是处于不同的时空中，并表现出不断演变的过程，对建筑作品的理解也具有开放性，而一旦建筑批评以文本的方式出现，尽管这种批评文本的观点是开放的，却也总是一种封闭的形式，无法真实地传达建筑作品的开放性（图 8–33）。

批评的表达是有局限性的，批评的手段和媒介的局限必然会限制批评家全面地表达和描述批评的客体。我们在第二章列举的各种批评的媒介都会受到自身以及社会的制约。

3）反批评

对社会制度、结构、心理、审美与建筑意义的关系进行挖掘、探索，拓展了建筑批评的多元化的广阔领域。从承认人文主义传统的价值，肯定建筑史上“批判”灵魂的巨大作用这一角度，我们可以清理出批评之产生与发展的轨迹。然而，批评自身和艺术创造性都内在地存在一种反批评，亦即拒斥分析和批判的趋向。不妨以建筑的具体事例来说明这种“反批评”的存在，或许也可从一定意义上揭示建筑批评的局限性。建筑批判理论的陈述总是不完备的，而一座建筑可以说是被完成了的“客体”。倘若批评是建筑这一完整事件的继续，那么建筑批评发生在建筑这一完整的过程之中，按照现今的说法，即批评发生在建筑这一广义的文本的内部，这不符合人类的认知经验。所以，还是应当把建筑实体当作静止的，而解释的文本是动态的、开放的。静止的作品是一种实体的存在，无可更改；而解释的文本是可以更改和变换的，充满变化。比如建立一座教堂，当人们以狂热自觉或者执行宗教命令的方式完成它之后，对它进行批评。比如它是采用了异教的罗马式圆拱，还是哥特式的尖券拱，是否体现了基督教的精神。其言辞可能热情或冷静，而批评者在情感体验和对建筑意义的语言表达两个层次上，可能均难以超越设计者、建造者对建筑的体验与表达的深刻性。这可以说是建筑的硬道理，这是建筑师轻视批评家的根本原因。但是，要形成这种判断，有一个前提，就是建筑师和批评家对建筑意义的探索的态度，必须是虔诚地投入。按照阐释学的理论，只有这一前提的视界融合，才可以谈论建筑这一"客体"本身的意义的完整和饱满，以及批评文本的意义变化。

8.3　建筑批评的基本模式

西方的文艺批评有着种类繁多的批评模式，主要有六种基本模式：道德批评模式、社会批评模式、文化批评模式、心理批评模式、形式批评模式和原型批评模式。[21] 如果细分的话，还有精神分析学批评模式、语言学批评模式、现象学批评模式、符号学和结构主义批评模式、解释学批评模式、读者反应批评模式、历史批评模式以及女权主义批评模式等。

建筑批评的模式就是建筑批评的类型，是一种由建筑批评标准形成的批评类型。我们在这里列举了建筑的社会批评模式、建筑的文化批评模式、建筑的心理批评模式、建筑的形式批评模式、建筑的类型学批评模式和建筑的现象学批评模式等，每一种批评的模式只是从一个方面，对建筑文本以及对与建筑相关的领域的批评，只有将这些方面加以综合，才能成为全面的批评、系统的批评。此外，有一些建筑批评的模式相互之间有重叠，或者有着不可分割的联系，之所以将它们作如此详细的划分，是为了更好地认识批评的方方面面。将建筑批评的模式加以系统地划分和分析，有助于深入地认识建筑批评的方法与模式，并使建筑批评在不同的情况下能够有所侧重。

8.3.1　社会批评模式

建筑的社会批评模式是面对建筑的社会性与时代性的批评模式，也就是指以社会群体为主体的，关于主客体之间价值关系的批评模式。建筑的社会批评模式基于这样一种信念：建筑艺术与社会的关系至关重要，研究这些关系可以形成并加深对建筑的认识。因为建筑艺术并非是凭空的创造，也不仅仅是个人的成果，而是特定时代和特定社会的产物。建筑思潮是社会思潮的反映，社会思潮会对建筑思潮起决定性的导向作用，在涉及思潮的批评中，建筑批评实质上就是建筑的社会批评。建筑的社会批评着重探讨社会环境和建筑以及建筑师的关系，社会环境对建筑的作用以及建筑创作反映社会现实的深度、广度和方式。

从中国近代和当代建筑的发展历程来看，建筑与社会政治和社会经济有着直接的联系。中国建筑师面临着世界上绝无仅有的严酷的创作环境，长期以来一直以政治思想取代建筑思想，以方针政策取代建筑理论。中国社会的每一次变革和转型，都深刻地影响了建筑的发展，其中也包括对建筑师的社会地位和执业制度的影响。例如1955年制定的"适用、经济，在可能条件下注意美观"的建筑方针，在相当长的时期中成为人人必须遵循的指导方针。不仅如此，这个方针在许多情况下也是批判的武器，尤其是在1964年的设计革命和1965年开始的"文革"中，这已经清楚地表明，建筑与国家的命运是密切地联系在一起的。

建筑实质上是社会的产物，是特定的社会、政治、经济条件下的产物，建筑是一门社会性十分强烈的艺术，在什么样的社会条件下，就有什么样的建筑，这一点已为人们所认识。社会因素往往具体反映在法律、规范、标准以及建筑师的执业制度、建筑业管理等方面，同时也涉及建筑师的社会义务。

1）建筑塑造人和社会

建筑会对社会产生重要的作用，关于建筑的社会作用最著名的就是曾经担任英国首相的丘吉尔（Winston Churchill，1874—1965）在1943年10月，讨论下议院重建时说的一段话（图8–34）：

图8–34　建筑与人

"人塑造了建筑，然后建筑也塑造人。"

当代建筑理论讨论的问题也涉及建筑在社会中的作用，为此存在四种不同的观点：①建筑与社会事务及其表现无关；②建筑可以扮演肯定和支持现状的角色，接受现存的条件；③建筑可以推动社会往新的方向发展；④建筑可以批判和改造社会。[22] 然而，也有相当一部分批评家认为，建筑并不能解决社会问题，塔夫里在《建筑与乌托邦》中就批评了那种，认为建筑会为我们带来一个新的，而且更好的社会的信念。

建筑批评的社会意识体现社会的价值观念和社会理想，是从历史演化和社会变迁的角度进行批评，承认社会意识形态的制约，但是也肩负起社会进步的历史责任。从这个意义上说，建筑批评的社会意识就是一种崇尚进步的意识。既考虑建筑存在的社会基础，也考虑形成并影响建筑师成长与发展的社会因素，按照社会和历史进步的观念，自觉认识到，要弘扬什么，摒弃什么。具备建筑批评的社会意识的批评家在批评过程中，就会自觉意识到批评家的社会历史责任，发现建筑的社会意义和历史意义，主张进步，反对倒退；具备建筑批评的社会意识的建筑师就不会在设计中只考虑建筑的表现，自我的表现，而不去探索建筑的社会意义，就会深刻认识建筑师自身的社会责任，满足社会进步的需要，把自己放在社会发展的背景下思考问题。

荷兰建筑师和作家格拉夫（Christoph Grafe, 1964–）主张建筑就是社会艺术。日本建筑师安藤忠雄认为建筑师的义务与社会责任密切相关：

“建筑师最重要的任务并非主观表现，而是保护生命和财产的社会责任。建筑师也有义务维系广阔的视野以保障他们的设计以改善社会、环境和经济为导向。”[23]

纵观中国建筑批评的现状，当代中国建筑的发展迫切需要建立建筑批评机制，建立批评的理论体系，并与建筑实践密切结合，以指导实践。中国传统的价值观为建筑批判制造了障碍，潘祖尧先生说过：

“我们中国是礼仪之邦，中国人不太喜欢对他人作出批评，尤其是对同行或前辈。外国有专业建筑评论家，而且多不是建筑师，但他们的评论是受多数的建筑师尊敬的，因为他们的专业知识深厚，而且是局外人，可以提出中肯的意见。”[24]

而且，由于中国当代建筑的发展走的是一条曲折崎岖的道路，受到政治、经济因素和意识形态的影响，在相当长的一个时期中，建筑设计思想受到禁锢，基本上处于与世界建筑思潮隔绝的状况。此外，社会科学研究的落后也为建筑的发展带来了局限性。在社会激烈的转型过程中，缺乏理论的指导，再加上行政的干预和长官意志在建筑设计中表现得特别严重，使理论界和建筑师原本就很有限的批评意识也几乎丧失殆尽。因此，建立批评的社会意识，繁荣建筑批评对于中国当代建筑的发展具有不可估量的深远意义。

例如，褒扬建筑的现代性就是建立正确的建筑批评的社会意识，就是主张社会的进步。历史上的许多批评家和建筑师都为此作出了卓绝的贡献。例如密斯·凡德罗所提倡的：

“建筑以空间形式体现出时代的精神，这种体现是生动、多变而新颖的。要赋予建筑以形式，只能是赋以今天的形式，而不应是昨天的，也不应是明天的，只有这样的建筑才是有创造性的。”[25]

2）建筑是社会的创造

建筑既是建筑师的创造，也是社会的创造。社会的创造表现在时代背景、时代精神、社会的“艺术意识”以及与建筑有关的体制、规范等方面。由此表明了社会所能接受和可能提供的价值取向和符号体系等，它包括了社会制度、文化、民族、传统、生产方式、生活方式等内涵。由于建筑涉及社会的方方面面，一座建筑物的建成，需要整个社会的参与。假如把建筑师比作是交响乐队的指挥，而建筑师挥舞着指挥棒，且不说是社会在舞动他的手，至少也是按照社会能够接受的乐谱去挥舞指挥棒（图 8–35）。

图 8–35　作为乐队指挥的建筑师

法国史学家兼批评家丹纳（Hippolyte Adolphe Taine，1828–1893）认为，物质文明和精神文明的性质面貌都取决于种族、环境、时代三大因素，艺术是这三大因素的产物。他指出：

"有一种'精神的'气候，就是风俗习惯与时代精神，和自然界的气候起着同样的作用。"[26]

马克思和恩格斯则在种族、环境、时代三大因素之上增加了第四个因素——生产方式。马克思主义美学揭示了，艺术归根结底受社会物质基础的发展制约。马克思认为，艺术是完整的历史过程的一部分，作为生产方式的两个彼此不可分割的方面的生产力和生产关系的发展，构成这个过程的物质基础。马克思精辟地指出：

"物质生活的生产方式决定社会生活、政治生活和精神生活的一般过程。不是人们的意识决定人们的存在，恰恰相反，正是人们的社会存在决定人们的意识。"[27]

社会对建筑的影响是十分深远的，建筑所涉及的面极为广泛，建筑是社会的体现，是社会政治、经济和文化的符号。从根本上说，是社会存在创造了建筑和建筑的形式，不同的社会现实会深刻影响对建筑和建筑师的观点和态度，从而直接导致建筑及其形式的演变。从城市的结构和布局，从建筑的形式到建筑的功能要求，都是社会现实的反映。建筑的复杂性和重要性说明，建筑的实现绝非建筑师的个人力量所能全部决定的。意大利建筑理论家、建筑师和建筑教育家贾恩卡罗·德卡罗（Giancarlo De Carlo，1919–2005）在1970年说过：

"在现实中，今天的建筑过于重要，以至于不能只留待建筑师们去处理。因而，切实需要真正地改变这种状况，以促使建筑的实践形成新的特质，并在建筑的'作者'中形成新的行为方式。因此，必须消除建造者与使用者之间的隔阂，建造和使用就会成为同一规划过程中的两个不同的组成部分。建筑所固有的主动性和使用者的被动性之间的矛盾也就必然会在共同创造的条件下得到化解，并得以平衡。这样，尽管所起的作用不一样，每个人都是建筑师，不管是谁在构思，也不管是谁在实施，每个建筑事件都会成为建筑。"[28]

德卡罗教授是"CIAM第十次小组"的创始人之一，他相信，建筑师应当以建造促进社会进步。然而，他也懂得，建筑师所能解决的问题只不过是整个人类、社会与经济中的一个微小的方面，建筑的任务应当由社会共同承担。这样说并不等于建筑师可以放弃责任，而是应当通过社会的参与来更好地实现建筑的目标。这种参与并不意味着建筑师只要被动地满足人们的要求，或着眼于限制建筑师的个人决断。德卡罗认为，自从18世纪的启蒙时期开始，广大民众就越来越被排除在自身生活环境的设计之外，建筑设计已经成为一种手法和形式的游戏，成为了自我完善的封闭小天地。德卡罗从1950年代起，就以建造促进社会进步的建筑为己任，他在意大利中部的小城市乌尔比诺先后工作了30多年，在这座历史

图 8–36　乌尔比诺大学城

城市的改建规划、历史建筑的保护与改造、新建筑的探索上取得了卓越的成就。他所长期从事的锡耶纳历史城市的保护与再开发研究，乌尔比诺大学城（1973–1983）、威尼斯马佐博住宅区（1979–1987）的设计等，已经成为当代建筑师反映社会现实的典范，他在1978年创办并担任主编的学术期刊《空间与社会》（*Spazio e Società*），旗帜鲜明地关注建筑与社会的关系（图8–36）。

笔者曾为浙江的嘉善县设计一座广电中心，这座20万人的小城市执意要在县政府大楼前留有100米宽的建筑红线，给人一种大而无当的空旷感。有许多历史城市也往往就是在这样一种好大喜功的"形象工程"的实施中遭到毁灭的。在这种"形象工程"中，求变、求新成为一种竞相模仿的目标。四川眉山是宋代文学家苏轼（字子瞻，号东坡居士，1037–1101）的故乡，今天是一座20多万人口的城市，市中心也建造了一条红线宽100米的大道，由于交通量远未需要如此宽的大道，一家房地产公司的售楼处就曾设在马路上。许多历史城市的记忆也往往就是在这样一种好大喜功的"形象工程"的实施中遭到毁灭的。在这种"形象工程"中，求变、求新成为一种竞相模仿的目标。许多城市都要建成国际大都市，甚至像杭州这样的城市也提出向迪拜学习的口号。

建筑是人的创造，是建筑师的创造，更是社会的创造，建筑最全面地体现了社会的组织和结构，社会的价值取向，社会的理想，社会的伦理和行为准则。

8.3.2　文化批评模式

建筑是文化的组成部分，我们可以从城市和建筑中看到其背后的文化。"文化"是一个极为广泛而又十分模糊的范畴，对文化的定义也大多数含糊而又朦胧，文化是对人们隐约领悟到的，社会的精神方面之各种要素的一种模糊表达。在一些理论家看来，文化大致上等同于马克思所定义的意识形态。有不少批评家指出，在当前的价值观影响下，我们正面临着一场文化的沙漠化危机。人们在惊叹"公众文化素养的普遍下降"，"整整几代人精神素质的持续恶化"等的同时，认识到我们正处于一个价值观念大转换的时代，传统的信仰、信念和信条都出现了危机，而我们的社会又缺乏建设性的文化批评。甚至有人认为，今天的中国文化差不多是一片废墟，处于社会文化生活中心的建筑也反映了这场文化的危机，这就使我们将建筑的批评引向文化的批评。

1）文化的概念

据信文化有150多种定义，实质上，文化是一个表示"过程"的名词，意指"对某物的照料"，"正在被栽培或培养的事物"，"人类发展的历程"，"心灵的陶冶"，"理解力的培养"，"普遍的社会过程"，"变成有礼貌与有教养的一个普遍的过程"，"思想、精神与美学发展的一般过程"以及"一种特殊的生活方式"。包括哲学、学术、历史、音乐、文学、绘画、雕塑、戏剧、电影等在内的“知性的作品与活动”，文化是一个十分广泛的概念。然而，建筑属于文化范畴，并且，建筑文化作为文化领域是确凿无疑的。

英国人类学家爱德华·泰勒（Edward Burnett Tylor，1832–1917）在 1871 年对文化是这样定义的：

“从广泛的人种论的意义上说，文化或者说文明，是指包括知识、信仰、艺术、道德、法律、风俗及社会成员所得到的其他能力和习惯的那种复杂的综合体。”[29]

在历史上，多数文化与社会结构都呈现出一致性，古典文化通过它的理性和意志，在追求美与和谐的同时体现出自己的统一。基督教文化在以天堂与地狱的差别观念，去复制秩序井然的社会等级与教阶制度，在寻求社会与价值观的神谕天命时，也表现出相应的一致性。在资本主义社会的早期，资产阶级文化和资产阶级社会结构融合成一个特殊的整体，并围绕着秩序与工作要求形成了自己特有的品质结构。

美国社会学家和思想家丹尼尔·贝尔认为，今天的社会结构与文化之间有着明显的断裂，他将现代社会划分为三个根本对立并相互冲突的特殊领域：经济－技术领域、政治领域和文化领域，每一个领域都服从于不同的轴心原则，以不同的规律交错运转，甚至逆向摩擦。经济－技术领域的轴心原则是功能理性，它的调节方式是节俭，政治领域的轴心原则是合法性。丹尼尔·贝尔将文化纳入第三领域，它的范围略小于人类学家对文化的定义，指一群人特定的社会方式和人造环境，又略大于 19 世纪末英国文化批评家马修·阿诺德（Mattew Arnold，1822–1888）将文化限定为个人的完美成就。丹尼尔·贝尔认为，文化的领域是“意义的领域”。他指出：

“就社会、团体和个人而言，文化是一种借助内聚力来维护本体身份（Identity）的连续过程。这种内在聚合力的获得，则靠着前后如一的美学观念、有关自我的道德意识，以及人们在装饰家庭、打扮自己的客观过程中所展示的生活方式和与其观念相关的特殊趣味。文化因此而属于感知范畴，属于情感与德操的范围，属于力图整理这些情感的智识的领域。”[30]

文化批评是从文学领域开创的，完善的文化批评应当突破文本边界的限制，建立起文本与价值观、风俗、实践等文化要素之间的联系。然而，在文化批评中，这种联系并不能代替对文本的阅读和分析。文化批评需要借鉴对文本的深入细致的形式分析，因为这些文本所具有的文化特质不仅涉及了自身以外的世界，而且成功地融入到了社会价值观和文化环境。世界上充满了文本，但是这些文本一旦脱离了它们的环境，就无法让人理解。为了恢复这些文本的意义，为了理解文本的完整含义，文化批评必须重构产生它们的直接环境。在这里，环境可以理解为语境、文化环境、文脉和关联域。艺术作品正是由于在其自身内部直接或间接地包含着这种语境特征，所以即使当产生它们的条件消失时仍然能够生存下去。

然而，我们也不能把文化批评理解为，与艺术作品本身的形式批评相反的外界分析。文化批评在原则上，也必须反对那种对作品内外进行严格区分的做法。艺术作品和建筑是文化传播的重要因素，是人类的生活方式代代相传的重要途径。也正是在这个意义上说，艺术作品和建筑可以塑造人。在文化批评中，我们必须重视文化的作用，尤其是语言的作用。语言在任何文化中都是最伟大的集体创造，经过历代的相传，艺术家对这套符号体系已经驾轻就熟。人们可以从文化的一个区域，甚至从另一种文化中汲取符号材料，并将它移植到另一区域之中。建筑语言也可以起同样的作用，形成各种建筑文化之间的借鉴、移植、融合和转化。

美国建筑师伊利尔·沙里宁（Eliel Saarinen，1873–1950）说过："让我看看你的城市，我就能说出这个城市居民在文化上追求的是什么。"建筑的文化批评是将建筑理解为构成社会特定文化的一种符号系统，文化是物质方面与精神方面的统一整体。建筑的文化批评模式是从社会文化的角度出发，对建筑，以及建筑与社会环境的文化内涵与符号体系的分析与评价。建筑的文化批评模式不能脱离建筑自身的形式和内容，但也必须与建筑的文化背景、建筑的文化根源联系在一起。

就建筑而言，全球化最重要的影响就是文化的商品化，在市场经济的幌子下，将文化投入市场。在这种情形下，试图将一切事物变成商品，用市场运作的方式处理建筑。形式成为作为商品的建筑的包装，建筑成为商业广告，使建筑异化、非建筑化。口号上要求世界一流的建筑，在实质上只是要求形式的奇特和广告化。在这种情况下，有相当一部分建筑师走上了追求形式表现的道路，设计的理念往往只是形式的理念，而缺乏内在结构的理念。

在全球化的影响下，强势文化的交流和传播成为普遍现象，美国化、麦当劳化、迪士尼化的影响遍及全球，麦当劳成为全球化的一种隐喻。美国社会学家乔治·里策尔（George Ritzer，1940–）在他的《令人着魔的无趣世界：消费手段的变革》（*Enchanting a Disenchanted World: Revolutionizing the Means of Consumption*，1999）一书中创造了"麦式建筑"（McArchitecture）这一名词，"麦式建筑"已经成为全球化的建筑形象。"麦式建筑"包括迪士尼公园、主题公园、快餐店、购物中心、特级市场、赌场、主题餐厅，甚至住宅等（图 8–37）。

图 8–37　麦式建筑

2003 年 11 月，笔者在罗马大学开会之余，再次造访古罗马城三大圣迹之一的万神庙时，不经意之间发现万神庙对面的建筑上有一个不起眼的麦当劳标记。麦当劳在古老的罗马属于弱势文化，所以，它的标记只是一盏小小的灯箱，一抹淡淡的黄色，而且一年中的大多数日子中，满街的餐桌、遮阳伞和人群会将麦当劳店掩没（图 8–38）。两年后再去那里，这家麦当劳已经被布满街道的餐桌完全遮蔽，再过两年就关门大吉了。这就引发了一个思考，为什么在北京、上海，在中国的许多城市，麦当劳、肯德基的广告和店招要比在欧洲，比在美国本土张扬

图 8-38　万神庙广场上的麦当劳

得多呢？在欧洲，它属于弱势文化，而在中国却变成强势文化，可以张扬，乃至霸道。文化问题已经成为阻碍中国进一步发展的核心问题，当我们笼统地将一切商业化的东西都贴上文化标签，诸如酒文化、食文化等等时，在潜移默化之间，文化已经渐渐成为弱势领域，成为经济的陪衬，文化要在经济的指挥棒下"唱戏"。

日本建筑在 1960 年代有过一个蓬勃发展的时期，培育了一代优秀的日本建筑师，他们努力寻求日本文化在现代建筑中的表现，将民族性与时代性结合在一起。经过几十年的努力，日本建筑师已经在国际建筑界占有重要地位。当代中国建筑正在向现代化的目标快速前进，我们要质疑，这真是我们应当追求的现代化吗？

如果不从全民文化上提高层次，其结果必然是：一方面，中国的建筑和城市规划成为世界的中心，中国经济的发展成为世界关注的焦点；而另一方面，中国的建筑师却处于国际建筑界的边缘地位，这一现象值得我们深思。学术界的失语和建筑院校实验性和先锋性的落后应当引起我们的重视，社会学研究和建筑理论研究应当超前并预示建筑界的问题。吴良镛先生指出：

"面临席卷而来的'强势'文化，处于'劣势'的地域文化如果缺乏内在的活力，没有明确的发展方向和自强意识，不自觉地保护与发展，就会显得被动，有可能丧失自我的创造力与竞争力，淹没在世界'文化趋同'的大潮中。"[31]

2）建筑师与文化

如同艺术，建筑是文化的产物，也是文化的重要组成部分。有人甚至把文化看作是建筑的产物，我们无法想象没有建筑的文化。德国作家和表现主义建筑师保罗·谢尔巴特（Paul Scheerbart，1863–1915）认为：

"我们大部分时间都生活在一个封闭的空间里。我们的文化就孕育自这封闭的空间。从某种意义上说，我们的文化是建筑的产物。如果我们想提高文化品位的话，就不得不改造我们的建筑。"[32]

当今社会上流行的功利主义价值观引发了急功近利和短期行为，而且这一现象已经深入影响到各个领域。几乎一切项目都求快，大跃进的思维方式依然在相当大的程度上主宰着我们的城市建设和建筑领域，这种思维方式也在相当大的程度上影响了中国建筑师的建筑思想。在这样的情况下，一方面是中国的建筑师与发达国家在人数上相比，几乎只是他们的 1/10 甚至 1/20，建筑师的担子十分沉重；另一方面，建筑师本身的素质难以担当如此重要的任务，大量粗制滥造的设计本身也渐渐腐蚀了建筑师。

有一些工程技术问题，实质上是文化问题。2007 年，在讨论上海外滩滨江带的改造时，原来的构想是将过境交通放入地下隧道，地面只留 4 条为外滩地区

图 8-39 2010 年改造后的外滩

服务的车道。主其事的技术人员提出了一个特别的想法，为了节省投资，设想将外滩的地面抬高，建造一个大平台，地面仍为原来的车道。如此一来，外滩所有的历史建筑看上去都仿佛在膝盖以下截了肢。这些技术人员又想出了一招，将外滩所有的建筑加以顶升。真是可怕的技术措施，按此方案实施的话，工程师是完成了一项划时代的“创举”，可是却会毁坏了作为国家级文物的外滩历史建筑，毁坏了世界上最好的滨水区之一。我们不得不惊叹他们怎么想得出这种主意，仔细思考的话，关键在于我们的工程技术教育有缺陷，只是培养有用的人才，而没有培养全面发展的人才，幸好最后没有按照他们的“创意”实施（图 8-39）。

图 8-40 路斯的建筑

建筑师必须要从自身领域以外的哲学、文学、语言学、符号学等非建筑学的领域寻求精神支柱。建筑的重要性质决定了建筑是社会的建筑，理性的建筑。建筑也是全民的参与，没有哪一个领域能够牵动那么多的人心和物质资源，这是一个影响十分广阔的领域。建筑师和创造建筑的人们担负着十分重大的社会责任、历史责任、环境责任和文化责任。

奥地利建筑师、现代建筑运动的奠基人阿道夫·路斯（Adolf Loos，1870–1933），比较早地提出了现代设计和现代建筑的基本思想，他为了反对新艺术运动，写了一本名为《装饰与罪恶》（*Ornament und Verbrechen*，1908）的书，喊出了“装饰就是罪恶”的口号，从审美意识进化的角度批评开历史倒车的“复活装饰”的时代性错误。他认为具有简单的几何形式的、功能主义的建筑符合新世纪广大群众的需要，建筑的精神是民主的，是为大众服务的。从实质上看，阿道夫·路斯是从文化批评的角度来批判装饰的（图 8-40）。路斯在《装饰与罪恶》中说：

“由于装饰不再跟我们的文化有机地联系，它就不再是我们文化的表现了。当今制造出来的装饰跟我们没有关系，绝对没有人性的关系，跟世界秩序没有关系。它不能发展。”[33]

建筑的文化批评是将建筑理解为构成社会特定文化的一种符号系统，文化是物质方面与精神方面的统一整体。建筑的文化批评模式是从社会文化的角度出发，对建筑以及建筑与社会环境的文化内涵与符号体系的分析与评价。建筑的文化批评模式不能脱离建筑自身的形式和内容，但也必须与建筑的文化背景、建筑的文化根源联系在一起。

关于美国后现代主义建筑的批评，在很大程度上是一种文化批评。自 1960 年代以来，随着新的信息和媒体的发展，美国消费社会的文化在不断地转向、解体、分化。相对于历史上的任何一个时代而言，物质快速增长，文化领域也在快速变换，出现了一个多元的“后现代”时代、一种变化中的文化处境。商品化的形式在文化领域中无处不在，在同一个时代中，多种文化、多种信仰、多种语言、多种时尚并存。既是宽容的，又是排斥的。就地理而言，世界的文化界限已经被打破，文化的对象和文化的主体都大大地扩展了。丹尼尔·贝尔认为后现代主义是后工业化时代的文化，俄国当代批评家和文论家库利岑说后现代主义是“一种新的原始文化”。后现代主义建筑反映了社会正在经历的文化转型，反映了与现代文化的一种断裂。

令人瞩目的2000年关于中国国家大剧院的讨论，实质上是一场文化意义上的论争与批评。整个大剧院占地10公顷，建筑面积达17万平方米，与东侧的人民大会堂相仿。其中有很大一部分建筑面积布置在地下，在地面上留出更多的绿地和水面，既改善了环境，同时又不会对人民大会堂造成压抑感。业主委员会的代表、建筑师周庆琳对这个设计方案的评价是：

“我刚看到这个方案的时候，第一感觉是这个想法非常独特，像天上掉下来一颗大露珠。后来反复体会，又琢磨出一些味道。经过多次比较之后，还是觉得这个方案是最有新意的，的确有突破，就接受了它。”[34]

在一开始，保罗·安德鲁的设计方案就遭到了强烈的批评，甚至谩骂，业主委员会曾经在全国政协和人大的部分委员、代表中进行调查，结果是67%的人赞成，25%的人反对。专家组内的争论也十分激烈，有人认为这个方案没有体现中国的传统文化，与环境不协调。也有人认为，这个设计最大的特点是建筑风格的突破，传统风格的缓慢改进已无法适应新的时代。最后，国家大剧院工程领导小组、专家组、业主委员会综合考虑之后，多数人还是支持保罗·安德鲁的设计方案。

2000年，国内49名工程院和科学院院士以及104名建筑师联名上书有关部门，反对这一个被戏谑地称为“巨蛋”、“水蒸蛋”、“穿开裆裤撅着屁股的小孩”的设计方案。批评的核心是这个位于天安门建筑群落中的设计“与中国的气派及民族风格不符”。有的建筑专家指出，巨型壳体的顶端已经高达45米，仍然不能满足舞台台口高度以及舞台上部空间的需要，目前的方案把舞台与观众厅向地下开挖，舞台台面的高度为地下7米，造成基础深达24.5米。有批评意见指责安德鲁的设计带有伪未来主义的色彩，甚至说成是对中国建筑艺术的侮辱，也有人批评安德鲁的设计是“绝对的形式主义”、“粗野和拙劣的作品”，更有甚者，把这个设计说成是“外星粪团”，“建筑史上最荒谬的大笑话”。英国的建筑杂志《建筑评论》（*Architectural Review*）1999年第一期刊登了一篇文章，批评安德鲁用设计机场的方式来对待大剧院的设计。一些批评还用许多问题来为难建筑师，说大剧院的半地下结构和结构上面的人工湖容易受到恐怖分子的炸弹袭击，大剧院的造型不能抵抗北京的风沙，清洁困难等等。这样激烈的批评压力，恐怕是历史上没有哪一位建筑师所承受过的。对安德鲁的考验不仅是设计上的，更多的是心理上的考验。在这样的一种压力下，考验也在于他是否能够坚持自己的意见，不被各种意见牵着鼻子走而被迫改成一个他自己没有想到的什么都不是的建筑。由于中国国家大剧院已经变成了中国文化的象征，在建筑上积聚了太多又太高的要求，无论是谁的设计都不可能完美无缺地承担这一过于重大的文化责任，无论哪一位建筑师接受这个设计任务，都必然要承受严酷的批评。保罗·安德鲁在 1999 年 5 月写过一篇散文，表达了他在中国大剧院设计过程中所遇到的困惑、希望和失望，但是，也仍然充满了对未来的信念和对自己作品的理想：

"弱中之强，平庸之首的设计方案都不会中标，只有绝顶杰作才能获得这项殊荣。

对一个设计师来说，改变不是自我背叛，而是探索更深层的自我。我们决定完成一项新设计，它没有改变至今仍然指导着我们的信念。我们的设计只是帮助这一信念贯彻到底，拿出超越一切设计的方案。她是个独一无二的建筑物，没有任何其他建筑与之相似。"

其实，关于大剧院的这场论争，早在第一轮建筑设计方案公布的几小时以前就开始了，媒体是如此宣布的，经过 40 年的等待："五千年的文明古国终于要有一座宏伟的国家大剧院了。"中国国家大剧院已经建成使用，各种争论也都偃旗息鼓，但是留给我们很多思考，既有文化方面的反思，也有关于当代中国建筑未来发展道路的思考（图 8–41）。

图 8–41 中国国家大剧院

实质上，这是一场文化意义上的讨论，整个评选过程自始至终都是在东西方文化的交锋中进行的。这场讨论的文化背景是当前我国建筑师正面临的特殊情况，境外建筑师正在我国的建筑舞台上扮演着越来越重要的角色，几乎大多数重要的建筑项目都由境外建筑师担任主角，而国内建筑师则负责配合设计，画施工图，为境外建筑师打工。不可否认，在相当多的设计中，境外建筑师确实表现不凡，也有相当一部分是名家，他们都有许多很好的创意，设计的手法和技术都有许多可资借鉴之处。中国建筑师在与境外建筑师的合作中也学到了很多宝贵的经验，这种合作有许多成功的实例。

但是，在许多情况下，境外建筑师的队伍中鱼龙混杂的现象也比较普遍。从设计的水准来看，境外设计并不都堪称上乘，水平参差不齐。一些建筑师的作品表现出太多的商业化形式，往往缺少建筑美学的功底，有一些建筑师甚至搬出多年以前的存货或被淘汰的方案改头换面再提交出来。在一些国际投标项目中，中国建筑师也往往在不平等的条件下参加竞争。有一些建筑设计方案甚至完全是出于炒更建筑师之手，对一些项目来说，业主出于各种原因，偏好境外建筑师的设计。中国建筑师在这种设计环境中的心态是十分复杂的，对其中的弊病有深切的体会，不满境外建筑师对中国传统文化的忽视和不理解。

8.3.3 心理批评模式

建筑的心理批评模式是针对建筑师的创作思想与创作方法的一种批评模式，将精神分析学等现代心理学理论运用于建筑批评，在这方面，有些类似于文学上的精神分析学批评。

1）精神分析批评

精神分析批评是奥地利心理学家弗洛伊德（Sigmund Freud，1856–1939）创立的学说，精神分析批评是 20 世纪影响最大、延续时间最长的西方文艺批评流派之一。20 世纪盛行的一些批评流派，如读者反应精神分析批评、后结构主义精神分析批评等，也都来源于精神分析批评，西方马克思主义批评和女权主义批评也受到精神分析批评的影响。精神分析批评注重探索作者与读者的心理机制，和读者的阅读过程，注重研究文学文本的语言、形式结构及其与作者和读者之间的关系等，从而有助于对作者、作品和读者的分析和研究。精神分析批评根据其研究对象大致可以分为三类：作者批评、读者反应批评和文本批评（包括这三者之间的相互关系）。作者批评侧重于研究作者的心理和创作活动，以揭示作者的创作过程、态度、心理状态、创作的原动力与其作品之间的关系。文学中的作者批评着重分析作者的创作动机，剖析作者创造的作品中所塑造的人物，以及他们的心态结构与表现。读者反映批评侧重于研究读者的心理、阅读过程和反应，以解决读者与文本之间的关系。文本批评主要通过分析文本的语言和结构方式去研究文本、语言与读者之间的关系问题。

弗洛伊德创立了精神分析学派哲学和美学，强调人的无意识与本能冲动在艺术创造和审美活动中的决定作用。他的学生——瑞士心理学家、精神病学家卡尔·古斯塔夫·容格（Carl Gustav Jung，1875–1961）则从心理批评方面，进一步创立了集体无意识的概念，为艺术的发展寻找原型与依据。弗洛伊德认为，人的心理结构可以分为三个层次，上层为意识，中层为前意识，底层为无意识。容格认为，集体无意识是由遗传保存下来的一种普遍性精神，是无数同种类型的经验在心理残存下来的沉淀物。这种集体心理是改变整个世界与生活的强有力因素。

就建筑的心理批评模式而言，有两种认识方式：美感经验的认识方式和通过研究作者理解作品。

2）美感经验的认识方式

我们要重点介绍英国文艺理论家、批评家理查兹对美感经验的分析。理查兹是 20 世纪开宗立派的人物，也是英美新批评学派奠基人之一，他在批评、语言学和美学这三个人文学科的领域内，无论在理论建树还是在实践运用方面，都作出了富有独创性的贡献。前面已经说过，理查兹创导了语义学批评，运用语义分析的方法，并借助心理学研究，试图建立一种科学的文学批评方法。理查兹认为，文学作为一种社会意识形态，必然会打上作者和读者的心理烙印，因此，文学批评有必要借助于心理学手段。理查兹在对美感经验进行分析时指出，美是一种有助于产生各种感觉平衡的东西，如果受到艺术作品的刺激，读者会作出特殊的和谐反应。

理查兹从心理学的角度寻找阅读和批评中产生误读和偏差的原因，在批评中引入心理学方法。在讨论到艺术价值问题时，理查兹也从心理学出发，认为艺术的价值就在于对冲动的满足。冲动是艺术价值的核心概念，冲动既是生理的需要，又是心理的需要，艺术能起到平衡冲动的作用。理查兹认为，批评就是力求辨析经验和进行评价。在他看来，批评的对象不是作为观照对象的艺术本身，而是由观照艺术作品产生的经验。

在建筑批评中，根据对建筑的体验评价建筑的价值，从建筑作品的分析入手，研究建筑师及其思想意识，就是一种建筑批评的心理认识方式。如果我们分析一件建筑作品为什么具有诗意，为什么能使人激动，为什么能吸引我们的注意，寻找与建筑师的心理上的联系，寻找建筑作品对使用者的影响等，这就是一种理解作品的心理认识方式。

3）通过研究作者理解作品

通过研究作者来理解作品，研究并分析作者与作品的本质联系。也就是解剖作者头脑中的“黑匣子”，以作品为症状，通过分析这种症状，发现作者的无意识倾向和深层的思想，这一类的发现反过来又可以增进对作品本身的理解。这种认识方式被广泛地应用在文学批评上，并取得了十分突出的效果。例如，对俄国作家陀思妥耶夫斯基（Ф.М. Достоевский，1821−1881）进行了深入的分析以后，人们会发现，陀思妥耶夫斯基的小说有着深刻的心理描写，提出了许多哲学、社会学、美学和伦理学问题。陀思妥耶夫斯基既是有创造性的艺术家、道德家，又是精神病患者和罪犯，小说《卡拉马佐夫兄弟》等作品典型地反映了他的四重人格。

建筑作品与文学作品不同，并不存在作品直接的人格表白。迄今为止，也很少有人撰写建筑师的传记，对建筑师作心理解剖和分析。美国伯克利加州大学的个性评价研究所在哲学家、神学家唐纳德·麦金农（Donald Mackinnon，1913−1994）的指导下，于 1950 年代对人的创造性本质进行了广泛的研究，得出结论认为，建筑师应当是兼容型的具有创造性的人。彼得·布莱克曾写过一本传记《建筑大师》（1960），对 20 世纪最伟大的建筑师的生平加以评述。在书中，对赖特的描写是“骄傲自大，自负，声音刺耳”，“非常敏感的乡下佬”，“很注意别人对他的言行”等（图 8−42）。对勒·柯布西耶的描述是“冷淡，猜疑，好斗，讽刺（对他自己并不幽默），骄傲”。[35]

图 8−42　赖特在 1945 年

史密斯（Mac−Farlane Smith）在 1964 年根据照片和传记资料所作的体形分析，将历史上的建筑师克里斯托弗·雷恩、伊尼戈·琼斯以及现代的赖特、勒·柯布西耶、密斯·凡德罗、格罗皮乌斯、奈尔维等建筑师划为精神分裂型气质的人。

英国苏瑞大学教授大卫·肯特博士（David Canter）在他的《建筑心理学入门》（*Psychology for Architects*，1974）的引言中指出了，考虑物质环境影响人，以及人对物质环境施加影响的方式的重要性。肯特教授举了一个批评的例子来说明这一观点，首先引用了史密森（Smithson）在 1969 年 8 月 24 日出版的《观察家》杂志上对密斯·凡德罗的极高评价：

“两个分离而又互相依赖的主题出现了：一个是几乎独立存在的，重复的中性的表皮；一个是隐退的建筑坐落于开敞的外部空间之中，形成一种宁静的、绿色的城市模式。这两者一起构成了密斯的不朽。”[36]

接着，肯特教授又引用了同年 10 月 10 日出版的《每日通讯》对建筑师们和他们的设计成果的另一番评论：

“当建筑师的住宅方案受到赞扬时，他们是多么兴高采烈，而当地的城镇议会找不到人自愿参加揭幕仪式时，又使他们感到意外，直到他们得知议会的某些成员把住宅方案描述成‘怪物’，并且与最典型的黑非洲的部落住宅相比时，他们才受到了震动。”[37]

由此可见，对于同一个建筑，由于使用者不同，评价会与建筑师的自我感觉大相径庭。史密森的极高评价试图表明密斯的建筑以形式上的视觉特征对使用者产生影响，使他们作出反应。批评者与建筑师的观点相左也说明双方的观点是无法统一的，是互相依赖的主题，任何一方的观点都是无法验证的。从中我们可以得出结论，建筑批评是与人的心理有关的，建筑的心理批评就是要分析其原因，分析行为与建筑环境、与领域的关系，客观地评价建筑。

通过建筑师来研究他们的建筑，研究建筑师的思想发展过程和建筑上的演化，是建筑批评常用的批评模式。然而，与对作家和画家的分析相比，只出版了很少一些建筑师的传记，如果再深入研究建筑师的心理以及他们头脑里的思想的话，就更少了。只能从建筑师自己的文章中进行分析，而有一些建筑师是从来不写文章的，这就增加了应用建筑的心理批评模式进行批评的难度。

8.3.4 形式批评模式

建筑的形式批评模式注重对建筑的图像学和类型学特征的分析，是一种从纯视觉与感受方面，根据建筑所属类型的艺术特征而对其进行评价的批评模式。在历史上，建筑的形式批评模式一直是影响最大的建筑批评之一，它激发了大多数批评家的热情，一提到现代批评，人们首先想到的就是形式批评。形式批评注重作品的形式分析，将艺术作品看作是独立自主，不需要借助外界的因素而存在的本体。形式批评把批评家的注意力从艺术作品外部的时代、环境等因素和艺术家身上，拉回到艺术作品自身。形式批评也着重解释内容和形式的关系，把形式和艺术技巧看作是完成了的内容。建筑的形式批评从作品自我完整的体系出发进行分析，注重作品的艺术技巧、设计手法、设计的形式构成、结构和语言特色等，避开人与社会的因素，着眼于用形式的方法进行批评，根据形式美、造型规律以及审美趣味进行批评。

1）内容与形式

就西方美学史的发展而言，形式的概念早在古希腊时代就出现了。古希腊哲学家毕达哥拉斯（Pythagoras，约公元前 580– 前 500）建立了以世界万物的自然属性和状态为基础，将比例与和谐的美归结为事物的“数理形式”的形式概念。古希腊哲学家、美学家、逻辑学家柏拉图（Plato，约公元前 427– 前 347）创导了“真、善、美”三位一体的审美价值，提出了建立在精神范型基础上的“理式”的形式概念。在柏拉图看来，形状、色彩和旋律等，仅仅是美的一部分。美不仅包括了物理对象，也包括了心理和社会的对象，包括了人的性格和社会政治制度、德行和真理在内。柏拉图之后，古希腊哲学家、科学家、逻辑学家亚里士多德提出了这样的命题："出自艺术的事物，其形式在于艺术家的灵魂。"[38] 亚里士多德的美建立在秩序和比例的概念之上，他把美解释为其价值在于自身，而不在于其效果，美也是提供愉悦的东西，美是一种不但具有价值，而且因此引起欣赏和赞美的东西。古罗马诗人贺拉斯提出了"合理"与"合式"统一的形式概念，他把美和艺术分解为"理"和"式"两个方面。

只是到了近代，从德国古典美学开始，形式才成为一个独立的范畴。德国哲学家、德国古典美学的创始人康德阐发了"先验形式"的形式概念，在康德看来，先验的形式就是纯粹的形式。康德认为，在审美判断中，只涉及形式，而不涉及概念。审美对象是以它的形式而不是以它的存在来产生美感的，审美只对对象的形式起观照作用。德国哲学家、辩证法家、德国古典哲学的集大成者黑格尔指出，形式原则充分具备美的条件，但是还不能构成美，自然提供了上升到美的阶梯，但是它却无法达到美。黑格尔的美学思想是从他对美的定义中生发出来的：

"美就是理念，所以从一方面看，美与真是一回事。这就是说，美本身必须是真的。……真，就它是真来说，也存在着。当"真"在它的这种外在存在中是直接呈现于意识，而且它的概念是直接和它的外在现象处于统一体时，理念就不仅是真的，而且是**美**的了。**美**因此可以下这样的定义：美就是理念的感性**显现**。"[39]

黑格尔主张理性与感性的统一，也就是内容与形式的统一，内容是内在的意蕴，也就是理性因素，是在宇宙中客观存在的理念、精神、概念和思想，形式就是内容的感性形式和形象。在黑格尔看来，形式与一般人仅仅把比例、对称变化、整齐等看作为形式是不同的，形式是符合真实的，也就是具体的内容的一种感性形式和形象，这种感性形式和形象是个别的、完全具体的和单一完整的。黑格尔在他的《美学》的全书绪论关于题材的划分中，阐述了他的艺术美的两个基本观点：①内容（理念）决定形式（显现的形象）；②只有本身真实的内容表现于适合内容的真实形式，才能达到艺术美。在黑格尔的美学体系中，内容与形式是辩证统一的。

在20世纪初出现的表现主义美学中，内容指的是未经审美作用表达的单纯的情感或印象，不具有美学意义。形式指心灵的活动和表现，形式是审美的事实，讲审美和艺术的实质就是讲形式。此外，形式不等于技巧，而是表现本身的存在形态，只有在这个意义上，内容与形式才是统一的。在实用主义美学中，形式由经验而来，并在经验中存在。美国实用主义哲学的代表人物——芝加哥学派的创始人杜威甚至说过，"形式就是艺术"。形式的建立使得参与艺术的各个元素得以充分地显示其功能和意义，形式是一种总体的关系。这种关系越是丰富，其意义就越大，越具有形式，这种关系也就越具有凝聚力和独特性。

2）形式批评的意义

形式这个概念在美学理论中有两层含义，当形式与内容相提并论时，形式是指艺术的体裁、表现手法等外在的存在方式，当形式与质料同时出现时，形式指用来塑造材料的形而上的本体存在。就一般而言，形式是审美对象的外部形态结构，形式是多种要素构成的总体关系排列，形式是“再现”与“表现”之间不可分割的总体关系的一个部分，是与内容相对应的关系。波兰艺术史学家、美学家瓦迪斯瓦夫·塔塔尔凯维奇在《西方六大美学观念史》一书中，曾经论述过形式的五种主要含义：①表示事物各部分的排列，与此对应的是事物的成分、元素以及各个部分；②表示事物的外部现象，与此对应的是内容、意义、意蕴；③表示事物的轮廓、形状、样式，与此对应的是质料、材料；④表示对象的概念本质，与此对应的是对象的偶因，如亚里士多德的“形式因”，柏拉图的“理式”；⑤表示心灵的先验形式。此外，形式还有修辞手段、写作技巧、章法等含义。[40] 现代艺术批评家维伦斯基（Reginald Howard Wilenski，1887–1975）关注的是形式关系所涉及的问题，包括比例、平衡、线条、韵律、和谐等因素。他在《艺术中的现代运动》（*The Modern Movement in Art*，1927）一书中主张：

“作为艺术家的建筑师的业务就是应用他的关于形式经验的定义、组织和完善去创造具体的对象。”[41]

19 世纪初，在德国出现了形式主义美学。形式主义美学的奠基人是德国美学家赫尔巴特和奥地利哲学家、美学家齐默尔曼（Robert von Zimmermann，1824–1898）。形式主义美学否定感觉要素自身的审美意义，仅仅在感觉要素的结合关系，也就是在形式中追求美的原理。赫尔巴特试图将美从一切主观的感情内容中分割开来，由纯粹客观对象的形式关系来奠定基础。齐默尔曼将形式区分为基本形式、派生形式以及一般形式和特殊形式等。基本形式是由两个基本的象所构成的形式，派生形式是由两个以上的基本的象所构成的形式。基本形式又可以根据其心理强度和逻辑强度而划分为纯粹量的形式和纯粹质的形式，而纯粹质的形式则有调和的质的形式以及不调和的质的形式。

在讨论形式批评模式时，我们也要回顾一下活跃于 1914 至 1930 年间的俄国形式主义批评流派的观点，俄国形式主义批评流派的影响十分深远，他们的许多假说和价值观念一直影响到当代的艺术批评。俄国形式主义批评对当代西方，尤其是欧洲的艺术批评和美学思想的演变有着重要的作用。俄国形式主义的代表人物、文艺学家、批评家什克洛夫斯基于 1914 年在圣彼得堡发表的一篇文章中写道：

“目前，旧艺术已经死亡，而新艺术尚未诞生。很多事物也都死了——我们已失去对世界的感觉。……只有创造新的艺术形式，才可以使人恢复对世界的感知，使事物复活，使悲观主义销声匿迹。”[42]

俄国形式主义批评的主要理论是：第一，艺术作品是“意识之外的现实”，批评家所要研究的是作为客观现实的艺术作品，而不管作者和接受者的主观意识和主观心理如何；第二，艺术创作的根本艺术宗旨不在于审美目的，而在于审美过程。俄国形式主义理论家们认为，人们感知已经熟悉的事物时，往往是自动感知的。这种自动感知是旧形式导致的结果。要使自动感知变为审美感知，就需要采取“陌生化”的手段。第三，艺术批评的主要任务是研究作品的艺术性，着重研究艺术形式。俄国形式主义批评的主要目标之一是促使批评科学化，另一方面在形式与内容的关系上也主张：新形式产生新内容，内容为形式所限定，不同的形式一定有不同的意义。

法国美学家艾蒂安·苏里奥（Etienne Souriau，1892–1972）认为美学是诸形式的学问，我们必须客观地认识到这些形式是通过艺术而构成的。他认为，形式的对立面是素材而不是内容，艺术家在选择素材时，也必然选择了作品的形式。英国艺术理论家、批评家克莱夫·贝尔在他的《艺术》（*Art*，1914）一书中指出：艺术的审美价值不在于内容，而是在“有意味的形式”中。形式就是指由线条、色彩和空间要素以某种特定的方式排列组合的关系，有意味的形式是艺术的本质，就是审美的感人的形式，是一切视觉艺术的共同的性质。克莱夫·贝尔认为视觉艺术作品会激起一种特有的情感，这种情感可以由绘画、雕塑、建筑、工艺品、纺织品等视觉艺术所引起，引起这种审美情感的所有客体中，存在某些共同的性质，一种将艺术品与其他各类客体区别开来的性质：

“只有一个可能的回答——有意味的形式（Significant Form）。在每件作品中，激起我们审美情感的是以一种独特的方式组合起来的线条和色彩，以及某些形式及其相互关系。这些线条和色彩之间的相互关系与组合，这些给人以审美感受的形式，我称之为‘有意味的形式’。‘有意味的形式’也就是所有视觉艺术作品所共有的一种性质。”[43]

克莱夫·贝尔对“意味”的理解包括两个层次：一是审美情感，二是决定审美情感的那种把握世界的“终极实在”的实在感。英国画家和艺术批评家罗杰·弗莱（Roger Fry，1860–1934）与贝尔共同倡导了“有意味的形式”，是现代形式主义美学的主要代表人物。克莱夫·贝尔和罗杰·弗莱认为“有意味的形式”是艺术家的主观审美情感的表现，是艺术家的主观创造，是独立于外部事物的一种新的精神性的现实。

美国哲学家、美学家帕克（Dewitt Henry Parker，1885–1949）在论述建筑美学时指出，实用的对象为了审美的目的而经过艺术加工的时候，显示出两级的形式美：第一级是外观的美——形式和感觉，线条、形状和色彩的美；第二级是体现在形式中的目的的美。帕克说：

“形式虽然本身就很美，也应该揭示功能，装饰不管多么具有魅力，都应该是合适的和次要的。”[44]

在建筑中，比例、尺度、对称、平衡、和谐、秩序、韵律、节奏等形式美的原则成为古典建筑构图的指导原理，古典建筑学理论试图将建筑导向形式美，这种思想甚至一直影响到今天的建筑。其中，柱式又是核心，法式化了的古希腊和罗马柱式成为了建筑形式的基本法则。近两千年来，建筑理论家和建筑师对于这些构图原理的发展有过许多贡献，不同时期的建筑实践又极大地丰富了人们对建筑形式美的认识。关于比例关系的审美判断就经历过许多变化，人们一直在探索形式美的规律，并将建筑形式法式化，同时也在不断地超越公认的形式美的规律。如果我们回顾一下建筑史的进程，就可以看到，建筑史也是建筑形式的演变史。

从19世纪中叶起，现代建筑开始在欧洲和美国酝酿，功能主义开始出现。1853年，美国雕塑家、理论家格林诺夫发表了论文《形式与功能》，他提出了形式的适合性原则，指出了“形式适合功能”，“形式适合功能就是美”，建立了功能主义的理论基础。现代建筑运动带来了建筑形式的新风格，机器美学、新的科学和技术，社会的经济、政治以及意识形态、思维方式的变革引起了现代建筑形式的革命性变化，冲破了古典建筑形式的统治。20世纪开始的一系列在设计观念、设计风格和设计形式、建筑材料、建筑方式等各个方面的根本性变化，促成了这个革命。建筑的形式受立体主义的影响，强调功能主义的建筑形式，提倡反装饰的简单几何造型，结构上以框架和幕墙体系为主要特征，功能上重空间而不再是重体量。但是，古典建筑形式的深远影响从来也没有消失，在20世纪就有过在意大利、德国和苏联的回潮，70年代开始的后现代主义更是古典建筑形式的复兴。

3）新的建筑形式

信息时代出现了新的建筑形式，这是由计算机为建筑设计过程和建筑与城市的日常运行带来的深刻变化所形成的。计算机以及数字化技术所起的作用远远超出作为一种工具的意义，在全球信息交流网络中具有巨大的影响力。内容与形式的关系不再占据核心的地位，而让位于空间与形式的关系。人们正在谈论，信息时代的建筑形式将以综合的空间、虚拟空间、数字化空间、“软性建筑”、绿色建筑、生态建筑等为主角，人们正在将历史上的幻想和梦想变成现实的形式。

形式是艺术作品的生命力，一件事物的本质往往最终是在其形式上表现出来的，甚至有人将艺术的全部特征归结为艺术形式。我国明代画家和文学家徐渭（字文长，1521–1593）曾经这样描述激动人心的艺术作品：“果能如冷水浇背，陡然一惊。”[45] 与此不谋而合，有过类似观点的是美国女诗人、美国现代诗的先驱者之一艾米莉·狄金森（Emilly Elizabeth Dickinson，1830–1886），她是这样评价真正的诗的：“要是我读一本书，果能使我全身冰冷，无论烤什么火都不觉得暖和，我便知道这就是诗。”为了赋予艺术作品以诗意，可以采用各种艺术手法去丰富形式。我国唐代诗人李白（字太白，号青莲居士，701–162）的诗中运用了许多艺术夸张的手法，例如，他在描述思念在北方征战的丈夫的幽州思妇的心情的一首诗《北风行》中是这样形容的：“燕山雪花大如席，片片吹落轩辕台。”又如他在《秋浦歌十七首》其十五中写道：“白发三千丈，缘愁似个长，不知明镜里，何处得秋霜？”艺术的夸张正是为了达到艺术上的效果，产生感染力。

建筑设计上也有夸张的例子，俄国建筑师、画家、理论家李西茨基（Eliezer Markovich Lissitzky，1890–1941）与荷兰建筑师斯塔姆（Martinus Stam，1899–1986）于1923年至1927年设计的，被戏称为“云间压路机”（Wolkenbügels）的架在莫斯科街道上空的水平摩天楼方案，就是一种以夸张手法进行设计的实例。李西茨基试图在莫斯科的主要道路节点处，建造八幢这样的大而无当、呈水平状的钢结构云间熨斗，每幢建筑都支承在三根支柱上，可以提供最多的使用面积（图8–43）。

形式是建筑的生命力，建筑的形式与内容是不可分割的部分。只有建筑的形式能赋予建筑以诗意，使建筑具有生命。建筑师是建筑诗人，用艺术的形式表现去抒发内心的激情，从而创造出诗意的建筑形式。建筑的形式不是凭空而来的，是建立在建筑本身结构、材料与空间存在的基础之上的。美国著名建筑师保尔·鲁道夫曾经在 1956 年发表过一篇论文，题目是《决定建筑形式的六个因素》（*The Six Determinants of Architectural Form*）。这六个因素是：①建筑的环境，与相邻建筑及基地的关系；②功能；③地区，气候，景观以及自然的光照条件；④建筑材料；⑤空间的心理要求；⑥时代精神。[46] 俄罗斯建筑艺术史家米哈洛弗斯基在他的《古典建筑形式》一书中指出了古典建筑形式与思想、建筑技术和材料的关系。米哈洛弗斯基将总体的造型作为研究建筑形式的核心，并主张按照建造房屋的顺序来研究形式。他对建筑形式是这样论述的：

图 8–43 李西茨基的《云间压路机》

"形式不仅决定于一般的思想和营造技术，并且决定于建筑材料，所以形式可以分为石头的、砖的和木头的。"[47]

建筑的诗意是建筑师在深刻理解建筑的本质，具有建筑的理想，并掌握了建筑艺术之后才能实现的一种境界。诗意就是中国古典美学中所说的"情动于中而形于言"，表现出了自由的、超越时空的理想境界。在各个不同的历史时期，建筑诗意的表达也是完全不同的，每个历史时期在不同的生活、空间、技术与审美趣味的制约下，也都有过具有不同诗意的建筑。诗意是多种多样的，可以是表达细腻的内心感受，如南唐后主李煜（937–978）的描写雍容华贵的宫廷生活以及亡国后的哀思的诗："春花秋月何时了，往事知多少。小楼昨夜又东风，故国不堪回首月明中。雕栏玉砌依然在，只是朱颜改。问君能有几多愁，恰似一江春水向东流。"（《虞美人》）凡尔赛宫和欧洲的许多宫殿就好比是这样的一首艳诗。

诗意也可以是大刀阔斧、气象混沌的那种豪放的诗意。例如，米开朗琪罗将圣彼得大教堂的总体尺度，甚至建筑的细部也都加以放大，产生了十分壮丽的效果。建筑诗意的获得是与建筑师驾驭形式并超越空间、材料、尺度、比例与结构的能力密切相关的。建筑的诗意不是外在的，要赋予建筑以诗意，首先是建筑师心中有诗意，要具有建筑诗人的品质，具有理解环境、与环境和谐、以静谧的心境去处理各种相关因素的能力。古人说：

"意在言先，亦在言后，从容涵泳，自然生其气象。"[48]

4）图式批评

图式批评也是建筑形式批评的一种模式。图式是建筑师和艺术家思考或相互之间以及与业主沟通时所应用的语言，也可以说是一种视觉直观批评。建筑师的设计与思考的语言就是形象、图式、图形和图像，以此来说话，也以此来进行思维。图式思维已成为建筑设计的一种重要操作和表现方法，并对建筑设计的程序产生了深刻的影响。建筑的图式批评模式有两层含义，一是针对建筑师的图式思维的批评，二是用图式批评的方式进行建筑批评。塔夫里在《建筑学的理论和历史》中阐述了借助形象的批评：

“借助形象的批评并不等于运用语言媒介的批判性分析。在借助形象的批评中，艺术语言实际上可以用来探讨一切领域——甚至在初始阶段有可能会随心所欲地选择代码——这种探索也可以经由无情而又系统的批判性作品来实现，然而却无法揭示从历史角度影响这种初始选择的原因。”[49]

塔夫里还举了一个形象批评的例子，1964 年，在罗马举办了一个米开朗琪罗逝世 400 周年建筑作品展，会上，威尼斯高等建筑学院的学生展出了他们用模型、铁构架、活动的或重叠的照片所表现的米开朗琪罗的作品。例如，对米开朗琪罗设计的罗马神圣的圣母玛利亚教堂中的斯福查礼拜堂的批评模型，和用照片、铁构架表现的佛罗伦萨圣洛伦佐教堂中的梅迪契礼拜堂的批评模型。这种探索遭到公众的指责，实质上，这些精心制作的模型都确切地表达了米开朗琪罗的建筑作品的变形。公众不理解作品的双重内涵，他们的指责正是由于不能理解用模型、铁构架和照片所产生的形象批评。

历史上有过许多建筑师、建筑理论家和艺术家应用图式批评的实例，他们在观察和理解建筑的时候，往往用图式将思想和感受记录下来，并增强记忆。他们在构思建筑方案时，运用写实性的、表现性的、概括性的、分析性的、探索性的和符号性的图式切入主题，将设计中所涉及的一系列因素转化为一种高度象征和抽象的视觉语言形式，帮助建筑师以最直接以及最形象的方式进行构思与表现，表达建筑师和设计师的思想。此外，在建筑史和建筑理论著作及论文中的附图实质上也是一种图式批评，用精心选择的图片可以加强论文的说服力，使读者可以通过更多的信息媒介去深入理解论文。在某种情况下，对建筑师来说，图片的作用比文字更重要。特别是建筑方面的论著，如果没有附图的话是很难提高人们去阅读它的兴趣的。弗莱彻的《世界建筑史》的附图有 4000 余幅，贝奈沃罗的《世界城市史》一书总共有 1058 页，拥有 1649 幅插图。弗兰姆普敦的《现代建筑，一部批评史》一书总共有 343 页，有 362 幅附图。

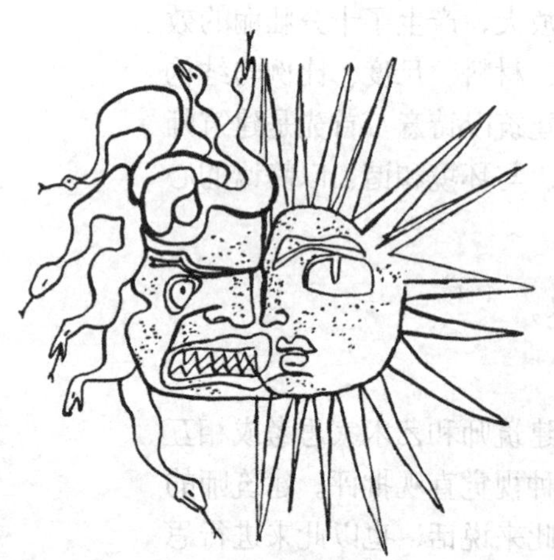

图 8–44　现代建筑学面临的选择：“眼前的空间构成的是自由还是厄运？”

应用草图来帮助思考是建筑师普遍采用的方法，例如文艺复兴巨匠莱奥纳多·达·芬奇的画论笔记，包括了美学理论和绘画的基础科学这两个部分，记载了他的思想、理解和批评。这种具有探索性的图式思考有可能成为图式批评，用十分简洁的草图表达丰富的思想和深邃的理论。

勒·柯布西耶留下了许多速写手稿和设计构思草图，在他的建筑论著中所附的大量图片和分析图，形象地补充了文字的论述，使论证更充分。勒·柯布西耶在第二次世界大战期间画过一幅《现代建筑学面临的选择：眼前的空间构成的是自由还是厄运？》，十分形象地用一半是太阳一半是梅杜萨的画面表达了现代建筑矛盾的处境(图 8–44)。又如勒·柯

图 8-45　阿尔多·罗西的图式表达——希里科的考古（1972）

布西耶关于基准线的分析，就引用了历史上的建筑和建筑师本人设计的建筑的基准线分析，从而建立起了历史与当代内在的联系。勒·柯布西耶应用图式批评的例子表明，论文的附图具有很重要的批评功能，绝不应当起一种装饰性的作用。

几乎每一位建筑师都会在构思他的设计作品时，应用草图来进行思维，比较各种可能性，寻找最适合的建筑形式，探讨建筑与环境的关系等。每一位建筑师所表达的图式在表现风格上，在表现的深度上，或者在所使用的绘画材料方面，都有很大的区别。意大利建筑师和建筑理论家阿尔多·罗西也曾留下了大量的设计手稿，他在设计的开始阶段，总要用图式表现建筑的设计构思与城市、与环境的关系。在米兰工业大学时期的论文《文化中心和剧院》（1959）中，阿尔多·罗西就已经在图式表达方面作了尝试（图 8-45）。从他在 1964 年为帕尔马的皮洛塔广场和帕格尼尼剧院所作的设计的一幅草图中，我们可以看到，年轻的阿尔多·罗西已经开始以他一生中都在用的图式风格来表现建筑与环境的关系。今天，阿尔多·罗西的手稿已经被建筑师和艺术家们所收藏（图 8-46）。

图 8-46　阿尔多·罗西的手稿

美国建筑师保罗·拉修（Paul Laseau）于 1980 年出版了《图解思考——供建筑师和设计师应用》（*Graphic Thinking for Architects and Designers*）一书，在这之前，拉修已经出版过一本《图解释疑》（*Graphic Problem Solving*），拉修与建筑师诺曼·克罗（Norman A. Crowe）于 1984 年出版了《建筑师与设计师视觉笔记》（*Visual Notes for Architects and Designers*），这三本书可以说是关于图式思维的基本理论。罗杰·克拉克（Roger H. Clark）与迈克尔·波斯（Michael Pause）编的《世界建筑大师名作图析》（*Precedents in Architecture*，1996）则以建筑的总平面、平面、立面、剖面以及简化的图式，对一百多位世界著名建筑师的建筑实例进行对比和分类的分析，作者在序言中强调，这本书的着眼点是建筑学的一种图式思考方法。美国建筑师弗朗西斯·钦有一本探讨建筑形式的书《建筑：形式·空间和秩序》（*Architecture, Form, Space & Order*），作者用图式的方法，强调形式要素，以形态学的方法系统地论述了建筑的基本形式要素、空间组合和建筑构图的基本原理，这本书已经成为图解的建筑设计的基本词汇和语法。

历史上具有代表性的图式批评有奥地利建筑师、雕塑家、建筑史学家约翰·伯恩哈德·菲舍尔·冯·埃尔拉赫（Johann Bernhard Fischer von Erlach，1656-1723）和威尼斯工程师、建筑师、版画家皮拉内西的历史批评图式。他们的作品对新古典主义产生了深刻的影响。皮拉内西的版画中所表达的空间既没有现在，也没有未来，一切都以过去来表达，这种空间的多元性对当代建筑产生了很大的影响。

图式批评有许多优点，可以很快地被人们所理解，容易沟通并产生共鸣。但是，与其他的批评模式相比，图式批评带有不确定性和多义性，不同的读者对同一个图式会产生不同的理解。就图式批评的作者而言，一根线条可能代表了无数的思考，隐藏在这根线条后面的是十分深邃的思想和丰富的空间关系。由于图式批评几乎完全是个人的表现，表达个人的风格，在大多数情况下，所传递的信息很可能在编码上不完整，令接受信息的一方无法理解，或者只能部分理解。

8.3.5 类型学批评模式

类型学是以类型概念的构成为中心的学说，“类型”是由“类”本身内部的统一方面以及与其他“类”的差异来规定的。科学与哲学的根本职能之一就是揭示事物原初的动因，目的是寻找事物的本质，这就是“类型”，类型反映了事物的功能、形式及其根本的性质。“类”的概念表现为具象的“型”，并由此来把握这种统一或差异的规定性时，一般就称之为类型。

1）类型的概念

人们在各个领域都会遇到类型的范畴，按照类型的特征来思考问题。德国哲学家斯普朗格（Eduard Spranger，1882−1963）在《生命诸形式》（*Lebensformen*，1914）一书中，曾经将人类生活按照理论的、经济的、美的、社会的、政治的、宗教的六种形式设定为一种理想型。在心理学上，也将人的性格类型划分为外向型和内向型，融合型和非融合型，循环型和分裂型等对立的概念。就美和艺术而言，类型概念也具有重要的意义，美和艺术就是在个别形态中显示其本质的。因此，在实质上，美和艺术的存在方式本身也是类型的。类型学就是以类型概念为中心的系统理论，对事物的分类进行考察和研究，基本上，所有的学科都存在涉及类型学的问题。美国当代解释学家．批评家赫希（Eric Donald Hirsch，1928−）认为：

“类型是一个整体，这个整体具有两个决定性的特点。首先，作为整体的类型具有一个界限，正是依据这个界限，人们才确定了某事物是属于该类型还是不属于该类型。……类型的第二个决定性特点是，它总是能由一个以上的事物去再现。当我们指出两件事物属于同一类型时，那么我们所发现的就是这两件事物共有的相同特征，而且把这共有的特征归结为类型，因此，类型就是一个具有界限的整体。正是依据这个界限人们才确定了某事物是属于该类型还是不属于该类型，由此，类型又是一种能由众多各不相同的单个事物，或各不相同的意识内容所体现的整体。”[50]

法国建筑理论家德·昆西在《建筑词典》中为“类型”和“模式”作出了具有权威性的定义，并对类型与模式的关系作了精确的说明。他认为类型与模式的区分在于，类型不是可以复制与模仿的事物，否则就不可能有“模式”的创造，也就没有建筑的创造。他是这样下定义的：

“‘类型’这词不是指被精确复制或模仿的事物的形象，也不是一种作为原型规则的元素……从实际制作的角度来看，原型是一种被依样复制的物体；而类型则正好相反，人们可以根据它去构想出完全不同的作品。原型中的一切都是精确和给定的，而类型中的所有部分却多少是模糊的。我们因此看到，对类型的模仿需要情感和精神……”[51]

2）建筑类型

按照英国建筑理论家、建筑师阿兰·科洪的理论，类型学具体呈现了设计者通常考虑的原则。美国建筑理论家、原哈佛大学设计学院院长彼得·罗厄（Peter Rowe）的分析，有三种类型：作为模式的建筑类型（Building Types as Models）；组织性类型（Organizational Type）以及元素类型（Elements Types）。[52] 这些类型的应用要根据具体的空间与时间而定，并与建筑师的意图相吻合，元素类型也就是基本类型。

作为模式的建筑类型的形成，是由于某些建筑具有值得其他建筑师仿效的特性，这些建筑类型提供了其他设计的解决方案。模式的建筑类型包括引证和参照历史的建筑模式和当代的建筑模式，建筑师在设计时以著名建筑师的作品作为典范，并在新的设计中结合具体的关联域予以引用和变形，这取决于引证建筑模式时，建筑师对这些建筑模式的理解和与现实结合的可能性。还有一个实例典型地说明了建筑与作为模式的建筑之间的关系。以色列裔加拿大建筑师摩西·萨夫迪（Moshe Safdie，1938–）设计的温哥华公共图书馆（1995），是以罗马的大竞技场作为模式的，从造型以及入口的处理上都明白无误地反映了这一点（图8–47）。

图8–47 温哥华公共图书馆

组织性类型主要是表现空间结构和功能元素的类型，或者是方案设计中形式组合的基本规则，组织性类型往往表现在城市的结构和建筑的空间组合结构等方面。例如，在设计具有不同主次的空间关系时，建筑的空间就会呈现出一种组织性的等级系统，表现空间序列的演化。明清北京城自南而北长达7.5公里的中轴线是全城的骨干，中轴线上的建筑与庭院空间都有着森严的等级规范，所有的空间序列处理都是为了突出其核心——紫禁城。从南端的起点——永定门，经内城的正门——正阳门和大明门到天安门，再经端门进入紫禁城的宫门——午门，来到紫禁城的三大殿——太和殿、中和殿和保和殿。中轴线以及两侧的次要轴线上，都布置了以《礼记》、《周礼考工记》以及封建传统的礼制为组织性类型的建筑空间和建筑形式。北京紫禁城与法国的卢佛尔宫无论是在建造年代、使用功能还是建筑面积上，都大致相仿，但是由于采取了不同的建筑方式，而出现了完全不同的总平面布置（图8–48）。

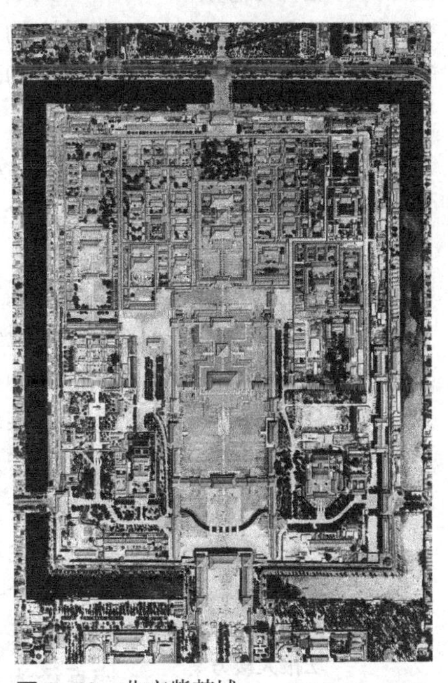

图8–48 北京紫禁城

3）原型批评

类型学批评中有一个与元素类型有关的十分重要的领域，那就是原型批评。原型是指艺术中典型的反复出现的形象，是可以传播的传统象征和隐喻。原型又称“原素”，“母题”，“动机”，“想象范畴”，“原始意象”等。按照瑞士心理学家和精神病学家容格的说法，原型是集体无意识，是本能的表现，是经验的集结，是“形式”、“模式”或“形象”。集体无意识的内容是由原型组成的，原型是一切心理反应的普遍一致的先验形式，这种先验形式是同一种经验的无数过程的凝结。容格认为，艺术是一种创造性幻想，是集体无意识的典型体现。“原型批评”是1950和1960年代流行于西方的一个十分重要的批评流派，其主要的创始人是加拿大批评家、文学理论家诺思洛普·弗莱。“原型批评”曾一度与“马克思主义批评”、“精神分析批评”在西方文论界中形成三足鼎立的局面。关于原型的概念，诺思洛普·弗莱指出：

“有些艺术是在时间中移动的，如音乐；另有一些艺术则呈现在空间之中，如绘画。在两种情况下，其结构原则都是反复出现：在时间中反复叫做节奏，在空间中反复便叫模式。所以我们说，音乐有节奏，绘画有模式；不过后来，为了显示我们思维的深奥微妙，我们开始也说绘画的节奏、音乐的模式了。换句话说，我们既可以从时间上，也可以从空间上去设想一切的艺术。”[53]

图 8–49 图拉真纪功柱

关于原型批评的特点，美国批评家魏伯·司各特在《西方文艺批评的五种模式》中认为，原型批评类似于形式主义批评，要求字斟句酌地阅读作品，但并不满足于作品内在的审美价值。另一方面，又类似于心理批评那样，要分析作品对读者的感染力。有时候，原型批评也类似于社会批评，要关注引起对读者的感染力的基本文化形态。原型批评在考察文化的渊源或社会根源时，又类似于历史批评。原型批评的目的在于揭示艺术作品中，对人类具有巨大意义和感染力的基本文化形态。原型批评用典型的意象作为纽带，将个别的艺术作品按照其共性的演变，从宏观上加以把握，有助于把我们的审美经验统一成一个整体。原型批评总是打破每部艺术作品本身的局限，强调其带有普遍性的也就是原型的因素。

图 8–50 路斯的芝加哥论坛报大楼方案

元素类型模式的典型实例是阿道夫·路斯在1922年参加美国芝加哥论坛报大楼的国际设计竞赛时，提出了一个十分大胆的造型。当时一共有263个方案参赛，卢斯的设计以古罗马的图拉真纪功柱作为原型。图拉真纪功柱为多立克柱式，高35.25米，基座直径为6.20米（图8–49）。卢斯的设计将整个建筑物做成一根多立克柱子，坐落在一个11层楼的基座上（图8–50）。

建筑的类型学批评可以追溯到15和16世纪意大利文艺复兴时期建筑师小安东尼奥·达·桑迦洛、卡塔奈奥(Pietro Cataneo，约1510–约1574)、瓦萨里和斯卡莫齐等的理想城市的模式以及帕拉第奥对建筑模式的系统化的探求等。法国建筑师、理论家、新古典主义的代表人物让–尼古拉–路易·迪朗是建筑类型学的创立者，他的《古代与现代诸相似建筑物的类型手册》(*Recueil et parallèle des édifices de tout genre, anciens et modernes*，1800）是世界上第一部关于建筑类型学的论著。在这本论著中，迪朗试图用图式说明各个时代和各个民族的最重要的建筑物。书中，所有的建筑都以统一比例的平面图、立面图和剖面图来表示。迪朗将历史上的建筑的基本结构部件排列组合在一起，归纳成建筑形式的元素，建立了方案类型的图式体系，说明了建筑类型组合的原理。迪朗用轴线和网格作为构图法的依据，所有可能出现的建筑图形都由此类推出来。迪朗在书中一共总结了72种建筑的几何组合基本型，这种类型学与图像学的综合，将建筑纳入严谨的标准化和类型学的系列关系中进行考察。迪朗还提出了一个对现代城市设计十分重要的思想，他在另一本著作——为他在理工大学开设的建筑课所写的《建筑课程讲义》中指出：

“正如墙体，柱子等是组成建筑的元素，建筑物是构成城市的元素。”[54]

从此，包括建筑与城市设计在内的类型学方法成为了一种以原型为基础的设计原则，并成为了新古典主义的方法论与建筑批评的基础。

现代建筑也促进了建筑类型学的发展，阿尔多·罗西对建筑类型学的研究奠定了现代建筑类型学批评的基础，并在他的重要论著《城市建筑学》中深入探讨了城市建筑的类型学问题。阿尔多·罗西认为，类型是一种恒定的文化元素，存在于所有的建筑之中，是建筑产生的法则。类型的概念是建筑的基础，类型与技术、功能、形式、风格以及建筑的共性与个性之间有一种辩证的关系。类型学在建筑史上起着十分重要的作用，城市设计必定涉及类型学。阿尔多·罗西指出：

“类型就是建筑的思想,它最接近建筑的本质。尽管有变化,类型总是把对‘情感和理智’的影响作为建筑和城市的原则。”[55]

4）城市与类型学

阿尔多·罗西的研究将类型学的概念扩大到风格和形式要素、城市的组织与结构要素、城市的历史与文化要素，甚至涉及人的生活方式，赋予类型学以人文的内涵。阿尔多·罗西在设计中将类型学作为基本的设计手段，通过它赋予建筑与城市以长久的生命力，并具有灵活的适应性。阿尔多·罗西的类型学关注的是城市与建筑的公共领域，在类型学中倾注了他的建筑理想，一种以形式逻辑为基础的建筑理想。在这一方面，奥地利建筑师罗伯·克里尔的类型学理论受奥匈帝国建筑师和城市规划师卡米洛·西特（Camillo Sitte，1843–1903）的城市空间理论的影响，试图重建城市的公共领域，从历史的范例中寻找城市空间的类型。罗伯·克里尔的类型学方法注重回归历史，注重操作性，他对类型学的研究深入到城市的基本元素和建筑的基本元素之中，着重于城市空间的研究。他的《城市空间》（*Urban Space*，1975）和《建筑构图》（*Architectural Composition*，1988）应用类型学方法讨论了城市空间的形态和空间类型，提出了重建失落的城市空间的问题，从形态上探讨了建筑与公共领域，实体与空间之间的辩证关系。建筑类型学的方法在实质上是一种结构主义的方法，是一种对建筑与城市的结构阅读，这种方法建立在欧洲悠久的历史文化的基石上。

建筑的类型学批评，一方面关注的是建筑与城市、建筑与公共领域的关系，研究建筑形式的起源，在历史的演变中考察建筑形式及其与城市的关系；另一方面，建筑的类型学批评也注重将建筑的形式还原为基本的元素，探讨建筑构成和形式的基本语法关系。建筑的类型学批评，在纵向上研究建筑及其形式与历史传统和地域文化的关系，在横向上研究建筑及其形式与基地、环境和城市的关系。建筑的类型学批评也注重探讨并寻找建筑及其形式的原型，寻找建筑师在创作中的典型意象，在创造过程中所遵循的某种规范和类型。

例如，日本建筑师、理论家黑川纪章在探讨日本文化的象征时，从原型意义上，将江户时代的利休灰作为日本的传统空间与文化的矛盾以及歧义的象征。黑川纪章认为，利休灰所表现的是一种简朴而又清纯的美学思想，代表着日本文化将矛盾着的东西加以融合从而具有的多元性，一种共生的哲学观。

8.3.6 现象学批评模式

1930 和 1940 年代出现的现象学以及存在主义的批评，在重点研究文学作品的同时，开始关注读者的接受问题。现象学是 20 世纪初由德国哲学家胡塞尔（Edmund E. Husserl，1859−1938）创立的，到 1940 年代后，发展为西方最重要的哲学思潮之一。现象学哲学是 20 世纪最重要的四个哲学运动之一，与分析哲学、结构主义哲学、西方马克思主义哲学并列。现象学研究的是川流不息的意识活动，即意识自我呈现的现象。建筑的现象学批评是以建筑文本为主的批评，从建筑的形式结构中，寻找建筑和以人为核心的具体的存在空间、建筑空间和场所的意义。从真实的现象中寻找建筑的思想，寻找建筑空间与建筑体验的关系，寻找建筑与场所的联系。

1）现象学的概念

在讨论建筑的现象学批评模式之前，我们先来读一首唐代诗人杜甫的绝句：

两个黄鹂鸣翠柳，
一行白鹭上青天。
窗含西岭千秋雪，
门泊东吴万里船。

这首只有 28 个字的诗十分完美地表达了在时间中展现的空间感和场所感，既有在绿树丛中的鸟鸣——一种活力的表现，时而又出现了白鹭，飞上蓝天，一下子将叙事的空间拓展开来；继而将视线延伸向历经千秋的远山，又有来自万里之外的航船。仔细想一想的话，还可以将故事继续展开，有很多的回味，天地神人之间的关系在这里有着充分的表达，从中表达了现象学的一些基本原理。

美国哲学家詹姆士·艾迪(James M. Edie,1927–1998)曾如此为现象学下定义:

"现象学并不纯是研究客体的科学,也不纯是研究主体的科学,而是研究'经验'的科学。现象学不会只注重经验中的客体或经验中的主体,而是集中探讨物体与意识的交接点。因此,现象学研究的是意识的意向性活动,意识向客体的投射,意识通过意向性活动而构成的世界。"[56]

现象学的出发点是一切意识都具有"意向性",即意识不是被动地承受、容纳客体,而是主动地占有它。现象学的目的是通过"还原"的方法对直接呈现于意识中的东西作出非因果性的描述。

从希腊词源上说,现象学本来的意义是"让人从显现的事物本身那里,如它从其本身所显现的那样来看它。"有人说,法国数学家、哲学家笛卡儿(René Descartes,1596–1650)是现象学方法的创始人,现象学方法经历了从笛卡儿到康德的前发展阶段,他们把批判作为一种哲学思维的态度和哲学方法。现象学兴起于19世纪末,到20世纪成为了西方哲学的主要流派之一,现象学运动和分析哲学运动代表了欧洲大陆和英美哲学中最主要的思潮。因此,现象学哲学影响深远,涉及哲学、人类学、心理学、社会学、历史学、伦理学、美学、宗教学等自然和人文科学学科。同时,也形成了各种流派,如以德国哲学家、存在主义的创始人和主要代表人物海德格尔为代表的本体论现象学,以舍勒为代表的价值现象学,以法国哲学家梅洛－庞蒂(Maurice Merleau–Ponty,1908–1961)和让－保罗·萨特为代表的存在主义现象学,以埃利亚蒂和马塞尔(Gabriel Marcel,1889–1973)为代表的宗教现象学,以及以法国美学家杜夫海纳为代表的审美经验现象学,以德国哲学家胡塞尔为代表的描述现象学。

现代意义上的现象学是20世纪初由德国哲学家胡塞尔创立的,胡塞尔第一个使现象学成为哲学的万能钥匙,到20世纪40年代后,现象学发展为西方最重要的哲学思潮之一。实质上,按照克劳利和奥尔森的观点:

"现象学并不是一种哲学体系,而是一种研究哲学的方式,一种分析意识对象——内在的或外在的、事实或过程的——方式,以便确定它们基本的必要的特征,它们是如何呈现于意识的,以及我们可以得到关于它们的什么知识。"[57]

因此,现象学的意义在于它是一种哲学方法论,它的现象学还原的原则为研究哲学与建筑理论提供了一种新的方法和思想体系。胡塞尔认为,哲学的任务是精确地描述人类的意识,也就是描述具体的"经验世界",它独立地经验一切预见,无论这些预见来自于哲学还是常识。现象学研究的是川流不息的意识活动,即意识自我呈现的现象。胡塞尔所谓的现象,是对象、被知觉之物在意识、知觉过程中构造自身所显现的意识现象。胡塞尔通过现象来研究意识,在他看来,任何事物,不管是理想中的、想象中的还是现实存在的,只要它能使自身显现于人的意识,那就是现象学所指的现象。

现象学研究的是一切意识都具有的"意向性",即意识不是被动地承受和容纳客体,而是主动地占有它。意向性关系是人类与世界的最深刻而又最亲密的关系，现象学的目的是通过“还原”法，对直接呈现于意识中的东西作出非因果性的描述。胡塞尔的现象学影响最为显著的就是，他那两个具有方法论意义的互为前提，互为因果的基本观点：回归事物本身和意向性。“回归事物本身”就是直观事物本身，即撇开事物的非本质部分，让现象的本质自己出来说话。为什么要回归事物本身，是由意识的意向性所决定的。人的意识或者现象在本质上是“意向的”，也就是说，它总是要指向意识本身以外的事物。因此，意识自身，也就是现象自身的面貌反而被遮蔽起来。如果想要一睹庐山真面目，也就是要发现意识自身的话，唯一的办法就是回归事物本身。

胡塞尔发现，意识总是“意向性的”，意向性并非是一种精心思考的意志，它总是指向一个“客体”。在整体的意识行为中，思想主体与它的“意向”的（或意识到的）客体，两者之间相辅相成，不可分割。因此，想象活动的现象同物理世界的现象有同等重要的地位。人们理解精神现象的存在，然后凭直觉来描述并清理它的含义，避开先验的科学分析和理性的逻辑推理。由此，胡塞尔宣告了一种新的哲学研究方法，舍勒就是将这种方法付诸实施的第一位哲学家，他所创导的是应用现象学。

德国哲学家赫尔曼·施密茨（Hermann Schmitz，1928–）建构了一个新现象学的体系，这个体系在原则上并没有脱离传统现象学。它仍然是现象学的，其表现如下：①它限于描述现象；②回避本体论问题。现象学的中心是对象如何在意识中显现并建构的问题，与任何一种形式的本体论无关。人要认识的是不可怀疑的事实，即现象。施密茨在对传统现象学的批判与超越中，确定了新现象学的基本原则和方法。新现象学又称身体现象学，是以人的身体情绪的震颤状态为基本研究对象的哲学。近年来，也有人试图将现象学哲学与我国古代的老庄哲学思想联系起来，用以开展东西方文学和艺术的比较研究。

2）现象学美学

最重要的现象学美学理论家是波兰哲学家、美学家罗曼·英伽登（Roman Ingarden，1893–1970）以及法国美学家杜夫海纳。现象学美学有三个要点：①艺术作品区分为不同存在领域的多层结构概念（现象学美学的本体论）；②客体结构与对客体的认识结构之间的关系（现象学美学的认识论）；③审美价值在构成“审美客体”上所起的媒介作用（现象学美学的价值论）。

罗曼·英伽登认为艺术作品源生于作者意识中的意向性活动，作品文本记录了这些意向性活动，因此，使它们能够帮助读者在自己的意识活动中重新经验这部作品。记录了意向性活动的艺术作品包含着许多成分，这些成分具有群众的势能，但不能被充分理解。另外，作品也包含了实际存在的许多“不确定点”。“积极的阅读”凭借暂时的意识活动过程呼应着文本，而意识则“填满”了文本的这些潜在的、不确定的方面，这种阅读属于“共创性质”，由此发展了接受美学和读者反应批评。

杜夫海纳创导了审美经验现象学，他从审美对象入手，认为来自艺术作品的审美经验最为纯粹而又最为重要，审美经验是现象学美学的根源，它完成了现象学的还原。因此，艺术作品构成了审美对象的基本条件。杜夫海纳所谓的“审美对象"并非是纯客观的，批评主体和鉴赏主体的审美知觉也包含在内，是被感知的艺术作品。杜夫海纳强调审美知觉在审美经验中的重要作用，因为审美知觉是审美对象的基础，审美对象只有在鉴赏者知觉的积极参与下，才能成为完全的审美对象。杜夫海纳将审美知觉过程划分为呈现、再现和想象、反照和感觉三个阶段。杜夫海纳还提出了审美要素说，他认为艺术作品的审美要素是作品的材料被审美地感知时所形成的那种东西。审美对象则是诸审美要素的组合。审美要素是主客体的共同行为，是审美对象绝对存在的基础之一。审美对象绝对存在的另一个基础是意义，意义使人集中注意力于审美要素，意义也构成审美要素的真正结构。审美要素是联系"被表现的世界"的深度与鉴赏者的深度的中介物，感觉就是这两种深度的相互作用。通过相互作用，知觉主体与审美对象达到和谐与统一。

现象学的目标是通过现象找到事物的本质，使事物还原到本质，回到最原始的意义中。应用现象学的方法，就可以通过文本，通过作品还原作者意识，找到读者意识与作者意识的契合点。关于现象学批评，我们在前面的第三章已经介绍过杜夫海纳的观点，杜夫海纳认为批评家有三个职能：说明、解释和判断。"说明"指的是以中立的态度将作品隐蔽的意义揭示出来，使之能被公众掌握。批评家的任务就是用比较清晰的语言将作品的意义加以表述，使读者大众得以理解。杜夫海纳认为这是现象学启示批评家的一种批评方式，是一种回到作品本身的批评方式。解释和判断却不是现象学的批评方式，因为解释引进了作品之外的因素，而判断也取决于作品之外的价值标准：

"在我们以上所区分的说明、解释和判断这三种功能中，现象学首先肯定第一种，认为它应该指引其他两种。它不否认第二种功能，但它要求分清主观化的解释和客观化的解释。前者在已为作品限定的作者身上寻找作品的根源，后者使创造服从于心理学和历史学。现象学甚至不废除第二种解释形式，因为作品自身也趋向于对象化，但它指出这种形式有不足之处。最后，判断又怎么样？批评家不甘心情愿放弃这个赋予他权威与威望的功能。现象学也不禁止他们去进行判断，但它限制判断的运用，减低判断的妄自尊大。"[58]

因此，现象学批评注重作品本身，注重探讨作品的意义，由"能指"寻找"所指"。严格意义上的现象学批评是由比利时批评家、日内瓦学派的代表人物乔治·布莱创始的，他在《批评意识》一书中明确提出了"批评意识现象学"，用现象学的意向性理论分析作品的存在与阅读活动。乔治·布莱以批评意识为核心描述了一种阅读现象学，他认为批评就是阅读，而阅读则是对作品的模仿，是一种再创造。乔治·布莱以后的日内瓦学派的批评家们，以现象学的意向性理论为基础建立了作品论，并求助于现象学的方法论来从事实际批评。

3）现象学与建筑批评

海德格尔把建筑看作是万物所归属的领域，建筑就是真正的栖居，建筑的意义就在于建筑是"提供了场所的物"。[59] 建筑与大地、天空、神圣者和短暂者有着密切的关系，四者相互统一，成为一个整体，建筑由此而获得意义，同时也表达了人与自然的关系。大地是建筑和人的存在的立足点，天空是宇宙的体现，神圣者是神性召唤的信使，而人则用神性度量自身，短暂者就是人的存在，也就是诗意的栖居者。海德格尔关于存在与精神、真理的关系，栖居与建筑的关系的论述，为建筑现象学提供了哲学基础。在《诗·语言·思》一书中，海德格尔引用了德国浪漫主义诗人荷尔德林（Friedrich Hölderlin，1770—1843）的诗句，这首诗成为对诗意的栖居的具有象征性的诠释：

“只要良善、纯真尚与人心同在，
人便会幸福地
用神性度量自身。
神莫测而不可知？
神如苍天彰明较著？
我宁愿相信后者。
神本是人之尺规。
劬劳功烈，然而人诗意地
栖居在大地上。”

图 8–51　空间场所

这首诗所表述的栖居被建筑现象学的创始人诺伯格－舒尔兹所引用，以表达“栖居”就是“存在”的意义。诺伯格－舒尔兹强调现象学方法在建筑研究中的重要性，他指出，建筑现象学是将建筑在具体的、实在的和存在的领域中加以理解的理论，将建筑看作是一个具体的现象，并以此来建立建筑理论的基础。他认为，人要栖居，就必须能够在环境中辨认方向，并与环境认同。简而言之，人必须能体验环境是充满意义的。所以，“栖居”不只是“庇护所”，其真正的意义是生活发生的空间，是场所（图 8–51）。场所是具有清晰特性的空间，是生活世界，是由具体现象组成的生活世界，场所、场所精神和存在空间成为了建筑现象学的核心范畴。建筑与场所之间应有一种历史发展背景上的联系，形态上的联系和诗意上的联系。建筑现象学也就是用现象学“回归事物本身”的方法，探索复杂意义之间的关系。

建筑的现象学批评就是以建筑文本为主的批评，从建筑的形式结构中寻找建筑和以人为核心的具体的存在空间、建筑空间和场所的意义，从真实的现象中寻找建筑的思想，寻找建筑与场所的联系。建筑的现象学批评必须遵循“现象学还原”的原则，由于“还原”而将视点引向建筑本身，研究并说明建筑文本，寻找建筑师的意向性，并用“意向性”描述建筑师的意识。建筑的现象学批评的任务就在于，通过建筑作品的认识与说明，感知建筑师的创造意识和设计模式。在批评的过程中，采取体验与再创造的方式，而反对先入为主的阐释性分析，反对强加于人。建筑的现象学批评要求批评家“自我隐没”，让作品自己说话，因此，建筑的现象学批评是着眼于建筑文本分析的“内在批评”。建筑批评家在阅读与说明建筑作品的过程中，不可以添加任何不属于作品的东西，也不补充任何东西，力图保持原样。正如乔治·布莱所说的，批评是“对另一意识的批评”。建筑的现象学批评要求一种完善的批评，也就是从个别作品到创作整体的解释，然后，再从创作整体回到个别作品，实现解释的循环。建筑的现象学批评主要适用于对某一个建筑师的系统的批评。

图 8–52　莫腾斯鲁教堂

图 8–52 是挪威建筑师延森（Jan Olav Jensen，1959–）和斯科温（Borre Skodvin，1960–）设计的莫腾斯鲁教堂（Mortensrud kirke，2002），位于奥斯陆郊区一片由松林覆盖的小山丘上，教堂同时也是社区文化中心。外墙采用了采石场的废料，巧妙地砌筑成室内平整的墙体，具有丰富的装饰性，与环境和谐共生。除了清除基地上的表土以外，建筑师对场地几乎没有任何改动，松树留存在成长的地方，室内地坪上凸出的岩石也是原来的地基，建筑仿佛是从基地的岩石中生成的（图 8–52）。

本章注释

[1] 保罗·利科．哲学主要趋向．李幼蒸，徐奕春译．北京：商务印书馆，2004：113.

[2] 阿·迈纳．方法论导论．王路译．北京：生活·读书·新知三联书店，1991：7.

[3] Frank Lentricchia, Thomas McLaughlin．文学批评术语．香港：牛津大学出版社，1994：143–144.

[4] 福柯．作者是什么？．载王逢振、盛宁、李自修编．最新西方文论选．桂林：漓江出版社，1991：451.

[5] 福柯．主体和权力．1983．见汪民安主编．福柯读本．北京：北京大学出版社，2010：291.

[6] 汉斯·霍莱因．一切均是建筑．易介中译．世界美术．2000，2：26.

[7] 同上，25.

[8] 康德．判断力批判．宗白华译．北京：商务印书馆，1993：79.

[9] 同上，40.

[10] 同上，48.

[11] 同上，57.

[12] 同上，75.

[13] 罗小未．精品！精品？精品……．现状与出路．天津：天津科学技术出版社，1998：125.

[14] Luigi Prestinenza Puglisi. *Hyper Architecture, Spaces in the Electronic Age*. Birkhäuser. 1999：7.

[15] 马克思．政治经济学批判．马克思恩格斯选集．北京：人民出版社，2012：684.

[16] 列·斯托洛维奇．审美价值的本质．凌继尧译．北京：中国社会科学出版社，1984：58.

[17] Charles Jencks and Karl Kropf. *Theories and Manifestoes of Contemporary Architecture*. Academy Editions，1977：167–168.

[18] 曼弗雷多·塔夫里．建筑学的理论和历史．郑时龄译．北京：中国建筑工业出版社，2010：7.

[19] 雷内·韦勒克．批评的概念．张今言译．杭州：中国美术学院出版社，1999：125.

[20] 海德格尔．存在与时间．陈嘉映，王庆节译．北京：三联书店，1987：187.

[21] 魏伯·司各特．西方文艺批评的五种模式．蓝仁哲译．重庆：重庆出版社，1983：136.

[22] Kate Nesbitt．*Theorizing a New Agenda for Architecture, an Anthology of Architectural Theory, 1965–1995*．Princeton Architectural Press，1996：59.

[23] Tadao Ando. *Protecting Life*. Hunch. The Berlage Institute.

[24] 潘祖尧．摆脱束缚，开展评论．载潘祖尧、杨永生主编．建筑与评论．天津：天津科学技术出版社，1996：15.

[25] 刘先觉．密斯·凡德罗．北京：中国建筑工业出版社，1992：212.

[26] 丹纳．艺术哲学．傅雷译．北京：人民文学出版社，1981：34.

[27] 马克思恩格斯论艺术·第1卷．北京：人民文学出版社，1961：131.

[28] Giancarlo De Carlo. *Architecture's Public*. 见 Charles Jencks and Karl Kropf. *Theories and Manifestoes of Contemporary Architecture*. Academy Editions，1977: 47.

[29] 格林布莱特．文化．参见 Frank Lentricchia 等编．张京媛等译．文学批评术语．牛津大学出版社，1994：308.

[30] 丹尼尔·贝尔．资本主义文化矛盾．赵一凡等译．北京：三联书店，1989：81–82.

[31] 国际建协．北京宪章　建筑学的未来序言．北京：清华大学出版社，2002：29.

[32] Paul Scheerbart. Glass Architecture. 转引自卡斯腾·哈里斯．建筑的伦理功能．北京：华夏出版社，2001：188.

[33] 阿道夫·卢斯．装饰与罪恶．载汪坦、陈志华主编．现代西方艺术美学文选·建筑美学卷．沈阳：春风文艺出版社／辽宁教育出版社，1989：12–13.

[34] 钟敏之．国家大剧院设计方案一波三折，正反专家激烈争论引发——中西文化“大碰撞”．文汇报．2000.

[35] 勃罗德彭特．建筑设计与人文科学．张韦译．北京：中国建筑工业出版社，1990：9–10.

[36] 大卫·肯特．建筑心理学入门．谢立新译．北京：中国建筑工业出版社，1988：1.

[37] 同上

[38] 亚里士多德．形而上学．转引自沃拉德斯拉维·塔塔科维兹．古代美学．杨力等译．北京：中国社会科学出版社，1990：206.

[39] 黑格尔．美学·第一卷．朱光潜译．北京：商务印书馆，1979：142.

[40] 塔塔尔凯维奇．西方六大美学观念史．刘文潭译．上海：上海译文出版社，2006：227–228.

[41] 转引自 William J. Mitchell. *The Logic of Architecture, Design, Computation, and Cognition*. MIT Press, 1990：25.

[42] 佛克马，易布思．二十世纪文学理论．林书武等译．北京：生活·读书·新知三联书店，1989：12.

[43] 克莱夫·贝尔．有意味的形式．载蒋孔阳主编．二十世纪西方美学名著选．上海：复旦大学出版社，1987：156.

[44] D.H.Parker. *The Principles of Aesthetics*. Appleton-Century-Crofts. New York. 1946：244.

[45]《徐文长集》卷十七《答许北口》

[46] Paul Rudolf. *The Six Determinants of Architectural Form*. Charles Jencks and Karl Kropf. *Theories and Manifestoes of Contemporary Architecture*. Academy Editions, 1977：213−214.

[47] 伊·布·米哈洛弗斯基．古典建筑形式．陈志华，高亦兰译．北京：建筑工程出版社，1955：100.

[48] 王夫之．姜斋诗话．见张连第笺释．诗品．哈尔滨：北方文艺出版社，2000：315.

[49] 曼弗雷多·塔夫里．建筑学的理论和历史．郑时龄译．北京：中国建筑工业出版社，1991：84.

[50] 赫希．解释的有效性．转引自王先霈、王又平主编．文学批评术语词典．上海：上海文艺出版社，1999：446−447.

[51] 转引自阿尔多·罗西．城市建筑学．黄士钧译．北京：中国建筑工业出版社，2006：42.

[52] 彼得·罗厄．设计思考．王昭仁译．台北：建筑情报季刊杂志社，1999：96.

[53] 诺思洛普·弗莱．文学的原型．黄志纲译．见吴持哲编．诺思洛普·弗莱文论选集．北京：中国社会科学出版社，1997：87.

[54] 转引自阿尔多·罗西．城市建筑学．黄士钧译．北京：中国建筑工业出版社，2006：37.

[55] 阿尔多·罗西．城市建筑学．黄士钧译．北京：中国建筑工业出版社，2006：43.

[56] 詹姆士·艾迪．什么是现象学？（引言）．转引自郑树森．现象学与文学批评．台湾东大图书公司．

[57] 王先霈，王又平主编．文学批评术语词典．上海：上海文艺出版社，1999：395.

[58] 杜夫海纳．美学与哲学．孙非译．北京：中国社会科学出版社，1985：169.

[59] 海德格尔．诗·语言·思．彭富春译．北京：文化艺术出版社，1991：139.

图片索引

第1章 导论

第2章 建筑批评史略

第 3 章　建筑批评意识

第 4 章　建筑批评的价值论

第 5 章 建筑批评的符号论

第 6 章　建筑师

图 6-25　建筑师向匠师介绍建筑设计图纸 *The Architect.*p.146
图 6-26　巴黎建筑师帕斯卡尔事务所 *The Architect.* p.213
图 6-27　巴黎美术学院　自摄
图 6-28　斯迈森的设计图 *The Architect.*p.182
图 6-29　琼斯设计的伦敦圣保罗教堂　自摄
图 6-30　雷恩设计的水钟 *The Great Builders.* p.51
图 6-31　克里斯托弗 · 雷恩 *The Great Builders.* p.57
图 6-32　圣保罗大教堂模型 *The Architect.*p.186
图 6-33　《工程师的科学》的扉页 *Building: 3000 Years of Design Engineering and Construction.*p.223
图 6-34　维奥莱 - 勒 - 杜克的新建筑局部　*Architectural Theory，from the Renaissance to the Present* p.215
图 6-35　帕克斯顿的“水晶宫”草图 *The Great Builder.* p.91
图 6-36　伦敦大英博物馆　自摄
图 6-37　美国建筑师学会 1883 年大会代表的合影 *Architecture: Celebrating the Past, Designing the Future.* p.15
图 6-38　美国最早的建筑师亨特 *Architecture: Celebrating the Past, Designing the Future.* p.16
图 6-39　丹下健三设计的东京都厅舍　自摄
图 6-40　法国巴黎美丽城建筑学院　自摄
图 6-41　匹兹堡卡内基梅隆大学的设计课教室 *Architecture: Celebrating the Past, Designing the Future.* p.106
图 6-42　卡内基梅隆大学建筑系的学生 *Architecture: Celebrating the Past, Designing the Future.* p.106
图 6-43　包豪斯的教师 *Urban Design & The 20th Century Architecture*　p.133
图 6-44　奥斯卡 · 尼迈耶 *The Oral History of Modern Architecture:Interviews with the Greatest Architects of the Twentieth Century.* p. 243
图 6-45　漫画中的路易十四和建筑师《建筑趣谈 A-Z》. p.86
图 6-46　挪威奥斯陆的斯讷山建筑师事务所　自摄
图 6-47　英国皇家建筑师学会的《注册建筑师指南》
图 6-48　俄亥俄州立大学的建筑系 *Architecture: Celebrating the Past, Designing the Future.* p.112
图 6-49　安藤忠雄 *Urban Design & The 20th Century Architecture*　p.349
图 6-50　伊东丰雄宅 *The House of Architect.* p.86
图 6-51　《英国掠影——个人的建筑观》封面
图 6-52　郑州二七纪念塔《双塔记——一座现代建筑的前世今生》. p.51
图 6-53　外滩中心的王冠　自摄
图 6-54　某广场的建筑方案　自摄
图 6-55　KPF 事务所设计的复旦大学管理学院新楼方案　自摄
图 6-56　EMBT 事务所设计的复旦大学管理学院新楼方案　自摄
图 6-57　北京紫禁城《天下北京》. p.5
图 6-58　“样式雷”的图纸《圆明园的“记忆遗产”——样式房图档》. p.59
图 6-59　1933 年中国建筑师协会上海会议合影《中国建筑》1933 年第 1 卷第 1 期
图 6-60　雷姆 · 库哈斯 *El Croquis 53+79.*1998.p.8
图 6-61　美国前总统克林顿出席波赞帕克普利兹克奖的颁奖仪式 The Pritzker Architecture Prize 1994. p.18
图 6-62　哈迪德设计的广州歌剧院　自摄
图 6-63　崔愷 马国馨《建筑学人剪影》. p.153
图 6-64　诺曼 · 福斯特和他的自行车 *Norman Foster: A Life in Architecture.*p.56 插页
图 6-65　米开朗琪罗 *Florence: The City and Its Architecture.* p.232
图 6-66　伊东丰雄设计的台中歌剧院研究模型 *The New Mathematics of Architecture.* p.205
图 6-67　蓬蒂 *L'Europeo. Numero special per Triennale Design Museum.* P.62
图 6-68　格雷夫斯设计的水壶 *Architecture: Celebrating the Past, Designing the Future.* p.119
图 6-69　哈迪德设计的座凳

第7章　建筑批评与批评家

图 7-1　理查德 · 罗杰斯 《世界建筑导报》. 97：05/06.p.6
图 7-2　罗伯特 · 文丘里 The Pritzker Architecture Prize 1991 扉页
图 7-3　彼得 · 埃森曼和夫人 *The New Paradigm in Architecture*. p.208
图 7-4　阿尔多 · 罗西 The Pritzker Architecture Prize 1990 扉页
图 7-5　卡罗 · 斯卡帕设计的布里昂家族墓园 A+U 1985 年 10 月临时增刊号 Carlo Scarpa. p.142~143
图 7-6　格雷戈蒂的《建筑学的领域》封面
图 7-7　波尔托盖希的《建筑与城市规划百科全书》第一卷封面
图 7-8　库哈斯的著作《内容》封面
图 7-9　黑川纪章的《从机器时代到生命时代》封面
图 7-10　伊东丰雄的论文集《衍生的秩序》封面
图 7-11　罗斯金的《威尼斯之石》封面
图 7-12　罗斯金的水彩画《圣马可教堂的南立面》*Ruskin's Venice: The Stones Revisited*. p.40
图 7-13　赫克斯苔布尔 *Architecture: Celebrating the Past, Designing the Future*. p.62
图 7-14《建筑无可替代》封面
图 7-15《诺曼 · 福斯特：建筑生涯》封面
图 7-16　莫奈的《卢昂大教堂》1894
图 7-17　刘心武 .《我眼中的建筑与环境》封面
图 7-18　冯骥才所著的《抢救老街》封面
图 7-19《音乐与建筑 —— 两种语言的相互转换和音乐解释学》封面
图 7-20　艾未未在 2008 年威尼斯建筑双年展的展示　自摄
图 7-21　艾未未的文集《此时此地》封面
图 7-22　上海国际会议中心 自摄
图 7-23　204 地块的建筑造型 由上海市城市规划与土地资源管理局提供
图 7-24　卡拉契的《酒神巴库斯和阿里亚娜》(1597- 约 1604)　*Storia dell'arte italiana*. P.267
图 7-25　1929 年巴塞罗那世博会德国馆 密斯 · 凡德罗基金会图片
图 7-26　1994 年普利兹克建筑奖的评审委员合影 The Pritzker Architecture Prize 1994. 扉页
图 7-27　赫德马克博物馆室内 自摄
图 7-28　公民建筑奖的介绍《走向公民建筑》封面
图 7-29　纽约现代艺术博物馆 自摄
图 7-30《西班牙建筑，1975-2005》的展示目录
图 7-31《蜕变》的展示目录
图 7-32《越界：超越房屋的建筑》的展示目录简本
图 7-33《共同基础》的导览
图 7-34《建筑实录》*Dictionnaire de L'Architecture du XXe Siècle*. p. 38
图 7-35《对立》封面
图 7-36　耶鲁大学的建筑学报《展望》
图 7 37《建筑评论》*Dictionnaire de L'Architecture du XXe Siècle*. p.37
图 7-38《建筑》 *Gio Ponti*. p.357
图 7-39《美好的建筑》 *Aldo Rossi, Buildings and Projects*. p.29
图 7-40《今日建筑》*Dictionnaire de L'Architecture du XXe Siècle*. p.40
图 7-41《2G》
图 7-42《环球建筑文献》
图 7-43《建筑学报》
图 7-44　中文版《建筑与都市》
图 7-45　Domus 的国际中文版
图 7-46　佛罗伦萨大教堂的穹顶 自摄
图 7-47　芝加哥论坛报大楼方案 *At the End of the Century, One Hundred Years of Architecture*.p.228
图 7-48　东京国际广场 自摄

图片来源

Bill Addis. *Building: 3000 Years of Design Engineering and Construction*. Phaidon.2007.

Alinari. *Omaggio a Roma*.2000.

G.C.Argan. *Storia dell'arte italiana*.

Markus Bandur. *Aesthetics of Total Serialism: Contemporary Research from Music to Architecture*. Birkhäuser. 2001.

Julian Bell. *Five Hundred Self-Portraits*. Phaidon. 2000.

Alberto Bertolazzi. *Italia emozioni dal cielo*. Atrium.2006.

Veronica Biermann and others. *Architectural Theory: From the Renaissance to the Present*. Taschen. 2003.

Giampiero Bosoni. *Italy: Contemporary Domestic Landscapes, 1945~2000*. Skira. 2001.

David Blayney Brown. *Romanticism*. Phaidon.2001.

Matt Bua & Maximilian Goldfarb. *Architectural Inventions: Visionary Drawings*. Laurence King Publishing. 2012.

Jane Burry and Mark Burry. *The New Mathematics of Architecture*. Thames & Hudson. 2010.

Omar Calabrese. *Italian Style: Forms of Creativity*. Skira 1998.

Jean-Louis *Cohen. Scenes of the World to Come: European Architecture and the American Challenge, 1893-1960*. Flammarion. 1995.

H.W.Janson. *History of Art*. 5th.Edition. Thames and Hudson. 1995.

Christo & Jeanne-Claude. *Verhüllter Reichstag, Berlin, 1971-1995*. Taschen. 1995.

William Curtis. *Modern Architecture since 1900*. Phaidon. 1996.

Cynthia Davidson. *Tracing Eisenman*. Thames & Hudson. 2006.

Colin Davies. *High Tech Architecture*.Thames and Hudson. 1988.

Cees de Jong, Erik Mattie. *Architectural Competitions1950-Today*. Benedict Taschen. 1994.

Ruth Eaton. *Ideal Cities: Utopianism and the (Un)Built Environment*. Thames & Hudson. 2001.

Peter Eisenman. *Diagram Diaries*. Universe Publishing. 1999.

Russell Ferguson. *At the End of the Century: One Hundred Years of Architecture*. Moca & Abrams. 1998.

I.L. Finkel and M.J.Seymour. *Babylon: Myth and Reality*. The British Museum Press. 2008.

Michele Furnari. *Formal Design in Renaissance Architecture: From Brunelleschi to Palladio*. Rizzoli. 1995.

Andrew Garn and others. *Exit to Tomorrow: World's Fair Architecture, Design, Fashion 1933-2005*. Universe Publishing. 2007.

Paul Goldberger. *Why Architecture matters*. Yale University Press. 2009.

Richard Goy. *Florence: The City and Its Architecture*. Phaidon.2002.

Paul Greenhalgh. *Fair World: A History of World's Fairs and Expositions, from London to Shanghai, 1851-2010*. Papadakis. 2011.

Margherita Guccione, Alessandra Vittorini. *Giancarlo De Carlo. Le Ragioni dell'Architettura*. Electa.2005.

Susannah Hagan. *Taking Shape: A New Contract between Architecture and Nature*. Architectural Press. 2001.

David Irwin. *Neoclassicism*. Phaidon. 1997.

Anna Jackson. *EXPO: International Expositions 1851-2010*.V&A Publishing.2008.

Charles Jencks. *The New Paradigm in Architecture*. Yale University Press. 2002.

Charles Jencks. *The New Moderns*：*From Late to Neo-Modernism*. Academy Editions.1990.

Philip Jodidio. *Santiago Calatrava*. Taschen.2003.

Richard Koshalek and Elizabeth A. T. Smith. *At the End of the Century, One Hundred Years of Architecture*. MOCA. Abrams. 1998.

Alexandre Kostka, Irving Wohlfarth. *Nietzsche and 'An Architcture of Our Mind'*. Issues & Debates. 1999.
Spiro Kostof. *A History of Architecture: Settings and Rituals*. Oxford University Press. 1995.
Spiro Kostof. *The Architect*. Oxford University Press. 1977.
Rob Krier. *Urban Space*. Rizzoli. 1979.
Robert Kronenburg. *Flexible : Architecture that Responds to Change* Laurence King Publishing. 2007.
Gro Lauvland, Karl Otto Ellefsen, Mari Hvattum. *An Eye for Place/ Christian Norberg-Schulz: Architect, Historian and Editor*. Akademisk publisering. 2009.
Franco Lefèvre. *Italy from the Air*. Thames and Hudson. 1992.
Neil Levine. *The Architecture of Frank Lloyd Wright*. Princeton University Press. 1996.
Giovanni Lista, Ada Masoero. *Futurismo 1909-2009*. Skira. 2009.
David Garrard Lowe. *Lost Chicago*.Watson-Guptill Publications.2000.
Geoffrey Makstutis. *Architecture: an Introduction*. Portfolio.2010.
Dirk Meyhöfer. *Contemporary Japnese Architects*. Benedikt Taschen. 1994.
Jean-Paul Midant. *Dictionnaire de L'Architecture du XXe Siècle*. Éditions Hazan. 1996.
Marian Moffett, Michael Fazio, Lawrence Wodehouse. *A World History of Architecture*. Laurence King Publishing, 2003.
Hendrik Neubauer, Kunibert Wachten, *Urban Design & The 20th Century Architecture*. Tandem Verlag. 2010.
Richard Olsen. *Daniel Libeskind: the Space of Encounter.* Universe. 2000.
Andreas Papadakis, Harriet Watson. *New Classicism*.Rizzoli.1990.
Neil Parkyn. *Wonders of World Architecture*. Thames & Hudson. 2009.
Ruth Peltason, Grace Ong-Yan. *Architect: The Pritzker Prize Laureates in Their Own Works*. Thames & Hudson.2010.
John Peter. *The Oral History of Modern Architecture:Interviews with the Greatest Architects of the Twentieth Century*. Harry N.Abrams. 1994.
Ugo La Pietra. *Gio Ponti*. Rizzoli. 1996.
Orietta Rossi Pinelli. *Piranesi*. Giunti. 2003.
Andreas Ppadakis & Harriet Watson. *New Classicism: Omnibus Volume*. Rizzoli. 1990.
Paolo Portoghesi. *Postmodern*.Rizzoli. 1983.
Paolo Portoghesi. *I Grandi Architetti del Novecento.* Newton & Compton editori. 1998.
Paolo Portoghesi. *Natura e Architettura.* Skira. 2000.
Kenneth Powell. *The Great Builders*. Thames & Hudson. 2011.
Luigi Prestinenza Puglisi. *Hyper Architecture: Spaces in the Electronic Age*. Birkhäuser. 1998.
Sarah Quill. *Ruskin's Venice: The Stones Revisited*. Lund Humphries. 2000.
Terence Rilay and others. *The Challenge of the Avant-garde: Visionary Architectural Drawings from the Howard Gilman Collection*. The Museum of Mosern Art, New York. 2002.
Giandomenico Romanelli. *Palladio*.Giunti. 1995.
Aldo Rossi. *Autobiografia scientifica* Il Saggiatore. 2009.
Guido Rossi, Franco Lefèvre. *Roma from the Air*. Rizzoli. 1988.
Guido Alberto Rossi. *Tuscany From The Air*. 1991.
August Sarnitz. *Adof Loos*. Taschen. 2003.
August Sarnitz. *Wagner*. Taschen. 2005.
Mario Gori Sassoli. *La Roma di Piranesi*. Edizioni il Polifilo. 1999.
Adrian Schulz. *Architekturfotografie: Technik, Aufnahme, Bildgestaltung und Nachbearbeitung*. dpunkt. Verlag. 2011.
Patrik Schumacher. *Digital Hadid: Landscapes in Motion*. Birkhäuser. 2004.
Richard Shone, John-Paul Stonard. *The Books that shaped Art History*. Thames & Hudson. 2013.
John Silber. *Architecture of the Absurd: How "Genius" disfigured a Practical Art.* The Quantuck Lane Press. 2007.

David Sokol. *Nordic Architects*. Arvinius Förlag. 2008.
Nancy B. Solomon. *Architecture: Celebrating the Past, Designing the Future*. Visual Reference Publications Inc., The American Institute of Architects. 2008.
Henri Stierlin. *Islam From Bagdad to Cordoba. Early Architecture From The 7th to The 13th Century*. Taschen. 2002.
R.R.Subramanyan and others. *The Story of Science: From Antiquity to the Present*. H.F.Fullmann. 2010.
Deyan Sudjic. *Norman Foster: A Life in Architecture*. The Overlook Press. 2010.
Sabine Thiel-Siling. *Architektur! Das 20. Jahrhundert*. Prestel. 1998.
Martha Thorne. *The Pritzker Architecture Prize: The First Twenty Years*. Harry. N. Abrams, Inc., Publishers.1999.
Rolf Toman. *Neoclassicism and Romanticism: Architecture·Sculpture·Painting·Drawings 1750-1848*. Köneman. 2000.
Alexander Tzonis, Liane Lefaivre, Richard Diamond. *Architecture in North America since 1960* Little, Brown and Company. 1995.
Zhi Wenjun, Xu Jie. *New Chinese Architecture*. Laurence King Publishing. 2009.
Alexander Tzonis, Liane Lefaivre. *Architecture in Europe: Memory and Invention since 1968*. Thames and Hudson. 1992.
Robert Venturi, Scott Brown Denise. *Architecture as Signs and Systems: for a Mannerist Time*. The Belknap Press of Harvard University Press. 2004.
Contemporary Japanese Architects. 1994.
Coosje van Bruggen. *Frank O. Gehry: Guggenheim Museum Bilbao*. The Solomon R. Guggenheim Foundation.1997.
Jorn Walter. *Sprung über die Elbe. Dokumentation der Internationalen Entwurfswerkstatt. 17-24. Juli 2003.*
Michael Webb. *A Historical Evolution :The City Square*. Watson-Guptill Publishers. 1990.
Yang Xin and others. *Three Thousand Years of Chinese Painting*. Yale University Press. 1997.
Mediterranean Villages: An Architectural Journey. Steven & Cathi House. 2004.
Nick Yapp. *The British Millennium*. Könemann. 2000.
Nick Yapp. *The German Millennium*. Könemann. 2000.
Marianne Yvenes. *Architect Sverre Fehn, Intuition-Reflection –Construction*. The National Museum of Art, Architecture and Design. 2008.
Anatxu Zabalbeascoa. *The House of Architect*. Rizzoli. 1995.
A Critic Writes:Essays by Reyner Banham. University of California Press. 1996.
Sezon Museum of Art. *Labyrinth: New Generation in Japanese Architecture*. 1993.
El Croquis. No.144, 2009.
Fondation pour l'Architecture. *Dynamic City*. Skira/Seuil. 2000.
L'Europeo. Numero special per Triennale Design Museum.
Perspecta 43. The Yale Architectural Journal. 2010.
Rassegna. No.76. Arcipelago Europa.
Zaha Hadid:The Complete Buildings and Projects. Thames and Hudson.1998.
Mission interministérielle de coordination des grandes opérations d'architecture et d'urbanisme. *Grands Projets de l'Etat 1979·1989*.
Snøhetta Works. Lars Muller Publishers. 2009.
EXPO 2000 Hannover GmbH. *Architektur. EXPO 2000 Hannover*.Hatje Catz. 2000.
贝纳沃罗．世界城市史．薛钟灵等译．北京：科学出版社，2000.
巴里·A·伯克斯．艺术与建筑．刘俊等译．北京：中国建筑工业出版社，2003.
尔冬强．尔冬强鸟瞰中国系列·空中看上海．香港：中国通出版社，2010.
乔纳森·格兰西．建筑的故事．罗德胤，张澜译．北京：生活·读书·新知三联书店，2003.
萨拉·克察夫．以色列——圣地之光．刘杉杉等译．北京：中国水利水电出版社，2006.
查尔斯·詹克斯．后现代建筑语言．吴介祯译．台北：田园城市文化事业有限公司，1998.
Bertrand Jestaz. 文艺复兴的建筑艺术——从勃鲁乃列斯基到帕拉第奥．王海洲译．北京：汉语大词典出版社，2003.
王，库索利茨赫.20 世纪世界建筑精品集锦 1900-1999（3）：北、中、东欧洲 . 北京：中国建筑工业出版社，1999.
兰普尼亚尼．20 世纪世界建筑精品集锦 1900-1999（4）：环地中海地区 . 北京：中国建筑工业出版社，1999.
范强 . 双塔记——一座现代建筑的前世今生．北京：中国建筑工业出版社，2007.
郭黛姮，贺艳．圆明园的“记忆遗产”——样式房图档．杭州：浙江古籍出版社，2010.
路易斯 · 海尔曼编著 . 建筑趣谈 A-Z．阎晓璐译．北京：机械工业出版社，2004.
哈尔普林．人类环境中的创造过程——RSVP 环．王锦堂译．台北：台隆书店，1983.
李春涛主编 . 跨世纪住宅设计——上海国际竞赛方案选集 . 上海：上海科学技术文献出版社，1999.
李允鉌．华夏意匠 . 北京：中国建筑工业出版社，2005.
梁思成．梁思成全集．北京：中国建筑工业出版社，2001.
马文晓 . 天下北京．北京：中国旅游出版社，2008.
伊 · 布 · 米哈洛弗斯基．古典建筑形式 . 陈志华，高亦兰译．北京：建筑工程出版社，1955.
彭一刚．建筑师笔下的人物素描．北京：中国建筑工业出版社，2009.
王瑞珠．世界建筑史 · 古希腊卷．北京：中国建筑工业出版社，2003.
Hugh Pearman．当代世界建筑．刘丛红等译．北京：机械工业出版社，2003.
A+U . 建筑与都市 .1982.
唐辉．荣宝斋画谱：古代编（28）：写意山水 / 董其昌绘．北京：荣宝斋出版社，1998.
唐辉．荣宝斋画谱：古代编（11）：山水 / 袁江绘 . 北京：荣宝斋出版社，1997.
王红．荣宝斋画谱：古代编（12）：宋 · 张择端绘清明上河图 . 北京：荣宝斋出版社，1997.
王其钧编绘．中国民居．上海：上海人民美术出版社，1991.
阿尔贝托 · 西廖蒂．古埃及——庙 · 人 · 神 . 北京：水利水电出版社，2006.
杨鸿勋 . 江南园林论．上海：上海人民出版社，1994.
余人道 . 建筑绘画——绘图类型与方法图解．陆卫东等译．北京：中国建筑工业出版社，1999.
郑若葵 . 解字说文：中国文字的起源．成都：四川人民出版社，2004.
世界建筑导报 .97:04.

参考文献

一、文史哲类参考文献

[1] 包亚明编．现代性与空间的生产．上海：上海教育出版社，2003.
[2] 冯雷．理解空间：现代空间观念的批判与重构．北京：中央编译出版社，2008.
[3] 冯平．评价论．北京：东方出版社，1995.
[4] 冯友兰．中国哲学史．上海：华东师范大学出版社，2011.
[5] 葛兆光．道教与中国文化．上海：上海人民出版社，1987.
[6] 葛兆光．禅与中国文化．上海：上海人民出版社，1986.
[7] 黄河涛．禅与中国艺术精神的嬗变．北京：商务印书馆，1994.
[8] 蒋孔阳，朱立元主编．西方美学通史．上海：上海文艺出版社，1999.
[9] 寇鹏程．中国审美现代性研究．上海：上海三联书店，2009.
[10] 李欧梵，季进．现代性的中国面孔：李欧梵、季进对谈录．北京：人民出版社，2011.
[11] 李从军．价值体系的历史选择．北京：人民出版社，1992.
[12] 李德顺．价值论（第 2 版）．北京：中国人民大学出版社，2007.
[13] 李连科．价值哲学引论．北京：商务印书馆，1999.
[14] 李幼蒸．理论符号学导论．北京：社会科学文献出版社，1999.
[15] 李泽厚．中国古代思想史论．北京：生活·读书·新知三联书店，2008.
[16] 李泽厚．中国近代思想史论．北京：生活·读书·新知三联书店，2008.
[17] 李泽厚．中国现代思想史论．北京：生活·读书·新知三联书店，2008.
[18] 李泽厚．华夏美学·美学四讲．北京：生活·读书·新知三联书店，2008.
[19] 凌继尧主编．中国艺术批评史．上海：上海人民出版社，2011.
[20] 林毓生．中国传统的创造性转化．北京：生活·读书·新知三联书店，2011.
[21] 刘道广．中国艺术思想史纲．南京：凤凰出版传媒集团．江苏美术出版社，2009.
[22] 刘小枫选编．德语美学文选．上海：华东师范大学出版社，2006.
[23] 潘公凯主编．自觉与中国现代性的探询．北京：人民出版社，2010.
[24] 任晓红．禅与中国园林．北京：商务印书馆，1994.
[25] 苏宏斌．现象学美学导论．北京：商务印书馆，2005.
[26] 王汎森．中国近代思想与学术的谱系．北京：吉林出版集团·北京汉阅传播，2011.
[27] 吴家跃，吴虹．审美的价值属性．成都：四川大学出版社，2009.
[28] 杨曾宪．审美价值系统．北京：人民文学出版社，1998.
[29] 谢东山．艺术批评学．台北：艺术家出版社，2006.
[30] 叶朗．美在意象．北京：北京大学出版社，2010.
[31] 于民．中国美学思想史．上海：复旦大学出版社，2010.
[32] 张岂之主编．中国思想史．西安：西北大学出版社，1993.
[33] 张一兵主编．社会批判理论纪事（第 2 辑）．北京：中央编译出版社，2007.
[34] 赵一凡等主编．西方文论关键词．北京：外语教学与研究出版社，2006.
[35] 周宪．审美现代性批判．北京：商务印书馆，2005.
[36] 周宪．走向创造的境界——艺术创造力的心理学探索．南京：南京大学出版社，2009.
[37] 朱光潜．西方美学史．北京：人民文学出版社，1963；1964.
[38] 朱立元，陆扬，张德兴．西方美学思想史．上海：上海人民出版社，2009.
[39] 朱良志．中国艺术的生命精神．合肥：安徽教育出版社，1995.
[40] 朱其主编．当代艺术理论前沿：新艺术史批评和理论．南京：江苏人民出版社，2009.
[41] 阿多诺．美学理论．王柯平译．成都：四川人民出版社，1998.
[42] 鲁道夫·阿恩海姆．视觉思维——审美直觉心理学．滕守尧译．成都：四川人民出版社，1998.
[43] 阿瑞提．创造的秘密．钱岗南译．沈阳：辽宁人民出版社，1987.

[44] S·N·艾森斯塔特．反思现代性．北京：生活·读书·新知三联书店，2006.
[45] 丹尼尔·贝尔．资本主义文化矛盾．赵一凡，蒲隆，任晓晋译．北京：生活·读书·新知三联书店，1992.
[46] 凯瑟琳·贝尔西．批评的实践．胡亚敏译．北京：中国社会科学出版社，1993.
[47] 弗·布罗日克．价值与评价．李志林，盛宗范译．上海：知识出版社，1988.
[48] 乔治·布莱．批评意识．南昌：百花洲文艺出版社，1993.
[49] 托马斯·R．布莱克斯利．右脑与创造．傅世侠，夏佩玉译．北京：北京大学出版社，1992.
[50] 约翰·杜威．评价理论．冯平，余泽娜等译．上海：上海译文出版社，2007.
[51] 弗朗索瓦·多斯．从结构到解构：法国20世纪思想主潮．季广茂译．北京：中央编译出版社，2004.
[52] 米·杜夫海纳．美学与哲学．孙非译．北京：中国社会科学出版社，1985.
[53] 米·杜夫海纳．审美经验现象学．韩树站译．北京：文化艺术出版社，1996.
[54] 翁贝托·埃科．符号学理论．卢德平译．北京：中国人民大学出版社，1990.
[55] 翁贝托·埃科．符号学与语言哲学．王天清译．天津：百花文艺出版社，2006.
[56] 尼古拉斯·费舍尔．复杂性——一种哲学概观．上海：上海世纪出版社，2007.
[57] 贺尔·福斯特．反美学：后现代文化论集．吕健忠译．台北：立绪文化事业有限公司，2002.
[58] 福柯，哈贝马斯，布尔迪厄等．激进的美学锋芒．周宪译．北京：中国人民大学出版社，2003.
[59] 威廉·弗莱明．艺术和思想．吴江译．上海：上海人民美术出版社，2000.
[60] 乔纳森·弗里德曼．文化认同与全球性过程．郭建如译．北京：商务印书馆，2003.
[61] 诺思洛普·弗莱．批评的剖析．陈慧等译．北京：百花文艺出版社，1998.
[62] 霍尔·福斯特主编．反美学：后现代文化论集．吕健忠译．台北：立绪文化事业有限公司，1998.
[63] 詹姆斯·格莱克．混沌：开创新科学．张淑誉译．上海：上海译文出版社，1990.
[64] 杰弗里·R·古德帕斯特，加里·R·卡比．思维．韩广忠译．北京：中国人民大学出版社，2010.
[65] 本·海默尔．日常生活与文化理论导引．王志宏译．北京：商务印书馆，2008.
[66] 于尔根·哈贝马斯．现代性的哲学话语．曹卫东等译．南京：译林出版社，2004.
[67] 大卫·哈维．希望的空间．胡大平译．南京：南京大学出版社，2006.
[68] 黑格尔．美学．朱光潜译．北京：商务印书馆，1979.
[69] 希尔斯．论传统．傅铿，吕乐译．上海：上海人民出版社，1991.
[70] 特雷·伊格尔顿．二十世纪西方文学理论．伍晓明译．北京：北京大学出版社，2007.
[71] 特雷·伊格尔顿．现象学，阐释学，接受理论——当代西方文艺理论．王逢振译．南京：江苏教育出版社，2006.
[72] 特雷·伊格尔顿．美学意识形态．王杰等译．柏敬泽校．桂林：广西师范大学出版社，1997.
[73] 凯·埃·吉尔伯特，赫·库恩．美学史．夏乾丰译．上海：上海译文出版社，1989.
[74] 拉尔夫·L．基尼．创新性思维——实现核心价值的决策模式．叶胜年，叶隽等译．北京：新华出版社，2003.
[75] 彼得·基维主编．美学指南．彭锋等译．南京：南京大学出版社，2008.
[76] 弗利德里希·克拉默．混沌与秩序——生物系统的复杂结构．柯志阳，吴彤译．上海：上海世纪出版集团，2010.
[77] 诺埃尔·卡罗尔．超越美学．李媛媛译．高建平校．北京：商务印书馆，2006.
[78] 康德．判断力批判．宗白华译．北京：商务印书馆，1993.
[79] 康德．纯粹理性批判．蓝公武译．北京：商务印书馆，2012.
[80] 史蒂文·康纳．后现代文化．严忠志译．北京：商务印书馆，2002.
[81] 托马斯·库恩．必要的张力——科学的传统和变革论文选．范岱年，纪树立译．北京：北京大学出版社，2004.
[82] 弗雷德·拉什．批判理论．*Critical Theory, The Cambridge Companion to Philosophy.* 生活·

读书 · 新知三联书店，2006.
[83] 保罗 · 利科主编．哲学主要趋向．李幼蒸，徐奕春译．北京：商务印书馆，2004.
[84] 杰弗里 · N · 利奇．语义学．李瑞华等译．何兆熊等校订．上海：上海外语教育出版社，1987.
[85] 文森特 · 鲁吉罗．超越感觉：批判性思考指南．顾肃，董玉荣译．上海：复旦大学出版社，2010.
[86] 阿 · 迈纳．方法论导论．王路译．北京：生活 · 读书 · 新知三联书店，1991.
[87] 凯特 · 麦高恩．批评与文化理论中的关键问题．北京：北京大学出版社，2012.
[88] 马克思、恩格斯．马克思恩格斯选集．北京：人民出版社，2012.
[89] 莫里斯 · 梅洛 - 庞蒂．符号．姜志辉译．北京：商务印书馆，2003.
[90] 莫里斯 · 梅洛 - 庞蒂．知觉现象学．姜志辉译．北京：商务印书馆，2003.
[91] 拉曼 · 塞尔登编．文学批评理论——从柏拉图到现在．刘象愚，陈永国等译．北京：北京大学出版社，2003.
[92] 海因茨 · 佩茨沃德．符号、文化、城市：文化批评哲学五题．成都：四川人民出版社，2008.
[93] 池上嘉彦．诗学与文化符号学——从语言学透视．林璋译．南京：译林出版社，1998.
[94] 堺屋太一．知识价值革命．金泰相译，沈阳：沈阳出版社，1999.
[95] 安德鲁 · 埃德加．哈贝马斯：关键概念．杨礼银，朱松峰译．南京：江苏人民出版社，2009.
[96] H · 帕克．美学原理．张今译．桂林：广西师范大学出版社，2001.
[97] 弗兰克斯 · 彭茨等．剑桥年度主题讲座：空间．马光亭，章绍增译．北京：华夏出版社，2006.
[98] 让 - 保罗 · 萨特．想象心理学．褚朔维译．北京：光明日报出版社，1988.
[99] 马克斯 · 舍勒．伦理学中的形式主义与质料的价值伦理学．倪梁康译．北京：商务印书馆，2011.
[100] 施太格缪勒．当代哲学主流．王炳文等译．北京：商务印书馆，1989.
[101] 列 · 斯托洛维奇．审美价值的本质．凌继尧译．北京：中国社会科学出版社，2007.
[102] 爱德华 · 苏贾．后现代地理学——重申批判社会理论中的空间．北京：商务印书馆，2004.
[103] 理查德 · 塔纳斯．西方思想史．吴象婴等译．上海：上海社会科学院出版社，2011.
[104] 瓦迪斯瓦夫 · 塔塔尔凯维奇．西方六大美学观念史．刘文潭译．上海：上海译文出版社，2006.
[105] 雷内 · 韦勒克．批评的概念．张今言译．杭州：中国美术学院出版社，1999.
[106] 朱利安 · 沃尔弗雷斯．21 世纪批评述介．张琼，张冲译．南京：南京大学出版社，2009.
[107] 德拉 · 沃尔佩．趣味批判．王柯平，田时纲译．北京：光明日报出版社，1990.
[108] 理查德 · 沃林．文化批评的观念．张国清译．北京：商务印书馆，2000.
[109] 弗雷德里克 · 詹姆逊．单一的现代性．王逢振，王丽亚译．北京：中国人民大学出版社，2009.
[110] 夏铸九，王志弘．空间的文化形式与社会理论读本．台湾大学建筑与城乡研究所．台北：明文书局，2002.

二、建筑类参考文献

[111] 曹春平．中国建筑理论钩沉．武汉：湖北教育出版社，2004.
[112] 陈伯冲．建筑形式论——迈向图像思维．北京：中国建筑工业出版社，1996.
[113] 陈志华．北窗杂记——建筑学学术随笔．郑州：河南科学技术出版社，1999.
[114] 冯纪忠．建筑弦柱：冯纪忠论稿．上海：上海科学技术出版社，2003.
[115] 傅朝卿．中国古典式样新建筑，二十世纪中国新建筑官制化的历史研究．台北：南天书局，1993.
[116] 李允鉌．华夏意匠——中国古典建筑设计原理分析．台北：明文书局，1993.
[117] 李书钧编著．中国古代建筑文献注译与论述．北京：机械工业出版社，1996.

[118] 刘先觉．中国近现代建筑艺术．武汉：湖北教育出版社，2004.
[119] 刘先觉．现代建筑理论，建筑结合人文科学自然科学与技术科学的新成就．北京：中国建筑工业出版社，1999.
[120] 刘心武．我眼中的建筑与环境．中国建筑工业出版社，1998.
[121] 罗小未，张晨．建筑评论．建筑学报．1989，8.
[122] 罗小未．外国近现代建筑史（第二版）．北京：中国建筑工业出版社，2004.
[123] 吕国昭．中国建筑师执业制度的发展与趋势．北京：中国建筑工业出版社，2011.
[124] 潘祖尧，杨永生．建筑与评论．天津：天津科学技术出版社，1996.
[125] 彭一刚．建筑空间组合论．北京：中国建筑工业出版社，1998.
[126] 钱锋，伍江．中国现代建筑教育史（1920~1980）．北京：中国建筑工业出版社，2008.
[127] 沈克宁．建筑现象学．北京：中国建筑工业出版社，2008.
[128] 沈克宁．当代建筑设计理论——有关意义的探索．北京：知识产权出版社，中国水利水电出版社，2009.
[129] 吴良镛．广义建筑学．北京：清华大学出版社，1989.
[130] 吴良镛．世纪之交的凝想：建筑学的未来．北京：清华大学出版社，1999.
[131] 谢宗哲．建筑家伊东丰雄．台北：天下远见出版股份有限公司，2010.
[132] 徐千里．创造与评价的人文尺度——中国当代建筑文化分析与批判．北京：中国建筑工业出版社，2000.
[133] 徐苏斌．近代中国建筑学的诞生．天津：天津大学出版社，2010.
[134] 杨永生．中国四代建筑师．北京：中国建筑工业出版社，2002.
[135] 杨永生．建筑百家评论集．北京：中国建筑工业出版社，2000.
[136] 杨永生编．1955-1957 建筑百家争鸣史料．北京：知识产权出版社，中国水利水电出版社，2003.
[137] 张杰．中国古代空间文化溯源．北京：清华大学出版社，2012.
[138] 张钦楠．建筑设计方法学．北京：清华大学出版社，2007.
[139] 张钦楠．中国古代建筑师．北京：生活·读书·新知三联书店，2008.
[140] 张钦楠．特色取胜——建筑理论的探讨．北京：机械工业出版社，2005.
[141] 张钦楠，张祖刚．现代中国文脉下的建筑理论．北京：中国建筑工业出版社，2008.
[142] 朱剑飞．中国建筑 60 年（1949-2009）历史理论研究．北京：中国建筑工业出版社，2009.
[143] 朱启钤等．哲匠录．北京：中国建筑工业出版社，2005.
[144] 邹德侬，王明贤，张向炜．中国建筑 60 年（1949-2009）历史纵览．北京：中国建筑工业出版社，2009.
[145] 邹德侬．中国现代建筑史．天津：天津科学技术出版社，2001.
[146] 安藤忠雄等．建筑学的 14 道醍醐味．林建华等译．台北：漫游者文化事业股份有限公司，2007.
[147] 安东尼·C·安东尼亚德斯．建筑学及相关学科．崔昕等译．北京：中国建筑工业出版社，2009.
[148] 雷纳·班纳姆．第一机械时代的理论与设计．丁亚雷，张筱膺译．南京：江苏美术出版社，2009.
[149] 鲍赞巴克，索莱尔斯．观看，书写建筑与文学之间的对话．姜丹丹译．桂林：广西师范大学出版社，2010.
[150] 欧内斯特·伯登．虚拟建筑．徐群丽译．北京：中国电力出版社，2006.
[151] 勃罗德彭特．建筑设计与人文科学．张韦译．北京：中国建筑工业出版社，1990.
[152] 勃罗德彭特．符号·象征与建筑．乐民成等译．北京：中国建筑工业出版社，1991.
[153] 布希亚，努维勒．独特物件——建筑与哲学的对话．林宜萱，黄建宏译．台北：田园城市文化事业有限公司，2002.
[154] 段义孚．逃避主义．周尚意，张春梅译．台北：立绪文化事业有限公司，2006.
[155] 伊格拉西·德索拉-莫拉莱斯．差异——当代建筑的地志．施植明译．北京：中国水利水电出版社·知识产权出版社，2007.
[156] 卡尔·芬格胡特．向中国学习——城市之道．张路峰，包志禹译．北京：中国建筑工业出

版社，2007.
[157] 肯·弗兰姆普敦．20 世纪建筑学的演变：一个概要陈述．张钦楠译．北京：中国建筑工业出版社，2007.
[158] 阿希·哈夫蓝特．建筑的社会场域：阿姆斯特丹·东京·纽约．叶朝宪译．台北：田园城市文化事业有限公司，2005.
[159] 卡斯腾·哈里斯．建筑的伦理功能．申嘉，陈朝晖译．北京：华夏出版社，2001.
[160] 劳伦斯·哈尔普林．人类环境中的创造过程——RSVP 环．王锦堂译．台北：台隆书店，1983.
[161] 查尔斯·詹克斯．现代主义的临界点：后现代主义向何处去？丁宁，许春阳，章华，夏娃，孙莹水译．北京：北京大学出版社，2011.
[162] 查尔斯·詹克斯，卡尔·克罗普夫．当代建筑的理论和宣言．周玉鹏等译．北京：中国建筑工业出版社，2005.
[163] 戴维·史密斯·卡彭．建筑理论（上）：维特鲁威的谬误——建筑学与哲学的范畴史．王贵祥译．北京：中国建筑工业出版社，2007.
[164] 戴维·史密斯·卡彭．建筑理论（下）：勒·柯布西耶的遗产——以范为线索的 20 世纪建筑理论诸原则．王贵祥译．北京：中国建筑工业出版社，2007.
[165] 汉诺-沃尔特·克鲁夫特．建筑理论史——从维特鲁威到现在．王贵祥译．北京：中国建筑工业出版社，2005.
[166] 彼得·柯林斯．现代建筑设计思想的演变．英若聪译．北京：中国建筑工业出版社，2003.
[167] 布劳恩·劳森．空间的语言．杨青娟等译．北京：中国建筑工业出版社，2003.
[168] 尼尔·林区．建筑之麻醉．宋伟祥译．台北：田园城市文化事业有限公司，2005.
[169] 哈利·弗朗西斯·茅尔格里夫．建筑师的大脑——神经科学、创造性和建筑学．张新，夏文红译．北京：电子工业出版社，2011.
[170] 尼古拉斯·佩夫斯纳，J·M·理查兹，丹尼斯·夏普．反理性主义者与理性主义者．邓敬等译．北京：中国建筑工业出版社，2003.
[171] 路易吉·普利斯汀嫩扎·普格里西．当代建筑新动向——1988 年以来建筑设计中的演化与革命．李云龙等译．北京：电子工业出版社，2013.
[172] 迪耶·萨德奇．建筑！建筑！谁是世界上最有权力的人？．王晓刚等译．台北：漫游者文化事业股份有限公司，2008.
[173] 罗杰·斯克鲁顿．建筑美学．刘先觉译．北京：中国建筑工业出版社，2003.
[174] 曼夫雷多·塔夫里．建筑学的理论和历史．郑时龄译．北京：中国建筑工业出版社，2010.
[175] 帕纳约蒂斯·图尼基沃蒂斯．现代建筑的历史编纂．王贵祥译．北京：清华大学出版社，2012.
[176] 维特鲁威．建筑十书．陈平译．北京：北京大学出版社，2012.
[177] 伊东丰雄．衍生的秩序．谢宗哲译．台北：田园城市文化事业有限公司，2008.
[178] 文丘里．建筑的复杂性与矛盾性．周卜颐译．北京：中国建筑工业出版社，1991.
[179] 布鲁诺·赛维．建筑空间论．北京：中国建筑工业出版社，2003.
[180] 布鲁诺·赛维．现代建筑语言．席云平、王虹译．北京：中国建筑工业出版社，2005.

三、外文参考文献

[181] Bill Addis. *Building: 3000 Years of Design Engineering and Construction*. Phaidon，2007.
[182] Mohammad Al-Asad, Majd Musa. *Architectural Criticism and Journalism: Global Perspectives*. Umberto Allemandi & C，2006.
[183] Arjun Appadurai. *Modernity at Large: Cultural Dimensions of Globalization*. University of Minnesota Press，2003.
[184] Andrew Ballantyne. *Architecture Theory, A Reader in Philosophy and Culture*. Continuum. 2005.
[185] Andrew Ballantyne. *Deleuze & Guattari for Architects*. Routledge.2007.
[186] Mary Banham, Paul Barker, Sutherland Lyall, and Cedric Price. *A Critic Writes Essays by*

Reyner Banham. University of California Press, 1996.
[187] Leonardo Benevolo. *Storia dell'architettura moderna*. Editori Laterza. 2011.
[188] Andrew Benjamin. *Architectural Philosophy*. The Athlone Press. London & New Brunswick, NJ. 2000.
[189] Veronica Biermann and others. *Architectural Theory: From the Renaissance to the Present*. Taschen, 2003.
[190] Andrew Ballantyne. *Deleuze & Guattari for Architects*. Routledge. 2007.
[191] Andrew Ballantyne. *Architecture Theory: A Reader in Philosophy and Culture*. Continuum. 2005.
[192] Jane Burry, Mark Burry. *The New Mathematics of Architecture*. Thames & Hudson, 2010.
[193] Noël Carroll. *On Criticism*. Routledge. Taylor & Francis Group. New York and London. 2009.
[194] Germano Celant. *Architecture, Kaleidoscope of the Arts*. *Architecture & Arts 1900/2004——A Century of Creative Projects in Building, Design, Cinema, Painting, Photography, Sculpture*. Skira. 2004.
[195] David Chappell & Andrew Willis. *The Architect in Practice*. Blackwell Publishing. 2005.
[196] Charles, Prince of Wales. *A Vision of Britain: A Personal view of Architecture*. Doubleday. 1989.
[197] Alan Colquhoun. *Collected Essays in Architectural Criticism*. Black Dog Publishing, 2009.
[198] Collin Davies. *High Tech Architecture*. Thames and Hudson, 1988.
[199] Cees den Jong, Erik Mattie. *Architectural Competition 1792-1949*. Benedikt Taschen, 1994.
[200] Cees de Jong, Erik Mattie. *Architectural Competitions 1950-Today*. Benedict Taschen, 1994.
[201] Jacques Derrida. *Adesso l'architettura*. Libri Scheiwiller. 2011.
[202] Giuseppa di Cristina. *Architecture and Science*. Wiley-Academy. 2001.
[203] George Dodds and Robert Tavernor. *Body and Building*. *Essays on the Changing Relation of Body and Architecture*. The MIT Press, 2002.
[204] Ruth Eaton. *Ideal Cities: Utopianism and the (Un) Built Environment*. Thames & Hudson, 2002.
[205] Ingeborg Flagge, Romana Schneider. *Revision der Postmoderne*. DAM Junius. 2005.
[206] John Friedmann. *China's Urban Transition*. Minnesota, University of Minnesota Press, 2005.
[207] Paul Goldberger. *Why Architecture Matters*. Yale University Press, 2009.
[208] Claudio Greco, Carlo Santoro. *Beijing the New City*. Skira. 2008.
[209] Robert Harbison. *The Built, the Unbuilt and the Unbuildable, In Pursuit of Architectural Meaning*. The MIT Press, 1994.
[210] Friedrich A. Hayek. *The Sensory Order: An Inquiry Into The Foundations Of Theoretical Psychology*. The University of Chicago Press, 1952.
[211] Michael Hays. *Architecture Theory since 1968*. The MIT Press, 2000.
[212] Michael Hays. *Oppositions Reader*. Princeton Architectural Press, 1998.
[213] Thomas Herzog. *Europäische Charta für Solarenergie in Architektur und Stadtplanung*. Prestel, 2008.
[214] Hilde Heynen. *Architecture and Modernity. A Critique*. The MIT Press, 1999.
[215] Charles Jencks, Karl Kropf. *Theories and Manifestoes of Contemporary Architecture*. Wiley-Academy. Chichester. 2006.
[216] Charles Jencks. *The New Paradigm in Architecture*. Yale University Press, 2002.
[217] Charles Jencks. *The Iconic Building: The Power of Enigma*. Frances Lincoln, 2005.
[218] Charles Jencks. *The Story of Post-Modernism*. Wiley. 2011.
[219] David Jenkins. *The Strange Death of Architecture Criticism. Martin Pawley Collected Writings*. Black Dog Publishing, 2007.
[220] Kojin Karatani. *Architecture as Metaphor: Language, Number, Money*. The MIT Press, 1995.
[221] Kevin P. Kein. *An Architectural Life: Memoirs & Memories of Charles W. Moore*. Bulfinch. 1996.

[222] Richard Koshalek and Elizabeth A. T. Smith. *At the End of the Century, One Hundred Years of Architecture*. MOCA. Abrams. 1998.

[223] Alexandre Kostka, Irving Wohlfarth. *Nietzsche and 'An Architcture of Our Mind'*. Issues & Debates. 1999.

[224] Spiro Kostof. *The Architect, Chapters in the History of the Profession,* Oxford University Press, 1986.

[225] Spiro Kostof. *A History of Architecture: Settings and Rituals*. Oxford. University Press，1995.

[226] Neil Leach. *Rethinking Architecture, A Reader in Cultural Theory*. Routledge. London and New York. 1997.

[227] Fumihiko Maki. *Nurturing Dreams: Collected Essays on Architecture and the City*. The MIT Press，2008.

[228] Rafael Moneo. *Inquietudine teorica e strategia progettuale nell' opera di otto architetti contemporanei*. Architetti e architetture. 2012.

[229] Kate Nesbitt. *Theorizing a New Agenda for Architecture, an Anthology of Architectural Theory, 1965-1995*. Princeton Architectural Press，1996.

[230] Joan Ockman. *Architecture Criticism Ideology*. Princeton Architectural Press，1985.

[231] Martin Pawley. *The Strange Death of Architectural Criticism: Collected Writings*. Black Dog Publishing，2007.

[232] Renzo Piano. *Che cos'è l'architettura*? Luca Sossella Editore，2007.

[233] Martha Pollak. *The Education of the Architect*. The MIT Press，1997.

[234] Paolo Portoghesi. *I Grandi Architetti del Novecento*. Newton & Compton editori. 2000.

[235] Kenneth Powell. *The Great Builders*. Thames & Hudson, 2011.

[236] Peg Rawes. *Irigaray for Architects*. Routledge. 2007.

[237] Aldo Rossi. *Autobiografia scientifica*. Il Saggiatore. 2009.

[238] Peter G. Rowe, Seng Kuan. *Architectural Encounters with Essence and Form in Modern China*. The MIT Press，2002.

[239] Richard Shone,John-Paul Stonard. *The Books that shaped Art History: from Gombrich and Greenberg to Alpers and Krauss*. Thames & Hudson，2013.

[240] Nancy B. Solomon. *Architecture: Celebrating the Past, Designing the Future*. Visual Reference Publications Inc., The American Institute of Architects. 2008.

[241] Deyan Sudjic. *Norman Foster: A Life in Architecture*. The Overlook Press. New York，2010.

[242] A.Krista Sykes. *Constructing a New Agenda-Architectural Theory 1993-2009*. Princeton Architectural Press，2010.

[243] Manfredo Tafuri. *Progetto e utopia*. Bari. Editori Laterza. 2007.

[244] Manfredo Tafuri. *The Sphere and the Labyrinth. Avant-Gardes and Architecture from Piranesi to the 1970s*. MIT Press，1990.

[245] Martha Thorne. *The Pritzker Architecture Prize: The First Twenty Years*. Harry N.Abrams, Inc., Publishers in association with the Art Institute of Chicago，1999.

[246] Coosje van Bruggen. *Frank O. Gehry: Guggenheim Museum Bilbao*. The Solomon R. Guggenheim Foundation.1997.

[247] Robert Venturi & Denise Scott Brown. *Architecture as Signs and Systems: For a Mannerist Time*. The Belknap Press of Harvard University Press，2004.

[248] Mark Wigley. *The Architecture of Deconstruction: Derrida's Haunt*. The MIT Press，1995.

[249] Antony Wood. *Best Tall Buildings: CTBUH International Award Winning Projects*. Routledge Taylor & Francis Group. 2011.

[250] *Architectural Criticism and Journalism: Global Perspectives*. Aga Khan Award for Architecture，2006.

后 记

自1992年开始为建筑学专业的高年级学生和硕士研究生开设建筑评论课以来，迄今已经21年，期间除了有两年由于教学计划的调整而中断建筑评论课以外，总体上没有间断，二十多年来，这门课也一直在不断增添新的内容。原来的教材《建筑批评学》自2001年出版以来，国外有许多重要的建筑理论著作在这期间出版，许多重要的建筑理论著作已经翻译成中文出版，国内有许多学者在从事建筑理论和建筑批评的研究，取得了重要的成果，许多学校的建筑系也开设了建筑评论课。除了继续为同济大学建筑学四年级的学生讲授建筑评论课外，我从2004年起也为博士生开设建筑理论文献课，在教学中逐渐积累了一些教学素材、经验和参考文献。这12年间，中国和世界建筑有不少新的发展和理论成果，许多建筑师脱颖而出。同时，我也有机会参加许多项目的建筑设计竞赛和方案征集的评审，曾多次参加国际性的会议和论坛，与国内外同行有更多讨论和交流的机会，对世界建筑和中国现代建筑的发展方向问题有了更多的思考，因此，深感有必要重写这本12年前出版的教材。

写书的过程也是逐渐形成系统的思想，同时也是我不断充实自己的知识，提高自己的认识，并逐步完善这门学科的过程。也正因为如此，才越写越感到困难，越感到有很多问题还没有解决。一方面感到建筑批评学涉及的学科面十分广泛，需要读的书和思考的问题太多；另一方面也深感自己的知识和理论水平十分有限，甚至想再过十年，等有了更多的学术积累才来修改。但是，城市与建筑的现实又促使我们去思索，去研究问题。近年来，国际和国内建筑界有了巨大的变化，尤其是中国的快速城市化为建筑界、设计界和城市规划界带来了极大的机遇和挑战，在实践和空间的压缩下，我们正面临着过去从来没有遇到过的社会生态环境。中国的城市环境与文脉已经有了根本性的变化，而我们的建筑批评却面临着危机，我们需要思考，需要清除思想中的污染，需要净化的社会生态环境。

随着学科的交融，人文思想的引入和学术思想的空前繁荣，今天的建筑师开始对建筑与社会，建筑与文化，建筑与哲学，建筑与传统等问题进行全方位的批判，中国建筑开始在全球化的影响下迅速调整。处于转型期的中国社会，在1980年代，文化的主线是追寻现代化，文化艺术界和思想界的空前活跃，使中国的社会与文化产生了激烈的变化。一方面，引入了西方文化，另一方面又迫使我们从文化角度反思历史，反思文化的历史责任，审视现实，寻找中国建筑文化发展的基因。到了1990年代，社会和城市的快速发展迫使我们还来不及思考就迅速投入现实的建设中，建筑师和建筑批评家都纷纷投身于建筑设计的实践，但是又不满足于单纯的以输出性质为主的建筑设计，而同时又在进行有限的理论探讨。2000年代至今是建筑师的反思时代，建筑的生态意识发展的时代，同时也是中国现代建筑开始成熟的时代。

我和许多建筑师、规划师共同参与了许多重大项目的评审，深深体会到建筑批评的重要性，但同时又感到理论指导是十分重要的。近三十多年来，思想的解放带来了宽松的艺术氛围，然而，长期的思想禁锢已经使建筑师的设计思想遭受了深刻的创伤和污染，在创新面前举步维艰。随着市场经济取代计划经济，建筑师又被迅速卷入市场，被动地面对多元的世界文化。建筑师们原有的价值体系已被历次政治运动和"文化大革命"所摧毁，而新的价值体系仍然处于建构的过程中，价值体系的模糊不清加剧了建筑文化的失落状况。商业文化和快餐文化的影响遍及各个领域，媚俗、低俗的艺术氛围，急功近利的社会价值观使许多人丧失了理想和信念。在这种思潮影响下，矫饰主义和手法主义往往成为主流。如何看待这些问题，如何从深层次上探索建筑的本体论和方法论，是摆在建筑批评学面前的重要课题。

从2008年开始，我开始改写《建筑批评学》，大约有一半的文字属于重写的内容。出版社原本要求我在2010年6月交稿，由于前一阶段的精力主要放在为2010年上海世博会所做的相关工作、《弗莱彻建筑史》的翻译和校对以及《建筑学的理论和历史》的重译，《建筑批评学》的重写也就断断续续，拖到2013年5月底才改完。终于认识到，进入耄耋之年的我，涉猎的领域太泛，参与的社会工作太忙，应允的事情太多，想做的事情太杂，浪费的时间太可惜，永远有做不完的事和写不完的书，挤时间写书和断断续续工作已经是我的基本状况。记得有一位哲人说过："更好是好的敌人"，这句话给了我启发，这本涉及如此广泛的学科领域的书将永远有待完善，一本书不可能解决所有有关建筑批评的问题。因此，我才敢于将书稿交给出版社，让它付印，让大家来批评建筑，也批评这本书。

在修改过程中，我也在思考如何面对中国建筑的现实问题，讨论中国建筑的美学问题，研究中国建筑的现代性问题，并将这个思考贯穿于全书之中，而不是单纯地引进有关理论。因此，在"建筑的批评意识"一章中，增加了关于建筑现代性批判的内容，第六章"建筑师"中增添了关于创造性的讨论。原书的结构也有较大的调整，导言和总论合并为一章，取消附录，各章节的次序也有所变动。新增"建筑批评史略"、"建筑批评家与批评"二章。此外，增补并调整了插图。

在此要衷心感谢罗小未教授的精心指导，罗先生率先建立了这门学科的大纲。原想请先生为这本书写序，但是到我完成书稿的时候，她已经躺在病床上。在成书的过程中，我的一些同事和研究生也付出了艰辛的劳动，他们是沙永杰教授、章明教授、田利教授、华霞虹博士、王凯博士和刘刊，为我整理讲稿，收集材料。沙永杰教授在初版时完成了出版以前的许许多多的具体工作，对文稿进行加工，编选插图，使文稿符合出版要求，为重写奠定了基础。一些境外建筑师和沈迪总建筑师、吴燕莛教授、曹怡蔚博士、沈忠海先生等为我提供并查找图片，为本书的出版做了大量的工作。感谢中国建筑工业出版社陈桦编辑的帮助和指导，在此我要向他们致以诚挚的感谢。

郑时龄

2013年5月31日于上海